软件开发视频大讲堂

Python数据分析从入门到精通

（第2版）

明日科技　编著

清華大学出版社
北　京

内 容 简 介

《Python数据分析从入门到精通（第2版）》从数据分析初学者角度出发，以通俗易懂的语言、丰富多彩的实例，详细介绍了使用Python进行数据分析程序开发应掌握的各方面技术。全书共分21章，包括数据分析基础、搭建数据分析开发环境、NumPy模块之数组计算、Pandas模块基础、Pandas模块之数据的读取、Pandas模块之数据的处理、Pandas模块之数据的清洗、数据的计算与格式化、数据统计及透视表、处理日期与时间、Scikit-Learn机器学习模块、Matplotlib模块入门、Matplotlib模块进阶、Seaborn图表、Plotly图表、Bokeh图表、Pyecharts图表等内容，以及4个项目实战综合案例。书中所有知识结合具体实例进行介绍，涉及的程序代码给出了详细的注释，读者可轻松领会Python数据分析程序开发的精髓，从而快速提升数据分析开发技能。

另外，本书除了纸质内容，还配备了Python在线开发资源库，主要内容如下：

- ☑ 同步教学微课：共158集，时长23小时
- ☑ 技术资源库：1456个技术要点
- ☑ 技巧资源库：583个开发技巧
- ☑ 实例资源库：227个应用实例
- ☑ 项目资源库：44个实战项目
- ☑ 源码资源库：211项源代码
- ☑ 视频资源库：598集学习视频
- ☑ PPT电子教案

本书可作为数据分析开发入门者的学习用书，也可作为高等院校相关专业的教学参考用书，还可供数据分析开发人员查阅、参考。

图书在版编目（CIP）数据

Python数据分析从入门到精通 / 明日科技编著. —2版. —北京：清华大学出版社，2023.10
（软件开发视频大讲堂）
ISBN 978-7-302-64678-5

Ⅰ. ①P… Ⅱ. ①明… Ⅲ. ①软件工具—程序设计 Ⅳ. ①TP311.561

中国国家版本馆CIP数据核字（2023）第185477号

责任编辑：贾小红
封面设计：刘　超
版式设计：文森时代
责任校对：马军令
责任印制：刘海龙

出版发行：清华大学出版社
网　　址：http://www.tup.com.cn，http://www.wqbook.com
地　　址：北京清华大学学研大厦A座　　邮　　编：100084
社 总 机：010-83470000　　邮　　购：010-62786544
投稿与读者服务：010-62776969，c-service@tup.tsinghua.edu.cn
质量反馈：010-62772015，zhiliang@tup.tsinghua.edu.cn
印 装 者：涿州汇美亿浓印刷有限公司
经　　销：全国新华书店
开　　本：203mm×260mm　　印　　张：26　　字　　数：691千字
版　　次：2021年6月第1版　　2023年11月第2版　　印　　次：2023年11月第1次印刷
定　　价：89.80元

产品编号：103434-01

如何使用本书开发资源库

本书赠送价值 999 元的“Python 在线开发资源库”一年的免费使用权限，结合图书和开发资源库，读者可快速提升编程水平和解决实际问题的能力。

1. VIP 会员注册

刮开并扫描图书封底的防盗码，先按提示绑定手机微信，然后扫描右侧二维码，打开明日科技账号注册页面，填写注册信息后将自动获取一年（自注册之日起）的 Python 在线开发资源库的 VIP 使用权限。

Python
开发资源库

读者在注册、使用开发资源库时有任何问题，均可拨打明日科技官网页面上的客服电话进行咨询。

2. 纸质书和开发资源库的配合学习流程

Python 开发资源库中提供了技术资源库（1456 个技术要点）、技巧资源库（583 个开发技巧）、实例资源库（227 个应用实例）、项目资源库（44 个实战项目）、源码资源库（211 项源代码）、视频资源库（598 集学习视频），共计六大类、3119 项学习资源。学会、练熟、用好这些资源，读者可在短时间内快速提升自己，从一名新手晋升为一名软件工程师。

《Python 数据分析从入门到精通（第 2 版）》纸质书和“Python 在线开发资源库”的配合学习流程如下。

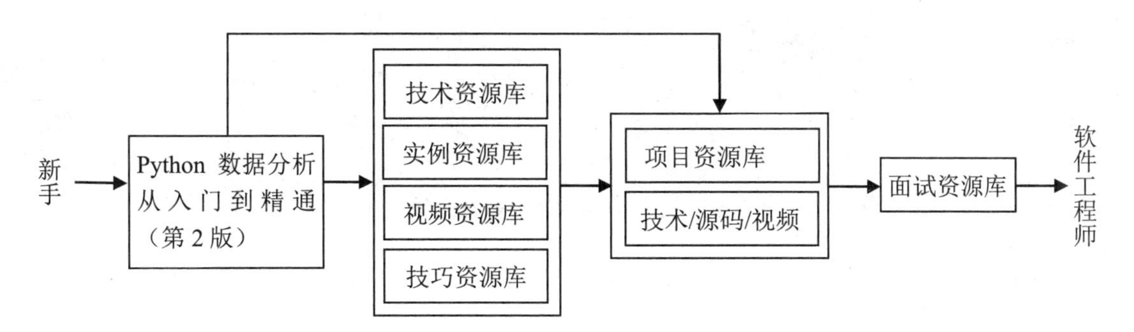

3. 开发资源库的使用方法

读者在学习本书某一章节时，可利用实例资源库对应内容提供的大量热点实例和关键实例，巩固所学编程技能，提升编程兴趣和信心。

开发过程中，总有一些易混淆、易出错的地方，利用技巧资源库可快速扫除盲区，掌握更多实战技巧，精准避坑。需要查阅某个技术点时，可利用技术资源库锁定对应知识点，随时随地深入学习。

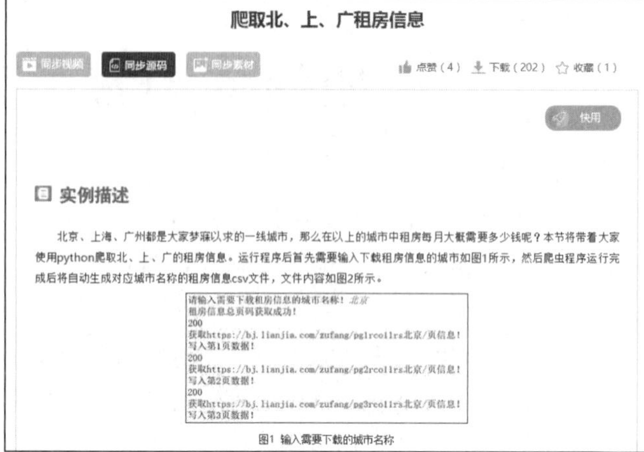

学习完本书后，读者可通过项目资源库中的 44 个经典项目，全面提升个人的综合编程技能和解决实际开发问题的能力，为成为 Python 软件开发工程师打下坚实的基础。

另外，利用页面上方的搜索栏，还可以对技术、技巧、实例、项目、源码、视频等资源进行快速查阅。

万事俱备后，读者该到软件开发的主战场上接受洗礼了。本书资源包中提供了 Python 的基础冲关 100 题以及企业面试真题，是求职面试的绝佳指南。读者可扫描图书封底的“文泉云盘”二维码获取。

Python面试资源库
- 第1部分 基础冲关100题
- 第2部分 企业面试真题汇编

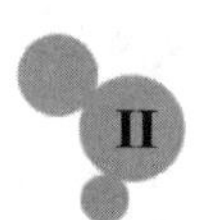

前　言

Preface

丛书说明：“软件开发视频大讲堂”丛书第 1 版于 2008 年 8 月出版，因其编写细腻、易学实用、配备海量学习资源和全程视频等，在软件开发类图书市场上产生了很大反响，绝大部分品种在全国软件开发零售图书排行榜中名列前茅，2009 年多个品种被评为“全国优秀畅销书”。

“软件开发视频大讲堂”丛书第 2 版于 2010 年 8 月出版，第 3 版于 2012 年 8 月出版，第 4 版于 2016 年 10 月出版，第 5 版于 2019 年 3 月出版，第 6 版于 2021 年 7 月出版。十五年间反复锤炼，打造经典。丛书迄今累计重印 680 多次，销售 400 多万册，不仅深受广大程序员的喜爱，还被百余所高校选为计算机、软件等相关专业的教学参考用书。

“软件开发视频大讲堂”丛书第 7 版在继承前 6 版所有优点的基础上，进行了大幅度的修订。第一，根据当前的技术趋势与热点需求调整品种，拓宽了程序员岗位就业技能用书；第二，对图书内容进行了深度更新、优化，如优化了内容布置，弥补了讲解疏漏，将开发环境和工具更新为新版本，增加了对新技术点的剖析，将项目替换为更能体现当今 IT 开发现状的热门项目等，使其与时俱进，更适合读者学习；第三，改进了教学微课视频，为读者提供更好的学习体验；第四，升级了开发资源库，提供了程序员“入门学习→技巧掌握→实例训练→项目开发→求职面试”等各阶段的海量学习资源；第五，为了方便教学，制作了全新的教学课件 PPT。

互联网的飞速发展为我们积累了庞大的数据，各行各业所产生的数据如今已经开始显露价值。但是，数据规模大，结构复杂，如果只靠人工处理是难以胜任的，寻求工具是必然的。

Python 语言简单易学、数据处理简单高效，对于初学者来说容易上手。在科学计算、数据分析、数学建模和数据挖掘等方面，Python 占据了越来越重要的地位。另外，Python 第三方扩展库不断更新，在数据可视化方面也提供了大量的数据可视化工具。

本书侧重介绍 Python 数据分析的三大剑客（NumPy、Pandas、Matplotlib）以及多种第三方数据可视化工具（Seaborn、Plotly、Bokeh、Pyecharts），通过基础+实战，帮助您快速掌握 Python 数据分析技能，同时采用两种开发环境，即 PyCharm 和 Jupyter Notebook，以适应不同的数据分析需求，既能完成大型项目，又能够适应数据分析报告。为保证读者能学以致用，本书在实践方面循序渐进地进行了 3 个层次的篇章介绍，即基础知识、可视化图表、项目实战。

本书内容

本书提供了从 Python 数据分析入门到高手所必需的各类知识，共分 3 篇。

第 1 篇：基础知识。本篇包括数据分析基础、搭建数据分析开发环境、使用 NumPy 模块实现数组计算、使用 Pandas 模块实现数据的处理、数据的格式化、数据的统计及透视表、日期与时间的处理以及 Scikit-Learn 机器学习模块等基础方面的知识。介绍这些基础知识时结合大量的图示、举例、视频，使读者能够快速掌握 Python 数据分析所需基础知识，并为以后编程奠定坚实的基础。

第 2 篇：可视化图表。本篇主要介绍数据分析中数据的可视化图表，其中包含 Python 原生模块 Matplotlib 的基础入门与进阶内容以及多种第三方数据可视化工具（Seaborn、Plotly、Bokeh、Pyecharts），学习完本篇内容，读者将可以实现数据分析后的可视化图表。

第 3 篇：项目实战。本篇介绍了 4 个热门的数据分析项目，其中包含股票数据分析、淘宝网订单分析、网站用户数据分析以及 NBA 球员薪资的数据分析。通过 4 个不同类型的数据分析项目，让读者快速掌握 Python 数据分析的精髓，并将学习到的数据分析技术应用到实践开发中，为以后的开发积累经验。

本书的大体结构如下图所示。

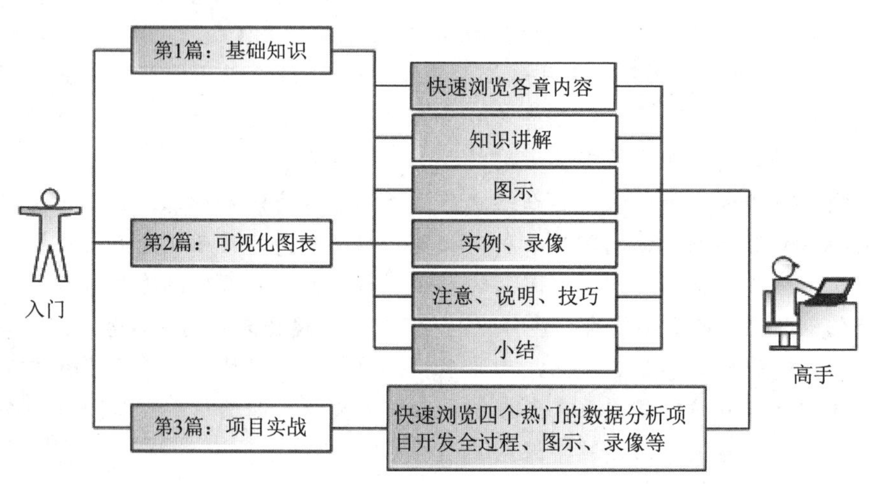

本书特点

- ☑ **由浅入深，循序渐进。**本书以数据分析零基础入门读者和初、中级数据分析程序员为对象，先从 Python 数据分析基础学起，然后学习 Python 数据分析的可视化图表，最后学习开发 4 个完整的数据分析项目。在讲解过程中，其步骤详尽，版式新颖，读者在阅读中可以一目了然，从而快速掌握书中内容。
- ☑ **微课视频，讲解详尽。**为便于读者直观感受程序开发的全过程，书中重要章节配备了视频讲解（共 158 集，时长 23 小时），使用手机扫描章节标题旁的二维码，即可观看学习。初学者可轻松入门，体验编程的快乐和成就感，进一步增强学习的信心。
- ☑ **基础示例+项目案例，实战为王。**通过例子学习是最好的学习方式，本书核心知识讲解通过“一个知识点、一个示例、一个结果、一段评析”的模式，详尽透彻地讲述了实际开发中所需的各类知识。全书共计 343 个应用实例，4 个项目案例，致力为初学者打造“学习 1 小时，训练 10 小时”的强化实战学习环境。
- ☑ **精彩栏目，贴心提醒。**本书根据需要在各章使用了很多“注意”“说明”等小栏目，有助于读者在学习过程中轻松地理解相关知识点及概念，进而快速掌握相应技术的应用技巧。

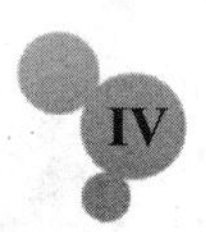

读者对象

- ☑ 初学数据分析编程的自学者
- ☑ 数据分析编程爱好者
- ☑ 大、中专院校的老师和学生
- ☑ 相关培训机构的老师和学员
- ☑ 做毕业设计的学生
- ☑ 初、中级数据分析程序开发人员
- ☑ 数据分析程序测试及维护人员
- ☑ 参加实习的“菜鸟”数据分析程序员

本书学习资源

本书提供了大量的辅助学习资源，读者需刮开图书封底的防盗码，扫描并绑定微信后，即可获取学习权限。

☑ 同步教学微课

学习书中知识时，扫描章节名称处的二维码，可在线观看教学视频。

☑ 在线开发资源库

本书配备了强大的 Python 开发资源库，包括技术资源库、技巧资源库、实例资源库、项目资源库、源码资源库、视频资源库。扫描右侧二维码，可登录明日科技网站，获取 Python 开发资源库一年的免费使用权限。

Python
开发资源库

☑ 学习答疑

关注清大文森学堂公众号，可获取本书的源代码、PPT 课件、视频等资源，加入本书的学习交流群，可参加图书直播答疑。

读者扫描图书封底的“文泉云盘”二维码，或登录清华大学出版社网站（www.tup.com.cn），可在对应图书页面下查阅各类学习资源的获取方式。

清大文森学堂

致读者

本书由明日科技 Python 程序开发团队组织编写。明日科技是一家专业从事软件开发、教育培训以及软件开发教育资源整合的高科技公司，其编写的教材非常注重选取软件开发中的必需、常用内容，同时也很注重内容的易学性以及相关知识的拓展性，深受读者喜爱。其教材多次荣获“全行业优秀畅销品种”“全国高校出版社优秀畅销书”等奖项，多个品种长期位居同类图书销售排行榜的前列。

在编写本书的过程中，我们始终本着科学、严谨的态度，力求精益求精，但书中难免有疏漏之处，敬请广大读者批评指正。

感谢您选择本书，希望本书能成为您编程路上的领航者。

“零门槛”编程，一切皆有可能。

祝读书快乐！

编　者

2023 年 10 月

目 录

Contents

第1篇 基础知识

第 2 篇 可视化图表

第 3 篇　项 目 实 战

第 1 篇

基础知识

本篇通过对数据分析基础、搭建数据分析开发环境、使用 NumPy 模块实现数组计算、使用 Pandas 模块实现数据的处理、数据的格式化等内容的介绍，并结合大量的图示、举例、视频，使读者能够快速掌握 Python 数据分析，并为以后编程奠定坚实的基础。

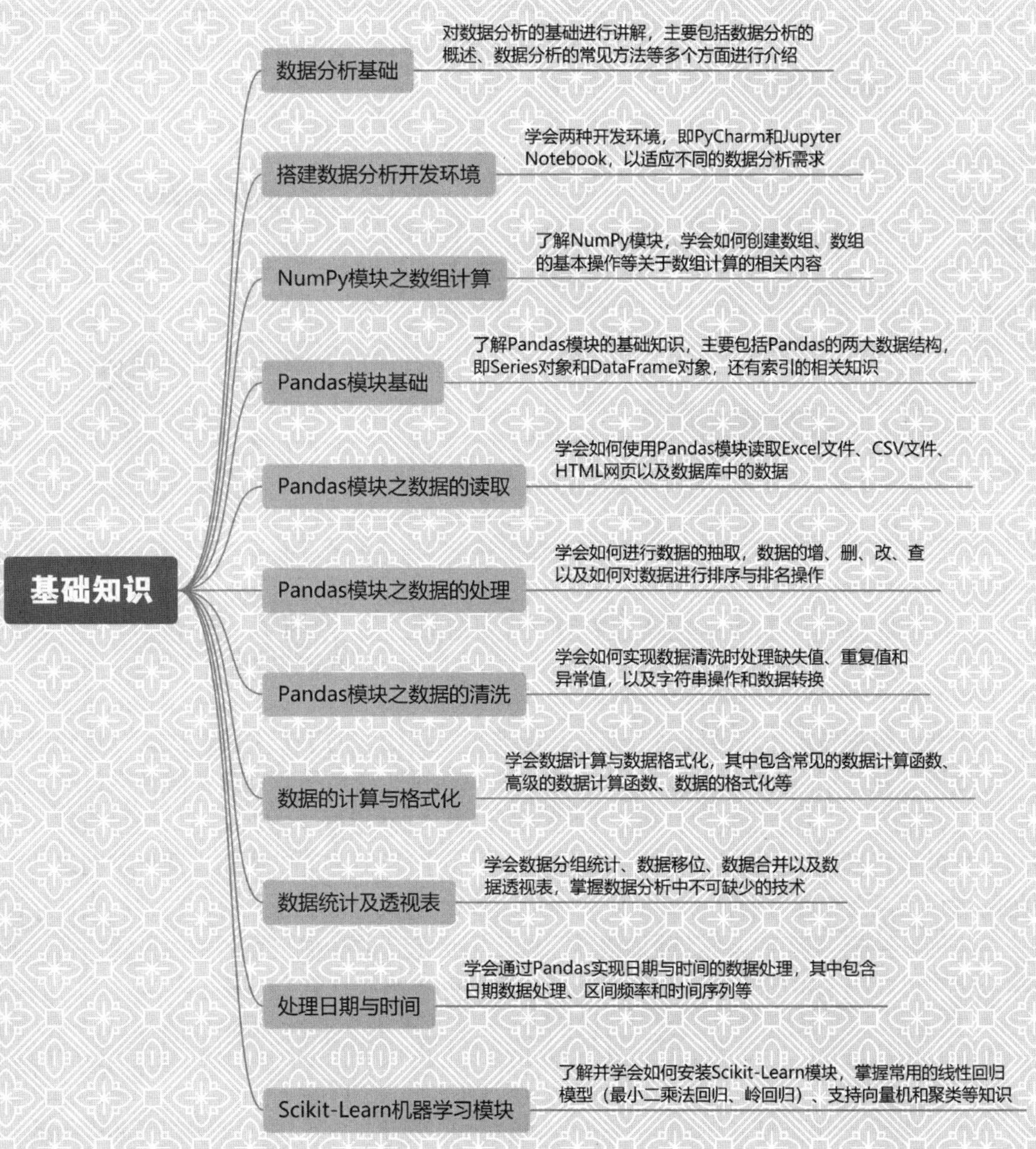

基础知识

- 数据分析基础：对数据分析的基础进行讲解，主要包括数据分析的概述、数据分析的常见方法等多个方面进行介绍
- 搭建数据分析开发环境：学会两种开发环境，即PyCharm和Jupyter Notebook，以适应不同的数据分析需求
- NumPy模块之数组计算：了解NumPy模块，学会如何创建数组、数组的基本操作等关于数组计算的相关内容
- Pandas模块基础：了解Pandas模块的基础知识，主要包括Pandas的两大数据结构，即Series对象和DataFrame对象，还有索引的相关知识
- Pandas模块之数据的读取：学会如何使用Pandas模块读取Excel文件、CSV文件、HTML网页以及数据库中的数据
- Pandas模块之数据的处理：学会如何进行数据的抽取，数据的增、删、改、查以及如何对数据进行排序与排名操作
- Pandas模块之数据的清洗：学会如何实现数据清洗时处理缺失值、重复值和异常值，以及字符串操作和数据转换
- 数据的计算与格式化：学会数据计算与数据格式化，其中包含常见的数据计算函数、高级的数据计算函数、数据的格式化等
- 数据统计及透视表：学会数据分组统计、数据移位、数据合并以及数据透视表，掌握数据分析中不可缺少的技术
- 处理日期与时间：学会通过Pandas实现日期与时间的数据处理，其中包含日期数据处理、区间频率和时间序列等
- Scikit-Learn机器学习模块：了解并学会如何安装Scikit-Learn模块，掌握常用的线性回归模型（最小二乘法回归、岭回归）、支持向量机和聚类等知识

第1章 数据分析基础

数据分析是数学、统计学理论结合科学的统计分析方法（如线性回归分析、聚类分析、方差分析、时间序列分析等）对数据库中的数据、Excel数据、收集的大量数据、网页抓取的数据等进行分析，从中提取有价值的信息形成结论并进行展示的过程。本章将对数据分析的基础知识进行讲解。

本章知识架构如下。

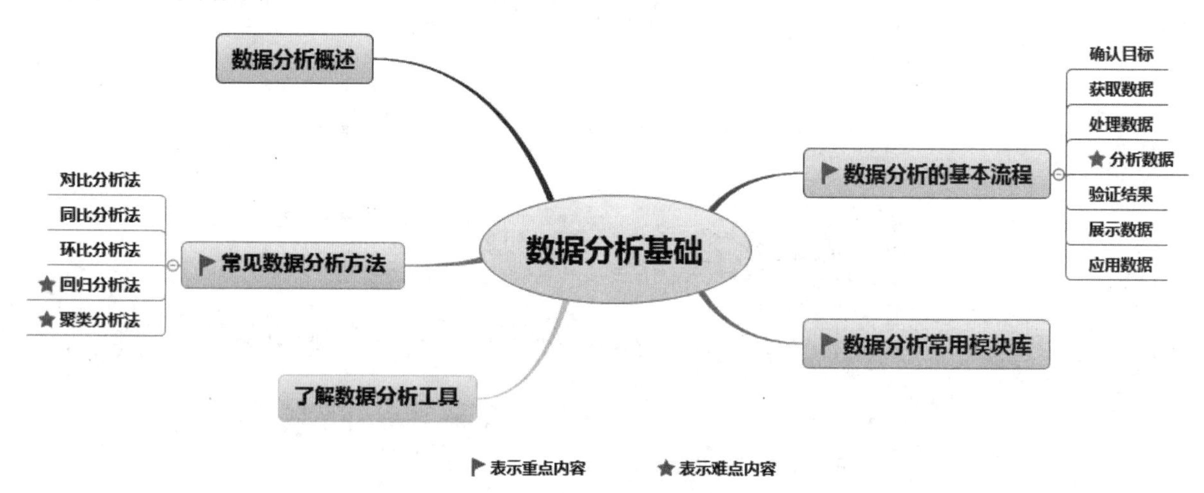

1.1 数据分析概述

数据分析是大数据技术中最重要的一部分，随着大数据技术的不断发展，数据分析将应用于各个行业，如互联网行业，通过数据分析，可以根据客户意向进行商品推荐以及针对性广告等。在医学方面，可以实现智能医疗、健康指数评估以及DNA对比等。在网络安全方面，可以通过数据分析建立一个潜在攻击性的分析模型，监测大量的网络访问数据与访问行为，可以快速识别可疑网络的访问，起到有效的防御作用。在交通方面，可以根据交通状况数据与GPS定位系统有效的预测交通实时路况信息。在通信方面，数据分析可以统计骚扰电话，进行骚扰电话的拦截与黑名单的设置。在个人生活方面，数据分析可以对个人生活习惯进行分类，为其提供更加周到的个性化服务。

1.2　常见数据分析方法

数据分析是从数据中提取有价值信息的过程，过程中需要对数据进行各种处理和归类，只有掌握了正确的数据分析方法，才能起到事半功倍的效果。

数据分析方法一般分为描述性数据分析、探索性数据分析和验证性数据分析，如图 1.1 所示。其中，探索性数据分析和验证性数据分析属于比较高级的数据分析。

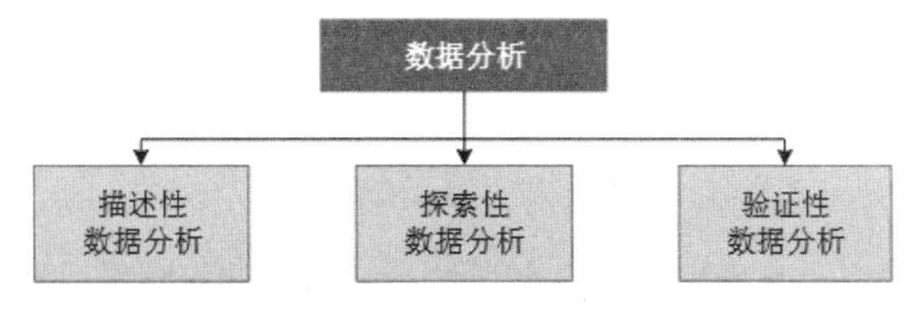

图 1.1　数据分析方法的类别

- ☑ 描述性数据分析是最基础、最初级的数据分析。例如，本月收入增加了多少、客户增加了多少、哪个单品销量好等，都属于描述性数据分析。
- ☑ 探索性数据分析侧重于发现数据规律和特征。例如，有一份数据，你对它完全陌生，又不了解业务情况，会无从下手。如果你什么都不管，直接把数据塞进各种模型，却发现效果并不好，这时就需要先进行数据探索，找到数据的规律和特征，知道数据里有什么，没有什么。
- ☑ 验证性数据分析就是已经确定使用哪种假设模型，通过验证性数据分析来对该假设模型进行验证。

数据分析方法从技术层面又可分为以下三种。

- ☑ 统计分析类，以基础的统计分析为主，包括对比分析、同比分析、环比分析、定比分析、差异分析、结构分析、因素分析、80/20 分析等。
- ☑ 高级分析类，以建模理论为主，包括回归分析、聚类分析、相关分析、矩阵分析、判别分析、主成分分析、因子分析、对应分析、时间序列分析等。
- ☑ 数据挖掘类，以机器学习、数据仓库等复合技术为主。

下面重点介绍对比分析、同比分析、环比分析、回归分析、聚类分析等常用的数据分析方法。

1.2.1　对比分析法

对比分析法是把客观事物加以比较，以达到认识事物的本质和规律并做出正确的评价，通常是把两个相互联系的指标数据进行比较，从数量上展示和说明研究对象规模的大小、水平的高低、速度的快慢，以及各种关系是否协调。

对比分析一般包括纵向对比、横向对比、标准对比，以及实际与计划对比。例如，某淘宝店 2023 年上半年每月销售情况对比分析，如图 1.2 所示。

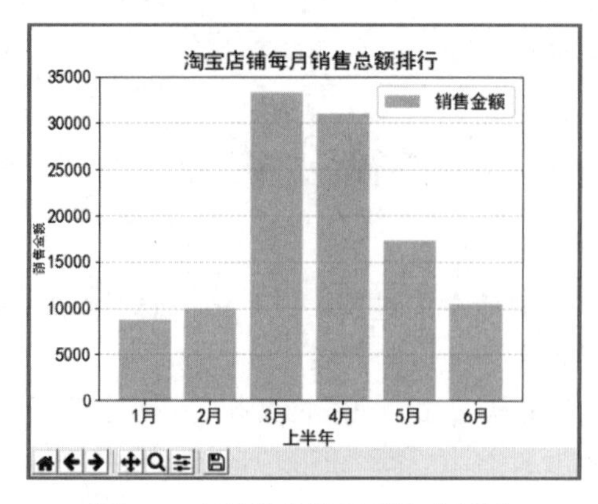

图 1.2　每月销售情况对比分析图

1.2.2　同比分析法

按照时间，即年度、季度、月份、日期等进行扩展，用本期实际发生数与同口径历史数字相比，产生动态相对指标，用以揭示发展水平以及增长速度。

同比分析主要是为了消除季节变动的影响，用以说明本期水平与去年同期水平对比而达到的相对值。例如，本期 1 月比去年 1 月，本期 2 月比去年 2 月等。在实际工作中，经常使用这个指标，如某年、某季、某月与上年同期（年、同季度或同月）相比的发展速度，就是同比增长速度。

同比增长速度=（本期-同期）/同期×100%

例如，2022 年和 2023 年 1～6 月销量情况对比如图 1.3 所示，同比增长速度如图 1.4 所示。

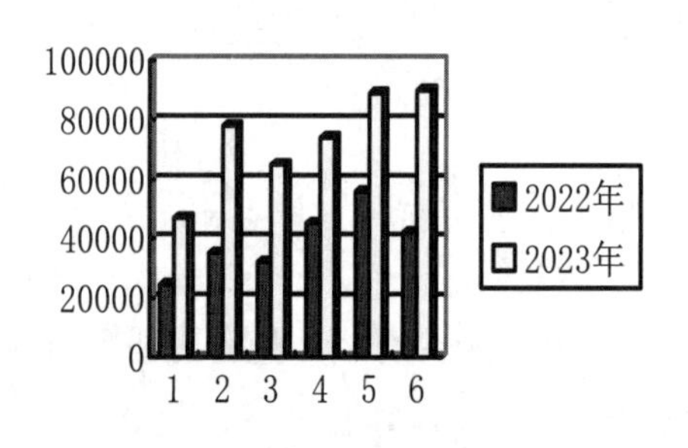

图 1.3　本期、同期销量情况对比

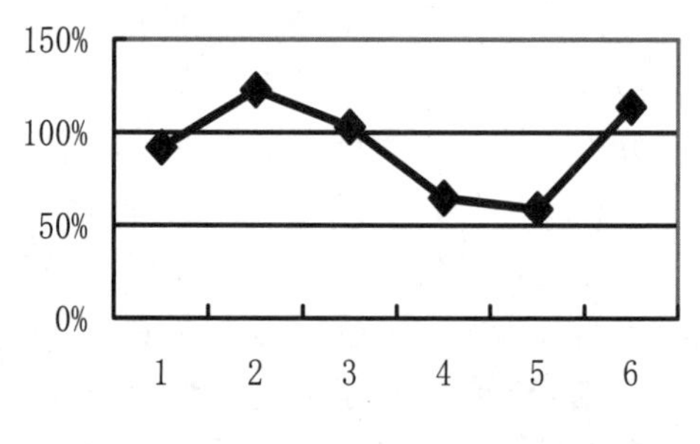

图 1.4　同比增长速度图

1.2.3　环比分析法

环比分析是报告期水平与前一时期水平之比，表明现象逐期的变化趋势。如果计算一年内各月与前一个月对比，即 1 月比去年 12 月，2 月比 1 月，3 月比 2 月，……，6 月比 5 月，则说明逐月的变化程度。本期数据与上期数据比较，形成时间序列图。

环比增长速度=（本期-上期）/上期×100%

例如，2023 年 1～6 月本月（本期）与上个月（上期）销量情况对比如图 1.5 所示，按月环比增长速度如图 1.6 所示。

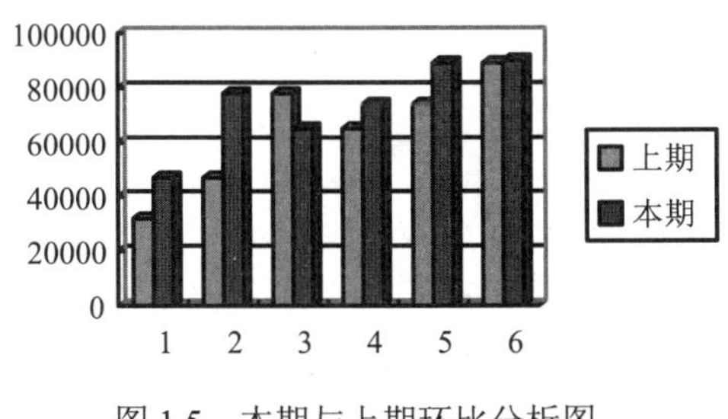

图 1.5　本期与上期环比分析图

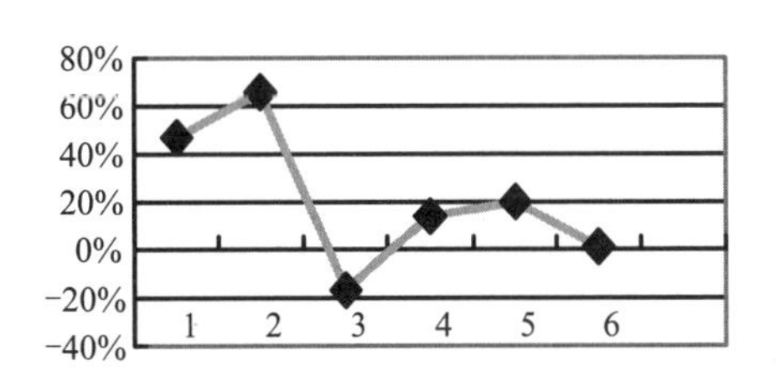

图 1.6　环比增长速度图

1.2.4　回归分析法

回归分析主要用于统计分析和预测。回归分析研究的是变量之间的关系以及相互影响的程度，可通过建立自变量和因变量的方程，研究某个因素受其他因素影响的程度或用来预测。回归分析有线性和非线性回归、一元和多元回归之分。常用的回归方程有一元线性和多元线性回归方程。

☑　一元线性回归方程：以 X 为自变量、Y 为因变量的一元线性方程。例如，以广告费为因变量，以销售收入为自变量，分析广告费对销售收入的影响程度，以及对未来销售收入的预测。

☑　多元线性回归方程：当自变量有两个或多个时，研究因变量 Y 和多个自变量 1X，2X，…，nX 之间的关系。例如，考虑当有多个因素影响销售收入时，销售收入为因变量，满减、打折、季节变化等指标为自变量，分析这些因素对销售收入的影响程度，以及对未来销售收入的预测。

建立回归分析一般要经历这样一个过程：先收集数据，再用散点图确认关系，利用最小二乘法或其他方法建立回归方程，检验统计参数是否合适，进行方差分析或残差分析，优化回归方程。

例如，通过预支广告费（50000 元）预测销售收入，首先根据以往广告费（X 实际）和销售收入（Y 实际）形成散点图，然后使用最小二乘法建立一元线性回归方程，拟合出一条回归线来预测销售收入，如图 1.7 所示。

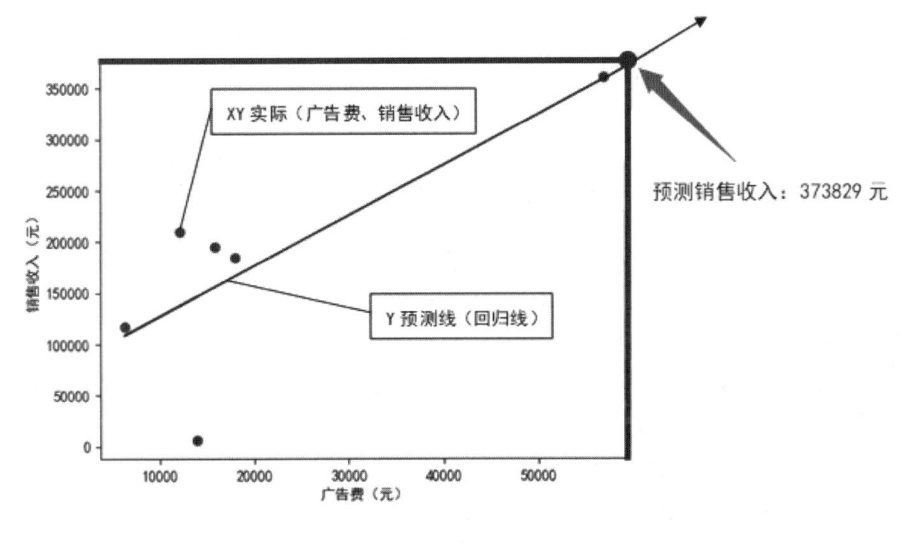

图 1.7　一元线性回归分析图

1.2.5 聚类分析法

聚类分析多用于人群分类，如客户分类。所谓聚类，是指将数据集中某些方面相似的数据成员进行分类组织的过程。简单地说，就是将相似的数据合并成一组，是一种发现内在相似结构的技术。聚类可把一个大数据集按照某种距离计算方式，分成若干个分类，每个分类内的差异性比类与类之间的差异性要小很多。

聚类与分类分析不同，所划分的类是未知的。因此，聚类分析也称为无指导或无监督学习。它是静态数据分析的一门技术，在许多领域被广泛应用，包括机器学习、数据挖掘、模式识别、图像分析以及生物信息。

例如，客户价值分析中对客户进行分类（根据业务需要分为 4 类），其中的某类客户如图 1.8 所示。

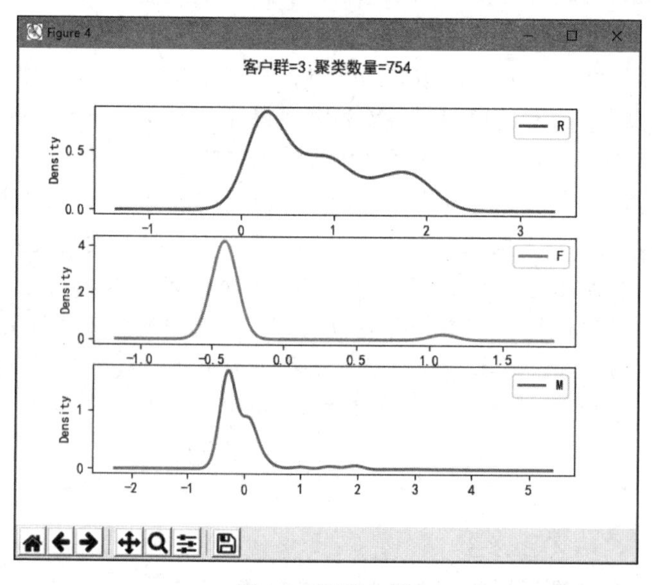

图 1.8　聚类分析

1.3　了解数据分析工具

很多人使用 Excel 进行数据分析，但在数据量大、公式嵌套又多的情况下，Excel 处理起来会很麻烦，处理速度也会变慢。Python 提供了大量的第三方扩展模块，如 NumPy、SciPy、Matplotlib、Pandas、Scikit-Lenrn、Keras 和 Gensim 等，这些模块不仅可以对数据进行处理、挖掘，可视化展示，其自带的分析方法模型也使得数据分析变得简单高效，只需编写少量的代码就可以得到分析结果。

另外，Python 简单易学，在科学领域占据着重要地位，是科学领域的主流编程语言。如图 1.9 所示为 2023 年 5 月的 TIOBE 编程语言排行榜，可以看到 Python 位列第一。

May 2023	May 2022	Change	Programming Language	Ratings	Change
1	1		Python	13.45%	+0.71%
2	2		C	13.35%	+1.76%
3	3		Java	12.22%	+1.22%
4	4		C++	11.96%	+3.13%
5	5		C#	7.43%	+1.04%
6	6		Visual Basic	3.84%	-2.02%
7	7		JavaScript	2.44%	+0.32%
8	10	^	PHP	1.59%	+0.07%
9	9		SQL	1.48%	-0.39%
10	8	⌄	Assembly language	1.20%	-0.72%

图 1.9　TIOBE 编程语言排行榜（2023 年 5 月）

说明

图 1.9 中的数据来自 TIOBE 编程语言排行榜，网址：https://www.tiobe.com/tiobe-index。

综上所述，经过对比分析，Python 作为首选数据分析工具，具有以下优势。

- ☑ 语法简单易学，数据处理简单高效，对于初学者来说非常容易上手。
- ☑ Python 第三方扩展模块不断更新，可用范围越来越广。
- ☑ 在科学计算、数据分析、数学建模和数据挖掘方面占据越来越重要的地位。
- ☑ 可以和其他语言进行对接，兼容性稳定。

1.4　数据分析的基本流程

数据分析的基本流程如图 1.10 所示，其中，明确分析目的和思路非常重要，这也是做数据分析最有价值的部分。

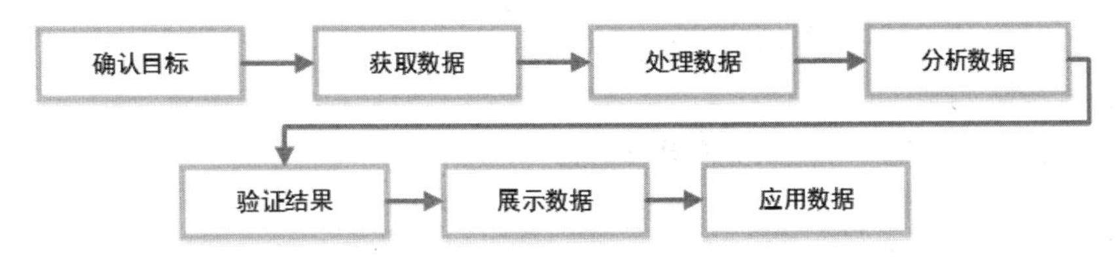

图 1.10　数据分析基本流程图

1.4.1　确认目标

爱因斯坦有句名言：“如果给我 1 个小时解答一道决定我生死的问题，我会花 55 分钟来弄清楚这道题到底是在问什么。一旦清楚了它到底在问什么，剩下的 5 分钟足够回答这个问题。”在数据分析方

面，首先要花些时间搞清楚要分析什么、要达到什么样的效果，明确分析目的和思路后考虑用哪种分析方法，然后进行数据处理和数据分析等后续工作。

1.4.2 获取数据

寻找合适的训练数据是一件非常重要的事。获取数据的方式有很多种，如使用公开的数据集，利用爬虫类数据采集工具等。下面介绍几个常用的数据网站和常见的数据获取方式。

1. 使用公开的数据集

（1）常用的数据公开网站如下。

☑ UCI：经典的机器学习、数据挖掘数据集，包含分类、聚类、回归等问题下的多个数据集。
☑ 国家数据：数据来源于中华人民共和国国家统计局，包含了我国经济、民生等多个方面的数据。
☑ CEIC：最完整的一套超过 128 个国家的经济数据，能够精确查找 GDP、CPI、进口、出口、外资直接投资、零售、销售以及国际利率等深度数据。其中的“中国经济数据库”收编了几十万条时间序列数据，数据内容涵盖宏观经济数据、行业经济数据和地区经济数据。
☑ 万得：在金融业有着全面的数据覆盖，金融数据的类目更新非常快，很受国内的商业分析者和投资人的青睐。
☑ 搜数网：汇集了中国资讯自 1992 年以来收集的所有统计和调查数据。
☑ 中国统计信息网：国家统计局官方网站，汇集了海量的全国各级政府各年度的国民经济和社会发展等统计信息。
☑ 亚马逊：来自亚马逊的跨科学云数据平台，包含化学、生物、经济等多个领域的数据集。
☑ figshare：研究成果共享平台，这里可以找到来自世界的高级学者、专家的研究成果数据。
☑ github：一个非常全面的数据获取渠道，包含各个细分领域的数据库资源，自然科学和社会科学的覆盖都很全面，适合做研究和数据分析的人员使用。

（2）政府开放数据的网站如下。

☑ 北京市政务数据资源网：包含竞技、交通、医疗、天气等数据。
☑ 深圳市政府数据开放平台：包含交通、文娱、就业、基础设施等数据。
☑ 上海市政务数据服务网：包含经济建设、文化科技、信用服务、交通出行等多领域数据。

（3）数据竞赛网站如下。

竞赛的数据集通常干净，且科学研究性非常高。

☑ DataCastle：专业的数据科学竞赛平台。
☑ Kaggle：全球最大的数据竞赛平台。
☑ 天池：阿里旗下的数据科学竞赛平台。
☑ Datafountain：中国计算机学会指定的大数据竞赛平台。

2. 利用爬虫获取数据

前面给出了一些网站平台，读者可以使用爬虫工具爬取这些网站上的数据。某些网站给出了获取

这些数据的 API 接口，但需要付费。

3. 数据交易平台

由于数据需求的增大，现在涌现出很多数据交易平台，如优易数据、数据堂等。这些平台属于付费平台，但里面也会有些免费数据。

4. 网络指数

通过指数的变化，可以查看某个主题在各个时间段受关注的情况，从而进行趋势分析、行情分析和预测。例如，百度指数、阿里指数、友盟指数、爱奇艺指数等。

5. 网络采集器

网络采集器（如造数、爬山虎等）可通过软件形式简单、快捷地采集网络上分散的数据，具有很好的数据收集功能。

1.4.3　处理数据

处理数据是指从大量的、杂乱无章的、难以理解的、缺失的数据中，抽取并推导出对解决问题有价值、有意义的数据的过程。处理数据主要包括数据规约、数据清洗、数据加工等处理方法，如图 1.11 所示。

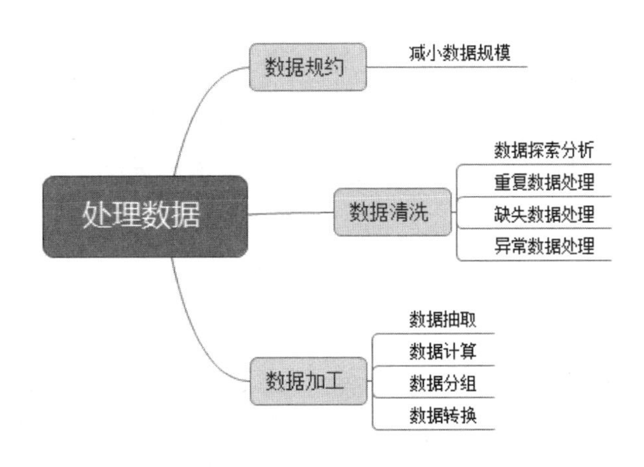

图 1.11　处理数据

1. 数据规约

数据规约是指在接近或保持原始数据完整性的同时，将数据集规模减小，以提高数据处理的速度。

2. 数据清洗

获取原始数据后，会发现其中很多数据不符合数据分析要求，此时就要对其进行清洗，操作步骤如下。

（1）数据探索分析，即分析数据是否存在缺失、异常等情况，分析数据的规律。Python 中，describe()

函数可以自动计算非空值（count）、唯一值（unique）、最高值（top）、最高频值（freq）、平均值（mean）、方差（std）、最小值（min）、最大值（max）等，通过求得的值可以分析出有多少数据存在数据缺失和数据异常。

（2）重复数据处理。对于重复的数据，一般做删除处理，通常使用 Python 第三方模块 Pandas 中的 drop_duplicates()方法。

（3）缺失数据处理。对于缺失的数据，如果比例高于 30%，则可以选择放弃这个指标，删除即可；如果缺失比例低于 30%，则可以将这部分缺失数据进行填充，以 0 或均值等。

（4）异常数据处理。需要对具体业务进行分析和处理，对于不符合常理的数据可直接删除。

3. 数据加工

数据加工包括数据抽取、数据计算、数据分组和数据转换。

☑ 数据抽取：选取数据中的部分内容。

☑ 数据计算：进行各种算术和逻辑运算，以便得到进一步的信息。

☑ 数据分组：按照有关信息进行有效的分组。

☑ 数据转换：数据标准化处理，以适应数据分析算法的需要，常用的有 z-score 标准化、最小/最大标准化和按小数定标标准化等。

经过上述标准化处理后，数据中各指标值将会处在同一个数量级别上，可以更好地对数据进行综合测评和分析。

1.4.4 分析数据

分析数据过程中，选择适合的分析方法和分析工具很重要，分析方法应兼具准确性、可操作性、可理解性和可应用性。对业务人员（如产品经理或运营）来说，数据分析过程中最重要的是形成数据分析思维。

1.4.5 验证结果

通过工具和方法分析的结果只是数据某个结果的体现，有时不一定准确，所以必须进行验证。

例如，一家淘宝电商销售业绩下滑，分析结果为两点：价格平平，客户不喜欢；产品质量不佳，和同期竞争对手比没有优势。但这只是现象，不是因素。具体为什么客户不喜欢，是宣传不到位，不吸引眼球，还是产品质量不佳？这才是真正的分析结果。

所以，只有将数据分析与业务思维相结合，才能找到真正可以落地的东西。

1.4.6 展示数据

展示数据就是指数据可视化，即把数据分析结果展示给业务层的过程。数据展现除应遵循各公司统一的规范、原则外，还要根据实际需求和场景决定展示方式。最常见的展示方式是图表方式，更清晰、更直观。

1.4.7　应用数据

应用数据是指将数据分析结果应用到实际业务当中，是数据产生实际价值的直接体现，这个过程需要操作人员具有数据沟通能力、业务推动能力和项目工作能力。

1.5　数据分析常用模块库

数据分析的常用模块库有 NumPy、Pandas、Matplotlib、Scikit-Learn 等。

1．NumPy 模块

NumPy 是一个运行速度非常快的数学模块，是进行科学计算和数据分析时必不可少的基础模块。NumPy 模块不仅支持大量的维度数组与矩阵运算，还针对数组运算提供大量的数学函数模块。例如：

☑　强大的 N 维数组对象 ndarray()。
☑　成熟的（广播）函数库。
☑　整合 C/C++/Fortran 代码的工具。
☑　实用的线性代数、傅里叶变换和随机数生成函数。

2．Pandas 模块

Pandas 是一个开源且通过 BSD 许可的模块，主要为 Python 提供高性能、易于使用的数据结构和数据分析工具。

Pandas 的数据结构中有两大核心，分别是 Series 与 DataFrame。其中，Series 是一维数组，和 NumPy 中的一维数组类似。这两种一维数组与 Python 中的基本数据结构 List 很相近，Series 可以保存多种数据类型的数据，如布尔值、字符串、数字类型等；DataFrame 是一种二维的表格型数据结构，类似 Excel 表格。

3．Matplotlib 模块

Matplotlib 是一个 Python 绘图模块，不仅可以绘制 2D 图表，还可以绘制 3D 图表。其名称中，“plot”表示绘图，“lib”表示它是一个集合。

使用 Matplotlib 绘制图表非常简单，只需几行代码即可快速绘制条形图、折线图、散点图、饼图等。matplotlib.pyplot 子模块提供了类似 MATLAB 的界面，尤其是与 IPython 结合使用时。其每个函数都可以对图形进行更改，如创建图形，在图形中创建绘图区域，绘制线条样式，设置字体属性、轴属性等。

4．Scikit-Learn 模块

Scikit-Learn 是一个简单、有效的数据挖掘和数据分析工具，可以在各种环境下重复使用。Scikit-Learn 是基于 NumPy、SciPy 和 Matplotlib 的，它将很多机器学习算法进行了封装，即使是不熟悉算法的用户，也可以通过调用函数的方式轻松建模。其中的 sklearn 模块可以实现数据的预处理、分

类、回归、PCA 降维、模型选择等，是数据分析中必不可少的一个模块。

1.6 小　　结

本章主要介绍了数据分析概述、数据分析的常见方法、了解数据分析工具、数据分析的基本流程和 Python 数据分析的常用模块。重点需要理解数据分析的常用方法、数据分析的基本流程以及 Python 数据分析的常用模块。虽然本书使用的分析工具是 Python，但它不是一本 Python 入门图书，因此 Python 基础知识本书不做介绍，接下来的章节将围绕 Python 数据分析的相关知识进行讲解。

第 2 章

搭建数据分析开发环境

工欲善其事，必先利其器。Python 提供的数据处理、绘图、数据可视化、数组计算、机器学习等模块，使得数据可视化工作变得简单、高效。而要使用 Python，需要先安装 IDE 开发环境，以及适合数据分析、数据可视化的 Anaconda、Jupyter Notebook、Pycharm 等开发工具。本章将详细介绍几种开发环境的搭建过程，为 Python 数据可视化做好准备。

本章知识架构如下。

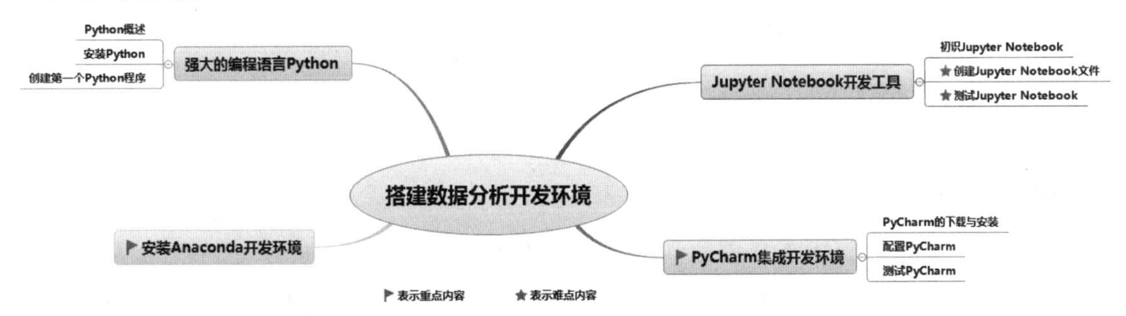

2.1　强大的编程语言 Python

2.1.1　Python 概述

Python 是 1989 年由荷兰人 Guido van Rossum 发明的一种面向对象的解释型高级编程语言，其标志如图 2.1 所示。Python 的设计理念是优雅、明确、简单，因此，网络上流传着“人生苦短，我用 Python”的说法，从侧面也反映了 Python 简单易学、开发速度快、节省时间等特点。

图 2.1　Python 标志

Python 提供了大量的第三方扩展模块，如 Pandas、Matplotlib、NumPy、SciPy、Scikit-Lenrn、Keras、Gensim 等，这些模块不仅可以对数据进行处理、挖掘、可视化展示，其自带的分析方法模型也使得数据分析变得简单高效，只需编写少量的代码就可以得到分析结果。

2.1.2　安装 Python

1．查看计算机操作系统的位数

为了提高开发效率，Python 针对 32 位操作系统和 64 位操作系统分别做了优化，推出了不同的开发工具包。因此，在下载、安装 Python 前，需要先了解个人计算机操作系统的位数。

在桌面找到“此电脑”图标（笔者使用的 Windows 10 系统，在 Windows 7 系统中为“计算机”图标），右击该图标，在打开的菜单中选择“属性”命令（见图 2.2），在弹出的“系统”窗体中查阅“系统类型”标签，此处将显示本机是 64 位操作系统还是 32 位操作系统，如图 2.3 所示。

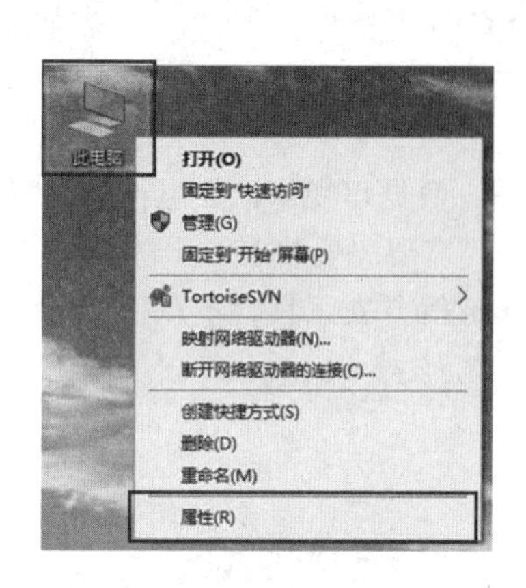

图 2.2　选择“属性”命令

图 2.3　查看系统类型

2．下载 Python 安装包

在 Python 官方网站下载 Python 安装包，操作步骤如下。

（1）在浏览器（如 Google Chrome）地址栏中输入 Python 官网地址 https://www.python.org/，将光标移动到 Downloads 菜单上，选择 Windows 平台，如图 2.4 所示。

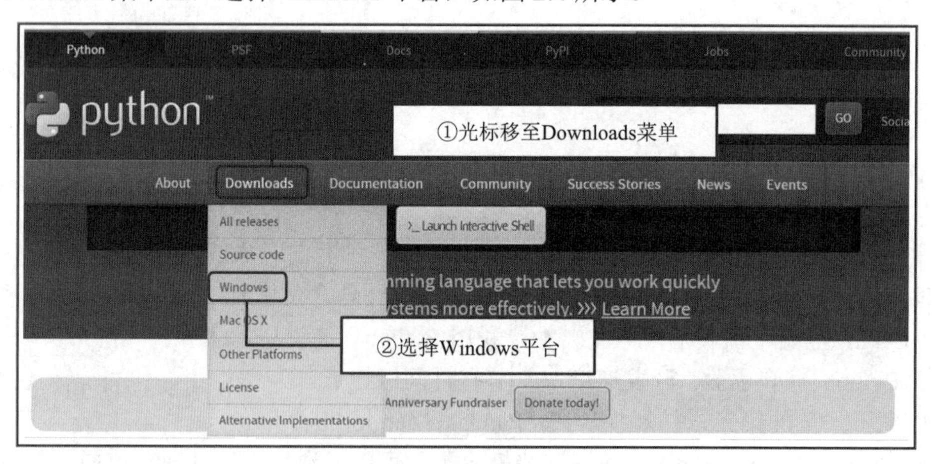

图 2.4　Python 官方网站首页

（2）进入下载页面，选择需要下载的 Python 3.9.5 安装包。由于笔者的计算机是 64 位 Windows 操作系统，所以这里选择下载 64 位系统安装包，如图 2.5 所示。

（3）弹出“新建下载任务”对话框，如图 2.6 所示，单击“下载”按钮，开始下载 Python 3.9.5 安装包。

图 2.5　适合 Windows 系统的 Python 下载列表

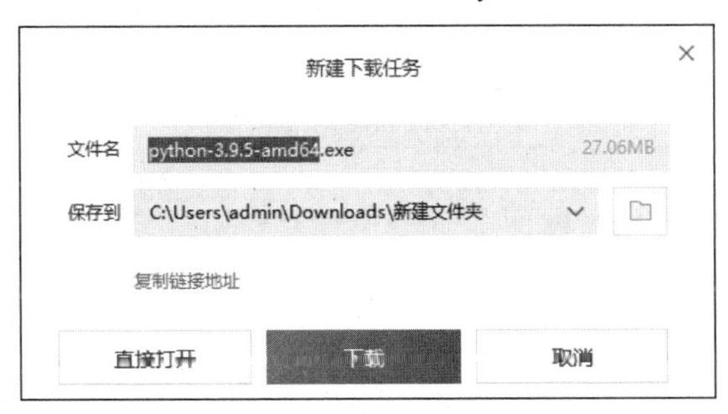

图 2.6　下载 Python

（4）下载完成后，在指定位置找到安装文件，准备安装 Python。

3．安装 Python

在 Windows 64 位系统上安装 Python，具体步骤如下。

（1）双击下载后得到的安装文件，如 python-3.9.5-amd64.exe，将显示安装向导对话框，选中“Add Python 3.9 to PATH”复选框，让安装程序自动配置环境变量，如图 2.7 所示。

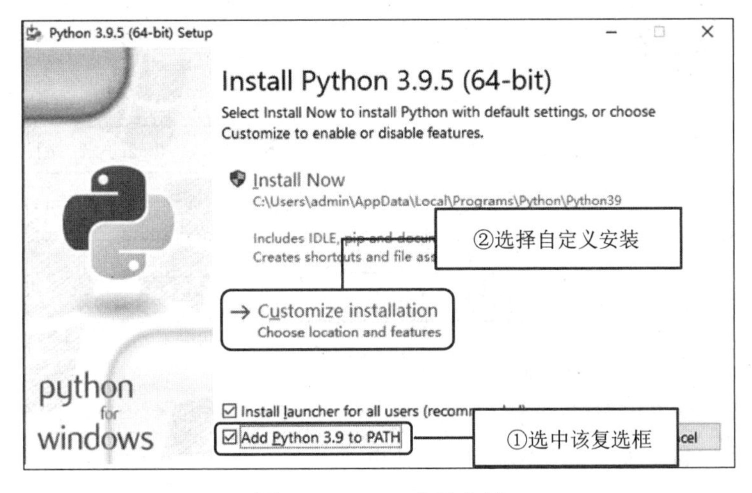

图 2.7　Python 安装向导

注意

一定要选中“Add Python 3.9 to PATH”复选框，否则在后面使用中会出现“××× 不是内部或外部命令”的错误。

（2）单击 Customize installation 按钮进行自定义安装（可以修改安装路径），安装选项采用默认设置，如图 2.8 所示。

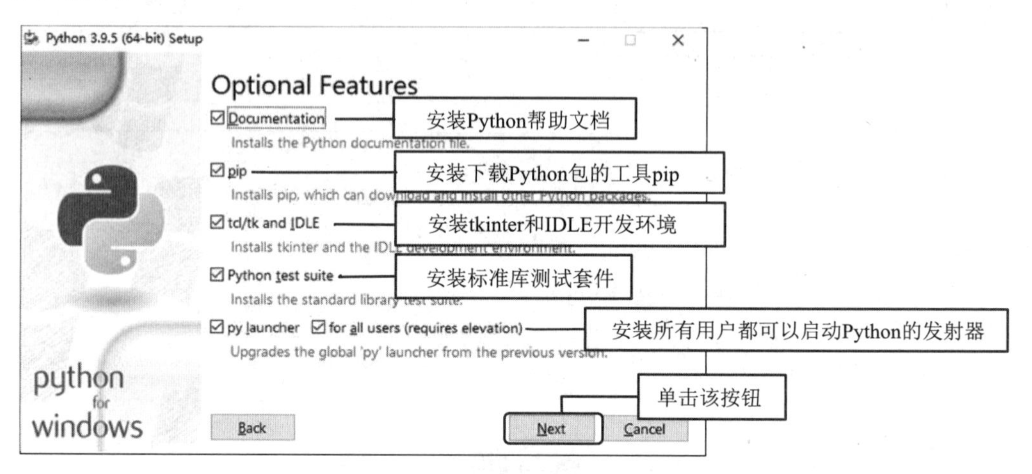

图 2.8　设置安装选项

（3）单击 Next 按钮进行高级选项设置，设置安装路径，如“E:\Python\Python 3.9”，其他选项采用默认设置，如图 2.9 所示。注意，不要将 Python 安装在操作系统的安装路径下，否则一旦操作系统崩溃，Python 编写的程序将非常危险。

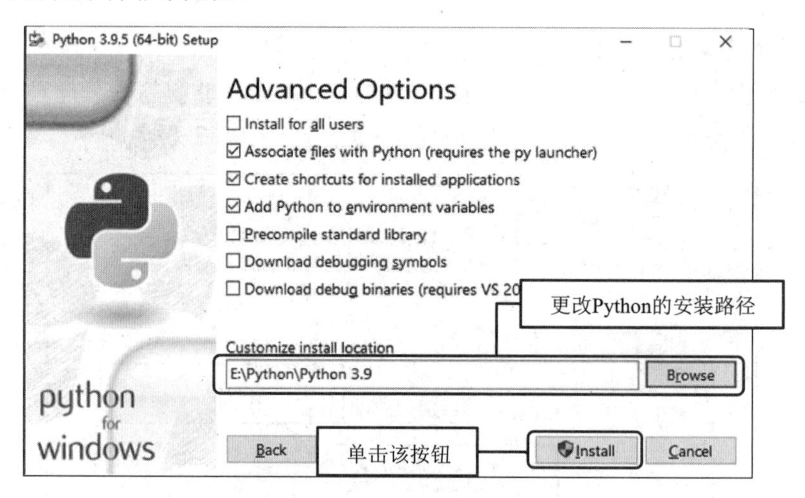

图 2.9　设置高级选项

（4）单击 Install 按钮，开始安装 Python，如图 2.10 所示。

（5）安装完成后将显示如图 2.11 所示的对话框。

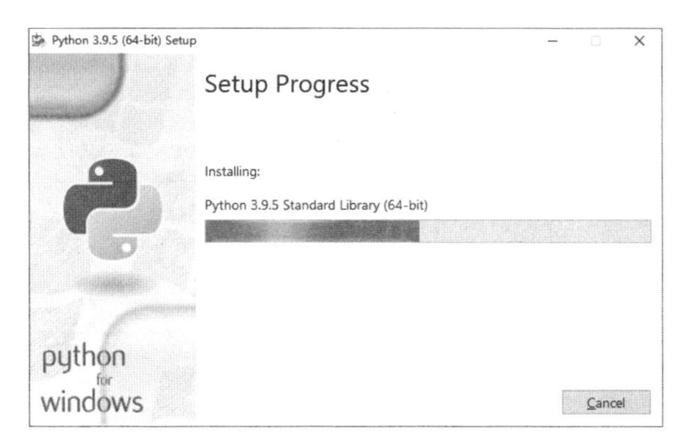

图 2.10　开始安装

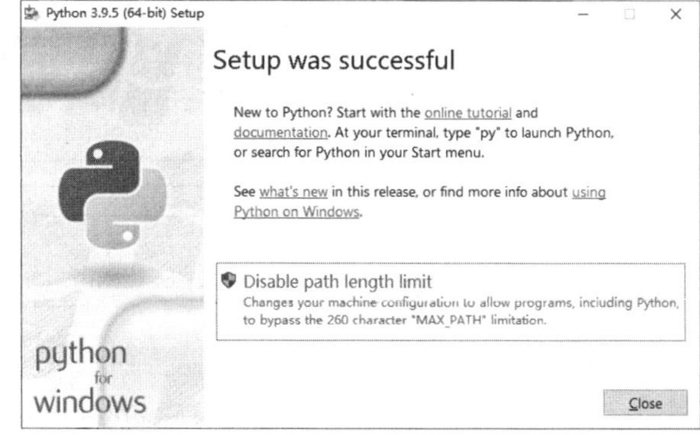

图 2.11　安装完成

4. 测试 Python 是否安装成功

Python 安装完毕后，需要检测是否成功安装。在 Windows 10 系统下可以单击开始菜单，在桌面左下角“搜索”文本框中输入 cmd 命令并按 Enter 键，启动“命令提示符”窗口，在当前命令提示符后输入 python，按 Enter 键，如果出现如图 2.12 所示信息，则说明 Python 已安装成功，同时已进入交互式 Python 解释器中。

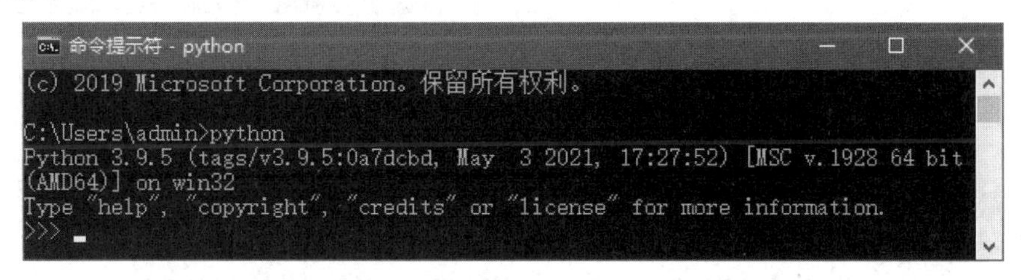

图 2.12　在命令行窗口中运行的 Python 解释器

说明

图 2.12 中的信息是笔者计算机中安装的 Python 的相关信息，其中包括 Python 的版本、该版本发行的时间、安装包的类型等。因为选择的版本不同，这些信息可能会有所差异，但只要命令提示符变为>>>，即说明 Python 已经安装成功，正在等待用户输入 Python 命令。

2.1.3　创建第一个 Python 程序

安装 Python 后，会自动安装一个 IDLE，它是一个 Python Shell（可在 IDLE 窗口标题栏中看到），开发人员利用它与 Python 交互。下面将详细介绍如何使用 IDLE 开发 Python 程序。

打开 IDLE 时，单击 Windows 10 系统的开始菜单，选择 Python 3.9→IDLE (Python 3.9 64-bit) 菜单项，即可打开 IDLE 窗口，如图 2.13 所示。

在 Python 提示符“＞＞＞”右侧输入代码时，每写完一条语句，按 Enter 键后就会执行该语句。在实际开发中，代码通常有很多行，建议单独创建一个文件来保存这些代码，最后统一执行全部代码。

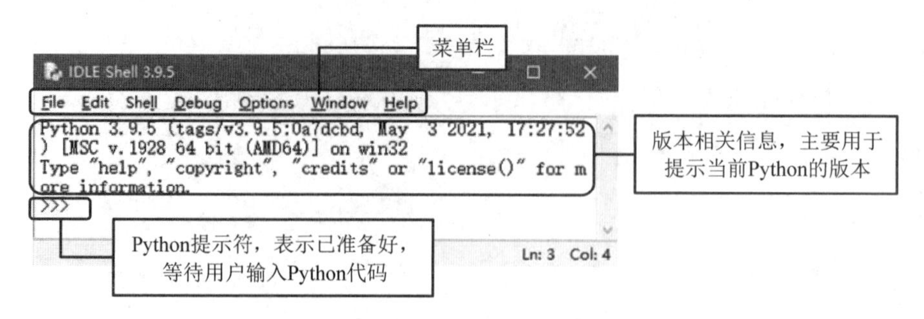

图 2.13　IDLE 主窗口

（1）在 IDLE 窗口中选择 File→New File 命令，打开一个新窗口，如图 2.14 所示。

（2）在代码编辑区编写“hello world”程序，输入一行代码后按 Enter 键。

```
print("hello world")
```

（3）编写完成的代码效果如图 2.15 所示。按 Ctrl + S 快捷键保存文件，这里将其保存为 demo.py，其中，“.py”是 Python 文件的扩展名。

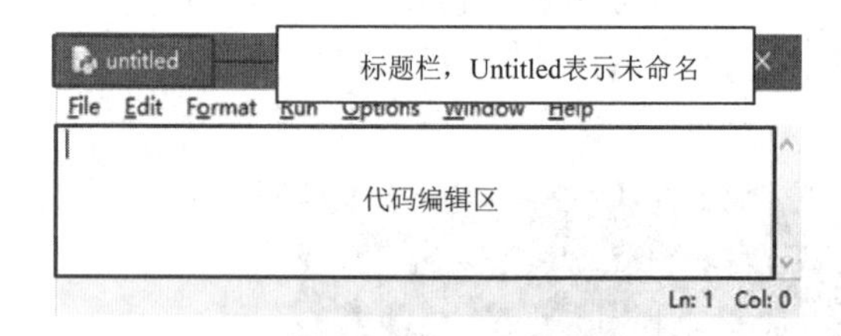

图 2.14　新创建的 Python 文件窗口

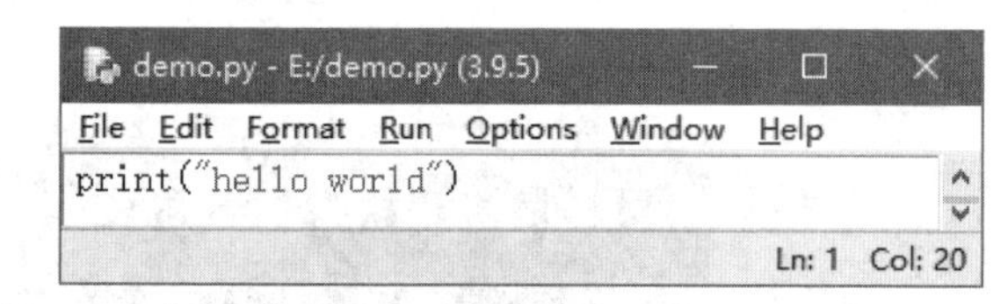

图 2.15　编辑代码后的 Python 文件窗口

（4）运行“hello world”程序。选择 Run→Run Module 命令（或按 F5 键），运行结果如图 2.16 所示。

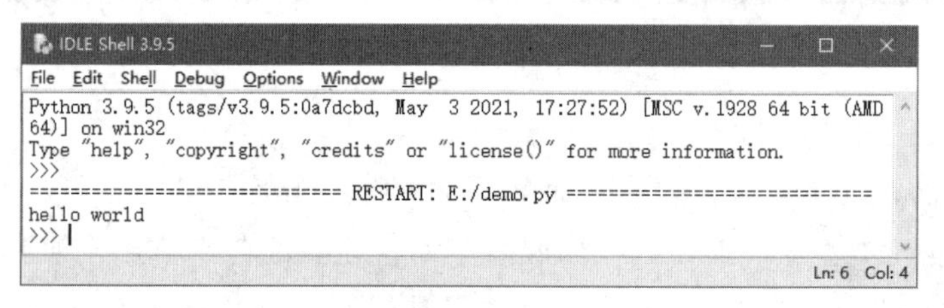

图 2.16　运行结果

说明

程序运行结果会在 IDLE 中呈现，每运行一次程序，就在 IDLE 中呈现一次。

2.2　安装 Anaconda 开发环境

Anaconda 是一个用于大规模数据处理、预测分析和科学计算的免费工具。该工具不仅集成了 Python 解析器，还有很多用于数据处理和科学计算的第三方模块，包含很多网络爬虫用到的模块，如 requests、

Beautiful Soup、lxml 等。

在 Windows 系统下安装 Anaconda，具体步骤如下。

（1）在浏览器中打开 Anaconda 官网 https://www.anaconda.com/，单击 Download 按钮，如图 2.17 所示。

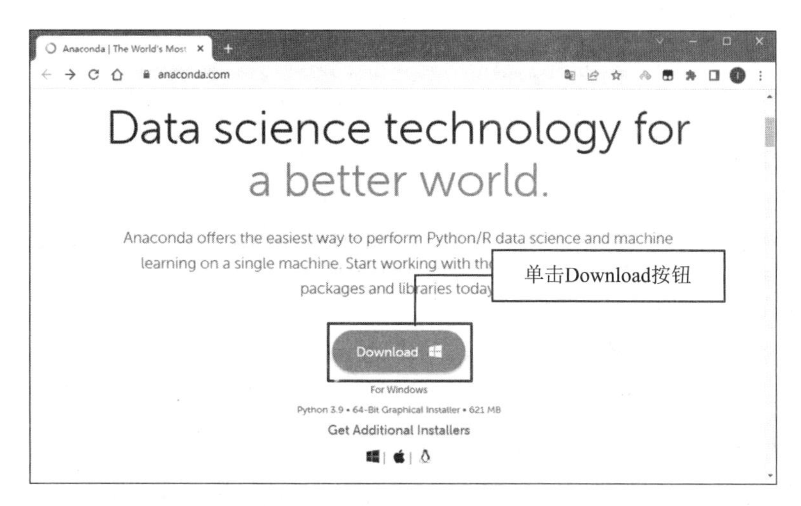

图 2.17　单击 Download 按钮

（2）系统将自动下载 Anaconda，并显示下载进度，如图 2.18 所示。

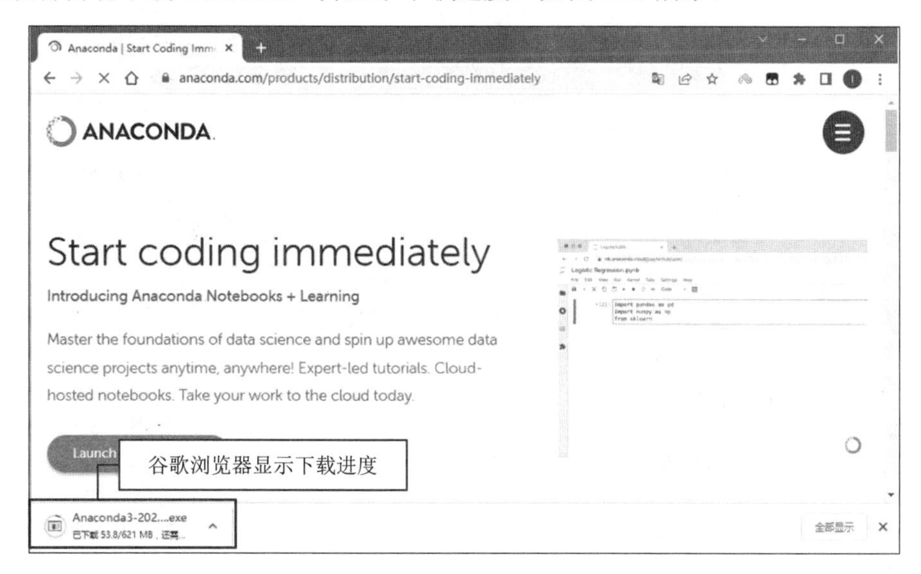

图 2.18　下载 Anaconda

下载 Anaconda 前，读者需要先查看个人计算机的系统版本与位数，然后下载系统支持的 Anaconda。

下载完成后，浏览器会自动提示“此类型的文件可能会损害您的计算机。您仍然要保留 Anaconda3-2022….exe 吗？”，此时单击“保留”按钮，保留该文件即可。

（3）下载完毕后，双击运行下载的文件，打开安装向导，单击 Next 按钮，如图 2.19 所示。

（4）在 License Agreement 窗口中单击 I Agree 按钮，如图 2.20 所示。

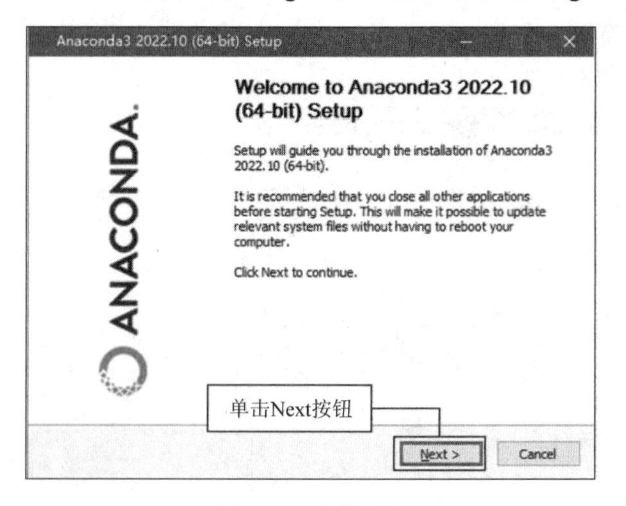

图 2.19　安装向导

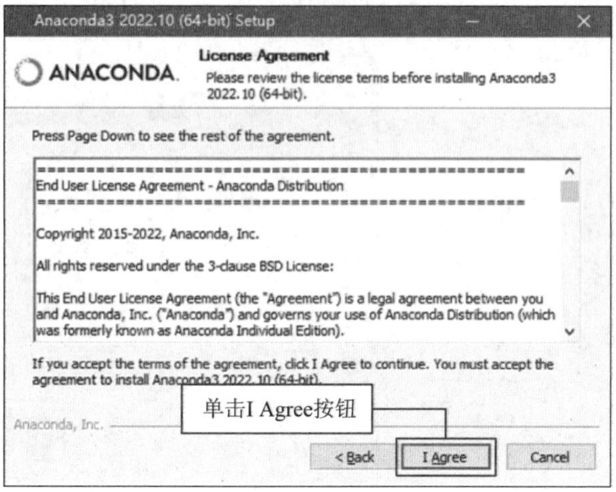

图 2.20　License Agreement 窗口

（5）在 Select Installation Type 窗口内先选择 All Users 选项，然后单击 Next 按钮，如图 2.21 所示。

（6）在 Choose Install Location 窗口中选择安装路径（不建议使用中文路径），然后单击 Next 按钮，如图 2.22 所示。

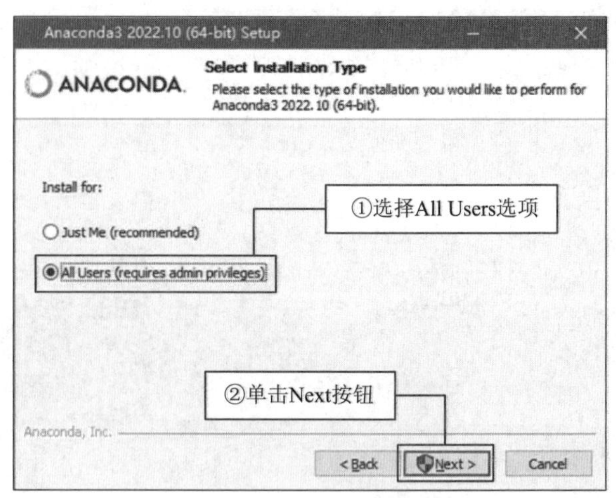

图 2.21　选择 All Users 选项

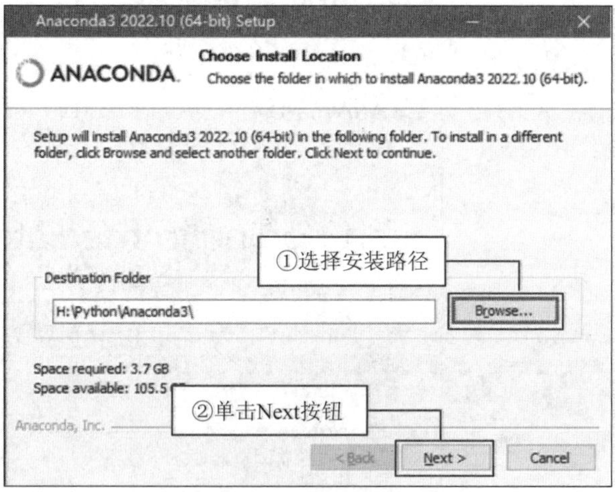

图 2.22　选择安装路径

（7）在 Advanced Installation Options 窗口中，单击 Install 按钮进行安装，如图 2.23 所示。

（8）由于 Anaconda 中包含的模块较多，所以安装需要等待的时间较长。安装完成后，在 Installation Complete 窗口中单击 Next 按钮，如图 2.24 所示。

（9）Anaconda 与 JetBrains 为合作关系，所以系统会推荐安装 JetBrains 开发工具，单击 Next 按钮即可，如图 2.25 所示。

（10）在安装完成对话框中不查阅，也不立即启动 Anaconda，直接单击 Finish 按钮，如图 2.26 所示。

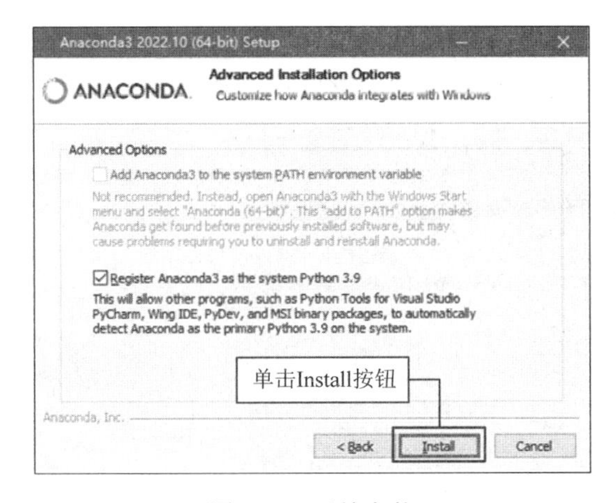

图 2.23　开始安装

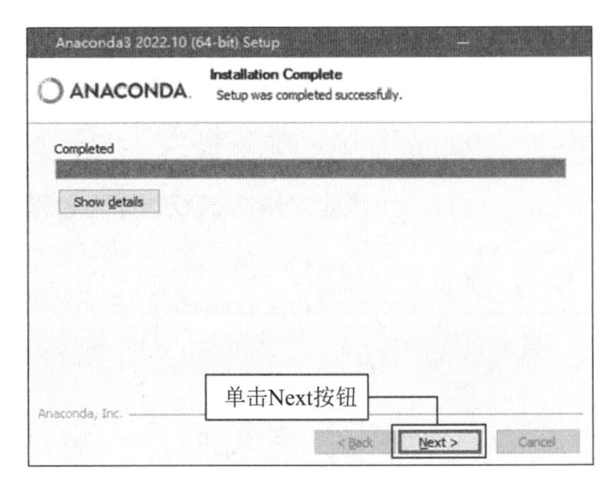

图 2.24　安装完成

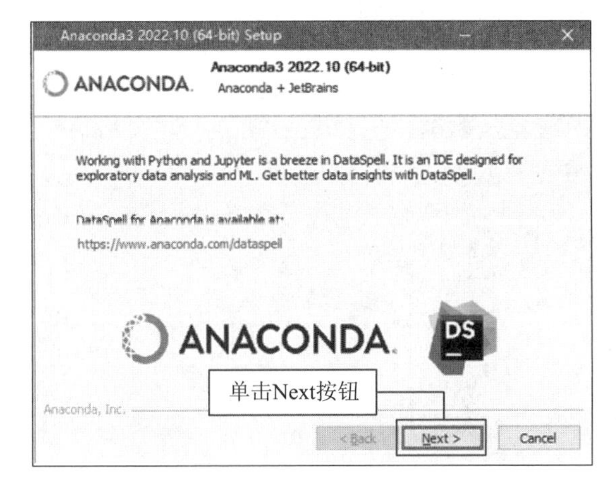

图 2.25　安装 JetBrains 开发工具提示

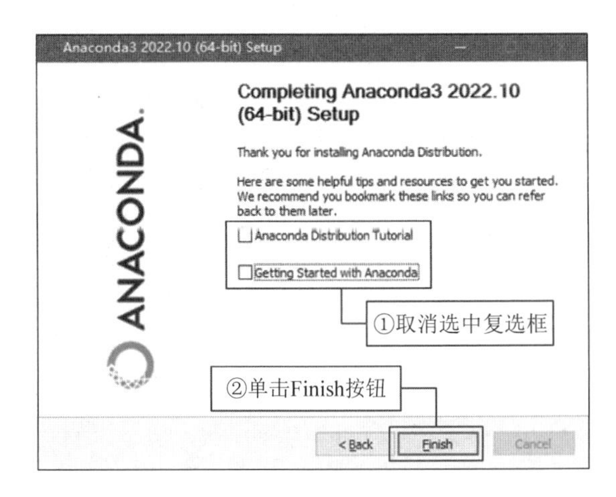

图 2.26　安装结束

（11）在保证已添加系统环境变量的情况下，打开 Anaconda Prompt(Anaconda 3) 命令行窗口，然后输入 conda list 并按 Enter 键，可查看当前 Anaconda 中已安装的所有模块，如图 2.27 所示。

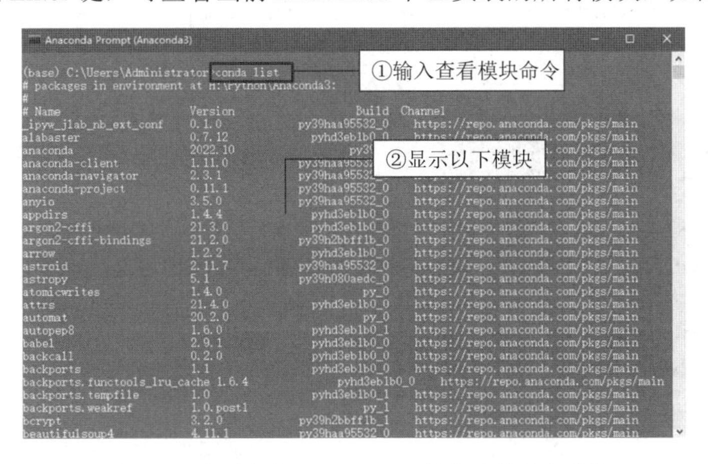

图 2.27　查看当前 Anaconda 已经安装的所有模块

注意

如果此时提示不是内部或外部命令，说明未将 Anaconda 添加至系统环境变量中，可参考图 2.28 进行添加。

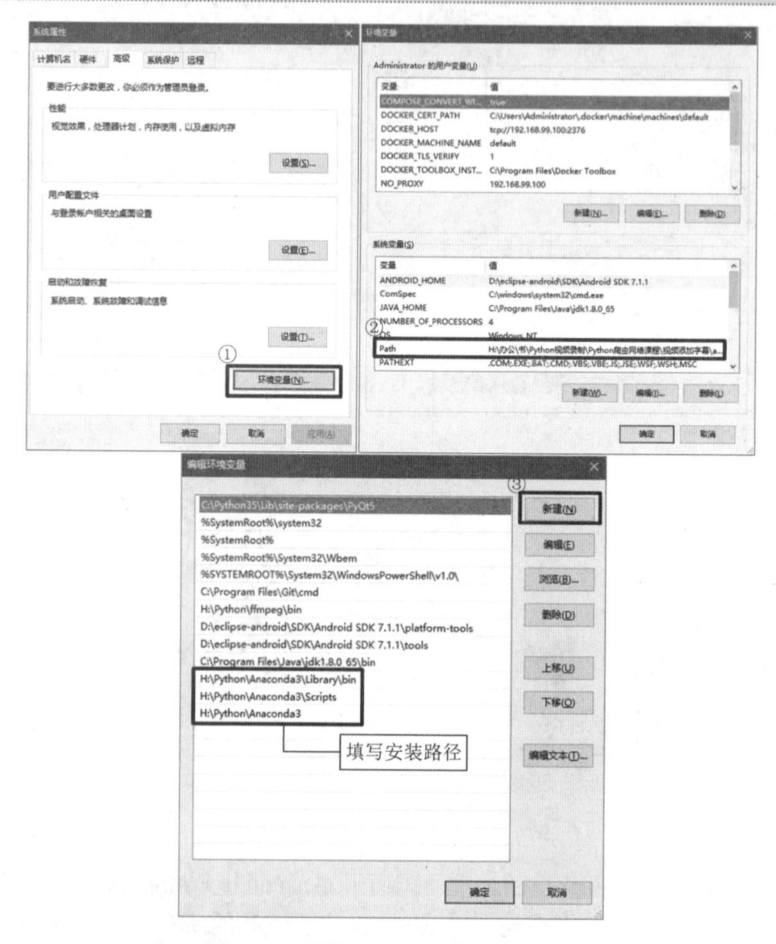

图 2.28　配置 Anaconda 的环境变量

（12）安装完成后，系统“开始”菜单会显示增加的程序，如图 2.29 所示。

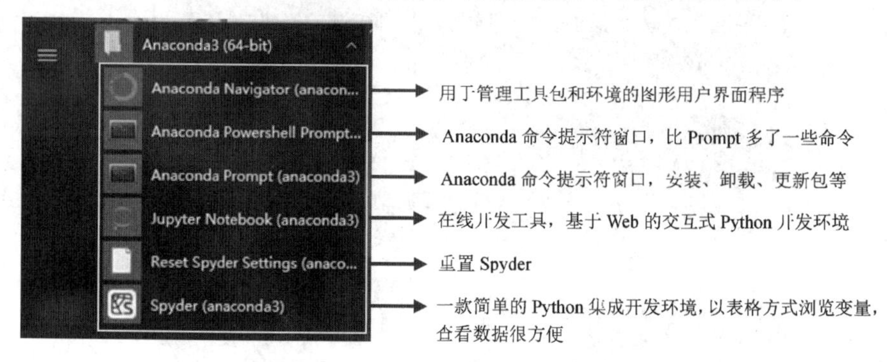

图 2.29　安装完成后在“开始”菜单显示程序

（13）选择 Jupyter Notebook 命令，先弹出如图 2.30 所示窗口，然后打开如图 2.31 所示界面，这说明 Anaconda 开发环境已经配置好了。

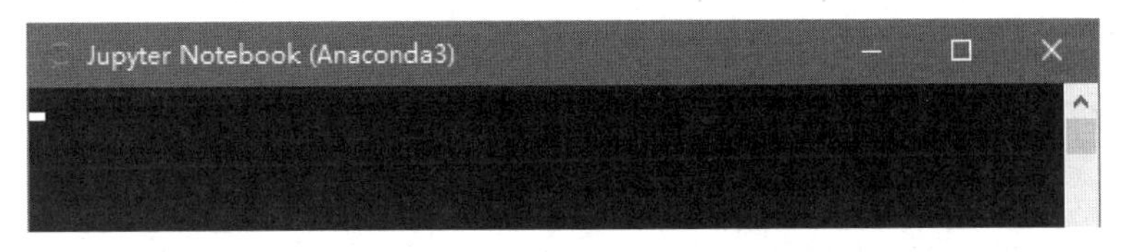

图 2.30　准备运行 Jupyter Notebook

jupyter　Quit　Logout

Files　Running　Clusters

Select items to perform actions on them.　Upload　New　

0 /	Name	Last Modified	File size
3D Objects		5 个月前	
Contacts		5 个月前	
Desktop		3 小时前	
Documents		3 天前	
Downloads		1 个月前	
Favorites		1 个月前	
Links		1 个月前	
Music		5 个月前	
OneDrive		10 个月前	
Saved Games		5 个月前	
seaborn-data		3 个月前	
Searches		5 个月前	
UIDowner		1 个月前	
Videos		5 个月前	
Untitled.ipynb		3 天前	21.8 kB

图 2.31　Jupyter Notebook

2.3　Jupyter Notebook 开发工具

2.3.1　初识 Jupyter Notebook

Jupyter Notebook 是一款在线编辑器，可用于数据清理、数据转换、数值模拟、统计建模、机器学习等。目前，数据挖掘领域中最热门的比赛 Kaggle 里的资料都是 Jupyter 格式。对于机器学习新手来说，学会使用 Jupyter Notebook 非常重要。

使用 Jupyter Notebook 实现淘宝网订单分析，效果如图 2.32 所示。Jupyter Notebook 可将编写的代码、说明文本和可视化数据分析图表组合在一起显示，非常直观，而且支持各种导出格式，如 HTML、PDF、Python 等。

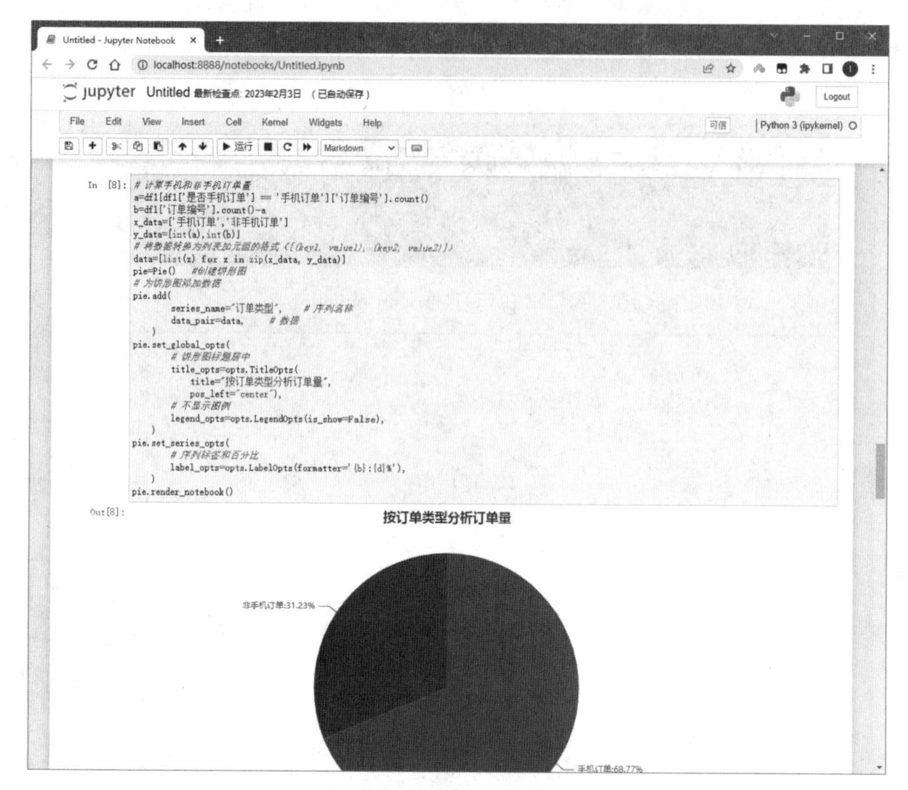

图 2.32　Jupyter Notebook 中编写代码

2.3.2　创建 Jupyter Notebook 文件

运行 Jupyter Notebook，新建一个 Jupyter Notebook 文件，单击右上角的 New 下拉按钮，选择 Python 3，如图 2.33 所示。

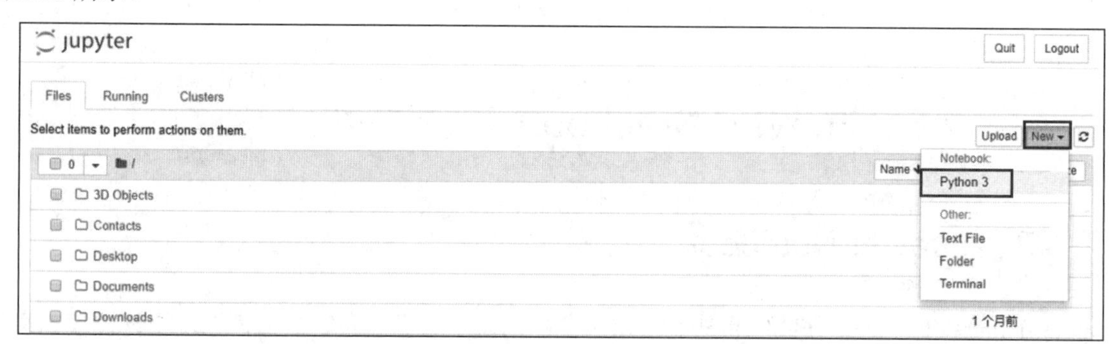

图 2.33　新建 Jupyter Notebook 文件

2.3.3　测试 Jupyter Notebook

Jupyter Notebook 文件创建后会打开一个代码编辑窗口，输入代码，如 print('Hello World')，效果如图 2.34 所示。

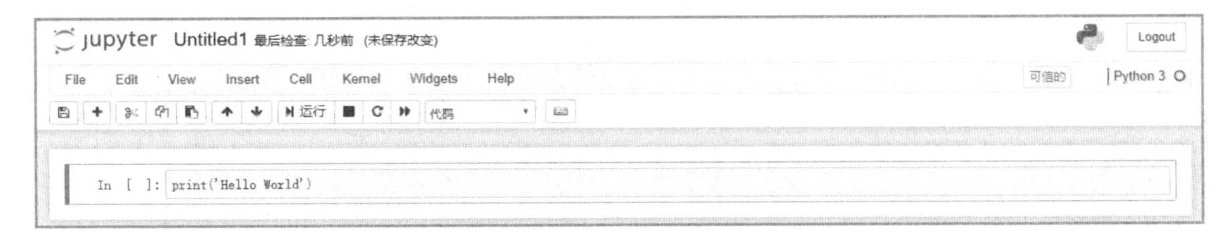

图 2.34　编写代码

1. 运行程序

单击“运行”按钮，或按 Ctrl+Enter 组合键运行程序，将输出“Hello World”，如图 2.35 所示。

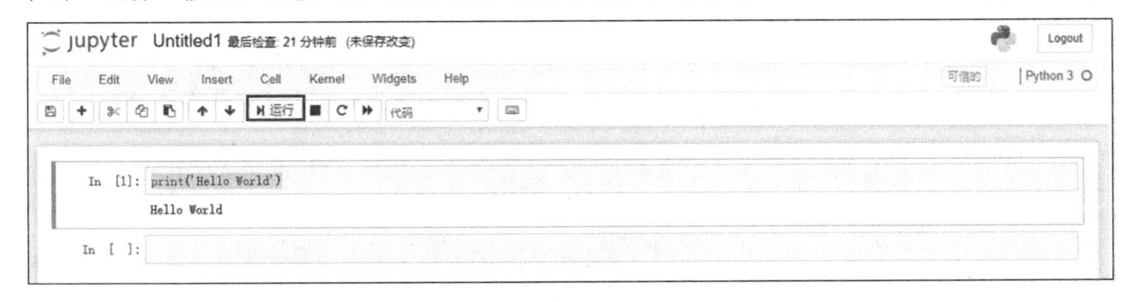

图 2.35　运行程序

2. 重命名 Jupyter Notebook 文件

选择 File→Rename 命令，如图 2.36 所示，在“重命名”对话框中输入代码文件名称“hello world”，如图 2.37 所示，然后单击“重命名”按钮。

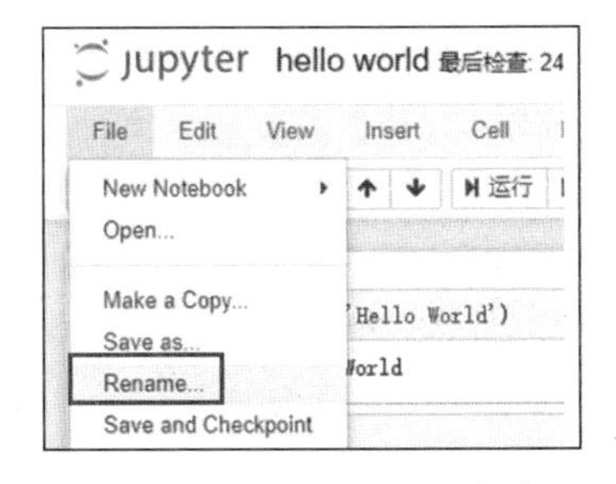

图 2.36　选择 Rename 命令

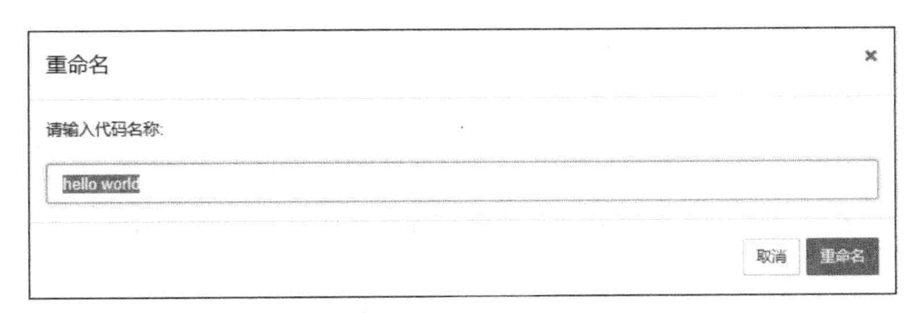

图 2.37　“重命名”对话框

3. 保存 Jupyter Notebook 文件

Jupyter Notebook 文件可保存为如下两种格式。

☑ Jupyter Notebook 专属格式：选择 File→Save and Checkpoint 命令，将文件保存在默认路径下，文件格式默认为 ipynb。

☑ Python 格式：选择 File→Download as→Python(.py)命令，如图 2.38 所示，打开“新建下载任务”对话框，选择文件保存位置后单击“下载”按钮，如图 2.39 所示，可将 Jupyter Notebook 文件保存为 Python 格式。

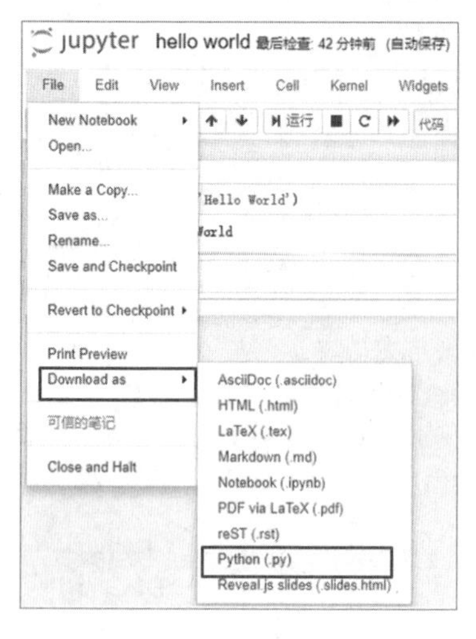

图 2.38　选择 Python 菜单项

图 2.39　指定保存路径

2.4　PyCharm 集成开发环境

PyCharm 是 Jetbrains 公司开发的 Python 集成开发环境，其具有智能代码编辑器，可实现自动代码格式化、代码完成、智能提示、重构、单元测试、自动导入、一键代码导航等功能，是 Python 专业开发人员和初学者使用的有力工具。

2.4.1　PyCharm 的下载与安装

PyCharm 的下载非常简单，可以直接到 Jetbrains 公司官网下载，具体步骤如下。

（1）在浏览器中打开 PyCharm 的官网 http://www.jetbrains.com，在 Developer Tools 菜单下选择 PyCharm 工具，如图 2.40 所示。

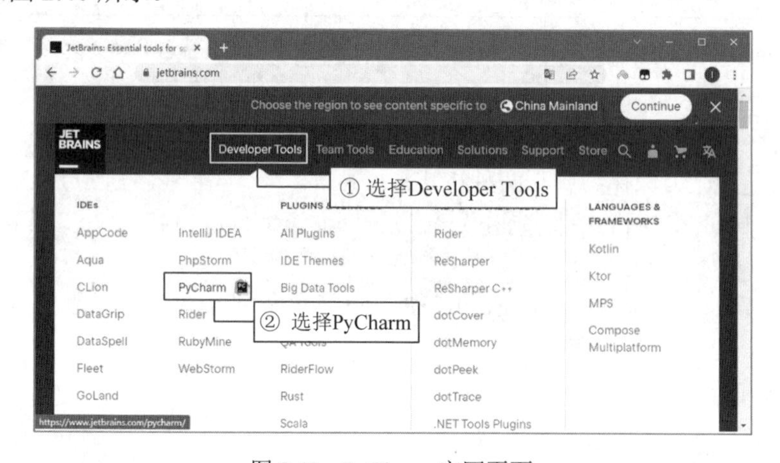

图 2.40　PyCharm 官网页面

（2）进入 PyCharm 下载页面，单击 DOWNLOAD 按钮，如图 2.41 所示。

图 2.41　PyCharm 下载页面

（3）在版本选择页面选择 Windows 操作系统，单击 Download 按钮，开始下载免费的社区版 PyCharm（Community），如图 2.42 所示。

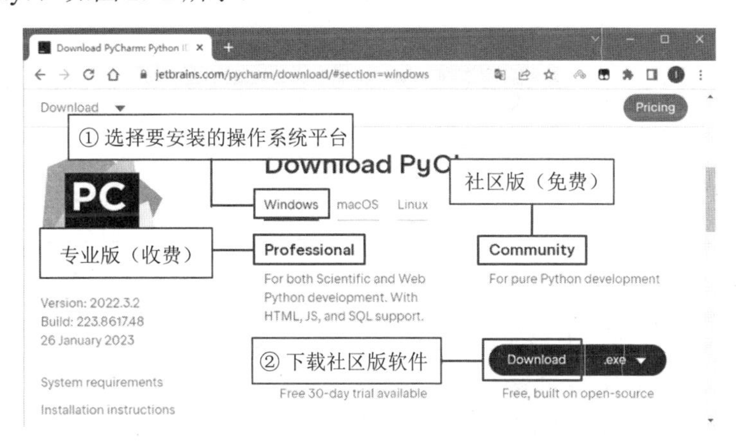

图 2.42　PyCharm 版本下载

（4）文件下载过程中，浏览器会提示“此类型的文件可能会损害您的计算机。您是否仍然要保留 pycharm- comm....exe”，如图 2.43 所示。单击“保留”按钮，保留该文件。

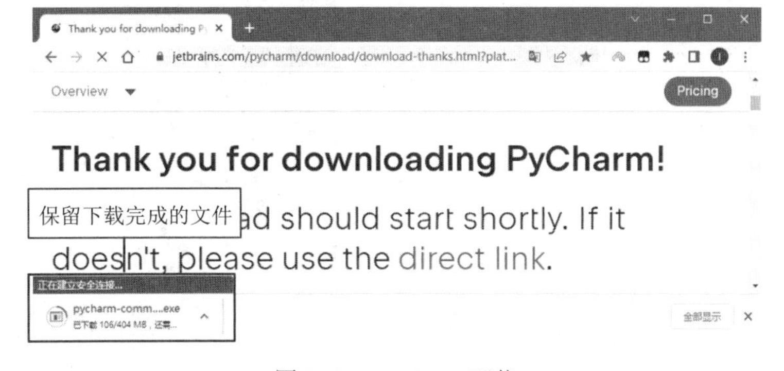

图 2.43　PyCharm 下载

（5）下载完毕后，找到 PyCharm 安装包，如图 2.44 所示，双击进行安装。

pycharm-community-2022.3.2.exe	2023-02-18-星期...	应用程序	413,537 KB

图 2.44　下载完成的 PyCharm 安装包

（6）在欢迎界面中单击 Next 按钮，进入软件安装路径设置界面。PyCharm 默认的安装路径为操作系统所在的路径，建议更改为其他位置（路径中不要出现中文字符），如图 2.45 所示，然后单击 Next 按钮，开始安装 PyCharm。

（7）打开安装设置界面，在 Create Desktop Shortcut 栏中设置 PyCharm 快捷方式，这里选中 PyCharm Community Edtion 复选框；在 Create Associations 栏中设置关联文件，选中“.py”复选框，以后打开.py 文件（即 Python 文件）时会默认调用 PyCharm 打开，如图 2.46 所示，然后单击 Next 按钮。

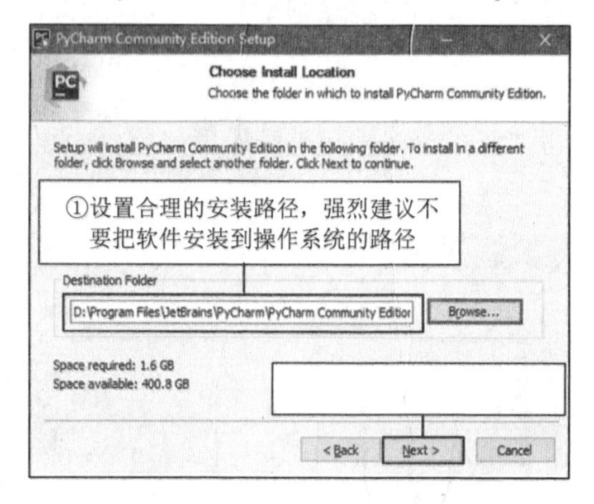

图 2.45　设置 PyCharm 安装路径

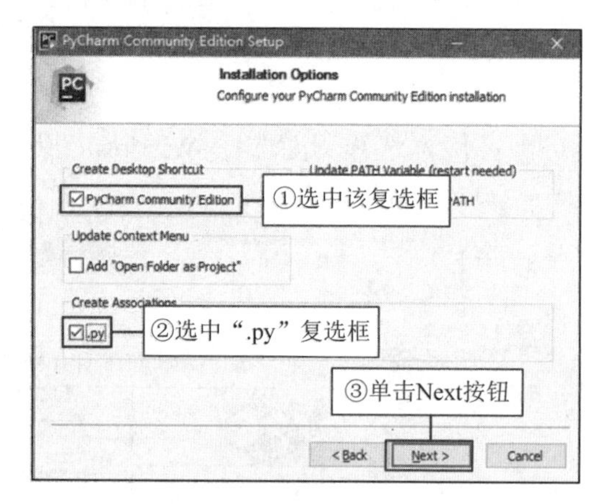

图 2.46　设置快捷方式和关联

（8）进入选择开始菜单文件夹界面，如图 2.47 所示，保持默认设置，单击 Install 按钮开始安装 PyCharm。整个安装过程需要 10 分钟左右，请耐心等待。

（9）安装完成后，单击 Finish 按钮，如图 2.48 所示。如果选中 Run PyCharm Community Edition 复选框后单击 Finish 按钮，将在安装后直接打开 PyCharm。

图 2.47　选择开始菜单文件夹界面

图 2.48　完成安装

（10）PyCharm 安装完成后，会在开始菜单中建立一个文件夹，如图 2.49 所示，单击“PyCharm Community Edition...”，启动 PyCharm 程序。另外，快捷打开 PyCharm 的方式是双击桌面快捷方式“PyCharm Community Edition2022.3.2”，图标如图 2.50 所示。

图 2.49　PyCharm 菜单

图 2.50　PyCharm 桌面快捷方式

2.4.2　配置 PyCharm

配置 PyCharm 的具体步骤如下。

（1）双击 PyCharm 桌面图标，启动 PyCharm 程序，不导入开发环境配置文件，单击 OK 按钮，如图 2.51 所示。

图 2.51　不导入环境配置文件

（2）进入 PyCharm 欢迎页面，单击 New Project 选项，创建一个新项目，如图 2.52 所示。

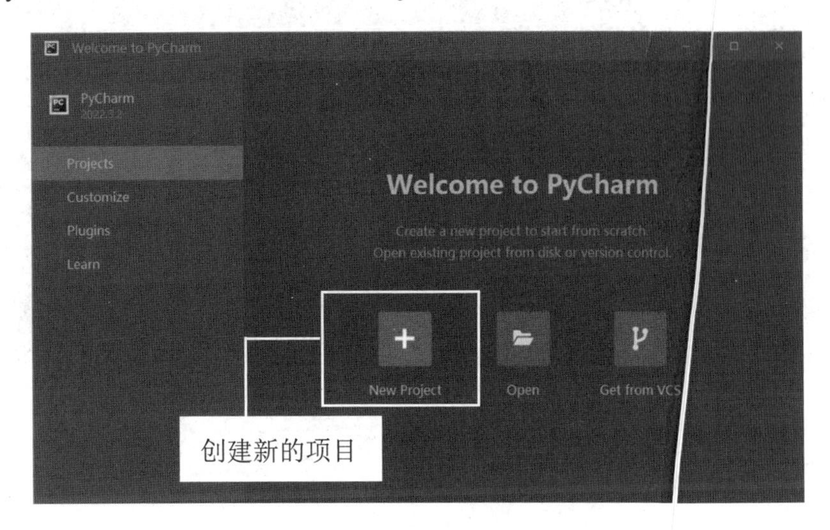

图 2.52　PyCharm 欢迎界面

（3）在 New Project 窗口中，选择项目保存的路径，然后配置解释器，最后单击 Create 按钮，如图 2.53 所示。

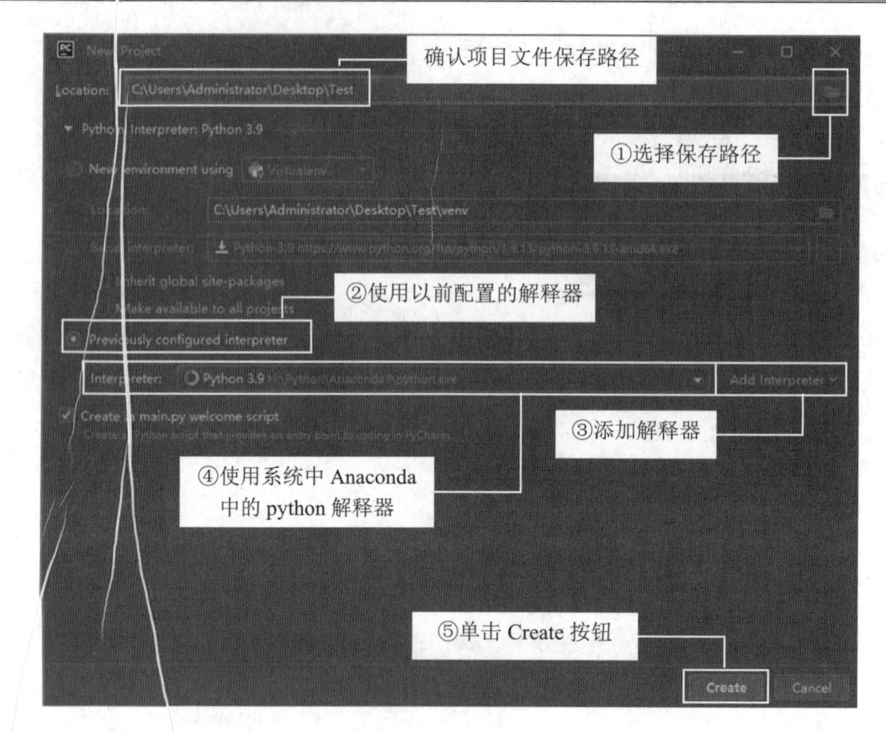

图 2.53　创建项目

（4）项目创建完成以后，将显示如图 2.54 所示的界面。

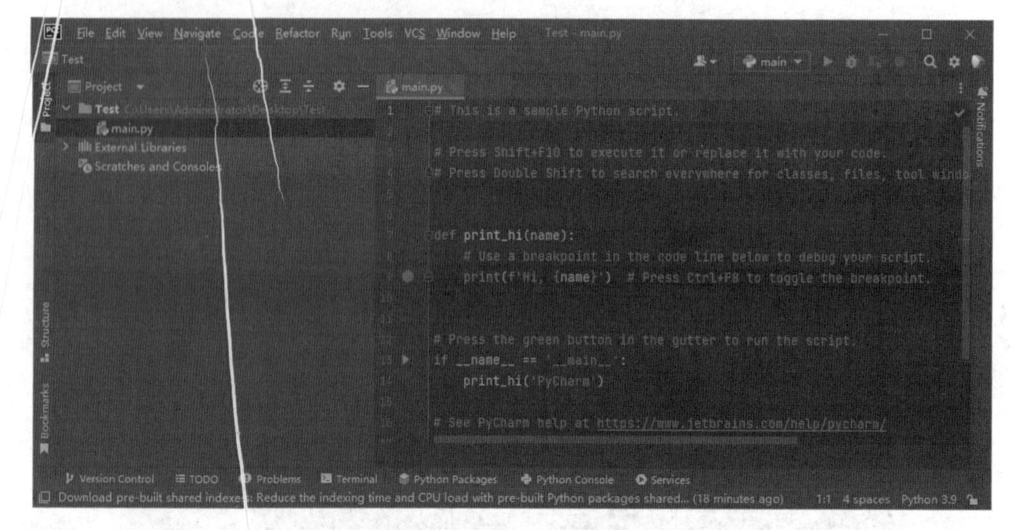

图 2.54　成功创建项目

2.4.3　测试 PyCharm

测试 PyCharm 的具体步骤如下。

（1）右击新建的 Test 项目，在弹出的快捷菜单中选择 New →Python File 命令，如图 2.55 所示。注意，这里一定要选择 Python File，这个至关重要，否则无法进行后续学习。

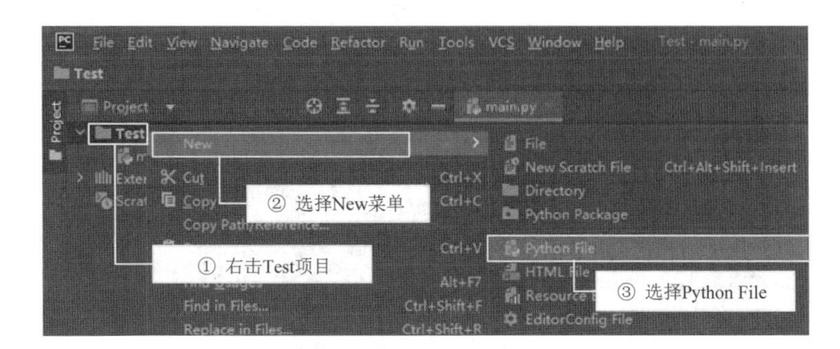

图 2.55　新建 Python 文件

（2）在新建文件对话框输入 Python 文件名“hello world”，如图 2.56 所示，然后按 Enter 键。

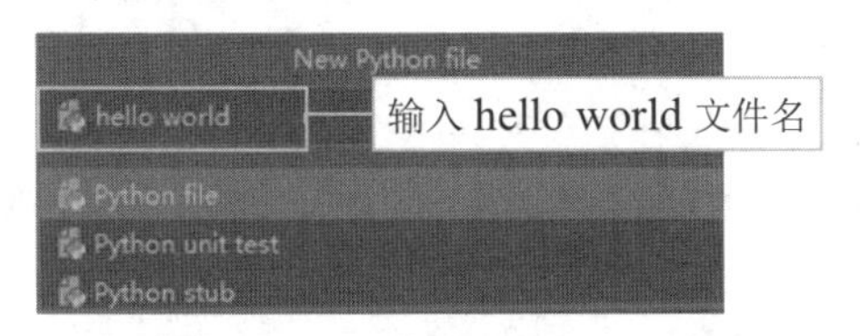

图 2.56　输入新建 Python 文件名称

（3）在代码编辑区输入代码 print ("hello world!")，如图 2.57 所示。

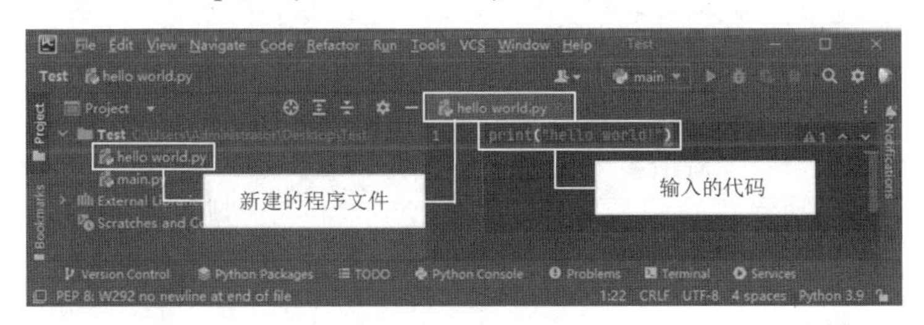

图 2.57　输入代码

（4）在代码区右击，选择 Run 'hello world'命令，运行测试代码，如图 2.58 所示。

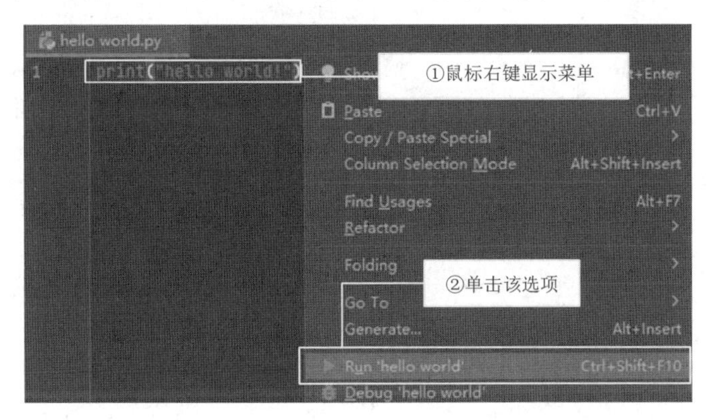

图 2.58　运行 Python 代码

（5）如果程序代码没有错误，将显示运行结果，如图 2.59 所示。

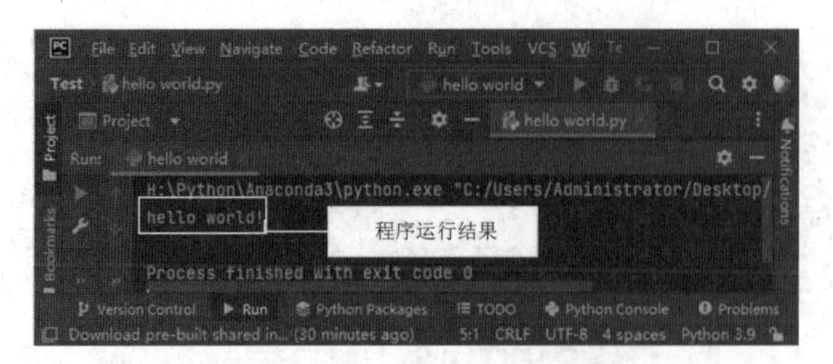

图 2.59　显示程序运行结果

PyCharm 除了可使用默认的 Darcula 暗色主题，还可以使用亮丽的 IntelliJ Light 主题。

（1）在 Pycharm 菜单栏中选择 File→Settings 命令。

（2）在 Settings 窗口中依次单击 Appearance & Behavior→Appearance，然后在 Theme 主题选项中选择 IntelliJ Light 主题，如图 2.60 所示。

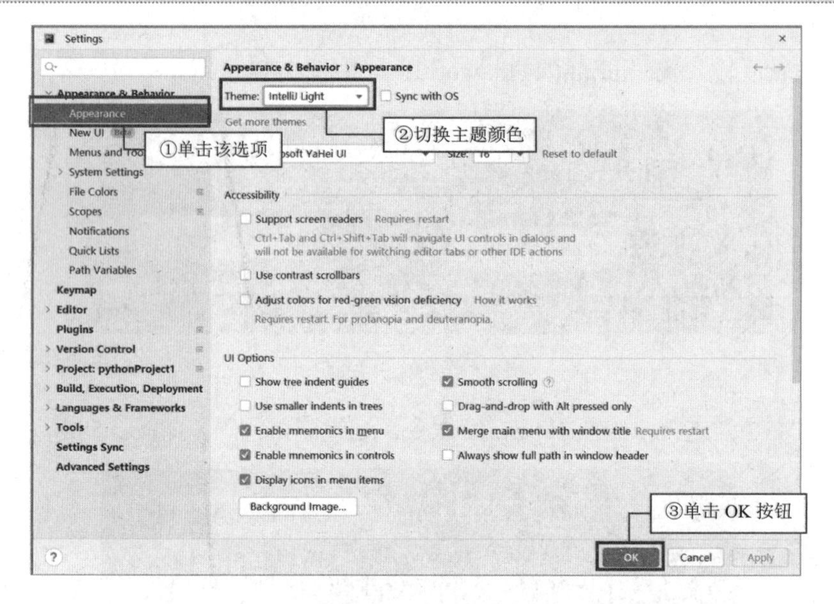

图 2.60　切换 PyChram 主题

2.5　小　　结

本章介绍了多款开发工具，如 Python 自带的 IDLE、适合数据分析的标准环境 Anaconda 和 Jupyter Notebook 以及 Pycharm 开发工具。但是，这里建议大家有选择性地学习，对于初学者来说，学会使用 Python 自带的 IDLE 和集成开发环境 PyCharm 即可。由于本书采用的开发环境是 PyCharm，所以建议首先学习 PyCharm，对于其他开发工具先了解即可。

第 3 章

NumPy 模块之数组计算

NumPy 模块在数据处理、数据清洗、数据过滤、数据转换等方面可以快速实现数据计算，Pandas 的底层也是基于 NumPy 的。因此，这一章内容将介绍 NumPy 的基础知识，使读者快速了解 NumPy 并将其应用到实际数据分析工作当中。

本章知识架构如下。

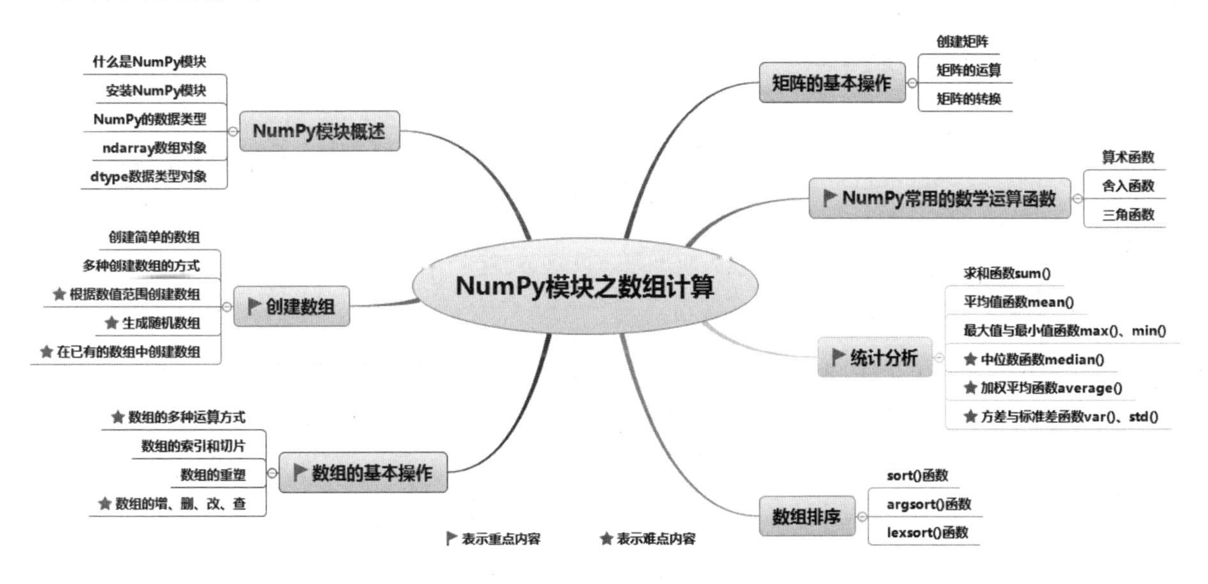

3.1 NumPy 模块概述

3.1.1 什么是 NumPy 模块

Numeric 是 NumPy 的前身，最早由 Jim Hugunin 开发。随后又出现了 Numarray 模块，该模块与 Numeric 模块相似，都用于数组计算，但有着不同的优势。2005 年，Travis Oliphant 在 Numeric 模块中揉和了 Numarray 模块的优点，并加入了其他扩展，开发出 NumPy 模块的第一个版本。NumPy 为开源软件，使用了 BSD 许可证授权。

3.1.2　安装 NumPy 模块

NumPy 模块为第三方模块，所以 Python 官网的发行版本中不包含该模块，需要单独安装。

说明

如果读者使用的是 Anaconda 集成开发环境，不需要单独安装该模块，因为 Anaconda 中已包含该模块。

在 Windows 系统下可以通过以下两种方式安装 NumPy 模块。

1．使用 pip 安装 NumPy

安装 NumPy 模块时，需要先进入 cmd 窗口，然后在 cmd 窗口中执行如下代码：

```
python -m pip install numpy
```

NumPy 模块安装完成以后，在 Python 窗口中输入以下代码，测试是否可以正常导入已经安装的 NumPy 模块。

```
import numpy
```

2．使用第三方开发工具安装 NumPy

例如，使用 Pycharm 安装 NumPy 模块。打开 Settings 窗体，在左侧选择 Python Interpreter 选项，在右侧列表框中单击“+”按钮，如图 3.1 所示。

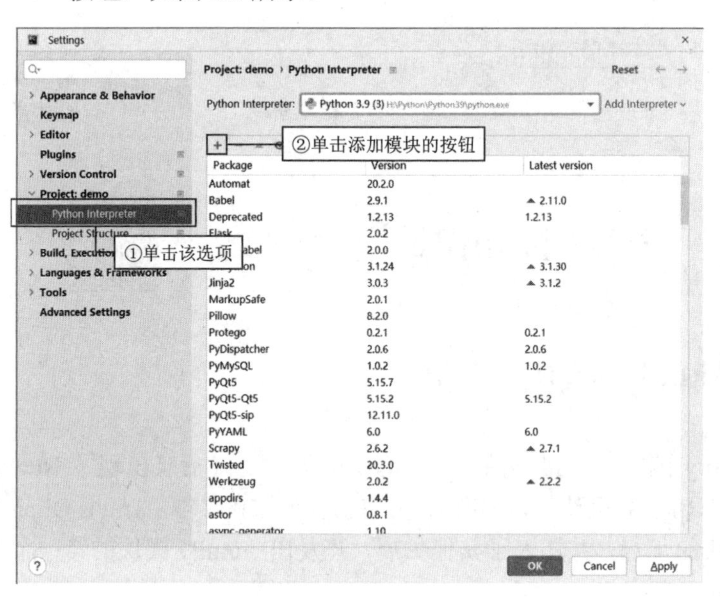

图 3.1　单击添加模块的按钮

打开 Available Packages 对话框，先在搜索栏输入 numpy 查找 numpy 模块，选择 numpy 模块然后

单击 Install Package 按钮进行安装，如图 3.2 所示。

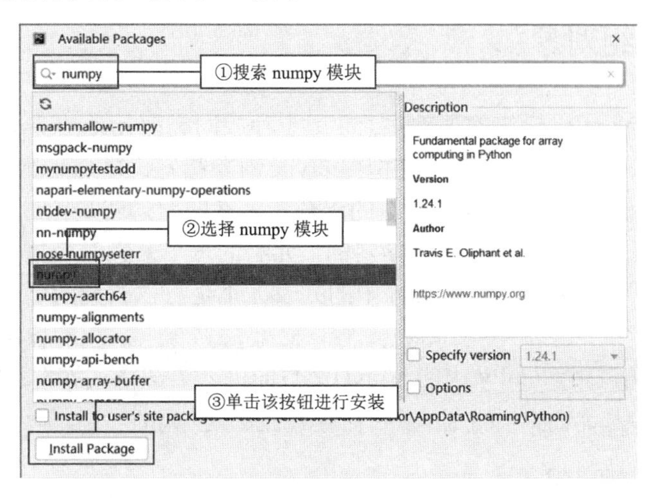

图 3.2　使用 Pycharm 开发工具安装 numpy 模块

3.1.3　NumPy 的数据类型

NumPy 模块支持的数据类型非常多，比 Python 内置的数据类型还要多。表 3.1 中列举了 NumPy 模块支持的常用数据类型。

表 3.1　NumPy 模块支持的常用数据类型

数 据 类 型	说　　明
np.bool	布尔值（True 或 False）
np.int_	默认的整数类型（与 C 语言中的 long 相同，通常为 int32 或 int64）
np.intc	与 C 语言的 int 类型一样（通常为 int32 或 int 64）
np.intp	用于索引的整数类型（与 C 语言中的 size_t 相同，通常为 int32 或 int64）
np.int8	字节（-128～127）
np.int16	整数（-32768～32767）
np.int32	整数（-2147483648～2147483647）
np.int64	整数（-9223372036854775808～9223372036854775807）
np.uint8	无符号整数（0～255）
np.uint16	无符号整数（0～65535）
np.uint32	无符号整数（0～4294967295）
np.uint64	无符号整数（0～18446744073709551615）
np.half/np.float16	半精度浮点数，1 个符号位，5 个指数位，10 位小数部分
np.float32	单精度浮点数，1 个符号位，8 个指数位，23 位小数部分
np.float64/np.float_	双精度浮点数，1 个符号位，11 个指数位，52 位小数部分
np.complex64	复数，表示两个 32 位浮点数（实数部分和虚数部分）
np.complex128/np.complex_	复数，表示两个 64 位浮点数（实数部分和虚数部分）

3.1.4 ndarray()数组对象

ndarray()数组对象是 NumPy 模块的基础对象，用于存放同类型元素的多维数组。ndarray 中的每个元素在内存中都占有相同的存储空间，数据类型由 dtype 对象指定，每个 ndarray 只有一种 dtype 类型。

数组有一个比较重要的属性是 shape，数组的维数与元素的数量就是通过 shape 来确定的。数组的形状（shape）是由 N 个正整数组成的元组来指定的，元组的每个元素对应每一维的大小。数组在创建时被指定大小后将不会再发生改变，而 Python 中的列表大小是可以改变的，这也是数组与列表区别较大的地方。

创建一个 ndarray 只需调用 NumPy 中的 array()函数即可，语法格式如下：

```
numpy.array(object, dtype=None, copy=True, order='K', subok=False, ndmin=0)
```

array()函数的参数说明如表 3.2 所示。

表 3.2　array()函数的参数说明

参 数 名 称	说　　明
object	数组或嵌套序列的对象
dtype	数组所需的数据类型
copy	对象是否需要复制
order	指定数组的内存布局，C 为行方向排列，F 为列方向排列，A 为任意方向排列（默认）
subok	默认返回一个与基类类型一致的数组
ndmin	指定生成数组的最小维度

使用 array()函数创建一个 ndarray 时，需要用 Python 列表作为参数，而列表中的元素即 ndarray 的元素。代码如下：

```
1   import numpy as np
2   a = np.array([1,2,3,4,5])            # 定义 ndarray
3   print('数组内容为：',a)               # 打印数组内容
4   print('数组类型为：',a.dtype)         # 打印数组类型
5   print('数组的形状为：',a.shape)       # 打印数组的形状
6   print('数组的维数为：',a.ndim)        # 打印数组的维数
7   print('数组的长度为：',a.size)        # 打印数组的长度
```

运行结果如下：

```
数组内容为： [1 2 3 4 5]
数组类型为： int32
数组的形状为： (5,)
数组的维数为： 1
数组的长度为： 5
```

NumPy 的数组中除了以上实例所使用的属性，还有几个比较重要的属性，如表 3.3 所示。

表 3.3　ndarray()数组对象的其他属性

属 性 名 称	说　　明
ndarray.itemsize	ndarray()数组对象中每个元素的大小，以字节为单位

续表

属 性 名 称	说　　明
ndarray.flags	ndarray()数组对象的内存信息
ndarray.real	ndarray 元素的实部
ndarray.imag	ndarray 元素的虚部
ndarray.data	包含实际数组元素的缓冲区，由于一般通过数组的索引获取元素，所以通常不需要使用这个属性

3.1.5　dtype 数据类型对象

dtype 数据类型对象是 numpy.dtype 类的实例，用来描述与数组对应的内存区域。dtype 对象使用以下语法构造：

```
numpy. dtype(obj[, align, copy])
```

参数说明：

☑ object：要转换为的数据类型对象。

☑ align：如果为 true，则填充字段使其类似 C 语言中的结构体。

☑ copy：复制 dtype()对象，如果为 false，则是对内置数据类型对象的引用。

例如，查看数组类型时可以使用如下代码：

```
a = np.random.random(4)                                    # 生成随机浮点类型数组
print(a.dtype)                                             # 查看数组类型
```

运行结果如下：

```
float64
```

每个 ndarray 对象都有一个相关联的 dtype()对象。例如，定义一个复数数组时，可通过数组相关联的 dtype()对象指定数据类型，代码如下：

```
a = np.array([[1,2,3,4,5],[6,7,8,9,10]],dtype=complex)     # 创建复数数组
print('数组内容为：',a)                                      # 打印数组内容
print('数组类型为：',a.dtype)                                # 打印数组类型
```

运行结果如下：

```
数组内容为： [[ 1.+0.j   2.+0.j   3.+0.j   4.+0.j   5.+0.j]
 [ 6.+0.j   7.+0.j   8.+0.j   9.+0.j 10.+0.j]]
数组类型为： complex128
```

3.2　创 建 数 组

数组可分为一维数组、二维数组、三维数组等，如图 3.3 所示。

☑ 一维数组：类似 Python 列表，区别在于数组切片针对的是原始数组。也就是说，对数组进行修改，原始数组也会跟着更改。

☑ 二维数组：以数组为元素的数组。二维数组包括行和列，类似表格，又称为矩阵。

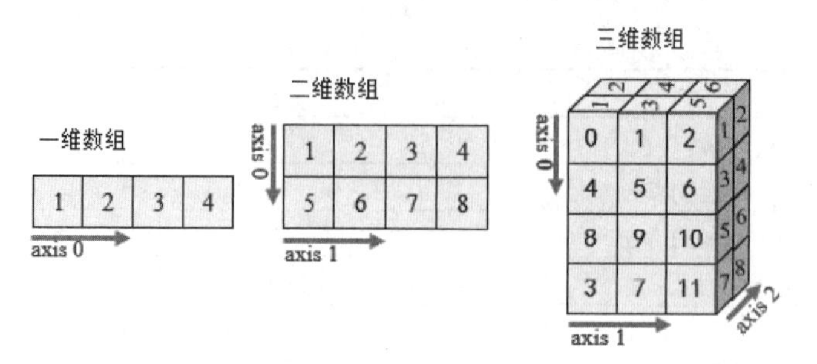

图 3.3　数组示意图

☑　三维数组：维数为三的数组结构，也称矩阵列表。三维数组是最常见的多维数组，可以描述三维空间中的位置或状态，因此使用广泛。

☑　轴：NumPy 里的 axis。指定 axis 后，将沿着对应轴做相关操作。二维数组中，两个 axis 的指向如图 3.4 所示；一维数组的轴是水平的，其 axis=0，如图 3.5 所示。

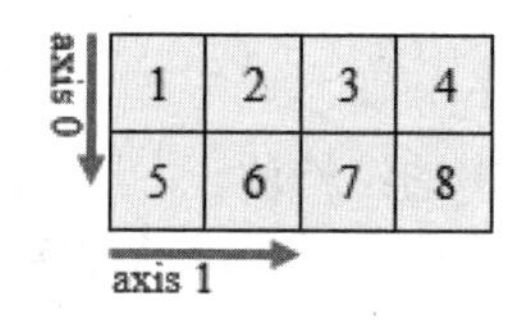

图 3.4　二维数组两个轴

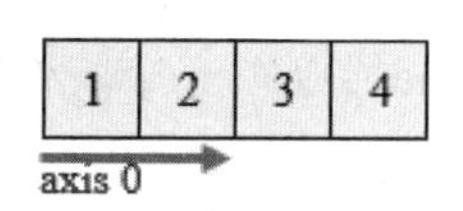

图 3.5　一维数组一个轴

3.2.1　创建简单的数组

【例 3.1】演示如何创建数组（**实例位置：资源包\TM\sl\03\01**）

NumPy 创建简单数组主要使用 array()函数，效果如图 3.6 所示。

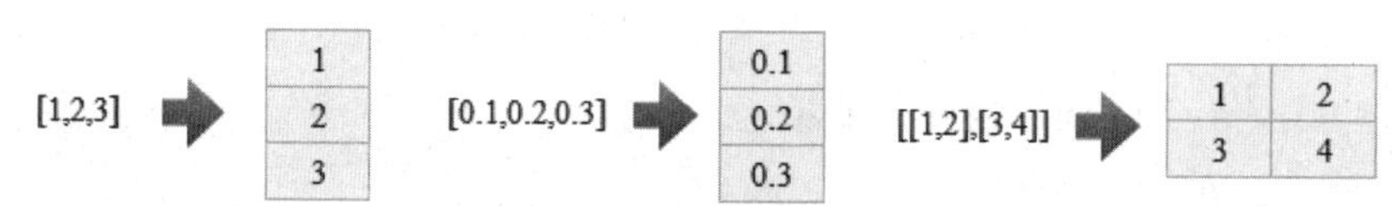

图 3.6　简单数组

程序代码如下：

```
1    import numpy as np                    # 导入 numpy 模块
2    n1 = np.array([1,2,3])                # 创建一个简单的一维数组
3    n2 = np.array([0.1,0.2,0.3])          # 创建一个包含小数的一维数组
4    n3 = np.array([[1,2],[3,4]])          # 创建一个简单的二维数组
```

1．为数组指定数据类型

【例 3.2】为数组指定数据类型（**实例位置：资源包\TM\sl\03\02**）

NumPy 支持比 Python 更多种类的数据类型，通过 dtype 参数可以指定数组的数据类型，程序代码如下：

```
1    import numpy as np                    # 导入 numpy 模块
2    list = [1, 2, 3]                      # 列表
3    n1 = np.array(list,dtype=np.float_)   # 创建浮点型数组
```

```
4    # 或者
5    n1= np.array(list,dtype=float)
6    print(n1)
7    print(n1.dtype)
8    print(type(n1[0]))
```

运行程序，输出结果为：

```
[1. 2. 3.]
float64
<class 'numpy.float64'>
```

2. 数组的复制

【例 3.3】复制数组（**实例位置：资源包\TM\sl\03\03**）

当运算和处理数组时，为了不影响原数组，就需要对原数组进行复制，而对复制后的数组进行修改、删除等操作都不会影响原数组。数组的复制可以通过 copy 参数来实现，程序代码如下：

```
1    import numpy as np                  # 导入 numpy 模块
2    n1 = np.array([1,2,3])              # 创建数组
3    n2 = np.array(n1,copy=True)         # 复制数组
4    n2[0]=3                             # 修改数组中的第一个元素为 3
5    n2[2]=1                             # 修改数组中的第三个元素为 1
6    print(n1)
7    print(n2)
```

运行程序，输出结果为：

```
[1 2 3]
[3 2 1]
```

数组 n2 是数组 n1 的副本，从运行结果得知：虽然修改了数组 n2，但是数组 n1 没有发生变化。

3. 通过 ndmin 参数控制最小维数

无论给出的数据维数是多少，ndmin 参数都会根据最小维数创建指定数组。

【例 3.4】修改数组的维数（**实例位置：资源包\TM\sl\03\04**）

假设 ndmin=3，则即便给出的数组是一维的，仍会创建一个三维数组。程序代码如下：

```
1    import numpy as np
2    nd1 = [1, 2, 3]
3    nd2 = np.array(nd1, ndmin=3)            # 创建三维数组
4    print(nd2)
```

运行程序，输出结果为：

```
[[[1 2 3]]]
```

3.2.2　多种创建数组的方式

1. 创建指定维度和数据类型未初始化的数组

【例 3.5】创建指定维度和未初始化的数组（**实例位置：资源包\TM\sl\03\05**）

创建指定维度和数据类型未初始化的数组主要使用 empty()函数，程序代码如下：

```
1    import numpy as np
2    n = np.empty([2,3])
3    print(n)
```

运行程序，输出结果为：

```
[[2.22519099e-307 2.33647355e-307 1.23077925e-312]
 [2.33645827e-307 2.67023123e-307 1.69117157e-306]]
```

这里的数组元素为随机值，因为它们未被初始化。如果要改变数组类型，可以使用 dtype 参数，如整型，即 dtype=int。

2. 创建指定维度（以 0 填充）的数组

【例 3.6】创建指定维度（以 0 填充）的数组（**实例位置：资源包\TM\sl\03\06**）

创建指定维度并以 0 填充的数组，主要使用 zeros()函数，程序代码如下：

```
1    import numpy as np
2    n = np.zeros(3)
3    print(n)
```

运行程序，输出结果为：

```
[0. 0. 0.]
```

输出结果默认是浮点型（float）。

3. 创建指定维度（以 1 填充）的数组

【例 3.7】创建指定维度并以 1 填充的数组（**实例位置：资源包\TM\sl\03\07**）

创建指定维度并以 1 填充的数组，主要使用 ones()函数，程序代码如下：

```
1    import numpy as np
2    n = np.ones(3)
3    print(n)
```

运行程序，输出结果为：

```
[1. 1. 1.]
```

4. 创建指定维度和类型的数组并以指定值填充

【例 3.8】创建以指定值填充的数组（**实例位置：资源包\TM\sl\03\08**）

创建指定维度和类型的数组并以指定值填充，主要使用 full()函数，程序代码如下：

```
1    import numpy as np
2    n = np.full((3,3), 8)
3    print(n)
```

运行程序，输出结果为：

```
[[8 8 8]
 [8 8 8]
 [8 8 8]]
```

3.2.3　根据数值范围创建数组

1．通过 arange()函数创建数组

arange()函数同 Python 内置 range()函数相似，区别在于返回值，arange()函数的返回值是数组，而 range()函数的返回值是列表。arange()函数的语法如下：

```
arange([start,] stop[, step,], dtype=None)
```

参数说明：

☑　start：起始值，默认值为 0。

☑　stop：终止值（不包含）。

☑　step：步长，默认值为 1。

☑　dtype：创建数组的数据类型，如果不设置数据类型，则使用输入数据的数据类型。

【例 3.9】通过数值范围创建数组（**实例位置：资源包\TM\sl\03\9**）

使用 arange()函数通过数值范围创建数组，程序代码如下：

```
1	import numpy as np
2	n=np.arange(1,12,2)
3	print(n)
```

运行程序，输出结果为：

```
[1  3  5  7  9  11]
```

2．使用 linspace()函数创建等差数列

等差数列是指从数列的第 2 项起，每一项与前一项的差等于一个常数。

例如，成年男性的鞋码就是一个等差数列，如图 3.7 所示。

男鞋尺码对照表														
厘米	23.5	24	24.5	25	25.5	26	26.5	27	27.5	28	28.5	29	29.5	30

图 3.7　男鞋尺码对照表

某马拉松运动员赛前一周每天的训练量（单位：m）也是一个等差数列，如图 3.8 所示。

周一	周二	周三	周四	周五	周六
7500	8000	8500	9000	9500	10000

图 3.8　训练计划

Python 中，创建等差数列可以使用 NumPy 的 linspace()函数。该函数用于创建一个一维的等差数列数组，它与 arange()函数不同。arange()函数是从开始值到结束值的左闭右开区间（即包括开始值不包括结束值），第三个参数（如果存在）是步长；而 linspace()函数是从开始值到结束值的闭区间（可以通过参数 endpoint=False 使结束值不是闭区间），并且第三个参数是值的个数。

linspace 函数语法如下：

```
linspace(start,stop,num=50,endpoint=True,retstep=False,dtype=None)
```

参数说明：

☑ start：序列的起始值。

☑ stop：序列的终止值，如果 endpoint 参数的值为 True，则该值包含于数列中。

☑ num：要生成的等步长的样本数量，默认值为 50。

☑ endpoint：如果值为 Ture，则数列中包含 stop 参数的值，反之则不包含，默认值为 True。

☑ retstep：如果值为 True，则生成的数组中会显示间距，反之则不显示。

☑ dtype：数组的数据类型。

【例 3.10】创建马拉松赛前训练等差数列数组（**实例位置：资源包\TM\sl\03\10**）

创建马拉松赛前训练等差数列数组，程序代码如下：

```
1    import numpy as np
2    n1 = np.linspace(7500,10000,6)
3    print(n1)
```

运行程序，输出结果为：

```
[ 7500.   8000.   8500.   9000.   9500. 10000.]
```

3．使用 logspace()函数创建等比数列

等比数列是指从数列的第二项起，每一项与前一项的比值等于一个常数。

例如，在古印度，国王要重赏发明国际象棋的大臣，对他说：我可以满足你的任何要求。大臣说：请给我的棋盘的 64 个格子都放上小麦，第 1 个格子放 1 粒小麦，第 2 个格子放 2 粒小麦，第 3 个格子放 4 粒小麦，第 4 个格子放 8 粒小麦，如图 3.9 所示，后面每个格子放的小麦粒数都是前一个格子里放的 2 倍，直到第 64 个格子。

在 Python 中创建等比数列可以使用 NumPy 的 logspace()函数，语法如下：

```
numpy.logspace(start, stop, num=50, endpoint=True, base=10.0, dtype=None)
```

参数说明：

☑ start：序列的起始值。

☑ stop：序列的终止值。如果 endpoint 参数值为 True，则该值包含于数列中。

☑ num：要生成的等步长的数据样本数量，默认值为 50。

☑ endpoint：如果值为 Ture，则数列中包含 stop 参数值，反之则不包含，默认值为 True。

☑ base：对数 log 的底数。

☑ dtype：数组的数据类型。

【例 3.11】使用 logspace()函数解决棋盘放置小麦的问题（**实例位置：资源包\TM\sl\03\11**）

通过 logspace()函数计算棋盘中每个格子里放的小麦数是前一个格子里的 2 倍，直到第 64 个格子，每个格子里放多少小麦。程序代码如下：

```
1    import numpy as np
2    n = np.logspace(0,63,64,base=2,dtype='int')
3    print(n)
```

运行程序，输出结果如图 3.10 所示。

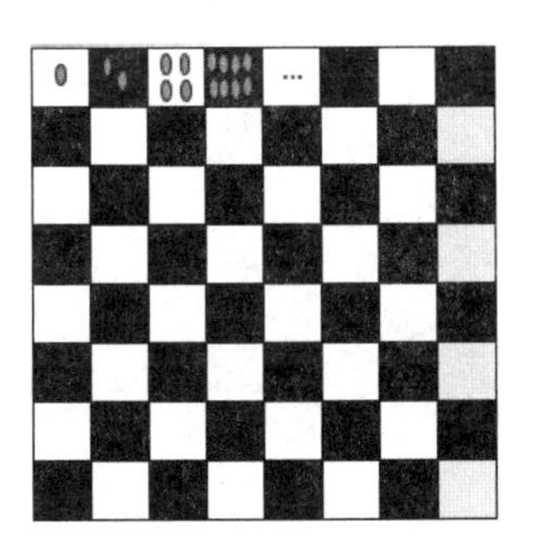

图 3.9　棋盘示意图

```
[          1          2          4          8         16         32
          64        128        256        512       1024       2048
        4096       8192      16384      32768      65536     131072
      262144     524288    1048576    2097152    4194304    8388608
    16777216   33554432   67108864  134217728  268435456  536870912
  1073741824 -2147483648 -2147483648 -2147483648 -2147483648 -2147483648
 -2147483648 -2147483648 -2147483648 -2147483648 -2147483648 -2147483648
 -2147483648 -2147483648 -2147483648 -2147483648 -2147483648 -2147483648
 -2147483648 -2147483648 -2147483648 -2147483648 -2147483648 -2147483648
 -2147483648 -2147483648 -2147483648 -2147483648 -2147483648 -2147483648
 -2147483648 -2147483648 -2147483648 -2147483648]
```

图 3.10　每个格子里放的小麦数

例 3.11 的运行结果中出现了负数，而且都是一样的负数，这是因为程序中指定的数据类型是 int，是 32 位的，数据范围在-2147483648～2147483647，而计算后的数据超出了该范围，产生了溢出现象。解决方式很简单，将数据类型设置为 uint64（无符号整数，数据范围为 0~18446744073709551615）即可。

```
n = np.logspace(0,63,64,base=2,dtype='uint64')
```

再次运行例 3.11 程序，输出结果如图 3.11 所示。

```
[[                  1                   2                   4                   8                  16                  32                  64                 128]
 [                256                 512                1024                2048                4096                8192               16384               32768]
 [              65536              131072              262144              524288             1048576             2097152             4194304             8388608]
 [           16777216            33554432            67108864           134217728           268435456           536870912          1073741824          2147483648]
 [         4294967296          8589934592         17179869184         34359738368         68719476736        137438953472        274877906944        549755813888]
 [      1099511627776       2199023255552       4398046511104       8796093022208      17592186044416      35184372088832      70368744177664     140737488355328]
 [    281474976710656     562949953421312    1125899906842624    2251799813685248    4503599627370496    9007199254740992   18014398509481984   36028797018963968]
 [  72057594037927936  144115188075855872  288230376151711744  576460752303423488 1152921504606846976 2305843009213693952 4611686018427387904 9223372036854775808]]
```

图 3.11　每个格子里放的小麦数

以上就是每个格子里需要放的小麦数，可见发明国际象棋的大臣是多么的聪明。

3.2.4　生成随机数组

随机数组的生成主要使用 NumPy 的 random 模块，下面介绍几种常用的随机生成数组的函数。

1. rand()函数

rand()函数用于生成(0,1)之间的随机数组，传入一个值随机生成一维数组，传入一对值随机生成二维数组，语法如下：

```
numpy.random.rand(d0,d1,d2,d3....dn)
```

参数 d0，d1，…，dn 为整数，表示维度，可以为空。

【例 3.12】 随机生成 0～1 的数组（**实例位置：资源包\TM\sl\03\12**）

随机生成一维数组和二维数组，程序代码如下：

```
1    import numpy as np
2    n=np.random.rand(5)
3    print('随机生成 0 到 1 之间的一维数组：')
```

```
4    print(n)
5    n1=np.random.rand(2,5)
6    print('随机生成 0 到 1 之间的二维数组：')
7    print(n1)
```

运行程序，输出结果为：

```
随机生成 0 到 1 之间的一维数组：
[0.61263942 0.91212086 0.52012924 0.98204632 0.31633564]
随机生成 0 到 1 之间的二维数组：
[[0.82044812 0.26050245 0.57000398 0.6050845  0.50440925]
 [0.29113919 0.86638283 0.74161101 0.0728488  0.4466494 ]]
```

2. randn()函数

randn()函数用于从正态分布中返回随机生成的数组，语法如下：

```
numpy.random.randn(d0,d1,d2,d3....dn)
```

参数 d0，d1，…，dn 为整数，表示维度，可以为空。

【例 3.13】随机生成满足正态分布的数组（**实例位置：资源包\TM\sl\03\13**）

随机生成满足正态分布的数组，程序代码如下：

```
1    import numpy as np
2    n1=np.random.randn(5)
3    print('随机生成满足正态分布的一维数组：')
4    print(n1)
5    n2=np.random.randn(2,5)
6    print('随机生成满足正态分布的二维数组：')
7    print(n2)
```

运行程序，输出结果为：

```
随机生成满足正态分布的一维数组：
[-0.05282077  0.79946288  0.96003714  0.29555332 -1.26818832]
随机生成满足正态分布的二维数组：
[[ 1.6872899   1.62042986  2.69278922 -0.64467268 -1.75645902]
 [ 1.0973791  -0.22962313 -0.26965705  0.1225163  -1.89051741]]
```

3. randint()函数

randint()函数与 NumPy 中的 arange()函数类似。randint()函数用于生成一定范围内的随机数组，左闭右开区间，语法如下：

```
numpy.random.randint(low,high=None,size=None)
```

参数说明：

☑ low：低值（起始值），整数，且当参数 high 不为空时，参数 low 应小于参数 high，否则程序会出现错误。

☑ high：高值（终止值），整数。

☑ size：数组维数，整数或者元组，整数表示一维数组，元组表示多维数组。默认值为空，如果为空，则仅返回一个整数。

【例 3.14】生成一定范围内的随机数组（**实例位置：资源包\TM\sl\03\14**）

生成一定范围内的随机数组，程序代码如下：

```
1    import numpy as np
```

```
2	n1=np.random.randint(1,3,10)
3	print('随机生成10个1到3之间且不包括3的整数：')
4	print(n1)
5	n2=np.random.randint(5,10)
6	print('size数组大小为空随机返回一个整数：')
7	print(n2)
8	n3=np.random.randint(5,size=(2,5))
9	print('随机生成5以内二维数组')
10	print(n3)
```

运行程序，输出结果为：

```
随机生成10个1到3之间且不包括3的整数：
[2 1 2 1 1 2 2 2 1 1]
size数组大小为空随机返回一个整数：
8
随机生成5以内二维数组
[[2 2 2 4 2]
 [3 1 3 1 4]]
```

4．normal()函数

normal()函数用于生成正态分布的随机数，语法如下：

```
numpy.random.normal(loc,scale,size)
```

参数说明：

☑ loc：正态分布的均值，对应正态分布的中心。loc=0说明是一个以*y*轴为对称轴的正态分布。

☑ scale：正态分布的标准差，对应正态分布的宽度，scale值越大，正态分布的曲线越“矮胖”，scale值越小，曲线越“高瘦”。

☑ size：表示数组维数。

【例3.15】生成正态分布的随机数组（**实例位置：资源包\TM\sl\03\15**）

生成正态分布的随机数组，程序代码如下：

```
1	import numpy as np
2	n = np.random.normal(0, 0.1, 10)
3	print(n)
```

运行程序，输出结果为：

```
[ 0.08530096  0.0404147  -0.00358281  0.05405901 -0.01677737 -0.02448481
  0.13410224 -0.09780364  0.06095256 -0.0431846 ]
```

3.2.5　在已有的数组中创建数组

1．asarray()函数

asarray()函数用于创建数组，其与array()函数类似，语法如下：

```
numpy.asarray(a,dtype=None,order=None)
```

参数说明：

☑ a：可以是列表、列表的元组、元组、元组的元组、元组的列表或多维数组。

☑ dtype：数组的数据类型。

☑ order：值为 C 和 F，分别代表按行排列和按列排列，即数组元素在内存中的出现顺序。

【例 3.16】使用 asarray()函数创建数组（**实例位置：资源包\TM\sl\03\16**）

使用 asarray()函数创建数组，程序代码如下：

```
1    import numpy as np                              # 导入 numpy 模块
2    n1 = np.asarray([1,2,3])                         # 通过列表创建数组
3    n2 = np.asarray([(1,1),(1,2)])                   # 通过列表的元组创建数组
4    n3 = np.asarray((1,2,3))                         # 通过元组创建数组
5    n4 = np.asarray(((1,1),(1,2),(1,3)))             # 通过元组的元组创建数组
6    n5 = np.asarray(([1,1],[1,2]))                   # 通过元组的列表创建数组
7    print(n1)
8    print(n2)
9    print(n3)
10   print(n4)
11   print(n5)
```

运行程序，输出结果如下：

```
[1 2 3]
[[1 1]
 [1 2]]
[1 2 3]
[[1 1]
 [1 2]
 [1 3]]
[[1 1]
 [1 2]]
```

2．frombuffer()函数

NumPy 模块中的 ndarray 数组对象不能像 Python 列表一样动态地改变其大小，在做数据采集时很不方便。下面介绍如何通过 frombuffer()函数实现动态数组。frombuffer()函数接受 buffer 输入参数，以流的形式将读入的数据转换为数组。frombuffer()函数语法如下：

```
numpy.frombuffer(buffer,dtype=float,count=-1,offset=0)
```

参数说明：

☑ buffer：实现了__buffer__的对象。

☑ dtype：数组的数据类型。

☑ count：读取的数据数量，默认值为-1，表示读取所有数据。

☑ offset：读取的起始位置，默认值为 0。

【例 3.17】将字符串 mingrisoft 转换为数组（**实例位置：资源包\TM\sl\03\17**）

将字符串 mingrisoft 转换为数组，程序代码如下：

```
1    import numpy as np
2    n=np.frombuffer(b'mingrisoft',dtype='S1')
3    print(n)
```

当 buffer 参数值为字符串时，Python 3 默认字符串是 Unicode 类型，所以要转换成 Byte string 类型，需要在原字符串前加上 b。

3．fromiter()函数

fromiter()函数用于从可迭代对象中建立数组对象，语法如下：

```
numpy.fromiter(iterable,dtype,count=-1)
```

参数说明：

☑ iterable：可迭代对象。

☑ dtype：数组的数据类型。

☑ count：读取的数据数量，默认值为-1，表示读取所有数据。

【例 3.18】通过可迭代对象创建数组（**实例位置：资源包\TM\sl\03\18**）

通过可迭代对象创建数组，程序代码如下：

```
1    import numpy as np
2    iterable = (x * 2 for x in range(5))          # 遍历 0~5 并乘以 2，返回可迭代对象
3    n = np.fromiter(iterable, dtype='int')         # 通过可迭代对象创建数组
4    print(n)
```

运行程序，输出结果如下：

```
[0 2 4 6 8]
```

4．empty_like()函数

empty_like()函数用于创建一个与给定数组具有相同维度和数据类型且未初始化的数组，语法如下：

```
numpy.empty_like(prototype,dtype=None,order='K',subok=True)
```

参数说明：

☑ prototype：给定的数组。

☑ dtype：覆盖结果的数据类型。

☑ order：指定数组的内存布局，C 为按行、F 为按列、A 为原顺序、K 为数据元素在内存中出现的顺序。

☑ subok：默认情况下，返回的数组被强制为基类数组。如果值为 True，则返回子类。

【例 3.19】创建未初始化的数组（**实例位置：资源包\TM\sl\03\19**）

下面使用 empty_like()函数创建一个与给定数组具有相同维数、数据类型以及未初始化的数组，程序代码如下：

```
1    import numpy as np
2    n = np.empty_like([[1, 2], [3, 4]])
3    print(n)
```

运行程序，输出结果如下：

```
[[ -431653634 -1179663557]
 [ 1944292251 -1787910175]]
```

5．zeros_like()函数

【例 3.20】创建以 0 填充的数组（**实例位置：资源包\TM\sl\03\20**）

zeros_like()函数用于创建一个与给定数组维度和数据类型相同，并以 0 填充的数组，程序代码如下：

```
1    import numpy as np
```

```
2    n = np.zeros_like([[0.1,0.2,0.3], [0.4,0.5,0.6]])
3    print(n)
```

运行程序，输出结果如下：

```
[[0. 0. 0.]
 [0. 0. 0.]]
```

说明

zeros_like()函数的参数说明请参见 empty_like()函数。

6．ones_like()函数

【例 3.21】创建以 1 填充的数组（**实例位置：资源包\TM\sl\03\21**）

ones_like()函数用于创建一个与给定数组维度和数据类型相同，并以 1 填充的数组，程序代码如下：

```
1    import numpy as np
2    n = np.ones_like([[0.1,0.2,0.3], [0.4,0.5,0.6]])
3    print(n)
```

运行程序，输出结果如下：

```
[[1. 1. 1.]
 [1. 1. 1.]]
```

说明

ones_like()函数的参数说明请参见 empty_like()函数。

7．full_like()函数

full_like()函数用于创建一个与给定数组维度和数据类型相同，并以指定值填充的数组，语法如下：

```
numpy.full_like(a, fill_value, dtype=None, order='K', subok=True)
```

参数说明：

☑ a：给定的数组。
☑ fill_value：填充值。
☑ dtype：数组的数据类型，默认值为 None，指使用给定数组的数据类型。
☑ order：指定数组的内存布局。C 为按行、F 为按列、A 为原顺序、K 为数组元素在内存中出现的顺序。
☑ subok：默认情况下，返回的数组被强制为基类数组。如果值为 True，则返回子类。

【例 3.22】创建以指定值 0.2 填充的数组（**实例位置：资源包\TM\sl\03\22**）

创建一个与给定数组维度和数据类型相同，且以指定值 0.2 填充的数组，程序代码如下：

```
1    import numpy as np
2    a = np.arange(6)                # 创建一个数组
3    print(a)
4    n1 = np.full_like(a, 1)         # 创建一个与数组 a 维度和数据类型相同的数组，以 1 填充
5    n2 = np.full_like(a,0.2)        # 创建一个与数组 a 维度和数据类型相同的数组，以 0.2 填充
6    # 创建一个与数组 a 维度和数据类型相同的数组，以 0.2 填充，浮点型
7    n3 = np.full_like(a, 0.2, dtype='float')
```

```
8	print(n1)
9	print(n2)
10	print(n3)
```

运行程序，输出结果如下：

```
[0 1 2 3 4 5]
[1 1 1 1 1 1]
[0 0 0 0 0 0]
[0.2 0.2 0.2 0.2 0.2 0.2]
```

3.3　数组的基本操作

3.3.1　数组的多种运算方式

不用编写循环，即可对数据执行批量运算，这就是 NumPy 模块数组运算的特点。NumPy 称之为矢量化，可以实现大小相等数组之间的任何算术运算。本节主要介绍简单的数组运算，如加、减、乘、除、求幂等。

下面创建两个简单的 NumPy 数组 n1 和 n2，数组 n1 包括元素 1、2，数组 n2 包括元素 3、4，如图 3.12 所示，接下来实现这两个数组的运算。

1．加法运算

加法运算是数组中对应位置的元素相加（即每行对应相加），如图 3.13 所示。

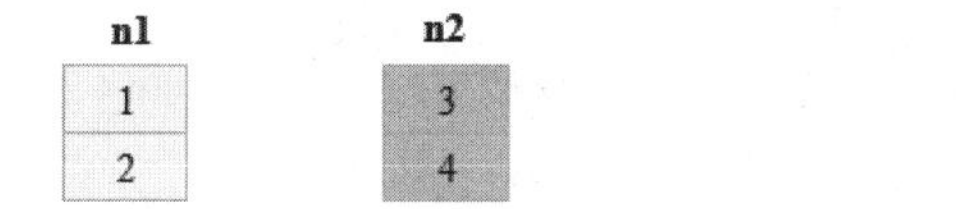

图 3.12　数组示意图

n1+n2=　n1 [1, 2]　+　n2 [3, 4]　=　[4, 6]

图 3.13　数组加法运算示意图

【例 3.23】 数组加法运算（**实例位置：资源包\TM\sl\03\23**）

在程序中直接将两个数组相加即可，即 n1+n2，程序代码如下：

```
1	import numpy as np
2	n1=np.array([1,2])		# 创建一维数组
3	n2=np.array([3,4])
4	print(n1+n2)			# 加法运算
```

运行程序，输出结果如下：

```
[4 6]
```

2．减法和乘除法运算

除了加法运算，还可以实现数组的减法、乘法和除法运算，如图 3.14 所示。

【例 3.24】 数组的减法和乘除法运算（**实例位置：资源包\TM\sl\03\24**）

同样，在程序中直接将两个数组相减、相乘或相除即可，程序代码如下：

```
1	import numpy as np
```

```
2    n1=np.array([1,2])          # 创建一维数组
3    n2=np.array([3,4])
4    print(n1-n2)                # 减法运算
5    print(n1*n2)                # 乘法运算
6    print(n1/n2)                # 除法运算
```

运行程序，输出结果如下：

```
[-2 -2]
[3 8]
[0.33333333 0.5        ]
```

3. 幂运算

幂是数组中对应位置元素的幂运算，用两个“*”表示，如图 3.15 所示。

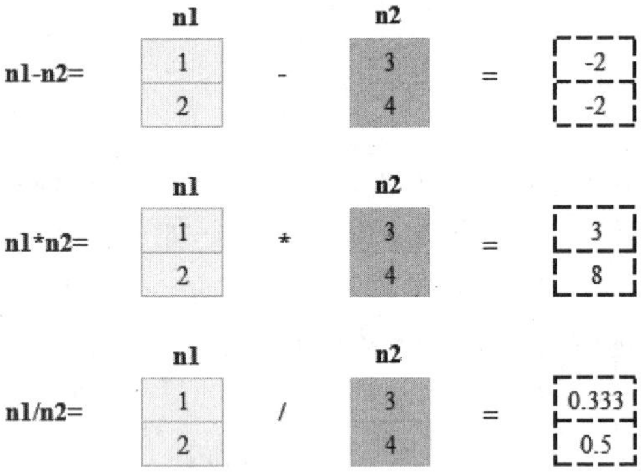

图 3.14　数组减法和乘除法运算示意图

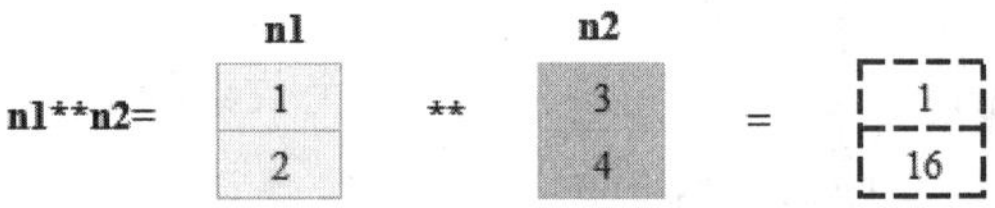

图 3.15　数组幂运算示意图

【例 3.25】 数组的幂运算（**实例位置：资源包\TM\sl\03\25**）

从图 3.15 中得知：数组 n1 的元素 1 和数组 n2 的元素 3，通过幂运算得到的是 1 的 3 次幂；数组 n1 的元素 2 和数组 n2 的元素 4，通过幂运算得到的是 2 的 4 次幂，程序代码如下：

```
1    import numpy as np
2    n1=np.array([1,2])          # 创建一维数组
3    n2=np.array([3,4])
4    print(n1**n2)               # 幂运算
```

运行程序，输出结果如下：

```
[ 1 16]
```

4. 比较运算

【例 3.26】 数组的比较运算（**实例位置：资源包\TM\sl\03\26**）

数组的比较运算是数组中对应位置元素的比较运算，比较后的结果是布尔值数组，程序代码如下：

```
1    import numpy as np
2    n1=np.array([1,2])          # 创建一维数组
3    n2=np.array([3,4])
4    print(n1>=n2)               # 大于等于
5    print(n1==n2)               # 等于
6    print(n1<=n2)               # 小于等于
7    print(n1!=n2)               # 不等于
```

运行程序，输出结果如下：

```
[False False]
[False False]
[ True  True]
[ True  True]
```

5. 数组的标量运算

首先了解两个概念，即标量和向量。标量其实就是一个单独的数；而向量是一组数，这组数是顺序排列的，这里我们理解为数组。那么，数组的标量运算也可以理解为是向量与标量之间的运算。

例如，马拉松赛前训练，一周里每天的训练量以“米”（m）为单位，下面将其转换为以“千米”为单位，如图 3.16 所示。

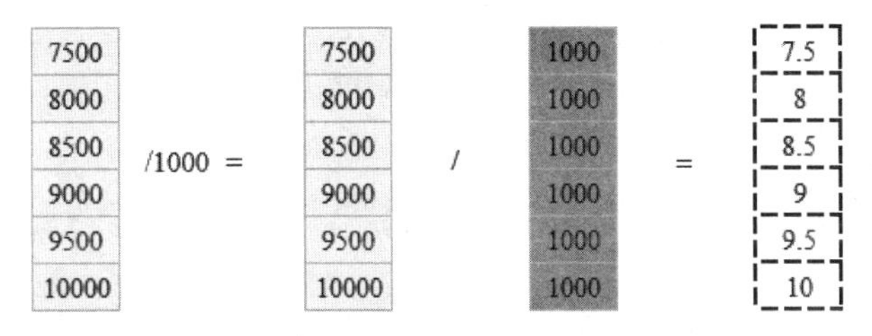

图 3.16　数组的标量运算示意图

【例 3.27】 数组的标量运算（**实例位置：资源包\TM\sl\03\27**）

在程序中，米转换为千米直接输入 n1/1000 即可，程序代码如下：

```
1   import numpy as np
2   n1 = np.linspace(7500,10000,6,dtype='int')   # 创建等差数列数组
3   print(n1)                                    # 输出数组
4   print(n1/1000)                               # 米转换为千米
```

运行程序，输出结果如下：

```
[ 7500  8000  8500  9000  9500 10000]
[ 7.5  8.   8.5  9.   9.5 10. ]
```

上述运算过程，在 NumPy 中叫作“广播机制”，它是一个非常有用的功能。

3.3.2　数组的索引和切片

NumPy 数组元素是通过数组的索引和切片来访问和修改的，因此索引和切片是 NumPy 中最重要最常用的操作。

1. 索引

所谓数组的索引，即用于标记数组当中对应元素的唯一数字，从 0 开始，即数组中的第一个元素的索引是 0，以此类推。NumPy 数组可以使用标准 Python 语法 x[obj]语法对数组进行索引，其中 *x* 是数组，obj 是索引。

【例 3.28】获取一维数组中的元素（**实例位置：资源包\TM\sl\03\28**）

获取一维数组 n1 中索引为 0 的元素，程序代码如下：

```
1    import numpy as np
2    n1=np.array([1,2,3])                # 创建一维数组
3    print(n1[0])                        # 输出一维数组的第一个元素
```

运行程序，输出结果如下：

```
1
```

【例 3.29】获取二维数组中的元素（**实例位置：资源包\TM\sl\03\29**）

通过索引获取二维数组中的元素，程序代码如下：

```
1    import numpy as np
2    n1=np.array([[1,2,3],[4,5,6]])      # 创建二维数组
3    print(n1[1][2])                     # 输出二维数组中第 2 行第 3 列的元素
```

运行程序，输出结果如下：

```
6
```

2. 切片式索引

数组的切片可以理解为对数组的分割，按照等分或者不等分，将一个数组切割为多个片段，它与 Python 中列表的切片操作一样。NumPy 中的切片用冒号分隔切片参数来进行切片操作，语法如下：

```
[start:stop:step]
```

参数说明：

☑ start：起始索引。

☑ stop：终止索引。

☑ step：步长。

【例 3.30】实现简单的数组切片操作（**实例位置：资源包\TM\sl\03\30**）

实现简单的切片操作，对数组 n1 进行切片式索引操作，如图 3.17 所示。程序代码如下：

```
1    import numpy as np
2    n1=np.array([1,2,3])        # 创建一维数组
3    print(n1[0])                # 输出第 1 个元素
4    print(n1[1])                # 输出第 2 个元素
5    print(n1[0:2])              # 输出第 1 个元素至第 3 个元素（不包括第 3 个元素）
6    print(n1[1:])               # 输出从第 2 个元素开始以后的元素
7    print(n1[:2])               # 输出从第 1 个元素（0 省略）至第 3 个元素（不包括第 3 个元素）
```

运行程序，输出结果如下：

```
1
2
[1 2]
[2 3]
[1 2]
```

切片式索引操作需要注意以下几点：

（1）索引是左闭右开区间，如上述代码中的 n1[0:2]，只能取到索引从 0 到 1 的元素，而取不到索

引为 2 的元素。

（2）当没有 start 参数时，代表从索引 0 开始取数，如上述代码中的 n1[:2]。

（3）start、stop 和 step 3 个参数都可以是负数，代表反向索引。以 step 参数为例，如图 3.18 所示。

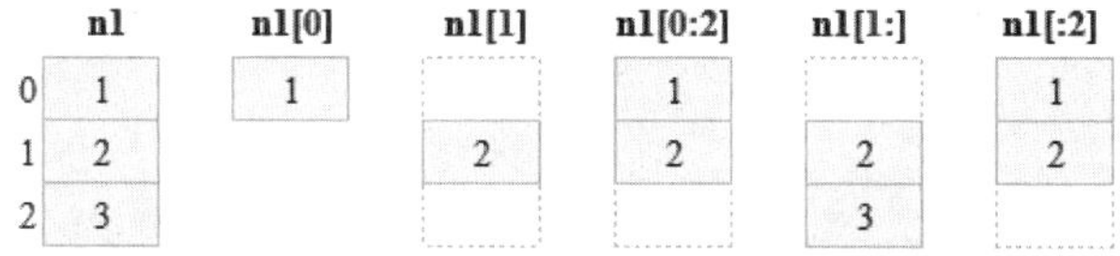

图 3.17　切片式索引示意图

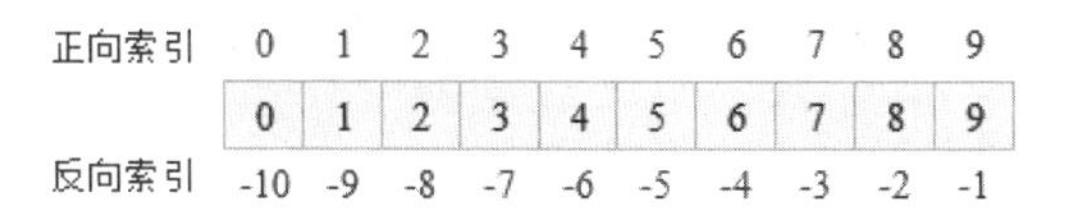

图 3.18　反向索引示意图

【例 3.31】 常用的切片式索引操作（**实例位置：资源包\TM\sl\03\31**）

常用的切片式索引操作，程序代码如下：

```
1   import numpy as np
2   n = np.arange(10)              # 使用 arange 函数创建一维数组
3   print(n)                       # 输出一维数组
4   print(n[:3])                   # 输出第 1 个元素（0 省略）至第 4 个元素（不包括第 4 个元素）
5   print(n[3:6])                  # 输出第 4 个元素至第 7 个元素（不包括第 7 个元素）
6   print(n[6:])                   # 输出第 7 个元素至最后一个元素
7   print(n[::])                   # 输出所有元素
8   print(n[:])                    # 输出第 1 个元素至最后一个元素
9   print(n[::2])                  # 输出步长是 2 的元素
10  print(n[1::5])                 # 输出第 2 个元素至最后一个元素且步长是 5 的元素
11  print(n[2::6])                 # 输出第 3 个元素至最后一个元素且步长是 6 的元素
12  #start、stop、step 为负数时
13  print(n[::-1])                 # 输出所有元素且步长是-1 的元素
14  print(n[:-3:-1])               # 输出倒数第 3 个元素至倒数第 1 个元素（不包括倒数第 3 个元素）
15  print(n[-3:-5:-1])             # 输出倒数第 3 个元素至倒数第 5 个元素且步长是-1 的元素
16  print(n[-5::-1])               # 输出倒数第 5 个元素至最后一个元素且步长是-1 的元素
```

运行程序，输出结果如下：

```
[0 1 2 3 4 5 6 7 8 9]
[0 1 2]
[3 4 5]
[6 7 8 9]
[0 1 2 3 4 5 6 7 8 9]
[0 1 2 3 4 5 6 7 8 9]
[0 2 4 6 8]
[1 6]
[2 8]
[9 8 7 6 5 4 3 2 1 0]
[9 8]
[7 6]
[5 4 3 2 1 0]
```

3．二维数组索引

二维数组索引可以使用 array[n,m]的方式，以逗号分隔，表示第 *n* 个数组的第 *m* 个元素。

【例 3.32】二维数组的简单索引操作（**实例位置：资源包\TM\sl\03\32**）

创建一个 3 行 4 列的二维数组，实现简单的索引操作，效果如图 3.19 所示。

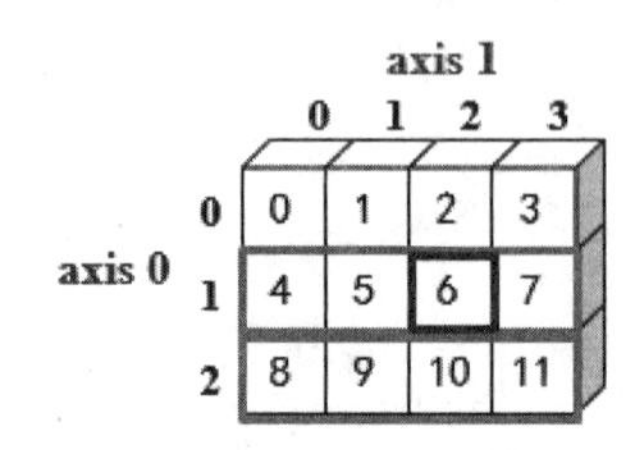

图 3.19　二维数组索引示意图

程序代码如下：

```
1    import numpy as np
2    n=np.array([[0,1,2,3],[4,5,6,7],[8,9,10,11]])       # 创建 3 行 4 列的二维数组
3    print(n[1])                                          # 输出第 2 行的元素
4    print(n[1,2])                                        # 输出第 2 行第 3 列的元素
5    print(n[-1])                                         # 输出倒数第 1 行的元素
```

运行程序，输出结果如下：

```
[4 5 6 7]
6
[ 8  9 10 11]
```

上述代码中，n[1]表示第 2 个数组，n[1,2]表示第 2 个数组第 3 个元素，它等同于 n[1][2]，表示数组 *n* 中第 2 行第 3 列的值，实际上 n[1][2]是先索引第一个维度得到一个数组，然后在此基础上再索引。

4．二维数组切片式索引

【例 3.33】二维数组的切片操作（**实例位置：资源包\TM\sl\03\33**）

创建一个二维数组，实现各种切片式索引操作，效果如图 3.20 所示。

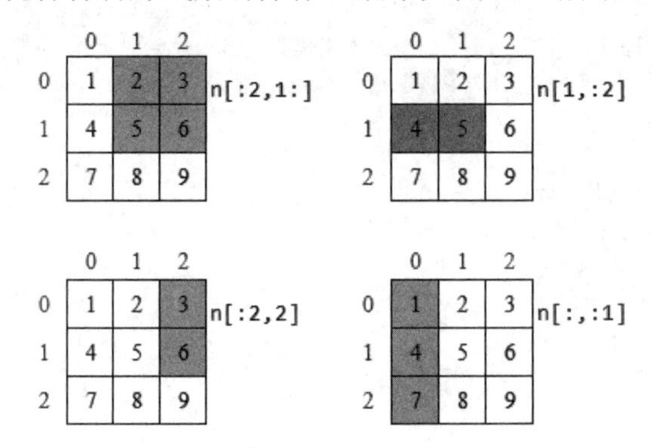

图 3.20　二维数组切片式索引示意图

程序代码如下：

```
1    import numpy as np
```

```
2    n=np.array([[1,2,3],[4,5,6],[7,8,9]])  # 创建 3 行 3 列的二维数组
3    print(n[:2,1:])                         # 输出第 1 行至第 3 行（不包括第 3 行）的第 2 列至最后一列的元素
4    print(n[1,:2])                          # 输出第 2 行的第 1 列至第 3 列（不包括第 3 列）的元素
5    print(n[:2,2])                          # 输出第 1 行至第 3 行（不包括第 3 行）的第 3 列的元素
6    print(n[:,:1])                          # 输出所有行的第 1 列至第 2 列（不包括第 2 列）的元素
```

运行程序，输出结果如下：

```
[[2 3]
 [5 6]]
[4 5]
[3 6]
[[1]
 [4]
 [7]]
```

3.3.3　数组的重塑

数组重塑实际是更改数组的形状，例如，将原来 2 行 3 列的数组重塑为 3 行 4 列的数组。在 NumPy 中主要使用 reshape()函数来改变数组的形状。

1．一维数组重塑

一维数组重塑就是将数组重塑为多行多列的数组。

【例 3.34】将一维数组重塑为二维数组（**实例位置：资源包\TM\sl\03\34**）

创建一个一维数组，通过 reshape()函数将其改为 2 行 3 列的二维数组，程序代码如下：

```
1    import numpy as np
2    n=np.arange(6)              # 创建一维数组
3    print(n)
4    n1=n.reshape(2,3)           # 将数组重塑为 2 行 3 列的二维数组
5    print(n1)
```

运行程序，输出结果如下：

```
[0 1 2 3 4 5]
[[0 1 2]
 [3 4 5]]
```

需要注意的是，数组重塑是基于数组元素不发生改变的情况，重塑后的数组所包含的元素个数必须与原数组元素个数相同，如果数组元素发生改变，程序就会报错。

【例 3.35】将一行古诗转换为 4 行 5 列的二维数组（**实例位置：资源包\TM\sl\03\35**）

将一行 20 列的数据转换为 4 行 5 列的二维数组，效果如图 3.21 所示。

图 3.21　数组重塑示意图

程序代码如下：

```
1   import numpy as np
2   n=np.array(['床','前','明','月','光','疑','是','地','上','霜','举','头','望','明','月','低','头','思','故','乡'])
3   n1=n.reshape(4,5)                    # 将数组重塑为 4 行 5 列的二维数组
4   print(n1)
```

运行程序，输出结果如下：

```
[['床' '前' '明' '月' '光']
 ['疑' '是' '地' '上' '霜']
 ['举' '头' '望' '明' '月']
 ['低' '头' '思' '故' '乡']]
```

2．多维数组重塑

多维数组重塑同样使用 reshape()函数。

【例 3.36】将 2 行 3 列的数组重塑为 3 行 2 列的数组（**实例位置：资源包\TM\sl\03\36**）

将 2 行 3 列的二维数组重塑为 3 行 2 列的二维数组，程序代码如下：

```
1   import numpy as np
2   n=np.array([[0,1,2],[3,4,5]])        # 创建二维数组
3   print(n)
4   n1=n.reshape(3,2)                    # 将数组重塑为 3 行 2 列的二维数组
5   print(n1)
```

运行程序，输出结果如下：

```
[[0 1 2]
 [3 4 5]]
[[0 1]
 [2 3]
 [4 5]]
```

3．数组转置

数组转置是指数组的行列转换，可以通过数组的 T 属性和 transpose()函数来实现。

【例 3.37】将二维数组中的行列转置（**实例位置：资源包\TM\sl\03\37**）

通过 T 属性将 4 行 6 列的二维数组中的行变成列，列变成行，程序代码如下：

```
1   import numpy as np
2   n = np.arange(24).reshape(4,6)       # 创建 4 行 6 列的二维数组
3   print(n)
4   print(n.T)                           # 通过 T 属性使行列转置
```

运行程序，输出结果如下：

```
[[ 0  1  2  3  4  5]
 [ 6  7  8  9 10 11]
 [12 13 14 15 16 17]
 [18 19 20 21 22 23]]
[[ 0  6 12 18]
 [ 1  7 13 19]
 [ 2  8 14 20]
 [ 3  9 15 21]
 [ 4 10 16 22]
 [ 5 11 17 23]]
```

【例 3.38】转换客户销售数据（实例位置：资源包\TM\sl\03\38）

上述举例可能不太直观，下面再举一个例子，转换客户销售数据，对比效果如图 3.22 所示。

客户	销售额
A	100
B	200
C	300
D	400
E	500

A	B	C	D	E
100	200	300	400	500

图 3.22　客户销售数据转换对比示意图

程序代码如下：

```
1	import numpy as np
2	n = np.array([['A',100],['B',200],['C',300],['D',400],['E',500]])
3	print(n)
4	print(n.T)	# 通过 T 属性使行列转置
```

运行程序，输出结果如下：

```
[['A' '100']
 ['B' '200']
 ['C' '300']
 ['D' '400']
 ['E' '500']]
[['A' 'B' 'C' 'D' 'E']
 ['100' '200' '300' '400' '500']]
```

transpose()函数也可以实现数组转置。例如，上述举例用 transpose()函数实现，关键代码如下：

```
n = np.array([['A',100],['B',200],['C',300],['D',400],['E',500]])
print(n.transpose())	# 通过 transpose()函数使行列转置
```

运行程序，输出结果如下：

```
[['A' 'B' 'C' 'D' 'E']
 ['100' '200' '300' '400' '500']]
```

3.3.4　数组的增、删、改、查

数组增、删、改、查的方法有很多种，下面介绍几种常用的方法。

1. 数组的增加

数组数据的增加可以按照水平方向增加数据，也可以按照垂直方向增加数据。水平方向增加数据主要使用 hstack()函数，垂直方向增加数据主要使用 vstack()函数。

【例 3.39】为数组增加数据（实例位置：资源包\TM\sl\03\39）

创建两个二维数组，实现数组数据的增加，程序代码如下：

```
1	import numpy as np
2	# 创建二维数组
3	n1=np.array([[1,2],[3,4],[5,6]])
4	n2=np.array([[10,20],[30,40],[50,60]])
```

```
5    print(np.hstack((n1,n2)))          # 水平方向增加数据
6    print(np.vstack((n1,n2)))          # 垂直方向增加数据
```

运行程序，输出结果如下：

```
[[ 1   2 10 20]
 [ 3   4 30 40]
 [ 5   6 50 60]]
[[ 1   2]
 [ 3   4]
 [ 5   6]
 [10 20]
 [30 40]
 [50 60]]
```

2. 数组的删除

数组的删除主要使用 delete()函数。

【例 3.40】删除指定的数组（**实例位置：资源包\TM\sl\03\40**）

删除指定的数组，程序代码如下：

```
1    import numpy as np
2    n1=np.array([[1,2],[3,4],[5,6]])     # 创建二维数组
3    print(n1)
4    n2=np.delete(n1,2,axis=0)            # 删除第 3 行
5    n3=np.delete(n1,0,axis=1)            # 删除第 1 列
6    n4=np.delete(n1,(1,2),0)             # 删除第 2 行和第 3 行
7    print('删除第 3 行后的数组：','\n',n2)
8    print('删除第 1 列后的数组：','\n',n3)
9    print('删除第 2 行和第 3 行后的数组：','\n',n4)
```

运行程序，输出结果如下：

```
[[1 2]
 [3 4]
 [5 6]]
删除第 3 行后的数组：
 [[1 2]
 [3 4]]
删除第 1 列后的数组：
 [[2]
 [4]
 [6]]
删除第 2 行和第 3 行后的数组：
 [[1 2]]
```

对于不想要的数组或数组元素，还可以通过索引和切片的方法只选取需要的数组或数组元素。

3. 数组的修改

需要修改数组或数组元素时，直接为数组或数组元素赋值即可。

【例 3.41】修改指定的数组（**实例位置：资源包\TM\sl\03\41**）

修改指定的数组，程序代码如下：

```
1    import numpy as np
2    n1=np.array([[1,2],[3,4],[5,6]])     # 创建二维数组
3    print(n1)
4    n1[1]=[30,40]                        # 修改第 2 行数组[3,4]为[30,40]
```

```
5    n1[2][1]=88                     # 修改第 3 行第 2 个元素 6 为 88
6    print('修改后的数组：','\n',n1)
```

运行程序，输出结果如下：

```
[[1 2]
 [3 4]
 [5 6]]
修改后的数组：
 [[ 1  2]
 [30 40]
 [ 5 88]]
```

4. 数组的查询

数组的查询同样可以使用索引和切片方法来获取指定范围的数组或数组元素，还可以通过 where()函数查询符合条件的数组或数组元素。where()函数语法如下：

```
numpy.where(condition,x,y)
```

上述语法中，第一个参数为一个布尔数组，第二个参数和第三个参数可以是标量也可以是数组。满足条件（参数 condition），输出参数 *x*，不满足条件输出参数 *y*。

【例 3.42】按指定条件查询数组（**实例位置：资源包\TM\sl\03\42**）

数组查询，大于 5 输出 2，不大于 5 输出 0，程序代码如下：

```
1    import numpy as np
2    n1 = np.arange(10)               # 创建一个一维数组
3    print(n1)
4    print(np.where(n1>5,2,0))        # 大于 5 输出 2,不大于 5 输出 0
```

运行程序，输出结果如下：

```
[0 1 2 3 4 5 6 7 8 9]
[0 0 0 0 0 0 2 2 2 2]
```

如果不指定参数 *x* 和 *y*，则输出满足条件的数组元素的坐标。例如，上述举例不指定参数 *x* 和 *y*，关键代码如下：

```
n2=n1[np.where(n1>5)]
print(n2)
```

运行程序，输出结果如下：

```
[6 7 8 9]
```

3.4　矩阵的基本操作

在数学中经常会看到矩阵，而在程序中常用的是数组，可以简单地理解为矩阵是数学的概念，而数组是计算机程序设计领域的概念。在 NumPy 中，矩阵是数组的分支，数组和矩阵有些时候是通用的，二维数组也称矩阵。下面简单介绍矩阵的基本操作。

3.4.1 创建矩阵

NumPy 模块中存在两种不同的数据类型（矩阵 matrix 和数组 array），它们都可以用于处理行列表示的数组元素，虽然它们看起来很相似，但是在这两种数据类型上执行相同的数学运算，可能会得到不同的结果。

在 NumPy 中，矩阵应用十分广泛。例如，每个图像可以被看作像素值矩阵。假设一个像素值仅为 0 和 1，那么 5×5 大小的图像就是一个 5×5 的矩阵，如图 3.23 所示，而 3×3 大小的图像就是一个 3×3 的矩阵，如图 3.24 所示。

1	1	1	0	0
0	1	1	1	0
0	0	1	1	1
0	0	1	1	0
0	1	1	0	0

图 3.23　5×5 矩阵示意图

1	0	1
0	1	0
1	0	1

图 3.24　3×3 矩阵示意图

关于矩阵就简单了解到这里，下面介绍如何在 NumPy 中创建矩阵。

【例 3.43】创建简单矩阵（**实例位置：资源包\TM\sl\03\43**）

使用 mat()函数创建矩阵，程序代码如下：

```
1     import numpy as np
2     a = np.mat('5 6;7 8')
3     b = np.mat([[1, 2], [3, 4]])
4     print(a)
5     print(b)
6     print(type(a))
7     print(type(b))
8     n1 = np.array([[1, 2], [3, 4]])
9     print(n1)
10    print(type(n1))
```

运行程序，输出结果如下：

```
[[5 6]
 [7 8]]
[[1 2]
 [3 4]]
<class 'numpy.matrix'>
<class 'numpy.matrix'>
[[1 2]
 [3 4]]
<class 'numpy.ndarray'>
```

从运行结果得知：mat()函数创建的是矩阵类型，array()函数创建的是数组类型，而只有用 mat()函数创建的矩阵才能进行一些线性代数的操作。

【例 3.44】使用 mat()函数创建常见的矩阵（**实例位置：资源包\TM\sl\03\44**）

（1）创建一个 3×3 的 0（零）矩阵，程序代码如下：

```
1    import numpy as np
2    data1 = np.mat(np.zeros((3,3)))          # 创建一个 3×3 的零矩阵
3    print(data1)
```

运行程序，输出结果如下：

```
[[0. 0. 0.]
 [0. 0. 0.]
 [0. 0. 0.]]
```

（2）创建一个 2×4 的 1 矩阵，程序代码如下：

```
1    import numpy as np
2    data1 = np.mat(np.ones((2,4)))           # 创建一个 2×4 的 1 矩阵
3    print(data1)
```

运行程序，输出结果如下：

```
[[1. 1. 1. 1.]
 [1. 1. 1. 1.]]
```

（3）使用 random 模块的 rand()函数创建一个 0～1 随机产生的 3×3 二维数组，并将其转换为矩阵，程序代码如下：

```
1    import numpy as np
2    data1 = np.mat(np.random.rand(3,3))
3    print(data1)
```

运行程序，输出结果如下：

```
[[0.23593472 0.32558883 0.42637078]
 [0.36254276 0.6292572   0.94969203]
 [0.80931869 0.3393059   0.18993806]]
```

（4）创建一个 1～8 的随机整数矩阵，程序代码如下：

```
1    import numpy as np
2    data1 = np.mat(np.random.randint(1,8,size=(3,5)))
3    print(data1)
```

运行程序，输出结果如下：

```
[[4 5 3 5 3]
 [1 3 2 7 7]
 [2 7 5 4 5]]
```

（5）创建对角矩阵，程序代码如下：

```
1    import numpy as np
2    data1 = np.mat(np.eye(2,2,dtype=int))          # 2×2 对角矩阵
3    print(data1)
4    data1 = np.mat(np.eye(4,4,dtype=int))          # 4×4 对角矩阵
5    print(data1)
```

运行程序，输出结果如下：

```
[[1 0]
```

```
 [0 1]]
[[1 0 0 0]
 [0 1 0 0]
 [0 0 1 0]
 [0 0 0 1]]
```

（6）创建对角线矩阵，程序代码如下：

```
1    import numpy as np
2    a = [1,2,3]
3    data1 = np.mat(np.diag(a))          # 对角线 1、2、3 矩阵
4    print(data1)
5    b = [4,5,6]
6    data1 = np.mat(np.diag(b))          # 对角线 4、5、6 矩阵
7    print(data1)
```

运行程序，输出结果如下：

```
[[1 0 0]
 [0 2 0]
 [0 0 3]]
[[4 0 0]
 [0 5 0]
 [0 0 6]]
```

说明

mat()函数只适用于二维矩阵，维数超过 2 以后，mat()函数就不适用了，从这一点来看 array()函数更具通用性。

3.4.2 矩阵的运算

矩阵运算是指可以使用算术运算符“+”“—”“*”“/”对矩阵进行加、减、乘、除的运算。

【例 3.45】矩阵加法运算（**实例位置：资源包\TM\sl\03\45**）

创建两个矩阵 data1 和 data2，实现矩阵的加法运算，效果如图 3.25 所示。

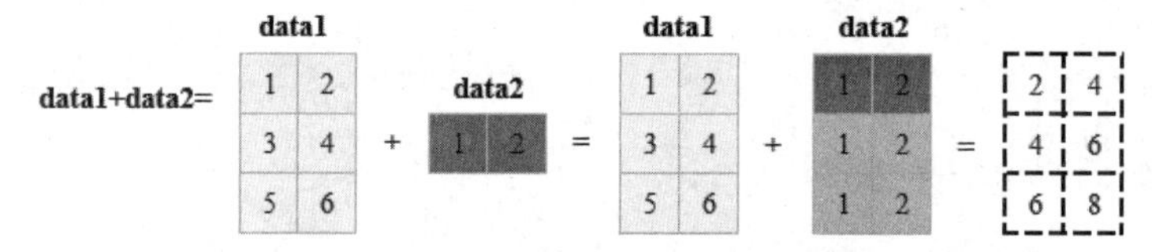

图 3.25　矩阵运算示意图

程序代码如下：

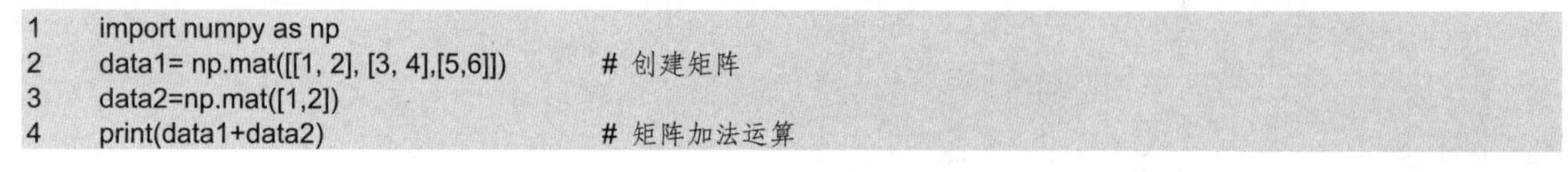

```
1    import numpy as np
2    data1= np.mat([[1, 2], [3, 4],[5,6]])          # 创建矩阵
3    data2=np.mat([1,2])
4    print(data1+data2)                             # 矩阵加法运算
```

运行程序，输出结果如下：

```
[[2 4]
 [4 6]
 [6 8]]
```

【例 3.46】矩阵减法、乘法和除法运算（**实例位置：资源包\TM\sl\03\46**）

除了加法运算，还可以实现矩阵的减法、乘法和除法运算。接下来实现上述矩阵的减法和除法运算，程序代码如下：

```
1    import numpy as np
2    data1= np.mat([[1, 2], [3, 4],[5,6]])        # 创建矩阵
3    data2=np.mat([1,2])
4    print(data1-data2)                           # 矩阵减法运算
5    print(data1/data2)                           # 矩阵除法运算
```

运行程序，输出结果如下：

```
[[0 0]
 [2 2]
 [4 4]]
[[1. 1.]
 [3. 2.]
 [5. 3.]]
```

当我们对上述矩阵进行乘法运算时，程序出现了错误，原因是矩阵的乘法运算要求左边矩阵的列数和右边矩阵的行数要一致。由于上述矩阵 data2 是一行，所以导致程序出错。

【例 3.47】修改矩阵并进行乘法运算（**实例位置：资源包\TM\sl\03\47**）

将矩阵 data2 改为 2×2 矩阵，再进行矩阵的乘法运算，程序代码如下：

```
1    import numpy as np
2    # 创建矩阵
3    data1= np.mat([[1, 2], [3, 4],[5,6]])
4    data2=np.mat([[1,2],[3,4]])
5    print(data1*data2)                     # 矩阵乘法运算
```

运行程序，输出结果如下：

```
[[ 7 10]
 [15 22]
 [23 34]]
```

上述举例，是两个矩阵直接相乘，称之为矩阵相乘。矩阵相乘是第一个矩阵中与该元素行号相同的元素与第二个矩阵中与该元素列号相同的元素，两两相乘后再求和，运算过程如图 3.26 所示。例如，1×1+2×3=7，是第一个矩阵第 1 行元素与第二个矩阵第 1 列元素，两两相乘求和得到的。

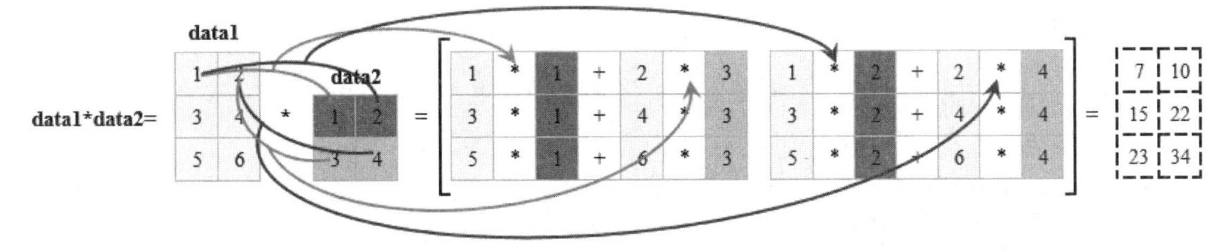

图 3.26　矩阵相乘运算过程示意图

数组运算和矩阵运算的一个关键区别是矩阵相乘使用的是点乘。点乘，也称点积，是数组中元素对应位置一一相乘之后求和的操作，在 NumPy 中专门提供了点乘函数，即 dot()函数，该函数返回的是两个数组的点积。

【例 3.48】数组相乘与数组点乘比较（**实例位置：资源包\TM\sl\03\48**）

数组相乘与数组点乘运算，程序代码如下：

```
1    import numpy as np
2    # 创建数组
3    n1 = np.array([1, 2, 3])
4    n2= np.array([[1, 2, 3], [1, 2, 3], [1, 2, 3]])
5    print('数组相乘结果为：','\n',n1*n2)                # 数组相乘
6    print('数组点乘结果为：','\n',np.dot(n1, n2))       # 数组点乘
```

运行程序，输出结果如下：

```
数组相乘结果为：
 [[1 4 9]
 [1 4 9]
 [1 4 9]]
数组点乘结果为：
 [ 6 12 18]
```

【例 3.49】矩阵元素之间的相乘运算（**实例位置：资源包\TM\sl\03\49**）

实现矩阵对应元素之间的相乘可以使用 multiply()函数，程序代码如下：

```
1    import numpy as np
2    n1 = np.mat('1 3 3;4 5 6;7 12 9')          # 创建矩阵，使用分号隔开数据
3    n2 = np.mat('2 6 6;8 10 12;14 24 18')
4    print('矩阵相乘结果为：\n',n1*n2)          # 矩阵相乘
5    print('矩阵对应元素相乘结果为：\n',np.multiply(n1,n2))
```

运行程序，输出结果如下：

```
矩阵相乘结果为：
 [[ 68 108  96]
 [132 218 192]
 [236 378 348]]
矩阵对应元素相乘结果为：
 [[  2  18  18]
 [ 32  50  72]
 [ 98 288 162]]
```

3.4.3 矩阵的转换

1. 矩阵转置

【例 3.50】使用 T 属性实现矩阵转置（**实例位置：资源包\TM\sl\03\50**）

矩阵转置与数组转置一样使用 T 属性实现，程序代码如下：

```
1    import numpy as np
2    n1 = np.mat('1 3 3;4 5 6;7 12 9')          # 创建矩阵，使用分号隔开数据
3    print('矩阵转置结果为：\n',n1.T)          # 矩阵转置
```

运行程序，输出结果如下：

```
矩阵转置结果为：
 [[1  4  7]
 [3  5 12]
 [3  6  9]]
```

2. 矩阵求逆

【例 3.51】实现矩阵逆运算（实例位置：资源包\TM\sl\03\51）

矩阵要可逆，否则意味着该矩阵为奇异矩阵（即矩阵的行列式的值为 0）。矩阵求逆主要使用 I 属性实现，程序代码如下：

```
1    import numpy as np
2    n1 = np.mat('1 3 3;4 5 6;7 12 9')              # 创建矩阵，使用分号隔开数据
3    print('矩阵的逆矩阵结果为：\n',n1.I)           # 逆矩阵
```

运行程序，输出结果如下：

```
矩阵的逆矩阵结果为：
 [[-0.9          0.3          0.1        ]
 [ 0.2         -0.4          0.2        ]
 [ 0.43333333   0.3         -0.23333333]]
```

3.5　NumPy 常用的数学运算函数

NumPy 包含大量的数学运算函数，包括三角函数、算术运算函数、复数处理函数等，如表 3.4 所示。

表 3.4　数学运算函数

函　　数	说　　明
add()、subtract()、multiply()、divide()	简单的数组加、减、乘、除运算
abs()	取数组中各元素的绝对值
sqrt()	计算数组中各元素的平方根
square()	计算数组中各元素的平方
log()、log10()、log2()	计算数组中各元素的自然对数和分别以 10、2 为底的对数
reciprocal()	计算数组中各元素的倒数
power()	第一个数组中的元素作为底数，计算它与第二个数组中相应元素的幂
mod()	计算数组之间相应元素相除后的余数
around()	计算数组中各元素指定小数位数的四舍五入值
ceil()、floor()	计算数组中各元素向上取整和向下取整
sin()、cos()、tan()	三角函数，计算数组中角度的正弦值、余弦值和正切值
modf()	将数组各元素的小数和整数部分分割为两个独立的数组
exp()	计算数组中各元素的指数值
sign()	计算数组中各元素的符号值 1（+），0，-1（-）
maximum()、fmax()	计算数组元素的最大值
minimum()、fmin()	计算数组元素的最小值
copysign(a,b)	将数组 b 中各元素的符号赋值给数组 a 对应的元素

下面介绍几个常用的数学运算函数。

3.5.1 算术函数

1．加、减、乘、除函数 add()、subtract()、multiply()、divide()

NumPy 算术函数包含简单的加、减、乘、除函数，如 add()、subtract()、multiply()和 divide()。这里要注意的是，数组必须具有相同的形状或符合数组广播规则。

【例 3.52】数组加减乘除运算（**实例位置：资源包\TM\sl\03\52**）

创建数组，并进行加减乘除运算，程序代码如下：

```
1    import numpy as np
2    # 创建数组
3    n1 = np.array([[1,2,3],[4,5,6],[7,8,9]])
4    n2 = np.array([10, 10, 10])
5    print('两个数组相加：')
6    print(np.add(n1, n2))
7    print('两个数组相减：')
8    print(np.subtract(n1, n2))
9    print('两个数组相乘：')
10   print(np.multiply(n1, n2))
11   print('两个数组相除：')
12   print(np.divide(n1, n2))
```

运行程序，输出结果如下：

```
两个数组相加：
[[11 12 13]
 [14 15 16]
 [17 18 19]]
两个数组相减：
[[-9 -8 -7]
 [-6 -5 -4]
 [-3 -2 -1]]
两个数组相乘：
[[10 20 30]
 [40 50 60]
 [70 80 90]]
两个数组相除：
[[0.1 0.2 0.3]
 [0.4 0.5 0.6]
 [0.7 0.8 0.9]]
```

2．求倒数函数 reciprocal()

reciprocal()函数用于返回数组中各元素的倒数，如 4/3 的倒数是 3/4。

【例 3.53】计算数组元素的倒数（**实例位置：资源包\TM\sl\03\53**）

计算数组元素的倒数，程序代码如下：

```
1    import numpy as np
2    a = np.array([0.25, 1.75, 2, 100])
3    print(np.reciprocal(a))
```

运行程序，输出结果如下：

```
[4.         0.57142857 0.5        0.01      ]
```

3．求幂函数 power()

power()函数将第一个数组中的元素作为底数，计算它与第二个数组中相应元素的幂。

【例 3.54】数组元素的幂运算（**实例位置：资源包\TM\sl\03\54**）

对数组元素进行幂运算，程序代码如下：

```
1   import numpy as np
2   n1 = np.array([10, 100, 1000])
3   print(np.power(n1, 3))
4   n2= np.array([1, 2, 3])
5   print(np.power(n1, n2))
```

运行程序，输出结果如下：

```
[      1000     1000000 1000000000]
[        10       10000 1000000000]
```

4．取余函数 mod()

mod()函数用于计算数组之间相应元素相除后的余数。

【例 3.55】对数组元素取余（**实例位置：资源包\TM\sl\03\55**）

对数组元素取余，程序代码如下：

```
1   import numpy as np
2   n1 = np.array([10, 20, 30])
3   n2 = np.array([4, 5, -8])
4   print(np.mod(n1, n2))
```

运行程序，输出结果如下：

```
[2  0  -2]
```

Numpy 负数取余的算法，公式如下：

```
r=a-n*[a//n]
```

其中 r 为余数，a 是被除数，n 是除数，“//”为运算取商时保留整数的下界，即偏向于较小的整数。根据负数取余的三种情况，举例如下：

```
r=30-(-8)*(30//(-8))=30-(-8)*(-4)=30-32=-2
r=-30-(-8)*(-30//(-8))=-30-(-8)*(3)=-30-24=-6
r=-30-(8)*(-30//(8))=-30-(8)*(-4)=-30+32=2
```

3.5.2　舍入函数

1．四舍五入函数 around()

四舍五入在 NumPy 中应用比较多，主要使用 around()函数实现。该函数返回指定小数位数的四舍五入值，语法如下：

```
numpy.around(a,decimals)
```

参数说明：

☑　a：数组。

☑ decimals：舍入的小数位数，默认值为 0，如果为负，则整数将四舍五入到小数点左侧的位置。

【例 3.56】将数组中的一组数字四舍五入（**实例位置：资源包\TM\sl\03\56**）

将数组中的一组数字四舍五入，程序代码如下：

```
1    import numpy as np
2    n = np.array([1.55, 6.823,100,0.1189,4.1415926,-2.345])      # 创建数组
3    print(np.around(n))                                          # 四舍五入取整
4    print(np.around(n, decimals=2))                              # 四舍五入保留小数点后两位
5    print(np.around(n, decimals=-1))                             # 四舍五入取整到小数点左侧
```

运行程序，输出结果如下：

```
[  2.    7. 100.    0.    4.   -2.]
[  1.55    6.82 100.      0.12    3.14   -2.35]
[  0.   10. 100.    0.    0.   -0.]
```

2．向上取整函数 ceil()

ceil()函数用于返回大于或者等于指定表达式的最小整数，即向上取整。

【例 3.57】对数组元素向上取整（**实例位置：资源包\TM\sl\03\57**）

对数组元素向上取整，程序代码如下：

```
1    import numpy as np
2    n = np.array([-1.8, 1.66, -0.2, 0.888, 15])      # 创建数组
3    print(np.ceil(n))                                # 向上取整
```

运行程序，输出结果如下：

```
[-1.   2. -0.   1. 15.]
```

3．向下取整函数 floor()

floor()函数用于返回小于或者等于指定表达式的最大整数，即向下取整。

【例 3.58】对数组元素向下取整（**实例位置：资源包\TM\sl\03\58**）

对数组元素向下取整，程序代码如下：

```
1    import numpy as np
2    n = np.array([-1.8, 1.66, -0.2, 0.888, 15])      # 创建数组
3    print(np.floor(n))                               # 向下取整
```

运行程序，输出结果如下：

```
[-2.   1. -1.   0. 15.]
```

3.5.3 三角函数

NumPy 提供标准三角函数，如 sin()、cos()和 tan()等。

【例 3.59】计算数组元素的正弦值、余弦值和正切值（**实例位置：资源包\TM\sl\03\59**）

计算数组元素的正弦值、余弦值和正切值，程序代码如下：

```
1    import numpy as np
2    n= np.array([0, 30, 45, 60, 90])
```

```
3       print('不同角度的正弦值：')
4       # 通过乘 pi/180 转化为弧度
5       print(np.sin(n * np.pi / 180))
6       print('数组中角度的余弦值：')
7       print(np.cos(n * np.pi / 180))
8       print('数组中角度的正切值：')
9       print(np.tan(n * np.pi / 180))
```

运行程序，输出结果如下：

```
不同角度的正弦值：
[0.         0.5        0.70710678 0.8660254  1.        ]
数组中角度的余弦值：
[1.00000000e+00 8.66025404e-01 7.07106781e-01 5.00000000e-01
 6.12323400e-17]
数组中角度的正切值：
[0.00000000e+00 5.77350269e-01 1.00000000e+00 1.73205081e+00
 1.63312394e+16]
```

arcsin()函数、arccos()函数和 arctan()函数用于返回给定角度的 sin()、cos()和 tan()的反三角函数。这些函数的结果可以通过 degrees()函数将弧度转换为角度。

【例 3.60】将弧度转换为角度（**实例位置：资源包\TM\sl\03\60**）

首先计算不同角度的正弦值，然后使用 arcsin()函数计算角度的反正弦，返回值以弧度为单位，最后使用 degrees()函数将弧度转换为角度来验证结果，程序代码如下：

```
1       import numpy as np
2       n = np.array([0, 30, 45, 60, 90])
3       print('不同角度的正弦值：')
4       sin = np.sin(n * np.pi / 180)
5       print(sin)
6       print('计算角度的反正弦，返回值以弧度为单位：')
7       inv = np.arcsin(sin)
8       print(inv)
9       print('弧度转化为角度：')
10      print(np.degrees(inv))
```

运行程序，输出结果如下：

```
不同角度的正弦值：
[0.         0.5        0.70710678 0.8660254  1.        ]
计算角度的反正弦，返回值以弧度为单位：
[0.         0.52359878 0.78539816 1.04719755 1.57079633]
弧度转化为角度：
[ 0. 30. 45. 60. 90.]
```

arccos()函数和 arctan()函数的用法与 arcsin()函数的用法类似，这里不再举例。

3.6　统 计 分 析

统计分析函数是对整个 NumPy 数组或某条轴的数据进行统计运算，函数介绍如表 3.5 所示。

表 3.5　统计分析函数

函　　数	说　　明	函　　数	说　　明
sum()	对数组元素或某行某列元素求和	var()	计算方差
cumsum()	所有数组元素累计求和	std()	计算标准差
cumprod	所有数组元素累计求积	eg()	对数组的第二维度的数据进行求平均
mean()	计算平均值	median()	计算数组中元素的中位数（中值）
min()、max()	计算数组的最小值和最大值	ptp()	计算数组最大值和最小值的差
average()	计算加权平均值	unravel_index()	根据数组形状将一维下标转成多维下标
argmin()　　、argmax()	计算数组最小值和最大值的下标（一维下标）		

下面介绍几个常用的统计函数。首先创建一个数组，如图 3.27 所示。

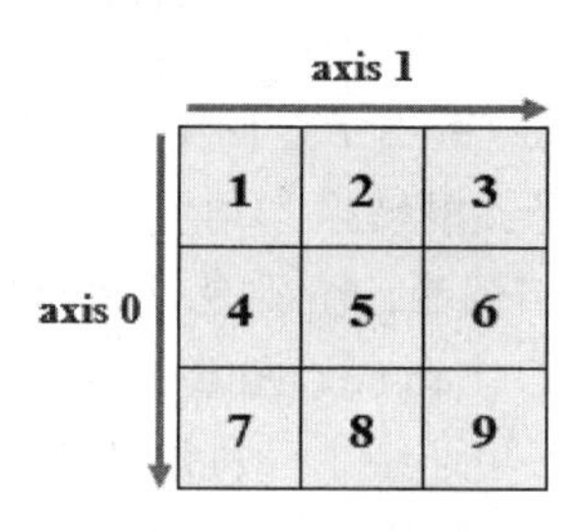

图 3.27　数组示意图

3.6.1　求和函数 sum()

【例 3.61】对数组元素求和（**实例位置：资源包\TM\sl\03\61**）

对数组元素求和、对数组元素按行和按列求和，程序代码如下：

```
1	import numpy as np
2	n=np.array([[1,2,3],[4,5,6],[7,8,9]])
3	print('对数组元素求和：')
4	print(n.sum())
5	print('对数组元素按行求和：')
6	print(n.sum(axis=0))
7	print('对数组元素按列求和：')
8	print(n.sum(axis=1))
```

运行程序，输出结果如下：

```
对数组元素求和：
45
对数组元素按行求和：
[12 15 18]
对数组元素按列求和：
[ 6 15 24]
```

3.6.2　平均值函数 mean()

【例 3.62】对数组元素求平均值（**实例位置：资源包\TM\sl\03\62**）

对数组元素求平均值，对数组元素按行求平均值和按列求平均值，关键代码如下：

```
1	print('对数组元素求平均值：')
2	print(n.mean())
3	print('对数组元素按行求平均值：')
4	print(n.mean(axis=0))
5	print('对数组元素按列求平均值：')
6	print(n.mean(axis=1))
```

运行程序，输出结果如下：

```
对数组元素求平均值:
5.0
对数组元素按行求平均值:
[4. 5. 6.]
对数组元素按列求平均值:
[2. 5. 8.]
```

3.6.3　最大值与最小值函数 max()、min()

【例 3.63】对数组元素求最大值和最小值（**实例位置：资源包\TM\sl\03\63**）

对数组元素求最大值和最小值，关键代码如下：

```
1	print('数组元素最大值：')
2	print(n.max())
3	print('数组中每一行的最大值：')
4	print(n.max(axis=0))
5	print('数组中每一列的最大值：')
6	print(n.max(axis=1))
7	print('数组元素最小值：')
8	print(n.min())
9	print('数组中每一行的最小值：')
10	print(n.min(axis=0))
11	print('数组中每一列的最小值：')
12	print(n.min(axis=1))
```

运行程序，输出结果如下：

```
数组元素最大值:
9
数组中每一行的最大值:
[7 8 9]
数组中每一列的最大值:
[3 6 9]
数组元素最小值:
1
数组中每一行的最小值:
[1 2 3]
数组中每一列的最小值:
[1 4 7]
```

对二维数组求最大值在实际应用中非常广泛。例如，统计销售冠军。

3.6.4　中位数函数 median()

中位数用来衡量数据取值的中等水平或一般水平，可以避免极端值的影响。在数据处理过程中，

当数据中存在少量异常值时，它不受其影响，基于这一特点，一般使用中位数来评价分析结果。

那么，什么是中位数？将各个变量值按大小顺序排列起来，形成一个数列，居于数列中间位置的那个数即为中位数。例如，1、2、3、4、5 这 5 个数，中位数就是中间的数字 3，而 1、2、3、4、5、6 这 6 个数，中位数则是中间两个数的平均值，即 3.5。

技巧

中位数与平均数不同，它不受异常值的影响。例如，将 1、2、3、4、5、6 改为 1、2、3、4、5、288，中位数依然是 3.5。

【例 3.64】计算电商活动价格的中位数（**实例位置：资源包\TM\sl\03\64**）

计算电商在开学季、6.18、双十一、双十二等活动价格的中位数，程序代码如下：

```
1	import numpy as np
2	n=np.array([34.5,36,37.8,39,39.8,33.6])			# 创建"单价"数组
3	# 数组排序后，查找中位数
4	sort_n = np.msort(n)
5	print('数组排序：')
6	print(sort_n)
7	print('数组中位数为：')
8	print(np.median(sort_n))
```

运行程序，输出结果如下：

```
数组排序：
[33.6 34.5 36. 37.8 39. 39.8]
数组中位数为：
36.9
```

3.6.5 加权平均函数 average()

日常生活中，常用平均数来表示一组数据的平均水平。但事实上，面对大量数据时，这样的平均方法很粗糙。一组数据里，一个数据出现的次数称为权。将一组数据与出现的次数相乘后再平均，得到的就是该组数据的加权平均数。加权平均能够反映一组数据中各数据的重要程度，以及对整体趋势的影响。加权平均在日常生活中应用非常广泛，如考试成绩、股票价格、竞技比赛等。

【例 3.65】计算电商各活动销售的加权平均价（**实例位置：资源包\TM\sl\03\65**）

某电商在开学季、6.18、双十一、双十二等活动中的价格都不同，下面计算加权平均价，程序代码如下：

```
1	import numpy as np
2	price=np.array([34.5,36,37.8,39,39.8,33.6])			# 创建"单价"数组
3	number=np.array([900,580,230,150,120,1800])		# 创建"销售数量"数组
4	print('加权平均价：')
5	print(np.average(price,weights=number))
```

运行程序，输出结果如下：

```
加权平均价：
34.84920634920635
```

3.6.6　方差与标准差函数 var()、std()

方差用于衡量一组数据的离散程度，即各组数据与它们的平均数的差的平方，用这个结果来衡量这组数据的波动大小，并把它叫作这组数据的方差，方差越小越稳定。通过方差可以了解一个问题的波动性。在 NumPy 中使用 var()函数来计算方差。

标准差又称均方差，是方差的平方根，用来表示数据的离散程度。在 NumPy 中使用 std()函数来计算标准差。

【例 3.66】求数组的方差和标准差（**实例位置：资源包\TM\sl\03\66**）

在 NumPy 中实现方差和标准差的计算，程序代码如下：

```
1    import numpy as np
2    n=np.array([34.5,36,37.8,39,39.8,33.6])           # 创建"单价"数组
3    print('数组方差：')
4    print(np.var(n))
5    print('数组标准差：')
6    print(np.std(n))
```

运行程序，输出结果如下：

```
数组方差：
5.168055555555551
数组标准差：
2.2733357771247853
```

3.7　数 组 排 序

数组的排序涉及三个函数，下面分别举例说明。

3.7.1　sort()函数

使用 sort()函数进行排序，直接改变原数组，参数 axis 用来指定按行排序还是按列排序。

【例 3.67】对数组元素按行和列排序（**实例位置：资源包\TM\sl\03\67**）

对数组元素排序，程序代码如下：

```
1    import numpy as np
2    n=np.array([[4,7,3],[2,8,5],[9,1,6]])
3    print('数组排序：')
4    print(np.sort(n))
5    print('按行排序：')
6    print(np.sort(n,axis=0))
7    print('按列排序：')
8    print(np.sort(n,axis=1))
```

运行程序，输出结果如下：

```
数组排序：
[[3 4 7]
```

```
 [2 5 8]
 [1 6 9]]
按行排序：
[[2 1 3]
 [4 7 5]
 [9 8 6]]
按列排序：
[[3 4 7]
 [2 5 8]
 [1 6 9]]
```

3.7.2 argsort()函数

使用 argsort()函数对数组进行排序，返回升序排序之后数组值从小到大的索引值。

【例 3.68】对数组元素升序排序（**实例位置：资源包\TM\sl\03\68**）

对数组元素进行升序排序，程序代码如下：

```
1    import numpy as np
2    x=np.array([4,7,3,2,8,5,1,9,6])
3    print('升序排序后的索引值')
4    y = np.argsort(x)
5    print(y)
6    print('排序后的顺序重构原数组')
7    print(x[y])
```

运行程序，输出结果如下：

```
升序排序后的索引值：
[6 3 2 0 5 8 1 4 7]
排序后的顺序重构原数组：
[1 2 3 4 5 6 7 8 9]
```

3.7.3 lexsort()函数

lexsort()函数用于对多个序列进行排序。可以把它当作对电子表格进行排序，每一列代表一个序列，排序时优先照顾靠后的列。

【例 3.69】排序解决成绩相同学生的录取问题（**实例位置：资源包\TM\sl\03\69**）

某重点高中的精英班录取学生是按照总成绩录取，由于名额有限，总成绩相同时，数学成绩高的优先录取，总成绩和数学成绩都相同时，按照英语成绩高的优先录取。下面使用 lexsort()函数对学生成绩进行排序，程序代码如下：

```
1    import numpy as np
2    math=np.array([101,109,115,108,118,118])          # 创建数学成绩
3    en=np.array([117,105,118,108,98,109])             # 创建英语成绩
4    total=np.array([621,623,620,620,615,615])         # 创建总成绩
5    sort_total=np.lexsort((en,math,total))
6    print('排序后的索引值')
7    print(sort_total)
8    print ('通过排序后的索引获取排序后的数组：')
9    print(np.array([[en[i],math[i],total[i]] for i in sort_total]))
```

运行程序，输出结果如下：

```
排序后的索引值
[4 5 3 2 0 1]
通过排序后的索引获取排序后的数组:
[[ 98 118 615]
 [109 118 615]
 [108 108 620]
 [118 115 620]
 [117 101 621]
 [105 109 623]]
```

上述举例，按照数学、英语和总分进行升序排序，总成绩 620 分的 2 名同学，按照数学成绩高的优先录取原则进行第一轮排序，总分 615 分的 2 名同学，同时他们的数学成绩也相同，则按照英语成绩高的优先录取原则进行第二轮排序。

3.8　小　　结

本章主要介绍了功能比较强大的 NumPy 模块，该模块可以快速地解决多种数组问题，让比较烦琐的数组应用变得更加简单。本章不仅介绍了数组应用函数，还介绍了许多比较常用的数学函数以及数组排序相关的函数。本章内容与实例较多，希望读者多加练习，灵活运用 NumPy 模块中的各种函数。

第 4 章

Pandas 模块基础

Pandas 是 Python 的核心数据分析支持库，它提供了大量快速处理表格数据的函数和方法。本章将讲解 Pandas 模块的基础知识，主要内容包括安装和了解 Pandas 模块，Pandas 模块的两大数据结构，即 Series()对象和 DataFrame()对象，还有索引的相关知识。

本章知识架构如下。

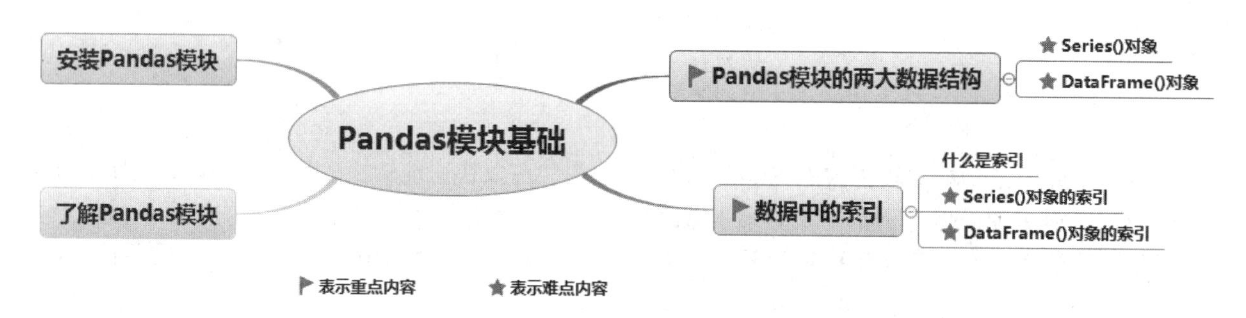

4.1 安装 Pandas 模块

安装 Pandas 模块有两种方法：使用 pip 命令安装和在 Pycharm 开发环境中安装。

1．使用 pip 命令安装

在系统“搜索”文本框中输入 cmd，按 Enter 键，打开“命令提示符”窗口，输入如下安装命令：

```
pip install pandas
```

2．在 Pycharm 开发环境中安装

（1）运行 Pycharm，选择 File→Settings 命令，在 Settings 对话框的左侧列表中先选择 Project Code→Python Interpreter 选项，然后选择 Python 版本，最后单击添加模块按钮“+”，如图 4.1 所示。注意，在 Python Interpreter 列表中应选择当前工程项目使用的 Python 版本。

如果读者使用的是 Anaconda 集成开发环境，则不需要单独安装 Pandas 模块，因为 Anaconda 中已包含该模块。

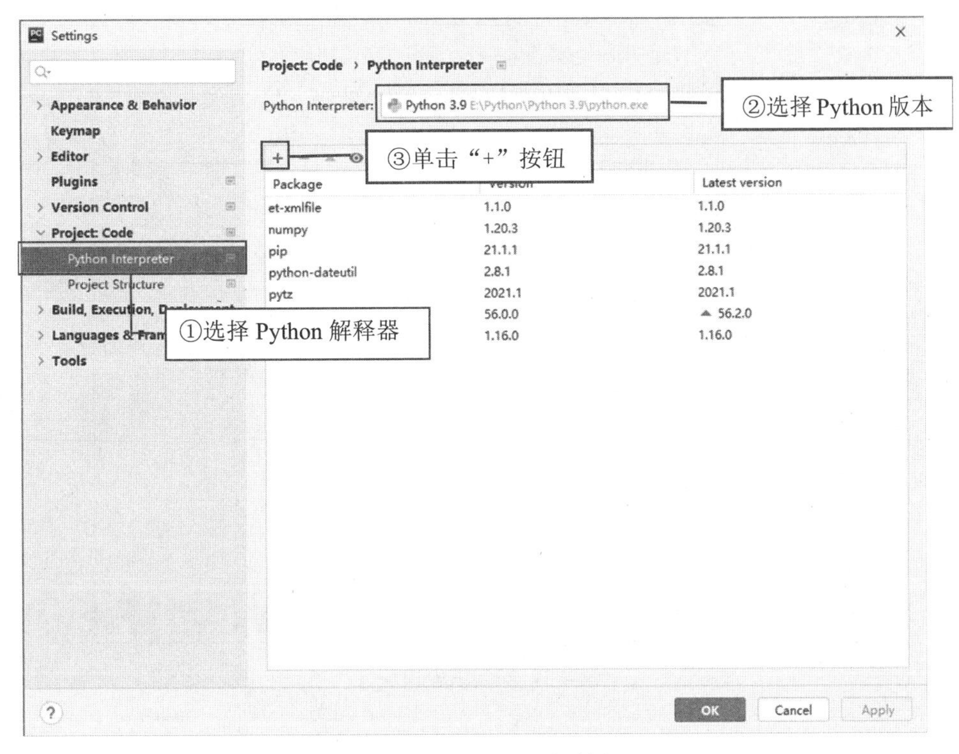

图 4.1　Settings 对话框

（2）在 Available Packages 对话框中搜索 pandas，找到并选择该模块，然后单击 Install Package 按钮，如图 4.2 所示。

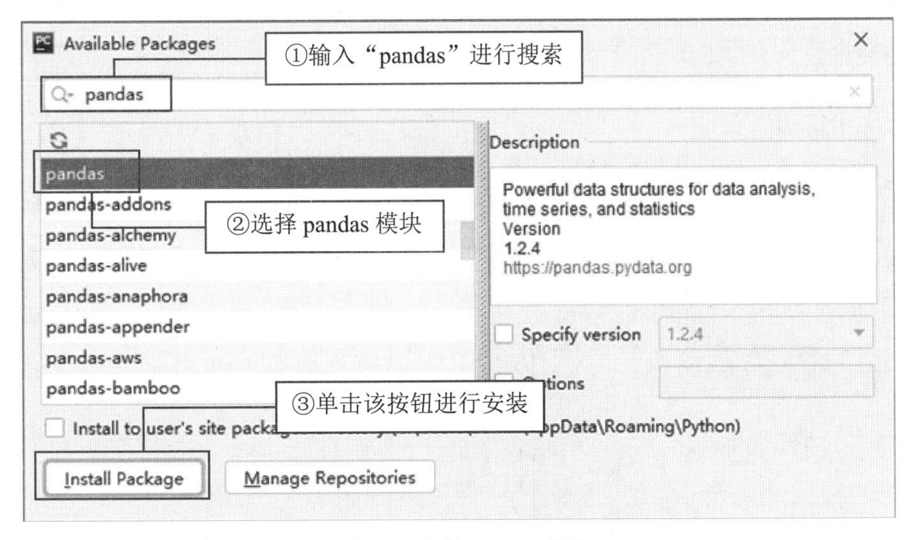

图 4.2　安装 Pandas 模块

Pandas 模块安装完成后，还需要安装 xlrd、xlwt、openpyxl 依赖模块。这三个模块主要用于读写 Excel 操作，本书后续内容对 Excel 的读写操作非常多，因此需要参照上面的步骤提前安装这三个模块（见图 4.3）。

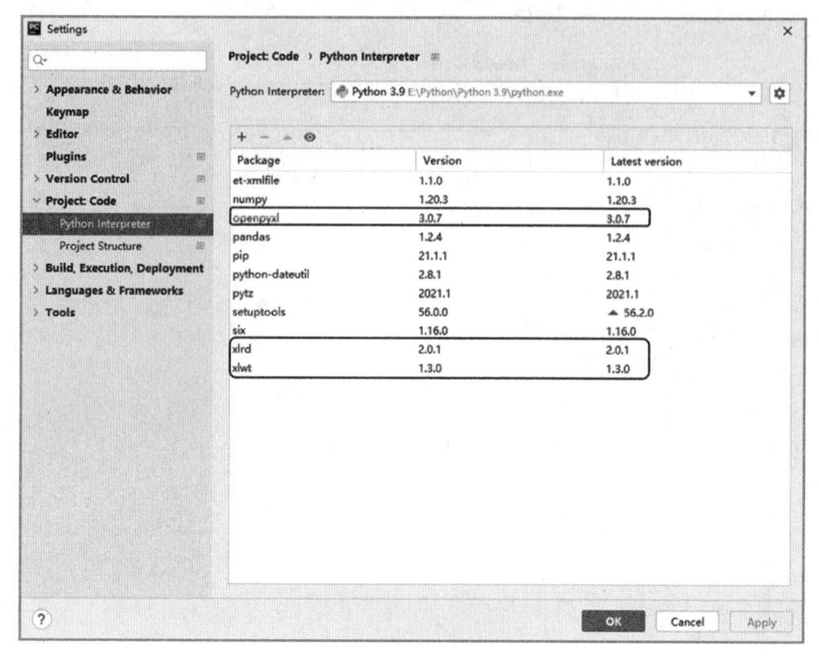

图 4.3　安装依赖模块

4.2　了解 Pandas 模块

首先通过一个小示例快速了解 Pandas。运行 PyCharm，导入 Pandas 与 NumPy 模块，代码如下：

```
import numpy as np
import pandas as pd
```

生成数据，代码如下：

```
s = pd.Series([1, 3, 5,7,9,np.nan, 2,4,6])
print(s)
```

上述代码中，np.nan 表示生成空值数据。如图 4.4 所示就是通过 Pandas 生成的一列浮点型数据，左侧为 Pandas 默认自动生成整数索引。

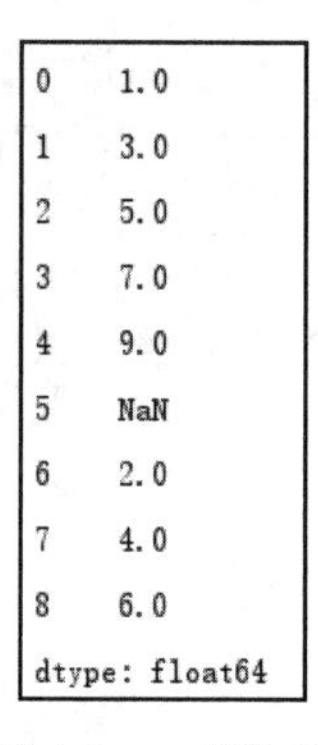

```
0    1.0
1    3.0
2    5.0
3    7.0
4    9.0
5    NaN
6    2.0
7    4.0
8    6.0
dtype: float64
```

图 4.4　一列数据

4.3　Pandas 模块的两大数据结构

Pandas 家族有两大核心成员：Series()对象和 DataFrame()对象。

☑　Series()对象：带索引的一维数组结构，也就是一列数据。

☑　DataFrame()对象：带索引的二维数组结构，表格型数据，包括行和列，像 Excel 一样。

举个简单的例子，以“学生成绩表”为例，Series()对象和 DataFrame()对象如图 4.5 所示。

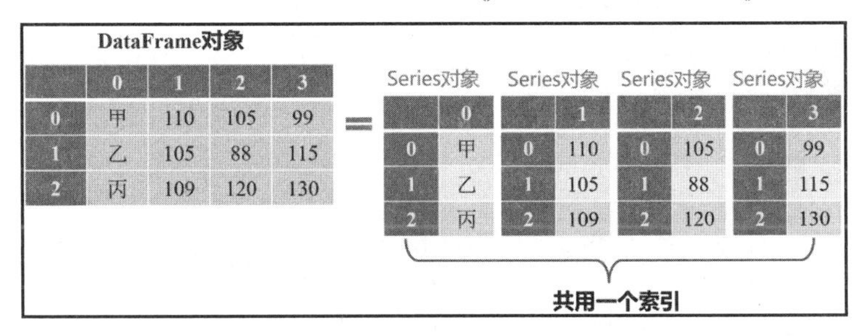

图 4.5　Series()对象和 DataFrame()对象

Series()对象的属性和函数主要对列数据中的字符串进行操作，如查找、替换、切分等。DataFrame()对象主要操作表格数据，如底层数据和属性（行数、列数、数据维数等），包括数据的输入输出、数据类型转换、缺失数据检测和处理、索引设置、数据选择筛选、数据计算、数据分组统计、数据重塑排序与转换、数据增加与合并、日期时间数据的处理，以及通过 DataFrame 实现绘制图表等。

4.3.1　Series()对象

Series()对象很像一维数组，由一组数据以及与这组数据相关的索引组成。仅有一组数据，没有索引，也可以创建一个简单的 Series()对象。Series()对象可以存储整数、浮点数、字符串、Python 对象等多种类型的数据。

Series()对象可通过 Pandas 的 Series 类创建，也可以是 DataFrame()对象某些函数的返回值。

通过 Pandas 的 Series 类创建 Series()对象，也就是创建一列数据，语法如下：

```
pandas.Series(data,index=index)
```

参数说明：

☑　data：数据，支持 Python 列表、字典、numpy 数组、标量值（即只有大小，没有方向的量。如 s=pd.Series(5)）。

☑　index：行标签（索引）。

说明

当 data 参数是多维数组时，index 长度必须与 data 长度一致。如果没有指定 index 参数，自动创建数值型索引（从 0 到 data 数据长度－1）。

【例 4.1】创建一列数据（**实例位置：资源包\TM\sl\04\01**）

下面分别使用列表和字典创建 Series()对象，也就是一列数据。程序代码如下：

```
1    import pandas as pd
2    # 使用列表创建 Series()对象
3    s1=pd.Series([1,2,3])
4    print(s1)
5    # 使用字典创建 Series()对象
6    s2 = pd.Series({"A":1,"B":2,"C":3})
7    print(s2)
```

运行程序，输出结果为：

```
0    1
1    2
2    3
dtype: int64
A    1
B    2
C    3
dtype: int64
```

【例 4.2】创建一列“物理”成绩（**实例位置：资源包\TM\sl\04\02**）

下面创建一列“物理”成绩。程序代码如下：

```
1    import pandas as pd
2    wl=pd.Series([88,60,75])
3    print(wl)
```

运行程序，输出结果为：

```
0    88
1    60
2    75
dtype: int64
```

上述举例，如果通过 Pandas 模块引入 Series()对象，就可以直接在程序中使用 Series()对象。关键代码如下：

```
1    from pandas import Series
2    wl=Series([88,60,75])
```

4.3.2 DataFrame()对象

DataFrame()对象是由多种类型的列组成的二维数组。它是一个二维表数据结构，由行、列数据组成，既有行索引，也有列索引，类似于 Excel、SQL 或 Series()对象构成的字典，只不过这些 Series()对象共用一个索引，如图 4.6 所示。DataFrame()是 Pandas 最常用的对象，与 Series()对象一样支持多种类

型的数据。

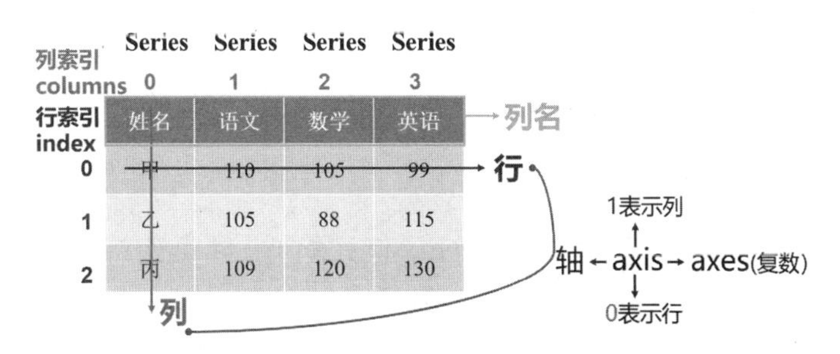

图 4.6　DataFrame()对象（成绩表）

创建 DataFrame()对象，也就是创建表格数据，使用的是 Pandas 中的 DataFrame 类。具体语法如下：

```
pandas.DataFrame(data,index,columns,dtype,copy)
```

参数说明：

☑ data：数据，可以是 ndarray 数组、Series()对象、列表、字典等。
☑ index：行标签（索引）。
☑ columns：列标签（索引）。
☑ dtype：每列数据的数据类型。其与 Python 数据类型不同，如 object 数据类型对应的是 Python 的字符型。如表 4.1 所示为 Pandas 数据类型对应的 Python 数据类型。

表 4.1　数据类型对应表

Pandas 类型	Python 类型	Pandas 类型	Python 类型
object	str	datetime64	datetime64[ns]
int64	int	timedelta[ns]	NA
float64	float	category	NA
bool	bool		

☑ copy：用于复制数据。

下面分别使用列表和字典创建 DataFrame()对象，对比一下两种方法有什么区别。

1. 通过列表创建 DataFrame()对象

【例 4.3】通过列表创建成绩表（**实例位置：资源包\TM\sl\04\03**）

通过列表创建成绩表，包括语文、数学和英语，程序代码如下：

```
1    import pandas as pd
2    pd.set_option('display.unicode.east_asian_width', True)    # 解决数据输出时列名不对齐的问题
3    # 创建数据
4    data = [['甲',110,105,99],
5            ['乙',105,88,115],
6            ['丙',109,120,130]]
7    columns = ['姓名','语文','数学','英语']                     # 指定列名
8    df = pd.DataFrame(data=data,columns=columns)               # 创建 DataFrame 数据
9    print(df)
```

运行程序，输出结果为：

```
   姓名   语文   数学   英语
0  甲     110   105    99
1  乙     105    88   115
2  丙     109   120   130
```

2．通过字典创建 DataFrame()对象

通过字典创建 DataFrame()对象时，字典的 value 值只能是一维数组或单个简单数据类型。如果是数组，要求所有数组长度一致；如果是单个数据，则要求每行都添加相同数据。

【例 4.4】通过字典创建成绩表（**实例位置：资源包\TM\sl\04\04**）

通过字典创建成绩表，包括语文、数学、英语，程序代码如下：

```
1    import pandas as pd
2    # 解决数据输出时列不对齐的问题
3    pd.set_option('display.unicode.east_asian_width', True)
4    df = pd.DataFrame({
5        '姓名':['甲','乙','丙'],
6        '语文':[110,105,109],
7         '数学':[105,88,120],
8         '英语':[99,115,130]})
9    print(df)
```

运行程序，输出结果为：

```
   姓名   语文   数学   英语
0  甲     110   105    99
1  乙     105    88   115
2  丙     109   120   130
```

通过对比可知，使用字典创建 DataFrame()对象，代码看上去更直观。

4.4　数据中的索引

4.4.1　什么是索引

前面学习了如何创建 Series()对象（一列数据）和 DataFrame()对象（表格数据），细心的读者可能会发现，运行结果中左侧出现了一列编号，如图 4.7 所示。这列编号是自动生成的，作用是帮助读者快速定位数据，我们称之为索引。除了自动生成索引，读者也可以自己设置索引。

【例 4.5】设置“姓名”为索引（**实例位置：资源包\TM\sl\04\05**）

```
1    df=df.set_index('姓名')
2    print(df)
```

运行程序，设置索引后“姓名”从原来的位置移到了最左边，如图 4.8 所示。此时，“姓名”列不再是普通的列，而是一个索引列。

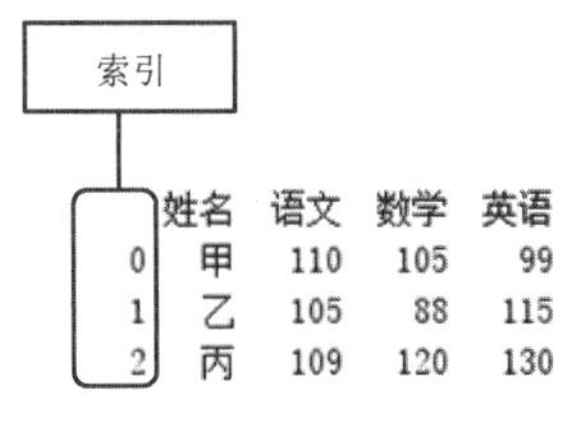

图 4.7　索引

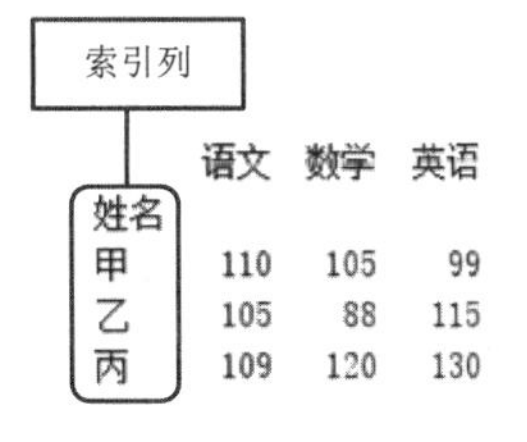

图 4.8　设置“姓名”为索引

索引主要用于定位数据，它分为隐式索引和显示索引。

☑ 隐式索引：默认索引，也称为位置索引，是系统自动生成的索引，值为 0，1，2，…，以此类推。

☑ 显示索引：手动设置的索引，也称为标签索引，主要通过 index 参数或者 set_index()函数设置。例如，设置为“甲”“乙”“丙”。

索引类似于图书目录，可以帮助人们快速找到对应内容。Pandas 中索引的主要作用如下：

☑ 方便定位数据和查找数据。

☑ 提升查询性能。

➢ 如果索引是唯一的，Pandas 会使用哈希表优化，查找数据的时间复杂度为 O(1)。

➢ 如果索引不是唯一的，但是有序，Pandas 会使用二分查找算法，查找数据的时间复杂度为 O(logn)。

➢ 如果索引是完全随机的，那么每次查询都要扫描数据表，查找数据的时间复杂度为 O(n)。

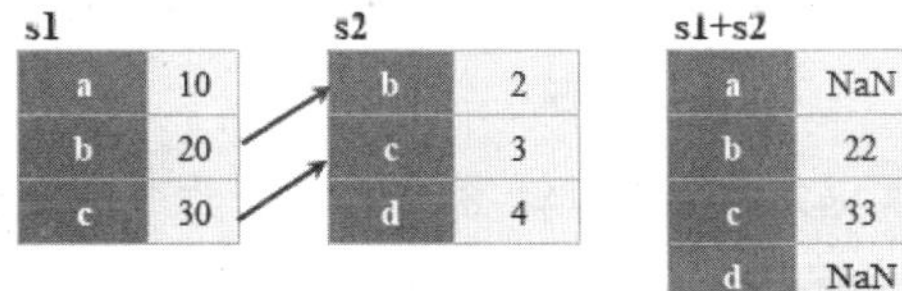

图 4.9　自动数据对齐示意图

☑ 自动数据对齐功能，示意图如图 4.9 所示。

实现上述效果，程序代码如下：

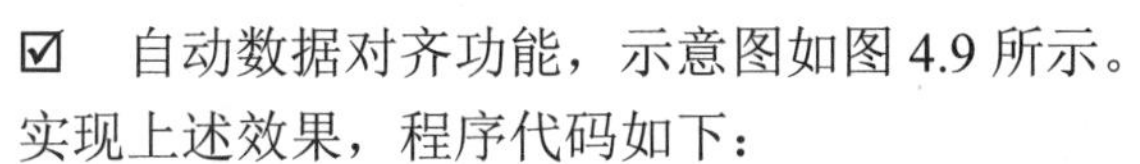

```
1    import pandas as pd
2    s1 = pd.Series([10,20,30],index= list("abc"))
3    s2 = pd.Series([2,3,4],index=list("bcd"))
4    print(s1 + s2)
```

☑ 强大的数据结构。

➢ 基于分类数的索引，可以提升性能。

➢ 多维索引，用于 group by（分组）多维聚合结果等。

➢ 时间类型索引，强大的日期和时间的方法支持。

4.4.2　Series()对象的索引

1. 设置索引

创建 Series()对象时会自动生成隐式索引，默认值从 0 开始，至数据长度减 1，如 0，1，2，…同样，可以通过 index 参数手动设置索引，得到显式索引。

【例 4.6】手动设置索引（**实例位置：资源包\TM\sl\04\06**）

下面手动设置索引，将“物理”成绩的索引设置为 1，2，3 或“甲”“乙”“丙”。程序代码如下：

```
1    import pandas as pd
2    s1=pd.Series([88,60,75],index=[1,2,3])
3    s2=pd.Series([88,60,75],index=['甲','乙','丙'])
4    print(s1)
5    print(s2)
```

运行程序，输出结果为：

```
1    88
2    60
3    75
dtype: int64
甲    88
乙    60
丙    75
dtype: int64
```

2. 重新设置索引

Pandas 有一个很重要的函数是 reindex()，作用是创建一个适应新索引的对象。语法如下：

```
DataFrame.reindex(labels = None,index = None,column = None,axis = None,method = None,copy = True,level = None,
fill_value = NaN,limit = None,tolerance = None)
```

常用参数说明：

☑ labels：标签，可以是数组，默认值为 None。

☑ index：行索引，默认值为 None。

☑ columns：列索引，默认值为 None。

☑ axis：轴，0 表示行，1 表示列，默认值为 None。

☑ method：默认值为 None，重新设置索引时选择插值函数（一种填充缺失数据的函数），其值可以是 None、bfill/backfill（向后填充）、ffill/pad（向前填充）等。

☑ fill_value：缺失值填充的数据。如缺失值不用 NaN 填充，用 0 填充，则设置 fill_value=0 即可。

【例 4.7】重新设置物理成绩的索引（**实例位置：资源包\TM\sl\04\07**）

前面已经建立了一组学生物理成绩，下面使用 Series()对象的 reindex()函数重新设置索引，程序代码如下：

```
1    import pandas as pd
2    s1=pd.Series([88,60,75],index=[1,2,3])
3    print(s1)
4    print(s1.reindex([1,2,3,4,5]))
```

运行程序，对比效果如图 4.10 和图 4.11 所示。

```
1    88
2    60
3    75
```

图 4.10　原数据

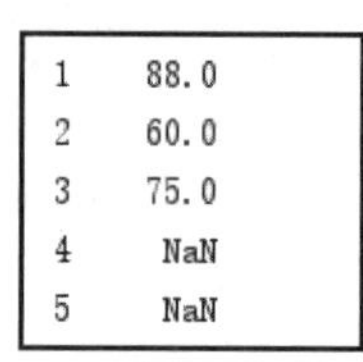

1 88.0
2 60.0
3 75.0
4 NaN
5 NaN

图 4.11　重新设置索引

从运行结果得知：reindex()函数根据新索引进行了重新排序，并且对缺失值自动填充 NaN。如果不想用 NaN 填充，可以为 fill_value 参数指定值，例如，指定 0，关键代码如下：

```
s1.reindex([1,2,3,4,5],fill_value=0)
```

对于有一定顺序的数据，可能需要通过插值（插值是一种填充缺失数据的函数）来填充缺失的数据，可以使用 method 参数。

【例 4.8】向前和向后填充数据（**实例位置：资源包\TM\sl\04\08**）

向前填充（和前面数据一样）、向后填充（和后面数据一样），关键代码如下：

```
1    print(s1.reindex([1,2,3,4,5],method='ffill'))        # 向前填充
2    print(s1.reindex([1,2,3,4,5],method='bfill'))        # 向后填充
```

3. 通过索引获取数据

通过索引获取数据，用[]表示，里面是位置索引或者是标签索引。例如，位置索引从 0 开始，那么，[0]是 Series()对象的第一个数，[1]是 Series()对象的第二个数，以此类推。如果需要获取多个索引值，则用[[ ]]表示（相当于列表[]中包含一个列表）。

【例 4.9】通过位置索引获取学生物理成绩（**实例位置：资源包\TM\sl\04\09**）

获取第一个学生的物理成绩。程序代码如下：

```
1    import pandas as pd
2    wl=pd.Series([88,60,75])
3    print(wl[0])                        # 通过一个位置索引获取索引值
4    print(wl[[0,2]])                    # 通过多个位置索引获取索引值
```

运行程序，输出结果为：

```
88
0    88
2    75
dtype: int64
```

注意

Series()对象不能使用[-1]定位索引。

【例 4.10】通过标签索引获取学生物理成绩（**实例位置：资源包\TM\sl\04\10**）

通过“姓名”获取学生的物理成绩，程序代码如下：

```
1    import pandas as pd
2    wl=pd.Series([88,60,75],index=['甲','乙','丙'])
3    print(wl['甲'])                     # 通过一个标签索引获取索引值
4    print(wl[['甲','丙']])              # 通过多个标签索引获取索引值
```

运行程序，输出结果为：

```
88
甲    88
丙    75
dtype: int64
```

获取数据还有两个重要的属性：loc 属性和 iloc 属性。loc 属性是通过显式索引（标签索引）获取数据，iloc 属性是通过隐式索引（位置索引）获取数据。例如，下面的代码：

```
1    print(wl.iloc[[0,2]])          # 使用 iloc 属性对隐式索引进行相关操作，跟 wl[[0,2]]一样
2    print(wl.loc[["甲","丙"]])      # 使用 loc 属性对显式索引进行相关操作，跟 wl[['甲','丙']])一样
```

4．通过切片获取数据

切片就是将数据切分开，主要用于获取多条数据。例如，wl[0:2]就是一个切片操作，它取到的数据是索引从 0 到 1 的数据，而不包括索引为 2 的数据，官方说法叫作“左闭右开”，我们可以理解为顾头不顾尾，即包含索引开始位置的数据，不包含索引结束位置的数据。

【例 4.11】通过标签切片获取数据（**实例位置：资源包\TM\sl\04\11**）

下面获取从“甲”至“戊”的数据。程序代码如下：

```
1    import pandas as pd
2    wl=pd.Series([88,60,75,66,34],index=['甲','乙','丙','丁','戊'])
3    print(wl['甲':'戊'])
```

运行程序，输出结果为：

```
甲    88
乙    60
丙    75
丁    66
戊    34
dtype: int64
```

用位置索引做切片，和 list 列表用法一样，顾头不顾尾。

【例 4.12】通过位置切片获取数据（**实例位置：资源包\TM\sl\04\12**）

获取从 0 至 4 的数据，程序代码如下：

```
1    wl=pd.Series([88,60,75,66,34])
2    print(wl[0:4])
```

运行程序，输出结果为：

```
0    88
1    60
2    75
3    66
dtype: int64
```

从运行结果看，得到了 4 条数据，索引为 4 的数据没有获取到。这也是位置索引切片和标签索引切片的区别。

4.4.3　DataFrame()对象的索引

1．设置某列为索引

设置某列为索引主要使用 set_index()函数。

【例 4.13】设置“姓名”为索引（**实例位置：资源包\TM\sl\04\13**）

首先创建学生成绩表，程序代码如下：

```
1    import pandas as pd
```

```
2    pd.set_option('display.unicode.east_asian_width', True)    # 解决数据输出时列不对齐的问题
3    df = pd.DataFrame({
4             '姓名':['甲','乙','丙'],
5             '语文':[110,105,109],
6             '数学':[105,88,120],
7             '英语':[99,115,130]})
8    print(df)
```

运行程序，输出结果如图 4.12 所示。

此时默认行索引为 0、1、2，下面将“姓名”作为索引，关键代码如下：

```
df=df.set_index(['姓名'])
```

运行程序，输出结果如图 4.13 所示。

```
   姓名  语文  数学  英语
0   甲   110   105    99
1   乙   105    88   115
2   丙   109   120   130
```

图 4.12　学生成绩表

```
      语文  数学  英语
姓名
甲     110   105    99
乙     105    88   115
丙     109   120   130
```

图 4.13　设置“姓名”为索引

如果在 set_index()函数中传入参数 drop=True，则会删除“姓名”，如果传入 drop=False，则会保留“姓名”，默认为 False。

2．重新设置索引

对于 DataFrame()对象，reindex()函数用于修改行索引和列索引。

【例 4.14】重新为学生成绩表设置索引（**实例位置：资源包\TM\sl\04\14**）

创建学生成绩表，程序代码如下：

```
1    import pandas as pd
2    pd.set_option('display.unicode.east_asian_width', True)    # 解决数据输出时列对不齐的问题
3    df = pd.DataFrame({
4         '姓名':['甲','乙','丙'],
5         '语文':[110,105,109],
6         '数学':[105,88,120],
7         '英语':[99,115,130]})
8    df=df.set_index('姓名')                                    # 设置“姓名”为索引
9    print(df)
```

运行程序，输出结果如图 4.14 所示。

通过 reindex()函数重新设置行索引，关键代码如下：

```
df_row=df.reindex(['甲','乙','丙','丁','戊'])
```

运行程序，输出结果如图 4.15 所示。

```
      语文  数学  英语
姓名
甲     110   105    99
乙     105    88   115
丙     109   120   130
```

图 4.14　原始学生成绩表

```
       语文   数学   英语
姓名
甲    110.0  105.0   99.0
乙    105.0   88.0  115.0
丙    109.0  120.0  130.0
丁      NaN    NaN    NaN
戊      NaN    NaN    NaN
```

图 4.15　重新设置行索引

通过 reindex()函数重新设置列索引，关键代码如下：

```
df_col=df.reindex(columns=['语文','物理','数学','英语'])
```

运行程序，输出结果如图 4.16 所示。

通过 reindex()函数还可以同时对行索引和列索引进行设置，关键代码如下：

```
df=df.reindex(index=['甲','乙','丙','丁','戊'],columns=['语文','物理','数学','英语'])
```

运行程序，输出结果如图 4.17 所示。

	语文	物理	数学	英语
姓名				
甲	110	NaN	105	99
乙	105	NaN	88	115
丙	109	NaN	120	130

图 4.16　重新设置列索引

	语文	物理	数学	英语
姓名				
甲	110.0	NaN	105.0	99.0
乙	105.0	NaN	88.0	115.0
丙	109.0	NaN	120.0	130.0
丁	NaN	NaN	NaN	NaN
戊	NaN	NaN	NaN	NaN

图 4.17　重新设置行索引和列索引

通过上述举例，可以看出 reindex()函数的作用不仅可以重新设置索引，还可以创建一个能够适应新索引的 DataFrame()对象。

3. 索引重置

索引重置就是恢复默认索引的状态，即连续编号的索引。那么，在什么情况下需要进行索引重置呢？一般数据清洗后会重新设置连续的行索引。当我们对 Dataframe()对象进行数据清洗之后，例如，删除包含空值的数据之后，行索引并不是连续的编号，对比效果如图 4.18 和图 4.19 所示。

【例 4.15】 删除数据后索引重置（**实例位置：资源包\TM\sl\04\15**）

删除含有空值的数据后，使用 reset_index()函数重新设置连续的行索引，关键代码如下：

```
df=df.dropna().reset_index(drop=True)
```

运行程序，输出结果如图 4.20 所示。

	姓名	语文	数学	英语
0	甲	110.0	105.0	99.0
1	乙	105.0	88.0	115.0
2	丙	109.0	120.0	130.0
3	丁	NaN	NaN	NaN
4	戊	120.0	90.0	60.0

图 4.18　原始成绩表

	姓名	语文	数学	英语
0	甲	110.0	105.0	99.0
1	乙	105.0	88.0	115.0
2	丙	109.0	120.0	130.0
4	戊	120.0	90.0	60.0

图 4.19　数据清洗后行索引不是连续编号

	姓名	语文	数学	英语
0	甲	110.0	105.0	99.0
1	乙	105.0	88.0	115.0
2	丙	109.0	120.0	130.0
3	戊	120.0	90.0	60.0

图 4.20　重新设置连续的行索引

另外，对于分组统计后的数据，有时也需要进行索引重置，方法同上。

4.5　小　　结

本章介绍了 Pandas 模块的一些基础知识，其中包含 Pandas 模块中的两大数据结构（Series()与 DataFrame()对象），还介绍了 Pandas 模块中数据的索引，如何通过索引获取相对应的数据。本章建议大家熟练掌握 Pandas 模块的基础知识，为接下来的学习做好铺垫。

第 5 章

Pandas 模块之数据的读取

在实现数据分析的过程中，数据读取与处理是首要任务。拿到数据后需要先读取数据才能对数据进行分析。本章将主要介绍如何读取 Excel 文件、CSV 文件、HTML 网页以及数据库中的数据。

本章知识架构如下。

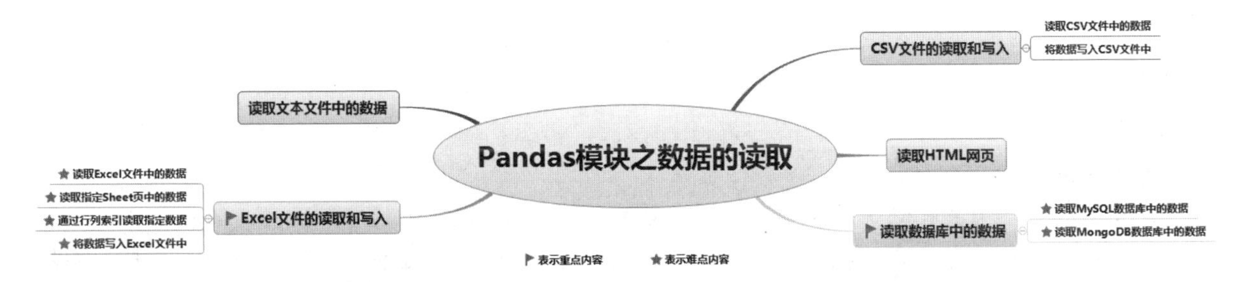

5.1 读取文本文件中的数据

读取文本文件（*.txt），可通过 Pandas 的 read_table()函数和 read_csv()函数来实现。这两个函数的用法基本相同，区别在于：read_table()函数以“\t”分割文件中的数据，read_csv()函数以逗号（,）分割文件中的数据。

例如，文本文件原本就是以逗号为分隔符的，如图 5.1 所示，此时使用 read_csv()函数可直接读取文件，因为 read_csv()函数默认也使用逗号分隔数据。如果要使用 read_table()函数，就需要设置 sep 参数为逗号（,）。无论使用哪种方法读取文本文件，都将返回一个 DataFrame()对象，如图 5.2 所示。

【例 5.1】读取文本文件（**实例位置：资源包\TM\sl\05\01**）

下面使用 read_table()函数读取 a1.txt 文件，程序代码如下：

```
1    import pandas as pd
2    # 设置数据显示的编码格式为东亚宽度，以使列对齐
3    pd.set_option('display.unicode.east_asian_width', True)
4    df=pd.read_table('a1.txt',encoding='gb2312',sep='\t')
5    print(df.head())
```

运行程序，输出结果如图 5.3 所示。

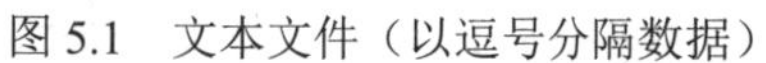
图 5.1　文本文件（以逗号分隔数据）

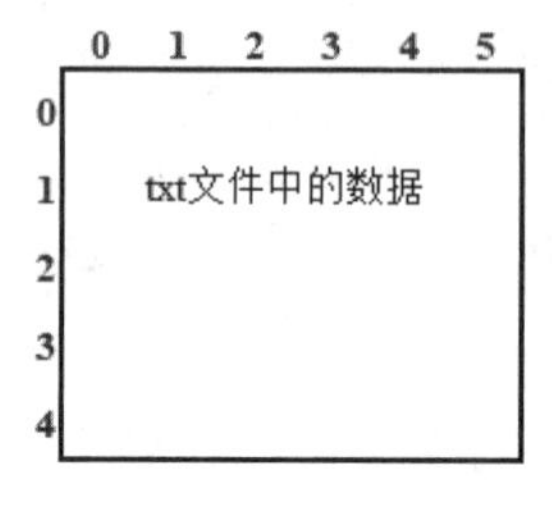

图 5.2　文本文件的形式

	品种	本期	上期
0	大 米	2.68	2.68
1	面 粉	2.14	2.14
2	豆 油	49.40	49.40
3	猪 肉	27.36	28.16
4	牛 肉	35.60	35.60

图 5.3　读取文本文件

说明

文本数据中不同的分隔符主要通过 sep 参数读取。sep 参数用于指定分隔符，如果文本文件中的数据是以其他分隔符来分隔数据的，那么需要设置 sep 参数为指定的分隔符。例如，文本文件中的分隔符既有空格又有制表符（/t），则需要指定 sep 参数为“/s+”，以匹配任何空格。另外，它还可以是一个正则表达式，一般在分析日志文件 log 时会用到。

5.2　Excel 文件的读取和写入

5.2.1　读取 Excel 文件中的数据

Excel 是大家熟知且应用广泛的办公软件，如果要对这一类型的数据进行处理和统计分析，首要任务是将它从 Excel 文件中读取出来，转换成 Python 能识别的数据。

Excel 文件包括.xls 和.xlsx 两种，读取它主要使用 Pandas 的 read_excel()函数，其语法格式如下：

```
pandas.read_excel(io,sheet_name=0,header=0,names=None,index_col=None,usecols=None,squeeze=False,dtype=None,engine=None,converters=None,true_values=None,false_values=None,skiprows=None,nrow=None,na_values=None,keep_default_na=True,verbose=False,parse_dates=False,date_parser=None,thousands=None,comment=None,skipfooter=0,convert_float=True,mangle_dupe_cols=True,**kwds)
```

主要参数说明：

☑ io：字符串，xls 或 xlsx 文件路径或类文件对象。

☑ sheet_name：None、字符串、整数、字符串列表或整数列表，默认值为 0。字符串用于工作表名称，整数为索引表示工作表位置，字符串列表或整数列表用于请求多个工作表，值为 None 时将获取所有工作表。参数值如表 5.1 所示。

表 5.1　sheet_name 参数值

参 数 值	说　明
sheet_name=0	第一个 Sheet 页中的数据作为 DataFrame
sheet_name=1	第二个 Sheet 页中的数据作为 DataFrame
sheet_name="Sheet1"	名为 Sheet1 的 Sheet 页中的数据作为 DataFrame
sheet_name=[0,1,'Sheet3']	第一个、第二个和名为 Sheet3 的 Sheet 页中的数据作为 DataFrame

☑ header：指定作为列名的行，默认值为 0，即取第一行的值为列名。数据为除列名以外的数据；若数据不包含列名，则设置 header=None。

☑ names：默认值为 None，要使用的列名列表。

☑ index_col：指定列为索引列，默认值为 None，索引 0 是 DataFrame 的行标签。

☑ usecols：int、list 或字符串，默认值为 None。

➢ 如果为 None，则解析所有列。

➢ 如果为 int，则解析最后一列。

➢ 如果为 list 列表，则解析列号列表的列。

➢ 如果为字符串，则表示以逗号分隔的 Excel 列字母和列范围列表（如"A：E"或"A，C，E：F"）。

☑ squeeze：布尔值，默认值为 False，如果解析的数据只包含一列，则返回一个 Scrics()对象。

☑ dtype：列的数据类型的名称，多列的数据类型的名称可以使用字典（如{'a'：np.float64，'b'：np.int32}），默认值为 None。

☑ engine：字符串，默认值为 None。如果 io 参数值不是缓冲区或文件路径，则必须将其设置为标识 io。可接受的值是 None 或 xlrd。

☑ converters：字典，默认值为 None。转换函数，键是整数或列标签，值是一个函数。

☑ true_values：列表，默认值为 None，值为 True。

☑ false_values：列表，默认值为 None，值为 False。

☑ skiprows：省略指定行数的数据，从第一行开始。

☑ na_values：标量，字符串，列表或字典，默认值为 None。某些字符串可能被识别为 NA 或 NaN。默认情况下，以下值被视为 NaN（空值）：''、#N/A、#N/AN/A、#NA、-1.#IND、1.#QNAN、-NNN、-nan、1.#IND、1.#QNAN、N/A、NA、NULL、NaN、n/a、nan、null。

☑ keep_default_na：布尔值，默认值为 True。如果指定了 na_values 参数，并且 keep_default_na 参数值为 False，那么默认的 NaN 值将被重写。

☑ verbose：布尔值，默认值为 False。显示数据中除去数字列，空值的数量。

☑ parse_dates：将数据中的时间字符串转换成日期格式。

☑ skipfooter：省略指定行数的数据，从最后一行开始。

☑ convert_float：布尔值，默认值为 True。将浮点数转换为整数（如 1.0 转换后为 1）。如果值为 False，则所有数字数据都将作为浮点数读取。

read_excel()函数的返回值为一个 DataFrame()对象。

下面通过示例的形式，详细介绍如何读取 Excel 文件。

【例 5.2】 读取 Excel 文件（**实例位置：资源包\TM\sl\05\02**）

读取文件名为“1 月.xlsx”的 Excel 文件，程序代码如下：

```
1  import pandas as pd
2  pd.set_option('display.unicode.east_asian_width', True)    # 设置数据显示的编码格式为东亚宽度，以使列对齐
3  df=pd.read_excel('1 月.xlsx')                               # 读取 Excel 文件
4  print(df.head())                                           # 输出前 5 条数据
```

运行程序，输出部分数据，结果如图 5.4 所示。

	买家会员名	买家实际支付金额	收货人姓名	宝贝标题
0	mrhy1	41.86	周某某	零基础学Python
1	mrhy2	41.86	杨某某	零基础学Python
2	mrhy3	48.86	刘某某	零基础学Python
3	mrhy4	48.86	张某某	零基础学Python
4	mrhy5	48.86	赵某某	C#项目开发实战入门

图 5.4　1 月淘宝销售数据（部分数据）

上述代码中，读取 Excel 文件涉及文件路径问题，也就是在程序中若要找到指定的文件就必须指定一个路径。细心的读者可能会发现，示例程序中并未指定文件路径，这是为什么呢？

文件路径分为相对路径和绝对路径。相对路径是指以当前文件所在目录为基准进行逐级目录定位，指向被引用的资源文件。

- ☑ ../：表示当前程序文件所在目录的上一级目录。例如，程序文件在 1.1 文件夹中，Excel 文件在 data 文件夹中，如图 5.5 所示，那么代码中的文件路径为 pd.read_excel('../data/1 月.xlsx')。
- ☑ ./：表示当前程序文件所在的目录（可以省略）。例如，程序文件和 Excel 文件在同一路径下，如图 5.6 所示，那么代码中的文件路径为 pd.read_excel('1 月.xlsx')
- ☑ /：表示当前程序文件的根目录（域名映射或硬盘目录）。例如，Excel 文件在 D 盘根目录，如图 5.7 所示，那么代码中的文件路径为 pd.read_excel('/1 月.xlsx')

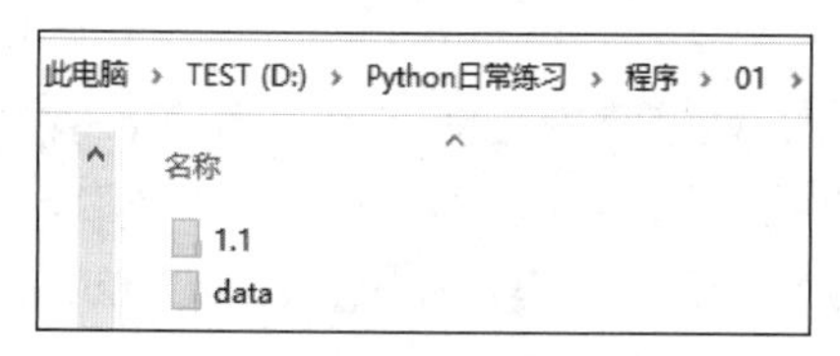

图 5.5　文件夹

图 5.6　当前程序所在文件夹

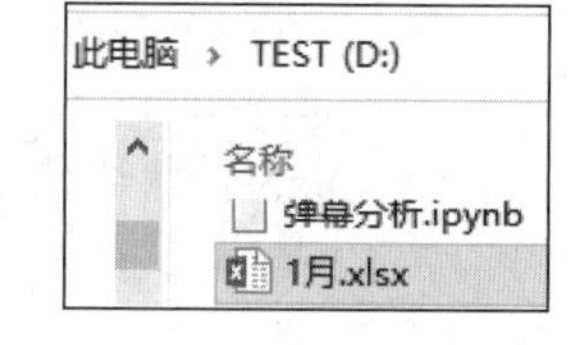

图 5.7　根目录

绝对路径指文件真正存在的路径，是指硬盘中文件的完整路径，如“D:\Python 日常练习\程序\01\1.1\1 月.xlsx”。

注意

如果使用本地计算机默认文件路径“\”，那么在 Python 中需要在路径最前面加一个 r，以避免路径里面的“\”被转义。

5.2.2　读取指定 Sheet 页中的数据

一个 Excel 文件包含多个 Sheet 页，通过设置 sheet_name 参数可读取指定 Sheet 页中的数据。

【例 5.3】 读取指定 Sheet 页中的数据（**实例位置：资源包\TM\sl\05\03**）

Excel 文件中包含多家店铺的销售数据，读取其中一家店铺（莫寒）的销售数据，如图 5.8 所示。

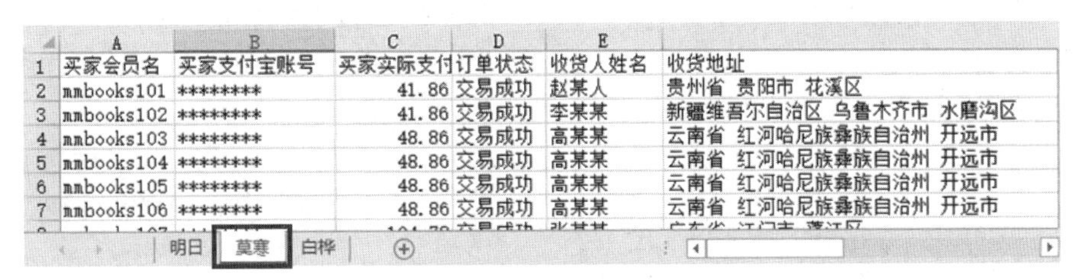

	A	B	C	D	E	
1	买家会员名	买家支付宝账号	买家实际支付	订单状态	收货人姓名	收货地址
2	mmbooks101	********	41.86	交易成功	赵某人	贵州省 贵阳市 花溪区
3	mmbooks102	********	41.86	交易成功	李某某	新疆维吾尔自治区 乌鲁木齐市 水磨沟区
4	mmbooks103	********	48.86	交易成功	高某某	云南省 红河哈尼族彝族自治州 开远市
5	mmbooks104	********	48.86	交易成功	高某某	云南省 红河哈尼族彝族自治州 开远市
6	mmbooks105	********	48.86	交易成功	高某某	云南省 红河哈尼族彝族自治州 开远市
7	mmbooks106	********	48.86	交易成功	高某某	云南省 红河哈尼族彝族自治州 开远市

图 5.8　原始数据

程序代码如下：

```
1    import pandas as pd
2    pd.set_option('display.unicode.east_asian_width', True)    # 设置数据显示的编码格式为东亚宽度，以便列对齐
3    df=pd.read_excel('1 月.xlsx',sheet_name='莫寒')
4    print(df.head())                                           # 输出前 5 条数据
```

运行程序，输出部分数据，结果如图 5.9 所示。

```
   买家会员名 买家支付宝账号  买家实际支付金额  订单状态  ...  订单备注  宝贝总数量    类别  图书编号
0  mmbooks101       ********             41.86  交易成功  ...     'null          1  全彩系列     B16
1  mmbooks102       ********             41.86  交易成功  ...     'null          1  全彩系列     B16
2  mmbooks103       ********             48.86  交易成功  ...     'null          1  全彩系列     B17
3  mmbooks104       ********             48.86  交易成功  ...     'null          1  全彩系列     B17
4  mmbooks105       ********             48.86  交易成功  ...     'null          1  全彩系列     B18
```

图 5.9　读取指定 Sheet 页中的数据（部分数据）

除了指定 Sheet 页的名字，还可以指定 Sheet 页的顺序，从 0 开始。例如，sheet_name=0 表示导入第一个 Sheet 页的数据，sheet_name=1 表示导入第二个 Sheet 页的数据，以此类推。

如果不指定 sheet_name 参数，则默认导入第一个 Sheet 页的数据。

5.2.3　通过行列索引读取指定数据

1．通过行列索引读取指定行列数据

由于 DataFrame()对象是一个表格数据，因此它既有行索引又有列索引。当读取 Excel 文件时，行索引会自动生成，如 0，1，2，而列索引则默认将第 0 行作为列索引，如 A,B,…,J，如图 5.10 所示为示意图。

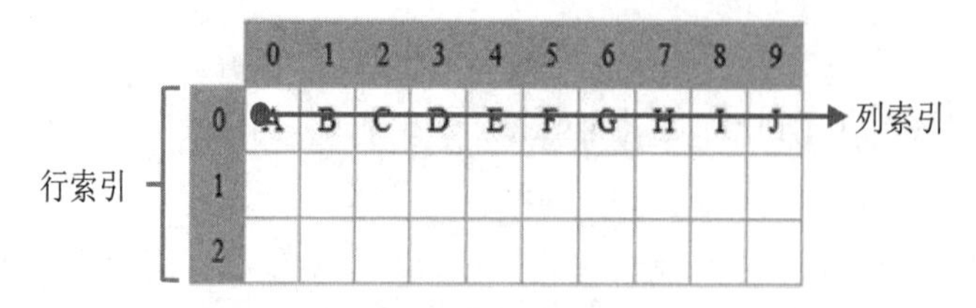

图 5.10　DataFrame()对象行列索引示意图

【例 5.4】读取 Excel 文件并指定行索引（**实例位置：资源包\TM\sl\05\04**）

通过指定行索引读取 Excel 数据，需要设置 index_col 参数。下面将“买家会员名”作为行索引（位于第 0 列）读取 Excel 文件，程序代码如下：

```
1  import pandas as pd
2  pd.set_option('display.unicode.east_asian_width', True)    # 设置数据显示的编码格式为东亚宽度，以使列对齐
3  df1=pd.read_excel('1 月.xlsx',index_col=0)                   # 设置“买家会员名”为行索引
4  print(df1.head())                                              # 输出前 5 条数据
```

运行程序，输出结果如图 5.11 所示。

通过指定列索引读取 Excel 数据，需要设置 header 参数，关键代码如下：

```
df2=pd.read_excel('1 月.xlsx',header=1)          # 设置第 1 行为列索引
```

运行程序，输出结果如图 5.12 所示。

	买家实际支付金额	收货人姓名	宝贝标题
买家会员名			
mrhy1	41.86	周某某	零基础学Python
mrhy2	41.86	杨某某	零基础学Python
mrhy3	48.86	刘某某	零基础学Python
mrhy4	48.86	张某某	零基础学Python
mrhy5	48.86	赵某某	C#项目开发实战入门

图 5.11　通过设置行索引导入 Excel 数据

	mrhy1	41.86	周某某	零基础学Python
0	mrhy2	41.86	杨某某	零基础学Python
1	mrhy3	48.86	刘某某	零基础学Python
2	mrhy4	48.86	张某某	零基础学Python
3	mrhy5	48.86	赵某某	C#项目开发实战入门
4	mrhy6	48.86	李某某	C#项目开发实战入门

图 5.12　通过设置列索引导入 Excel 数据

如果将数字作为列索引，则需要设置 header 参数为 None，关键代码如下：

```
df3=pd.read_excel('1 月.xlsx',header=None)    # 列索引为数字
```

运行程序，输出结果如图 5.13 所示。

	0	1	2	3
0	买家会员名	买家实际支付金额	收货人姓名	宝贝标题
1	mrhy1	41.86	周某某	零基础学Python
2	mrhy2	41.86	杨某某	零基础学Python
3	mrhy3	48.86	刘某某	零基础学Python
4	mrhy4	48.86	张某某	零基础学Python

图 5.13　将数字作为列索引

通过索引可以快速地定位数据，如 df3[0]，就可以快速定位到“买家会员名”这一列数据。

2．读取指定列的数据

一个 Excel 文件往往包含多列数据，如果只需要其中的几列，可以通过 usecols 参数指定需要的列，

从 0 开始（表示第 1 列，以此类推）。

【例 5.5】读取 Excel 文件中的第 1 列数据（**实例位置：资源包\TM\sl\05\05**）

下面读取 Excel 文件中的第 1 列数据（索引为 0），即“买家会员名”，程序代码如下：

```
1    import pandas as pd
2    pd.set_option('display.unicode.east_asian_width', True)    # 设置数据显示的编码格式为东亚宽度，以使列对齐
3    df1=pd.read_excel('1 月.xlsx',usecols=[0])                  # 读取第 1 列
4    print(df1.head())
```

运行程序，输出结果如图 5.14 所示。

如果读取多列数据，可以在列表中指定多个值。例如，导入第 1 列和第 4 列，关键代码如下：

```
df1=pd.read_excel('1 月.xlsx',usecols=[0,3])
```

也可以指定列名称，关键代码如下：

```
df1=pd.read_excel('1 月.xlsx',usecols=['买家会员名','宝贝标题'])
```

运行程序，输出结果如图 5.15 所示。

	买家会员名
0	mrhy1
1	mrhy2
2	mrhy3
3	mrhy4
4	mrhy5

图 5.14　读取第 1 列

	买家会员名	宝贝标题
0	mrhy1	零基础学Python
1	mrhy2	零基础学Python
2	mrhy3	零基础学Python
3	mrhy4	零基础学Python
4	mrhy5	C#项目开发实战入门

图 5.15　导入第 1 列和第 4 列数据

5.2.4　将数据写入 Excel 文件中

处理后的数据，若要保留处理结果，可以将结果写入 Excel 文件中，主要使用 DataFrame()对象的 to_excel()函数实现，该函数主要用于将数据写入 Excel 文件中，语法格式如下：

```
DataFrame.to_excel(excel_writer,sheet_name='Sheet1',na_rep='',float_format=None,columns=None,header=True,index=True,index_label=None,startrow=0,startcol=0,engine=None,merge_cells=True,encoding=None,inf_rep='inf',verbose=True,freeze_panes=None)
```

主要参数说明：

☑ excel_writer：字符串或 ExcelWriter()对象。

☑ sheet_name：字符串，默认值为“Sheet1”，将包含 DataFrame 的表名称。

☑ na_rep：字符串，默认值为' '，表示缺失数据。

☑ float_format：字符串，默认值为 None。格式化浮点数的字符串。

☑ columns：序列，可选参数，要编写的列。

☑ header：布尔值或字符串列表，默认值为 True。写出列名。如果给定字符串列表，则假定它是列名称的别名。

☑ index：布尔值，默认值为 True。行名（行索引）。

☑ index_label：字符串或序列，默认值为 None。如果需要，可以使用索引列的列标签。如果没有给出，标题和索引为 True，则使用索引名称。如果数据文件使用多索引，则需使用序列。

☑ startrow：从哪一行开始写入数据。

☑ startcol：从哪一列开始写入数据。

☑ engine：字符串，默认值为 NaN。使用写引擎，也可以通过选项 io.excel.xlsx.writer、io.excel.xls.writer 和 io.excel.xlsm.writer 进行设置。

☑ merge_cells：布尔值，默认值为 True。编码生成的 Excel 文件。只有 xlwt 模块需要，其他编写者本地支持 unicode。

☑ inf_rep：字符串，默认值为"正"，表示无穷大。

☑ freeze_panes：整数的元组（长度 2），默认值为 None。指定要冻结的基于 1 的最底部行和最右边的列。

【例 5.6】将数据写入 Excel 文件中（**实例位置：资源包\TM\sl\05\06**）

下面读取 Excel 文件中需要的列，并设置"买家会员名"为索引，将处理后的数据保存到 Excel 文件中，程序代码如下：

```
1    import pandas as pd
2    pd.set_option('display.unicode.east_asian_width', True)     # 设置数据显示的编码格式为东亚宽度，以使列对齐
3    # 设置"买家会员名"为索引，并读取指定列的数据
4    df1=pd.read_excel('1 月.xlsx',index_col='买家会员名',usecols=['买家会员名','买家实际支付金额','宝贝标题'])
5    print(df1.head())
6    df1.to_excel("data1.xlsx")                                  # 将数据写入 Excel 文件
```

运行程序，程序所在文件夹将自动生成一个名为"data1.xlsx"的 Excel 文件，效果如图 5.16 所示。

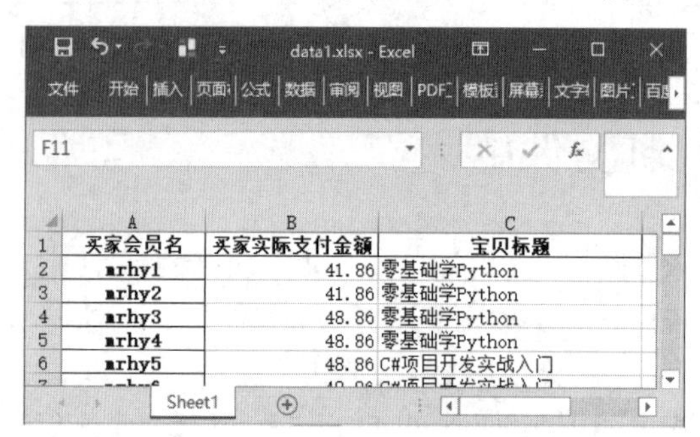

图 5.16　将数据写入 Excel 文件中

5.3　CSV 文件的读取和写入

CSV 文件是以纯文本的形式存储表格数据（数字和文本）的文件类型，其简单通用，支持很多软件，而且适合在不同操作系统之间交换数据，因此一般网站上提供下载的数据大多数是 CSV 文件。

5.3.1　读取 CSV 文件中的数据

在 Python 中读取 CSV 文件，主要使用 Pandas 的 read_csv()函数，语法格式如下：

```
pandas.read_csv(filepath_or_buffer,sep=',',delimiter=None,header='infer',names=None,index_col=None,usecols=None,sque
```

```
eze=False,prefix=None,mangle_dupe_cols=True,dtype=None,engine=None,converters=None,true_values=None,false_value
s=None,skipinitialspace=False,skiprows=None,nrows=None,na_values=None,keep_default_na=True,na_filter=True,verbose
=False,skip_blank_lines=True,parse_dates=False,infer_datetime_format=False,keep_date_col=False,date_parser=None,day
first=False,iterator=False,chunksize=None,compression='infer',thousands=None,decimal=b'.',lineterminator=None,quotechar
='"',quoting=0,escapechar=None,comment=None, encoding=None )
```

主要参数说明：

☑ filepath_or_buffer：字符串，文件路径，也可以是 URL 链接。

☑ sep：读取 CSV 文件时指定的分隔符，默认为逗号。需要注意的是，CSV 文件的分隔符和我们读取的 CSV 文件时指定的分隔符必须是一致的，否则数据读取之后分隔符和数据便混为一体。

☑ delimiter：用于指定分隔符，一般为逗号（,），但是由于操作系统的不同，CSV 文件的分隔符也会有所不同，若要正确读取 CSV 文件就必须指定与其一致的分隔符。例如，Mac 系统下的 CSV 文件的分隔符一般为分号（;），那么读取 CSV 文件时就必须指定分号作为分隔符。

☑ header：指定作为列名的行，默认值为 0，即取第一行的值为列名。数据为除列名以外的数据，若数据不包含列名，则设置 header=None。

☑ names：默认值为 None，要使用的列名列表。

☑ index_col：指定列为索引列，默认值为 None，索引 0 是 DataFrame 的行标签。

☑ usecols：int、list 或字符串，默认值为 None。

  ➢ 如果为 None，则解析所有列。

  ➢ 如果为 int，则解析最后一列。

  ➢ 如果为 list 列表，则解析列号列表的列。

  ➢ 如果为字符串，则表示以逗号分隔的 Excel 列字母和列范围列表（如“A：E”或“A，C，E：F”）。范围包括双方。

☑ parse_dates：布尔类型值、int 类型值的列表、列表或字典，默认值为 False。可以通过 parse_dates 参数直接将某列转换成 datetime64 日期类型。例如，df1=pd.read_csv('1 月.csv', parse_dates=['订单付款时间'])

  ➢ parse_dates 为 True 时，尝试解析索引。

  ➢ parse_dates 为 int 类型值组成的列表时，如[1,2,3]，则解析 1，2，3 列的值作为独立的日期列。

  ➢ parse_date 为列表组成的列表，如[[1,3]]，则将 1，3 列合并，作为一个日期列使用。

  ➢ parse_date 为字典时，如{'总计'：[1, 3]}，则将 1，3 列合并，合并后的列名为“总计”。

☑ encoding：字符串，默认值为 None，用于指定 CSV 文件所使用的编码格式，编码格式一般包括 utf-8、gb2312、gbk 等。

read_csv()函数的返回值为一个 DataFrame()对象。

【例 5.7】读取 CSV 文件（**实例位置：资源包\TM\sl\05\07**）

读取 CSV 文件，程序代码如下：

```
1   import pandas as pd
2   pd.set_option('display.unicode.east_asian_width', True)    # 设置数据显示的编码格式为东亚宽度，以使列对齐
3   df1=pd.read_csv('1 月.csv',encoding='gbk')                   # 读取 CSV 文件，并指定编码格式
4   print(df1.head())                                           # 输出前 5 条数据
```

运行程序，输出结果如图 5.17 所示。

	买家会员名	买家实际支付金额	收货人姓名	宝贝标题	订单付款时间
0	mrhy1	41.86	周某某	零基础学Python	2018/5/16 9:41
1	mrhy2	41.86	杨某某	零基础学Python	2018/5/9 15:31
2	mrhy3	48.86	刘某某	零基础学Python	2018/5/25 15:21
3	mrhy4	48.86	张某某	零基础学Python	2018/5/25 15:21
4	mrhy5	48.86	赵某某	C#项目开发实战入门	2018/5/25 15:21

图 5.17　读取 CSV 文件

注意

上述代码中指定了编码格式，即 encoding='gbk'。Python 常用的编码格式是 utf-8 和 gbk，默认编码格式为 utf-8。读取 CSV 文件时，需要通过 encoding 参数指定编码格式。当我们将 Excel 文件另存为 CSV 文件时，默认编码格式为 gbk，此时编写代码读取 CSV 文件时，就需要设置编码格式为 gbk，与原文件编码格式保持一致，否则会提示如下错误信息或出现乱码。

UnicodeDecodeError: 'utf-8' codec can't decode byte 0xd0 in position 0: invalid continuation byte

5.3.2　将数据写入 CSV 文件中

将数据写入 CSV 文件主要使用 DataFrame()对象的 to_csv()函数，写入过程中会涉及默认索引的问题，如果不需要默认的索引，可以在写入 CSV 文件时，设置 index 参数为 False，即忽略索引。

下面介绍 to_csv()函数常用功能，举例如下。

（1）相对位置，保存在程序所在路径下。

```
df1.to_csv('result.csv')
```

（2）绝对位置。

```
df1.to_csv('d:\result.csv')
```

（3）分隔符。使用问号（?）分隔符分隔需要保存的数据。

```
df1.to_csv('result.csv',sep='?')
```

（4）替换空值，缺失值保存为 NA。

```
df1.to_csv('result.csv',na_rep='NA')
```

（5）格式化数据，保留两位小数。

```
df1.to_csv('result.csv',float_format='%.2f')
```

（6）保留某列数据，保存索引列和 name 列。

```
df1.to_csv('result.csv',columns=['name'])
```

（7）是否保留列名，不保留列名。

```
df1.to_csv('result.csv',header=0)
```

（8）是否保留行索引，不保留行索引。

```
df1.to csv('result.csv',index=0)
```

5.4　读取 HTML 网页

读取 HTML 网页数据主要使用 Pandas 的 read_html()函数，该函数用于读取带有 table 标签的网页表格数据，语法如下：

```
pandas.read_html(io,match='.+',flavor=None,header=None,index_col=None,skiprows=None,attrs=None,parse_dates=False,thousands=',',encoding=None,decimal='.',converters=None,na_values=None,keep_default_na=True,displayed_only=True)
```

主要参数说明：

☑ io：字符串，文件路径，也可以是 URL 链接。网址不接受 https，可以尝试去掉 https 中的 s 后爬取，如 http://www.mingribook.com。
☑ match：正则表达式，返回与正则表达式匹配的表格。
☑ flavor：解析器默认为 lxml。
☑ header：指定列标题所在的行，列表 list 为多重索引。
☑ index_col：指定行标题对应的列，列表 list 为多重索引。
☑ encoding：字符串，默认为 None，文件的编码格式。

read_html()函数的返回值为一个 DataFrame()对象。

使用 read_html()函数前，首先要确定网页表格是否为 table 类型，因为只有这种类型的网页表格 read_html()函数才能获取该网页中的数据。下面介绍如何判断网页表格是否为 table 类型，以 NBA 球员薪资网页（http://www.espn.com/nba/salaries）为例，右击该网页中的表格，在弹出的菜单中选择“检查”，查看代码中是否含有表格标签<table>…</table>的字样，如图 5.18 所示，确定后再使用 read_html()函数。

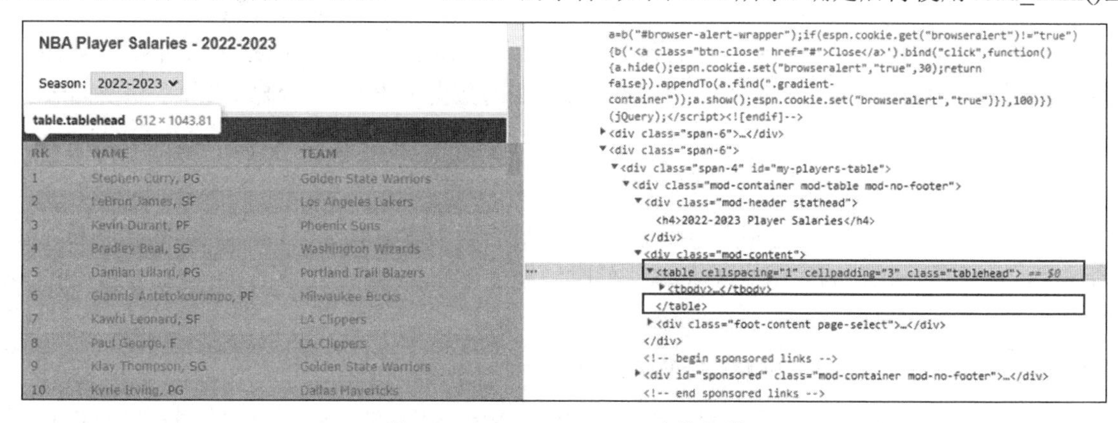

图 5.18　<table>…</table>表格标签

【例 5.8】Pandas 也可以实现简单的爬虫（**实例位置：资源包\TM\sl\05\08**）

下面使用 read_html()函数实现简单的爬虫，爬取“NBA 球员薪资”数据，程序代码如下：

```
1    import pandas as pd
2    pd.set_option('display.unicode.east_asian_width', True)    # 设置数据显示的编码格式为东亚宽度，以使列对齐
```

```
3   df=pd.DataFrame()                                          # 创建空的 DataFrame()对象
4   data_list = []                                             # 保存数据的列表
5   url_list=[]                                                # 创建空列表，以保存网页地址
6   # 获取网页地址，将地址保存在列表中
7   for i in range(1,14):
8       url='http://www.espn.com/nba/salaries/_/page/'+str(i)  # 网页地址字符串，使用 str()函数将整型变量 i 转换为字符串
9       url_list.append(url)
10  # 遍历列表读取网页数据
11  for url in url_list:
12      data_list.append(pd.read_html(url)[0])                 # 将每页数据添加至数据列表中
13  df = pd.concat(data_list,ignore_index=True)                # 将每页数据进行组合
14  print(df)
```

运行程序，输出结果如图 5.19 所示。

```
       0                     1                      2            3
0     RK                  NAME                   TEAM       SALARY
1      1     Stephen Curry, PG  Golden State Warriors  $45,780,966
2      2      James Harden, SG          Brooklyn Nets  $44,310,840
3      3         John Wall, PG        Houston Rockets  $44,310,840
4      4  Russell Westbrook, PG     Los Angeles Lakers  $44,211,146
..   ...                   ...                    ...          ...
525  478  Brandon Boston Jr., SG           LA Clippers     $925,258
526  479        Luka Garza, C        Detroit Pistons     $925,258
527  480   Marko Simonovic, C          Chicago Bulls     $925,258
528   RK                  NAME                   TEAM       SALARY
529  481     Ayo Dosunmu, SG          Chicago Bulls     $925,258
```

图 5.19　读取到的网页数据（部分数据）

从运行结果可以看出，数据中存在着一些无用的数据，如表头为数字 0、1、2、3 不能表明每列数据的作用。其次，数据中存在重复的表头，如 RK、NAME、TEAM 和 SALARY。

接下来进行数据清洗，首先去掉重复的表头数据，主要使用字符串函数 startswith()遍历 DataFrame()对象的第 4 列（也就是索引为 3 的列），将以$字符开头的数据筛出来，这样便去除了重复的表头，程序代码如下：

```
df=df[[x.startswith('$') for x in df[3]]]
```

再次运行程序，会发现数据条数发生了变化，重复的表头被去除了。最后，重新赋予表头以说明每列的作用，方法是：在数据导出为 Excel 文件时，通过 DataFrame()对象的 to_excel()函数的 header 参数指定表头，程序代码如下：

```
df.to_excel('NBA.xlsx',header=['RK','NAME','TEAM','SALARY'],index=False)
```

运行程序，程序所在文件夹将自动生成一个名为 NBA.xlsx 的 Excel 文件，打开该文件，结果如图 5.20 所示。

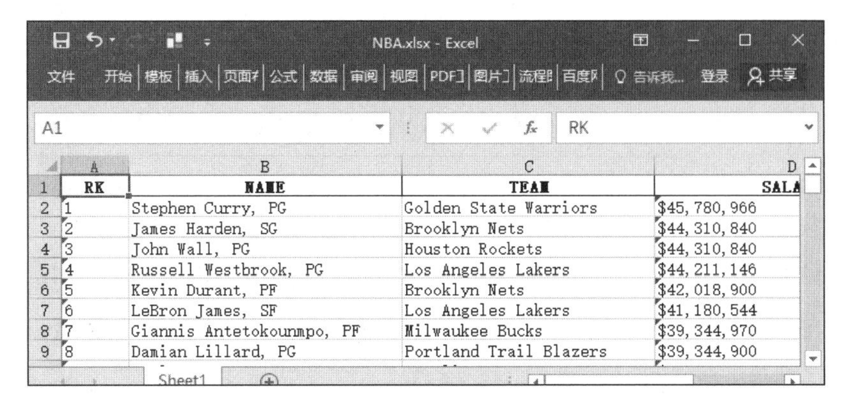

RK	NAME	TEAM	SALA
1	Stephen Curry, PG	Golden State Warriors	$45,780,966
2	James Harden, SG	Brooklyn Nets	$44,310,840
3	John Wall, PG	Houston Rockets	$44,310,840
4	Russell Westbrook, PG	Los Angeles Lakers	$44,211,146
5	Kevin Durant, PF	Brooklyn Nets	$42,018,900
6	LeBron James, SF	Los Angeles Lakers	$41,180,544
7	Giannis Antetokounmpo, PF	Milwaukee Bucks	$39,344,970
8	Damian Lillard, PG	Portland Trail Blazers	$39,344,900

图 5.20　导出后的 NBA.xlsx 文件

注意

运行程序，如果出现“ImportError: lxml not found, please install it”错误提示信息，则需要安装 lxml 模块。

5.5　读取数据库中的数据

大数据一般被保存在数据库当中，本节主要介绍如何通过 Python 读取 MySQL 数据库和 MongoDB 数据库中的数据。

5.5.1　读取 MySQL 数据库中的数据

1．导入 MySQL 数据库

（1）安装 MySQL 数据库软件，设置密码（本项目密码为 root，也可以是其他密码）。该密码一定要记住，连接 MySQL 数据库时会用到，其他设置采用默认设置即可。

（2）创建数据库。运行 MySQL，在系统“开始”菜单中找到 MySQL 8.0 Command Line Client 命令，启动 MySQL 8.0 Command Line Client，如图 5.21 所示。首先输入密码（如 root），进入 mysql 命令提示符，如图 5.22 所示，然后使用 CREATE DATABASE 命令创建数据库。

例如，创建数据库 test，命令如下：

```
CREATE DATABASE test;
```

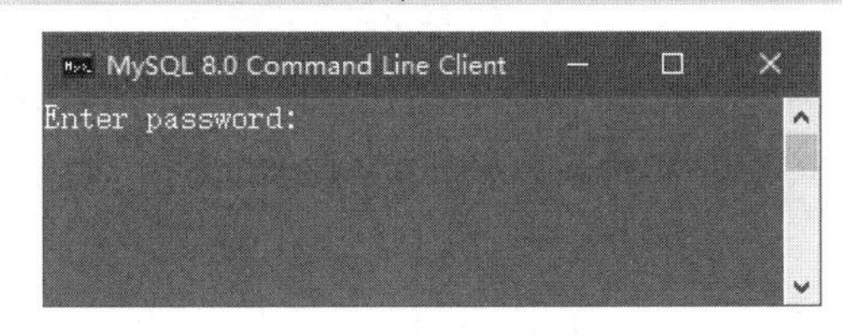

图 5.21　密码窗口

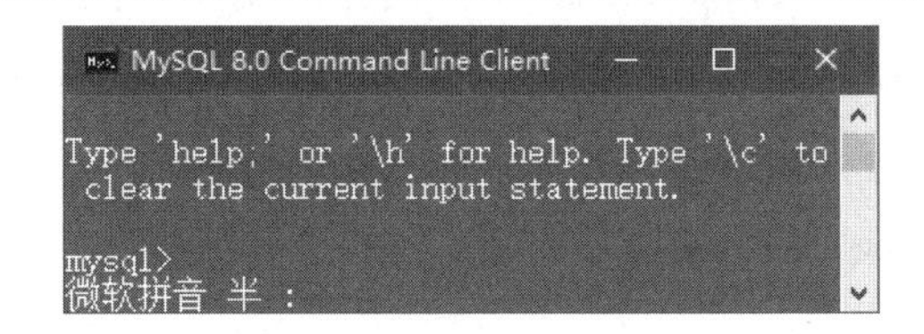

图 5.22　mysql 命令提示符

（3）导入 SQL 文件（user.sql）。在 mysql 命令提示符下通过 use 命名进入对应数据库。例如，进入数据库 test，命令如下：

```
use test;
```

出现 Database changed，说明已经进入数据库。接下来先使用 source 命令指定 SQL 文件，然后导入该文件。例如，导入 user.sql，命令如下：

```
source D:/user.sql
```

下面预览导入的数据表，使用 SQL 查询语句（select 语句）查询表中前 5 条数据，命令如下：

```
select * from user limit 5;
```

运行结果如图 5.23 所示。

```
MySQL 8.0 Command Line Client
mysql> use test;
Database changed
mysql> select * from user limit 5;
+----------+-----------------+-------------+-----------------+
| username | last_login_time | login_count | addtime         |
+----------+-----------------+-------------+-----------------+
| mr000001 | 2023/01/01 1:57 | 0           | 2023/01/01 1:57 |
| mr000002 | 2023/01/01 7:33 | 0           | 2023/01/01 7:33 |
| mr000003 | 2023/01/01 7:50 | 0           | 2023/01/01 7:50 |
| mr000004 | 2023/01/01 12:28| 0           | 2023/01/01 12:28|
| mr000005 | 2023/01/01 12:44| 0           | 2023/01/01 12:44|
+----------+-----------------+-------------+-----------------+
5 rows in set (0.00 sec)

mysql>
微软拼音 半 ：
```

图 5.23　查询导入后的 MySQL 数据

至此，导入 MySQL 数据库的任务就完成了。

2. Python 连接 MySQL 数据库

Python 连接 MySQL 数据库主要使用 pymysql 模块，该模块是一个用于操作 MySQL 数据库的模块，能够帮助实现数据的增、删、改、查等操作，是一个非常实用的模块。

pymysql 模块的基本使用步骤如图 5.24 所示。

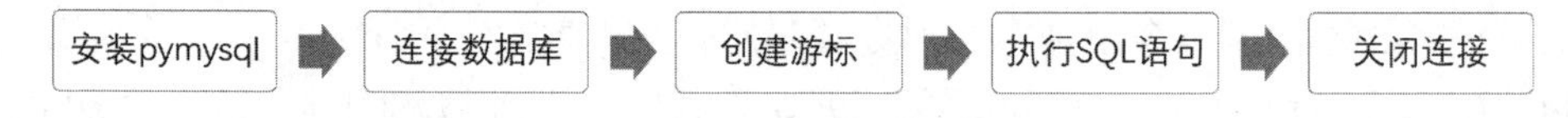

图 5.24　pymysql 模块的基本使用步骤

（1）安装 pymysql 模块。运行 cmd 命令打开提示符窗口并输入如下命令：

```
pip install pymysql
```

（2）使用 connect()对象连接数据库。代码如下：

```
conn = pymysql.connect(host="你的数据库地址",user="用户名",password="密码",database="数据库名",charset="utf8")
```

（3）创建游标。通过 cursor()函数得到一个可执行 SQL 语句的游标对象，代码如下：

```
cursor = conn.cursor()
```

（4）执行 SQL 语句。通过游标对象的 execute()函数执行 SQL 语句，返回查询成功的记录数，代码如下：

```
cursor.execute(sql)
result=cursor.execute(sql)
```

（5）关闭连接。先关闭游标，然后关闭数据库连接，代码如下：

```
cursor.close()
conn.close()
```

3. 读取 MySQL 数据库中的数据

Pandas 的 read_sql()函数可通过 SQL 语句查询数据库中的数据，并以 DataFrame 的类型返回查询结果。语法格式如下：

```
pandas.read_sql(sql, con, index_col=None, coerce_float=True, params=None, parse_dates=None, columns=None,
chunksize=None)
```

主要参数说明：

☑ sql：SQL 查询语句。

☑ con：连接 sql 数据库的引擎，一般使用 SQLalchemy 连接池或者 pymysql 模块建立。

☑ index_col：指定某一列作为索引列。

☑ coerce_float：非常有用，将数字形式的字符串直接以 float 型读入。

☑ parse_dates：将某一列日期型字符串转换为 datetime 型数据。

☑ columns：要选取的列。很少用，因为在 SQL 语句里面一般就指定了要选择的列。

☑ chunksize：块大小（每次输出的行数）。用于分块读取数据，以节约内存。

【例 5.9】读取 MySQL 数据库中的数据（**实例位置：资源包\TM\sl\05\09**）

读取 MySQL 数据库中的数据，首先连接 MySQL 数据库，然后通过 Pandas 的 read_sql()函数读取 MySQL 数据库中的数据，具体实现步骤如下。

（1）下载安装 pymysql 模块。运行 cmd 命令，进入提示符窗口，输入如下命令：

```
1    pip install pymysql
```

（2）导入 pymysql 模块和 pandas 模块，代码如下：

```
2    import pymysql
3    import pandas as pd
```

（3）连接 MySQL 数据库，代码如下：

```
4    conn = pymysql.connect(host = "localhost",user = 'root',passwd ='root',db = 'test',charset="utf8")
```

（4）使用 pandas 模块的 read_sql()函数读取 MySQL 数据库中的数据，代码如下：

```
5    sql_query = 'SELECT * FROM test.user'        # SQL 查询语句
6    df = pd.read_sql(sql_query, con=conn)        # 读取 MySQL 数据
7    conn.close()                                  # 关闭数据库连接
8    print(df.head())                              # 显示部分数据
```

运行程序，输出结果如图 5.25 所示。

	username	last_login_time	login_count	addtime
0	mr000001	2023/01/01 1:57	0	2023/01/01 1:57
1	mr000002	2023/01/01 7:33	0	2023/01/01 7:33
2	mr000003	2023/01/01 7:50	0	2023/01/01 7:50
3	mr000004	2023/01/01 12:28	0	2023/01/01 12:28
4	mr000005	2023/01/01 12:44	0	2023/01/01 12:44

图 5.25　读取 MySQL 数据库中的数据

5.5.2　读取 MongoDB 数据库中的数据

MongoDB 是一个基于分布式文件存储的数据库，旨在为 Web 应用提供可扩展的高性能数据存储解决方案，它支持的数据结构非常松散，类似 JSON 格式，可以存储比较复杂的数据类型，因此很多 Web 应用使用 MongoDB 数据库。

读取 MongoDB 数据库中的数据主要使用 PyMongo 模块，该模块是 Python 专门用于操作 MongoDB 数据库的模块，主要功能包括连接 MongoDB 数据库、指定数据库、指定数据表、插入数据、查询数据、修改数据、删除数据、数据库导入导出、数据库备份与恢复等。

读取 MongoDB 数据库，基本流程如图 5.26 所示。

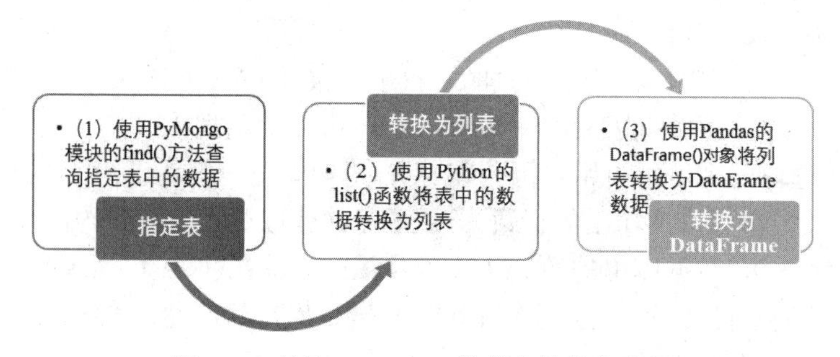

图 5.26　读取 MongoDB 数据库的基本流程

【例 5.10】读取 MongoDB 数据库中的数据（**实例位置：资源包\TM\sl\05\10**）

首先应导入 MongoDB 数据库，然后使用 PyMongo 模块连接 MongoDB 数据库，最后使用 Pandas 读取 MongoDB 数据库中的数据。

下载并导入 MongoDB 数据库的操作步骤如下。

（1）打开网址 https://www.mongodb.com/try/download/community，下载 MongoDB 数据库，如图 5.27 所示。

（2）单击 Download 按钮，根据计算机操作系统的位数下载 32 位或 64 位的 MSI 文件到指定位置，下载后按提示操作，采用默认设置安装即可。

（3）安装过程中，单击 Custom（自定义）按钮可选择安装路径，如图 5.28 所示。笔者选择安装在 D 盘指定位置，如图 5.29 所示。

（4）安装图形界面管理工具时，取消选中 Install MongoDB Compass 复选框，如图 5.30 所示。MongoDB Compass 是一个图形界面管理工具，后期需要时可以到官网（https://www.mongodb.com/try/download/ compass）上下载安装。

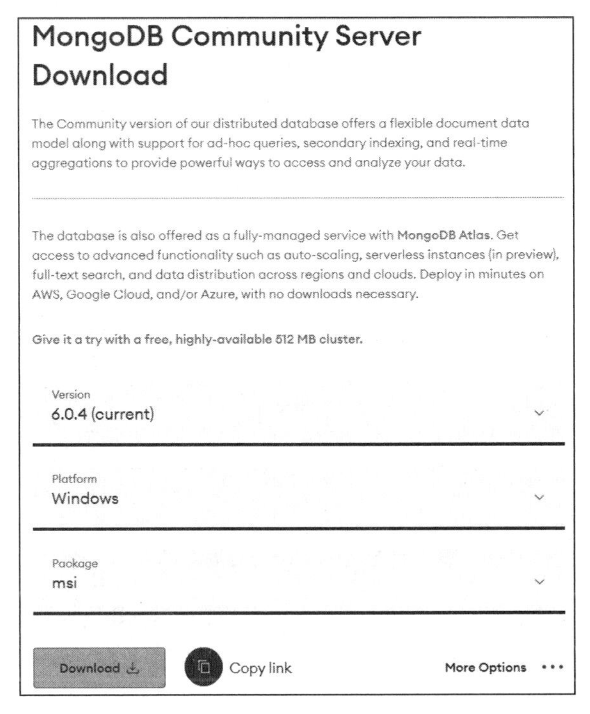

图 5.27　打开 MongoDB 下载官网

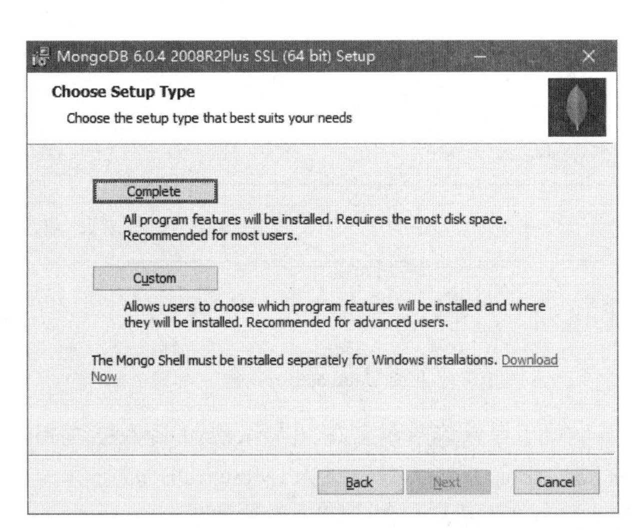

图 5.28　选择自定义安装

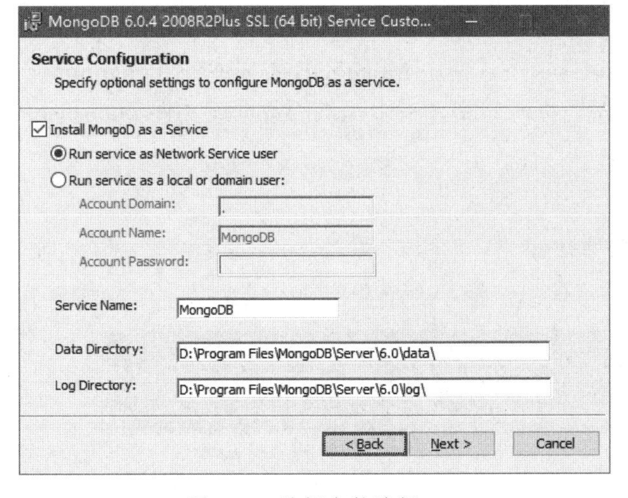

图 5.29　选择安装路径

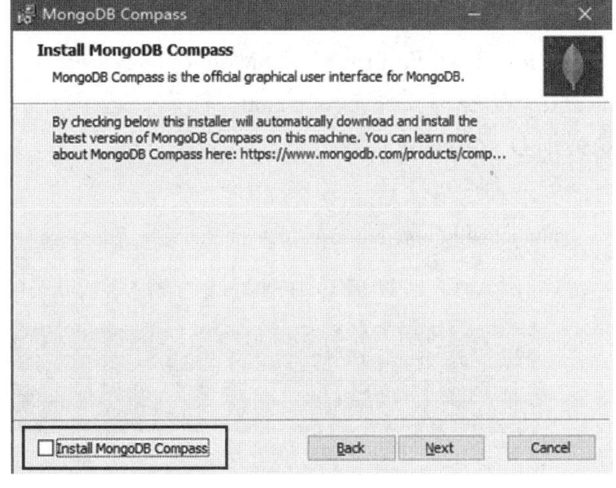

图 5.30　安装图形界面管理工具

（5）单击 Install 按钮开始安装，安装完成后单击 Finish 按钮。

（6）打开下载 Database 工具的网址 https://www.mongodb.com/try/download/database-tools，下载 Database Tools，如图 5.31 所示。

（7）先将下载后的工具包解压，然后将 bin 文件夹中的文件复制并粘贴到 MongoDB 数据库的安装目录 bin 文件夹当中，如图 5.32 所示。

图 5.31　下载 Database 工具包

此电脑 › 开发工具 (D:) › Program Files › MongoDB › Server › 6.0 › bin

名称	修改日期	类型	大小
bsondump.exe	2022-11-03-星期...	应用程序	19,598 KB
InstallCompass.ps1	2023-01-17-星期...	Windows Power...	2 KB
mongod.cfg	2023-02-18-星期...	Configuration 源...	1 KB
mongod.exe	2023-01-17-星期...	应用程序	54,979 KB
mongod.pdb	2023-01-17-星期...	PDB 文件	824,532 KB
mongodump.exe	2022-11-03-星期...	应用程序	23,235 KB
mongoexport.exe	2022-11-03-星期...	应用程序	22,818 KB
mongofiles.exe	2022-11-03-星期...	应用程序	24,069 KB
mongoimport.exe	2022-11-03-星期...	应用程序	23,156 KB
mongorestore.exe	2022-11-03-星期...	应用程序	23,736 KB
mongos.exe	2023-01-17-星期...	应用程序	33,976 KB
mongos.pdb	2023-01-17-星期...	PDB 文件	460,212 KB
mongostat.exe	2022-11-03-星期...	应用程序	22,449 KB
mongotop.exe	2022-11-03-星期...	应用程序	21,876 KB

图 5.32　复制工具文件到 MongoDB 数据库的安装目录

（8）导入数据库文件。以 MongoDB 数据库 mrbooks 为例，首先执行 cmd 命令打开“命令提示符”窗口，在命令提示符下进入 MongoDB 数据库安装目录，如笔者的安装目录为“D:\Program Files\MongoDB\ Server\6.0\bin>”，方法如下：

```
C:\Windows\system32>d:
D:\>cd D:\Program Files\MongoDB\Server\6.0\bin
```

（9）在 D:\Program Files\MongoDB\Server\6.0\bin>目录下，使用 MongoDB 数据库的 mongoimport 命令导入数据库文件 books.json。注意，这里应首先保证将源码文件夹中提供的数据库文件 books.json 复制到 D 盘根目录下。

导入命令如下：

```
mongoimport --db mrbooks --collection books --jsonArray d:\books.json
```

（10）导入成功后会出现类似如图 5.33 所示的提示信息，提示 5 个文档导入成功。

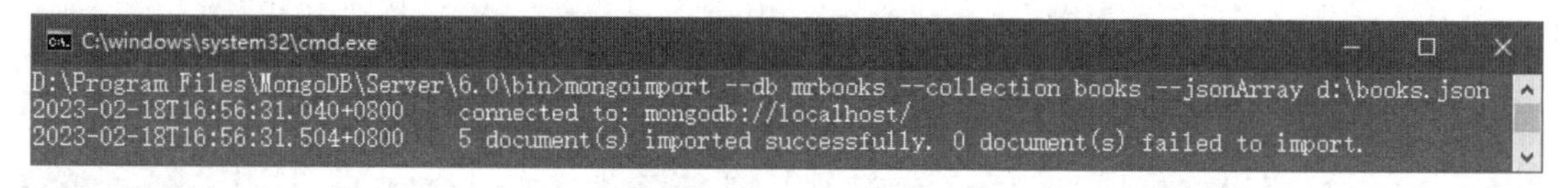

图 5.33　提示信息

（11）查看数据。首先需要在 https://www.mongodb.com/try/download/shell 页面中下载 mongosh 工具包，如图 5.34 所示。然后将 mongosh-1.7.1-win32-x64.zip 工具包中 bin 目录下的文件解压到 MongoDB 安装目录的 bin 文件夹当中，如图 5.35 所示。

首先在命令提示符下输入如下命令，进入 MongoDB 数据库。

```
D:\Program Files\MongoDB\Server\6.0\bin>mongosh
```

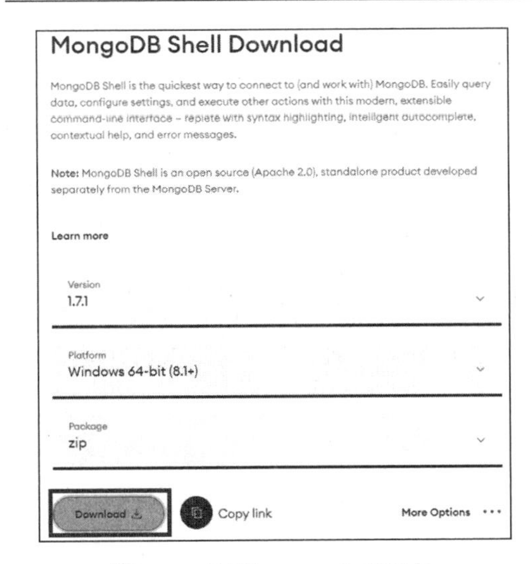

图 5.34　下载 mongosh 工具包

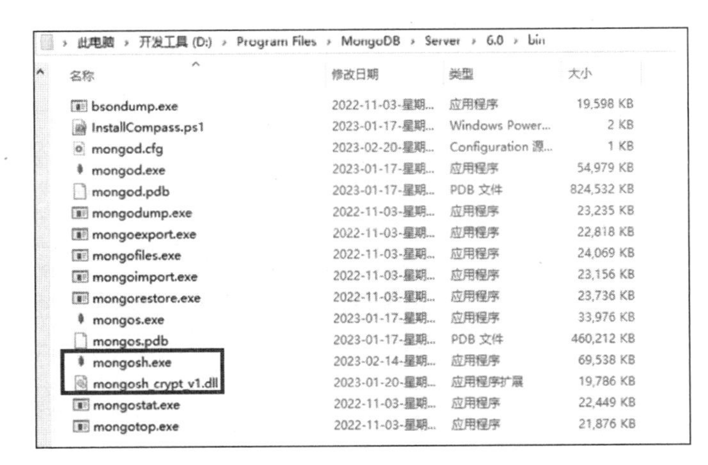

图 5.35　解压文件

然后使用 use mrbooks 命令打开数据库，提示 switched to db mrbooks（切换到 mrbooks 数据库），使用如下命令查看该数据库中的表 books 中的数据。

```
db.books.find();
```

结果如图 5.36 所示，这说明数据库 mrbooks 已经导入 MongoDB 数据库中。

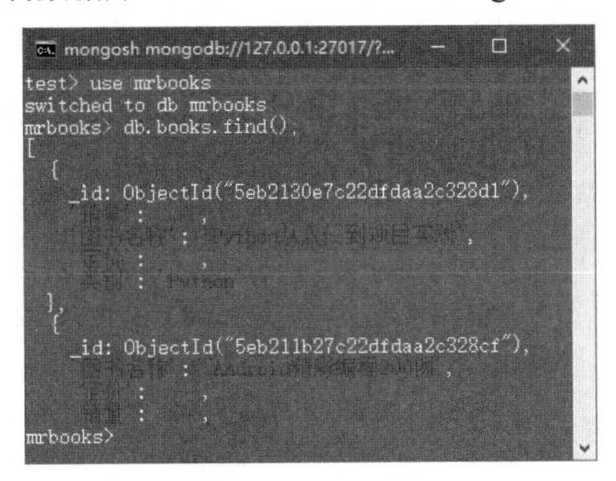

图 5.36　查看数据

接下来通过 Python 读取 MongoDB 数据库中的数据。

（1）安装 PyMongo 模块。运行 cmd 命令，打开“命令提示符”窗口，输入如下命令：

```
pip install pymongo
```

（2）导入相关模块。代码如下：

```
1    import pymongo
2    import pandas as pd
```

（3）连接 MongoDB 数据库，指定数据库和表。代码如下：

```
3    client = pymongo.MongoClient('localhost', 27017)    # 连接 MongoDB 数据库
4    db = client['mrbooks']                              # 指定数据库
5    table = db['books']                                 # 指定数据表
```

（4）使用 Pandas 读取表 books 中的数据。代码如下：

```
6    df = pd.DataFrame(list(table.find()))                # 读取表 books 中的数据
7    print(df)
```

运行程序，输出结果如图 5.37 所示。

	_id	图书名称	定价	销量	类别
0	5eb211b27c22dfdaa2c328cf	Android精彩编程200例	89.8	1300	Android
1	5eb2125b7c22dfdaa2c328d0	零基础学Python	79.8	4500	Python
2	5eb2130e7c22dfdaa2c328d1	Python从入门到项目实践	99.8	2300	Python
3	5eb2132f7c22dfdaa2c328d2	Python项目开发案例集锦	128.0	2200	Python
4	5eb213fa7c22dfdaa2c328d5	零基础学Android	89.8	2800	Android

图 5.37　Python 读取 MongoDB 数据库汇中的数据

从上述结果得知：_id 列对于数据分析来说属于无用数据，下面通过 Pandas 进行简单的数据清洗，删除_id 列，代码如下。

```
1    # 删除 id 列
2    del df['_id']
3    print(df)
```

5.6　小　　结

本章介绍了如何使用 Pandas 模块实现数据的读取，其中包含读取文本文件、Excel 文件的读取与写入、CSV 文件的读取与写入以及如何读取 HTML 网页，最后介绍了如何通过 Python 读取 MySQL 数据库和 MongoDB 数据库中的数据。本章所介绍的内容属于数据分析的第一步“读取数据”，只有完全掌握了读取数据的技术才可以进行下一步的分析，希望大家可以勤加练习，完全掌握本章内容。

第 6 章

Pandas 模块之数据的处理

数据读取后并不是所有的数据都是我们所需要的，因此还要对数据进行简单的处理，本章将主要介绍如何进行数据的抽取，数据的增、删、改、查以及如何对数据进行排序与排名操作。

本章知识架构如下。

6.1 数据抽取

在数据分析的过程中，数据读取后，并不是所有的数据都是我们所需要的，此时可以抽取部分数据，主要使用 DataFrame()对象的 loc 属性和 iloc 属性，示意图如图 6.1 所示。

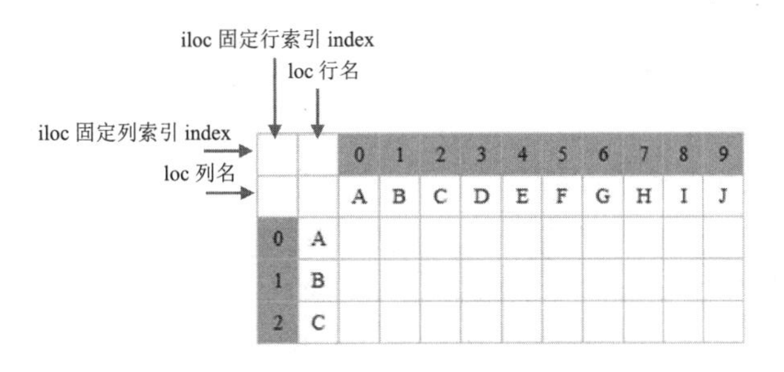

图 6.1　loc 属性和 iloc 属性示意图

DataFrame()对象的 loc 属性和 iloc 属性都可以抽取数据，区别如下：

☑ loc 属性：以列名（columns）和行名（index）作为参数，当只有一个参数时，默认是行名，即抽取整行数据，包括所有列，如 df.loc['A']。

☑ iloc 属性：以行和列位置索引（即 0，1，2，…）作为参数，0 表示第一行，1 表示第二行，以此类推。当只有一个参数时，默认是行索引，即抽取整行数据，包括所有列。如抽取第一行数据，df.iloc[0]。

6.1.1 抽取指定行数据

实现抽取一行数据时可以使用 loc 属性。

【例 6.1】抽取一行学生成绩数据（**实例位置：资源包\TM\sl\06\01**）

抽取一行名为“甲”的学生成绩数据（包括所有列），程序代码如下：

```
1   import pandas as pd
2   # 设置数据显示的编码格式为东亚宽度，以使列对齐
3   pd.set_option('display.unicode.east_asian_width', True)
4   data = [[110,105,99],[105,88,115],[109,120,130],[112,115]]
5   name = ['甲','乙','丙','丁']
6   columns = ['语文','数学','英语']
7   df = pd.DataFrame(data=data, index=name, columns=columns)
8   print(df.loc['甲'])
```

运行程序，输出结果如图 6.2 所示。

```
语文    110.0
数学    105.0
英语     99.0
Name: 明日, dtype: float64
```

图 6.2　抽取一行数据

使用 iloc 属性抽取第一行数据，指定行索引即可，如 df.iloc[0]。

6.1.2 抽取多行数据

通过 loc 属性和 iloc 属性指定行名和行索引即可实现抽取任意多行数据。

【例 6.2】抽取多行学生成绩数据（**实例位置：资源包\TM\sl\06\02**）

抽取行名为“甲”和“丙”（即第 1 行和第 3 行数据）的学生成绩数据，关键代码如下：

```
1   print(df.loc[['甲','丙']])
2   print(df.iloc[[0,2]])
```

运行程序，输出结果如图 6.3 所示。

在 loc 属性和 iloc 属性中合理使用冒号（:），即可抽取连续任意多行数据。

【例 6.3】抽取多个学生成绩数据（**实例位置：资源包\TM\sl\06\03**）

下面抽取连续任意多个学生成绩数据，关键代码如下：

```
1   print(df.loc['甲':'丁'])          # 从“甲”到“丁”
2   print(df.loc[:'乙':])             # 第 1 行到“乙”
3   print(df.iloc[0:4])               # 第 1 行到第 4 行
4   print(df.iloc[1::])               # 第 2 行到最后 1 行
```

运行程序，输出结果如图 6.4 所示。

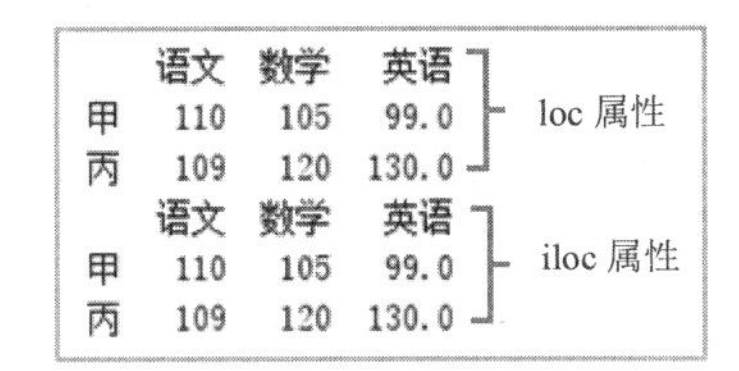

图 6.3　抽取多行数据

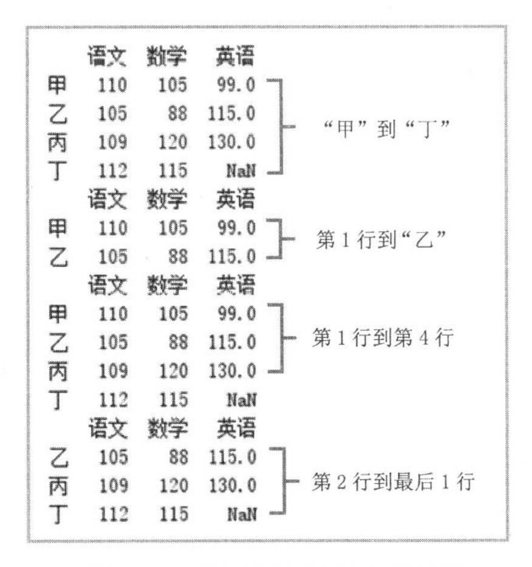

图 6.4　抽取连续任意多行数据

6.1.3　抽取指定列数据

抽取指定列数据，可以直接使用列名，也可以使用 loc 属性和 iloc 属性。

【例 6.4】抽取学生“语文”和“数学”成绩（**实例位置：资源包\TM\sl\06\04**）

抽取列名为“语文”和“数学”的学生成绩数据，程序代码如下：

```
1    import pandas as pd
2    # 设置数据显示的编码格式为东亚宽度，以使列对齐
3    pd.set_option('display.unicode.east_asian_width', True)
4    data = [[110,105,99],[105,88,115],[109,120,130],[112,115]]
5    name = ['甲','乙','丙','丁']
6    columns = ['语文','数学','英语']
7    df = pd.DataFrame(data=data, index=name, columns=columns)
8    print(df[['语文','数学']])
```

运行程序，输出结果如图 6.5 所示。

图 6.5　“语文”和“数学”成绩

loc 属性和 iloc 属性都有两个参数，第一个参数代表行，第二个参数代表列，抽取指定列数据时，行参数不能省略。

【例 6.5】抽取指定学科的成绩（**实例位置：资源包\TM\sl\06\05**）

下面使用 loc 属性和 iloc 属性抽取指定列数据，关键代码如下：

```
1    print(df.loc[:,['语文','数学']])        # 抽取“语文”和“数学”
2    print(df.iloc[:,[0,1]])                # 抽取第 1 列和第 2 列
3    print(df.loc[:,'语文':])                # 抽取从“语文”开始到最后一列
4    print(df.iloc[:,:2])                   # 连续抽取从第 1 列开始到第 3 列，但不包括第 3 列
```

运行程序，输出结果如图 6.6 所示。

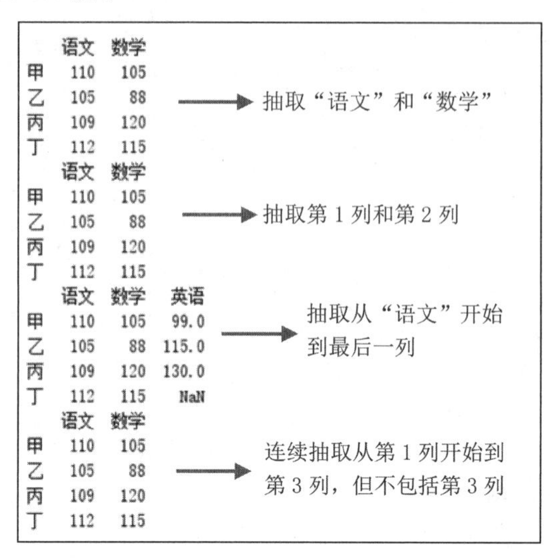

图 6.6　抽取指定学科的成绩

6.1.4　抽取指定的行、列数据

抽取指定行、列数据主要使用 loc 属性和 iloc 属性，这两个属性的两个参数都指定就可以实现指定行列数据的抽取。

【例 6.6】抽取指定学科和指定学生的成绩（**实例位置：资源包\TM\sl\06\06**）

使用 loc 属性和 iloc 属性抽取指定行、列数据，程序代码如下：

```
1    import pandas as pd
2    # 设置数据显示的编码格式为东亚宽度，以使列对齐
3    pd.set_option('display.unicode.east_asian_width', True)
4    data = [[110,105,99],[105,88,115],[109,120,130],[112,115]]
5    name = ['甲','乙','丙','丁']
6    columns = ['语文','数学','英语']
7    df = pd.DataFrame(data=data, index=name, columns=columns)
8    print(df.loc['乙','英语'])                          # 输出“乙”的“英语”成绩
9    print(df.loc[['乙'],['英语']])                      # “乙”的“英语”成绩
10   print(df.loc[['乙'],['数学','英语']])               # “乙”的“数学”和“英语”成绩
11   print(df.iloc[[1],[2]])                             # 第 2 行第 3 列
12   print(df.iloc[1:,[2]])                              # 第 2 行到最后一行的第 3 列
13   print(df.iloc[1:,[0,2]])                            # 第 2 行到最后一行的第 1 列和第 3 列
14   print(df.iloc[:,2])                                 # 所有行，第 3 列
```

运行程序，输出结果如图 6.7 所示。

在上述结果中，第一个输出结果是一个数，不是 DataFrame 类型的数据，这是由于“df.loc['乙','英语']”没有使用方括号[]。

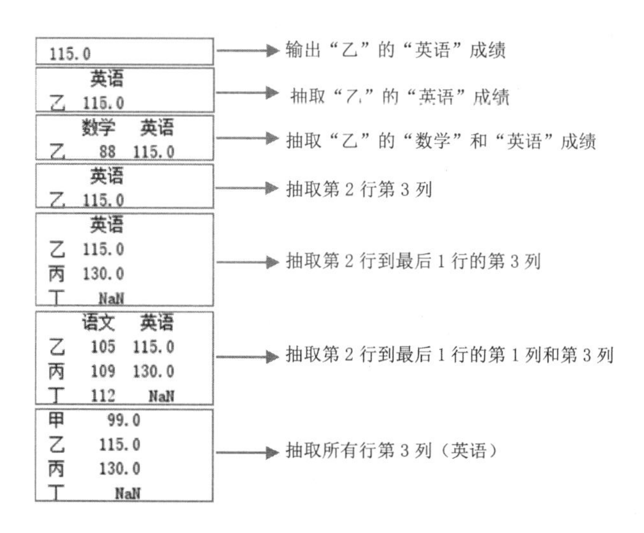

图 6.7　抽取指定学科和指定学生的成绩

6.2　数据的增、删、改、查

6.2.1　增加数据

DataFrame()对象增加数据主要包括列数据增加和行数据增加。我们首先来看原始数据，如图 6.8 所示。

1．直接为 DataFrame()对象赋值

【例 6.7】增加一列“物理”成绩（**实例位置：资源包\TM\sl\06\07**）

增加一列“物理”成绩，程序代码如下：

```
1    import pandas as pd
2    # 设置数据显示的编码格式为东亚宽度，以使列对齐
3    pd.set_option('display.unicode.east_asian_width', True)
4    data = [[110,105,99],[105,88,115],[109,120,130],[112,115,140]]
5    name = ['甲','乙','丙','丁']
6    columns = ['语文','数学','英语']
7    df = pd.DataFrame(data=data, index=name, columns=columns)
8    df['物理']=[88,79,60,50]
9    print(df)
```

运行程序，输出结果如图 6.9 所示。

2．使用 loc 属性在 DataFrame()对象的最后增加一列

【例 6.8】使用 loc 属性增加一列“物理”成绩（**实例位置：资源包\TM\sl\06\08**）

使用 loc 属性在 DataFrame()对象的最后增加一列。例如，增加“物理”列，关键代码如下：

```
df.loc[:,'物理'] = [88,79,60,50]
```

在 DataFrame()对象最后增加一列“物理”，其值为等号右边数据。

3. 在指定位置插入一列

在指定位置插入一列，主要使用 insert()函数实现。

【例 6.9】在第一列后面插入“物理”成绩（**实例位置：资源包\TM\sl\06\09**）

例如，在第一列后面插入“物理”，其值为 wl 的数值，关键代码如下：

```
1   wl =[88,79,60,50]
2   df.insert(1,'物理',wl)
3   print(df)
```

运行程序，输出结果如图 6.10 所示。

	语文	数学	英语
甲	110	105	99
乙	105	88	115
丙	109	120	130
丁	112	115	140

图 6.8　原始数据

	语文	数学	英语	物理
甲	110	105	99	88
乙	105	88	115	79
丙	109	120	130	60
丁	112	115	140	50

图 6.9　增加一列“物理”成绩

	语文	物理	数学	英语
甲	110	88	105	99
乙	105	79	88	115
丙	109	60	120	130
丁	112	50	115	140

图 6.10　在第一列后插入“物理”成绩

6.2.2　按行增加数据

1. 增加一行数据

增加一行数据主要使用 loc 属性实现。

【例 6.10】在成绩表中增加一行数据（**实例位置：资源包\TM\sl\06\10**）

在成绩表中增加一行数据，即“戊”同学的成绩，关键代码如下：

```
1   df.loc['戊'] = [100,120,99]
```

运行程序，输出结果如图 6.11 所示。

2. 增加多行数据

增加多行数据主要使用字典结合 append()函数实现。

【例 6.11】在成绩表中增加多行数据（**实例位置：资源包\TM\sl\06\11**）

在原有数据中增加“戊”“己”和“庚”3 名同学的成绩，关键代码如下：

```
1   df_insert=pd.DataFrame({'语文':[100,123,138],'数学':[99,142,60],'英语':[98,139,99]},index = ['戊','己','庚'])
2   df1 = df.append(df_insert)
```

运行程序，输出结果如图 6.12 所示。

	语文	数学	英语
甲	110	105	99
乙	105	88	115
丙	109	120	130
丁	112	115	140
戊	100	120	99

图 6.11　增加一行数据

	语文	数学	英语
甲	110	105	99
乙	105	88	115
丙	109	120	130
丁	112	115	140
戊	100	99	98
己	123	142	139
庚	138	60	99

图 6.12　增加多行数据

6.2.3　删除数据

删除数据主要使用 DataFrame()对象的 drop()函数。语法如下：

```
DataFrame.drop(labels=None, axis=0, index=None, columns=None, level=None, inplace=False, errors='raise')
```

参数说明：

☑ labels：表示行标签或列标签。

☑ axis：axis = 0，表示按行删除；axis = 1，表示按列删除；默认值为 0。

☑ index：删除行，默认值为 None。

☑ columns：删除列，默认值为 None。

☑ level：针对有两级索引的数据。level = 0，表示按第 1 级索引删除整行；level = 1 表示按第 2 级索引删除整行；默认值为 None。

☑ inplace：可选参数，对原数组做出修改并返回一个新数组。默认值为 False，如果值为 True，那么原数组直接就被替换。

☑ errors：参数值为 ignore 或 raise，默认值为 raise。如果值为 ignore（忽略），则取消错误。

1. 删除行列数据

【例 6.12】删除学生成绩数据（**实例位置：资源包\TM\sl\06\12**）

删除指定的学生成绩数据，关键代码如下：

```
1    df.drop(['数学'],axis=1,inplace=True)              # 删除某列
2    df.drop(columns='数学',inplace=True)               # 删除 columns 为"数学"的列
3    df.drop(labels='数学', axis=1,inplace=True)        # 删除列标签为"数学"的列
4    df.drop(['甲','乙'],inplace=True)                  # 删除某行
5    df.drop(index='甲',inplace=True)                   # 删除 index 为"甲"的行
6    df.drop(labels='甲', axis=0,inplace=True)          # 删除行标签为"甲"的行
```

以上代码中的函数都可以实现删除指定的行列数据，读者选择一种就可以。

2. 删除特定条件的行

删除满足特定条件的行，首先找到满足该条件的行索引，然后使用 drop()函数将其删除。

【例 6.13】删除符合条件的学生成绩数据（**实例位置：资源包\TM\sl\06\13**）

删除"数学"中包含 88 的行、"语文"小于 110 的行，关键代码如下：

```
1    df.drop(index=df[df['数学'].isin([88])].index[0],inplace=True)     # 删除"数学"包含 88 的行
2    df.drop(index=df[df['语文']<110].index[0],inplace=True)            # 删除"语文"小于 110 的行
```

6.2.4 修改数据

修改数据包括行、列、标题和数据的修改，我们首先来看原始数据，如图 6.13 所示。

1. 修改列标题

修改列标题主要使用 DataFrame()对象的 cloumns 属性，直接赋值即可。

【例 6.14】 修改“数学”的列名（**实例位置：资源包\TM\sl\06\14**）

将“数学”修改为“数学（上）”，关键代码如下：

```
df.columns=['语文','数学（上）','英语']
```

上述代码中，即使我们只修改“数学”为“数学（上）”，但是也要将所有列的标题全部写上，否则将报错。

运行程序，输出结果如图 6.14 所示。

下面再介绍一种方法，使用 DataFrame()对象的 rename()函数修改列标题。

【例 6.15】 修改多个学科的列名（**实例位置：资源包\TM\sl\06\15**）

将“语文”修改为“语文（上）”、“数学”修改为“数学（上）”、“英语”修改为“英语（上）”，关键代码如下：

```
df.rename(columns = {'语文':'语文（上）','数学':'数学（上）','英语':'英语（上）'},inplace = True)
```

上述代码中，参数 inplace 为 True，表示直接修改 df；否则，不修改 df，只返回修改后的数据。

运行程序，输出结果如图 6.15 所示。

	语文	数学	英语
甲	110	105	99
乙	105	88	115
丙	109	120	130
丁	112	115	140

图 6.13 原始数据

	语文	数学（上）	英语
甲	110	105	99
乙	105	88	115
丙	109	120	130
丁	112	115	140

图 6.14 修改“数学”的列名

	语文（上）	数学（上）	英语（上）
甲	110	105	99
乙	105	88	115
丙	109	120	130
丁	112	115	140

图 6.15 修改多个学科的列名

2. 修改行标题

修改行标题主要使用 DataFrame()对象的 index 属性，直接赋值即可。

【例 6.16】 将行标题统一修改为数字编号（**实例位置：资源包\TM\sl\06\16**）

将行标题统一修改为数字编号，关键代码如下：

```
df.index=list('1234')
```

使用 DataFrame()对象的 rename()函数也可以修改行标题。例如，将行标题统一修改为数字编号，关键代码如下：

```
df.rename({'甲':1,'乙':2,'丙':3,'丁':4},axis=0,inplace = True)
```

3．修改数据

修改数据主要使用 DataFrame()对象的 loc 属性和 iloc 属性。

【例 6.17】修改学生成绩数据（**实例位置：资源包\TM\sl\06\17**）

（1）修改整行数据。例如，修改“甲”同学的各科成绩，关键代码如下：

```
df.loc['甲']=[120,115,109]
```

如果各科成绩均加 10 分，可以直接在原有值加 10，关键代码如下：

```
df.loc['甲']=df.loc['甲']+10
```

（2）修改整列数据。例如，修改所有同学的“语文”成绩，关键代码如下：

```
df.loc[:,'语文']=[115,108,112,118]
```

（3）修改某一数据。例如，修改“甲”同学的“语文”成绩，关键代码如下：

```
df.loc['甲','语文']=115
```

（4）使用 iloc 属性修改数据。通过 iloc 属性指定行列位置实现修改数据，关键代码如下：

```
1    df.iloc[0,0]=115                   # 修改某一数据
2    df.iloc[:,0]=[115,108,112,118]     # 修改整列数据
3    df.iloc[0,:]=[120,115,109]         # 修改整行数据
```

6.2.5　查询数据

DataFrame()对象查询数据主要是通过运算符和函数对数据进行筛选。主要包括：

☑　逻辑运算符：>、>=、<、<=、==（双等于）、!=（不等于）。

☑　复合逻辑运算符：&（并且）、|（或者）。

☑　逻辑运算函数：query()、isin()和 between()。其中 query()函数主要用于简化查询代码，isin()函数表示包含，between()函数表示区间。

【例 6.18】通过逻辑运算符查询数据（**实例位置：资源包\TM\sl\06\18**）

下面通过逻辑运算符查询学生成绩数据，程序代码如下：

```
1    import pandas as pd
2    # 设置数据显示的编码格式为东亚宽度，以使列对齐
3    pd.set_option('display.unicode.east_asian_width', True)
4    df= pd.DataFrame({'姓名':['甲','乙','丙'],
5                      '语文':[110,105,109],
6                      '数学':[105,88,120],
7                      '英语':[99,115,130]})
8    print(df)
9    ''' 逻辑运算符号：> 、>=、 <、 <=、 == （双等于）、!=（不等于）'''
10   print(df[df['语文']>105])
11   print(df[df['英语']>=115])
12   print(df[df['英语']==115])
13   print(df[df['英语']!=115])
```

运行程序，输出结果如图 6.16 所示。

【例 6.19】通过复合运算符查询数据（**实例位置：资源包\TM\sl\06\19**）

下面通过复合运算符分别查询“语文”大于 105 并且“数学”大于 88 的学生成绩和“语文”大于

105 或者数学大于 88 的学生成绩，程序代码如下：

```
1   import pandas as pd
2   # 设置数据显示的编码格式为东亚宽度，以使列对齐
3   pd.set_option('display.unicode.east_asian_width', True)
4   df= pd.DataFrame({'姓名':['甲','乙','丙','丁'],
5                     '语文':[110,105,109,99],
6                     '数学':[105,88,120,90],
7                     '英语':[99,115,130,120]})
8   '''复合逻辑运算符：&（并且）、|（或者）'''
9   '''查询“语文”大于 105 并且“数学”大于 88'''
10  print(df[(df['语文']>105) & (df['数学']>88)])
11  '''查询“语文”大于 105 或者数学大于 88'''
12  print(df[(df['语文']>105) | (df['数学']>88)])
```

运行程序，输出结果如图 6.17 所示。

下面重点介绍逻辑运算函数。

1．query()函数

【例 6.20】 使用 query()函数简化查询代码（**实例位置：资源包\TM\sl\06\20**）

在前面的示例中，当查询“语文”大于 105 的学生成绩时，代码如下：

```
df[df['语文']>105]
```

下面使用 query()函数进行简化，代码如下：

```
df.query('语文>105')
```

2．isin()函数

isin()函数不仅可以针对整个 DataFrame()对象进行操作，也可以针对 DataFrame()对象中的某一列（Series()对象）进行操作，而针对 Series()对象的操作才是最常用的。

isin()函数的作用如下：

☑ 判断整个 DataFrame()对象中是否包含某个值或某些值。

☑ 判断 DataFrame()对象中的某一列（Series()对象）是否包含某个值或某些值。

☑ 利用一个 DataFrame()对象中的某一列，对另一个 DataFrame()对象中的数据进行过滤，这一点非常重要。

【例 6.21】 使用 isin()函数查询数据（**实例位置：资源包\TM\sl\06\21**）

下面使用 isin()函数查询两种数据：一是查询所有数据中包含 45 和 60 的数据；二是查询“化学”中包含 45 和 60 的数据，程序代码如下：

```
1   import pandas as pd
2   # 设置数据显示的编码格式为东亚宽度，以使列对齐
3   pd.set_option('display.unicode.east_asian_width', True)
4   df= pd.DataFrame({'姓名':['甲','乙','丙'],
5                     '语文':[110,105,109],
6                     '数学':[105,60,120],
7                     '英语':[99,115,130],
8                     '物理':[60,89,99],
9                     '化学':[45,60,70]})
10  '''逻辑运算函数：isin()函数'''
11  '''判断所有数据中包含 45 和 60 的数据'''
```

```
12   df1=df[df.isin([45,60])]
13   print(df1)
14   '''判断"化学"中包含 45 和 60 的数据'''
15   df2=df[df['化学'].IsIn([45,60])]
16   print(df2)
```

运行程序，输出结果如图 6.18 所示。

```
  姓名  语文  数学  英语
0  甲   110   105    99
1  乙   105    88   115
2  丙   109   120   130
  姓名  语文  数学  英语
0  甲   110   105    99
2  丙   109   120   130
  姓名  语文  数学  英语
1  乙   105    88   115
2  丙   109   120   130
  姓名  语文  数学  英语
1  乙   105    88   115
  姓名  语文  数学  英语
0  甲   110   105    99
2  丙   109   120   130
```

图 6.16　通过逻辑运算符查询数据

```
  姓名  语文  数学  英语
0  甲   110   105    99
2  丙   109   120   130
  姓名  语文  数学  英语
0  甲   110   105    99
2  丙   109   120   130
3  丁    99    90   120
```

图 6.17　通过复合运算符查询数据

```
  姓名  语文  数学  英语  物理  化学
0  NaN   NaN   NaN   NaN  60.0  45.0
1  NaN   NaN  60.0   NaN   NaN  60.0
2  NaN   NaN   NaN   NaN   NaN   NaN
  姓名  语文  数学  英语  物理  化学
0  甲   110   105    99    60    45
1  乙   105    60   115    89    60
```

图 6.18　使用 isin()函数查询数据

isin()函数的另外一种用法是可以实现一个 DataFrame()对象中的某一列对另一个 DataFrame()对象中的数据进行过滤。

【例 6.22】查询女生的学习成绩（**实例位置：资源包\TM\sl\06\22**）

通过学生基本信息数据（df2）中的“性别”，对学生成绩（df1）进行筛选，查询所有女生的学习成绩，程序代码如下：

```
1    import pandas as pd
2    # 设置数据显示的编码格式为东亚宽度，以使列对齐
3    pd.set_option('display.unicode.east_asian_width', True)
4    df1= pd.DataFrame({'姓名':['甲','乙','丙'],
5                       '语文':[110,105,109],
6                       '数学':[105,60,120],
7                       '英语':[99,115,130],
8                       '物理':[60,89,99],
9                       '化学':[45,60,70]})
10   print(df1)
11   df2=pd.DataFrame({'姓名':['甲','乙','丙'],
12                      '性别':['男','女','女'],
13                      '年龄':[16,15,16]})
14   print(df2)
15   '''逻辑运算函数：isin()函数'''
16   '''利用 df2 中的性别一列，来对 df1 中的数据进行筛选'''
17   df1=df1[df2['性别'].isin(['女'])]
18   print(df1)
```

运行程序，输出结果如图 6.19 所示。

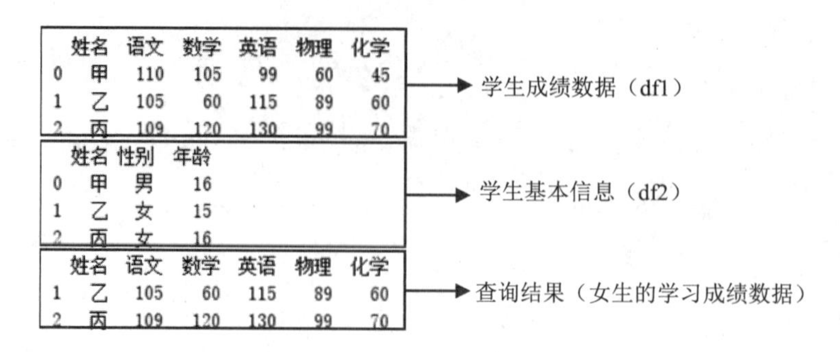

	姓名	语文	数学	英语	物理	化学
0	甲	110	105	99	60	45
1	乙	105	60	115	89	60
2	丙	109	120	130	99	70

	姓名	性别	年龄
0	甲	男	16
1	乙	女	15
2	丙	女	16

	姓名	语文	数学	英语	物理	化学
1	乙	105	60	115	89	60
2	丙	109	120	130	99	70

图 6.19　查询所有女生的学习成绩

3．between()函数

between()函数用于查询指定范围内的数据，返回布尔值。

【例 6.23】使用 between()函数查询数据（**实例位置：资源包\TM\sl\06\23**）

下面使用 between()函数查询“语文”100～120 分的数据，程序代码如下：

```
1   import pandas as pd
2   # 设置数据显示的编码格式为东亚宽度，以使列对齐
3   pd.set_option('display.unicode.east_asian_width', True)
4   df= pd.DataFrame({'姓名':['甲','乙','丙'],
5                     '语文':[110,105,109],
6                     '数学':[105,88,120],
7                     '英语':[99,115,130]})
8   '''逻辑运算函数：between()函数'''
9   df1=df[df['语文'].between(100,120)]
10  print(df1)
```

运行程序，输出结果如图 6.20 所示。

	姓名	语文	数学	英语
0	甲	110	105	99
1	乙	105	88	115
2	丙	109	120	130

图 6.20　使用 between()函数查询数据

6.3　数据的排序和排名

6.3.1　数据的排序

DataFrame 数据排序主要使用 sort_values()函数，该函数类似于 SQL 中的 order by 语句。sort_values()函数可以根据指定的行或列进行排序，语法如下：

```
DataFrame.sort_values(by,axis=0,ascending=True,inplace=False,kind='quicksort',na_position='last',ignore_index=False)
```

参数说明：

☑　by：要排序的名称列表。

- ☑ axis：轴，0 表示行，1 表示列，默认按行排序。
- ☑ ascending：升序或降序排序，布尔值。指定多个排序时可以使用布尔值列表。默认值为 True。
- ☑ inplace：布尔值，表示是否修改原数据。默认值为 False，表示不修改；如果值为 True，则在原数据中进行排序。
- ☑ kind：指定排序算法，值为 quicksort（快速排序）、mergesort（混合排序）或 heapsort（堆排），默认值为 quicksort。
- ☑ na_position：空值（NaN）的位置。值为 first，表示空值在数据开头；值为 last，表示空值在数据最后。默认值为 last。
- ☑ ignore_index：布尔值，表示是否忽略索引。值为 True，标记索引（从 0 开始按顺序的整数值）；值为 False，则忽略索引。

1. 按一列数据排序

【例 6.24】按“销量”降序排序（实例位置：资源包\TM\sl\06\24）

按“销量”降序排序，排序对比效果如图 6.21 和图 6.22 所示。

序号	书号	图书名称	定价	销量	类别
1	9787569204537	Android精彩编程200例	89.8	1300	Android
2	9787567787421	Android项目开发实战入门	59.8	2355	Android
3	9787567799424	ASP.NET项目开发实战入门	69.8	120	ASP.NET
4	9787569210453	C#精彩编程200例	89.8	120	C#
5	9787567790988	C#项目开发实战入门	69.8	120	C#
6	9787567787445	C++项目开发实战入门	69.8	120	C语言C++
7	9787569208696	C语言精彩编程200例	79.8	271	C语言C++
8	9787567787414	C语言项目开发实战入门	59.8	625	C语言C++
9	9787567787438	JavaWeb项目开发实战入门	69.8	129	JavaWeb
10	9787569206081	Java精彩编程200例	79.8	241	Java
11	9787567787407	Java项目开发实战入门	59.8	120	Java
12	9787567790315	JSP项目开发实战入门	69.8	120	JSP
13	9787567790971	PHP项目开发实战入门	69.8	120	PHP
14	9787569221237	SQL即查即用	49.8	120	SQL
15	9787569222258	零基础学Python	79.8	888	Python
16	9787569208542	零基础学Android	89.8	110	Android
17	9787569221220	零基础学ASP.NET	79.8	120	ASP.NET
18	9787569210477	零基础学C#	79.8	120	C#
19	9787569208535	零基础学C语言	69.8	888	C语言C++
20	9787569212709	零基础学HTML5+CSS3	79.8	456	HTML5+CSS3
21	9787569205688	零基础学Java	69.8	663	Java
22	9787569210460	零基础学Javascript	79.8	322	Javascript
23	9787569212693	零基础学Oracle	79.8	148	Oracle
24	9787569208689	零基础学PHP	79.8	248	PHP
25	9787569226614	零基础学C++	79.8	333	C语言C++
26	9787569226607	Python从入门到项目实践	99.8	559	Python
27	9787569244403	Python项目开发案例集锦	128	281	Python

图 6.21　原始数据

	序号	书号	图书名称	定价	销量	类别	大类
1	B02	9787567787421	Android项目开发实战入门	59.8	2355	Android	程序设计
0	B01	9787569204537	Android精彩编程200例	89.8	1300	Android	程序设计
9	B19	9787569208535	零基础学C语言	69.8	888	C语言C++	程序设计
14	B15	9787569222258	零基础学Python	79.8	888	Python	程序设计
13	B21	9787569205688	零基础学Java	69.8	663	Java	程序设计
8	B08	9787567787414	C语言项目开发实战入门	59.8	625	C语言C++	程序设计
15	B26	9787569226607	Python从入门到项目实践	99.8	559	Python	程序设计
4	B05	9787567790988	C#项目开发实战入门	69.8	541	C#	程序设计
19	B20	9787569212709	零基础学HTML5+CSS3	79.8	456	HTML5+CSS3	网页
25	B13	9787567790971	PHP项目开发实战入门	69.8	354	PHP	网站
10	B25	9787569226614	零基础学C++	79.8	333	C语言C++	程序设计
20	B22	9787569210460	零基础学Javascript	79.8	322	Javascript	网页
16	B27	9787569244403	Python项目开发案例集锦	128.0	281	Python	程序设计
7	B07	9787569208696	C语言精彩编程200例	79.8	271	C语言C++	程序设计
26	B24	9787569208689	零基础学PHP	79.8	248	PHP	网站
11	B10	9787569206081	Java精彩编程200例	79.8	241	Java	程序设计
17	B23	9787569212693	零基础学Oracle	79.8	148	Oracle	数据库
23	B09	9787567787438	JavaWeb项目开发实战入门	69.8	129	JavaWeb	网站
6	B06	9787567787445	C++项目开发实战入门	69.8	120	C语言C++	程序设计
18	B14	9787569221237	SQL即查即用	49.8	120	SQL	数据库
3	B04	9787569210453	C#精彩编程200例	89.8	120	C#	程序设计
12	B11	9787567787407	Java项目开发实战入门	59.8	120	Java	程序设计
21	B03	9787567799424	ASP.NET项目开发实战入门	69.8	120	ASP.NET	网站
22	B17	9787569221220	零基础学ASP.NET	79.8	120	ASP.NET	网站
24	B12	9787567790315	JSP项目开发实战入门	69.8	120	JSP	网站
5	B18	9787569210477	零基础学C#	79.8	120	C#	程序设计
2	B16	9787569208542	零基础学Android	89.8	110	Android	程序设计

图 6.22　按“销量”降序排序

程序代码如下：

```
1   import pandas as pd
2   df =pd.read_excel('mrbook.xlsx')
3   # 设置数据显示的列数和宽度
4   pd.set_option('display.max_columns',500)
5   pd.set_option('display.width',1000)
6   # 设置数据显示的编码格式为东亚宽度，以使列对齐
7   pd.set_option('display.unicode.ambiguous_as_wide', True)
8   pd.set_option('display.unicode.east_asian_width', True)
```

```
9	# 按"销量"列降序排序
10	df=df.sort_values(by='销量',ascending=False)
11	print(df)
```

2. 按多列数据排序

多列排序是按照给定列的先后顺序进行排序的。

【例 6.25】按照“图书名称”和“销量”降序排序（**实例位置：资源包\TM\sl\06\25**）

按照“图书名称”和“销量”降序排序，首先按“图书名称”降序排序，然后按“销量”降序排序，排序后的效果如图 6.23 所示。

关键代码如下：

```
df.sort_values(by=['图书名称','销量'],ascending=[False,False])
```

3. 对统计结果排序

【例 6.26】对分组统计数据进行排序（**实例位置：资源包\TM\sl\06\26**）

按“类别”分组统计销量并进行降序排序，统计排序后的效果如图 6.24 所示。

	序号	书号	图书名称 ❶	定价	销量 ❷	类别	大类
14	B15	9787569222258	零基础学Python	79.8	888	Python	程序设计
26	B24	9787569208689	零基础学PHP	79.8	248	PHP	网站
17	B23	9787569212693	零基础学Oracle	79.8	148	Oracle	数据库
20	B22	9787569210460	零基础学Javascript	79.8	322	Javascript	网页
13	B21	9787569205688	零基础学Java	69.8	663	Java	程序设计
19	B20	9787569212709	零基础学HTML5+CSS3	79.8	456	HTML5+CSS3	网页
9	B19	9787569208535	零基础学C语言	69.8	888	C语言C++	程序设计
10	B25	9787569226614	零基础学C++	79.8	333	C语言C++	程序设计
5	B18	9787569210477	零基础学C#	79.8	120	C#	程序设计
2	B16	9787569208542	零基础学Android	89.8	110	Android	程序设计
22	B17	9787569221220	零基础学ASP.NET	79.8	120	ASP.NET	网站
18	B14	9787569221237	SQL即查即用	49.8	120	SQL	数据库
16	B27	9787569244403	Python项目开发案例集锦	128.0	281	Python	程序设计
15	B26	9787569226607	Python从入门到项目实践	99.8	559	Python	程序设计
25	B13	9787567790971	PHP项目开发实战入门	69.8	354	PHP	网站
12	B11	9787567787407	Java项目开发实战入门	59.8	120	Java	程序设计
11	B10	9787569206081	Java精彩编程200例	79.8	241	Java	程序设计
23	B09	9787567787438	JavaWeb项目开发实战入门	69.8	129	JavaWeb	网站
24	B12	9787567790315	JSP项目开发实战入门	69.8	120	JSP	网站
8	B08	9787567787414	C语言项目开发实战入门	59.8	625	C语言C++	程序设计
7	B07	9787569208696	C语言精彩编程200例	79.8	271	C语言C++	程序设计
6	B06	9787567787445	C++项目开发实战入门	69.8	120	C语言C++	程序设计
4	B05	9787567790988	C#项目开发实战入门	69.8	541	C#	程序设计
3	B04	9787569210453	C#精彩编程200例	89.8	120	C#	程序设计
1	B02	9787567787421	Android项目开发实战入门	59.8	2355	Android	程序设计
0	B01	9787569204537	Android精彩编程200例	89.8	1300	Android	程序设计
21	B03	9787567799424	ASP.NET项目开发实战入门	69.8	120	ASP.NET	网站

图 6.23　按照“图书名称”和“销量”降序排序

	类别	销量
1	Android	3765
3	C语言C++	2237
11	Python	1728
6	Java	1024
2	C#	781
10	PHP	602
4	HTML5+CSS3	456
8	Javascript	322
0	ASP.NET	240
9	Oracle	148
7	JavaWeb	129
5	JSP	120
12	SQL	120

图 6.24　按“类别”分组统计销量并降序排序

关键代码如下：

```
1    df1=df.groupby(["类别"])["销量"].sum().reset_index()
2    df2=df1.sort_values(by='销量',ascending=False)
```

4．按行数据排序

【例 6.27】按行数据排序（**实例位置：资源包\TM\sl\06\27**）

按行排序，关键代码如下：

```
dfrow.sort_values(by=0,ascending=True,axis=1)
```

注意

按行排序的数据类型要一致，否则会出现错误提示。

6.3.2 数据排名

排名是根据 Series()对象或 DataFrame()对象的某几列的值进行排名，主要使用 rank()函数，语法如下：

```
DataFrame.rank(axis=0,method='average',numeric_only=None,na_option='keep',ascending=True,pct=False)
```

参数说明：

☑ axis：轴，0 表示行，1 表示列，默认按行排序。

☑ method：表示在具有相同值的情况下所使用的排序函数。设置值如下：

➢ average：默认值，平均排名。

➢ min：最小值排名。

➢ max：最大值排名。

➢ first：按值在原始数据中出现的顺序分配排名。

➢ dense：密集排名，类似最小值排名，但是排名每次只增加 1，即排名相同的数据只占 1 个名次。

☑ numeric_only：对于 DataFrame()对象，如果设置值为 True，则只对数字列进行排序。

☑ na_option：空值的排序方式，设置值如下：

➢ keep：保留，将空值等级赋值给 NaN 值。

➢ top：如果按升序排序，则将最小排名赋值给 NaN 值。

➢ bottom：如果按升序排序，则将最大排名赋值给 NaN 值。

☑ ascending：升序或降序排序，布尔值。指定多个排序时可以使用布尔值列表。默认值为 True。

☑ pct：布尔值，表示是否以百分比形式返回排名。默认值为 False。

1．顺序排名

【例 6.28】对产品销量按顺序进行排名（**实例位置：资源包\TM\sl\06\28**）

排名相同的，按照相同的值出现的顺序排名，程序代码如下：

```
1    import pandas as pd
```

```
2	df = pd.read_excel('mrbook.xlsx')
3	# 设置数据显示的最大列数和宽度
4	pd.set_option('display.max_columns',500)
5	pd.set_option('display.width',1000)
6	# 设置数据显示的编码格式为东亚宽度，以使列对齐
7	pd.set_option('display.unicode.ambiguous_as_wide', True)
8	pd.set_option('display.unicode.east_asian_width', True)
9	df=df.sort_values(by='销量',ascending=False)                    # 按"销量"列降序排序
10	df['顺序排名'] = df['销量'].rank(method="first", ascending=False)    # 顺序排名
11	print(df[['图书名称', '销量', '顺序排名']])
```

2. 平均排名

【例 6.29】 对产品销量进行平均排名（**实例位置：资源包\TM\sl\06\29**）

排名相同的，以顺序排名的平均值作为平均排名，关键代码如下：

```
df['平均排名']=df['销量'].rank(ascending=False)
```

运行程序，下面对比一下顺序排名与平均排名的不同，效果如图 6.25 和图 6.26 所示。

	图书名称	销量	顺序排名
1	Android项目开发实战入门	2355	1.0
0	Android精彩编程200例	1300	2.0
9	零基础学C语言	888	3.0
14	零基础学Python	888	4.0
13	零基础学Java	663	5.0
8	C语言项目开发实战入门	625	6.0
15	Python从入门到项目实践	559	7.0
4	C#项目开发实战入门	541	8.0
19	零基础学HTML5+CSS3	456	9.0
25	PHP项目开发实战入门	354	10.0
10	零基础学C++	333	11.0
20	零基础学Javascript	322	12.0
16	Python项目开发案例集锦	281	13.0
7	C语言精彩编程200例		
26	零基础学PHP		
11	Java精彩编程200例		
17	零基础学Oracle		
23	JavaWeb项目开发实战入门	129	18.0
6	C++项目开发实战入门	120	19.0
18	SQL即查即用	120	20.0
3	C#精彩编程200例	120	21.0
12	Java项目开发实战入门	120	22.0
21	ASP.NET项目开发实战入门	120	23.0
22	零基础学ASP.NET	120	24.0
24	JSP项目开发实战入门	120	25.0
5	零基础学C#	120	26.0
2	零基础学Android	110	27.0

销量相同按出现的先后顺序排名

图 6.25　销量相同按出现的先后顺序排名

	图书名称	销量	平均排名
1	Android项目开发实战入门	2355	1.0
0	Android精彩编程200例	1300	2.0
9	零基础学C语言	888	3.5
14	零基础学Python	888	3.5
13	零基础学Java	663	5.0
8	C语言项目开发实战入门	625	6.0
15	Python从入门到项目实践	559	7.0
4	C#项目开发实战入门	541	8.0
19	零基础学HTML5+CSS3	456	9.0
25	PHP项目开发实战入门	354	10.0
10	零基础学C++	333	11.0
20	零基础学Javascript	322	12.0
16	Python项目开发案例集锦	281	13.0
7	C语言精彩编程20		
26	零基础学		
11	Java精彩编程20		
17	零基础学Oracle		
23	JavaWeb项目开发实战入门	129	18.0
6	C++项目开发实战入门	120	22.5
18	SQL即查即用	120	22.5
3	C#精彩编程200例	120	22.5
12	Java项目开发实战入门	120	22.5
21	ASP.NET项目开发实战入门	120	22.5
22	零基础学ASP.NET	120	22.5
24	JSP项目开发实战入门	120	22.5
5	零基础学C#	120	22.5
2	零基础学Android	110	27.0

销量相同，以顺序排名的平均值作为平均排名

图 6.26　销量相同按顺序排名的平均值排名

3. 最小值排名

排名相同的，以顺序排名取最小值作为排名，关键代码如下：

```
df['销量'].rank(method="min",ascending=False)
```

4．最大值排名

排名相同的，以顺序排名取最大值作为排名，关键代码如下：

```
df['销量'].rank(method="max",ascending=False)
```

6.4　小　　结

本章介绍了如何使用 Pandas 模块实现数据的处理工作，其中包含数据抽取，数据的增、删、改、查操作，最后介绍了如何实现数据的排序以及数据的排名操作。本章所学习的内容都是数据分析中最为常见的技术，希望大家能够熟练掌握这些技术。

第 7 章

Pandas 模块之数据的清洗

数据清洗是数据分析的一个重要工作，因为数据的质量直接影响数据分析以及算法模型的结果。本章主要介绍在进行数据清洗时如何处理缺失值、重复值和异常值，以及字符串操作和数据转换。

本章知识架构如下。

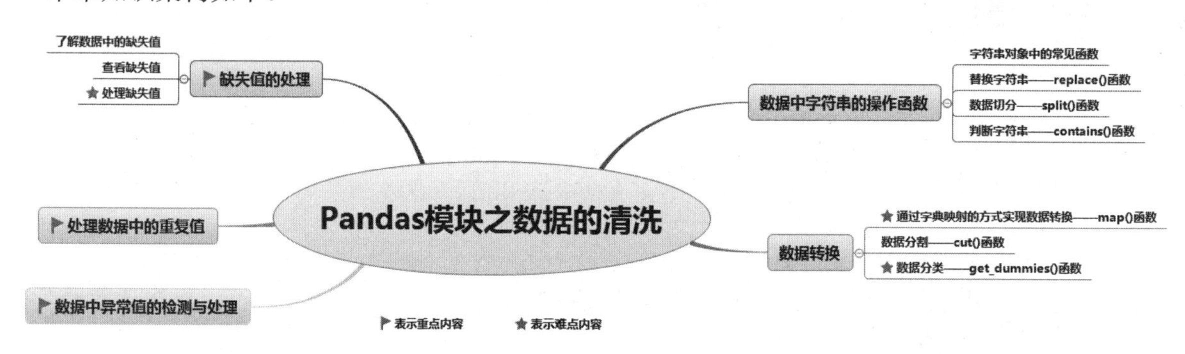

7.1 缺失值的处理

7.1.1 了解数据中的缺失值

缺失值就是空值，即因某种原因导致的数据为空。缺失值会使数据分析陷入混乱，从而导致不可靠的分析结果。以下 3 种情况可能会造成数据为空：

☑ 人为因素导致数据丢失。

☑ 数据采集过程中无法全面获取数据。如调查问卷，被调查者不愿意分享数据；医疗数据涉及患者隐私，患者不愿意提供等。

☑ 系统或设备出现故障。

在 Python 中，缺失值一般表现为 NaN，英文全称是 not a number（不是一个数），如图 7.1 所示。除此以外，还可能是 None、NaT（日期型，Not a Time）等数据。

	0	1	2	...	5	6	7
0	USER LOGIN	用户名：	密码：	...	忘记密码？	设为首页	加入收藏
0	品名	最低价	平均价	...	单位	发布日期	NaN
1	大白菜	0.25	0.30	...	斤	2023-03-22	NaN
2	娃娃菜	0.40	0.50	...	斤	2023-03-22	NaN
3	小白菜	0.40	0.55	...	斤	2023-03-22	NaN

图 7.1　Python 中的缺失值

7.1.2　查看缺失值

在 Python 中查找数据中的缺失值，有以下 3 种方法：

☑ info()函数：查看索引、数据有多少列、每一列的数据类型、非空值的数量和内存使用量。

☑ isnull()函数：空值返回 True，非空值返回 False。

☑ notnull()函数：与 isnull()函数相反，空值返回 False，非空值返回 True。

【例 7.1】查看数据概况（**实例位置：资源包\TM\sl\07\01**）

以淘宝销售数据为例，首先输出数据，然后使用 info()函数查看数据，程序代码如下：

```
1   import pandas as pd
2   pd.set_option('expand_frame_repr', False)                # 关闭多个列的折叠状态，防止列太多时显示不清楚
3   pd.set_option('display.unicode.east_asian_width', True)  # 设置输出右对齐
4   df=pd.read_excel('TB2023.xls')                           # 读取数据文件
5   print(df)                                                # 打印数据
6   print(df.info())                                         # 打印数据详情信息
```

运行程序，输出结果如图 7.2 所示。

```
  买家会员名  买家实际支付金额  宝贝总数量                        宝贝标题  类别         订单付款时间
0      mr001            143.50         2.0               Python黄金组合  图书 2023-10-09 22:54:26
1      mr002             78.80         1.0               Python编程锦囊   NaN 2023-10-09 22:52:42
2      mr003             48.86         1.0                 零基础学C语言  图书 2023-01-19 12:53:01
3      mr004             81.75         NaN  SQL Server应用与开发范例宝典  图书 2023-06-30 11:46:14
4      mr005            299.00         1.0           Python程序开发资源库   NaN 2023-03-23 18:25:45
5      mr006             41.86         1.0              零基础学Python  图书 2023-03-24 19:25:45
6      mr007             55.86         1.0             C语言精彩编程200例  图书 2023-03-25 11:00:45
7      mr008             41.86         NaN           C语言项目开发实战入门  图书 2023-03-26 23:11:11
8      mr009             41.86         1.0          Java项目开发实战入门  图书 2023-03-27 07:25:30
9      mr010             34.86         1.0                   SQL即查即用  图书 2023-03-28 18:09:12
<class 'pandas.core.frame.DataFrame'>
RangeIndex: 10 entries, 0 to 9
Data columns (total 6 columns):
 #   Column     Non-Null Count  Dtype
---  ------     --------------  -----
 0   买家会员名       10 non-null     object
 1   买家实际支付金额  10 non-null     float64
 2   宝贝总数量       8 non-null      float64
 3   宝贝标题        10 non-null     object
 4   类别           8 non-null      object
 5   订单付款时间      10 non-null     datetime64[ns]
dtypes: datetime64[ns](1), float64(2), object(3)
memory usage: 608.0+ bytes
None
```

图 7.2　缺失值查看

在 Python 中，缺失值一般以 NaN 表示，如图 7.2 所示，通过 info()函数我们看到“买家会员名”“买家实际支付金额”“宝贝标题”和“订单付款时间”的非空数量是 10，而“宝贝总数量”和“类别”的非空数量是 8，那么说明这两项存在空值。

【例 7.2】判断数据是否存在缺失值（**实例位置：资源包\TM\sl\07\02**）

判断数据是否存在缺失值还可以使用 isnull()函数和 notnull()函数实现，关键代码如下：

```
1   print(df.isnull())
2   print(df.notnull())
```

运行程序，输出结果如图 7.3 所示。

	买家会员名	买家实际支付金额	宝贝总数量	宝贝标题	类别	订单付款时间
0	False	False	False	False	False	False
1	False	False	False	False	True	False
2	False	False	False	False	False	False
3	False	False	True	False	False	False
4	False	False	False	False	True	False
5	False	False	False	False	False	False
6	False	False	False	False	False	False
7	False	False	True	False	False	False
8	False	False	False	False	False	False
9	False	False	False	False	False	False

	买家会员名	买家实际支付金额	宝贝总数量	宝贝标题	类别	订单付款时间
0	True	True	True	True	True	True
1	True	True	True	True	False	True
2	True	True	True	True	True	True
3	True	True	False	True	True	True
4	True	True	True	True	False	True
5	True	True	True	True	True	True
6	True	True	True	True	True	True
7	True	True	False	True	True	True
8	True	True	True	True	True	True
9	True	True	True	True	True	True

图 7.3　判断缺失值

使用 isnull()函数缺失值返回 True，非缺失值返回 False；notnull()函数正好相反，缺失值返回 False，非缺失值返回 True。

如果使用 df[df.isnull() == False]，则会将所有不是缺失值的数据找出来，只针对 Series()对象。

7.1.3　处理缺失值

通过前面的判断得知数据缺失的情况，下面我们将缺失值删除，主要使用 dropna()函数，该函数用于删除含有缺失值的行，关键代码如下：

```
df.dropna()
```

运行程序，输出结果如图 7.4 所示。

	买家会员名	买家实际支付金额	宝贝总数量	宝贝标题	类别	订单付款时间
0	mr001	143.50	2.0	Python黄金组合	图书	2023-10-09 22:54:26
2	mr003	48.86	1.0	零基础学C语言	图书	2023-01-19 12:53:01
5	mr006	41.86	1.0	零基础学Python	图书	2023-03-24 19:25:45
6	mr007	55.86	1.0	C语言精彩编程200例	图书	2023-03-25 11:00:45
8	mr009	41.86	1.0	Java项目开发实战入门	图书	2023-03-27 07:25:30
9	mr010	34.86	1.0	SQL即查即用	图书	2023-03-28 18:09:12

图 7.4　缺失值删除处理（1）

说明

有些时候数据可能存在整行为空的情况，此时可以在 dropna()函数中指定参数 how='all'，删除所有空行。

从运行结果得知：dropna()函数将所有包含缺失值的数据全部删除了，而如果此时我们认为有些数据虽然存在缺失值，但是不影响数据分析，那么可以使用以下方法处理。例如，上述数据中只保留“宝贝总数量”不存在缺失值的数据，而类别是否缺失无所谓，则可以使用 notnull()函数判断，关键代码如下：

```
df1=df[df['宝贝总数量'].notnull()]
```

运行程序，输出结果如图 7.5 所示。

	买家会员名	买家实际支付金额	宝贝总数量	宝贝标题	类别	订单付款时间
0	mr001	143.50	2.0	Python黄金组合	图书	2023-10-09 22:54:26
1	mr002	78.80	1.0	Python编程锦囊	NaN	2023-10-09 22:52:42
2	mr003	48.86	1.0	零基础学C语言	图书	2023-01-19 12:53:01
4	mr005	299.00	1.0	Python程序开发资源库	NaN	2023-03-23 18:25:45
5	mr006	41.86	1.0	零基础学Python	图书	2023-03-24 19:25:45
6	mr007	55.86	1.0	C语言精彩编程200例	图书	2023-03-25 11:00:45
8	mr009	41.86	1.0	Java项目开发实战入门	图书	2023-03-27 07:25:30
9	mr010	34.86	1.0	SQL即查即用	图书	2023-03-28 18:09:12

图 7.5　缺失值删除处理（2）

对于缺失数据，如果比例高于 30%，就可以选择放弃这个指标，做删除处理；如果比例低于 30%，则尽量不要删除，而是选择将这部分数据填充，一般以 0、均值、众数（大多数）填充。DataFrame()对象中的 fillna()函数可以实现填充缺失数据，pad/ffill 表示用前一个非缺失值去填充该缺失值；backfill/bfill 表示用下一个非缺失值填充该缺失值；None 用于指定一个值去替换缺失值。

【例 7.3】将 NaN 填充为 0（**实例位置：资源包\TM\sl\07\03**）

如果用于计算的数值型数据为空，可选择用 0 填充。例如，将“宝贝总数量”为空的数据填充 0，关键代码如下：

```
df['宝贝总数量'] = df['宝贝总数量'].fillna(0)
```

运行程序，输出结果如图 7.6 所示。

	买家会员名	买家实际支付金额	宝贝总数量	宝贝标题	类别	订单付款时间
0	mr001	143.50	2.0	Python黄金组合	图书	2023-10-09 22:54:26
1	mr002	78.80	1.0	Python编程锦囊	NaN	2023-10-09 22:52:42
2	mr003	48.86	1.0	零基础学C语言	图书	2023-01-19 12:53:01
3	mr004	81.75	0.0	SQL Server应用与开发范例宝典	图书	2023-06-30 11:46:14
4	mr005	299.00	1.0	Python程序开发资源库	NaN	2023-03-23 18:25:45
5	mr006	41.86	1.0	零基础学Python	图书	2023-03-24 19:25:45
6	mr007	55.86	1.0	C语言精彩编程200例	图书	2023-03-25 11:00:45
7	mr008	41.86	0.0	C语言项目开发实战入门	图书	2023-03-26 23:11:11
8	mr009	41.86	1.0	Java项目开发实战入门	图书	2023-03-27 07:25:30
9	mr010	34.86	1.0	SQL即查即用	图书	2023-03-28 18:09:12

图 7.6　缺失值填充处理

7.2　处理数据中的重复值

对于数据中存在的重复数据，包括重复的行或者几行中某几列的值重复一般做删除处理，主要使

用 DataFrame()对象的 drop_duplicates()函数。

【例 7.4】处理淘宝电商销售数据中的重复数据（**实例位置：资源包\TM\sl\07\04**）

下面以文件“1 月.xlsx”中的淘宝销售数据为例，对其中的重复数据进行处理。关键代码如下：

（1）判断每一行数据是否重复（完全相同）。返回值为 False，表示不重复；返回值为 True，表示重复。代码如下：

```
df1.duplicated()
```

（2）去除全部的重复数据。代码如下：

```
df1.drop_duplicates()
```

（3）去除指定列的重复数据。代码如下：

```
df1.drop_duplicates(['买家会员名'])
```

（4）保留重复行中的最后一行。代码如下：

```
df1.drop_duplicates(['买家会员名'],keep='last')
```

说明

以上代码中参数 keep 的值有 3 个。当 keep='first'时，表示保留第一次出现的重复行，是默认值。当 keep 为另外两个取值 last 和 False 时，分别表示保留最后一次出现的重复行和去除所有重复行。

（5）直接删除，保留一个副本。其中，inplace=True 表示直接在原来的 DataFrame 上删除重复项，而默认值 False 表示删除重复项后生成一个副本。代码如下：

```
df1.drop_duplicates(['买家会员名','买家支付宝账号'],inplace=Fasle)
```

7.3 数据中异常值的检测与处理

数据分析中，异常值是指超出或低于正常范围的值，如年龄大于 200、身高大于 3 米、宝贝总数量为负数等数据。这些异常数据该如何检测呢？主要有以下 3 种方法：

☑ 根据给定的数据范围进行判断，不在范围内的数据视为异常值。

☑ 根据均方差判断。统计学中，如果一组数据接近正态分布，那么将会有 68%的数据处于均值的一个标准差范围内，95%的数据处于两个标准差范围内，99.7%的数据处于 3 个标准差范围内。

☑ 通过箱形图判断。箱形图是显示一组数据分散情况的统计图，将数据以四分位数的形式进行图形化描述。其中，上限和下限是数据分布的边界，高于上限或低于下限的数据都是异常值，如图 7.7 所示。

异常值的处理方式比较简单，主要有以下 3 种：

☑ 删除异常值。

☑ 将异常值当作缺失值处理，以某个值填充。

☑ 将异常值当作特殊情况，分析其出现的原因。

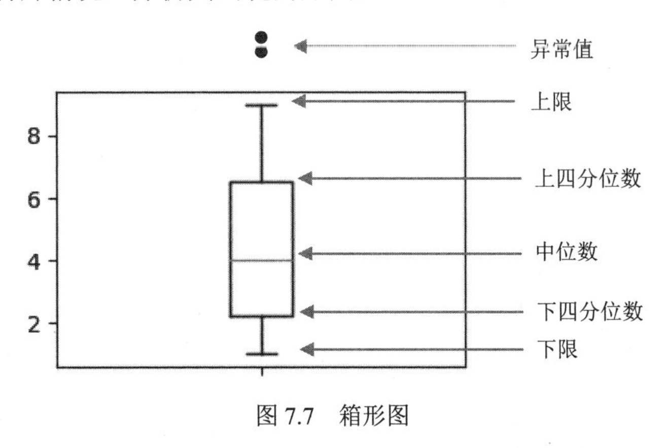

图 7.7　箱形图

7.4　数据中字符串的操作函数

字符串操作也是数据清洗的一部分。商业数据表中经常需要处理字符型数据，而 Pandas 的 Series.str 字符串对象下有几十种函数可以处理。这些函数可通过 str 字符串对象访问，它们和 Python 内置的字符串处理函数名字相同。

7.4.1　字符串对象中的常见函数

Series()对象中的字符串对象 str 的内建函数可以实现大部分文本操作，简单快捷。字符串对象函数如表 7.1 所示。

表 7.1　字符串对象函数

函　　数	描　　述
casefold()	将字符串转换为小写，并将任何特定区域的变量字符组合转换为常见的可比较形式
cat()	用给定的分隔符连接字符串数组
center()	居中，用额外的空格填充左右两边
contains()	检查给定的模式是否包含在数组的每个字符串中
count()	计算每个字符出现的次数
decode()	使用指定的编码将字符串解码为 unicode 编码格式
encode()	使用指定的编码将字符串编码为其他编码格式
endswith()	返回布尔值，表示是否以指定的子字符串结尾
startswith()	返回布尔值，表示是否以指定的子字符串开头
extract()	用于提取符合正则表达式模式的字符串，并返回新的 DataFrame 类型
find()	查询一个字符串在其本身字符串对象中首次出现的索引位置
rfind()	查询一个字符串在其本身字符串对象中最后出现的索引位置
findall()	查找所有出现的模式或正则表达式

续表

函　　数	描　　述
get()	从数组中每个元素的列表、元组或字符串中提取元素
join()	拼接字符串，当拼接的字符串数量较大时，推荐使用
len()	计算数据中每个字符串的长度
lower()	将数据中的大写字母转换为小写字母
upper()	将数据中的小写字母转换为大写字母
lstrip()	去除字符串左边的空格
rstrip()	去除字符串右边的空格
match()	使用传递的正则表达式在每个字符串中查找
pad()	对字符串添加填充（空格或其他字符）
repeat()	按指定的次数复制数据中的每个字符串
replace()	字符串查找替换
slice()	按下标截取字符串
slice_replace()	按下标替换字符串
ljust()	左对齐，用空格或指定的字符填充
rjust()	右对齐，用空格或指定的字符填充
split()	使用分隔符切分字符串

下面针对常用的字符串对象函数进行举例。

【例 7.5】字符串大小写转换（**实例位置：资源包\TM\sl\07\05**）

下面分别实现将字符串中的大写字母转换为小写字母，小写字母转换为大写字母，程序代码如下：

```
1	import pandas as pd
2	s=pd.Series(["mr","MR-soft","www.MINGRISOFT.COM"])
3	# 原始数据
4	print('原始数据：')
5	print(s)
6	print('转换为小写：')
7	print(s.str.lower())
8	print('转换为大写：')
9	print(s.str.upper())
```

运行程序，输出结果如图 7.8 所示。

【例 7.6】去掉字符串中的空格（**实例位置：资源包\TM\sl\07\06**）

下面实现去掉字符串中的空格，程序代码如下：

```
1	import pandas as pd
2	s=pd.Series(["mr ","MR soft "," ww w.MINGRISOFT.COM "])
3	# 通过长度检验是否去掉了空格
4	print('原始数据及数据长度：')
5	print(s)
6	print(s.str.len())
7	print('去掉两边空格后的长度：')
8	a=s.str.strip()
9	print(a.str.len())
10	print('去掉左边空格后的长度：')
11	a=s.str.lstrip()
12	print(a.str.len())
```

```
13    print('去掉右边空格后的长度：')
14    a=s.str.rstrip()
15    print(a.str.len())
```

运行程序，输出结果如图 7.9 所示。

```
原始数据：
0              mr
1         MR-soft
2  www.MINGRISOFT.COM
dtype: object
转换为小写：
0              mr
1         mr-soft
2  www.mingrisoft.com
dtype: object
转换为大写：
0              MR
1         MR-SOFT
2  WWW.MINGRISOFT.COM
dtype: object
```

图 7.8　字符串大小写转换

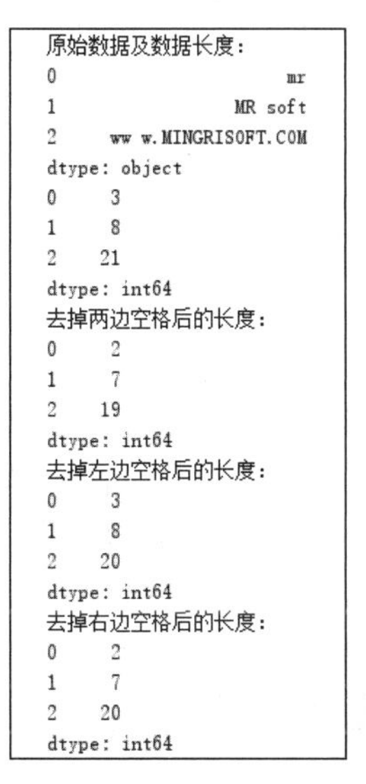

```
原始数据及数据长度：
0                mr
1           MR soft
2     ww w.MINGRISOFT.COM
dtype: object
0     3
1     8
2    21
dtype: int64
去掉两边空格后的长度：
0     2
1     7
2    19
dtype: int64
去掉左边空格后的长度：
0     3
1     8
2    20
dtype: int64
去掉右边空格后的长度：
0     2
1     7
2    20
dtype: int64
```

图 7.9　去掉字符串中的空格

7.4.2　替换字符串——replace()函数

字符串替换函数 replace()是最常用的函数之一，可以实现对字符串数据进行替换。在进行数据分析的过程中，数据可能有各种各样的问题，尤其是爬取到的数据，可能存在一些乱码，或者其他的操作符号，这个时候就可以使用 replace()函数进行剔除。

例如，将“a”替换为“明日科技”，代码如下：

```
s=pd.Series(['a','b','c'])
s=s.str.replace('a','明日科技')
```

【例 7.7】使用 replace()函数替换数据中指定的字符（**实例位置：资源包\TM\sl\07\07**）

对爬取的二手房价信息进行清理，首先去除房价信息中的单位“万”和“平米”，程序代码如下：

```
1     import pandas as pd
2     # 设置数据显示的编码格式为东亚宽度，以使列对齐
3     pd.set_option('display.unicode.east_asian_width', True)
4     '''查找替换“总价”中的“万”'''
5     df=pd.read_csv("data.csv")
6     print(df.head())
7     # 删除无用的列
8     del df['Unnamed: 0']
9     # 去除单位
10    df['总价']=df['总价'].str.replace('万','')
11    df['建筑面积']=df['建筑面积'].str.replace('平米','')
12    print(df.head())
```

运行程序，输出结果如图 7.10 和图 7.11 所示。

Unnamed: 0		小区名字	总价	户型	建筑面积	单价	朝向	楼层	装修	区域
0	0	中天北湾新城	89万	2室2厅1卫	89平米	10000元/平米	南北	低层	毛坯	高新
1	1	桦林苑	99.8万	3室2厅1卫	143平米	6979元/平米	南北	中层	毛坯	净月
2	2	嘉柏湾	32万	1室1厅1卫	43.3平米	7390元/平米	南	高层	精装修	经开
3	3	中环12区	51.5万	2室1厅1卫	57平米	9035元/平米	南北	高层	精装修	南关
4	4	昊源高格蓝湾	210万	3室2厅2卫	160.8平米	13060元/平米	南北	高层	精装修	二道

图 7.10　原始数据

	小区名字	总价	户型	建筑面积	单价	朝向	楼层	装修	区域
0	中天北湾新城	89	2室2厅1卫	89	10000元/平米	南北	低层	毛坯	高新
1	桦林苑	99.8	3室2厅1卫	143	6979元/平米	南北	中层	毛坯	净月
2	嘉柏湾	32	1室1厅1卫	43.3	7390元/平米	南	高层	精装修	经开
3	中环12区	51.5	2室1厅1卫	57	9035元/平米	南北	高层	精装修	南关
4	昊源高格蓝湾	210	3室2厅2卫	160.8	13060元/平米	南北	高层	精装修	二道

图 7.11　清洗后的数据

replace()函数除了可以替换数据中的字符，还可以替换标题中的字符。

【例 7.8】使用 replace()函数替换标题中指定的字符（**实例位置：资源包\TM\sl\07\08**）

首先构建一组随机数据，然后使用 replace()函数将标题中的空格替换掉，程序代码如下：

```
1   import pandas as pd
2   import numpy as np
3   # 设置数据显示的编码格式为东亚宽度，以使列对齐
4   pd.set_option('display.unicode.east_asian_width', True)
5   # 随机生成 4 行 3 列的数据
6   df=pd.DataFrame(np.random.randn(4,3),columns=['高一年级 1 班','高一年级 2 班','高一年级 3 班'])
7   print(df)
8   # 替换标题中的空格
9   df.columns=df.columns.str.replace(' ','')
10  print(df)
```

运行程序，输出结果如图 7.12 和图 7.13 所示。

	高一年级 1班	高一年级 2班	高一年级 3班
0	0.564253	-0.997964	0.930524
1	-0.620117	0.157518	-1.130941
2	-1.641593	-1.034245	-0.556063
3	-0.007283	0.596473	0.384578

图 7.12　随机生成的原始数据

	高一年级1班	高一年级2班	高一年级3班
0	0.564253	-0.997964	0.930524
1	-0.620117	0.157518	-1.130941
2	-1.641593	-1.034245	-0.556063
3	-0.007283	0.596473	0.384578

图 7.13　去除空格后的标题

也可以将空格替换成其他字符，如“-”，代码如下：

```
df.columns=df.columns.str.replace(' ','-')
```

7.4.3　数据切分——split()函数

数据分析过程中，数据通常形式多样。例如，规格中的长、宽、高，地址中的省、市、区都是连在一起的，这时可以使用 split()函数将规格中的长、宽、高或地址中的省、市、区切分出来。

Series()对象的 str 字符串对象中的 split()函数可以实现字符串的切分，语法如下：

```
Series.str.split(pat=None, n=-1, expand=False)
```

参数说明：

☑　pat：字符串、符号或正则表达式。是字符串切分的依据，默认以空格切分字符串。

☑ n：整型，切分次数，默认值是-1，0 或-1 都将返回所有切分。

☑ expand：布尔型，表示切分后的结果是否转换为 DataFrame()对象，默认值是 False。

split()函数的返回值为 Series()对象、DataFrame()对象、索引或多重索引。

【例 7.9】使用 split()函数切分地址（**实例位置：资源包\TM\sl\07\09**）

下面使用 split()函数将“收货地址”切分为省、市、区地址，程序代码如下：

```
1    import pandas as pd
2    # 设置数据显示的最大列数和宽度
3    pd.set_option('display.max_columns',20)
4    pd.set_option('display.width',3000)
5    # 设置数据显示的编码格式为东亚宽度，以使列对齐
6    pd.set_option('display.unicode.east_asian_width', True)
7    # 读取 Excel 文件指定列数据（“买家会员名”和“收货地址”）
8    df = pd.read_excel('mrbooks.xls',usecols=['买家会员名','收货地址'])
9    print(df.head())
10   '''使用 split()函数切分“收货地址”'''
11   s=df['收货地址'].str.split(' ',expand=True)
12   df['省']=s[0]
13   df['市']=s[1]
14   df['区']=s[2]
15   df['地址']=s[3]
16   print(df.head())
```

运行程序，输出结果如图 7.14 所示。

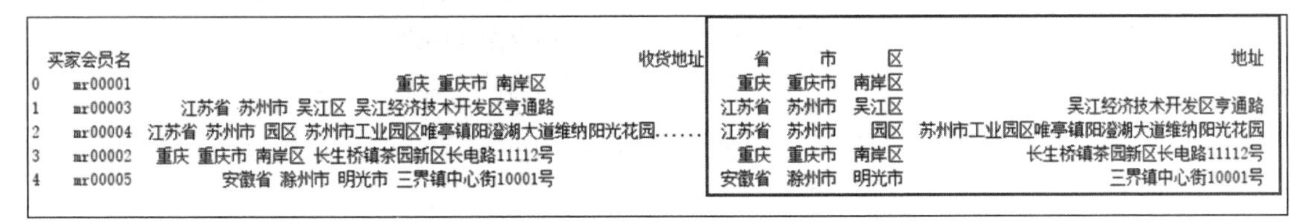

	买家会员名	收货地址	省	市	区	地址
0	mr00001	重庆 重庆市 南岸区	重庆	重庆市	南岸区	
1	mr00003	江苏省 苏州市 吴江区 吴江经济技术开发区亨通路	江苏省	苏州市	吴江区	吴江经济技术开发区亨通路
2	mr00004	江苏省 苏州市 园区 苏州市工业园区唯亭镇阳澄湖大道维纳阳光花园......	江苏省	苏州市	园区	苏州市工业园区唯亭镇阳澄湖大道维纳阳光花园
3	mr00002	重庆 重庆市 南岸区 长生桥镇茶园新区长电路11112号	重庆	重庆市	南岸区	长生桥镇茶园新区长电路11112号
4	mr00005	安徽省 滁州市 明光市 三界镇中心街10001号	安徽省	滁州市	明光市	三界镇中心街10001号

图 7.14　使用 split()函数切分地址

上述代码中，直接将特征数据切出来，即省、市、区和地址，并且“收货地址”被切分后直接转成了 DataFrame()对象，设置 expand 参数为 True。

7.4.4　判断字符串——contains()函数

当我们拿到一份数据时，经常会发现什么五花八门的数据都有。在处理这些数据的过程中，可以使用 contains()函数判断其是否包含指定的字符，是否包含前缀、尾缀，或指定的值，这些都可以进行判断。contains()函数的返回值为布尔型。除此之外，使用 contains()函数还可以对数据进行筛选归类。

【例 7.10】使用 contains()函数筛选数据并归类（**实例位置：资源包\TM\sl\07\10**）

在京东电商销售数据中，首先通过 contains()函数筛选“商品名称”中包含“Python”的图书，其次实现按照“商品名称”中包含指定的字符串对商品进行归类，例如“商品名称”中包含“Python”，则类别为“Python”；包含“Java”，则类别为“Java”，以此类推，程序代码如下：

```
1    import pandas as pd
2    pd.set_option('display.unicode.east_asian_width', True)    # 设置数据显示的编码格式为东亚宽度，以使列对齐
3    # 设置数据显示的宽度和最大列数
4    pd.set_option('display.width', 1000)                        # 显示宽度
```

```
5    pd.set_option('display.max_columns', 20)                        # 显示列数
6    # 读取 Excel 文件
7    df = pd.read_excel('data1.xlsx', usecols=['商品名称', '成交商品件数', '成交码洋'])
8    print(df.head())
9    print(df[df['商品名称'].str.contains('Python')].head())          # 使用 contains()函数筛选包含“Python”的数据
10   '''数据筛选并归类'''
11   # 筛选符合条件的行的索引，使用 df.loc 属性进行赋值
12   df.loc[df [df['商品名称'].str.contains('Python')].index,'类别']='Python'
13   df.loc[df [df['商品名称'].str.contains('Java')].index,'类别']='Java'
14   df.loc[df [df['商品名称'].str.contains('C#')].index,'类别']='C#'
15   df.loc[df [df['商品名称'].str.contains('PHP')].index,'类别']='PHP'
16   df.loc[df [df['商品名称'].str.contains('JavaWeb')].index,'类别']='JavaWeb'
17   df.loc[df [df['商品名称'].str.contains('C 语言')].index,'类别']='C 语言'
18   df.loc[df [df['商品名称'].str.contains('JSP')].index,'类别']='JSP'
19   df.loc[df[df['商品名称'].str.contains('C\++')].index, '类别'] = 'C++'
20   df.loc[df[df['商品名称'].str.contains('Android')].index, '类别'] = 'Android'
21   df.loc[df[df['商品名称'].str.contains('WEB 前端')].index, '类别'] = 'WEB 前端'
22   print(df.head())
```

运行程序，输出结果如图 7.15 所示。

	商品名称	成交商品件数	成交码洋	类别
0	零基础学Python（全彩版）Python3.8 全新升级	182	14523.6	Python
1	Python数据分析从入门到实践（全彩版）	62	6076.0	Python
2	Python实效编程百例·综合卷（全彩版）	62	4947.6	Python
3	Python编程超级魔卡（全彩版）	52	1549.6	Python
4	Python网络爬虫从入门到实践（全彩版）赠实物魔卡、e学版电子书及完整程序源码......	44	4312.0	Python

图 7.15　使用 contains()函数筛选数据并归类

在“df.loc[df[df['商品名称'].str.contains('C\++')].index, '类别'] = 'C++'”这段代码中使用了反斜杠“\”，它的用法是转义，由于代码中的字符“++”是正则表达式中的符号，表示重复前面一个匹配字符一次或者多次，因此使用了反斜杠“\”进行转义。

7.5　数 据 转 换

7.5.1　通过字典映射的方式实现数据转换——map()函数

在日常的数据处理中，经常需要对数据进行转换，例如，将性别“男”转换为 1，“女”转换为 2。使用 Series()对象的 map()函数可以很容易实现数据转换，它可以帮助我们解决绝大部分类似的数据处理需求。

map()函数可以接受一个函数或含有映射关系的字典型对象。使用 map()函数实现元素级转换以及数据处理工作是一种非常便捷的方式。

【例 7.11】使用 map()函数将数据中的性别转换为数字（**实例位置：资源包\TM\sl\07\11**）

首先使用 numpy 创建一组数据，然后使用字典映射将性别“男”转换为 1，“女”转换为 2，程序代码如下：

```
1    import pandas as pd
2    import numpy as np
3    pd.set_option('display.unicode.east_asian_width', True)    # 设置数据显示的编码格式为东亚宽度，以使列对齐
```

```
4    # 创建数据
5    boolean=[True,False]
6    sex=["男","女"]
7    df=pd.DataFrame({
8        "身高":np.random.randint(150,190,100),
9        "体重":np.random.randint(35,90,100),
10       "是否接种疫苗":[boolean[x] for x in np.random.randint(0,2,100)],
11       "性别":[sex[x] for x in np.random.randint(0,2,100)],
12       "年龄":np.random.randint(18,70,100)
13   })
14   print(df.head())
15   sex_mapping={'男':1,'女':2}                              # 创建性别字典
16   df['性别']=df['性别'].map(sex_mapping)                   # 使用字典映射将性别转换为数字
17   print(df.head())
```

运行程序，输出结果如图 7.16 和图 7.17 所示。

	身高	体重	是否接种疫苗	性别	年龄
0	158	49	True	男	54
1	166	50	True	女	66
2	163	38	True	女	18
3	184	76	False	男	24
4	177	43	False	男	55

图 7.16　原始数据

	身高	体重	是否接种疫苗	性别	年龄
0	158	49	True	1	54
1	166	50	True	2	66
2	163	38	True	2	18
3	184	76	False	1	24
4	177	43	False	1	55

图 7.17　转换性别后的数据

7.5.2　数据分割——cut()函数

Pandas 的 cut()函数的作用是将一组数据分割成离散的区间。例如，有一组年龄数据，可以使用 cut()函数将这组数据分割成不同的年龄段并打上标签。cut()函数语法格式如下：

```
pandas.cut(x,bins,right=True, labels=None, retbins=False,precision=3, include_lowest=False, duplicates='raise')
```

参数说明：

☑ x：被分割的类数组（array-like）数据，必须是一维的（不能是 DataFrame()对象）。

☑ bins：被分割后的区间（也被称作“桶”“箱”或“面元”）。有 3 种形式，一个 int 型的标量、标量序列（数组）或者 pandas.IntervalIndex。

  ➢ 一个 int 型的标量：当 bins 为一个 int 型的标量时，代表将 x 分成 bins 份。x 的范围在每侧扩展 0.1%，以包括 x 的最大值和最小值。

  ➢ 标量序列：标量序列定义了被分割后每一个 bin 的区间边缘，此时 x 没有扩展。

  ➢ pandas.IntervalIndex：定义要使用的精确区间。

☑ right：布尔型，默认值为 True，表示是否包含区间右边的值。例如，如果 bins=[1,2,3]，right=True，则区间为(1,2]（包括 2）、(2,3]（包括 3）；right=False，则区间为(1,2)（不包括 2）、(2,3)（不包括 3）。

☑ labels：给分割后的 bins 打标签。例如，将年龄 x 分割成年龄段 bins 后，可以给年龄段打上“未成年人”“青年人”“中年人”等标签。labels 的长度必须和划分后的区间长度相等，例如，bins=[1,2,3]划分后有 2 个区间，即(1,2]和(2,3]，则 labels 的长度必须为 2。如果指定 labels=False，则返回 x 中的数据在第几个 bin 中（从 0 开始）。

☑ retbins：布尔型，表示是否将分割后的 bins 返回，当 bins 为一个 int 型的标量时比较有用，这

样可以得到划分后的区间，默认值为 False。

☑ precision：保留区间小数点的位数，默认值为 3。

☑ include_lowest：布尔型，表示区间的左边是开还是闭的，默认值为 False，也就是不包含区间左边的值。

☑ duplicates：表示是否允许重复区间。值为 raise 表示不允许，值为 drop 表示允许。

cut()函数的返回值分为以下两种：

➢ out：一个 pandas.Categorical、Series()对象或者 ndarray 数组类型的值，代表分区后 x 中的每个值在哪个区间中，如果指定了 labels 参数，则返回对应的标签。

➢ bins：分隔后的区间，当指定 retbins 参数为 True 时返回分隔后的区间。

【例 7.12】分割成绩数据并标记为“优秀”“良好”“一般”（**实例位置：资源包\TM\sl\07\12**）

下面通过 Pandas 的 cut()函数将学生的英语得分数据进行分割并标记为“优秀”“良好”和“一般”，0～59 分为一般，60～69 分为良好，70～100 分为优秀。程序代码如下：

```
1    import pandas as pd
2    pd.set_option('display.unicode.east_asian_width', True)     # 设置数据显示的编码格式为东亚宽度，以使列对齐
3    df=pd.read_csv('英语成绩报告.csv',encoding='gbk')             # 读取 CSV 文件，指定编码格式为 gbk
4    print(df.head())                                           # 输出前 5 条数据
5    # 使用 cut()函数将数据分割成离散的区间并进行标记
6    scores = df['得分']
7    df['标记']=pd.cut(scores, [0,60,70,100], labels=[u"一般",u"良好",u"优秀"])
8    print(df.head())                                           # 输出前 5 条数据
```

运行程序，输出结果如图 7.18 和图 7.19 所示。

	序号	班级	姓名	得分
0	1	高二年级1班	mr01	84
1	2	高二年级1班	mr02	82
2	3	高二年级1班	mr03	78
3	4	高二年级1班	mr04	76
4	5	高二年级1班	mr05	76

图 7.18　原始数据

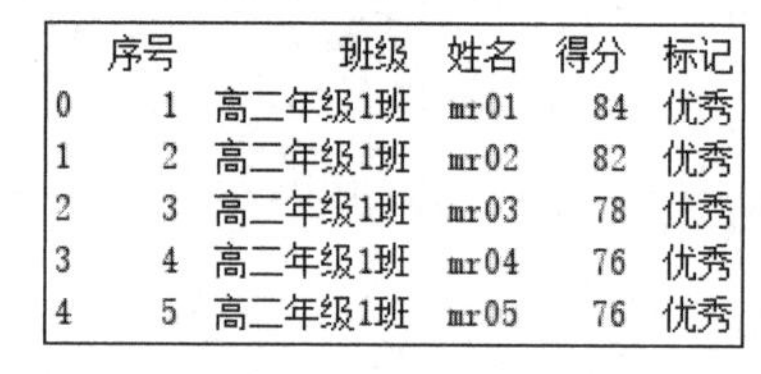

	序号	班级	姓名	得分	标记
0	1	高二年级1班	mr01	84	优秀
1	2	高二年级1班	mr02	82	优秀
2	3	高二年级1班	mr03	78	优秀
3	4	高二年级1班	mr04	76	优秀
4	5	高二年级1班	mr05	76	优秀

图 7.19　分割后的数据

7.5.3　数据分类——get_dummies()函数

数据分析过程中，经常会遇到用于分类的数据，例如，性别“男”“女”，颜色“红”“绿”“蓝”等。这些数据不是连续的，是离散的、无序的。如果对这种特征的数据进行分析，则需要将它们数字化，有以下两种方式。

☑ 如果分类数据的取值不区分大小，那么可以使用 one-hot 编码方式，主要通过 Pandas 的 get_dummies()函数实现。

☑ 如果分类数据的取值区分大小，如尺码 XS、S、M、L、XL 是从小到大，那么需要使用数值的映射（如{'XL': 5,'L': 4,'M': 3,'S':2,'XS':1}），主要使用 Series()对象的 map()函数。

那么，什么时候可以用到分类数据转换呢？当我们在做关联分析的时候，例如，分析购物车，即不同人的购物车，先将当前购物表数字化，然后进行统计分析、关联分析。在购物车分析当中经常会用到 get_dummies()函数。

【例 7.13】将分类数据转换为数字（**实例位置：资源包\TM\sl\07\13**）

假设对购物车中的“连衣裙”进行分析，首先将分类数据“颜色”和“尺码”转换为数字，程序代码如下：

```
1	import pandas as pd
2	pd.set_option('display.unicode.east_asian_width', True)	# 设置数据显示的编码格式为东亚宽度，以使列对齐
3	df = pd.DataFrame([	# 创建数据
4	    ['polo 连衣裙','黑色', 'M', 778],
5	    ['polo 连衣裙', '浅灰', 'S', 778],
6	    ['polo 连衣裙', '粉色', 'L',778],
7	    ['polo 连衣裙', '浅灰','S',778],
8	    ['polo 连衣裙', '浅灰','XS',778],
9	    ['polo 连衣裙', '浅灰', 'XL', 778]
10	])
11	df.columns = ['商品名称','颜色分类', '尺码', '单价']	# 设置列名
12	size_mapping = {'XL': 5,'L': 4,'M': 3,'S':2,'XS':1}	# 创建“尺码”字典
13	df['尺码'] = df['尺码'].map(size_mapping)	# 将“尺码”映射为数字
14	df1=pd.get_dummies(df)	# 使用 get_dummies()函数进行编码
15	print(df1)
```

运行程序，输出结果如图 7.20 和图 7.21 所示。

	商品名称	颜色分类	尺码	单价
0	polo连衣裙	黑色	M	778
1	polo连衣裙	浅灰	S	778
2	polo连衣裙	粉色	L	778
3	polo连衣裙	浅灰	S	778
4	polo连衣裙	浅灰	XS	778
5	polo连衣裙	浅灰	XL	778

图 7.20　原始数据

	尺码	单价	商品名称_polo连衣裙	颜色分类_浅灰	颜色分类_粉色	颜色分类_黑色
0	3	778	1	0	0	1
1	2	778	1	1	0	0
2	4	778	1	0	1	0
3	2	778	1	1	0	0
4	1	778	1	1	0	0
5	5	778	1	1	0	0

图 7.21　数字化后的数据

one-hot 编码又称独热编码，是分类变量作为二进制向量的表示。首先将分类值映射为整数值，然后每个整数值被表示为二进制向量。one-hot 编码就是保证每个样本中的单个特征只有 1 位处于状态 1，其他位都是 0。

7.6　小　　结

本章介绍了如何使用 Pandas 模块实现数据中缺失值的处理、重复值的处理、异常值的检测与处理，还介绍了数据中字符串的操作函数以及数据转换相关知识点。其中在实现数据分析时，处理数据中的缺失值、重复值以及数据中异常值的检测与处理是比较常见的一些操作，希望大家可以勤加练习。其中字符串的操作函数以及数据转换可以根据实际需求进行调用。

第 8 章

数据的计算与格式化

数据分析过程中少不了数据计算、数据的格式化。本章主要介绍数据计算与数据格式化，其中包含常见的数据计算函数（sum()、mean()、max()、min()）、高级的数据计算函数（median()、mode()、var()、std()、quantile()）以及数据的格式化等。

本章知识架构如下。

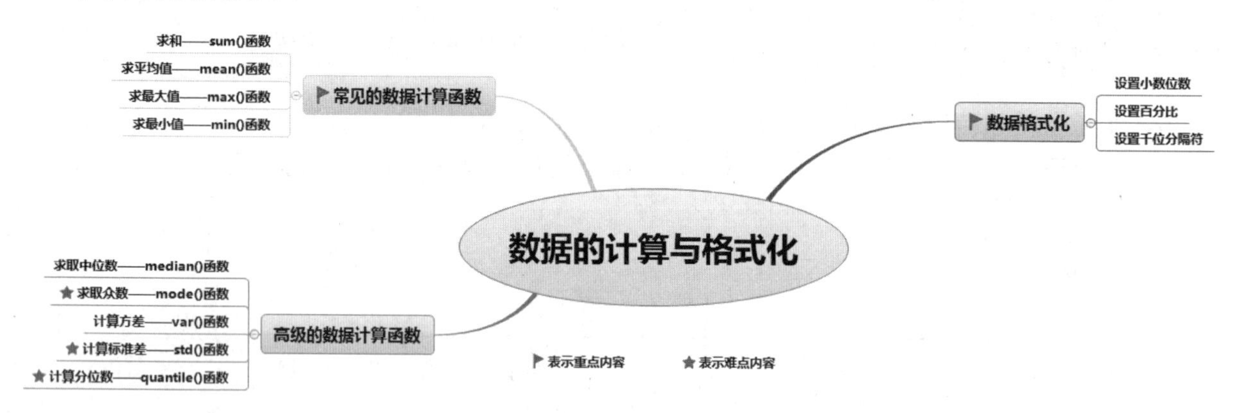

8.1 常见的数据计算函数

Pandas 提供了一些常见的数据计算函数，可以实现求和、求平均值、求最大值、求最小值等运算，使数据统计工作变得简单、高效。

8.1.1 求和——sum()函数

在 Python 中调用 DataFrame()对象的 sum()函数，可实现行、列数据的求和运算。语法如下：

```
DataFrame.sum([axis,skipna,level,…])
```

参数说明：

☑ axis：axis=0 表示逐行，axis=1 表示逐列，默认逐行。

☑ skipna：skipna=1 表示 NaN 值自动转换为 0，skipna=0 表示 NaN 值不自动转换，默认 NaN 值自动转换为 0。

说明

NaN 表示非数值。在进行数据处理、数据计算时，Pandas 会为缺少的值自动分配 NaN 值。

☑ level：表示索引层级。

sum()函数的返回值为 Series()对象，一组含有行/列小计的数据。

【例 8.1】计算语文、数学和英语三科的总成绩（**实例位置：资源包\TM\sl\08\01**）

首先，创建一组数据，包括语文、数学和英语三科的成绩，如图 8.1 所示，然后使用 sum()函数计算语文、数学和英语三科的总成绩。程序代码如下：

```
1    import pandas as pd
2    # 设置数据显示的编码格式为东亚宽度，以使列对齐
3    pd.set_option('display.unicode.east_asian_width', True)
4    data = [[110,105,99],[105,88,115],[109,120,130]]
5    index = [1,2,3]
6    columns = ['语文','数学','英语']
7    df = pd.DataFrame(data=data, index=index, columns=columns)
8    df['总成绩']=df.sum(axis=1,skipna=True)
9    print(df)
```

运行程序，结果如图 8.2 所示。

	语文	数学	英语
1	110	105	99
2	105	88	115
3	109	120	130

图 8.1　DataFrame 数据

	语文	数学	英语	总成绩
1	110	105	99	314
2	105	88	115	308
3	109	120	130	359

图 8.2　sum()函数计算三科的总成绩

8.1.2　求平均值——mean()函数

调用 DataFrame()对象的 mean()函数，可求取行、列数据的平均值。语法如下：

```
DataFrame.mean([axis,skipna,level,…])
```

参数说明：

☑ axis：axis=0 表示逐行，axis=1 表示逐列，默认逐行。

☑ skipna：skipna=1 表示 NaN 值自动转换为 0，skipna=0 表示 NaN 值不自动转换，默认 NaN 值自动转换为 0。

☑ level：表示索引层级。

mean()函数的返回值为 Series()对象，行/列平均值数据。

【例 8.2】计算语文、数学和英语各科成绩的平均分（**实例位置：资源包\TM\sl\08\02**）

计算语文、数学和英语各科成绩的平均值，程序代码如下：

```
1    import pandas as pd
2    # 设置数据显示的编码格式为东亚宽度，以使列对齐
3    pd.set_option('display.unicode.east_asian_width', True)
4    data = [[110,105,99],[105,88,115],[109,120,130],[112,115]]
5    index = [1,2,3,4]
```

```
6     columns = ['语文','数学','英语']
7     df = pd.DataFrame(data=data, index=index, columns=columns)
8     new=df.mean()
9     # 增加一行数据（语文、数学和英语的平均分，忽略索引）
10    df.loc[len(df)+1,:]=new
11    print(df)
```

运行程序，结果如图 8.3 所示。

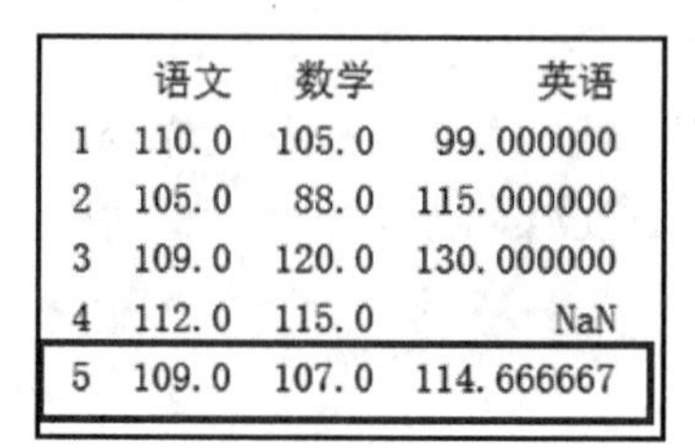

	语文	数学	英语
1	110.0	105.0	99.000000
2	105.0	88.0	115.000000
3	109.0	120.0	130.000000
4	112.0	115.0	NaN
5	109.0	107.0	114.666667

图 8.3　mean()函数计算三科成绩的平均分

从运行结果得知：语文平均分 109，数学平均分 107，英语平均分 114.666667。

8.1.3　求最大值——max()函数

调用 DataFrame()对象的 max()函数，可求取行、列数据中的最大值。语法如下：

```
DataFrame.max([axis,skipna,level,…])
```

参数说明：

☑ axis：axis=0 表示逐行，axis=1 表示逐列，默认逐列。

☑ skipna：skipna=1 表示 NaN 值自动转换为 0，skipna=0 表示 NaN 值不自动转换，默认 NaN 值自动转换为 0。

☑ level：表示索引层级。

max()函数的返回值为 Series()对象，行/列最大值数据。

【例 8.3】计算语文、数学和英语各科成绩的最高分（**实例位置：资源包\TM\sl\08\03**）

计算语文、数学和英语各科成绩的最高分，程序代码如下：

```
1     import pandas as pd
2     # 设置数据显示的编码格式为东亚宽度，以使列对齐
3     pd.set_option('display.unicode.east_asian_width', True)
4     data = [[110,105,99],[105,88,115],[109,120,130],[112,115]]
5     index = [1,2,3,4]
6     columns = ['语文','数学','英语']
7     df = pd.DataFrame(data=data, index=index, columns=columns)
8     new=df.max()
9     # 增加一行数据（语文、数学和英语的最高分，忽略索引）
10    df.loc[len(df)+1,:]=new
11    print(df)
```

运行程序，结果如图 8.4 所示。

	语文	数学	英语
1	110.0	105.0	99.0
2	105.0	88.0	115.0
3	109.0	120.0	130.0
4	112.0	115.0	NaN
5	112.0	120.0	130.0

图 8.4　max()函数计算三科成绩的最高分

从运行结果得知：语文最高分 112 分，数学最高分 120 分，英语最高分 130 分。

8.1.4　求最小值——min()函数

调用 DataFrame()对象的 min()函数，可求取行、列数据的最小值。语法如下：

```
DataFrame.min([axis,skipna,level,…])
```

参数说明：

☑ axis：axis=0 表示逐行，axis=1 表示逐列，默认逐行。

☑ skipna：skipna=1 表示 NaN 值自动转换为 0，skipna=0 表示 NaN 值不自动转换，默认 NaN 值自动转换为 0。

☑ level：表示索引层级。

min()函数的返回值为 Series()对象，行/列最小值数据。

【例 8.4】计算语文、数学和英语各科成绩的最低分（**实例位置：资源包\TM\sl\08\04**）

计算语文、数学和英语各科成绩的最低分，程序代码如下：

```
1    import pandas as pd
2    # 设置数据显示的编码格式为东亚宽度，以使列对齐
3    pd.set_option('display.unicode.east_asian_width', True)
4    data = [[110,105,99],[105,88,115],[109,120,130],[112,115]]
5    index = [1,2,3,4]
6    columns = ['语文','数学','英语']
7    df = pd.DataFrame(data=data, index=index, columns=columns)
8    new=df.min()
9    # 增加一行数据（语文、数学和英语的最低分，忽略索引）
10   df.loc[len(df)+1,:]=new
11   print(df)
```

运行程序，结果如图 8.5 所示。

	语文	数学	英语
1	110.0	105.0	99.0
2	105.0	88.0	115.0
3	109.0	120.0	130.0
4	112.0	115.0	NaN
5	105.0	88.0	99.0

图 8.5　min()函数计算三科成绩的最低分

从结果可知，语文最低分为 105 分，数学最低分为 88 分，英语最低分为 99 分。

8.2 高级的数据计算函数

8.2.1 求取中位数——median()函数

中位数又称为中值，是统计学专有名词，表示按顺序排列的一组数据中位于中间位置的数，其不受异常值的影响。当这组数为奇数个时，中位数就是排序后中间的那个数；当这组数为偶数个时，中位数就是排序后中间两个数的平均值。

例如，23、45、35、25、22、34、28 这组数共包含 7 个数，排序后得到 22、23、25、28、34、35、45，中间数字 28 就是这组数的中位数。另一组数 23、45、35、25、22、34、28、27 共 8 个数，排序后得到 22、23、25、27、28、34、35、45，中位数就是中间两个数 27 和 28 的平均值，即 28.5。

Python 中，调用 DataFrame()对象的 median()函数，可求取一组数据的中位数。语法如下：

```
DataFrame.median(axis=None,skipna=None,level=None,numeric_only=None,**kwargs)
```

参数说明：

☑ axis：axis=0 表示行，axis=1 表示列，默认值为 None（无）。
☑ skipna：布尔型，表示计算结果是否排除 NaN/Null 值，默认值为 True。
☑ level：表示索引层级，默认值为 None。
☑ numeric_only：仅数字，布尔型，默认值为 None。
☑ **kwargs：要传递给函数的附加关键字参数。

median()函数的返回值为 Series()对象或 DataFrame()对象。

【例 8.5】计算学生各科成绩的中位数 1（**实例位置：资源包\TM\sl\08\05**）

给出一组数据（3 条记录），使用 median()函数计算“语文”“数学”和“英语”3 科成绩的中位数。程序代码如下：

```
1    import pandas as pd
2    data = [[110,120,110],[130,130,130],[130,120,130]]
3    columns = ['语文','数学','英语']
4    df = pd.DataFrame(data=data,columns=columns)
5    print(df.median())                    # 打印各科成绩中位数
```

运行程序，输出结果如下：

```
语文      130.0
数学      120.0
英语      130.0
```

【例 8.6】计算学生各科成绩的中位数 2（**实例位置：资源包\TM\sl\08\06**）

给出一组数据（4 条记录），使用 median()函数计算“语文”“数学”和“英语”3 科成绩的中位数。程序代码如下：

```
1    import pandas as pd
2    data = [[110,120,110],[130,130,130],[130,120,130],[113,123,101]]
3    columns = ['语文','数学','英语']
```

```
4    df = pd.DataFrame(data=data,columns=columns)
5    print(df.median())                # 打印各科成绩中位数
```

运行程序，输出结果如下：

```
语文    121.5
数学    121.5
英语    120.0
```

8.2.2　求取众数——mode()函数

顾名思义，众数就是一组数据中出现次数最多的数。众数代表了数据的一般水平。

Python 中，调用 DataFrame()对象的 mode()函数，可以求取一组数据的众数。语法如下：

```
DataFrame.mode(axis=0,numeric_only=False,dropna=True)
```

参数说明：

☑ axis：axis=0 或 index，表示获取每一列的众数；axis=1 或 column，表示获取每一行的众数。默认值为 0。

☑ numeric_only：仅数字，布尔型，默认值为 False。如果为 True，则仅适用于数字列。

☑ dropna：是否删除缺失值，布尔型，默认值为 True。

mode()函数的返回值为 DataFrame()对象。

首先看一组原始数据，如图 8.6 所示。

	语文	数学	英语
0	110	120	110
1	130	130	130
2	130	120	130

图 8.6　原始数据

【例 8.7】计算学生各科成绩的众数（**实例位置：资源包\TM\sl\08\07**）

计算语文、数学和英语 3 科成绩的众数、每一行的众数和“数学”的众数，程序代码如下：

```
1    import pandas as pd
2    # 设置数据显示的编码格式为东亚宽度，以使列对齐
3    pd.set_option('display.unicode.east_asian_width', True)
4    data = [[110,120,110],[130,130,130],[130,120,130]]
5    columns = ['语文','数学','英语']
6    df = pd.DataFrame(data=data,columns=columns)
7    print(df.mode())                  # 三科成绩的众数
8    print(df.mode(axis=1))            # 获取每一行的众数
9    print(df['数学'].mode())          # “数学”的众数
```

运行程序，输出结果如下：

3 科成绩的众数：

```
     语文    数学    英语
0    130     120     130
```

每一行的众数：

```
0  110
```

```
1  130
2  130
```

“数学”的众数：

```
0    120
```

8.2.3 计算方差——var()函数

方差用于衡量一组数据的离散程度，即各组数据与其平均数的差的平方。人们通常用方差来衡量一组数据的波动大小，方差越小，数据波动越小，即数据越稳定；反之，方差越大，数据波动越大，即数据越不稳定。大数据时代，方差能帮助我们解决很多身边的问题，协助做出合理的决策。

例如，某校两名同学的物理成绩都很优秀，而参加物理竞赛的名额只有一个，应该选谁去参加比赛呢？当然，可以根据历史数据计算两名同学的平均成绩，但假设两人仍然旗鼓相当，平均成绩都是107.6，这时该怎么办呢？不如让方差帮你决定，看看谁的成绩更稳定。

首先汇总物理成绩，如图 8.7 所示。通过方差对比两名同学物理成绩的波动，如图 8.8 所示。

	物理1	物理2	物理3	物理4	物理5
小黑	110	113	102	105	108
小白	118	98	119	85	118

图 8.7　物理成绩

	物理1	物理2	物理3	物理4	物理5
小黑	5.76	29.16	31.36	6.76	0.16
小白	108.16	92.16	129.96	510.76	108.16

图 8.8　方差

接着来看总体波动（方差和）。小黑的数据是 73.2，小白的数据是 949.2，很明显小黑的物理成绩波动较小，发挥更稳定。所以，应该选小黑去参加物理竞赛。

在 Python 中，调用 DataFrame()对象的 var()函数可以实现方差运算。语法如下：

```
DataFrame.var(axis=None,skipna=None,level=None,ddof=1,numeric_only=None,**kwargs)
```

参数说明：

☑　axis：axis=0 表示行，axis=1 表示列，默认值为 None（无）。

☑　skipna：布尔型，表示计算结果是否排除 NaN/Null 值，默认值为 True。

☑　level：表示索引层级，默认值为 None（无）。

☑　ddof：整型，默认值为 1。自由度，计算中使用的除数是 N-ddof，其中 N 表示元素的数量。

☑　numeric_only：仅数字，布尔型，默认值为 None（无）。

☑　**kwargs：要传递给函数的附加关键字参数。

var()函数的返回值为 Series()对象或 DataFrame()对象。

【例 8.8】通过方差判断谁的物理成绩更稳定（**实例位置：资源包\TM\sl\08\08**）

计算“小黑”和“小白”物理成绩的方差，程序代码如下：

```
1  import pandas as pd
2  # 设置数据显示的编码格式为东亚宽度，以使列对齐
3  pd.set_option('display.unicode.east_asian_width', True)
4  data = [[110,113,102,105,108],[118,98,119,85,118]]
5  index=['小黑','小白']
6  columns = ['物理 1','物理 2','物理 3','物理 4','物理 5']
7  df = pd.DataFrame(data=data,index=index,columns=columns)
8  print(df.var(axis=1))              # 打印方差运算结果
```

运行程序，输出结果如下：

```
小黑      18.3
小白     237.3
```

从运行结果得知："小黑"的物理成绩波动较小，发挥更稳定。需要注意的是，Pandas 中计算的方差为无偏样本方差（即方差和/样本数－1），NumPy 中计算的方差就是样本方差本身（即方差和/样本数）。

8.2.4　计算标准差——std()函数

标准差又称为均方差，是方差的平方根，同样用来表示数据的离散程度。

调用 DataFrame()对象的 std()函数，可以求取一组数的标准差。语法如下：

```
DataFrame.std(axis=None,skipna=None,level=None,ddof=1,numeric_only=None,**kwargs)
```

std()函数的参数与 var()函数一样，这里不再赘述。

【例 8.9】计算各科成绩的标准差（**实例位置：资源包\TM\sl\08\09**）

使用 std()函数计算标准差，程序代码如下：

```
1    import pandas as pd
2    # 设置数据显示的编码格式为东亚宽度，以使列对齐
3    pd.set_option('display.unicode.east_asian_width', True)
4    data = [[110,120,110],[130,130,130],[130,120,130]]
5    columns = ['语文','数学','英语']
6    df = pd.DataFrame(data=data,columns=columns)
7    print(df.std())         # 打印各科成绩的标准差
```

运行程序，输出结果如下：

```
语文     11.547005
数学      5.773503
英语     11.547005
```

8.2.5　计算分位数——quantile()函数

分位数也称为分位点，它以概率依据将数据分割为几个等份，常用的有中位数（即二分位数）、四分位数、百分位数等。分位数是数据分析中常用的一个统计量，经过抽样得到一个样本值。例如，"这次考试有 20%的同学不及格"这句话就体现了分位数的应用。

Python 中，调用 DataFrame()对象的 quantile()函数，可以求取一组数的分位数。语法如下：

```
DataFrame.quantile(q=0.5,axis=0,numeric_only=True, interpolation='linear')
```

参数说明：

☑　q：浮点型或数组，默认为 0.5（50%分位数），其值为 0～1。

☑　axis：axis=0 表示行，axis=1 表示列，默认值为 0。

☑　numeric_only：仅数字，布尔型，默认值为 True。

☑　interpolation：内插值，可选参数，用于指定要使用的插值方法，当期望的分位数位于两个数据点 i 和 j 之间时：

- 线性：$i+(j-i)\times$分数，其中分数是指数被 i 和 j 包围的小数部分。
- 较低：i。
- 较高：j。
- 最近：i 或 j 两者以最近者为准。
- 中点：$(i+j)/2$。

quantile()函数的返回值为 Series()对象或 DataFrame()对象。

【例 8.10】通过分位数淘汰 35%的学生（**实例位置：资源包\TM\sl\08\10**）

数学成绩分别为 120、89、98、78、65、102、112、56、79、45 的 10 名同学，要求根据分数淘汰 35%的学生。该如何处理？首先使用 quantile()函数计算 35%的分位数，然后将学生成绩与分位数比较，筛选出小于等于分位数的学生。程序代码如下：

```
1	import pandas as pd
2	data = [120,89,98,78,65,102,112,56,79,45]	# 创建 DataFrame 数据（数学成绩）
3	columns = ['数学']
4	df = pd.DataFrame(data=data,columns=columns)
5	x=df['数学'].quantile(0.35)	# 计算 35%的分位数
6	print(df[df['数学']<=x])	# 输出淘汰学生
```

运行程序，输出结果如下：

```
	数学
3	78
4	65
7	56
9	45
```

从运行结果得知：被淘汰的学生共 4 名，分数分别为 78、65、56 和 45。

【例 8.11】计算日期、时间和时间的分位数（**实例位置：资源包\TM\sl\08\11**）

如果参数 numeric_only=False，将计算日期、时间和时间增量数据的分位数，程序代码如下：

```
1	import pandas as pd
2	df = pd.DataFrame({'A': [1, 2],
3	                   'B': [pd.Timestamp('2022'),
4	                         pd.Timestamp('2023')],
5	                   'C': [pd.Timedelta('1 days'),
6	                         pd.Timedelta('2 days')]})
7	print(df.quantile(0.5, numeric_only=False))
```

运行程序，输出结果如下：

```
A                    1.5
B    2022-07-02 12:00:00
C        1 days 12:00:00
Name: 0.5, dtype: object
```

8.3 数据格式化

数据处理过程中，如应用 mean()函数计算平均值，计算后我们会发现，计算结果的小数位数增加了许多。此时就需要对数据进行格式化，以增加数据的可读性。例如，保留小数点位数、百分号、千

位分隔符等。

假设有一组数据，如图 8.9 所示，下面我们来学习如何对其进行格式化。

	A1	A2	A3	A4	A5
0	0.301670	0.131510	0.854162	0.835094	0.565772
1	0.392670	0.847643	0.140884	0.861016	0.957591
2	0.170422	0.801597	0.777643	0.849932	0.591222
3	0.293381	0.676887	0.874084	0.125313	0.166284
4	0.520457	0.321166	0.381207	0.540083	0.544173

图 8.9　原始数据

8.3.1　设置小数位数

设置小数位数主要使用 DataFrame()对象的 round()函数，该函数可以实现四舍五入，它的 decimals 参数用于设置保留小数的位数，设置后数据类型不会发生变化，依然是浮点型。语法如下：

```
DataFrame.round(decimals=0, *args, **kwargs)
```

参数说明：

☑ decimals：每一列四舍五入的小数位数，整型、字典或 Series()对象。如果是整数，则将每一列四舍五入到相同的位置。否则，将 dict 和 Series 舍入到可变数目的位置。如果小数类似于字典，那么列名应该在键中。如果小数是级数，列名应该在索引中。没有包含在小数中的任何列都将保持原样。非输入列的小数元素将被忽略。

☑ *args：附加的关键字参数。

☑ **kwargs：附加的关键字参数。

round()函数的返回值为 DataFrame()对象。

【例 8.12】四舍五入保留指定的小数位数（**实例位置：资源包\TM\sl\08\12**）

使用 round()函数四舍五入保留小数位数，程序代码如下：

```
1    import pandas as pd
2    import numpy as np
3    df = pd.DataFrame(np.random.random([5, 5]),
4            columns=['A1', 'A2', 'A3','A4','A5'])
5    print(df)
6    print(df.round(2))                         # 保留小数点后两位
7    print(df.round({'A1': 1, 'A2': 2}))        # A1 列保留小数点后一位、A2 列保留小数点后两位
8    s1 = pd.Series([1, 0, 2], index=['A1', 'A2', 'A3'])
9    print(df.round(s1))                        # 设置 Series()对象小数位数
```

运行程序，输出结果如下：

```
     A1     A2     A3        A4        A5
0    0.79   0.87   0.16      0.36      0.96
1    0.94   0.59   0.94      0.16      0.74
2    0.78   0.36   0.62      0.17      0.66
3    0.44   0.98   0.54      0.36      0.17
4    0.19   0.02   0.05      0.65      0.53
     A1     A2     A3        A4        A5
0    0.8    0.87   0.157699  0.361039  0.963076
1    0.9    0.59   0.942715  0.160099  0.735882
```

```
2    0.8    0.36    0.620662  0.170067  0.657948
3    0.4    0.98    0.535800  0.361387  0.165886
4    0.2    0.02    0.047484  0.654962  0.526113
     A1     A2      A3        A4        A5
0    0.8    1.0     0.16      0.361039  0.963076
1    0.9    1.0     0.94      0.160099  0.735882
2    0.8    0.0     0.62      0.170067  0.657948
3    0.4    1.0     0.54      0.361387  0.165886
4    0.2    0.0     0.05      0.654962  0.526113
```

当然，保留小数位数也可以用自定义函数。例如，为 DataFrame()对象中的各个浮点值保留两位小数，关键代码如下：

```
df.applymap(lambda x: '%.2f'%x)
```

注意

经过自定义函数处理过的数据将不再是浮点型而是对象型，如果后续计算有需要，应先进行数据类型转换。

8.3.2 设置百分比

数据分析的过程中，有时需要百分比数据。利用自定义函数将数据进行格式化处理，处理后的数据就可以从浮点型转换成带指定小数位数的百分比数据，主要使用 apply 函数与 format 函数实现。

【例 8.13】将指定数据格式化为百分比数据（**实例位置：资源包\TM\sl\08\13**）

将 A1 列的数据格式化为百分比数据，程序代码如下：

```
1   import pandas as pd
2   import numpy as np
3   df = pd.DataFrame(np.random.random([5, 5]),
4           columns=['A1', 'A2', 'A3','A4','A5'])
5   df['百分比']=df['A1'].apply(lambda x: format(x,'.0%'))          # 整列保留 0 位小数
6   print(df)
7   df['百分比']=df['A1'].apply(lambda x: format(x,'.2%'))          # 整列保留两位小数
8   print(df)
9   df['百分比']=df['A1'].map(lambda x:'{:.0%}'.format(x))          # 整列保留 0 位小数，也可以使用 map 函数
10  print(df)
```

运行程序，输出结果如下：

```
         A1        A2        A3        A4        A5    百分比
0  0.379951  0.538359  0.378131  0.361101  0.835820    38%
1  0.073634  0.147796  0.573301  0.290091  0.472903     7%
2  0.752638  0.634261  0.607307  0.582695  0.001692    75%
3  0.371832  0.872433  0.620207  0.942345  0.866435    37%
4  0.869684  0.341358  0.370799  0.724845  0.257434    87%
         A1        A2        A3        A4        A5    百分比
0  0.379951  0.538359  0.378131  0.361101  0.835820    38.00%
1  0.073634  0.147796  0.573301  0.290091  0.472903    7.36%
2  0.752638  0.634261  0.607307  0.582695  0.001692    75.26%
3  0.371832  0.872433  0.620207  0.942345  0.866435    37.18%
4  0.869684  0.341358  0.370799  0.724845  0.257434    86.97%
         A1        A2        A3        A4        A5    百分比
0  0.379951  0.538359  0.378131  0.361101  0.835820    38%
```

```
1  0.073634  0.147796  0.573301  0.290091  0.472903      7%
2  0.752638  0.634261  0.607307  0.582695  0.001692     75%
3  0.371832  0.872433  0.620207  0.942345  0.866435     37%
4  0.869684  0.341358  0.370799  0.724845  0.257434     87%
```

8.3.3　设置千位分隔符

数据分析的过程中，有时需要将数据格式化为带千位分隔符的数据，处理后的数据不再是浮点型，而是对象型。

【例 8.14】 将金额格式化为带千位分隔符的数据（**实例位置：资源包\TM\sl\08\14**）

将图书销售码洋格式化为带千位分隔符的数据，程序代码如下：

```
1    import pandas as pd
2    # 设置数据显示的编码格式为东亚宽度，以使列对齐
3    pd.set_option('display.unicode.east_asian_width', True)
4    data = [['零基础学 Python','1 月',49768889],['零基础学 Python','2 月',11777775],['零基础学 Python','3 月',13799990]]
5    columns = ['图书','月份','码洋']
6    df = pd.DataFrame(data=data, columns=columns)
7    df['码洋']=df['码洋'].apply(lambda x:format(int(x),','))
8    print(df)
```

运行程序，输出结果如下：

```
             图书   月份      码洋
0  零基础学 Python  1 月  49,768,889
1  零基础学 Python  2 月  11,777,775
2  零基础学 Python  3 月  13,799,990
```

注意

设置千位分隔符后，对于程序来说，这些数据将不再是数值型，而是数字和逗号组成的字符串，如果由于程序需要再变成数值型就会很麻烦，因此设置千位分隔符要慎重。

8.4　小　　结

本章介绍了如何使用 Pandas 模块实现数据的计算与格式化功能，其中包含了常见的数据计算函数、高级的数据计算函数以及数据格式化。调用计算函数可以快速获取数据计算的结果，大家可以根据需求调用。而数据格式化主要用于在进行数据分析时增加数据的可读性。

第 9 章

数据统计及透视表

在实现数据分析的过程中，数据分组统计、数据移位、数据合并以及数据透视表都是不可缺少的数据分析技术。本章将通过各种实例来演示以上每种数据分析技术的实现方法。

本章知识架构如下。

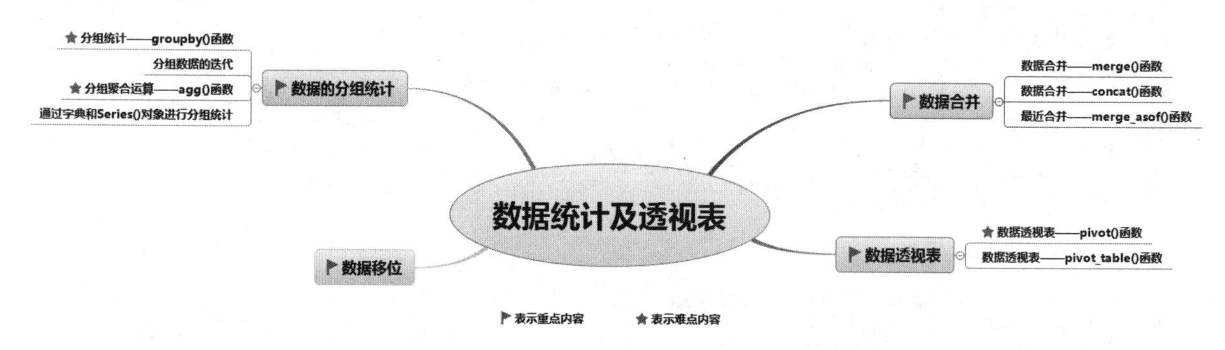

9.1 数据的分组统计

9.1.1 分组统计——groupby()函数

对数据进行分组统计，主要使用 groupby()函数，其功能如下：

（1）根据给定的条件将数据拆分成组。

（2）各组分别应用函数求解，如使用求和函数 sum()、求平均值函数 mean()等。

（3）将结果合并到一个数据结构中。

groupby()函数用于将数据按照一列或多列进行分组，一般与计算函数结合使用，实现数据的分组统计，语法如下：

```
DataFrame.groupby(by=None,axis=0,level=None,as_index=True,sort=True,group_keys=True,squeeze=False,observed=False)
```

参数说明：

☑ by：映射、字典或 Series()对象、数组、标签或标签列表。如果 by 是一个函数，则对象索引的每个值都调用它。如果传递了一个字典或 Series()对象，则使用该字典或 Series()对象值来确定组。如果传递了数组 ndarray，则按原样使用这些值来确定组。

☑ axis：axis=1 表示行，axis=0 表示列，默认值为 0。

☑ level：索引层级，默认为无。

☑ as_index：布尔型，默认值为 True，返回以组标签为索引的对象。

☑ sort：对组进行排序，布尔型，默认值为 True。

☑ group_keys：布尔型，默认值为 True，调用 apply()函数时，将分组的键添加到索引以标识片段。

☑ squeeze：布尔型，默认值为 False，如果可能，减少返回类型的维度，否则返回一致类型。

☑ observed：当以石斑鱼为分类时，才会使用该参数。如果参数值为 True，则仅显示分类石斑鱼的观测值。如果为 False，则显示分类石斑鱼的所有值。

groupby()函数的返回值为 DataFrameGroupBy，返回包含有关组的信息的 groupby 对象。

1．按照一列分组统计

【例 9.1】根据“一级分类”统计订单数据（**实例位置：资源包\TM\sl\09\01**）

按照图书“一级分类”对订单数据进行分组统计求和，程序代码如下：

```
1    import pandas as pd                                    # 导入 pandas 模块
2    # 设置数据显示的最大列数和宽度
3    pd.set_option('display.max_columns',500)
4    pd.set_option('display.width',1000)
5    # 设置数据显示的编码格式为东亚宽度，以使列对齐
6    pd.set_option('display.unicode.east_asian_width', True)
7    df=pd.read_csv('JD.csv',encoding='gbk')
8    # 抽取数据
9    df1=df[['一级分类','7 天点击量','订单预定']]
10   print(df1.groupby('一级分类').sum())                     # 分组统计求和
```

运行程序，输出结果如图 9.1 所示。

2．按照多列分组统计

多列分组统计，以列表形式指定列。

【例 9.2】根据两级分类统计订单数据（**实例位置：资源包\TM\sl\09\02**）

按照图书“一级分类”和“二级分类”对订单数据进行分组统计求和，关键代码如下：

```
1    df1=df[['一级分类','二级分类','7 天点击量','订单预定']]      # 抽取数据
2    print(df1.groupby(['一级分类','二级分类']).sum())          # 分组统计求和
```

运行程序，输出结果如图 9.2 所示。

3．分组并按指定列进行数据计算

前面介绍的分组统计是按照所有列进行汇总计算的，那么如何按照指定列汇总计算呢？

【例 9.3】统计各编程语言的 7 天点击量（**实例位置：资源包\TM\sl\09\03**）

统计各编程语言的 7 天点击量，首先按“二级分类”分组，然后抽取“7 天点击量”列并对该列进行求和运算，关键代码如下：

```
print(df1.groupby('二级分类')['7 天点击量'].sum())
```

运行程序，输出结果如图 9.3 所示。

	7天点击量	订单预定
一级分类		
数据库	186	15
移动开发	261	7
编程语言与程序设计	4280	192
网页制作/Web技术	345	15

图 9.1　按照一列分组统计

		7天点击量	订单预定
一级分类	二级分类		
数据库	Oracle	58	2
	SQL	128	13
移动开发	Android	261	7
编程语言与程序设计	ASP.NET	87	2
	C#	314	12
	C++/C语言	724	28
	JSP/JavaWeb	157	1
	Java	408	16
	PHP	113	1
	Python	2449	132
	Visual Basic	28	0
网页制作/Web技术	HTML	188	8
	JavaScript	100	7
	WEB前端	57	0

图 9.2　按照多列分组统计

二级分类	
ASP.NET	87
Android	261
C#	314
C++/C语言	724
HTML	188
JSP/JavaWeb	157
Java	408
JavaScript	100
Oracle	58
PHP	113
Python	2449
SQL	128
Visual Basic	28
WEB前端	57

图 9.3　分组并按指定列进行计算

9.1.2　分组数据的迭代

通过 for 循环，可对分组统计数据进行迭代（遍历分组数据）。

【例 9.4】迭代一级分类的订单数据（**实例位置：资源包\TM\sl\09\04**）

按照“一级分类”分组，并输出每一分类中的订单数据，关键代码如下：

```
1    # 抽取数据
2    df1=df[['一级分类','7 天点击量','订单预定']]
3    for name, group in df1.groupby('一级分类'):
4        print(name)
5        print(group)
```

运行程序，输出结果如图 9.4 所示。

```
数据库
    一级分类  7天点击量  订单预定
25  数据库      58      2
27  数据库     128     13
移动开发
     一级分类  7天点击量  订单预定
10  移动开发      85      4
19  移动开发      32      1
24  移动开发      85      2
28  移动开发      59      0
编程语言与程序设计
            一级分类  7天点击量  订单预定
0  编程语言与程序设计      35      1
1  编程语言与程序设计      49      0
2  编程语言与程序设计      51      2
3  编程语言与程序设计      64      1
4  编程语言与程序设计      26      0
5  编程语言与程序设计      60      1
……
网页制作/Web技术
            一级分类  7天点击量  订单预定
7   网页制作/Web技术     100      7
14  网页制作/Web技术     188      8
17  网页制作/Web技术      57      0
```

图 9.4　对分组数据进行迭代

上述代码中 name 是 groupby 中“一级分类”的值，group 是分组后的数据。如果 groupby 对多列进行分组，那么需要在 for 循环中指定多列。

【例 9.5】迭代两级分类的订单数据（**实例位置：资源包\TM\sl\09\05**）

迭代“一级分类”和“二级分类”的订单数据，关键代码如下：

```
1    # 抽取数据
2    df2=df[['一级分类','二级分类','7 天点击量','订单预定']]
3    for (key1,key2),group in df2.groupby(['一级分类','二级分类']):
4        print(key1,key2)
5        print(group)
```

9.1.3　分组聚合运算——agg()函数

Python 中使用 groupby()函数与 agg()函数，也可以像 SQL 一样进行分组聚合运算。

【例 9.6】对分组统计结果使用聚合函数（**实例位置：资源包\TM\sl\09\06**）

按“一级分类”分组统计“7 天点击量”“订单预定”的平均值和总和，关键代码如下：

```
print(df1.groupby('一级分类').agg(['mean','sum']))
```

运行程序，输出结果如图 9.5 所示。

【例 9.7】针对不同的列，使用不同的聚合函数（**实例位置：资源包\TM\sl\09\07**）

在上述示例中，还可以针对不同的列使用不同的聚合函数。例如，按“一级分类”分组统计“7 天点击量”的平均值和总和，以及“订单预定”的总和，关键代码如下：

```
print(df1.groupby('一级分类').agg({'7 天点击量':['mean','sum'], '订单预定':['sum']}))
```

运行程序，输出结果如图 9.6 所示。

	7天点击量		订单预定	
	mean	sum	mean	sum
一级分类				
数据库	93.000000	186	7.50	15
移动开发	65.250000	261	1.75	7
编程语言与程序设计	178.333333	4280	8.00	192
网页制作/Web技术	115.000000	345	5.00	15

图 9.5　分组统计（1）

	7天点击量		订单预定
	mean	sum	sum
一级分类			
数据库	93.000000	186	15
移动开发	65.250000	261	7
编程语言与程序设计	178.333333	4280	192
网页制作/Web技术	115.000000	345	15

图 9.6　分组统计（2）

【例 9.8】通过自定义函数实现分组统计（**实例位置：资源包\TM\sl\09\08**）

通过自定义函数也可以实现数据分组统计。例如，统计 1 月份销售数据中购买次数最多的产品，关键代码如下：

```
1    df=pd.read_excel('1 月 b.xlsx')              # 读取 Excel 文件
2    # x 是"宝贝标题"对应的列
3    # value_counts()函数用于对 Series()对象中的每个值进行计数并且排序
4    max1 = lambda x: x.value_counts(dropna=False).index[0]
5    df1=df.agg({'宝贝标题': [max1],
6                '数量': ['sum', 'mean'],
7                '买家实际支付金额': ['sum', 'mean']})
8    print(df1)
```

运行程序，输出结果如图 9.7 所示，“零基础学 Python”是用户购买次数最多的产品。

在输出结果中，lambda 函数名称<lambda>被显示出来，看上去不是很美观，那么如何去掉它？方法是使用__name__修改函数名称，关键代码如下：

```
max1.__name__ = "购买次数最多"
```

运行程序，输出结果如图 9.8 所示。

	宝贝标题	数量	买家实际支付金额
<lambda>	零基础学Python	NaN	NaN
mean	NaN	1.06	50.5712
sum	NaN	53.00	2528.5600

图 9.7　统计购买次数最多的产品

	宝贝标题	数量	买家实际支付金额
mean	NaN	1.06	50.5712
sum	NaN	53.00	2528.5600
购买次数最多	零基础学Python	NaN	NaN

图 9.8　使用__name__修改函数名称

9.1.4　通过字典和 Series()对象进行分组统计

1. 通过字典进行分组统计

首先创建字典建立对应关系，然后将字典传递给 groupby()函数，从而实现数据分组统计。

【例 9.9】通过字典分组统计“北上广”销量（**实例位置：资源包\TM\sl\09\09**）

统计各地区销量，将“北京”“上海”和“广州”三个一线城市放在一起统计。首先创建一个字典，将“上海出库销量”“北京出库销量”和“广州出库销量”都对应“北上广”，然后使用 groupby()函数进行分组统计。关键代码如下：

```
1   df=pd.read_csv('JD1.csv',encoding='gbk')                # 读取 csv 文件
2   df=df.set_index(['商品名称'])                            # 创建字典
3   dict1={'上海出库销量':'北上广','北京出库销量':'北上广',
4          '广州出库销量':'北上广','成都出库销量':'成都',
5          '武汉出库销量':'武汉','西安出库销量':'西安'}
6   df1=df.groupby(dict1,axis=1)
7   print(df1.sum())
```

运行程序，输出结果如图 9.9 所示。

	北上广	成都	武汉	西安
商品名称				
零基础学Python（全彩版）	1991	284	246	152
Python从入门到项目实践（全彩版）	798	113	92	63
Python项目开发案例集锦（全彩版）	640	115	88	57
Python编程锦囊（全彩版）	457	85	65	47
零基础学C语言（全彩版）	364	82	63	40
SQL即查即用（全彩版）	305	29	25	40
零基础学Java（全彩版）	238	48	43	29
零基础学C++（全彩版）	223	53	35	23
零基础学C#（全彩版）	146	27	16	7
C#项目开发实战入门（全彩版）	135	18	22	12

图 9.9　通过字典进行分组统计

2. 通过 Series()对象进行分组统计

通过 Series()对象进行分组统计，与应用字典的方法类似。

【例 9.10】通过 Series()对象分组统计“北上广”销量（**实例位置：资源包\TM\sl\09\10**）

（1）创建一个 Series()对象，关键代码如下：

```
1    data={'北京出库销量':'北上广','上海出库销量':'北上广',
2          '广州出库销量':'北上广','成都出库销量':'成都',
3          '武汉出库销量':'武汉','西安出库销量':'西安',}
4    s1=pd.Series(data)
5    print(s1)
```

运行程序，输出结果如图 9.10 所示。

（2）将 Series()对象传递给 groupby()函数，实现数据分组统计。关键代码如下：

```
6    df1=df.groupby(s1,axis=1).sum()
7    print(df1)
```

运行程序，输出结果如图 9.11 所示。

北京出库销量	北上广
上海出库销量	北上广
广州出库销量	北上广
成都出库销量	成都
武汉出库销量	武汉
西安出库销量	西安

图 9.10　通过 Series()对象进行分组统计

	北上广	成都	武汉	西安
商品名称				
零基础学Python（全彩版）	1991	284	246	152
Python从入门到项目实践（全彩版）	798	113	92	63
Python项目开发案例集锦（全彩版）	640	115	88	57
Python编程锦囊（全彩版）	457	85	65	47
零基础学C语言（全彩版）	364	82	63	40
SQL即查即用（全彩版）	305	29	25	40
零基础学Java（全彩版）	238	48	43	29
零基础学C++（全彩版）	223	53	35	23
零基础学C#（全彩版）	146	27	16	7
C#项目开发实战入门（全彩版）	135	18	22	12

图 9.11　分组统计结果

9.2　数据移位

分析数据时，如果需要上一条数据，我们会移动至上一条，以获取该数据，这就是数据移位。

Pandas 中，使用 shift()函数可返回向下移位后的结果，从而获得上一条数据。例如，获取某学生上一次的英语成绩，如图 9.12 所示。

shift()函数非常有用，与其他函数结合可实现很多功能。其语法格式如下：

```
DataFrame.shift(periods=1, freq=None, axis=0)
```

参数说明：

☑ periods：移动幅度，可以是正数，也可以是负数。默认值是 1，表示移动一次。注意，这里移动的是数据，索引是不移动的，移动之后没有对应值的，赋值为 NaN。

☑ freq：可选参数，默认值为 None，只适用于时间序列，如果这个参数存在，那么会按照参数值移动时间索引，而数据值没有发生变化。

☑ axis：axis=0 表示行，axis=1 表示列，默认值为 0。

【例 9.11】统计学生英语周测成绩的升降情况（**实例位置：资源包\TM\sl\09\11**）

使用 shift()函数统计学生每周英语测试成绩的升降情况，程序代码如下：

```
1    import pandas as pd
2    data = [110,105,99,120,115]
3    index=[1,2,3,4,5]
4    df = pd.DataFrame(data=data,index=index,columns=['英语'])
5    df['升降']=df['英语']-df['英语'].shift()
6    print(df)
```

运行程序，输出结果如图 9.13 所示。从运行结果得知：第 2 次比第 1 次下降 5 分，第 3 次比第 2 次下降 6 分，第 4 次比第 3 次提升 21 分，第 5 次比第 4 次下降 5 分。

	语文	数学	英语
0	110	105	99
1	105	88	115
2	109	120	130

英语1
NaN
99
115

图 9.12　获取学生上一次英语成绩

	英语	升降
1	110	NaN
2	105	-5.0
3	99	-6.0
4	120	21.0
5	115	-5.0

图 9.13　英语升降情况

这里再扩展思考一下，通过 10 次周测来看学生整体英语成绩的升降情况，如图 9.14、图 9.15 所示。

	英语	升降
1	110	NaN
2	105	-5.0
3	99	-6.0
4	120	21.0
5	115	-5.0
6	112	-3.0
7	118	6.0
8	120	2.0
9	109	-11.0
10	113	4.0

图 9.14　10 次周测英语成绩升降情况

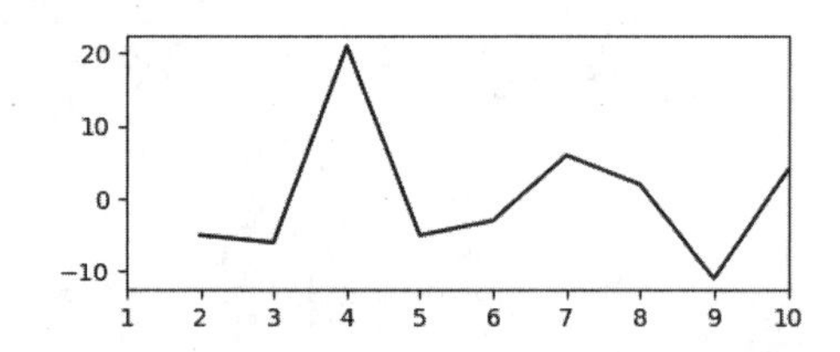

图 9.15　图表展示英语成绩升降情况

shift()函数在实际数据分析中应用很广。例如，分析股票数据，获取股票的实时价格，如果需要将实时价格和上一个工作日的收盘价进行对比，就可以通过 shift()函数实现。shift()函数还可以应用于时间序列，感兴趣的读者可以多进行尝试和探索。

9.3　数据合并

9.3.1　数据合并——merge()函数

Pandas 模块的 merge()函数可以按照两个 DataFrame()对象列名相同的列进行连接合并，前提是两个 DataFrame()对象必须具有同名的列。merge()函数的语法如下：

```
pandas.merge(right,how='inner',on=None,left_on=None,right_on=None,left_index=False,right_index=False,sort=False,suffixes=('_x','_y'),copy=True,indicator=False,validate=None)
```

参数说明：

☑ right：合并对象，DataFrame()对象或 Series()对象。
☑ how：合并类型，参数值可以是 left（左合并）、right（右合并）、outer（外部合并）或 inner（内部合并），默认值为 inner。各个值的说明如下。
  ➢ left：只使用来自左数据集的键，类似于 SQL 左外连接，保留键的顺序。
  ➢ right：只使用来自右数据集的键，类似于 SQL 右外连接，保留键的顺序。
  ➢ outer：使用来自两个数据集的键，类似于 SQL 外连接，按字典顺序对键进行排序。
  ➢ inner：使用来自两个数据集的键的交集，类似于 SQL 内连接，保持左键的顺序。
☑ on：标签、列表或数组，默认值为 None。要连接的数据集的列或索引级别名称。也可以是数据集长度的数组或数组列表。
☑ left_on：标签、列表或数组，默认值为 None。要连接的左数据集的列或索引级名称，也可以是左数据集长度的数组或数组列表。
☑ right_on：标签、列表或数组，默认值为 None。要连接的右数据集的列或索引级名称，也可以是右数据集长度的数组或数组列表。
☑ left_index：布尔型，默认值为 False。使用左数据集的索引作为连接键。如果是多重索引，则其他数据中的键数（索引或列数）必须匹配索引级别数。
☑ right_index：布尔型，默认值为 False，使用右数据集的索引作为连接键。
☑ sort：对结果 DataFrame()对象中的连接键按字典顺序排序。如果为 False，则连接键的顺序取决于连接类型（how 参数）。
☑ suffixes：元组类型，默认值为('_x','_ y')。当左侧数据集和右侧数据集的列名相同时，数据合并后列名将带上“_x”和“_ y”后缀。
☑ copy：是否复制数据，默认值为 True，如果为 False，则不复制数据。
☑ indicator：布尔型或字符串，默认值为 False。如果值为 True，则添加一个列以输出名为“_Merge”的 DataFrame()对象，其中包含每一行的信息。如果是字符串，将向输出的 DataFrame()对象中添加包含每一行信息的列，并将列命名为字符型的值。
☑ validate：字符串，检查合并数据是否为指定类型。可选参数，其值说明如下。
  ➢ one_to_one 或“1:1”：检查合并键在左右数据集中是否都是唯一的。
  ➢ one_to_many 或“1:m”：检查合并键在左数据集中是否唯一。
  ➢ many_to_one 或“m:1”：检查合并键在右数据集中是否唯一。
  ➢ many_to_many 或“m:m”：允许，但不检查。

merge()函数的返回值为 DataFrame()对象，两个合并对象的数据集。

1. 常规合并

【例 9.12】合并学生成绩表（**实例位置：资源包\TM\sl\09\12**）

假设一个 DataFrame()对象包含了学生的“语文”“数学”和“英语”成绩，而另一个 DataFrame()对象则包含了学生的“体育”成绩，现在将它们合并，示意图如图 9.16 所示。

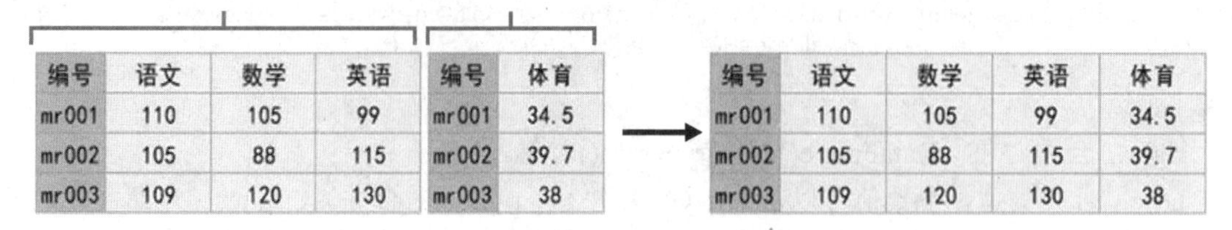

图 9.16　数据合并效果对比示意图

程序代码如下：

```
1    import pandas as pd
2    # 设置数据显示的编码格式为东亚宽度，以使列对齐
3    pd.set_option('display.unicode.east_asian_width', True)
4    df1 = pd.DataFrame({'编号':['mr001','mr002','mr003'],
5                        '语文':[110,105,109],
6                        '数学':[105,88,120],
7                        '英语':[99,115,130]})
8    df2 = pd.DataFrame({'编号':['mr001','mr002','mr003'],
9                        '体育':[34.5,39.7,38]})
10   df_merge=pd.merge(df1,df2,on='编号')
11   print(df_merge)
```

运行程序，输出结果如图 9.17 所示。

【例 9.13】通过索引合并数据（**实例位置：资源包\TM\sl\09\13**）

如果通过索引列合并，则需要设置 right_index 参数和 left_index 参数值为 True。例如，上述举例，通过列索引合并，关键代码如下：

```
1    df_merge=pd.merge(df1,df2,right_index=True,left_index=True)
2    print(df_merge)
```

运行程序，输出结果如图 9.18 所示。

【例 9.14】对合并数据去重（**实例位置：资源包\TM\sl\09\14**）

从图 9.20 所示的运行结果得知：数据中存在重复列（如编号），如果不想要重复列，可以设置按指定列和列索引合并数据，关键代码如下：

```
df_merge=pd.merge(df1,df2,on='编号')
```

还可以通过 how 参数解决这一问题。例如，设置该参数值为 left，就是让 df1 保留所有的行列数据，df2 则根据 df1 的行列进行补全，关键代码如下：

```
df_merge=pd.merge(df1,df2,on='编号',how='left')
```

运行程序，输出结果如图 9.19 所示。

	编号	语文	数学	英语	体育
0	mr001	110	105	99	34.5
1	mr002	105	88	115	39.7
2	mr003	109	120	130	38.0

图 9.17　合并结果

	编号_x	语文	数学	英语	编号_y	体育
0	mr001	110	105	99	mr001	34.5
1	mr002	105	88	115	mr002	39.7
2	mr003	109	120	130	mr003	38.0

图 9.18　通过索引列合并

	编号	语文	数学	英语	体育
0	mr001	110	105	99	34.5
1	mr002	105	88	115	39.7
2	mr003	109	120	130	38.0

图 9.19　合并结果

2. 多对一的数据合并

多对一是指两个数据集（df1、df2）的共有列中的数据不是一对一的关系，例如，df1 中的“编号”

是唯一的，而 df2 中的“编号”有重复的编号，类似这种就是多对一的关系，示意图如图 9.20 所示。

【例 9.15】根据共有列进行合并数据（**实例位置：资源包\TM\sl\09\15**）

根据共有列中的数据进行合并，df2 根据 df1 的行列进行补全，程序代码如下：

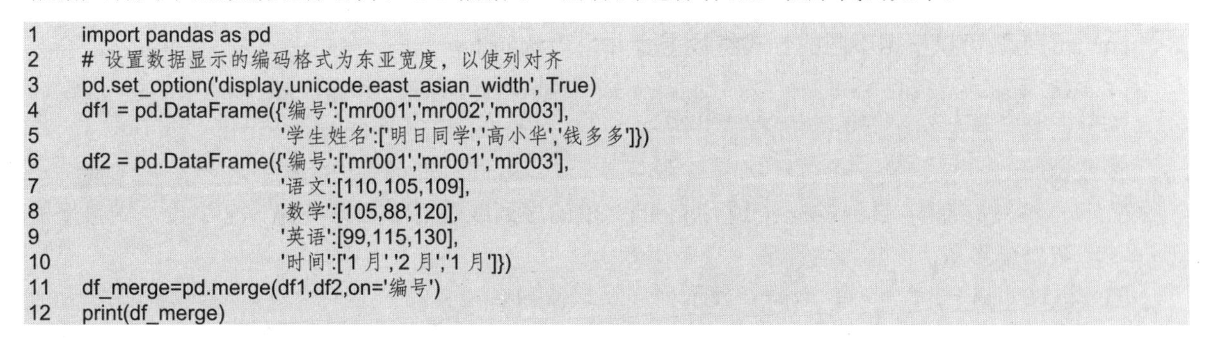

```
1  import pandas as pd
2  # 设置数据显示的编码格式为东亚宽度，以使列对齐
3  pd.set_option('display.unicode.east_asian_width', True)
4  df1 = pd.DataFrame({'编号':['mr001','mr002','mr003'],
5                      '学生姓名':['明日同学','高小华','钱多多']})
6  df2 = pd.DataFrame({'编号':['mr001','mr001','mr003'],
7                      '语文':[110,105,109],
8                      '数学':[105,88,120],
9                      '英语':[99,115,130],
10                     '时间':['1 月','2 月','1 月']})
11 df_merge=pd.merge(df1,df2,on='编号')
12 print(df_merge)
```

运行程序，输出结果如图 9.21 所示。

编号	学生姓名
mr001	明日同学
mr002	高小华
mr003	钱多多

编号	语文	数学	英语
mr001	110	105	99
mr001	105	88	115
mr003	109	120	130

图 9.20　多对一合并示意图

	编号	学生姓名	语文	数学	英语	时间
0	mr001	明日同学	110	105	99	1月
1	mr001	明日同学	105	88	115	2月
2	mr003	钱多多	109	120	130	1月

图 9.21　合并结果

3. 多对多的数据合并

多对多是指两个数据集（df1、df2）的共有列中的数据不全是一对一的关系，都有重复数据，例如“编号”，示意图如图 9.22 所示。

【例 9.16】合并数据并相互补全（**实例位置：资源包\TM\sl\09\16**）

根据共有列中的数据进行合并，df2、df1 相互补全，程序代码如下：

```
1  import pandas as pd
2  # 设置数据显示的编码格式为东亚宽度，以使列对齐
3  pd.set_option('display.unicode.east_asian_width', True)
4  df1 = pd.DataFrame({'编号':['mr001','mr002','mr003','mr001','mr001'],
5                      '体育':[34.5,39.7,38,33,35]})
6  df2 = pd.DataFrame({'编号':['mr001','mr002','mr003','mr003','mr003'],
7                      '语文':[110,105,109,110,108],
8                      '数学':[105,88,120,123,119],
9                      '英语':[99,115,130,109,128]})
10 df_merge=pd.merge(df1,df2)
11 print(df_merge)
```

运行程序，输出结果如图 9.23 所示。

编号	语文	数学	英语
mr001	110	105	99
mr002	105	88	115
mr003	109	120	130
mr003	110	123	109
mr003	108	119	128

编号	体育
mr001	34.5
mr002	39.7
mr003	38
mr001	33
mr001	35

图 9.22　多对多示意图

	编号	体育	语文	数学	英语
0	mr001	34.5	110	105	99
1	mr001	33.0	110	105	99
2	mr001	35.0	110	105	99
3	mr002	39.7	105	88	115
4	mr003	38.0	109	120	130
5	mr003	38.0	110	123	109
6	mr003	38.0	108	119	128

图 9.23　合并结果

9.3.2 数据合并——concat()函数

concat()函数可以根据不同的方式将数据合并，语法如下：

```
pandas.concat(objs,axis=0,join='outer',ignore_index: bool = False, keys=None, levels=None, names=None, verify_integrity: bool = False, sort: bool = False, copy: bool = True)
```

参数说明：

☑ objs：Series()、DataFrame()或 Panel()对象的序列或映射。如果传递一个字典，则排序的键将用作键参数。

☑ axis：axis=1 表示行，axis=0 表示列，默认值为 0。

☑ join：值为 inner（交集）或 outer（联合），处理其他轴上的索引方式。默认值为 outer。

☑ ignore_index：布尔值，默认值为 False，表示是否忽略索引，值为 True 表示忽略索引。

☑ keys：序列，默认值无。使用传递的键作为最外层构建层次索引。如果为多索引，应该使用元组。

☑ levels：序列列表，默认值无。用于构建 MultiIndex 的特定级别（唯一值）。否则，它们将从键推断。

☑ names：list 列表，默认值为 None。结果层次索引中级别的名称。

☑ verify_integrity：布尔值，默认值为 False。检查新连接的轴是否包含重复项。

☑ sort：布尔值，默认值为 True（1.0.0 以后版本默认值为 False，即不排序）。如果连接为外连接（join='outer'），则对未对齐的非连接轴进行排序；如果连接为内连接（join='inner'），该参数不起作用。

☑ copy：表示是否复制数据，默认值为 True，如果为 False，则不复制数据。

下面介绍 concat()函数不同的合并方式，其中 dfs 代表合并后的 DataFrame()对象，df1、df2 等代表单个 DataFrame()对象，result 代表合并后的结果（DataFrame()对象）。

1. 相同字段的表首尾相接

表结构相同的数据将直接合并，表首尾相接，关键代码如下：

```
dfs= [df1, df2, df3]
result = pd.concat(dfs)
```

例如，表 df1、df2 和 df3 结构相同，如图 9.24 所示，合并后的效果如图 9.25 所示。如果想要在合并数据时标记源数据来自哪张表，则需要在代码中加入参数 keys，例如，表名分别为“1 月”“2 月”和“3 月”，合并后的效果如图 9.26 所示。

关键代码如下：

```
result = pd.concat(dfs, keys=['1 月', '2 月', '3 月'])
```

2. 横向表合并（行对齐）

当合并的数据列名称不一致时，可以先设置参数 axis=1，Concat()函数将按行对齐，然后将不同列名的两组数据进行合并，缺失的数据用 NaN 填充，df1 和 df4 合并前后效果如图 9.27 和图 9.28 所示。

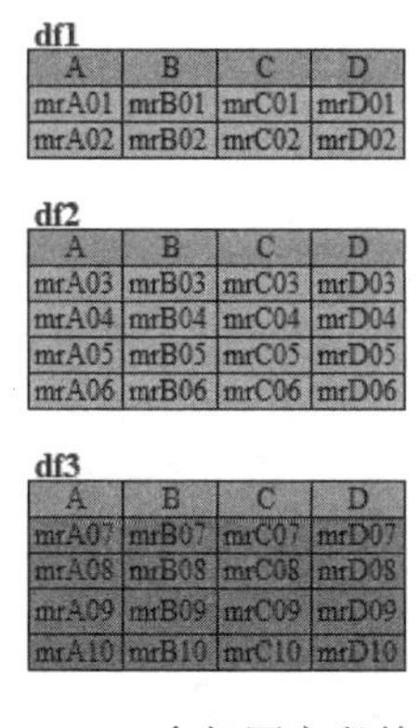

df1

A	B	C	D
mrA01	mrB01	mrC01	mrD01
mrA02	mrB02	mrC02	mrD02

df2

A	B	C	D
mrA03	mrB03	mrC03	mrD03
mrA04	mrB04	mrC04	mrD04
mrA05	mrB05	mrC05	mrD05
mrA06	mrB06	mrC06	mrD06

df3

A	B	C	D
mrA07	mrB07	mrC07	mrD07
mrA08	mrB08	mrC08	mrD08
mrA09	mrB09	mrC09	mrD09
mrA10	mrB10	mrC10	mrD10

图 9.24　3 个相同字段的表

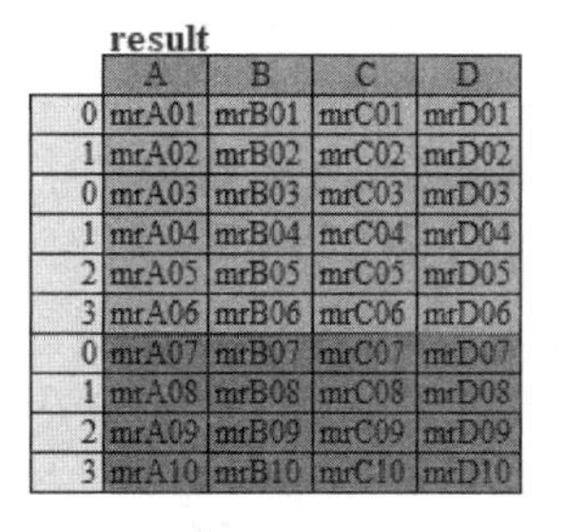

result

	A	B	C	D
0	mrA01	mrB01	mrC01	mrD01
1	mrA02	mrB02	mrC02	mrD02
0	mrA03	mrB03	mrC03	mrD03
1	mrA04	mrB04	mrC04	mrD04
2	mrA05	mrB05	mrC05	mrD05
3	mrA06	mrB06	mrC06	mrD06
0	mrA07	mrB07	mrC07	mrD07
1	mrA08	mrB08	mrC08	mrD08
2	mrA09	mrB09	mrC09	mrD09
3	mrA10	mrB10	mrC10	mrD10

图 9.25　首尾相接合并后的效果

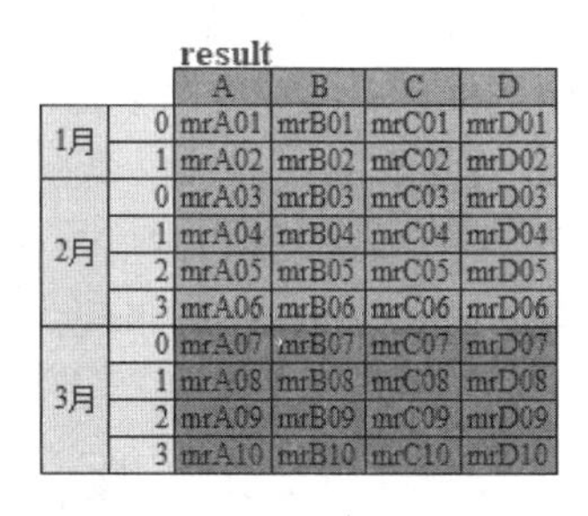

result

		A	B	C	D
1月	0	mrA01	mrB01	mrC01	mrD01
	1	mrA02	mrB02	mrC02	mrD02
2月	0	mrA03	mrB03	mrC03	mrD03
	1	mrA04	mrB04	mrC04	mrD04
	2	mrA05	mrB05	mrC05	mrD05
	3	mrA06	mrB06	mrC06	mrD06
3月	0	mrA07	mrB07	mrC07	mrD07
	1	mrA08	mrB08	mrC08	mrD08
	2	mrA09	mrB09	mrC09	mrD09
	3	mrA10	mrB10	mrC10	mrD10

图 9.26　合并后带标记（月份）的效果

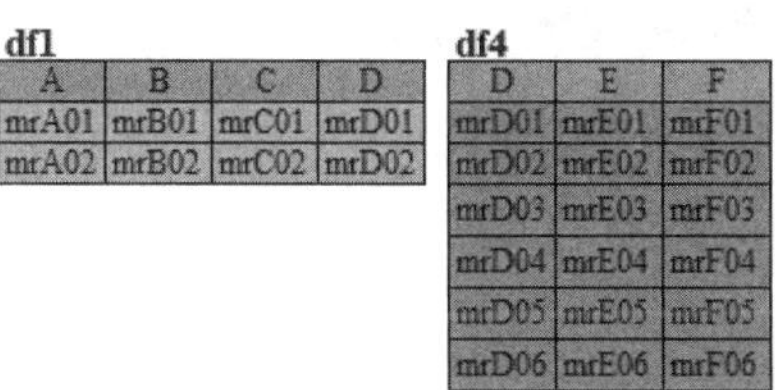

df1

A	B	C	D
mrA01	mrB01	mrC01	mrD01
mrA02	mrB02	mrC02	mrD02

df4

D	E	F
mrD01	mrE01	mrF01
mrD02	mrE02	mrF02
mrD03	mrE03	mrF03
mrD04	mrE04	mrF04
mrD05	mrE05	mrF05
mrD06	mrE06	mrF06

图 9.27　横向表合并前

result

	A	B	C	D	D	E	F
0	mrA01	mrB01	mrC01	mrD01	mrD01	mrE01	mrF01
1	mrA02	mrB02	mrC02	mrD02	mrD02	mrE02	mrF02
2	NaN	NaN	NaN	NaN	mrD03	mrE03	mrF03
3	NaN	NaN	NaN	NaN	mrD04	mrE04	mrF04
4	NaN	NaN	NaN	NaN	mrD05	mrE05	mrF05
5	NaN	NaN	NaN	NaN	mrD06	mrE06	mrF06

图 9.28　横向表合并后

关键代码如下：

```
result = pd.concat([df1, df4], axis=1)
```

3．交叉合并

交叉合并，需要在代码中加上 join 参数。其值为 inner，结果是两表的交集；其值为 outer，结果是两表的并集。例如，求两表交集，表 df1 和 df4 合并前后的效果如图 9.29 和图 9.30 所示。

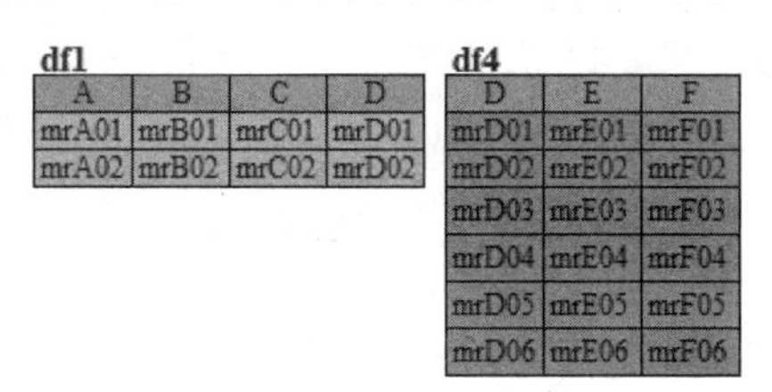

df1

A	B	C	D
mrA01	mrB01	mrC01	mrD01
mrA02	mrB02	mrC02	mrD02

df4

D	E	F
mrD01	mrE01	mrF01
mrD02	mrE02	mrF02
mrD03	mrE03	mrF03
mrD04	mrE04	mrF04
mrD05	mrE05	mrF05
mrD06	mrE06	mrF06

图 9.29　交叉合并前

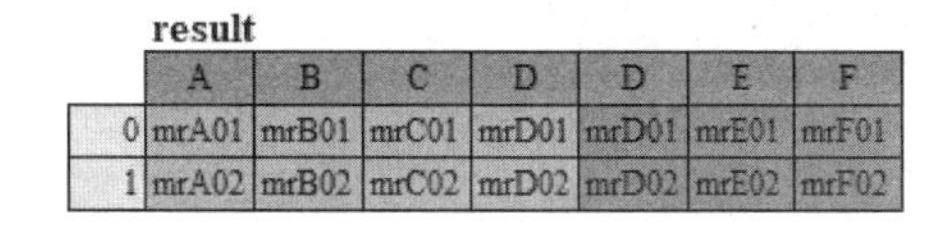

result

	A	B	C	D	D	E	F
0	mrA01	mrB01	mrC01	mrD01	mrD01	mrE01	mrF01
1	mrA02	mrB02	mrC02	mrD02	mrD02	mrE02	mrF02

图 9.30　交叉合并后

关键代码如下：

```
result = pd.concat([df1, df4], axis=1, join='inner')
```

9.3.3　最近合并——merge_asof()函数

最近合并类似于左合并，用于匹配最近的键而不是相等的键。两个 DataFrame 都必须按键排序。语法如下：

```
pandas.merge_asof(left,right, on=None, left_on=None, right_on=None, left_index=False, right_index=False, by=None,
left_by=None, right_by=None, suffixes=('_x','_y'), tolerance=None, allow_exact_matches=True, direction='backward', )
```

主要参数说明：

☑ left、right：DataFrame()对象。

☑ on：标签，要加入的字段名称。必须在两个 DataFrame()对象中都包括。

☑ left_on：标签，要在左侧的 DataFrame()对象中加入的字段名称。

☑ right_on：标签，要在右侧的 DataFrame()对象中加入的字段名称。

☑ left_index：布尔值，使用左侧 DataFrame()对象的索引作为连接键。

☑ right_index：布尔值，使用右侧 DataFrame()对象的索引作为连接键。

例如，将两个表实现最近合并，表 df1 和 df2 合并前后的效果如图 9.31 所示。

df1

编号	A	B	C
1	mrB01	mrC01	mrD01
2	mrB02	mrC02	mrD02

df2

编号	D	E	F
1	mrD01	mrE01	mrF01
2	mrD02	mrE02	mrF02
3	mrD03	mrE03	mrF03
4	mrD04	mrE04	mrF04

result

	编号	A	B	C	D	E	F
0	1	mrB01	mrC01	mrD01	mrD01	mrE01	mrF01
1	2	mrB02	mrC02	mrD02	mrD02	mrE02	mrF02

9.31　最近合并前后效果对比图

【例 9.17】通过“编号”合并数据（**实例位置：资源包\TM\sl\09\17**）

根据共有列“编号”实现最近合并，程序代码如下：

```
1    import pandas as pd
2    # 设置数据显示的编码格式为东亚宽度，以使列对齐
3    pd.set_option('display.unicode.east_asian_width', True)
4    # 创建数据
5    df1 = pd.DataFrame({'编号':[1,2,3],
6                        '语文':[110,105,109],
7                        '数学':[105,88,120],
8                        '英语':[99,115,130]})
9    print(df1)
10   df2 = pd.DataFrame({'编号':[1,2,3,4,5],
11                       '体育':[34.5,39.7,38,43,10]})
12   print(df2)
13   # 最近合并
14   df_merge=pd.merge_asof(df1,df2,on='编号')
15   print(df_merge)
```

运行程序，原始数据如图 9.32 所示，合并后的数据如图 9.33 所示。

	编号	语文	数学	英语
0	1	110	105	99
1	2	105	88	115
2	3	109	120	130

	编号	体育
0	1	34.5
1	2	39.7
2	3	38.0
3	4	43.0
4	5	10.0

图 9.32　原始数据

	编号	语文	数学	英语	体育
0	1	110	105	99	34.5
1	2	105	88	115	39.7
2	3	109	120	130	38.0

图 9.33　合并后的数据

从运行结果得知：merge_asof()函数实现的最近合并，主要以匹配左边数据为主，原始左边数据为 3 条，右边数据为 5 条，合并后以左边数据为主，结果为 3 条数据。

9.4　数据透视表

Excel 中的数据透视表相信大家都非常了解，Python 也提供了类似功能。Python 数据透视表具有以下优势：

☑　更快，尤其在代码模块写好后和数据量较大时。

☑　自我记录。通过查看代码，可快速了解每一步的作用。

☑　易于使用，可以生成报告或电子邮件。

☑　更加灵活，可以定义自定义聚合功能。

Python 数据透视表主要使用 DataFrame()对象的 pivot()函数和 pivot_table()函数实现，本节将介绍这两个函数，以及如何通过这两个函数进行数据分析。

9.4.1　pivot()函数

pivot()函数的语法格式如下：

```
DataFrame.pivot(index=None, columns=None, values=None)[source]
```

参数说明：

☑　index：指定重塑的新表的索引名称。

☑　columns：指定重塑的新表的列名称。

☑　values：指定生成新列的值，如果不指定，则会对剩下的未统计的列进行重新排列。

pivot()函数的返回值为 DataFrame()对象。

例如，一组销售数据转换成数据透视表后看起来非常直观，对比效果如图 9.34 所示。

A	B	C
客户1	1月	123
客户1	2月	456
客户1	3月	789
……	……	……

原始数据

df.pivot(index='A',columns='B',values='C')

B	1月	2月	3月
A			
客户1	123	456	789
客户2	123	456	789
客户3	123	456	789

数据透视表

图 9.34　数据透视表转换过程

【例 9.18】通过数据透视表按年份统计城市 GDP（**实例位置：资源包\TM\sl\09\18**）

按年份统计“北上广深”2020—2022 年的 GDP。数据集包含三个字段，分别是“地区”“年份”和“GDP”。程序代码如下：

```
1    import pandas as pd
2    # 设置数据显示的编码格式为东亚宽度，以使列对齐
3    pd.set_option('display.unicode.east_asian_width', True)
4    # 读取 Excel 文件
5    df=pd.read_excel('gdp.xlsx')
6    print(df)
7    # 数据透视表
8    df_pivot=df.pivot(index='地区',columns='年份',values='GDP')
9    print(df_pivot)
```

运行程序，输出结果如图 9.35 和图 9.36 所示。

	地区	年份	GDP
0	北京	2022年	41610.90
1	上海	2022年	44652.80
2	广州	2022年	28839.00
3	深圳	2022年	32388.00
4	北京	2021年	40269.60
5	上海	2021年	43214.85
6	广州	2021年	28231.97
7	深圳	2021年	30664.85
8	北京	2020年	36102.60
9	上海	2020年	38700.58
10	广州	2020年	25019.11
11	深圳	2020年	27670.24

图 9.35　原始数据

年份	2020年	2021年	2022年
地区			
上海	38700.58	43214.85	44652.8
北京	36102.60	40269.60	41610.9
广州	25019.11	28231.97	28839.0
深圳	27670.24	30664.85	32388.0

图 9.36　按年份统计“北上广深”GDP

9.4.2　pivot_table()函数

pivot_table()函数将列数据设定为行索引和列索引，并可以进行聚合运算。pivot_table()函数在统计分析上非常强大和便捷，一行代码就可以实现，默认求平均数。语法如下：

```
DataFrame.pivot_table(values=None,index=None,columns=None,aggfunc='mean', fill_value=None, margins=False, dropna=True, margins_name='All', observed=False)
```

主要参数说明：

☑ values：被计算的数据项，可选参数，指定需要被聚合的列。

☑ index：行分组键，用于分组的列名或其他分组键，作为结果 DataFrame()对象的行索引。

☑ columns：列分组键，用于分组的列名或其他分组键，作为结果 DataFrame()对象的列索引。

☑ aggfunc：聚合函数或函数列表，默认值为 mean（平均值）。

☑ fill_value：填充值，默认值为 None。

☑ margins：布尔型，表示是否添加行/列的总计。默认值为 False 时不添加，为 True 时添加。

☑ margins_name：当参数 margins=True 时，指定总计的名称，默认值为 All。

【例 9.19】通过数据透视表统计各部门男女员工人数（**实例位置：资源包\TM\sl\09\19**）

统计每一个部门男员工和女员工各有多少人，程序代码如下：

```
1    import pandas as pd
```

```
2   # 设置数据显示的编码格式为东亚宽度，以使列对齐
3   pd.set_option('display.unicode.east_asian_width', True)
4   # 设置数据显示的列数和宽度
5   pd.set_option('display.max_columns',20)
6   pd.set_option('display.width',3000)
7   # 读取 Excel 文件
8   df=pd.read_excel('员工表.xlsx')
9   print(df.head())
10  # 数据透视表，统计各部门男员工和女员工的人数
11  df_pivot=df.pivot_table(index='性别',columns='所属部门',values='姓名',aggfunc='count')
12  print(df_pivot)
13  # 空数据填充为 0
14  df_pivot=df.pivot_table(index='性别',columns='所属部门',values='姓名',aggfunc='count',fill_value=0)
15  print(df_pivot)
```

运行程序，输出结果如图 9.37 和图 9.38 所示。

	所属部门	姓名	性别	年龄	婚姻状况	入职时间	民族
0	总经办	mr001	男	47	已	2001-01-01	汉
1	人资行政部	mr002	女	33	已	2020-05-11	汉
2	人资行政部	mr003	女	27	已	2023-10-24	汉
3	财务部	mr004	女	34	已	2018-10-15	汉
4	财务部	mr005	女	30	已	2022-09-04	蒙

图 9.37　原始数据

所属部门	人资行政部	客服部	开发一部	开发二部	总经办	编辑部	网站开发部	设计部	课程部	财务部	运营部
性别											
女	2	3	3	2	0	4	2	3	3	2	4
男	0	1	4	3	1	0	2	1	2	0	1

图 9.38　按部门统计男女员工人数

9.5　小　　结

本章介绍了如何使用 Pandas 模块实现数据的分组统计、数据移位、数据合并以及数据透视表这些数据分析的常用技术。希望大家可以通过书中的实例进行练习，也可以自行寻找与实例类似的数据来进行练习，确保可以完全掌握本章所学习的内容。

第 10 章

处理日期与时间

在对时间类型数据进行分析时，需要将字符串时间转换为标准时间类型，而 Pandas 有着强大的日期数据处理功能。本章主要介绍日期数据的处理，日期范围、频率和移位，时间区间与频率转换，重新采样与频率转换，移动窗口函数等。

本章知识架构如下。

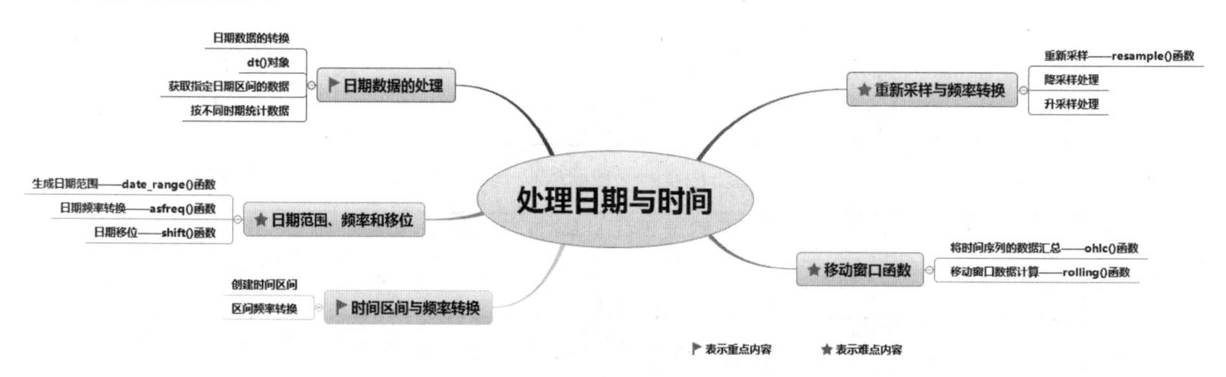

10.1 日期数据的处理

10.1.1 日期数据的转换

日常工作中，有一件非常麻烦的事情就是日期的格式可以有很多种表达，我们看到同样是 2023 年 2 月 14 日，可以有很多种日期格式，如图 10.1 所示。所以，我们需要先将这些格式统一后才能进行后续的工作。Pandas 提供了 to_datetime()函数可以帮助我们解决这一问题。

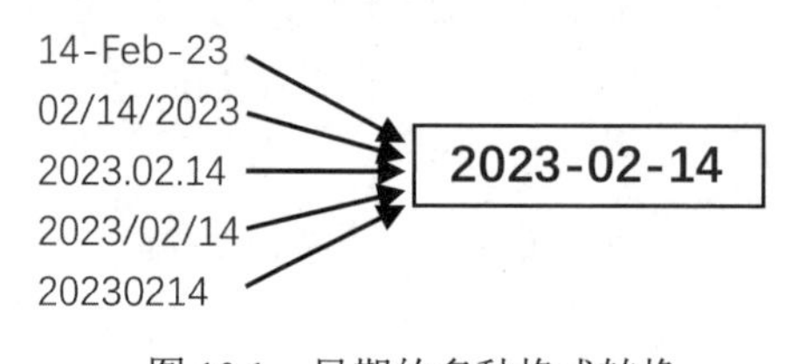

图 10.1 日期的多种格式转换

to_datetime()函数可以实现批量日期数据转换，对于处理大数据非常实用和方便，它可以将日期数据转换成你需要的各种格式。例如，将 2/14/23 和 14-2-2023 转换为日期格式 2023-02-14。

to_datetime()函数的语法如下：

```
pandas.to_datetime(arg,errors='ignore',dayfirst=False,yearfirst=False,utc=None,box=True,format=None,exact=True,unit=None,infer_datetime_format=False,origin='unix',cache=False)
```

参数说明：

☑ arg：字符串、日期时间、字符串数组。

☑ errors：值为 ignore、raise 或 coerce，默认值为 ignore 忽略错误，具体说明如下。

  ➢ ignore：无效的解析将返回原值。

  ➢ raise：无效的解析将引发异常。

  ➢ coerce：无效的解析将被设置为 NaT，即将无法转换为日期的数据转换为 NaT。

☑ dayfirst：第一天，布尔型，默认值为 False，如果为 True，解析日期为第一天，如 01/01/2023。

☑ yearfirst：第一年，布尔型，默认值为 False，如果为 True 则将年份放在前面。

☑ utc：默认值为 None。返回 utc 即协调世界时间。

☑ box：布尔值，默认值为 True。如果为 True 返回 DatetimeIndex，如果为 False 返回值的 ndarray。

☑ format：格式化显示时间的格式。字符串，默认值为 None。

☑ exact：布尔值，默认值为 True。如果为 True，则要求格式完全匹配。如果为 False，则允许格式与目标字符串中的任何位置匹配。

☑ unit：默认值为 None，参数的单位（D、s、ms、μs、ns）表示时间的单位。如 Unix 时间戳是整数/浮点数。

☑ infer_datetime_format：默认值为 False。如果没有格式，则尝试根据第一个日期时间字符串推断格式。

☑ origin：默认值为 unix。定义参考日期。数值将被解析为单位数。

☑ cache：默认值为 False。如果为 True，则使用唯一、转换日期的缓存应用日期时间转换。在解析重复日期字符串，特别是带有时区偏移的字符串时，可能会产生明显的加速。只有在至少有 50 个值时才使用缓存。越界值的存在将使缓存不可用，并可能减慢解析速度。

to_datetime()函数的返回值为日期时间。

【例 10.1】 将各种日期字符串转换为指定的日期格式（**实例位置：资源包\TM\sl\10\01**）

将 2023 年 2 月 14 日的各种格式转换为日期格式，程序代码如下：

```
1	import pandas as pd
2	# 设置数据显示的编码格式为东亚宽度，以使列对齐
3	pd.set_option('display.unicode.east_asian_width', True)
4	df=pd.DataFrame({'原日期':['14-Feb-23', '02/14/2023', '2023.02.14', '2023/02/14','20230214']})
5	df['转换后的日期']=pd.to_datetime(df['原日期'])
6	print(df)
```

运行程序，输出结果如图 10.2 所示。

还可以实现从 DataFrame()对象中的多列，如年、月、日各列组合成一列日期。键值是常用的日期缩略语。组合要求：

☑ 必选：year、month、day。

☑ 可选：hour、minute、second、millisecond（毫秒）、microsecond（微秒）、nanosecond（纳秒）。

【例 10.2】将一组数据组合为日期数据（**实例位置：资源包\TM\sl\10\02**）

将一组数据组合为日期数据，关键代码如下：

```
1   import pandas as pd
2   # 设置数据显示的编码格式为东亚宽度，以使列对齐
3   pd.set_option('display.unicode.east_asian_width', True)
4   df = pd.DataFrame({'year': [2021, 2022,2023],
5                      'month': [1, 3,2],
6                      'day': [4, 5,14],
7                      'hour':[13,8,2],
8                      'minute':[23,12,14],
9                      'second':[2,4,0]})
10  df['组合后的日期']=pd.to_datetime(df)
11  print(df)
```

运行程序，输出结果如图 10.3 所示。

	原日期	转换后的日期
0	14-Feb-23	2023-02-14
1	02/14/2023	2023-02-14
2	2023.02.14	2023-02-14
3	2023/02/14	2023-02-14
4	20230214	2023-02-14

图 10.2　转换日期格式

	year	month	day	hour	minute	second	组合后的日期
0	2021	1	4	13	23	2	2021-01-04 13:23:02
1	2022	3	5	8	12	4	2022-03-05 08:12:04
2	2023	2	14	2	14	0	2023-02-14 02:14:00

图 10.3　组合日期

10.1.2　dt()对象

dt()对象是 Series()对象中用于获取日期属性的一个访问器对象，通过它可以获取日期中的年、月、日、星期数、季节等，还可以判断日期是否处在年底。语法如下：

```
Series.dt()
```

dt()对象返回与原始系列相同的索引系列。如果 Series 不包含类日期值，则将引发错误。

dt()对象提供了 year、month、day、dayofweek、dayofyear、is_leap_year、quarter、weekday_name 等属性和函数。例如，year 可以获取“年”、month 可以获取“月”、quarter 可以直接得到每个日期分别是第几个季度，weekday_name 可以直接得到每个日期对应的是周几。

【例 10.3】获取日期中的年、月、日、星期数等数据（**实例位置：资源包\TM\sl\10\03**）

使用 dt()对象获取日期中的年、月、日、星期数、季节等数据。

（1）获取年、月、日。代码如下：

```
df['年'],df['月'],df['日']=df['日期'].dt.year,df['日期'].dt.month,df['日期'].dt.day
```

（2）从日期判断所处星期数。代码如下：

```
df['星期几']=df['日期'].dt.day_name()
```

（3）从日期判断所处季度。代码如下：

```
df['季度']=df['日期'].dt.quarter
```

（4）从日期判断是否为年底最后一天。代码如下：

```
df['是否年底']=df['日期'].dt.is_year_end
```

运行程序，输出结果如图 10.4 所示。

	原日期	日期	年	月	日	星期几	季度	是否年底
0	2022.1.05	2022-01-05	2022	1	5	Wednesday	1	False
1	2022.2.15	2022-02-15	2022	2	15	Tuesday	1	False
2	2022.3.25	2022-03-25	2022	3	25	Friday	1	False
3	2022.6.25	2022-06-25	2022	6	25	Saturday	2	False
4	2022.09.15	2022-09-15	2022	9	15	Thursday	3	False
5	2022.12.31	2022-12-31	2022	12	31	Saturday	4	True

图 10.4　dt()对象日期转换

10.1.3　获取指定日期区间的数据

获取日期区间的数据的方法是直接在 DataFrame()对象中输入日期或日期区间，但前提是必须设置日期为索引。

（1）获取 2022 年的数据。代码如下：

```
df1.loc['2022']
```

（2）获取 2021—2022 年的数据。代码如下：

```
df1['2021':'2022']
```

（3）获取某月（2022 年 7 月）的数据。代码如下：

```
df1.loc['2022-07']
```

（4）获取具体某天（2022 年 5 月 6 日）的数据。代码如下：

```
df1['2022-05-06':'2022-05-06']
```

【例 10.4】获取指定日期区间的订单数据（**实例位置：资源包\TM\sl\10\04**）

获取 2022 年 5 月 11 日到 10 月 10 日之间的订单，效果如图 10.5 所示。

	买家会员名	联系手机	买家实际支付金额
订单付款时间			
2022-05-11 11:37:00	mrhy61	1**********	55.86
2022-05-11 13:03:00	mrhy80	1**********	268.00
2022-05-11 13:27:00	mrhy40	1**********	55.86
2022-05-12 02:23:00	mrhy27	1**********	48.86
2022-05-12 21:13:00	mrhy76	1**********	268.00
...	...	...	...
2022-10-10 14:35:00	left102	1**********	268.00
2022-10-10 15:12:00	left84	1**********	299.00
2022-10-10 15:21:00	left106	1**********	199.00
2022-10-10 16:20:00	left31	1**********	51.87
2022-10-10 16:32:00	left78	1**********	38.39

图 10.5　2022 年 5 月 11 日到 10 月 10 日之间的订单（省略部分数据）

程序代码如下：

```
1    import pandas as pd
2    # 设置数据显示的编码格式为东亚宽度，以使列对齐
3    pd.set_option('display.unicode.ambiguous_as_wide', True)
4    pd.set_option('display.unicode.east_asian_width', True)
5    df = pd.read_excel('mingribooks.xls')
6    df1=df[['订单付款时间','买家会员名','联系手机','买家实际支付金额']]
7    df1=df1.sort_values(by=['订单付款时间'])
8    df1 = df1.set_index('订单付款时间')              # 将日期设置为索引
9    print(df1['2022-05-11':'2022-10-10'])           # 获取某个区间数据
```

10.1.4 按不同时期统计数据

1．按时期统计数据

按时期统计数据主要通过 DataFrame()对象的 resample()函数结合数据计算函数实现。resample()函数主要应用于时间序列频率转换和重新采样，它可以从日期中获取年、月、日、星期、季节等数据，结合数据计算函数就可以实现按年、月、日、星期或季度等不同时期统计数据。举例如下：

（1）按年统计数据。代码如下：

```
df1=df1.resample('AS').sum()
```

（2）按季度统计数据。代码如下：

```
df2.resample('Q').sum()
```

（3）按月度统计数据。代码如下：

```
df1.resample('M').sum()
```

（4）按星期统计数据。代码如下：

```
df1.resample('W').sum()
```

（5）按天统计数据。代码如下：

```
df1.resample('D').sum()
```

代码说明：

☑ 代码中的 AS 表示将每年第一天作为开始日期，如果将最后一天作为开始日期，则需要将 AS 改为 A。

☑ 代码中的 Q 表示将每个季度最后一天作为开始日期，如果要改成将每个季度第一天作为开始日期，则需要将 Q 改为 QS。

☑ 代码中的“M”表示将每个月最后一天作为开始日期，如果要改成将每个月第一天作为开始日期，则需要将 M 改为 MS。

技巧

按日期统计数据过程中，可能会出现如图 10.6 所示的错误提示。

```
Traceback (most recent call last):
  File "F:/PythonBooks/Python数据分析从入门到实践/Program/07/相关性分析/demo.py", line 8, in <module>
    df1=df_x.resample('D').sum()                    #按日统计费用
  File "C:\Users\Administrator\AppData\Local\Programs\Python\Python37\lib\site-packages\pandas\core\generic.py", line 8155, in resample
    base=base, key=on, level=level)
  File "C:\Users\Administrator\AppData\Local\Programs\Python\Python37\lib\site-packages\pandas\core\resample.py", line 1250, in resample
    return tg._get_resampler(obj, kind=kind)
  File "C:\Users\Administrator\AppData\Local\Programs\Python\Python37\lib\site-packages\pandas\core\resample.py", line 1380, in _get_resampler
    "but got an instance of %r" % type(ax).__name__)
TypeError: Only valid with DatetimeIndex, TimedeltaIndex or PeriodIndex, but got an instance of 'Index'
```

图 10.6　错误提示

完整错误描述：

```
TypeError: Only valid with DatetimeIndex, TimedeltaIndex or PeriodIndex, but got an instance of 'Index'
```

出现上述错误的原因是 resample()函数要求索引必须为日期型。

解决方法：将数据的索引转换为 datetime 类型，关键代码如下：

```
df1.index = pd.to_datetime(df1.index)
```

2. 按时期显示数据

DataFrame()对象的 to_period()函数可以将时间戳转换为时期，从而实现按时期显示数据，前提是日期必须设置为索引。语法如下：

```
DataFrame.to_period(freq=None, axis=0, copy=True)
```

参数说明：

☑ freq：字符串，周期索引的频率，默认值为 None。

☑ axis：行列索引，0 为行索引，1 为列索引，默认值为 0。

☑ copy：是否复制数据，默认值为 True，如果为 False，则不复制数据。

to_period()函数的返回值为带周期索引的时间序列。

【例 10.5】从日期中获取不同的时期（**实例位置：资源包\TM\sl\10\05**）

从日期中获取不同的时期，关键代码如下：

```
1   df1.to_period('A')          # 按年
2   df1.to_period('Q')          # 按季度
3   df1.to_period('M')          # 按月
4   df1.to_period('W')          # 按星期
```

3. 按时期统计并显示数据

按时期统计并显示数据分为如下 4 种情况：

☑ 按年统计并显示数据，代码如下，运行结果如图 10.7 所示。

```
df2.resample('AS').sum(numeric_only=True).to_period('A')
```

☑ 按季度统计并显示数据，代码如下，运行结果如图 10.8 所示。

```
Q_df=df2.resample('Q').sum(numeric_only=True).to_period('Q')
```

---------按年统计并显示数据-----------	
	买家实际支付金额
订单付款时间	
2022	218711.61

图 10.7　按年统计并显示数据

---------按季度统计并显示数据-----------	
	买家实际支付金额
订单付款时间	
2022Q1	58230.83
2022Q2	62160.49
2022Q3	44942.19
2022Q4	53378.10

图 10.8　按季度统计并显示数据

☑　按月统计并显示数据，代码如下，运行结果如图 10.9 所示。

```
df2.resample('M').sum(numeric_only=True).to_period('M')
```

☑　按星期统计并显示数据（前 5 条数据），代码如下，运行结果如图 10.10 所示。

```
df2.resample('W').sum(numeric_only=True).to_period('W').head()
```

---------按月统计并显示数据-----------	
	买家实际支付金额
订单付款时间	
2022-01	23369.17
2022-02	10129.87
2022-03	24731.79
2022-04	20484.80
2022-05	11847.91
2022-06	29827.78
2022-07	39433.60
2022-08	1895.65
2022-09	3612.94
2022-10	15230.59
2022-11	15394.61
2022-12	22752.90

图 10.9　按月统计并显示数据

---------按星期统计并显示数据-----------	
	买家实际支付金额
订单付款时间	
2021-12-27/2022-01-02	1943.53
2022-01-03/2022-01-09	6540.76
2022-01-10/2022-01-16	3593.40
2022-01-17/2022-01-23	4825.69
2022-01-24/2022-01-30	5792.36

图 10.10　按星期统计并显示数据

10.2　日期范围、频率和移位

10.2.1　生成日期范围——date_range()函数

生成指定的日期范围可以使用 Pandas 的 date_range()函数，该函数可以实现按指定的频率生成时间段或生成超前或滞后的日期范围等。语法如下：

```
pandas.date_range(start=None, end=None, periods=None, freq=None, tz=None, normalize=False, name=None, closed=None, **kwargs)
```

参数说明：

☑　start：字符串或日期型，默认值为 None，表示日期的起点。

☑　end：字符串或日期型，默认值为 None，表示日期的终点。

☑ periods：整型或 None，默认值为 None，表示要生成多少个日期索引值；如果值为 None，那么 start 和 end 两个参数必须不能为 None。

☑ freq：字符串或 DateOffset，默认值为 D，表示以自然日为单位，该参数用来指定计时单位，如“3H”表示每隔 3 个小时计算一次。

☑ tz：字符串或 None，表示时区。

☑ normalize：布尔值，默认值为 False。如果值为 True，那么在生成时间索引值之前会先将 start 和 end 两个参数都转化为当日的午夜 0 点。

☑ name：字符串，默认值为 None，为返回的时间索引指定一个名字。

☑ closed：字符串或 None，默认值为 None，表示 start 和 end 两个参数的日期是否包含在区间内，有 3 个值，left 表示左闭右开区间（不包括日期的终点，即 end 参数值）；right 表示左开右闭区间（不包括日期的起点，即 start 参数值）；None 表示两边的日期都包括在内。

date_range()函数的返回值为 DatetimeIndex（日期时间索引）。

【例 10.6】按频率生成时间段（**实例位置：资源包\TM\sl\10\06**）

使用 Pandas 的 date_range()函数生成指定频率的时间段，程序代码如下：

```
1   import  pandas as pd
2   print(pd.date_range('2023/1/1','2023/1/3'))                              # 默认 freq = 'D'：每日
3   print(pd.date_range('2023/1/1','2023/1/3', freq = 'B'))                  # B：每个工作日
4   print(pd.date_range('2023/1/1','2023/1/3', freq = 'H'))                  # H：每小时
5   print(pd.date_range('2023/1/1 12:00','2023/1/1 12:10', freq = 'T'))      # T/MIN：每分钟
6   print(pd.date_range('2023/1/1 12:00:00','2023/1/1 12:00:10', freq = 'S'))  # S：每秒
7   print(pd.date_range('2023/1/1 12:00:00','2023/1/1 12:00:10', freq = 'L'))  # L：每毫秒（千分之一秒）
8   print(pd.date_range('2023/1/1 12:00:00','2023/1/1 12:00:10', freq = 'U'))  # U：每微秒（百万分之一秒）
9   # W-MON：从指定星期几开始算起，每周
10  # 星期的缩写：MON/TUE/WED/THU/FRI/SAT/SUN
11  # WOM-2MON：从每月的第几个星期几开始算，这里是每月第二个星期一
12  print(pd.date_range('2023/1/1','2023/2/1', freq = 'W-MON'))
13  print(pd.date_range('2023/1/1','2023/5/1', freq = 'WOM-2MON'))
14  # M：每月最后一个日历日
15  # Q-月份：指定月为季度末，每个季度末最后一月的最后一个日历日
16  # A-月份：每年指定月份的最后一个日历日
17  # 月份的缩写：JAN/FEB/MAR/APR/MAY/JUN/JUL/AUG/SEP/OCT/NOV/DEC
18  print(pd.date_range('2021','2023', freq = 'M'))
19  print(pd.date_range('2020','2023', freq = 'Q-DEC'))
20  print(pd.date_range('2020','2023', freq = 'A-DEC'))
21  print('*' * 50)
22  # BM：每月最后一个工作日
23  # BQ-月份：指定月为季度末，每个季度末最后一月的最后一个工作日
24  # BA-月份：每年指定月份的最后一个工作日
25  print(pd.date_range('2021','2023', freq = 'BM'))
26  print(pd.date_range('2020','2023', freq = 'BQ-DEC'))
27  print(pd.date_range('2020','2023', freq = 'BA-DEC'))
28  print('*' * 50)
29  # M：每月第一个日历日
30  # Q-月份：指定月为季度末，每个季度末最后一月的第一个日历日
31  # A-月份：每年指定月份的第一个日历日
32  print(pd.date_range('2021','2023', freq = 'MS'))
33  print(pd.date_range('2020','2023', freq = 'QS-DEC'))
34  print(pd.date_range('2020','2023', freq = 'AS-DEC'))
35  print(pd.date_range('2020','2023', freq = 'BAS-DEC'))
```

为了方便灵活使用 date_range()函数，下面给出 freq 参数的详细解释。

- ☑ B：工作日频率。
- ☑ C：自定义工作日频率。
- ☑ D：日历日频率。
- ☑ W：每周频率。
- ☑ M：月末频率。
- ☑ SM：半月结束频率（15 日和月末）。
- ☑ BM：营业月结束频率。
- ☑ CBM：自定义营业月结束频率。
- ☑ MS：月开始频率。
- ☑ SMS：半月开始频率（第 1 天和第 15 天）。
- ☑ BMS：营业月开始频率。
- ☑ CBMS：自定义营业月开始频率。
- ☑ Q：四分之一结束频率。
- ☑ BQ：业务季度结束频率。
- ☑ QS：季度开始频率。
- ☑ BQS：业务季度开始频率。
- ☑ A, Y：年终频率。
- ☑ BA, BY：业务年度结束频率。
- ☑ AS, YS：年开始频率。
- ☑ BAS, BYS：营业年度开始频率。
- ☑ BH：营业时间频率。
- ☑ H：小时的频率。
- ☑ T：分钟的频率。
- ☑ S：秒的频率。
- ☑ L：毫秒的频率。
- ☑ U：微妙的频率。
- ☑ N：纳秒的频率。

【例 10.7】按复合频率生成时间段（**实例位置：资源包\TM\sl\10\07**）

使用 Pandas 的 date_range()函数按复合频率生成指定的时间段，程序代码如下：

```
1   import pandas as pd
2   print(pd.date_range('2023/1/1','2023/2/1', freq = '7D'))              #7 天
3   print(pd.date_range('2023/1/1','2023/1/2', freq = '1h30min'))         #1 小时 30 分
4   print(pd.date_range('2022','2023', freq = '2M'))                      # 两个月，每月最后一个日历日
```

10.2.2 日期频率转换——asfreq()函数

日期操作过程中，当需要将日期时间索引更改为不同频率，同时在当前索引处保留相同的值时，可以使用 asfreq()函数。

【例 10.8】按天的频率转换为 5 小时的频率（**实例位置：资源包\TM\sl\10\08**）

将按天的频率转换为按 5 小时的频率，代码如下：

```
1   import numpy as np
2   import pandas as pd
3   # 生成日期范围
4   ts = pd.Series(np.random.rand(5), index = pd.date_range('20230101','20230105'))
5   print(ts)
6   # 改变频率，将日改为 5 小时
7   # method：插值模式，None 不插值，ffill 用之前的值填充，bfill 用之后的值填充
8   print(ts.asfreq('5H',method = 'ffill'))
```

运行程序，输出结果如图 10.11 和图 10.12 所示。

```
2023-01-01    0.898176
2023-01-02    0.476885
2023-01-03    0.261718
2023-01-04    0.059884
2023-01-05    0.541627
```

图 10.11　原始数据

```
2023-01-01 00:00:00    0.898176
2023-01-01 05:00:00    0.898176
2023-01-01 10:00:00    0.898176
2023-01-01 15:00:00    0.898176
2023-01-01 20:00:00    0.898176
2023-01-02 01:00:00    0.476885
2023-01-02 06:00:00    0.476885
2023-01-02 11:00:00    0.476885
2023-01-02 16:00:00    0.476885
2023-01-02 21:00:00    0.476885
2023-01-03 02:00:00    0.261718
2023-01-03 07:00:00    0.261718
2023-01-03 12:00:00    0.261718
2023-01-03 17:00:00    0.261718
2023-01-03 22:00:00    0.261718
2023-01-04 03:00:00    0.059884
2023-01-04 08:00:00    0.059884
2023-01-04 13:00:00    0.059884
2023-01-04 18:00:00    0.059884
2023-01-04 23:00:00    0.059884
```

图 10.12　转换为 5 小时的频率后

10.2.3　日期移位——shift()函数

移位是指将日期向前移动或向后移动。主要使用 Series()对象和 DataFrame()对象的 shift()函数，该函数用于进行简单的向前或向后移动日期对应的数据，数据改变而日期索引不改变。正数表示向前移动，负数表示向后移动。

例如，有一组原始数据，将日期向前移动两次的数据如图 10.13 所示，从图中可以看出，日期索引没有改变，而数据改变了。

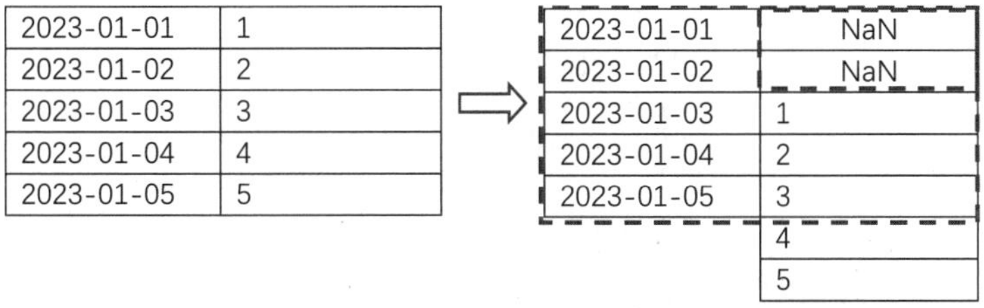

2023-01-01	1
2023-01-02	2
2023-01-03	3
2023-01-04	4
2023-01-05	5

⇨

2023-01-01	NaN
2023-01-02	NaN
2023-01-03	1
2023-01-04	2
2023-01-05	3
	4
	5

图 10.13　移位日期示意图

shift()函数非常有用，在数据位移时与其他函数结合，能实现很多功能，语法如下：

```
DataFrame.shift(periods=1, freq=None, axis=0)
```

部分参数说明：

☑ periods：表示移动的幅度，可以是正数，也可以是负数，默认值是 1，表示移动一次。注意，这里移动的都是数据，而索引是不移动的，移动之后没有对应值的，赋值为 NaN。

☑ freq：可选参数，默认值为 None，只适用于时间序列。如果这个参数存在，那么会按照参数值移动日期索引，而数据值不会发生变化。

☑ axis：axis=1 表示行，axis=0 表示列，默认值为 0。

【例 10.9】查看日期向前和向后移动两次后的数据（**实例位置：资源包\TM\sl\10\09**）

首先使用 numpy 和 date_range()函数随机生成 2023 年 1 月 1 日—2023 年 1 月 5 日的数据，然后查看日期向前和向后移动两次后的数据，程序代码如下：

```
1    import numpy as np
2    import pandas as pd
3    # 随机生成日期数据
4    ts = pd.Series(np.random.rand(5),
5                   index = pd.date_range('20230101','20230105'))
6    print(ts)
7    # 查看日期向前和向后移动两次后的数据
8    print(ts.shift(2))
9    print(ts.shift(-2))
```

运行程序，输出结果如图 10.14、图 10.15 和图 10.16 所示。

```
2023-01-01    0.762564
2023-01-02    0.585076
2023-01-03    0.113326
2023-01-04    0.707493
2023-01-05    0.699168
```

图 10.14　原始数据

```
2023-01-01         NaN
2023-01-02         NaN
2023-01-03    0.762564
2023-01-04    0.585076
2023-01-05    0.113326
```

图 10.15　向前移动两次的数据

```
2023-01-01    0.113326
2023-01-02    0.707493
2023-01-03    0.699168
2023-01-04         NaN
2023-01-05         NaN
```

图 10.16　向后移动两次的数据

在移位日期过程中，数据发生了变化，产生了缺失值（NaN）。如果只移动日期，数据不发生变化，可以通过 freq 参数指定频率。例如，日期向前移动两次，频率为日历日，关键代码如下：

```
print(ts.shift(2,freq='D'))
```

运行程序，输出结果如图 10.17 所示。

```
2023-01-03    0.762564
2023-01-04    0.585076
2023-01-05    0.113326
2023-01-06    0.707493
2023-01-07    0.699168
```

图 10.17　日期向前移动两次

对比原始数据，会发现日期发生了变化，而数据没有变化。当然，这里也可以指定其他频率，例如，日期向前移动一次，频率为 30 分钟，关键代码如下：

```
print(ts.shift(1,freq='30T'))
```

10.3　时间区间与频率转换

时间区间就是时间范围、时期，也就是一段时间，如一些天、一些月、一些年等。本节主要介绍创建时间区间和区间频率转换。

10.3.1　创建时间区间

创建时间区间可以使用 Pandas 的 Period 类和 period_range()函数。

1．Period 类

Period 类用于定义一个时期，或者说具体的一个时间段，包括起始时间 start_time、终止时间 end_time、频率 freq 等参数，其中参数 freq 和之前的 date_range()函数的 freq 参数类似，可以取 D、M 等值。其返回值是日期时间。

【例 10.10】使用 Period 类创建不同的时间（**实例位置：资源包\TM\sl\10\10**）

下面使用 Period 类创建不同的时间区间，程序代码如下：

```
1   import pandas as pd
2   # 创建时间区间
3   myperiod = pd.Period('2022-12-25', freq = "A")
4   print(myperiod)
5   print(myperiod.start_time, myperiod.end_time, myperiod + 1, myperiod)
6   print(pd.Period('2023-1-1 12:13:14', freq='S') + 1)          # 秒+1
7   print(pd.Period('2023-1-1 12:13:14', freq='T') + 1)          # 分+1
8   print(pd.Period('2023-1-1 12:13:14', freq='H') + 1)          # 时+1
9   print(pd.Period('2023-1-1 12:13:14', freq='D') + 1)          # 日+1
10  print(pd.Period('2023-1-1 12:13:14', freq='M') + 1)          # 月+1
11  print(pd.Period('2023-1-1 12:13:14', freq='A') + 1)          # 年+1
```

运行程序，输出结果如图 10.18 所示。

Period 类的属性如下：

☑ day：获取当前时间段所在月份的天数。
☑ dayofweek：获取当前时间段所在月份的星期数。
☑ dayofyear：获取当前时间段所在年份的天数。
☑ days_in_month：获取当前时间段一个月内的天数。
☑ daysinmonth：获取当前时间段所在月份的总天数。
☑ hour：获取当前时间段的小时数。
☑ minute：获取当前时间段的分钟数。
☑ second：获取当前时间段的秒数。
☑ start_time：起始时间。
☑ end_time：终止时间。
☑ week：获取当前时间段所在年份的星期数。

2. period_range()函数

period_range()函数创建的时间序列可以作为Series()对象的索引，与Period类不同的是period_range()函数的返回值是日期索引序列。

【例 10.11】使用 period_range()函数创建时间段（**实例位置：资源包\TM\sl\10\11**）

使用 period_range()函数创建 2022 年 1 月 1 日—2022 年 6 月 30 日的时间段，程序代码如下：

```
1    import pandas as pd
2    import numpy as np
3    # 创建时间段
4    prng=pd.period_range('2022-01-01','2022-06-30',freq='M')
5    ts=pd.Series(np.random.randn(6),index=prng)
6    print(ts)
```

运行程序，输出结果如图 10.19 所示。

```
2022
2022-01-01 00:00:00 2022-12-31 23:59:59.999999999 2023 2022
2023-01-01 12:13:15
2023-01-01 12:14
2023-01-01 13:00
2023-01-02
2023-02
2024
```

图 10.18　使用 Period 类创建时间区间

```
2022-01    -2.049221
2022-02     0.350021
2022-03    -0.602843
2022-04    -1.103856
2022-05     0.428134
2022-06    -1.587885
```

图 10.19　创建时间段

10.3.2　区间频率转换

在统计数据过程中，可能会遇到这样的需求：将某年的报告转换为季报告或月报告。为了实现这个需求，Pandas 提供了 asfreq()函数来转换区间的频率，如将年度区间转换为月度区间。asfreq()函数的语法如下：

```
Period.asfreq(freq，how='end')
```

参数说明：

☑ freq：表示计时单位，可以是 DateOffest 对象或字符串。

☑ how：可以取值为 start 或 end，默认值为 end，仅适用于时期索引。start 包含区间开始，end 包含区间结束。

【例 10.12】区间频率转换（**实例位置：资源包\TM\sl\10\12**）

下面实现区间频率转换，程序代码如下：

```
1    import pandas as pd
2    # 创建时间序列
3    myperiod = pd.Period('2023', freq = "A-DEC")
4    print(myperiod)
5    print('转换为月度区间：')
6    print(myperiod.asfreq('M',how='start'))
7    print(myperiod.asfreq('M',how='end'))
8    print('转换为日历日区间')
9    print(myperiod.asfreq('D',how='start'))
10   print(myperiod.asfreq('D',how='end'))
```

运行程序，输出结果如图 10.20 所示。

```
2023
转换为月度区间：
2023-01
2023-12
转换为日历日区间
2023-01-01
2023-12-31
```

图 10.20　区间频率转换

10.4　重新采样与频率转换

10.4.1　重新采样——resample()函数

通过前面的学习，我们学会了如何生成不同频率的时间索引，按小时、按天、按周、按月等。如果想对数据做不同频率的转换，该怎么办？在 Pandas 中对时间序列的频率的调整称为重新采样，即将时间序列从一个频率转换到另一个频率的处理过程。例如，将每天一个频率转换为每 5 天一个频率，如图 10.21 所示。

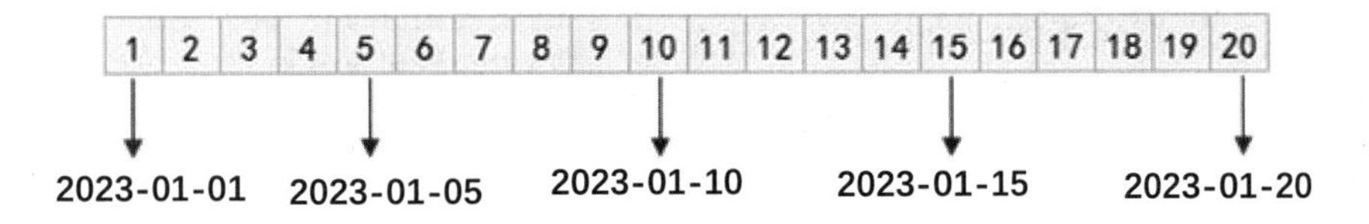

图 10.21　时间频率转换

重新采样主要使用 resample()函数，该函数用于对常规时间序列重新采样和频率转换，包括降采样和升采样两种。首先我们来了解 resample()函数，语法如下：

```
DataFrame.resample(rule,how=None,axis=0,fill_method=None,closed=None,label=None,convention='start',kind=None,loffset
=None,limit=None,base=0,on=None,level=None)
```

参数说明：

☑ rule：字符串，偏移量表示目标字符串或对象转换。

☑ how：用于产生聚合值的函数名或数组函数，如 mean、ohlc、np.max 等，默认值为 mean，其他常用的值为 first、last、median、max 和 min。

☑ axis：整型，表示行列。0 表示列，1 表示行，默认值为 0。

☑ fill_method：升采样时所使用的填充函数，ffill()函数（用前值填充）或 bfill()函数（用后值填充），默认值为 None。

☑ closed：降采样时表示时间区间的开和闭，与数学里区间的概念一样，其值为 right 或 left，right 表示左开右闭（即左边值不包括在内），left 表示左闭右开（即右边值不包括在内），默认值为 right，左开右闭。

☑ label：降采样时设置聚合值的标签。例如，10：30—10：35 会被标记成 10：30 或是 10：35，默认值为 None。

☑ convention：当重新采样时，将低频率转换到高频率所采用的约定，其值为 start 或 end，默认值为 start。

☑ kind：聚合到时期（period）或时间戳（timestamp），默认聚合到时间序列的索引类型，默认值为 None。

☑ loffset：聚合标签的时间校正值，默认值为 None。例如，-1s 或 Second(-1)用于将聚合标签调早 1 秒。

☑ limit：向前或向后填充时，允许填充的最大时期数，默认值为 None。

☑ base：整型，默认值为 0。对于均匀细分 1 天的频率，聚合间隔的“原点”。例如，对于 5min 频率，base 的范围可以是 0～4。

☑ on：字符串，可选参数，默认值为 None。对 DataFrame 对象使用列代替索引进行重新采样。列必须与日期时间类似。

☑ level：字符串或整型，可选参数，默认值为 None。用于多索引，重新采样的级别名称或级别编号，级别必须与日期时间类似。

resample()函数的返回值为重新采样对象。

【例 10.13】将一分钟的时间序列转换为 3 分钟的时间序列（**实例位置：资源包\TM\sl\10\13**）

首先创建一个包含 9 个一分钟的时间序列，然后使用 resample()函数将其转换为 3 分钟的时间序列并对索引列进行求和计算，如图 10.22 所示。

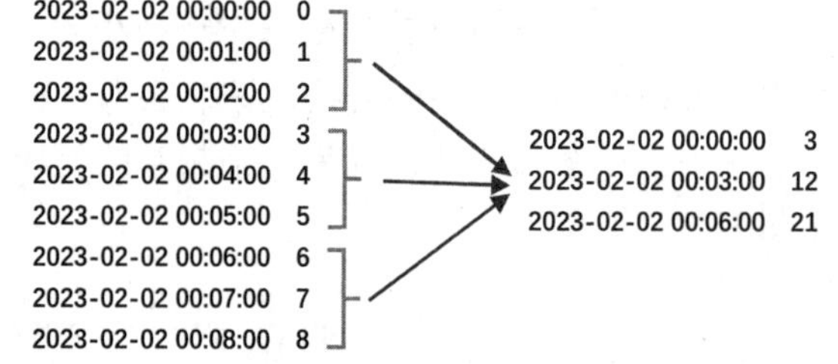

图 10.22　时间序列转换

程序代码如下：

```
1    import pandas as pd
2    index = pd.date_range('02/02/2023', periods=9, freq='T')    # 生成 9 组，每分钟的日期范围数据
3    series = pd.Series(range(9), index=index)                   # 生成日期对应的数据
4    print(series)
5    print(series.resample('3T').sum())          # 打印 3 分钟的时间序列并对索引列进行求和计算的结果
```

10.4.2　降采样处理

降采样是指周期由高频率转向低频率。例如，将 5min 股票交易数据转换为日交易，按天统计的销售数据转换为按周统计。

数据降采样涉及数据聚合。例如，将天数据变成周数据，那么就要对 1 周 7 天的数据进行聚合，聚合的方式主要包括求和、求均值等。例如，淘宝店铺每天的销售数据（部分数据）如图 10.23 所示。

【例 10.14】按周统计销售数据（**实例位置：资源包\TM\sl\10\14**）

使用 resample()函数来做降采样处理，频率为“周”，也就是将上述销售数据每周（每 7 天）做一次求和，程序代码如下：

```
1    import pandas as pd
2    df=pd.read_excel('time.xls')
```

```
3    df1 = df.set_index('订单付款时间')                    # 设置"订单付款时间"为索引
4    print(df1.resample('W').sum(numeric_only=True).head())
```

	A	B	C	D	E
1	买家会员名	买家实际支付金额	宝贝总数量	宝贝标题	订单付款时间
2	mr00001	748.5	1	PHP程序员开发资源库	2023-1-1
3	mr00003	90	1	个人版编程词典加点	2023-1-1
4	mr00004	10	1	邮费	2023-1-1
5	mr00002	269	4	零基础学Java全彩版 ，Java精彩编程200例，Java项目开发实	2023-1-1
6	mr00005	50.86	1	零基础学PHP全彩版	2023-1-1
7	mr00006	39.9	1	软件项目开发全程实录：C语言项目开发全程实录（附光盘）	2023-1-1
8	mr00007	55.86	1	零基础学PHP全彩版	2023-1-1
9	mr00008	48.86	1	Java Web项目开发实战入门全彩版	2023-1-2
10	mr00009	55.86	1	零基础学JavaScript	2023-1-2
11	mr00010	50.86	1	零基础学PHP全彩版	2023-1-2
12	mr00012	69.25	1	SQL Server 从入门到精通（第2版）（配光盘）	2023-1-2
13	mr00013	299	4	零基础学C#全彩版，C#精彩编程200例全彩版，C#项目开发	2023-1-2
14	mr00015	50.86	1	零基础学Oracle	2023-1-2
15	mr00016	55.86	1	零基础学HTML5+CSS3	2023-1-2
16	mr00017	48.86	1	零基础学Java全彩版	2023-1-2
17	mr00019	50.86	1	零基础学C#全彩版	2023-1-3
18	mr00020	50.86	1	零基础学HTML5+CSS3	2023-1-3

图 10.23　淘宝店铺每天销售数据（部分数据）

运行程序，输出结果如图 10.24 所示。

在参数说明中，我们列出了 closed 参数的解释，如果把 closed 参数值设置为 left，结果将是怎样的呢？如图 10.25 所示。

```
              买家实际支付金额  宝贝总数量
订单付款时间
2023-01-01          1264.12       10
2023-01-08          6617.43      108
2023-01-15          3007.82       37
2023-01-22          5850.39       72
2023-01-29          5430.66       53
```

图 10.24　周数据统计（1）

```
              买家实际支付金额  宝贝总数量
订单付款时间
2023-01-08          5735.91       77
2023-01-15          4697.62       70
2023-01-22          5568.77       74
2023-01-29          5408.68       53
2023-02-05          1958.19       19
```

图 10.25　周数据统计（2）

10.4.3　升采样处理

升采样是指周期由低频率转向高频率。将数据从低频率转换高频率时，就不需要聚合了，将其重新采样到日频率，默认会引入缺失值。

例如，原来是按周统计的数据，现在变成按天统计。升采样会涉及数据的填充，根据填充的方法不同，填充的数据也不同。下面介绍三种填充方法。

☑ 不填充。空值用 NaN 代替，使用 asfreq()函数。

☑ 用前值填充。用前面的值填充空值，使用 ffill()函数或者 pad()函数。为了方便记忆，ffill()函数可以使用它的第一个字母 f 代替，代表 forward，向前的意思。

☑ 用后值填充，使用 bfill()函数，可以使用字母 b 代替，代表 back，向后的意思。

【例 10.15】每 6 小时统计一次数据（**实例位置：资源包\TM\sl\10\15**）

下面创建一个时间序列，起始日期是 2023-02-02，一共 2 天，每天对应的数值分别是 1 和 2，通过升采样处理为每 6 小时统计一次数据，空值以不同的方式填充，程序代码如下：

```
1    import pandas as pd
2    import numpy as np
```

```
3    rng = pd.date_range('20230202', periods=2)                    # 生成日期范围
4    s1 = pd.Series(np.arange(1,3), index=rng)                     # 生成日期对应的数据
5    s1_6h_asfreq = s1.resample('6H').asfreq()                     # 不填充
6    print(s1_6h_asfreq)
7    s1_6h_ffill = s1.resample('6H').ffill()                       # 使用前值填充
8    print(s1_6h_ffill)
9    s1_6h_bfill = s1.resample('6H').bfill()                       # 使用后值填充
10   print(s1_6h_bfill)
```

运行程序，输出结果如图 10.26 所示。

```
2023-02-02 00:00:00    1.0
2023-02-02 06:00:00    NaN
2023-02-02 12:00:00    NaN
2023-02-02 18:00:00    NaN
2023-02-03 00:00:00    2.0
Freq: 6H, dtype: float64
2023-02-02 00:00:00    1
2023-02-02 06:00:00    1
2023-02-02 12:00:00    1
2023-02-02 18:00:00    1
2023-02-03 00:00:00    2
Freq: 6H, dtype: int32
2023-02-02 00:00:00    1
2023-02-02 06:00:00    2
2023-02-02 12:00:00    2
2023-02-02 18:00:00    2
2023-02-03 00:00:00    2
Freq: 6H, dtype: int32
```

图 10.26　6 小时数据统计

10.5　移动窗口函数

10.5.1　将时间序列的数据汇总——ohlc()函数

在金融领域，我们经常会看到开盘（open）、收盘（close）、最高价（high）和最低价（low）数据，而在 Pandas 中经过重新采样的数据也可以得到这样的结果，就是通过调用 ohlc()函数得到数据汇总结果，即开始值（open）、结束值（close）、最高值（high）和最低值（low）。ohlc 函数的语法如下：

```
resample.ohlc()
```

ohlc 函数返回 DataFrame()对象，包括每组数据的 open、high、low 和 close 值。

【例 10.16】统计数据的 open、high、low 和 close 值（**实例位置：资源包\TM\sl\10\16**）

下面是一组 5 分钟的时间序列，通过 ohlc()函数获取该时间序列中每组时间的开始值、最高值、最低值和结束值，程序代码如下：

```
1    import pandas as pd
2    import numpy as np
3    rng = pd.date_range('2/2/2023',periods=12,freq='T')   # 生成 12 组每分钟的日期范围数据
4    s1 = pd.Series(np.arange(12),index=rng)               # 生成日期对应的数据
5    print(s1.resample('5min').ohlc())                     # 打印间隔 5 分钟的 open、high、low 和 close 值
```

运行程序，输出结果如图 10.27 所示。

	open	high	low	close
2023-02-02 00:00:00	0	4	0	4
2023-02-02 00:05:00	5	9	5	9
2023-02-02 00:10:00	10	11	10	11

图 10.27　时间序列数据汇总

10.5.2　移动窗口数据计算——rolling()函数

通过重新采样我们可以得到想要的任何频率的数据，但是这些数据也只是一个时间点的数据，那么就存在这样一个问题：时间点的数据波动较大，某一点的数据就不能很好地表现它本身的特性，于是就有了“移动窗口”的概念，简单地说，为了提升数据的可靠性，将某个点的取值扩大到包含这个点的一段区间，用区间来进行判断，这个区间就是窗口。

下面举例说明。如图 10.28 所示，其中时间序列代表 1 号到 15 号每天的销量数据，接下来以 3 天为一个窗口，将该窗口从左至右依次移动，统计出 3 天的销量数据的平均值作为这个点的值，如 3 号的销量是 1 号、2 号和 3 号的平均值。

通过上述说明相信大家已经理解了移动窗口，在 Pandas 中可以通过 rolling()函数实现移动窗口数据的计算，语法如下：

```
DataFrame.rolling(window, min_periods=None, center=False, win_type=None, on=None, axis=0, closed=None)
```

参数说明：

☑ window：时间窗口的大小，有两种形式（int 或 offset）。如果使用 int 形式，则数值表示计算统计量的观测值的数量，即向前几个数据。如果使用 offset 形式，则表示时间窗口的大小。

☑ min_periods：每个窗口最少包含的观测值数量，小于这个值的窗口结果为 NA。值可以是 int，默认值为 None。在 offset 情况下，默认值为 1。

☑ center：布尔型，表示是否从中间位置开始取数，默认值为 False。

☑ win_type：窗口的类型。

☑ on：可选参数。对于 DataFrame()对象，是指定要计算移动窗口的列，值为列名。

☑ axis：整型或字符串。默认值为 0，即对列进行计算。

☑ closed：定义区间的开闭，支持 int 类型的窗口。

rolling()函数的返回值为特定操作而生成的窗口或移动窗口子类。

【例 10.17】创建淘宝每日销量数据（**实例位置：资源包\TM\sl\10\17**）

首先创建一组淘宝每日销量数据，程序代码如下：

```
1	import pandas as pd
2	index=pd.date_range('20230201','20230215')          # 生成指定日期范围数据
3	data=[3,6,7,4,2,1,3,8,9,10,12,15,13,22,14]          # 创建日期对应的数据列表
4	s1_data=pd.Series(data,index=index)                 # 生成日期对应的数据
5	print(s1_data)                                      # 打印生成后的日期数据
```

运行程序，输出结果如图 10.29 所示。

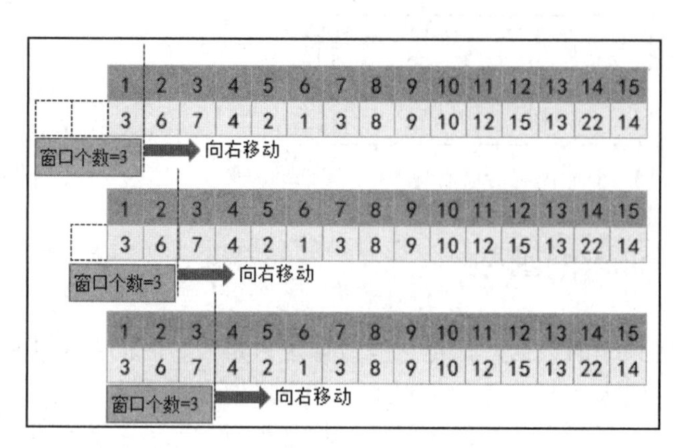

图 10.28　移动窗口数据示意图

```
2023-02-01     3
2023-02-02     6
2023-02-03     7
2023-02-04     4
2023-02-05     2
2023-02-06     1
2023-02-07     3
2023-02-08     8
2023-02-09     9
2023-02-10    10
2023-02-11    12
2023-02-12    15
2023-02-13    13
2023-02-14    22
2023-02-15    14
Freq: D, dtype: int64
```

图 10.29　原始数据

【例 10.18】使用 rolling()函数计算三天的均值（**实例位置：资源包\TM\sl\10\18**）

下面使用 rolling()函数计算 2023-02-01—2023-02-15 中每三天的销量均值，窗口个数为 3，代码如下：

```
s1_data.rolling(3).mean()
```

运行程序，我们来看 rolling()函数是如何计算的。如图 10.30 所示，当窗口开始移动时，第一个时间点 2023-02-01 和第二个时间点 2023-02-02 的数值为空，这是因为窗口个数为 3，它们前面有空数据，所以均值为空；而到第三个时间点 2023-02-03 时，它前面的数据是 2023-02-01—2023-02-03，所以三天的均值是 5.333333，以此类推。

```
2023-02-01     3        2023-02-01          NaN
2023-02-02     6        2023-02-02          NaN
2023-02-03     7        2023-02-03     5.333333
2023-02-04     4        2023-02-04     5.666667
2023-02-05     2        2023-02-05     4.333333
2023-02-06     1        2023-02-06     2.333333
2023-02-07     3        2023-02-07     2.000000
2023-02-08     8        2023-02-08     4.000000
2023-02-09     9        2023-02-09     6.666667
2023-02-10    10        2023-02-10     9.000000
2023-02-11    12        2023-02-11    10.333333
2023-02-12    15        2023-02-12    12.333333
2023-02-13    13        2023-02-13    13.333333
2023-02-14    22        2023-02-14    16.666667
2023-02-15    14        2023-02-15    16.333333
Freq: D, dtype: int64   Freq: D, dtype: float64
```

图 10.30　移动窗口均值（1）

【例 10.19】用当天的数据代表窗口数据（**实例位置：资源包\TM\sl\10\19**）

在计算第一个时间点 2023-02-01 的窗口数据时，虽然数据不够窗口长度 3，但是至少有当天的数据，那么能否用当天的数据代表窗口数据呢？答案是肯定的，通过设置 min_periods 参数即可，它表示窗口最少包含的观测值，小于这个值的窗口长度显示为空，等于或大于时都有值，关键代码如下：

```
s1_data.rolling(3,min_periods=1).mean()
```

运行程序，对比效果如图 10.31 所示。

上述举例，我们再扩展一下。通过图表观察原始数据与移动窗口数据的平稳性，如图 10.32 所示，其中实线代表移动窗口数据，其走向更平稳，这也是我们学习移动窗口 rolling()函数的原因。

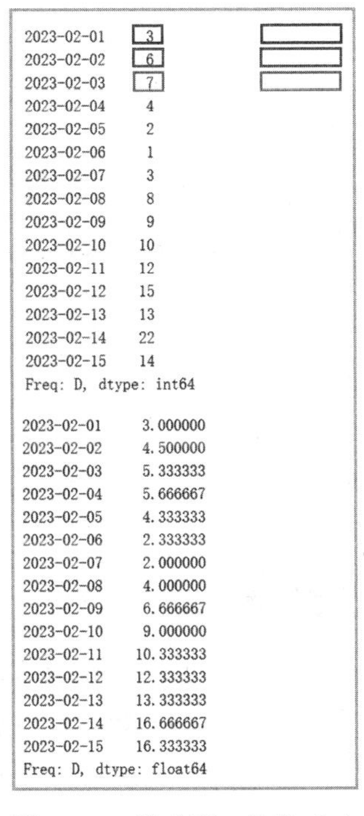

```
2023-02-01    3
2023-02-02    6
2023-02-03    7
2023-02-04    4
2023-02-05    2
2023-02-06    1
2023-02-07    3
2023-02-08    8
2023-02-09    9
2023-02-10   10
2023-02-11   12
2023-02-12   15
2023-02-13   13
2023-02-14   22
2023-02-15   14
Freq: D, dtype: int64

2023-02-01     3.000000
2023-02-02     4.500000
2023-02-03     5.333333
2023-02-04     5.666667
2023-02-05     4.333333
2023-02-06     2.333333
2023-02-07     2.000000
2023-02-08     4.000000
2023-02-09     6.666667
2023-02-10     9.000000
2023-02-11    10.333333
2023-02-12    12.333333
2023-02-13    13.333333
2023-02-14    16.666667
2023-02-15    16.333333
Freq: D, dtype: float64
```

图 10.31　移动窗口均值（2）

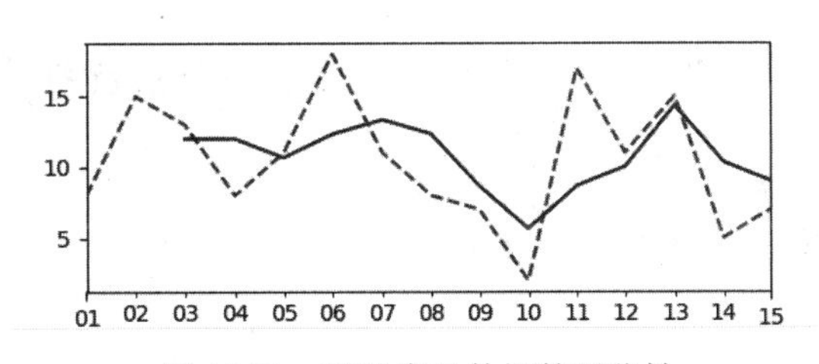

图 10.32　移动窗口数据的平稳性

虚线代表原始数据，实线代表移动窗口数据。

10.6　小　　结

本章介绍了如何使用 Pandas 模块实现在数据分析时处理数据中的日期与时间问题。其中包含日期数据的转换、获取指定日期区间的数据、按不同时期统计数据等多种在数据分析中比较常用的函数。

希望大家可以根据现有的实例进行拓展练习，掌握本章介绍的这些比较常用的日期时间数据的处理函数。

第 11 章

Scikit-Learn 机器学习模块

机器学习，顾名思义就是让机器（计算机）模拟人类学习，从而有效提高工作效率。Python 提供的第三方模块 Scikit-Learn 融入了大量的数学模型算法，使得数据分析、机器学习变得简单高效。本章主要内容包括 Scikit-Learn 概述、安装，常用的线性回归模型——最小二乘法回归、岭回归，以及支持向量机和聚类。

本章知识架构如下。

11.1 Scikit-Learn 概述

Scikit-Learn（简称 Sklearn）是 Python 的第三方模块，是机器学习领域的知名模块之一。它对常用的机器学习算法进行了封装，包括回归（Regression）、降维（Dimensionality Reduction）、分类（Classfication）和聚类（Clustering）四大机器学习算法。

Scikit-Learn 具有以下特点：

☑ 拥有简单、高效的数据挖掘和数据分析工具。

☑ 让每个人能够在复杂环境中重复使用。

☑ Scikit-Learn 是 Scipy 模块的扩展，建立在 NumPy 和 Matplotlib 模块基础之上。利用这几大模块的优势，可以大大提高机器学习的效率。

☑ 开源，采用 BSD 协议，可用于商业。

11.2　安装 Scikit-Learn 模块

Scikit-Learn 安装要求如下：

☑　Python 版本：高于 2.7。

☑　NumPy 版本：高于 1.8.2。

☑　SciPy 版本：高于 0.13.3。

如果已经安装了 NumPy 和 Scipy，则可直接使用 pip 命令安装 Scikit-Learn，命令如下：

```
pip install scikit-learn
```

还可以在 PyCharm 开发环境中安装 Scikit-Learn，其安装过程类似于 4.1 节中 Pandas 模块的安装。运行 Pycharm，选择 File→Settings 命令，在 Settings 对话框的左侧列表中选择 Project Code→Project Interpreter 选项，单击添加模块按钮“+”，打开 Available Packages 对话框，搜索并选中 scikit-learn 模块，如图 11.1 所示，单击 Install Package 按钮，进行 Scikit-Learn 模块的安装。

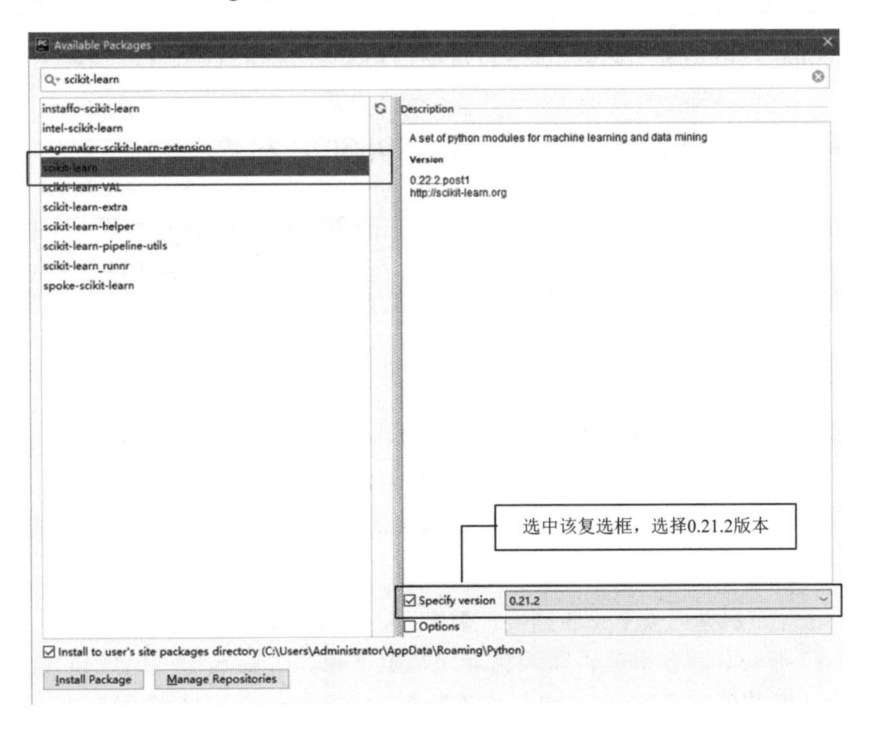

图 11.1　安装 Scikit-Learn

注意

尽量选择安装 0.21.2 版本，否则运行程序可能会因为模块版本不适合而导致程序出现错误提示——"找不到指定的模块"。

11.3 线 性 模 型

Scikit-Learn 模块已设计好线性模型（sklearn.linear_model），在程序中可以直接调用。读者无须编写过多代码，即可轻松实现线性回归分析。

还记得什么是线性回归吗？线性回归是利用数理统计中的回归分析来确定两种或两种以上变量间相互依赖的定量关系的一种统计分析与预测方法，应用非常广泛。线性回归分析中只包括一个自变量和一个因变量，二者的关系可用一条直线近似表示，这种回归分析称为一元线性回归分析。如果线性回归分析中包括两个或两个以上自变量，则称为多元线性回归分析。

Python 中无须理会烦琐的线性回归求解数学过程，直接使用 Scikit-Learn 的 linear_model 子模块就可以实现线性回归分析。linear_model 子模块提供了很多线性模型，包括最小二乘法回归、岭回归、Lasso、贝叶斯回归等。本节主要介绍最小二乘法回归和岭回归。

首先导入 linear_model 子模块，程序代码如下：

```
from sklearn import linear_model
```

导入 linear_model 子模块后，在程序中就可以使用相关函数实现线性回归分析了。

11.3.1 最小二乘法回归——LinearRegression 对象

线性回归是数据挖掘中的基础算法之一，线性回归的思想其实就是通过解一组方程来得到回归系数，不过在出现误差项之后，方程的解法就有了改变，一般使用最小二乘法进行计算，所谓“二乘”就是平方的意思，最小二乘法也称最小平方和，其目的是通过最小化误差的平方和，使得预测值与真值无限接近。

linear_model 子模块的 LinearRegression 对象用于实现最小二乘法回归。LinearRegression 对象拟合一个带有回归系数的线性模型，使得真实数据和预测数据（估计值）之间的残差平方和最小，与真实数据无限接近。LinearRegression 对象的语法如下：

```
linear_model.LinearRegression(fit_intercept=True,normalize=False,copy_X=True,n_jobs=None)
```

参数说明：

☑ fit_intercept：布尔型，表示是否需要计算截距，默认值为 True。

☑ normalize：布尔型，表示是否需要标准化，默认值为 False，和参数 fit_intercept 有关。当 fit_intercept 参数值为 False 时，将忽略该参数；当 fit_intercept 参数值为 True 时，则在回归前对回归量 X 进行归一化处理，取均值相减，再除以 L2 范数（L2 范数是指向量各元素的平方和的开方）。

☑ copy_X：布尔型，选择是否复制 X 数据，默认值为 True，如果值为 False，则覆盖 X 数据。

☑ n_jobs：整型，代表 CPU 工作效率的核数，默认值为 1，-1 表示跟 CPU 核数一致。

主要属性说明：

☑ coef_：数组或形状，表示线性回归分析的回归系数。

☑ intercept_：数组，表示截距。

主要函数说明：

☑ fit(X,y,sample_weight=None)：拟合线性模型。

☑ predict(X)：使用线性模型返回预测数据。

☑ score(X,y,sample_weight=None)：返回预测的确定系数 R^2。

LinearRegression 对象调用 fit()函数来拟合数组 *X*、*y*，并且将线性模型的回归系数存储在其成员变量 coef_属性中。

【例 11.1】智能预测房价（**实例位置：资源包\TM\sl\11\01**）

某地的房屋面积与价格之间的关系如图 11.2 所示。下面使用 LinearRegression 对象预测面积为 170 平方米的房屋的单价。程序代码如下：

面积	价格
56	7800
104	9000
156	9200
200	10000
250	11000
300	12000

图 11.2　房屋价格表

```
1    from sklearn import linear_model
2    clf=linear_model.LinearRegression(fit_intercept=True)          # 创建线性模型
3    # 创建房屋面积和价格数据
4    x=[[56],[104],[156],[200],[250],[300]]
5    y=[7800,9000,9200,10000,11000,12000]
6    clf.fit(x,y)                                                   # 拟合线性模型
7    k=clf.coef_                                                    # 获取斜率（回归系数）
8    b=clf.intercept_                                               # 获取截距
9    x0=[[170]]                                                     # 创建新的房屋面积
10   # 预测价格，通过给定的 x0 预测 y0，y0=截距+X 值*回归系数
11   y0=b+x0*k
12   # 或者：
13   # y0=clf.predict(x0) # 预测值
14   print('回归系数：',k)
15   print('截距：',b)
16   print('预测值价格：',y0)
```

运行程序，输出结果为：

```
回归系数： [16.32229076]
截距： 6933.406342099755
预测价格： [[9708.19577086]]
```

11.3.2　岭回归——Ridge 对象

岭回归是在最小二乘法回归的基础上，加入了对表示回归系数的 L2 范数约束。岭回归是缩减法的一种，相当于对回归系数的大小施加了限制。岭回归主要使用 linear_model 子模块的 Ridge 对象实现。语法如下：

```
linear_model.Ridge(alpha=1.0,fit_intercept=True,normalize=False,copy_X=True,
max_iter=None,tol=0.001,solver='auto',random_state=None)
```

主要参数说明：

☑ alpha：权重。

☑ fit_intercept：布尔型，表示是否需要计算截距，默认值为 True。

☑ normalize：输入的样本特征归一化，默认值为 False。

☑ copy_X：复制或者重写。

☑ max_iter：最大迭代次数。

☑ tol：浮点型，控制求解的精度。

☑ solver：求解器，其值包括 auto、svd、cholesky、sparse_cg 和 lsqr，默认值为 auto。

主要属性说明：

☑ coef_：数组或形状，表示线性回归分析的回归系数。

主要函数说明：

☑ fit(X,y)：拟合线性模型。

☑ predict(X)：使用线性模型返回预测数据。

Ridge 对象使用 fit()函数将线性模型的回归系数存储在成员变量 coef_属性中。

【例 11.2】使用岭回归智能预测房价（**实例位置：资源包\TM\sl\11\02**）

使用岭回归 Ridge 对象智能预测房价，程序代码如下：

```
1   from sklearn.linear_model import Ridge
2   # 创建房屋面积和价格数据
3   x=[[56],[104],[156],[200],[250],[300]]
4   y=[7800,9000,9200,10000,11000,12000]
5   # 创建线性模型（岭回归）
6   clf = Ridge(alpha=1.0)
7   clf.fit(x, y)                    # 拟合线性模型
8   k=clf.coef_                      # 回归系数
9   b=clf.intercept_                 # 截距
10  x0=[[170]]                       # 创建新的房屋面积
11  y0=b+x0*k                        # 预测价格，通过给定的 x0 预测 y0，y0=截距+X 值*斜率
12  # 或者：
13  #y0=clf.predict(x0)              # 预测值
14  print('回归系数：',k)
15  print('截距：',b)
16  print('预测价格：',y0)
```

运行程序，输出结果为：

```
回归系数： [16.32189646]
截距： 6933.476394849786
预测价格： [[9708.19879377]]
```

从运行结果可以看出，不同的分析方法，预测结果略有差异。

11.4 支持向量机

支持向量机（SVMs）可用于监督学习算法，主要包括分类、回归和异常检测。支持向量分类的方法可以被扩展用作解决回归问题，这个方法被称作支持向量回归。

本节介绍支持向量回归函数的 LinearSVR()对象。该对象不仅适用于线性模型，还可以用于对数据和特征之间的非线性关系的研究。语法如下：

```
sklearn.svm.LinearSVR( epsilon = 0.0, tol = 0.0001, C = 1.0, loss ='epsilon_insensitive', fit_intercept = True, intercept_scaling = 1.0, dual = True, verbose = 0, random_state = None, max_iter = 1000 )
```

参数说明：

☑ epsilon：float 类型，默认值为 0.1。

☑ tol：float 类型，终止迭代的标准值，默认值为 0.0001。

☑ C：float 类型，罚项参数，该参数越大，使用的正则化越少，默认值为 1.0。

☑ loss：string 类型，表示损失函数，该参数有两种选项：

  ➢ epsilon_insensitive：默认值，损失函数为 $L\varepsilon$（标准 SVR）。

  ➢ squared_epsilon_insensitive：损失函数为 L_ε^2。

☑ fit_intercept：boolean 类型，表示是否计算此模型的截距。如果设置为 False，则不会在计算中使用截距（即数据预计已经居中）。默认值为 True。

☑ intercept_scaling：float 类型，当 fit_intercept 参数为 True 时，实例 X 变成向量[X, intercept_scaling]。此时相当于添加了一个人工特征，该特征对所有实例都是常数值。

  ➢ 此时截距变成 intercept_scaling*人工特征的权重 u。

  ➢ 此时人工特征也参与了罚项的计算。

☑ dual：boolean 类型，选择算法以解决对偶或原始优化问题。值设置为 True 时将解决对偶问题，值设置为 False 时解决原始问题，默认值为 True。

☑ verbose：int 类型，表示是否开启 verbose 输出，默认值为 True。

☑ random_state：int 类型，随机数生成器的种子，用于在清洗数据时使用。

☑ max_iter：int 类型，要运行的最大迭代次数。默认值为 1000。

【例 11.3】波士顿房价预测（**实例位置：资源包\TM\sl\11\03**）

通过 Scikit-Learn 自带的数据集“波士顿房价”，实现房价预测，程序代码如下：

```
1   from sklearn.svm import LinearSVR                  # 导入线性回归类
2   import pandas as pd
3   # 将波士顿房价数据创建为 DataFrame()对象
4   df = pd.read_excel('波士顿房价.xlsx')
5   # 抽取特征数据
6   feature_names=['CRIM','ZN','INDUS','CHAS','NOX','RM','AGE','DIS','RAD','TAX','PTRATIO','B','LSTAT']
7   data_mean = df.mean()                              # 获取平均值
8   data_std = df.std()                                # 获取标准偏差
9   data_train = (df - data_mean) / data_std           # 数据标准化
10  # print(data_train)
11  x_train = data_train[feature_names].values         # 特征数据
12  y_train = data_train['PRICE'].values               # 目标数据
13  linearsvr = LinearSVR(C=0.1)                       # 创建 LinearSVR()对象
14  linearsvr.fit(x_train, y_train)                    # 训练模型
15  # 预测，并还原结果
16  x = ((df[feature_names] - data_mean[feature_names]) / data_std[feature_names]).values
17  # 添加预测房价的信息列
18  df[u'y_pred'] = linearsvr.predict(x) * data_std['PRICE'] + data_mean['PRICE']
19  print(df[['PRICE', 'y_pred']].head())              # 输出真实价格与预测价格
```

运行程序，输出结果为：

```
     PRICE     y_pred
0    24.0      28.413114
```

```
1    21.6    23.861538
2    34.7    29.944644
3    33.4    28.328018
4    36.2    28.140737
```

11.5 聚　　类

11.5.1 什么是聚类

聚类类似于分类，不同的是聚类所要求划分的类是未知的，也就是说不知道应该属于哪类，需要通过一定的算法自动分类。在实际应用中，聚类是一个将在某些方面相似的数据进行分类组织的过程（简单地说就是将相似数据聚在一起），示意图如图 11.3 和图 11.4 所示。

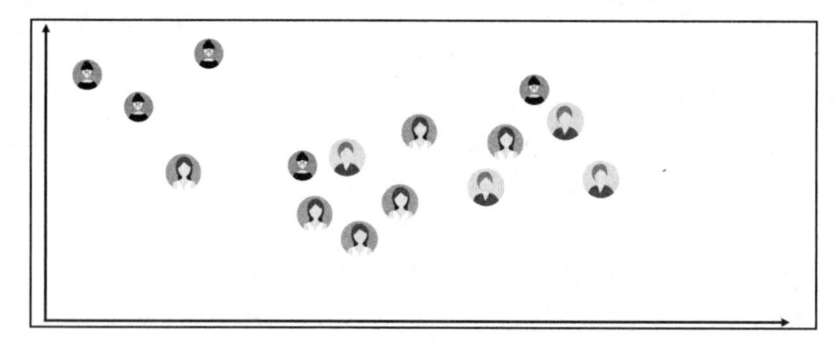

图 11.3　聚类前

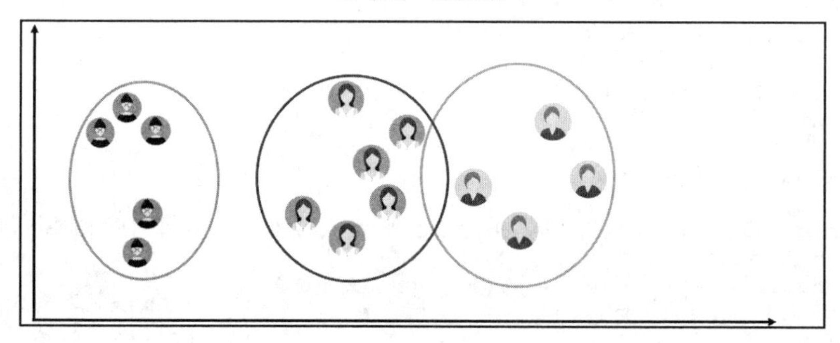

图 11.4　聚类后

聚类主要应用领域：

☑ 商业：聚类分析被用来发现不同的客户群，并且通过购买模式刻画不同客户群的特征。
☑ 生物：聚类分析被用来对动植物和基因进行分类，以获取对种群固有结构的认识。
☑ 保险行业：聚类分析通过一个高的平均消费来鉴定汽车保险单持有者的分组。
☑ 因特网：聚类分析被用来在网上进行文档归类。
☑ 电子商务：聚类分析在电子商务的网站建设和数据挖掘中也是很重要的一个方面，通过分组聚类出具有相似浏览行为的客户，并分析客户的共同特征，可以更好地帮助电商了解自己的客户，向客户提供更合适的服务。

11.5.2 聚类算法

k-means 算法是一种聚类算法，它是一种无监督机器学习算法，目的是将相似的对象归到同一个簇中。簇内的对象越相似，聚类的效果就越好。

传统的聚类算法包括划分方法、层次方法、基于密度方法、基于网格方法和基于模型方法。本节主要介绍 *k*-means 聚类算法，它是划分方法中较典型的一种，也可以称为 *k* 均值聚类算法。下面介绍什么是 *k* 均值聚类以及相关算法。

1．*k*-means 聚类

k-means 聚类也称 *k* 均值聚类，是著名的划分聚类的算法，由于简洁和效率高，它成为所有聚类算法中应用最为广泛的一种。*k* 均值聚类是给定一个数据点集合和需要的聚类数目 *k*，*k* 由用户指定，*k* 均值算法根据某个距离函数反复把数据分入 *k* 个聚类中。

2．算法

先随机选取 *k* 个点作为初始质心（质心即簇中所有点的中心），然后将数据集中的每个点分配到一个簇中，具体来说，就是为每个点找距其最近的质心，并将其分配给该质心所对应的簇。这一步完成之后，每个簇的质心更新为该簇所有点的平均值。这个过程将不断重复直到满足某个终止条件。终止条件可以是以下任何一个：

（1）没有（或最小数目）对象被重新分配给不同的聚类。

（2）没有（或最小数目）聚类中心再发生变化。

（3）误差平方和局部最小。

伪代码：

```
01  创建k个点作为起始质心，可以随机选择（位于数据边界内）
02  当任意一个点的簇分配结果发生改变时（初始化为True）
03      对数据集中每个数据点，重新分配质心
04          对每个质心
05              计算质心与数据点之间的距离
06          将数据点分配到距其最近的簇
07      对每一个簇，计算簇中所有点的均值并将均值作为新的质心
```

Scikit-Learn 中已经写好了聚类算法，需要时直接调用即可。

11.5.3 聚类模块

Scikit-Learn 的 cluster 子模块用于聚类分析，该模块提供了很多聚类算法，下面主要介绍 KMeans()对象，该对象通过 *k*-means 聚类算法实现聚类分析。

首先导入 sklearn.cluster 子模块的 KMeans()对象，程序代码如下：

```
from sklearn.cluster import KMeans
```

接下来就可以在程序中使用 KMeans()对象了，语法如下：

```
KMeans(n_clusters=8,init='k-means++',n_init=10,max_iter=300,tol=1e-4,precompute_distances='auto',verbose=0,random_st
ate=None,copy_x=True,n_jobs=None,algorithm='auto')
```

参数说明：

☑ n_clusters：整型，默认值为 8，是生成的聚类数，即产生的质心（centroids）数。

☑ init：参数值为 k-means++、random 或者传递一个数组向量。默认值为 k-means++。

➢ k-means++：用一种特殊的方法选定初始质心从而加速迭代过程的收敛。

➢ random：随机从训练数据中选取初始质心。如果传递的是数组类型，则应该是 shape(n_clusters,n_features)的形式，并给出初始质心。

☑ n_init：整型，默认值为 10，用不同的质心初始化值运行算法的次数。

☑ max_iter：整型，默认值为 300，每执行一次 *k*-means 算法的最大迭代次数。

☑ tol：浮点型，默认值 1e-4（科学记数法，即 1 乘以 10 的-4 次方），控制求解的精度。

☑ precompute_distances：参数值为 auto、True 或者 False。用于预计算距离，计算速度更快，但占用更多内存。

➢ auto：如果样本数乘以聚类数大于 12e6（科学记数法，即 12 乘以 10 的 6 次方）则不预计算距离。

➢ True：总是预先计算距离。

➢ False：永远不预先计算距离。

☑ verbose：整型，默认值为 0，冗长的模式。

☑ random_state：整型或随机数组类型。用于初始化质心的生成器（generator）。如果值为一个整数，则确定一个种子（seed）。默认值为 NumPy 的随机数生成器。

☑ copy_x：布尔型，默认值为 True。如果值为 True，则原始数据不会被改变；如果值为 False，则会直接在原始数据上做修改并在函数返回值时将其还原。但是在计算过程中，由于有对数据均值的加减运算，所以数据返回后，原始数据同计算前数据可能会有细小差别。

☑ n_jobs：整型，指定计算所用的进程数。如果值为-1，则用所有的 CPU 进行运算；如果值为 1，则不进行并行运算，这样方便调试；如果值小于-1，则用到的 CPU 数为 n_cpus＋1＋n_jobs，例如，n_jobs 值为-2，则用到的 CPU 数为总 CPU 数减 1。

☑ algorithm：表示 *k*-means 算法法则，参数值为 auto、full 或 elkan，默认值为 auto。

主要属性说明：

☑ cluster_centers_：返回数组，表示分类簇的均值向量。

☑ labels_：返回数组，表示每个样本数据所属的类别标记。

☑ inertia_：返回数组，表示每个样本数据距离它们各自最近簇的中心之和。

主要函数说明：

☑ fit(X[,y])：计算 *k*-means 聚类。

☑ fit_predictt(X[,y])：计算簇质心并给每个样本数据预测类别。

☑ predict(X)：给每个样本估计最接近的簇。

☑ score(X[,y])：计算聚类误差。

【例 11.4】对一组数据聚类（**实例位置：资源包\TM\sl\11\04**）

对一组数据聚类，程序代码如下：

```
1    import numpy as np
2    from sklearn.cluster import KMeans
3    X=np.array([[1,10],[1,11],[1,12],[3,20],[3,23],[3,21],[3,25]])
4    kmodel = KMeans(n_clusters = 2)                    # 调用 KMeans 对象实现聚类（两类）
5    y_pred=kmodel.fit_predict(X)                       # 预测类别
6    print('预测类别：',y_pred)
7    print('聚类中心坐标值：','\n',kmodel.cluster_centers_)
8    print('类别标记：',kmodel.labels_)
```

运行程序，输出结果为：

```
预测类别： [1 1 1 0 0 0 0]
聚类中心坐标值：
 [[ 3.    22.25]
 [ 1.    11.  ]]
类别标记： [1 1 1 0 0 0 0]
```

11.5.4　聚类数据生成器

11.5.3 节举了一个简单的聚类示例，但是聚类效果并不明显。本节生成了专门的聚类算法的测试数据，可以更好地诠释聚类算法，展示聚类效果。

Scikit-Learn 的 make_blobs()函数用于生成聚类算法的测试数据，直观地说，该函数可以根据用户指定的特征数量、中心点数量、范围等生成几类数据，这些数据可用于测试聚类算法的效果。语法如下：

```
sklearn.datasets.make_blobs(n_samples=100,n_features=2,centers=3,cluster_std=1.0,center_box=(-10.0,10.0),shuffle=True,
random_state=None)
```

常用参数说明：

☑ n_samples：待生成的样本的总数。

☑ n_features：每个样本的特征数。

☑ centers：类别数。

☑ cluster_std：每个类别的方差。例如，生成两类数据，其中一类比另一类具有更大的方差，可以将 cluster_std 设置为[1.0,3.0]。

【例 11.5】生成用于聚类的测试数据（**实例位置：资源包\TM\sl\11\05**）

生成用于聚类的数据（500 个样本，每个样本有 2 个特征），程序代码如下：

```
1    from sklearn.datasets import make_blobs
2    import matplotlib.pyplot as plt
3    x,y = make_blobs(n_samples=500, n_features=2, centers=3)
```

接下来，通过 KMeans 对象对测试数据进行聚类，程序代码如下：

```
4    from sklearn.cluster import KMeans
5    y_pred = KMeans(n_clusters=4, random_state=9).fit_predict(x)
6    plt.scatter(x[:, 0], x[:, 1], c=y_pred)
7    plt.show()
```

运行程序，效果如图 11.5 所示。

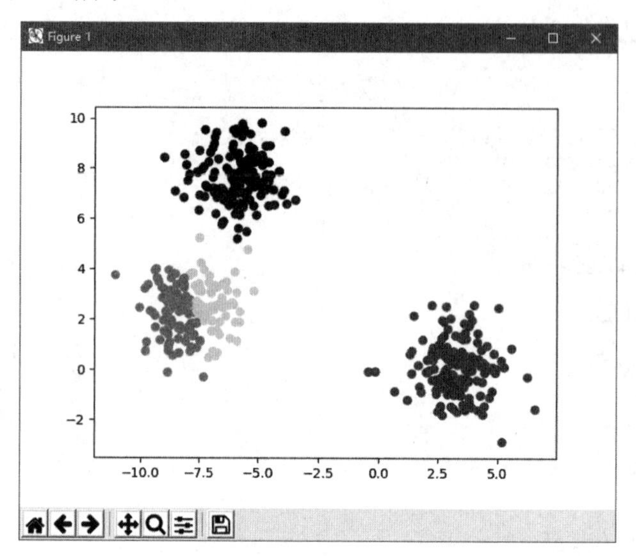

图 11.5　聚类散点图

从分析结果得知：相似的数据聚在一起，分成了 4 堆，也就是 4 类，并以不同的颜色显示，看上去清晰直观。

11.6　小　　结

本章介绍了如何使用 Scikit-Learn 模块实现数学计算与创建模型，其中包含线性模型、支持向量机以及聚类模型。由于本书以数据处理和数据分析为主，而非机器学习，所以对于 Scikit-Learn 模块的相关技术只做简单讲解，希望大家能够了解机器学习，并深入地学习机器学习的更多内容，从而提高数据分析的工作效率。

第 2 篇

可视化图表

本篇主要介绍数据分析中数据的可视化图表，其中包含Python原生模块Matplotlib的基础入门与进阶内容以及多种第三方数据可视化工具（Seaborn、Plotly、Bokeh、Pyecharts），学习完本篇，读者将可以实现数据分析后的可视化图表。

可视化图表

- Matplotlib模块入门：了解Matplotlib模块，学会使用Matplotlib模块绘制一些常用的图表
- Matplotlib模块进阶：学会Matplotlib模块进阶的相关知识，包括颜色设置、日期时间处理、双坐标轴图表、多子图绘制等
- Seaborn图表：Seaborn是在Matplotlib的基础上进行了更高级的API封装，所以Seaborn可以通过一个高级界面来绘制更加有吸引力的统计图形
- Plotly图表：Plotly是一个基于JavaScript的动态绘图模块，所以绘制出来的图表可以与Web应用集成
- Bokeh图表：Bokeh是Anaconda集成开发环境中的一个模块，该模块同样可以根据数据集绘制对应的图表，以满足数据可视化的多种需求
- Pyecharts图表：Echarts是一个由百度开源的数据可视化工具，Pyecharts是为了使用Python而诞生的，使用Pyecharts可以生成独立的网页格式的图表，还可以在Flask、Django中直接使用

第 12 章

Matplotlib 模块入门

在数据分析中，我们经常用到大量的可视化操作。一张精美的图表不仅能够展示大量的信息，更能够直观体现数据之间隐藏的关系。本章主要介绍 Matpoltlib 模块的入门知识。

本章知识架构如下。

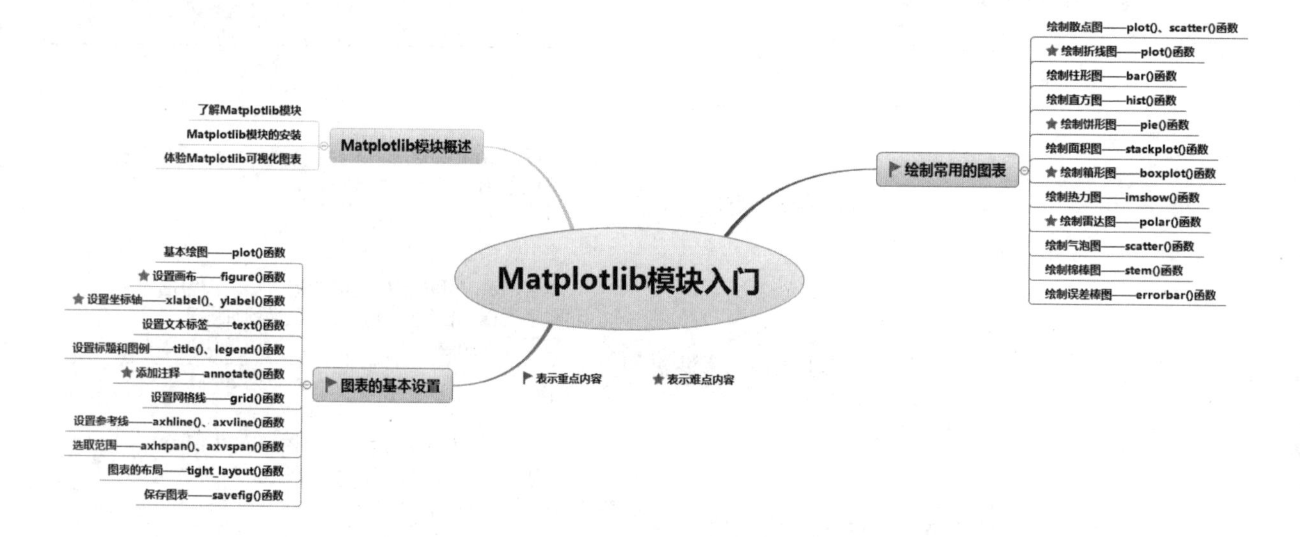

12.1 Matplotlib 模块概述

Maplotlib 是最基础的 Python 可视化模块。学习 Python 数据可视化，应首先从 Maplotlib 学起，然后学习其他模块作为拓展。

12.1.1 了解 Matplotlib 模块

Matplotlib 是一个 Python 2D 绘图模块，常用于数据可视化，它能够以多种硬复制格式和跨平台的交互式环境生成出版物质量的图形。

Matplotlib 功能非常强大，绘制各种各样的图表游刃有余，它将困难的事情变得容易，复杂的事情变得简单。只需几行代码就可以绘制折线图（见图 12.1 和图 12.2）、柱形图（见图 12.3）、直方图（见图 12.4）、饼形图（见图 12.5）、散点图（见图 12.6）等。

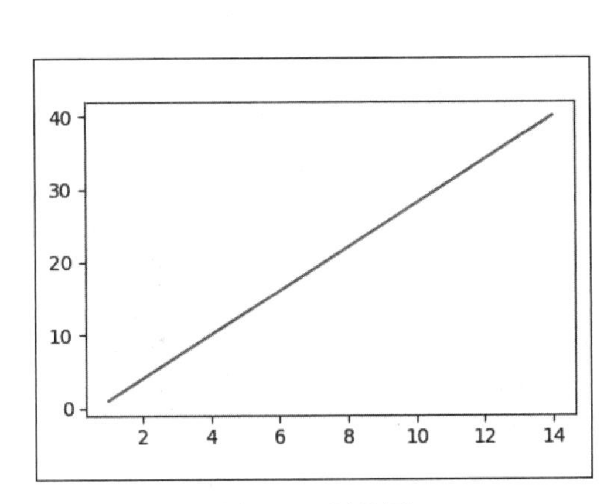

图 12.1　折线图

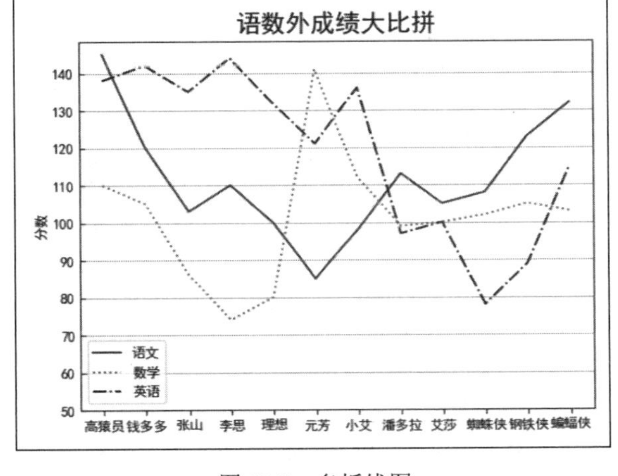

图 12.2　多折线图

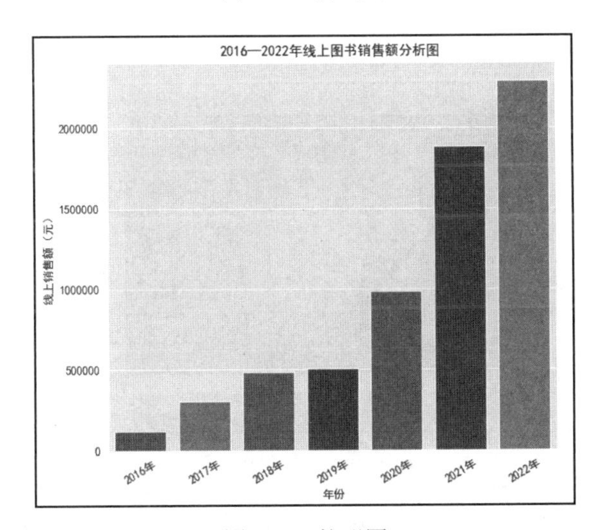

图 12.3　柱形图

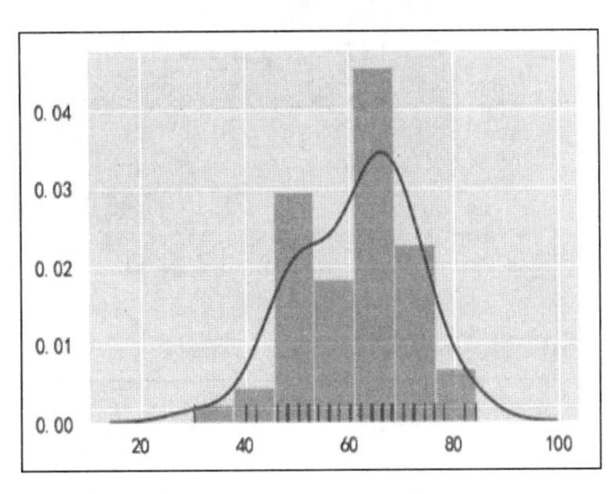

图 12.4　直方图

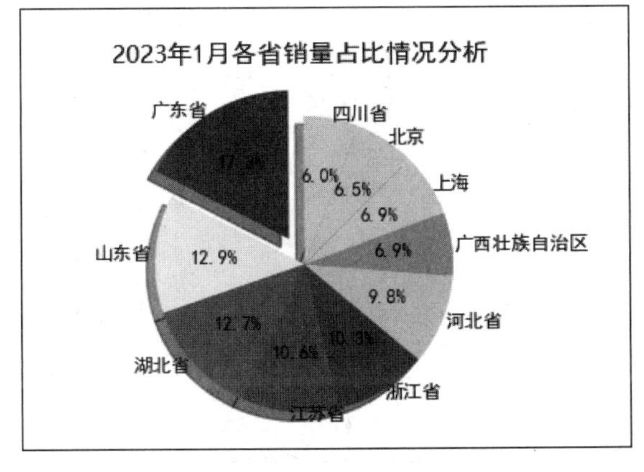

图 12.5　饼形图

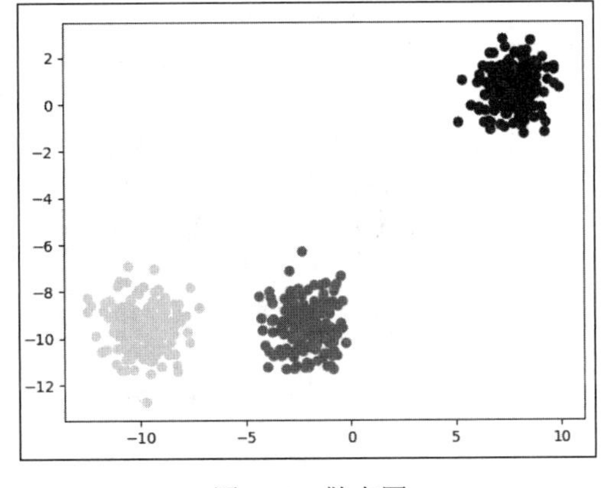

图 12.6　散点图

Matpoltlib 不仅可以绘制以上最基础的图表，还可以绘制一些高级图表，如双 y 轴可视化数据分析图表（见图 12.7）、堆叠柱形图（见图 12.8）、渐变饼形图（见图 12.9）、等高线图（见图 12.10）。

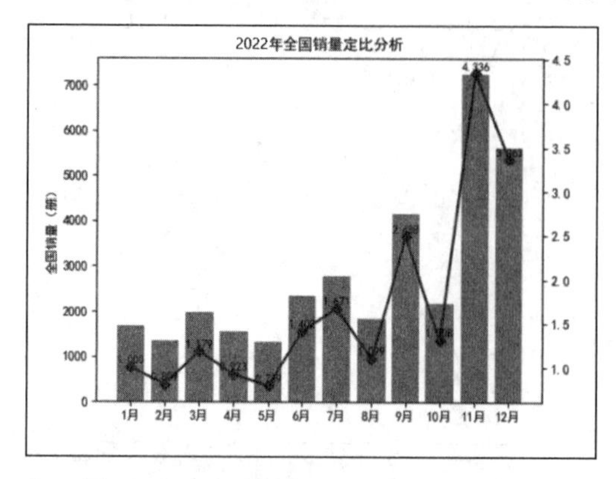

图 12.7　双 y 轴可视化数据分析图表

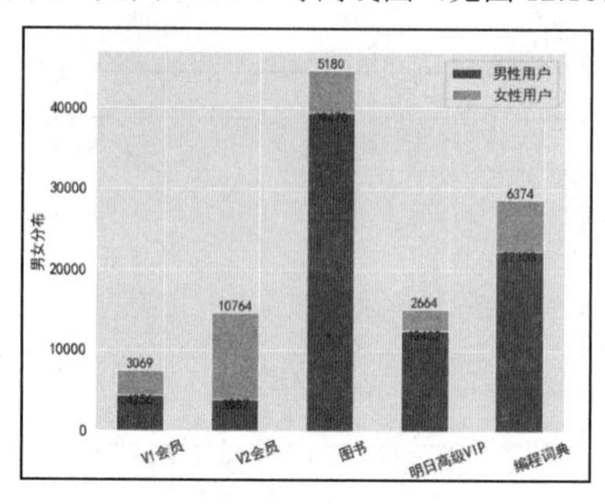

图 12.8　堆叠柱形图

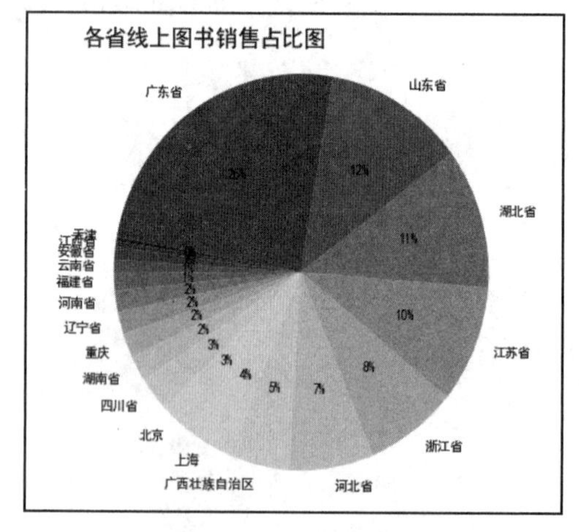

图 12.9　渐变饼形图

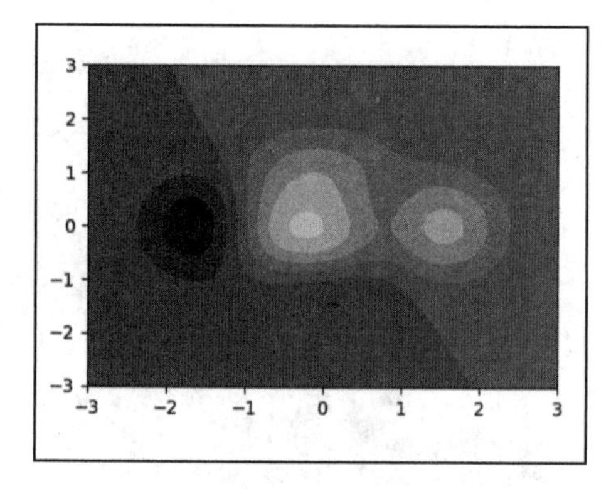

图 12.10　等高线图

不仅如此，Matplotlib 还可以绘制 3D 图表。例如，三维柱形图（见图 12.11）、三维曲面图（见图 12.12）。

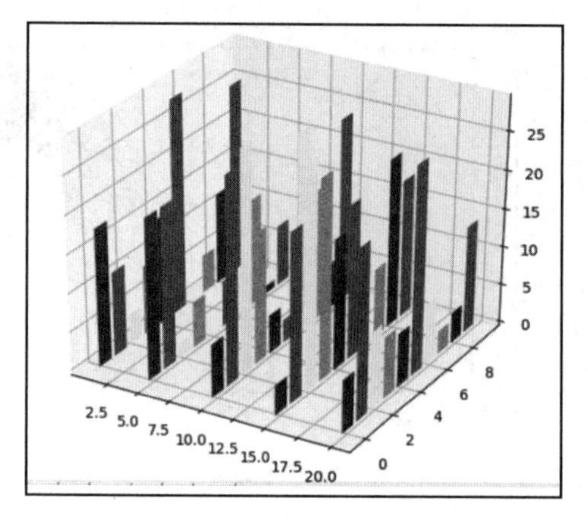

图 12.11　三维柱形图

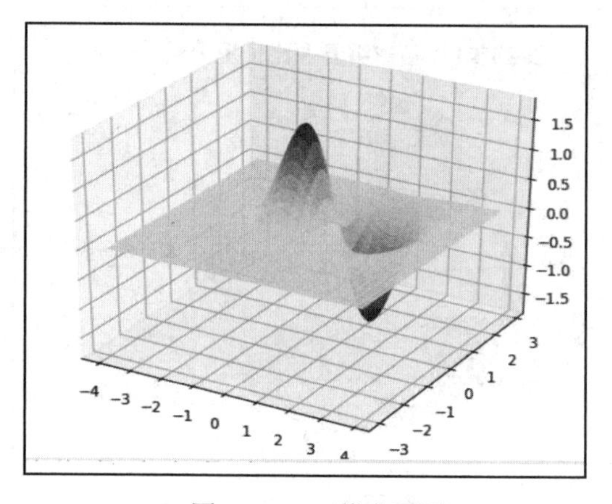

图 12.12　三维曲面图

综上所述，只要熟练地掌握 Matplotlib 的函数以及各项参数的用法，就能够绘制各种出乎意料的图表，以满足数据分析的需求。

12.1.2 Matplotlib 模块的安装

下面介绍如何安装 Matplotlib，安装方法有以下两种。

1．通过 pip 工具安装

在系统搜索框中输入 cmd，在自动弹出的“最佳匹配”项目中单击“命令提示符”应用，打开“命令提示符”窗口，在命令提示符后输入安装命令：

```
pip install matplotlib
```

如果使用 Jupyter NoteBook 作为开发环境，则需要在系统搜索框中输入 Anaconda Prompt，打开 Anaconda Prompt 窗口，在命令提示符后输入安装命令：

```
pip install matplotlib
```

2．通过 Pycharm 开发环境安装

如果使用 Pycharm 作为开发环境，则首先运行 Pycharm，选择 File→Settings 命令，在 Settings 对话框中选择 Python Interpreter 选项，选择 Python 版本，然后单击添加模块按钮“+”，如图 12.13 所示。

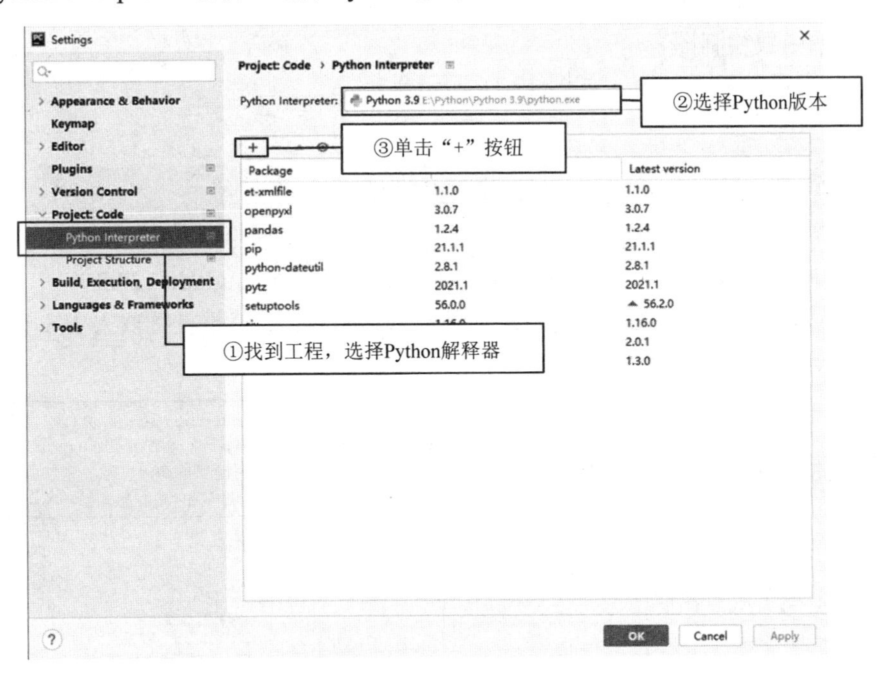

图 12.13 Settings 对话框

在 Available Packages 对话框中搜索并选中 matplotlib 模块，如图 12.14 所示，单击 Install Package 按钮，安装 Matplotlib 模块。

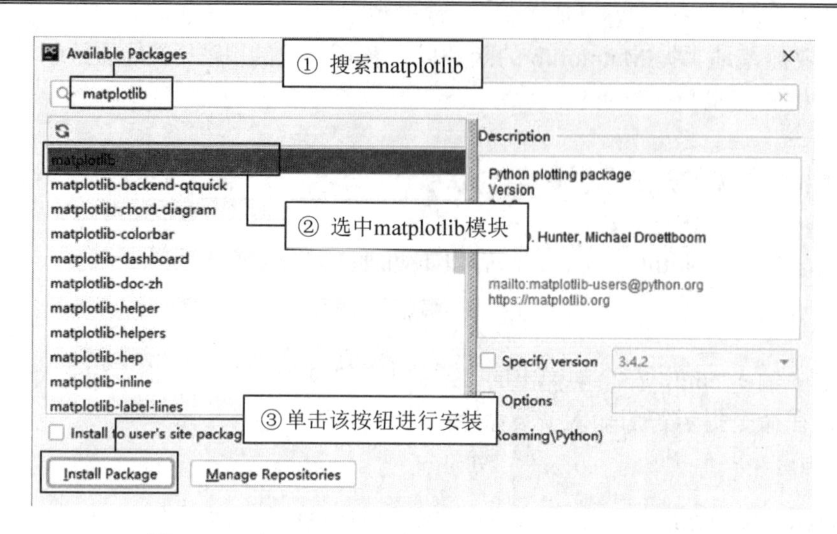

图 12.14　在 Pycharm 开发环境中安装 Matplotlib 模块

12.1.3　体验 Matplotlib 可视化图表

创建 Matplotlib 图表简单的只需三步，下面开始绘制第一张图表。

【例 12.1】在 PyCharm 中绘制图表（**实例位置：资源包\Code\12\01**）

（1）导入 matplotlib.pyplot 子模块。

（2）使用 plot()函数绘制图表。

（3）使用 show()函数显示图表，如图 12.15 所示。

程序代码如下：

```
1    import matplotlib.pyplot as plt          # 导入 matplotlib.pyplot 子模块
2    plt.plot([1, 2, 3, 4,5])                 # 使用 plot()函数绘制折线图
3    plt.show()                               # 显示图表
```

【例 12.2】在 Jupyter Notebook 中绘制图表（**实例位置：资源包\Code\12\02**）

在 Jupyter Notebook 中绘制图表，图表的显示没有单独的窗口，而是直接嵌入 Jupyter Notebook 中，效果如图 12.16 所示。

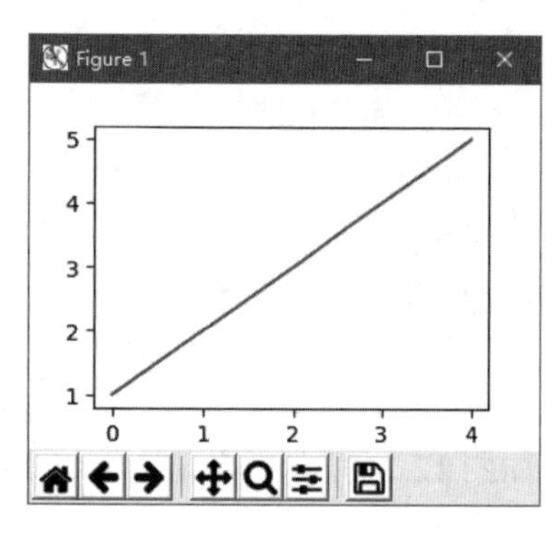

图 12.15　在 PyCharm 中绘制图表

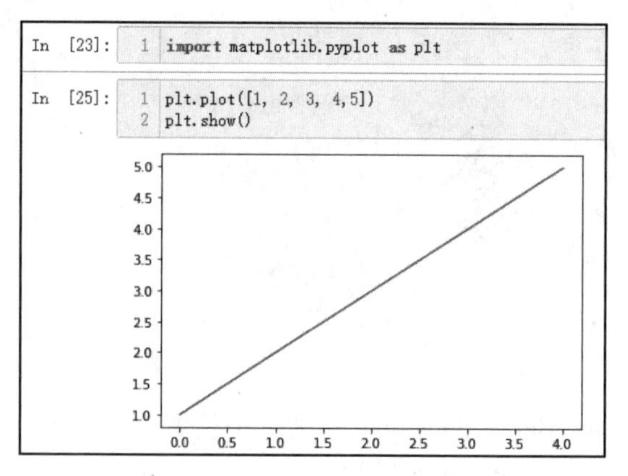

图 12.16　在 Jupyter Notebook 中绘制图表

说明

在实际学习和工作中，可以根据自己的需求选择适合的开发环境。

12.2　图表的基本设置

本节主要介绍图表的基本设置，主要包括颜色设置、线条样式、标记样式、设置画布、坐标轴、添加文本标签、设置标题和图例、添加注释文本、调整图表与画布边缘间距以及其他相关设置等。

12.2.1　基本绘图——plot()函数

Matplotlib 基本绘图主要使用 plot()函数，语法如下：

```
matplotlib.pyplot.plot(x,y,format_string,**kwargs)
```

参数说明：

☑ x：*x* 轴数据。

☑ y：*y* 轴数据。

☑ format_string：控制曲线格式的字符串，包括颜色、线条样式和标记样式。

☑ **kwargs：键值参数，相当于一个字典，如输入参数为(1,2,3,4,k,a=1,b=2,c=3)，*args=(1,2,3,4,k)，**kwargs={'a':'1,'b':2,'c':3}。

【例 12.3】绘制简单的折线图（**实例位置：资源包\Code\12\03**）

绘制简单的折线图，程序代码如下：

```
1    import matplotlib.pyplot as plt          # 导入 matplotlib.pyplot 子模块
2    x=range(1,15,1)                          #  range()函数创建整数列表（x 轴数据）
3    y=range(1,42,3)                          #  range()函数创建整数列表（y 轴数据）
4    plt.plot(x,y)                            # 使用 plot()函数绘制折线图
5    plt.show()                               # 显示图表
```

运行程序，输出结果如图 12.17 所示。

【例 12.4】绘制体温折线图（**实例位置：资源包\Code\12\04**）

例 12.3 的数据是通过 range()函数随机创建的。下面导入 Excel 体温表数据，分析 14 天基础体温情况，程序代码如下：

```
1    import pandas as pd                      # 导入数据处理 pands 模块
2    import matplotlib.pyplot as plt          # 导入 matplotlib.pyplot 子模块
3    df=pd.read_excel('体温.xls')             # 读取 Excel 文件
4    x =df['日期']                            # x 轴数据
5    y=df['体温']                             # y 轴数据
6    plt.plot(x,y)                            # 绘制折线图
7    plt.show()                               # 显示图表
```

运行程序，输出结果如图 12.18 所示。

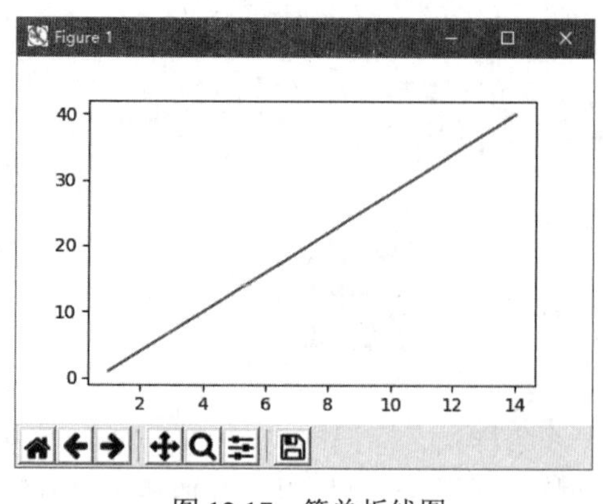

图 12.17　简单折线图

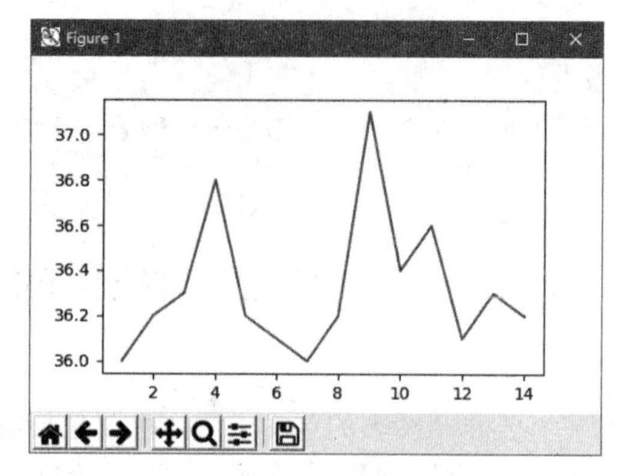

图 12.18　体温折线图

至此，你可能还是觉得上面的图表不够完美，那么在接下来的学习中，我们将一步一步完善这个图表。下面介绍图表中线条颜色、线条样式和标记样式的设置。

1. 颜色设置

color 参数可以设置线条颜色，通用颜色值如表 12.1 所示。

表 12.1　通用颜色

设　置　值	说　　明	设　置　值	说　　明	设　置　值	说　　明
r	红色	m	洋红色	#FFFF00	黄色，十六进制颜色值
g	绿色	y	黄色	0.5	灰度值字符串
b	蓝色	k	黑色		
c	蓝绿色	w	白色		

其他颜色可以通过十六进制字符串指定，或者指定颜色名称，示例如下：

☑ 浮点形式的 RGB 或 RGBA 元组，例如：(0.1, 0.2, 0.5)或(0.1, 0.2, 0.5, 0.3)。

☑ 16 进制的 RGB 或 RGBA 字符串，例如：#0F0F0F 或#0F0F0F0F。

☑ 0～1 的小数作为的灰度值，例如：0.5。

☑ {'b', 'g', 'r', 'c', 'm', 'y', 'k', 'w'}，其中的一个颜色值。

☑ X11/CSS4 规定中的颜色名称。

☑ Xkcd 中指定的颜色名称，例如：xkcd:sky blue。

☑ Tableau 调色板中的颜色，例如：{'tab:blue', 'tab:orange', 'tab:green', 'tab:red', 'tab:purple', 'tab:brown', 'tab:pink', 'tab:gray', 'tab:olive', 'tab:cyan'}。

☑ CN 格式的颜色循环，对应的颜色设置代码如下：

```
1  from cycler import cycler              # 从 cycler 模块导入 cycler()函数
2  # 颜色列表
3  colors=['#1f77b4', '#ff7f0e', '#2ca02c', '#d62728', '#9467bd', '#8c564b', '#e377c2','#7f7f7f', '#bcbd22', '#17becf']
4  # 获取特定颜色
5  plt.rcParams['axes.prop_cycle'] = cycler(color=colors)
```

2．线条样式

linestyle 的可选参数可以设置线条的样式，设置值如下，设置后的效果如图 12.19 所示。

☑ “-”：实线，默认值。

☑ “--”：双画线。

☑ “-.”：点画线。

☑ “:”：虚线。

3．标记样式

marker 的可选参数可以设置标记样式，设置值如表 12.2 所示。

表 12.2 标记设置

标 记	说 明	标 记	说 明	标 记	说 明
.	点标记	1	下花三角标记	h	竖六边形标记
,	像素标记	2	上花三角标记	H	横六边形标记
o	实心圆标记	3	左花三角标记	+	加号标记
v	倒三角标记	4	右花三角标记	x	叉号标记
^	上三角标记	s	实心正方形标记	D	大菱形标记
>	右三角标记	p	实心五角星标记	d	小菱形标记
<	左三角标记	*	星形标记	|	垂直线标记

下面为“14 天基础体温曲线图”设置颜色和样式，并在实际体温位置进行标记，关键代码如下：

```
plt.plot(x,y,color='m',linestyle='-',marker='o',mfc='w')
```

上述代码中的参数 color 为颜色，linestyle 为线条样式，marker 为标记样式，mfc 为标记填充的颜色。运行程序，输出结果如图 12.20 所示。

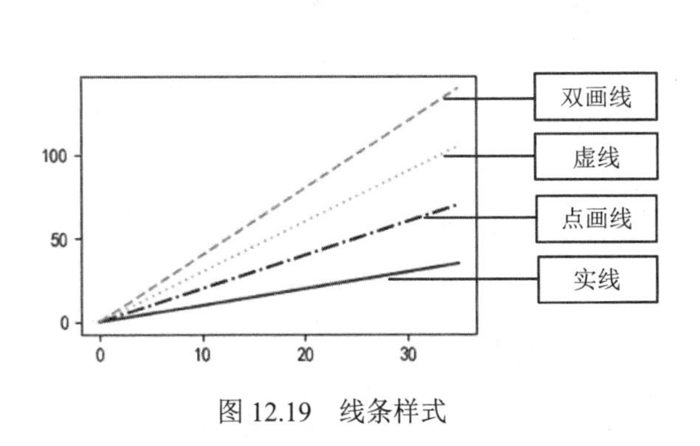

图 12.19 线条样式

图 12.20 带标记的折线图

12.2.2 设置画布——figure()函数

画布就像我们画画的画板一样，在 Matplotlib 中可以使用 figure()函数设置画布大小、分辨率、颜色和边框等。语法如下：

```
matpoltlib.pyplot.figure(num=None, figsize=None, dpi=None, facecolor=None, edgecolor=None, frameon=True)
```

参数说明：

☑ num：指图像编号或名称，数字为编号，字符串为名称，可以通过该参数激活不同的画布。

☑ figsize：指定画布的宽和高，单位为英寸。

☑ dpi：指定绘图对象的分辨率，即每英寸多少个像素，默认值为 80。像素越大画布越大。

☑ facecolor：前景颜色。

☑ edgecolor：边框颜色。

☑ frameon：是否绘制边框，默认值为 True，绘制边框；如果为 False，则不绘制边框。

【例 12.5】自定义画布（**实例位置：资源包\Code\12\05**）

自定义一个 5×3 的黄色画布，关键代码如下：

```
1    import matplotlib.pyplot as plt                       # 导入 matplotlib.pyplot 子模块
2    fig=plt.figure(figsize=(5,3),facecolor='yellow')      # 设置画布大小和前景色
```

运行程序，输出结果如图 12.21 所示。

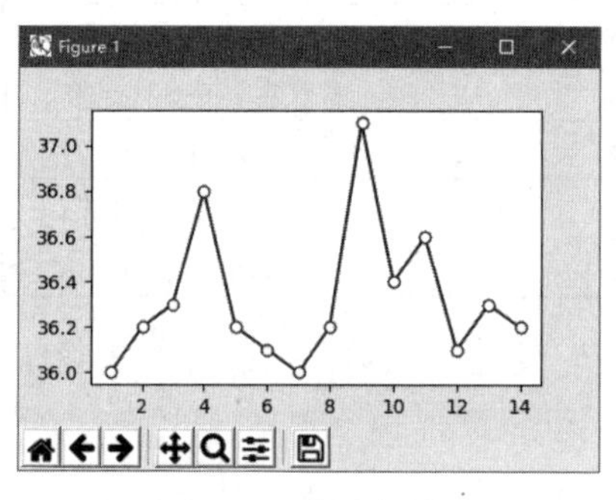

图 12.21　设置画布

注意

设置 figsize=(5,3)，实际画布大小是 500×300，所以，这里不要输入太大的数字。

12.2.3　设置坐标轴——xlabel()、ylabel()函数

一张精确的图表，其中不免要用到坐标轴，下面介绍 Matplotlib 中坐标轴的使用。

1．*x* 轴、*y* 轴标题

设置 *x* 轴和 *y* 轴标题主要使用 xlabel()函数和 ylabel()函数。

【例 12.6】为体温折线图的轴设置标题（**实例位置：资源包\Code\12\06**）

设置 *x* 轴标题为“2023 年 1 月”，*y* 轴标题为“基础体温”，程序代码如下：

```
1    import pandas as pd                         # 导入 pandas 模块
2    import matplotlib.pyplot as plt             # 导入 matplotlib.pyplot 子模块
3    plt.rcParams['font.sans-serif']=['SimHei']  # 解决中文乱码
4    df=pd.read_excel('体温.xls')                # 读取 Excel 文件
5    # 绘制折线图
6    x=df['日期']                                # x 轴数据
```

```
7    y=df['体温']                                    # y 轴数据
8    # color 为线条颜色，linestyle 为线型，marker 为标记样式，mfc 为标记填充颜色
9    plt.plot(x,y,color='m',linestyle='-',marker='o',mfc='w')
10   plt.xlabel('2023 年 1 月')                      # x 轴标题
11   plt.ylabel('基础体温')                          # y 轴标题
12   plt.show()                                      # 显示图表
```

运行程序，输出结果如图 12.22 所示。

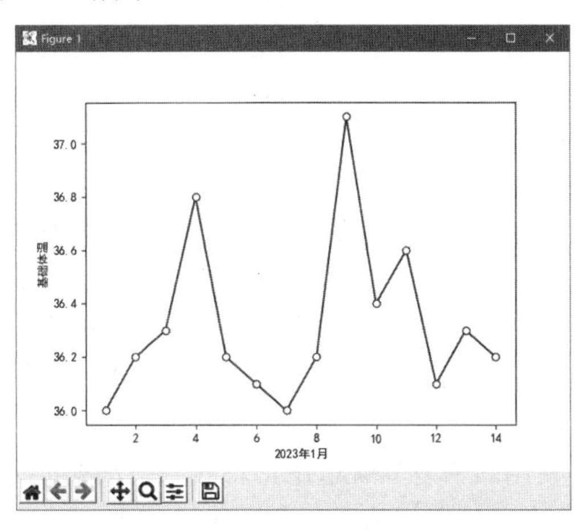

图 12.22　带坐标轴标题的折线图

注意，有两个问题在实际编程中经常出现。

（1）中文乱码问题，解决方法如下：

```
plt.rcParams['font.sans-serif']=['SimHei']          # 解决中文乱码
```

（2）负号不显示问题，解决方法如下：

```
plt.rcParams['axes.unicode_minus'] = False          # 解决负号不显示
```

2．坐标轴刻度

用 Matplotlib 画二维图像时，默认情况下的横坐标（x 轴）和纵坐标（y 轴）显示的值有时可能达不到我们的需求，需要借助 xticks()函数和 yticks()函数分别对 x 轴和 y 轴的值进行设置。

xticks()函数的语法如下：

```
xticks(locs, [labels], **kwargs)
```

主要参数说明：

☑ locs：数组，表示 x 轴上的刻度。例如，在“学生英语成绩分布图”中，x 轴的刻度是 2～14 的偶数，如果想改变这个值，就可以通过 locs 参数设置。

☑ labels：也是数组，默认值和 locs 相同。locs 表示位置，而 labels 则决定该位置上的标签，如果赋予 labels 空值，则 x 轴将只有刻度而不显示任何值。

3．坐标轴的刻度线

（1）设置 4 个方向的坐标轴上的刻度线是否显示，代码如下：

```
plt.tick_params(bottom=False,left=True,right=True,top=True)
```

（2）设置 x 轴和 y 轴的刻度线显示方向，in 表示向内，out 表示向外，在中间就是 inout，默认刻度线向外。代码如下：

```
1    plt.rcParams['xtick.direction'] = 'in'          # x 轴的刻度线向内显示
2    plt.rcParams['ytick.direction'] = 'in'          # y 轴的刻度线向内显示
```

4．坐标轴相关属性设置

☑ axis()：返回当前 axis 范围。

☑ axis(v)：通过输入 v = [xmin, xmax, ymin, ymax]，设置 x、y 轴的取值范围。

☑ axis('off')：关闭坐标轴轴线及坐标轴标签。

☑ axis('equal')：使 x、y 轴长度一致。

☑ axis('scaled')：调整图框的尺寸（而不是改变坐标轴取值范围），使 x、y 轴长度一致。

☑ axis('tight')：改变 x 轴和 y 轴的限制，使所有数据被展示。如果所有的数据已经显示，它将移动到图形的中心而不修改（xmax ~ xmin）或（ymax ~ ymin）。

☑ axis('image')：缩放 axis 范围（limits），等同于对 data 缩放范围。

☑ axis('auto')：自动缩放。

☑ axis('normal')：不推荐使用。恢复默认状态，轴线的自动缩放以使数据显示在图表中。

【例 12.7】为折线图设置刻度 1（**实例位置：资源包\Code\12\07**）

在“14 天基础体温折线图”中，x 轴是从 2 到 14 之间的偶数，但实际日期是从 1 到 14 的连续数字，下面使用 xticks()函数来解决这个问题，将 x 轴的刻度设置为 1～14 的连续数字，关键代码如下：

```
plt.xticks(range(1,15,1))
```

【例 12.8】为折线图设置刻度 2（**实例位置：资源包\Code\12\08**）

例 12.7 的日期看起来不是很直观。下面将 x 轴刻度标签直接改为日，关键代码如下：

```
1    # 创建列表 dates
2    dates=['1 日','2 日','3 日','4 日','5 日',
3              '6 日','7 日','8 日','9 日','10 日',
4              '11 日','12 日','13 日','14 日']
5    plt.xticks(range(1,15,1),dates)              # 设置 x 轴刻度标签
```

运行程序，对比效果如图 12.23 和图 12.24 所示。

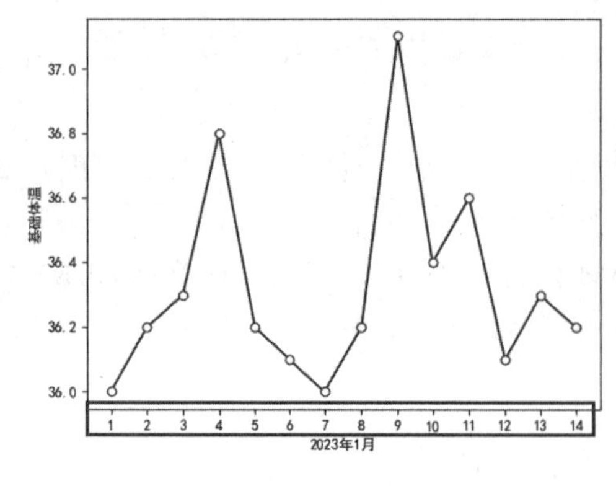

图 12.23　更改 x 轴刻度

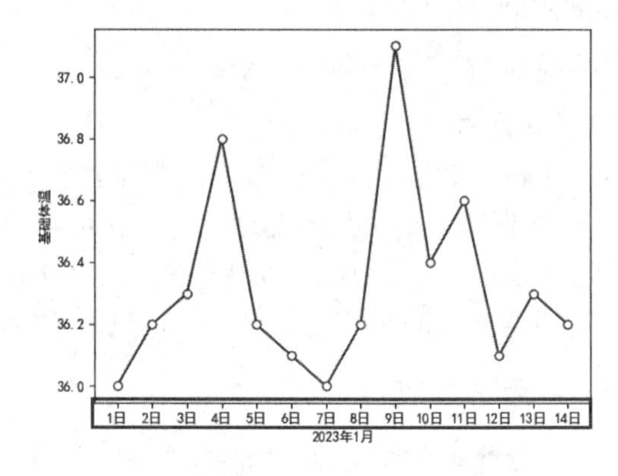

图 12.24　更改 x 轴刻度为日

接下来，设置 y 轴刻度，主要使用 yticks()函数。例如，设置体温为 35.4～38，关键代码如下：

```
plt.yticks([35.4,35.6,35.8,36,36.2,36.4,36.6,36.8,37,37.2,37.4,37.6,37.8,38])
```

5. 坐标轴范围

坐标轴范围是指 x 轴和 y 轴的取值范围。设置坐标轴范围主要使用 xlim()函数和 ylim()函数。

【例 12.9】为折线图设置坐标范围（**实例位置：资源包\Code\12\09**）

设置 x 轴（日期）范围为 1～14，y 轴（基础体温）范围为 35～45，关键代码如下：

```
1	plt.xlim(1,14)
2	plt.ylim(35,45)
```

运行程序，输出结果如图 12.25 所示。

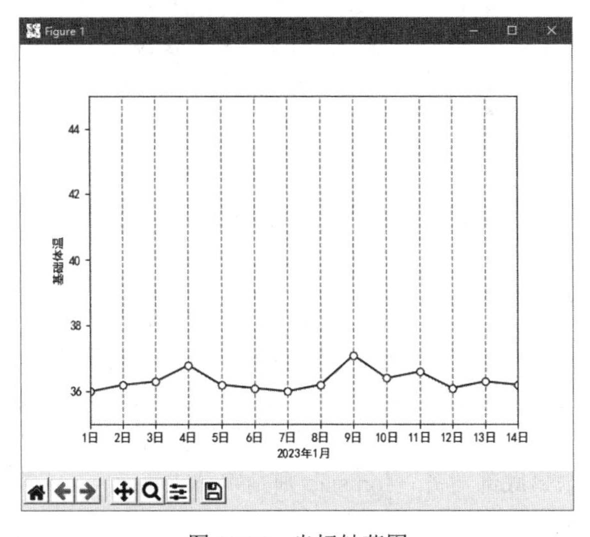

图 12.25　坐标轴范围

12.2.4　设置文本标签——text()函数

绘图过程中，为了能够更清晰、直观地看到数据，有时需要给图表中指定的数据点添加文本标签。下面介绍细节之一——文本标签，主要使用 text()函数，语法如下：

```
matplotlib.pyplot.text(x, y, s, fontdict=None, withdash=False, **kwargs)
```

参数说明：

- ☑ x：x 坐标轴的值。
- ☑ y：y 坐标轴的值。
- ☑ s：字符串，注释内容。
- ☑ fontdict：字典，可选参数，默认值为 None。用于重写默认文本属性。
- ☑ withdash：布尔型，默认值为 False，创建一个 TexWithDash 实例，而不是 Text 实例。
- ☑ **kwargs：其他参数。

【例 12.10】为折线图添加基础体温文本标签（**实例位置：资源包\Code\12\10**）

为图表中各个数据点添加文本标签，关键代码如下。

```
1    for a,b in zip(x,y):
2        # a,b+0.05 对应的（x,y），%.1f%b 对 y 值格式化，ha 水平居中，va 垂直底部对齐,fontsize 字体大小
3        plt.text(a,b+0.05,'%.1f'%b,ha = 'center',va = 'bottom',fontsize=9)
```

运行程序，输出结果如图 12.26 所示。

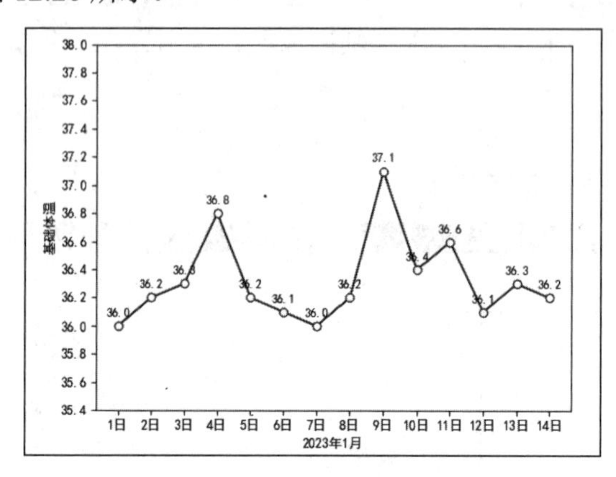

图 12.26　带文本标签的折线图

上述代码中，首先，x、y 是 x 轴和 y 轴的值，它代表了折线图在坐标中的位置，通过 for 循环找到每一个 x、y 值相对应的坐标赋值给 a、b，再使用 plt.text()函数在对应的数据点上添加文本标签，而 for 循环也保证了折线图中每一个数据点都有文本标签。其中，a,b+0.05 表示每一个数据点（x 值对应 y 值加 0.05）的位置处添加文本标签，%.1f'%b 是对 y 值进行的格式化处理，保留小数点 1 位；ha='center'、va='bottom'代表水平居中、垂直底部对齐，fontsize 则是字体大小。

12.2.5　设置标题和图例——title()、legend()函数

数据是一个图表所要展示的东西，而有了标题和图例则可以帮助我们更好地理解这个图表的含义和要传递的信息。下面介绍图表细节之二——标题和图例。

1. 图表标题

为图表设置标题主要使用 title()函数，语法如下：

```
matplotlib.pyplot.title(label, fontdict=None, loc='center', pad=None, **kwargs)
```

参数说明：

☑ label：字符串，图表标题文本。

☑ fontdict：字典，用来设置标题字体的样式。如{'fontsize': 20,'fontweight':20,'va': 'bottom','ha': 'center'}。

☑ loc：字符串，标题水平位置，参数值为 center、left 或 right，分别表示水平居中、水平居左和水平居右，默认为水平居中。

☑ pad：浮点型，表示标题离图表顶部的距离，默认值为 None。

☑　**kwargs：关键字参数，可以设置一些其他文本属性。

例如，设置图表标题为“14 天基础体温曲线图”，主要代码如下：

```
plt.title('14 天基础体温曲线图',fontsize='18')
```

2. 图表图例

为图表设置图例主要使用 legend()函数，下面介绍图例相关的设置。

（1）自动显示图例，代码如下：

```
plt.legend()
```

（2）手动添加图例，代码如下：

```
plt.legend('基础体温')
```

注意，手动添加图例时，有时文本会显示不全，解决方法是在文本后加一个逗号。例如：

```
plt.legend(('基础体温',))
```

（3）通过 loc 参数设置图例的显示位置，代码如下：

```
plt.legend(('基础体温',),loc='upper right',fontsize=10)
```

具体图例显示位置设置如表 12.3 所示。

表 12.3　图例位置参数设置值

位置（字符串）	位置（索引）	描　述	位置（字符串）	位置（索引）	描　述
best	0	自适应	center left	6	左侧中间位置
upper right	1	右上方	center right	7	右侧中间位置
upper left	2	左上方	lower center	8	下方中间位置
lower left	3	左下方	upper center	9	上方中间位置
lower right	4	右下方	center	10	正中央
right	5	右侧			

上述参数可以设置大概的图例位置，如果这样可以满足需求，那么第二个参数也可以不设置。第二个参数 bbox_to_anchor 是元组类型，包括两个值，num1 用于控制 legend 的左右移动，值越大越向右边移动；num2 用于控制 legend 的上下移动，值越大，越向上移动。用于微调图例的位置。

另外，通过该参数还可以设置图例位于图表外面，关键代码如下：

```
# bbox_to_anchor 微调图例位置，loc=1 为右上方，borderaxespad 为轴和图例边框之间的间距
plt.legend(('基础体温',),bbox_to_anchor=(1.05, 1),loc=1, borderaxespad=0)
```

上述代码中，参数 borderaxespad 表示轴和图例边框之间的间距，以字体大小为单位度量。

下面来看设置标题和图例后的“14 天基础体温曲线图”，效果如图 12.27 所示。

（4）图例横向显示。图例横向显示主要使用 ncol 参数，通过该参数设置图例的列数，例如：

```
# labels2 标签文本变量，loc 为下方中间位置，ncol 为列数，bbox_to_anchor 微调图例位置
plt.legend(labels2,loc="lower center",ncol=2,bbox_to_anchor=(0.3,-0.1))
```

运行程序，效果如图 12.28 所示。

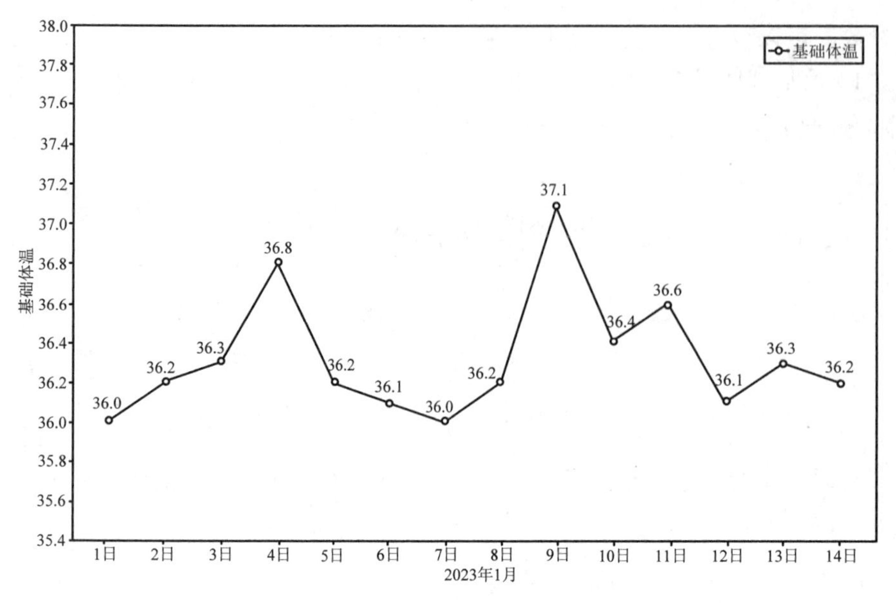

图 12.27　14 天基础体温曲线图

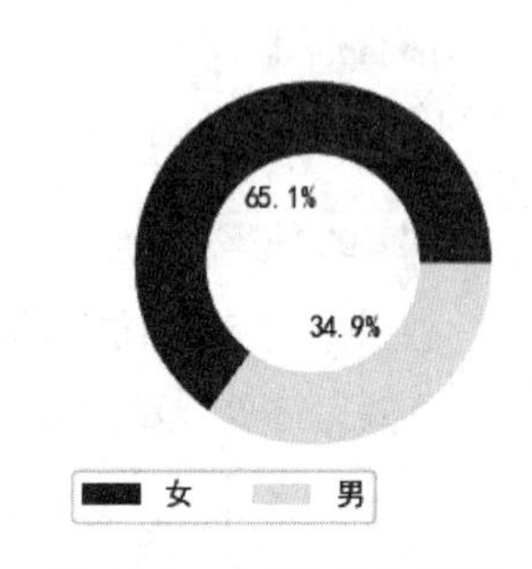

图 12.28　图例横向显示

（5）去掉图例边框。如果不想要图例的边框，可以使用下面的代码进行设置：

```
plt.legend(frameon=False)
```

以上是图例的常用设置，更多设置可参考如下参数说明：

☑ ncol：图例的列数，默认 1 列。
☑ prop：字体设置。
☑ fontsize：设置字体大小，需要未指定 prop 参数。数字字号或{'xx-small', 'x-small', 'small', 'medium', 'large', 'x-large', 'xx-large'}。
☑ numpoints：为线条图图例条目创建的标记点数。
☑ scatterpoints：为散点图图例条目创建的标记点数。
☑ scatteryoffsets：为散点图图例条目创建的标记的垂直偏移量。
☑ markerscale：图例标记与原始标记的相对大小。
☑ markerfirst：布尔值，当值为 True 时，图例标记放在图例标签的左侧。
☑ frameon：布尔值，表示是否启用边框。
☑ fancybox：布尔值，控制是否在图例背景的 FancyBboxPatch 周围启用圆边。
☑ shadow：布尔值，表示是否显示阴影。
☑ framealpha：图例的透明度。
☑ facecolor ：图例的面板颜色。
☑ edgecolor ：图例的边框颜色。
☑ mode：默认值为 None，可选{"expand"}。为 expand 时图例将展开至整个坐标轴。
☑ bbox_transform：从父坐标系到子坐标系的几何映射。
☑ title：图例的标题。
☑ title_fontsize：图例标题的字体大小。

- ☑ borderpad：图例边框与标签的距离。
- ☑ labelspacing：图例标签间的垂直空间。
- ☑ handlelength：图例标记的长度。
- ☑ handletextpad：图例标记与图例标签间的距离。
- ☑ borderaxespad：轴与图例边框的距离。
- ☑ columnspacing：列间距。

12.2.6　添加注释——annotate()函数

annotate()函数用于在图表上给数据添加文本注释，该函数支持带箭头的画线工具，可方便我们在合适的位置添加描述信息。语法如下：

```
plt.annotate(s, xy, xytext, xycoords)
```

重要参数说明：

- ☑ s：注释文本的内容。
- ☑ xy：被注释的坐标点，二维元组，如(x,y)。
- ☑ xytext：注释文本的坐标点（也就是箭头的位置），也是二维元组，默认与 xy 相同。
- ☑ xycoords：被注释点的坐标系属性，设置值如表 12.4 所示。

表 12.4　xycoords 参数设置值

设　置　值	说　　明
figure points	以绘图区左下角为参考，单位是点数
figure pixels	以绘图区左下角为参考，单位是像素数
figure fraction	以绘图区左下角为参考，单位是百分比
axes points	以子绘图区左下角为参考，单位是点数（一个 figure 可以有多个 axes，默认为 1 个）
axes pixels	以子绘图区左下角为参考，单位是像素数
axes fraction	以子绘图区左下角为参考，单位是百分比
data	以被注释的坐标点 *xy* 为参考（默认值）
polar	不使用本地数据坐标系，使用极坐标系

- ☑ textcoords：注释文本的坐标系属性，默认与 xycoords 参数值相同，也可以设置为不同的值，具体如表 12.5 所示。

表 12.5　textcoords 参数设置值

设　置　值	说　　明
offset points	相对于被注释点 xy 的偏移量（单位是点）
offset pixels	箭头头部的宽度（单位是点）

- ☑ arrowprops：箭头的样式，字典型数据，如果该属性非空，则会在注释文本和被注释点之间画一个箭头。如果不设置 arrowstyle 参数，则可以使用以下设置值，如表 12.6 所示。

表 12.6　arrowprops 参数设置值

设　置　值	说　　明
width	箭头的宽度（单位是点）
headwidth	箭头头部的宽度（单位是点）
headlength	箭头头部的长度（单位是点）
shrink	箭头两端收缩的百分比（占总长）
?	任何 matplotlib.patches.FancyArrowPatch 中的关键字

FancyArrowPatch 的关键字如表 12.7 所示。

表 12.7　FancyArrowPatch 的关键字

设　置　值	说　　明
arrowstyle	箭头的样式
connectionstyle	连接线的样式
relpos	箭头起始点相对注释文本的位置，默认为（0.5, 0.5），即文本的中心。（0,0）表示左下角，（1,1）表示右上角
patchA	箭头起点处的图形（matplotlib.patches 对象），默认是注释文字框
patchB	箭头终点处的图形（matplotlib.patches 对象），默认为空
shrinkA	箭头起点的缩进点数，默认为 2
mutation_scale	默认为文本大小（以点数为单位）
mutation_aspect	默认值为 1
?	任何 matplotlib.patches.PathPatch 中的关键字

在 arrowprops 参数的字典中，如果设置 arrowstyle 参数，则需要使用以下设置值，如表 12.8 所示。

表 12.8　arrowstyle 参数设置值

<table>
<tr><th>设　置　值</th><th>说　　明</th></tr>
<tr><td>-</td><td>None</td></tr>
<tr><td>-></td><td>head_length=0.4，head_width=0.2</td></tr>
<tr><td>-[</td><td>widthB=1.0，lengthB=0.2，angleB=None</td></tr>
<tr><td>|-|</td><td>widthA=1.0，widthB=1.0</td></tr>
<tr><td>-|></td><td>head_length=0.4，head_width=0.2</td></tr>
<tr><td><-</td><td>head_length=0.4，head_width=0.2</td></tr>
<tr><td><-></td><td>head_length=0.4，head_width=0.2</td></tr>
<tr><td><|-</td><td>head_length=0.4，head_width=0.2</td></tr>
<tr><td><|-|></td><td>head_length=0.4，head_width=0.2</td></tr>
<tr><td>fancy</td><td>head_length=0.4，head_width=0.4，tail_width=0.4</td></tr>
<tr><td>simple</td><td>head_length=0.5，head_width=0.5，tail_width=0.2</td></tr>
<tr><td>wedge</td><td>tail_width=0.3，shrink_factor=0.5</td></tr>
</table>

在 arrowprops 参数的字典中，还可以设置 connectionstyle 参数，该参数用于创建两个点之间的连接路径，其设置值如表 12.9 所示。

表 12.9　connectionstyle 参数设置值

名　称	设 置 值
angle	angleA=90,angleB=0,rad=0.0
angle3	angleA=90,angleB=0
arc	angleA=0,angleB=0,armA=None,armB=None,rad=0.0
arc3	rad=0.0
bar	armA=0.0,armB=0.0,fraction=0.3,angle=None

【例 12.11】为图表添加注释（实例位置：资源包\Code\12\11）

在“14 天基础体温曲线图”中用箭头指示最高体温，效果如图 12.29 所示。

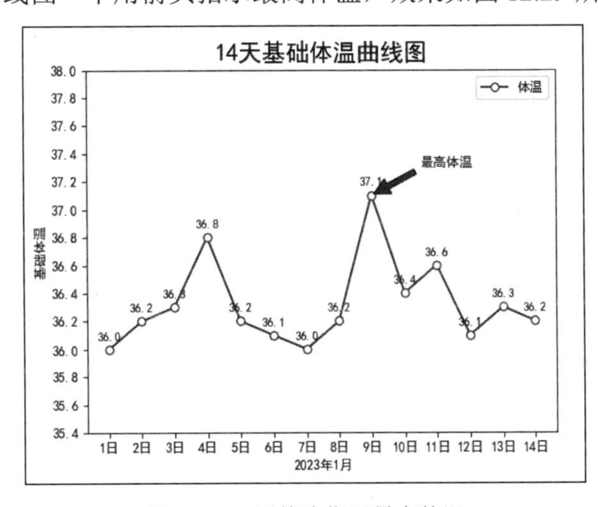

图 12.29　用箭头指示最高体温

关键代码如下：

```
1  plt.annotate('最高体温', xy=(9,37.1),              # xy 值
2               xytext=(10.5,37.3),                 # 文本内容
3               xycoords='data',                    # 以被注释的坐标点 xy 为参考
4               # 箭头的样式，颜色为红色，箭头两端收缩的百分比为 0.05
5               arrowprops=dict(facecolor='r', shrink=0.05))
```

12.2.7　设置网格线——grid()函数

细节决定成败。很多时候为了图表的美观，不得不考虑细节。下面介绍图表细节之三——网格线，主要使用 grid()函数实现。首先生成网格线，代码如下：

```
plt.grid()
```

grid()函数也有很多参数，如颜色、网格线的方向（参数 axis='x'隐藏 x 轴网格线，axis='y'隐藏 y 轴网格线）、网格线样式和网格线宽度等。下面为图表设置网格线，关键代码如下：

```
plt.grid(color='0.5',linestyle='--',linewidth=1)
```

运行程序，输出结果如图 12.30 所示。

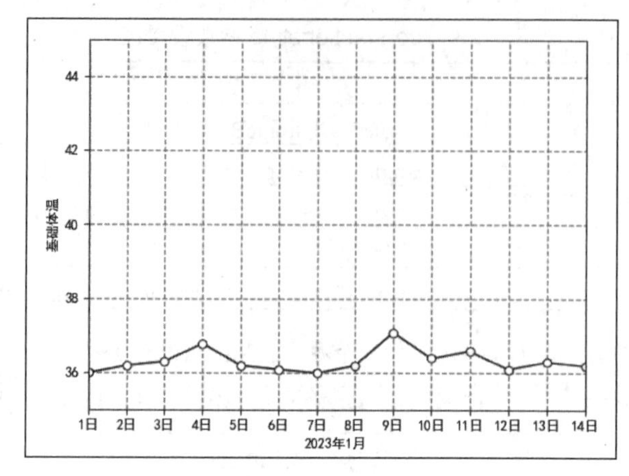

图 12.30　带网格线的折线图

说明

网格线对于饼形图来说，直接使用并不显示，其需要与饼形图的 frame 参数配合使用，设置该参数值为 True。详见 12.3.5 节绘制饼形图。

12.2.8　设置参考线——axhline()、axvline()函数

为了让图表更加清晰易懂，有时候需要为图表添加一些参考线，如平均线、中位数线等。在 Matplotlib 图表中，有两种绘制参考线的函数。

1．通过 hlines()、vlines()函数绘制参考线

hlines()函数用于绘制水平参考线，vlines()函数用于绘制垂直参考线。使用这两个函数绘制的参考线必须指定 ymin、ymax 参数或者 xmin、xmax 参数。

重要参数说明：

☑ *x*：横向坐标。
☑ *y*：纵向坐标。
☑ ymin、ymax：vlines()函数的必选参数，用于设置参考线纵向坐标的最小值和最大值。
☑ xmin、xmax：hlines()函数的必选参数，用于设置参考线横向坐标的最小值和最大值。
☑ label：标签内容。

2．通过 axhline()、axvline()函数绘制参考线

axhline()函数用于绘制水平参考线，axvlline()函数用于绘制垂直参考线。使用这两个函数绘制的参考线两头纵坐标相对于整个图表的位置，无须指定 ymin、ymax 参数或者 xmin、xmax 参数。

重要参数说明：

☑ *x*：横向坐标。
☑ *y*：纵向坐标。

☑ ymin、ymax：axvline()函数参考线两头纵向坐标，位于整个图表的位置，范围为 0～1。
☑ xmin、xmax：axhline()函数参考线两头横向坐标，位于整个图表的位置，范围为 0～1。

这两个函数与 hlines()、vlines()函数的区别在于：

☑ ymin、ymax 参数或 xmin、xmax 参数可以不指定。
☑ ymin、ymax 参数或 xmin、xmax 参数值不同，axhline()、axvline()函数做了归一化处理。
☑ 没有 label 参数，不能设置标签。

【例 12.12】为图表添加水平参考线（**实例位置：资源包\Code\12\12**）

下面为体温折线图图表添加水平参考线，用于显示体温平均值。首先计算体温的平均值，然后使用 axhline()函数绘制水平参考线，主要代码如下：

```
1    # 计算体温平均值
2    mean=df['体温'].mean()
3    plt.axhline(mean,color='red',linestyle='--')
```

运行程序，输出结果如图 12.31 所示。

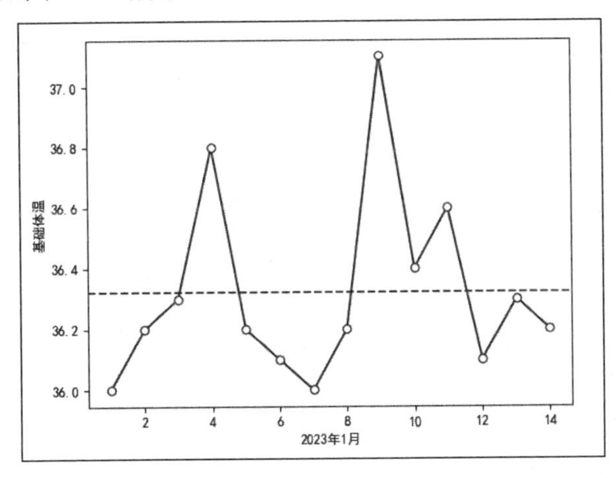

图 12.31　水平参考线

12.2.9　选取范围——axhspan()、axvspan()函数

选取范围就是在图表上选取一定范围绘制数值的参考线，主要使用 axhspan()和 axvspan()函数实现。axhspan()函数用于绘制水平选取范围，axvspan()函数用于绘制垂直选取范围。

重要参数说明：

☑ ymin、ymax：*y* 轴范围的最小值和最大值。
☑ xmin、xmax：*x* 轴范围的最小值和最大值。
☑ facecolor：前景色。
☑ alpha：透明度。

【例 12.13】为图表添加选取范围（**实例位置：资源包\Code\12\13**）

选取体温在 36.5～37 度的数据和 1～5 号的数据，主要代码如下：

```
1    # 水平选取范围
2    # ymin/ymax：y 轴范围的最小值和最大值,facecolor 为前景色，alpha 为透明度
```

```
3    plt.axhspan(ymin=36.5,ymax=37,facecolor='r',alpha=0.5)
4    # 垂直选取范围
5    plt.axvspan(xmin=1,xmax=5,facecolor='g',alpha=0.5)
```

运行程序，输出结果如图 12.32 所示。

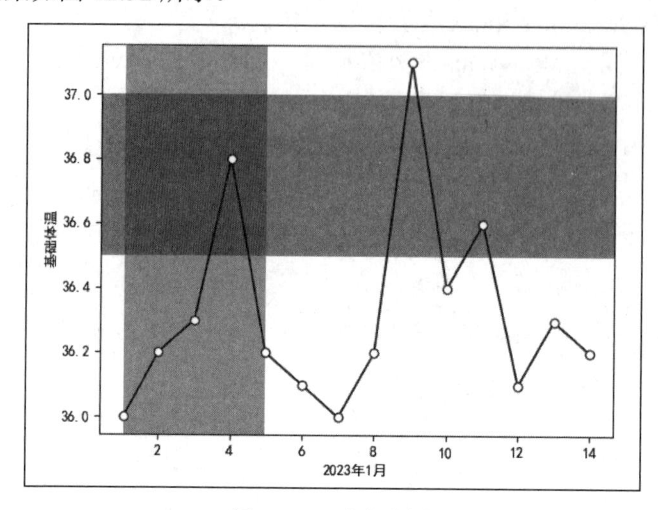

图 12.32　选取范围

12.2.10　图表的布局——tight_layout()函数

绘制的图表，如果 x 轴、y 轴标题与画布边缘的距离太近，就会显示不全，如图 12.33 所示。遇到这种问题，通常调节对应元素的属性，如字体大小、位置等，使其适应画布的大小，有时还需要调整多次，非常麻烦。那么，有没有简单的方法呢？当然有，通过 constrained_layout 或 tight_layout 布局，可以使图形元素进行一定程度的自适应。

1．constrained_layout 布局

constrained_layout 布局是 Matplotlib 的 subplots()函数中的一个参数，在绘制图表前设置该参数值为 True 即可，主要代码如下：

```
plt.subplots(constrained_layout=True)
```

2．tight_layout 布局

tight_layout 布局是 Matplotlib 的一个函数，在显示图表前直接使用即可，主要代码如下：

```
plt.tight_layout()
```

应用这两种布局可以解决显示不全的问题，效果如图 12.34 所示。

应用 constrained_layout 或 tight_layout 布局时，Matplotlib 会自动调整图形元素，使其恰当显示。需要注意，只有调整标题、图例等常见图形元素时才可以如此操作。复杂图形的布局仍需要用户自己控制图形元素的位置。

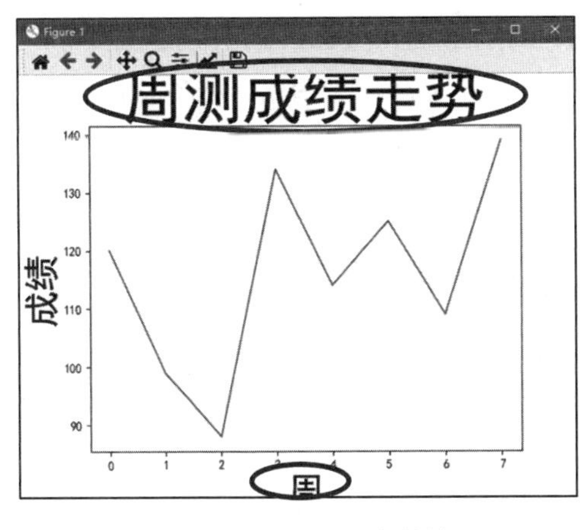

图 12.33　图表显示不全的情况

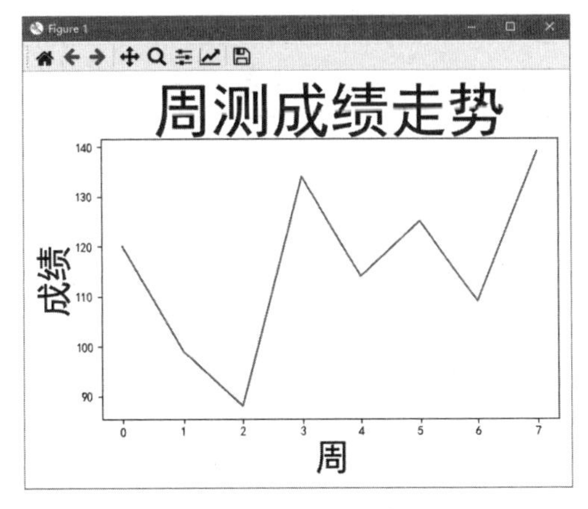

图 12.34　正常显示的图表

12.2.11　保存图表——savefig()函数

实际工作中，有时需要将绘制的图表保存为图片以便放置到数据分析报告中。Matplotlib 的 savefig()函数可以实现这一功能，将图表保存为 JPEG、TIFF 或 PNG 格式的图片。

例如，保存之前绘制的折线图，关键代码如下：

```
plt.savefig('image.png')
```

需要注意的一个关键问题：保存代码必须在图表预览前，也就是在 plt.show()代码前，否则保存后的图片是白色，图表无法保存。

运行程序，图表将被保存在程序所在路径下，名为 image.png。

12.3　绘制常用的图表

常用的图表包括散点图、折线图、柱形图、直方图、饼形图、面积图、箱形图、热力图等，下面逐一介绍如何绘制这些图表。

12.3.1　绘制散点图——plot()、scatter()函数

散点图主要是用来查看数据的分布情况或相关性，一般在线性回归分析中用来查看数据点在坐标系平面上的分布情况。散点图表示因变量随自变量而变化的大致趋势，据此可以选择合适的函数对数据点进行拟合。

散点图与折线图类似，也是由一个个点构成的。但不同之处在于，散点图的各点之间不会按照前后关系以线条连接起来。

Matplotlib 绘制散点图使用 plot()函数和 scatter()函数都可以实现，本节使用 scatter()函数绘制散点图。scatter()函数被专门用于绘制散点图，使用方式和 plot()函数类似，区别在于前者具有更高的灵活性，

可以单独控制每个散点与数据匹配，并让每个散点都具有不同的属性。scatter()函数语法如下：

```
matplotlib.pyplot.scatter(x,y,s=None,c=None,marker=None,cmap=None,norm=None,vmin=None,vmax=None,alpha=None,linewidths=None,verts=None,edgecolors=None,data=None, **kwargs)
```

参数说明：

- ☑ x，y：数据。
- ☑ s：标记大小，以平方磅为单位的标记面积，设置值如下：
  - ➢ 数值标量：以相同的大小绘制所有标记。
  - ➢ 行或列向量：使每个标记具有不同的大小。以 x、y 和 sz 中的相应元素确定每个标记的位置和面积。sz 的长度必须等于 x 和 y 的长度。
  - ➢ []：使用 36 平方磅的默认面积。
- ☑ c：标记颜色，可选参数，默认值为 b，表示蓝色。
- ☑ marker：标记样式，可选参数，默认值为 o。
- ☑ cmap：颜色地图，可选参数，默认值为 None。
- ☑ norm：可选参数，默认值为 None。
- ☑ vmin，vmax：标量，可选参数，默认值为 None。
- ☑ alpha：透明度，可选参数，0～1 的数，表示透明度，默认值为 None。
- ☑ linewidths：线宽，标记边缘的宽度，可选参数，默认值为 None。
- ☑ verts：（x，y）的序列，可选参数，如果参数 marker 为 None，则这些顶点将用于构建标记。标记的中心位置为（0,0）。
- ☑ edgecolors：轮廓颜色，和参数 c 类似，可选参数，默认值为 None。
- ☑ data：data 关键字参数。如果给定一个数据参数，则所有位置和关键字参数将被替换。
- ☑ **kwargs：关键字参数，其他可选参数。

【例 12.14】绘制简单散点图（**实例位置：资源包\Code\12\14**）

绘制简单散点图，程序代码如下：

```
1    import matplotlib.pyplot as plt                # 导入 matplotlib.pyplot 子模块
2    x=[1,2,3,4,5,6]                                #  x 轴数据
3    y=[19,24,37,43,55,68]                          #  y 轴数据
4    plt.scatter(x, y)                              # 绘制散点图
5    plt.show()                                     # 显示图表
```

运行程序，输出结果如图 12.35 所示。

【例 12.15】绘制散点图分析销售收入与广告费的相关性（**实例位置：资源包\Code\12\15**）

接下来，绘制销售收入与广告费散点图，用以观察销售收入与广告费的相关性，关键代码如下：

```
1    # x 为广告费用，y 为销售收入
2    x=pd.DataFrame(dfCar_month['支出'])
3    y=pd.DataFrame(dfData_month['金额'])
4    plt.title('销售收入与广告费散点图')              # 图表标题
5    plt.scatter(x, y,   color='red')               # 真实值散点图
```

运行程序，输出结果如图 12.36 所示。

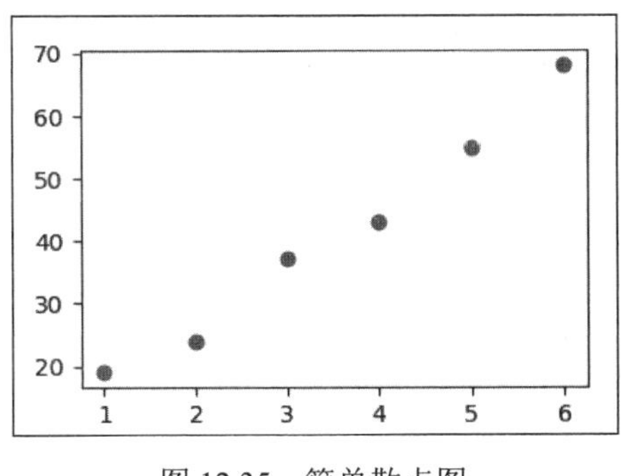

图 12.35　简单散点图

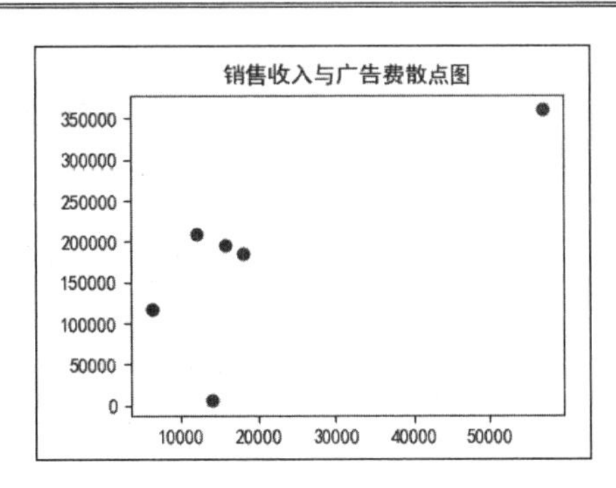

图 12.36　销售收入与广告费散点图

12.3.2　绘制折线图——plot()函数

折线图可以显示随时间而变化的连续数据，因此非常适用于显示在相等时间间隔下数据的趋势。如基础体温曲线图，学生成绩走势图，股票月成交量走势图，月销售统计分析图，微博、公众号、网站访问量统计图等都可以用折线图体现。在折线图中，类别数据沿水平轴均匀分布，所有值数据沿垂直轴均匀分布。

Matplotlib 绘制折线图主要使用 plot()函数，相信通过前面的学习，你已经了解了 plot()函数的基本用法，并能够绘制一些简单的折线图，下面尝试绘制多折线图。

【例 12.16】绘制学生语文、数学、英语各科成绩分析图（**实例位置：资源包\Code\12\16**）

下面使用 plot()函数绘制多折线图。例如，绘制学生语文、数学、英语各科成绩分析图，程序代码如下：

```
1    import pandas as pd                              # 导入 pandas 模块
2    import matplotlib.pyplot as plt                  # 导入 matplotlib.pyplot 子模块
3    df1=pd.read_excel('data.xls')                    # 读取 Excel 文件
4    # 绘制多折线图
5    x1=df1['姓名']
6    y1=df1['语文']
7    y2=df1['数学']
8    y3=df1['英语']
9    plt.rcParams['font.sans-serif']=['SimHei']       # 解决中文乱码
10   plt.rcParams['xtick.direction'] = 'out'          # x 轴的刻度线向外显示
11   plt.rcParams['ytick.direction'] = 'in'           # y 轴的刻度线向内显示
12   plt.title('语数外成绩大比拼',fontsize='18')        # 图表标题
13   # 绘制语文成绩折线图,maker 为标记样式
14   plt.plot(x1,y1,label='语文',color='r',marker='p')
15   # 绘制数学成绩折线图,maker 标记为样式，mfc 为标记填充颜色，ms 为标记大小，alpha 为透明度
16   plt.plot(x1,y2,label='数学',color='g',marker='.',mfc='r',ms=8,alpha=0.7)
17   # 绘制英语成绩折线图
18   plt.plot(x1,y3,label='英语',color='b',linestyle='-.',marker='*')
19   plt.grid(axis='y')                               # 显示网格关闭 y 轴
20   plt.ylabel('分数')                               # y 轴标签
21   plt.yticks(range(50,150,10))                     # y 轴刻度值范围
22   plt.legend(['语文','数学','英语'])                # 设置图例
23   plt.show()                                       # 显示图表
```

运行程序，输出结果如图 12.37 所示。

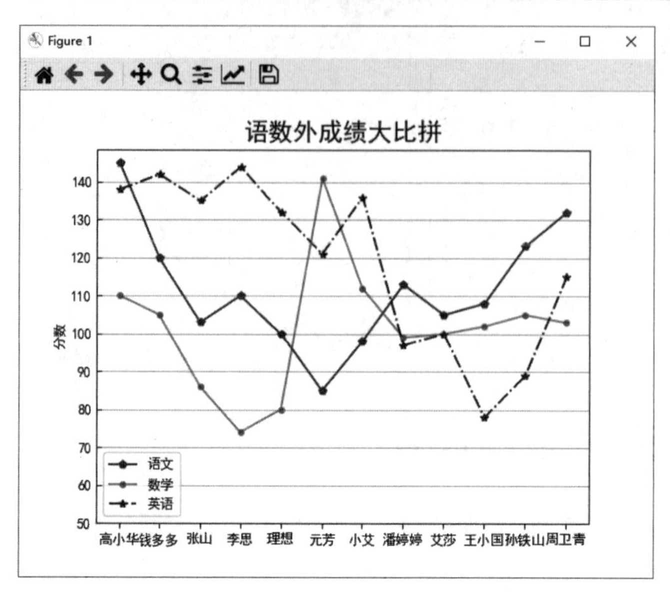

图 12.37　多折线图

上述举例，用到了几个参数，下面进行说明。

☑　mfc：标记的颜色。

☑　ms：标记的大小。

☑　alpha：透明度，设置该参数可以改变颜色的深浅。

12.3.3　绘制柱形图——bar()函数

柱形图，又称为长条图、柱状图、条状图等，是一种以长方形的长度为变量的统计图表。柱形图用来比较两个或两个以上的数据（不同时间或者不同条件），只有一个变量，通常用于较小的数据集分析。

Matplotlib 绘制柱形图主要使用 bar()函数，语法如下：

```
matplotlib.pyplot.bar(x,height,width,bottom=None,*,align='center',data=None,**kwargs)
```

参数说明：

☑　x：x 轴数据。

☑　height：柱子的高度，也就是 y 轴数据。

☑　width：浮点型，柱子的宽度，默认值为 0.8，可以指定固定值。

☑　bottom：标量或数组，可选参数，柱形图的 y 坐标，默认值为 0。

☑　*：星号本身不是参数。星号表示其后面的参数为命名关键字参数，命名关键字参数必须传入参数名，否则程序会出现错误。

☑　align：对齐方式，如 center（居中）和 edge（边缘），默认值为 center。

☑　data：data 关键字参数。如果给定一个数据参数，所有位置和关键字参数都将被替换。

☑　**kwargs：关键字参数，其他可选参数，如 color（颜色）、alpha（透明度）、label（每个柱子显示的标签）等。

【例 12.17】用 5 行代码绘制简单的柱形图（**实例位置：资源包\Code\12\17**）

用 5 行代码绘制简单的柱形图，程序代码如下：

```
1    import matplotlib.pyplot as plt            # 导入 matplotlib.pyplot 子模块
2    x=[1,2,3,4,5,6]                            # x 轴数据
3    height=[10,20,30,40,50,60]                 # 柱子的高度
4    plt.bar(x,height)                          # 绘制柱形图
5    plt.show()                                 # 显示图表
```

运行程序，输出结果如图 12.38 所示。

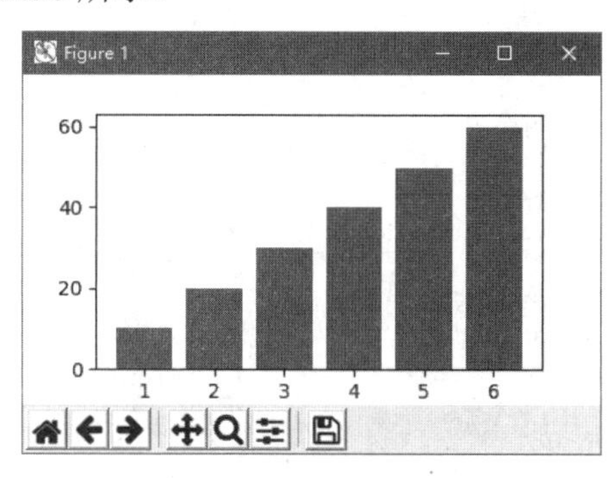

图 12.38 简单柱形图

bar()函数可以绘制各种类型的柱形图，如基本柱形图、多柱形图、堆叠柱形图，只要将 bar()函数的主要参数理解透彻，就会达到意想不到的效果。下面介绍几种常见的柱形图。

1. 基本柱形图

【例 12.18】绘制线上图书销售额分析图（**实例位置：资源包\Code\12\18**）

使用 bar()函数绘制“2016—2022 年线上图书销售额分析图”，程序代码如下：

```
1    import pandas as pd                                  # 导入 pandas 模块
2    import matplotlib.pyplot as plt                      # 导入 matplotlib.pyplot 子模块
3    df = pd.read_excel('books.xlsx')                     # 读取 Excel 文件
4    plt.rcParams['font.sans-serif']=['SimHei']           # 解决中文乱码
5    x=df['年份']                                         # x 轴数据
6    height=df['销售额']                                  # 柱子的高度
7    plt.grid(axis="y", which="major")                    # 生成虚线网格
8    # x、y 轴标签
9    plt.xlabel('年份')
10   plt.ylabel('线上销售额（元）')
11   plt.title('2016—2022 年线上图书销售额分析图')         # 图表标题
12   # 绘制柱形图，width 是柱子宽度，align 为居中对齐,color 为柱子颜色，alpha 为透明度
13   plt.bar(x,height,width = 0.5,align='center',color = 'b',alpha=0.5)
14   # 设置每个柱子的文本标签,format(b,',')格式化销售额为千位分隔符，ha 居中对齐，va 垂直底部对齐，color 为字体颜色，
     alpha 为透明度
15   for a,b in zip(x,height):
16       plt.text(a, b,format(b,','), ha='center', va= 'bottom',fontsize=9,color = 'b',alpha=0.9)
17   plt.legend(['销售额'])                               # 设置图例
18   plt.show()                                           # 显示图表
```

运行程序，输出结果如图 12.39 所示。

上述举例，应用了前面所学习的知识，如标题、图例、文本标签，坐标轴标签等。

2．多柱形图

【例 12.19】绘制各平台图书销售额分析图（**实例位置：资源包\Code\12\19**）

对于线上图书销售额的统计，如果要统计各个平台的销售额，可以使用多柱形图，不同颜色的柱子代表不同的平台，如京东、天猫、自营等，程序代码如下：

```
1  import pandas as pd                                          # 导入 pandas 模块
2  import matplotlib.pyplot as plt                              # 导入 matplotlib.pyplot 子模块
3  df = pd.read_excel('books.xlsx',sheet_name='Sheet2')         # 读取 Excel 文件名为“Sheet2”的 Sheet 页
4  plt.rcParams['font.sans-serif']=['SimHei']                   # 解决中文乱码
5  # xy 轴数据
6  x=df['年份']
7  y1=df['京东']
8  y2=df['天猫']
9  y3=df['自营']
10 width =0.25                                                  # 柱子宽度
11 plt.ylabel('线上销售额（元）')                                # y 轴标题
12 plt.title('2016—2022 年线上图书销售额分析图')                  # 图表标题
13 plt.bar(x,y1,width = width,color = 'darkorange')             # 绘制第一个柱形图
14 plt.bar(x+width,y2,width = width,color = 'deepskyblue')      # 绘制第二个柱形图
15 plt.bar(x+2*width,y3,width = width,color = 'g')              # 绘制第三个柱形图
16 # 设置每个柱子的文本标签,format(b,',')格式化销售额为千位分隔符，ha 水平居中，va 垂直底部对齐
17 for a,b in zip(x,y1):
18     plt.text(a, b,format(b,','), ha='center', va= 'bottom',fontsize=8)
19 for a,b in zip(x,y2):
20     plt.text(a+width, b,format(b,','), ha='center', va= 'bottom',fontsize=8)
21 for a, b in zip(x, y3):
22     plt.text(a + 2*width, b, format(b, ','), ha='center', va='bottom', fontsize=8)
23 plt.legend(['京东','天猫','自营'])                            # 图例
24 plt.show()                                                   # 显示图表
```

上述举例，柱形图中若显示 n 个柱子，则柱子宽度值需小于 $1/n$，否则柱子会出现重叠现象。

运行程序，输出结果如图 12.40 所示。

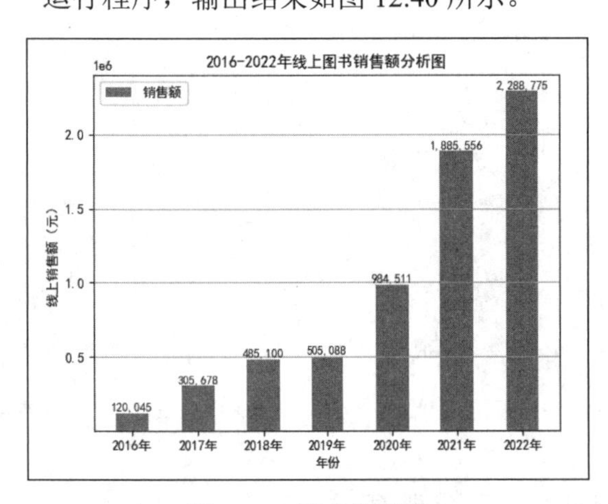

图 12.39　基本柱形图

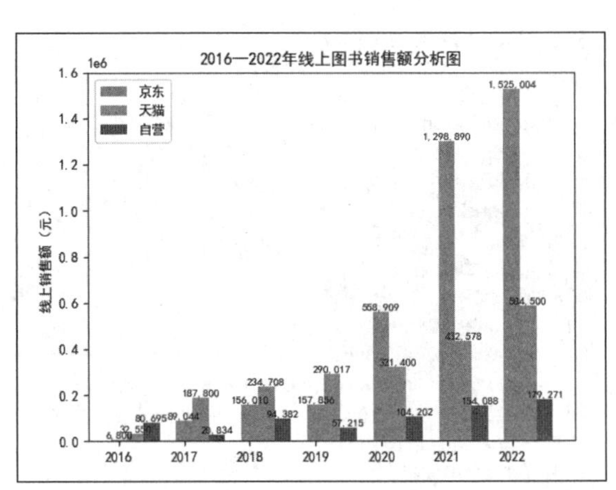

图 12.40　多柱形图

12.3.4　绘制直方图——hist()函数

直方图，又称质量分布图，由一系列高度不等的纵向条纹或线段表示数据分布的情况。一般用横

轴表示数据类型，纵轴表示分布情况。直方图是数值数据分布的精确图形表示，是一个连续变量（定量变量）的概率分布的估计。

绘制直方图主要使用 hist()函数，语法如下：

```
matplotlib.pyplot.hist(x,bins=None,range=None, density=None, bottom=None, histtype='bar', align='mid', log=False, color=None, label=None, stacked=False, normed=None)
```

主要参数说明：

☑ x：数据集，最终的直方图将对数据集进行统计。

☑ bins：统计数据的区间分布。

☑ range：元组类型，显示的区间。

☑ density：布尔型，默认值为 False，不显示频率统计结果，为 True 则显示频率统计结果。需要注意，频率统计结果=区间数目/(总数×区间宽度)。

☑ histtype：可选参数，设置值为 bar、barstacked、step 或 stepfilled，默认值为 bar。推荐使用默认配置，step 使用的是梯状，stepfilled 则会对梯状内部进行填充，效果与 bar 类似。

☑ align：可选参数，值为 left、mid 或 right，默认值为 mid。控制柱形图的水平分布，left 或者 right 会有部分空白区域，推荐使用默认值。

☑ log：布尔型，默认值为 False，即 y 坐标轴是否选择指数刻度。

☑ stacked：布尔型，默认值为 False，是否为堆积状图。

【例 12.20】绘制简单直方图（**实例位置：资源包\Code\12\20**）

绘制简单直方图，程序代码如下：

```
1   import matplotlib.pyplot as plt                          # 导入 matplotlib.pyplot 子模块
2   x=[22,87,5,43,56,73,55,54,11,20,51,5,79,31,27]           # x 轴数据
3   plt.hist(x, bins = [0,25,50,75,100])                     # 绘制直方图，bins 为区间
4   plt.show()                                               # 显示图表
```

运行程序，输出结果如图 12.41 所示。

【例 12.21】绘制直方图分析学生数学成绩分布情况（**实例位置：资源包\Code\12\21**）

再举一个例子，通过直方图分析学生数学成绩分布情况，程序代码如下：

```
1   import pandas as pd                                      # 导入 pandas 模块
2   import matplotlib.pyplot as plt                          # 导入 matplotlib.pyplot 子模块
3   df = pd.read_excel('grade1.xls')                         # 读取 Excel 文件
4   plt.rcParams['font.sans-serif']=['SimHei']               # 解决中文乱码
5   x=df['得分']                                             # x 轴数据
6   plt.xlabel('分数')                                       # x 轴标题
7   plt.ylabel('学生数量')                                   # y 轴标题
8   plt.title("高一数学成绩分布直方图")                      # 设置图表标题
9   # 绘制直方图，bins 为区间，facecolor 为前景色，edgecolor 为边框颜色，alpha 为透明度
10  plt.hist(x, bins = [0,25,50,75,100,125,150],facecolor="blue", edgecolor="black", alpha=0.7)
11  plt.show()                                               # 显示图表
```

运行程序，输出结果如图 12.42 所示。

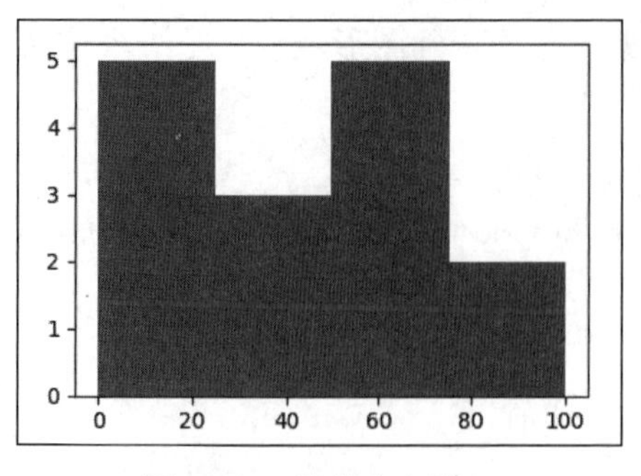

图 12.41　简单直方图

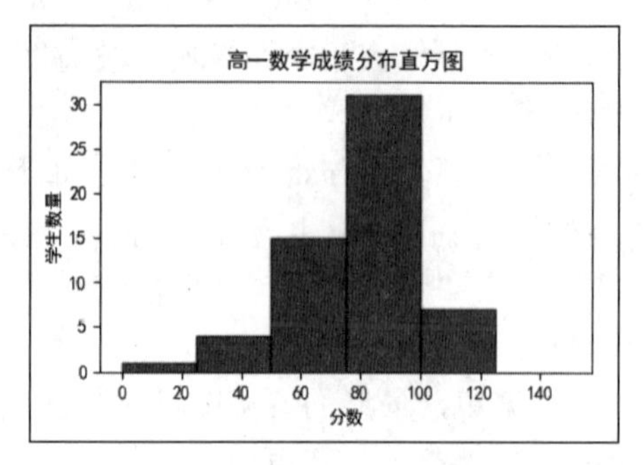

图 12.42　数学成绩分布直方图

上述举例，通过直方图可以清晰地看到高一数学成绩分布情况。基本呈现正态分布，两边低中间高，高分段学生缺失，说明试卷有难度。那么，通过直方图还可以分析以下内容：

（1）对学生进行比较。呈正态分布的测验便于选拔优秀，甄别落后，通过直方图一目了然。

（2）确定人数和分数线。测验成绩符合正态分布可以帮助等级评定时确定人数和估计分数段内的人数，以及确定录取分数线、各学科的优生率等。

（3）测验试题难度。

12.3.5　绘制饼形图——pie()函数

饼形图常用来显示各个部分在整体所占的比例。例如，在工作中如果遇到需要计算总费用或金额的各个部分构成比例的情况，一般通过各个部分与总额相除来计算，而且这种比例表示方法很抽象，而通过饼形图将直接显示各个组成部分所占比例，一目了然。

Matplotlib 绘制饼形图主要使用 pie()函数，语法如下：

```
matplotlib.pyplot.pie(x,explode=None,labels=None,colors=None,autopct=None,pctdistance=0.6,shadow=False,labeldistance=1.1,startangle=None,radius=None,counterclock=True,wedgeprops=None,textprops=None,center=(0, 0), frame=False, rotatelabels=False, hold=None, data=None)
```

主要参数说明：

☑　x：每一块饼形图的比例，如果 sum(x)＞1，则会使用 sum(x)归一化。

☑　labels：每一块饼形图外侧显示的说明文字。

☑　explode：每一块饼形图离中心的距离。

☑　startangle：起始绘制角度，默认是从 *x* 轴正方向逆时针画起，如设置值为 90，则从 *y* 轴正方向画起。

☑　shadow：表示是否在饼形图下面画一个阴影，默认值为 False，即不画阴影。

☑　labeldistance：标记的绘制位置，相对于半径的比例，默认值为 1.1，如值小于 1 则绘制在饼形图内侧。

☑　autopct：设置饼形图百分比，可以使用格式化字符串或 format 函数。如%1.1f 则保留小数点前后 1 位。

☑　pctdistance：类似于 labeldistance 参数，指定百分比的位置刻度，默认值为 0.6。

☑　radius：饼形图半径，默认值为 1，半径越大饼形图越大。

☑ counterclock：指定指针方向，布尔型，可选参数。默认值为 True 表示逆时针；如果值为 False，则表示顺时针。

☑ wedgeprops：字典类型，可选参数，默认值为 None。字典传递给 wedge 对象，用来画一个饼形图。例如，wedgeprops={'linewidth':2}设置 wedge 线宽为 2。

☑ textprops：设置标签和比例文字的格式，字典类型，可选参数，默认值为 None。传递给 text 对象的字典参数。

☑ center：浮点类型的列表，可选参数，默认值为(0,0)，表示图表中心位置。

☑ frame：布尔型，可选参数。默认值为 False，不显示轴框架（也就是网格）；如果值为 True，则显示轴框架，与 grid()函数配合使用。实际应用中建议使用默认设置，因为显示轴框架会影响饼形图效果。

☑ rotatelabels：布尔型，可选参数，默认值为 False；如果值为 True，则旋转每个标签到指定的角度。

【例 12.22】绘制简单饼形图（**实例位置：资源包\Code\12\22**）

绘制简单饼形图，程序代码如下：

```
1   import matplotlib.pyplot as plt                    # 导入 matplotlib.pyplot 子模块
2   x = [2,5,12,70,2,9]                                # x 轴数据
3   plt.pie(x,autopct='%1.1f%%')                       # 绘制饼形图，autopct 设置饼图百分比
4   plt.show()                                         # 显示图表
```

运行程序，输出结果如图 12.43 所示。

饼形图也存在各种类型，主要包括基础饼形图、分裂饼形图、立体感带阴影的饼形图、环形图等。下面分别进行介绍。

1．基础饼形图

【例 12.23】通过饼形图分析各省销量占比情况（**实例位置：资源包\Code\12\23**）

下面通过饼形图分析 2023 年 1 月各省销量占比情况，程序代码如下：

```
1   import pandas as pd                                # 导入 pandas 模块
2   from matplotlib import pyplot as plt               # 导入 matplotlib.pyplot 子模块
3   df1 = pd.read_excel('data3.xls')                   # 读取 Excel 文件
4   plt.rcParams['font.sans-serif']=['SimHei']         # 解决中文乱码
5   plt.figure(figsize=(5,3))                          # 设置画布大小
6   labels = df1['省']                                 # 饼形图标签
7   sizes = df1['销量']                                # 饼形图数据
8   # 设置饼形图每块的颜色
9   colors = ['red', 'yellow', 'slateblue', 'green','magenta','cyan','darkorange','lawngreen','pink','gold']
10  plt.pie(sizes,                                     # 饼形图数据
11          labels=labels,                             # 添加区域水平标签
12          colors=colors,                             # 设置饼形图的自定义填充色
13          labeldistance=1.02,                        # 设置各扇形标签（图例）与圆心的距离
14          autopct='%.1f%%',                          # 设置百分比的格式，这里保留一位小数
15          startangle=90,                             # 设置饼形图的初始角度
16          radius = 0.5,                              # 设置饼形图的半径
17          center = (0.2,0.2),                        # 设置饼形图的原点
18          textprops = {'fontsize':9, 'color':'k'},   # 设置文本标签的属性值
19          pctdistance=0.6)                           # 设置百分比标签与圆心的距离
20  # 设置 x，y 轴刻度一致，保证饼形图为圆形
21  plt.axis('equal')
```

```
22  plt.title('2023 年 1 月各省销量占比情况分析')              # 图表标题
23  plt.show()                                                 # 显示图表
```

运行程序，输出结果如图 12.44 所示。

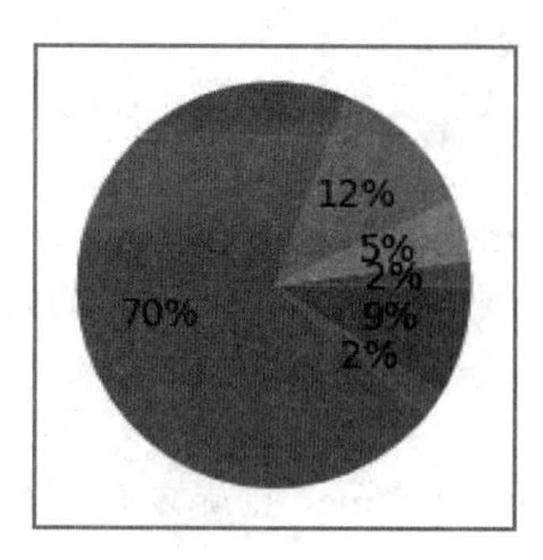

图 12.43　简单饼形图

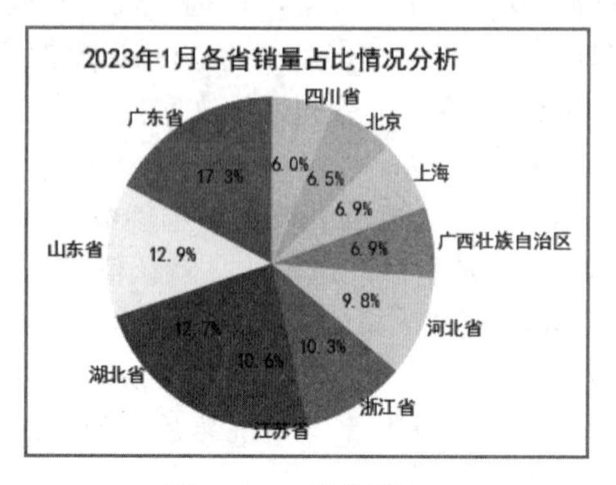

图 12.44　基础饼形图

2．分裂饼形图

分裂饼形图是将你认为主要的饼图部分分裂出来，以达到突出显示的目的。

【例 12.24】绘制分裂饼形图（**实例位置：资源包\Code\12\24**）

将销量占比最多的广东省分裂显示，效果如图 12.45 所示。分裂饼形图可以同时分裂多块，效果如图 12.46 所示。

分裂饼形图主要通过设置 explode 参数实现，该参数用于设置饼形图距中心的距离，我们需要将哪块饼形图分裂出来，就设置它与中心的距离即可。例如，图 12.44 有 10 块饼形图，我们将销量占比最多的“广东省”分裂出来，广东省在第一位，那么就设置第一位距中心的距离为 0.1，其他位距中心的距离为 0，关键代码如下。

```
explode = (0.1,0,0,0,0,0,0,0,0,0)
```

3．立体感带阴影的饼形图

立体感带阴影的饼形图看起来更美观，效果如图 12.47 所示。

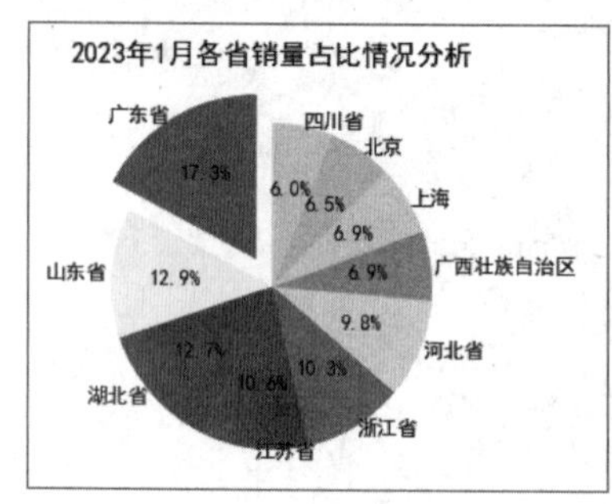

图 12.45　分裂饼形图（1）

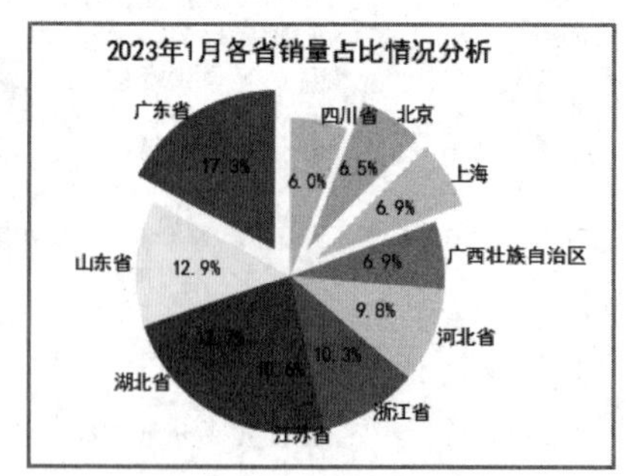

图 12.46　分裂饼形图（2）

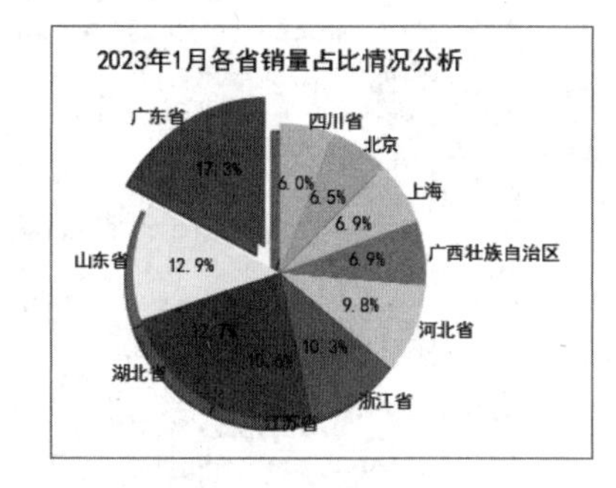

图 12.47　立体感带阴影的饼形图

立体感带阴影的饼形图主要通过 shadow 参数实现，设置该参数值为 True 即可，关键代码如下：

```
shadow=True
```

4．环形图

【例 12.25】用环形图分析各省销量占比情况（**实例位置：资源包\Code\12\25**）

环形图是由两个及两个以上大小不一的饼形图叠在一起，挖去中间的部分所构成的图形，效果如图 12.48 所示。

这里还是通过 pie()函数实现，一个关键参数 wedgeprops，字典类型，用于设置饼形图内外边界的属性，如环的宽度，环边界颜色和宽度，关键代码如下：

```
wedgeprops = {'width': 0.4, 'edgecolor': 'k'}
```

5．内嵌环形图

【例 12.26】用内嵌环形图分析各省销量占比情况（**实例位置：资源包\Code\12\26**）

内嵌环形图是双环形图，绘制内嵌环形图需要注意以下三点：

（1）连续使用两次 pie()函数。

（2）通过 wedgeprops 参数设置环形边界。

（3）通过 radius 参数设置不同的半径。

另外，由于图例内容比较长，为了使图例能够正常显示，图例代码中引入了两个主要参数，frameon 参数用于设置图例有无边框，bbox_to_anchor 参数用于设置图例位置。关键代码如下：

```
1  # 外环，autopct 为百分比，radius 为半径，pctdistance 为百分比标签与圆心的距离，wedgeprops 为字典类型，设置边
   框线宽，环的宽度，边框颜色
2  plt.pie(x1,autopct='%.1f%%',radius=1,pctdistance=0.85,colors=colors,wedgeprops=dict(linewidth=2,width=0.3,edgecolor='w'))
3  # 内环
4  plt.pie(x2,autopct='%.1f%%',radius=0.7,pctdistance=0.7,colors=colors,wedgeprops=dict(linewidth=2,width=0.4,edgecolor='w'))
5  # 图例
6  legend_text=df1['省']
7  # 设置图例标签、图例标题，去掉图例边框，微调图例位置
8  plt.legend(legend_text,title='地区',frameon=False,bbox_to_anchor=(0.2,0.5))
```

运行程序，效果如图 12.49 所示。

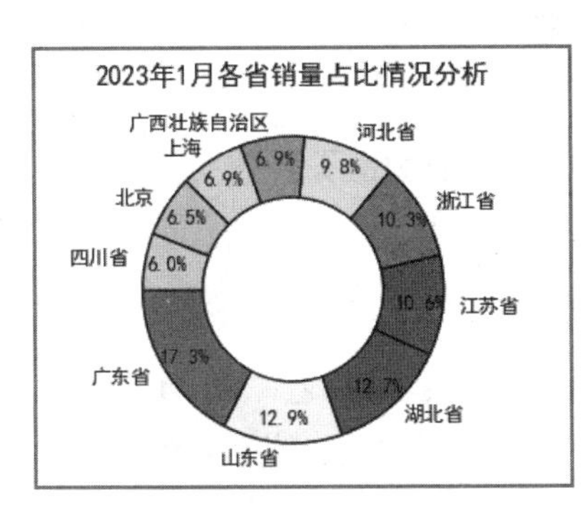

图 12.48　环形图

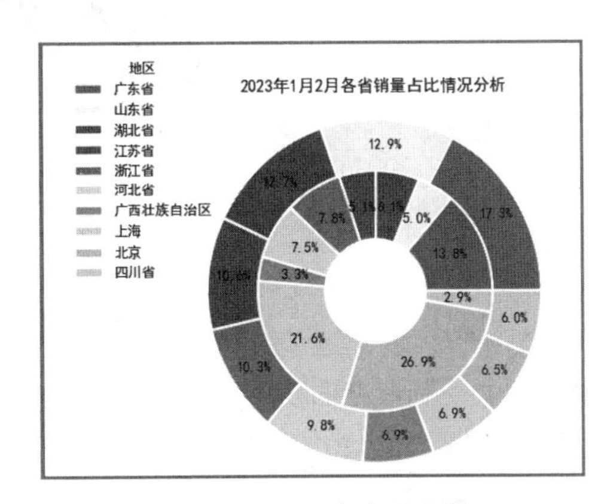

图 12.49　内嵌环形图

12.3.6　绘制面积图——stackplot()函数

面积图用于体现数量随时间而变化的程度，也可用于引起人们对总值趋势的注意。例如，表示随

时间而变化的利润的数据可以绘制在面积图中以强调总利润。

Matplotlib 绘制面积图主要使用 stackplot()函数，语法如下：

```
matplotlib.pyplot.stackplot()函数(x,*args,data=None,**kwargs)
```

参数说明：

☑ x：*x* 轴数据。

☑ *args：当传入的参数个数未知时使用*args。这里指 *y* 轴数据可以传入多个 *y* 轴。

☑ data：data 关键字参数。如果给定一个数据参数，所有位置和关键字参数都将被替换。

☑ **kwargs：关键字参数，其他可选参数，如 color（颜色）、alpha（透明度）等。

【例 12.27】绘制简单面积图（**实例位置：资源包\Code\12\27**）

绘制简单面积图，程序代码如下：

```
1   import matplotlib.pyplot as plt                                # 导入 matplotlib.pyplot 子模块
2   # xy 轴数据
3   x = [1,2,3,4,5]
4   y1 =[6,9,5,8,4]
5   y2 = [3,2,5,4,3]
6   y3 =[8,7,8,4,3]
7   y4 = [7,4,6,7,12]
8   plt.stackplot()函数(x, y1,y2,y3,y4, colors=['g','c','r','b'])   # 绘制面积图，并设置不同的颜色
9   plt.show()                                                     # 显示图表
```

运行程序，输出结果如图 12.50 所示。

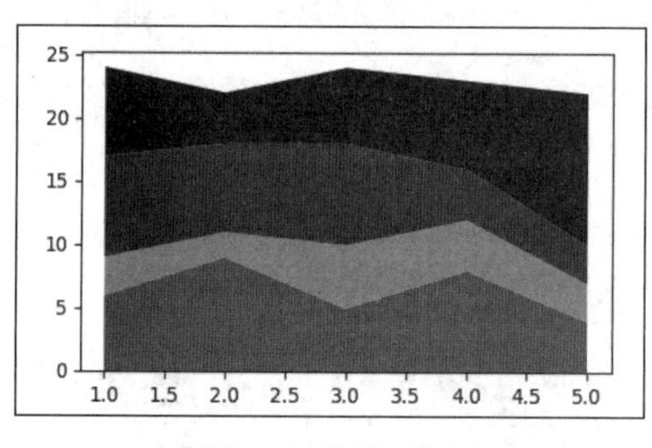

图 12.50　简单面积图

面积图也有很多种，如标准面积图、堆叠面积图和百分比堆叠面积图等。下面主要介绍标准面积图和堆叠面积图。

1. 标准面积图

【例 12.28】绘制标准面积图分析线上图书销售情况（**实例位置：资源包\Code\12\28**）

通过标准面积图分析 2016—2022 年线上图书销售情况，程序代码如下：

```
1   import pandas as pd                              # 导入 pandas 模块
2   import matplotlib.pyplot as plt                  # 导入 matplotlib.pyplot 子模块
3   df = pd.read_excel('books.xlsx')                 # 读取 Excel 文件
4   plt.rcParams['font.sans-serif']=['SimHei']       # 解决中文乱码
5   # xy 轴数据
6   x=df['年份']
7   y=df['销售额']
8   plt.title('2016—2022 年线上图书销售情况')          # 图表标题
```

```
9    plt.stackplot(x, y)                                      # 绘制面积图
10   plt.show()                                               # 显示图表
```

通过该图可以看出每一年线上图书销售的趋势。运行程序，效果如图 12.51 所示。

2. 堆叠面积图

【例 12.29】绘制堆叠面积图分析各平台图书销售情况（**实例位置：资源包\Code\12\29**）

通过堆叠面积图分析 2016—2022 年线上各平台图书销售情况。堆叠面积图不仅可以看到各平台每年销售变化趋势，通过将各平台数据堆叠到一起还可以看到整体的变化趋势，效果如图 12.52 所示。

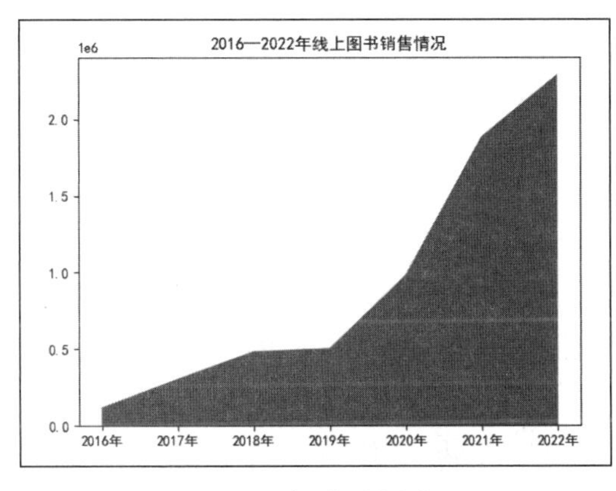

图 12.51　标准面积图

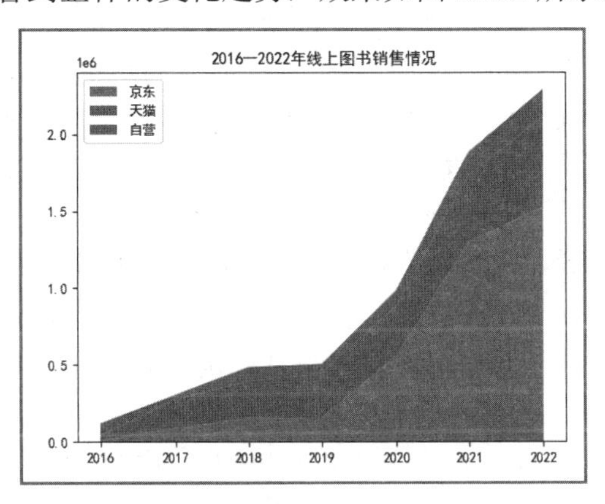

图 12.52　堆叠面积图

实现堆叠面积图的关键在于增加 y 轴，通过增加多个 y 轴数据，形成堆叠面积图，关键代码如下：

```
1   x=df['年份']
2   y1=df['京东']
3   y2=df['天猫']
4   y3=df['自营']
5   plt.title('2016—2022 年线上图书销售情况')                          # 图表标题
6   plt.stackplot(x, y1,y2,y3,colors=['#6d904f','#fc4f30','#008fd5'])  # 绘制堆叠面积图，并设置不同的颜色
7   plt.legend(['京东','天猫','自营'],loc='upper left')                 # 设置图例，loc 设置图例为左上方
8   plt.show()                                                         # 显示图表
```

12.3.7　绘制箱形图——boxplot()函数

箱形图又称箱线图、盒须图或盒式图，它是一种用于显示一组数据分散情况的统计图。因形状像箱子而得名。箱形图最大的优点就是不受异常值的影响（异常值也称为离群值），可以以一种相对稳定的方式描述数据的离散分布情况，因此在各种领域也经常被使用。另外，箱形图也常用于异常值的识别。Matplotlib 绘制箱形图主要使用 boxplot()函数，语法如下：

```
matplotlib.pyplot.boxplot(x,notch=None,sym=None,vert=None,whis=None,positions=None,widths=None,patch_artist=None,meanline=None,showmeans=None,showcaps=None,showbox=None,showfliers=None,boxprops=None,labels=None,flierprops=None,medianprops=None,meanprops=None,capprops=None,whiskerprops=None)
```

参数说明：

☑　x：指定要绘制箱形图的数据。

☑　notch：是否是凹口的形式展现箱形图，默认非凹口。

- ☑ sym：指定异常点的形状，默认为加号“＋”显示。
- ☑ vert：是否需要将箱形图垂直摆放，默认垂直摆放。
- ☑ whis：指定上下限与上下四分位的距离，默认为 1.5 倍的四分位差。
- ☑ positions：指定箱形图的位置，默认为[0,1,2,…]。
- ☑ widths：指定箱形图的宽度，默认为 0.5。
- ☑ patch_artist：是否填充箱体的颜色。
- ☑ meanline：是否用线的形式表示均值，默认用点来表示。
- ☑ showmeans：是否显示均值，默认不显示。
- ☑ showcaps：是否显示箱形图顶端和末端的两条线，默认显示。
- ☑ showbox：是否显示箱形图的箱体，默认显示。
- ☑ showfliers：是否显示异常值，默认显示。
- ☑ boxprops：设置箱体的属性，如边框色、填充色等。
- ☑ labels：为箱形图添加标签，类似于图例的作用。
- ☑ filerprops：设置异常值的属性，如异常点的形状、大小、填充色等。
- ☑ medianprops：设置中位数的属性，如线的类型、粗细等。
- ☑ meanprops：设置均值的属性，如点的大小、颜色等。
- ☑ capprops：设置箱形图顶端和末端线条的属性，如颜色、粗细等。
- ☑ whiskerprops：设置须的属性，如颜色、粗细、线的类型等。

【例 12.30】绘制简单箱形图（**实例位置：资源包\Code\12\30**）

绘制简单箱形图，程序代码如下：

```
1  import matplotlib.pyplot as plt        # 导入 matplotlib.pyplot 子模块
2  x=[1,2,3,5,7,9]                        # x 轴数据
3  plt.boxplot(x)                         # 绘制箱形图
4  plt.show()                             # 显示图表
```

运行程序，输出结果如图 12.53 所示。

【例 12.31】绘制多组数据的箱形图（**实例位置：资源包\Code\12\31**）

上述举例是一组数据的箱形图，还可以绘制多组数据的箱形图，需要指定多组数据。例如，为三组数据绘制箱形图，程序代码如下：

```
1  import matplotlib.pyplot as plt        # 导入 matplotlib.pyplot 子模块
2  x1=[1,2,3,5,7,9]                       # x 轴数据
3  x2=[10,22,13,15,8,19]
4  x3=[18,31,18,19,14,29]
5  plt.boxplot([x1,x2,x3])                # 绘制多组箱形图
6  plt.show()                             # 显示图表
```

运行程序，输出结果如图 12.54 所示。

箱形图将数据切割分离（实际上就是将数据分为 4 大部分），如图 12.55 所示。

下面介绍箱形图每部分的具体含义以及如何通过箱形图识别异常值。

（1）下四分位数：数据 25%分位点所对应的值（Q1）。计算分位数可以使用 Pandas 的 DataFrame()对象的 quantile()函数。例如，Q1 = df['总消费'].quantile(q = 0.25)。

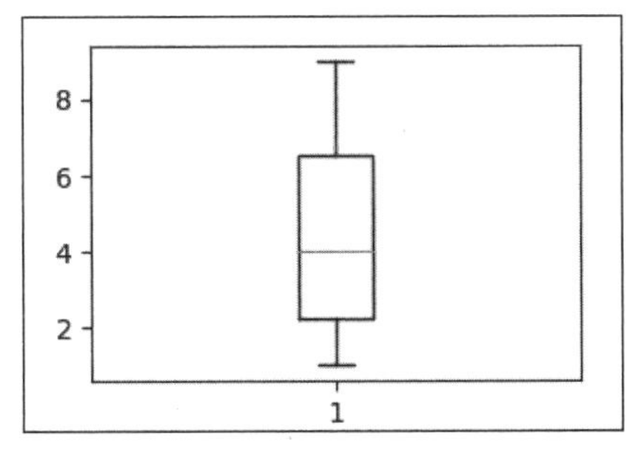

图 12.53　简单箱形图

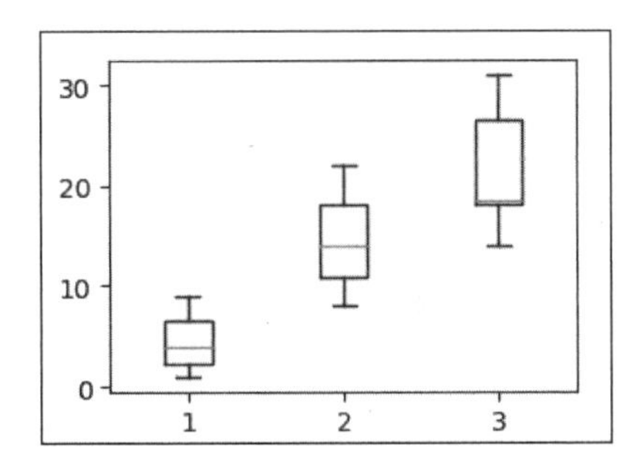

图 12.54　多组数据的箱形图

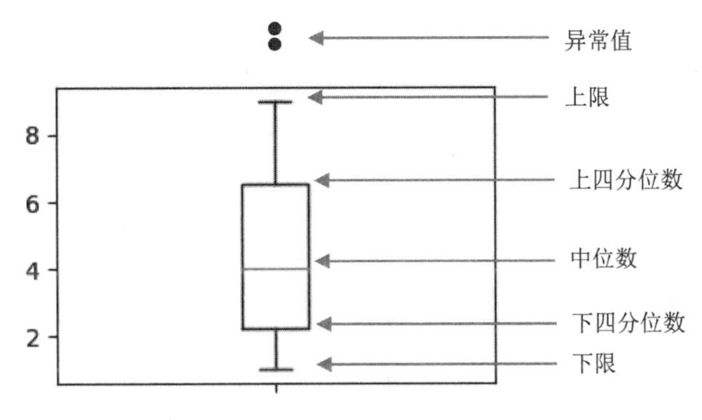

图 12.55　箱形图组成

（2）中位数：数据 50%分位点所对应的值（Q2）。

（3）上四分位数：数据 75%分位点所对应的值（Q3）。

（4）上限：计算公式为 Q3＋1.5(Q3－Q1)。

（5）下限：计算公式为 Q1－1.5(Q3－Q1)。

其中，Q3－Q1 表示四分位差。如果使用箱形图识别异常值，其判断标准是，当变量的数值大于箱形图的上限或者小于箱线图的下限时，就可以将这样的数据判定为异常值。

下面我们来了解一下判断异常值的算法，如图 12.56 所示。

判断标准	结论
x＞Q3＋1.5(Q3－Q1) 或者 x＜Q1－1.5(Q3－Q1)	异常值
x＞Q3＋3(Q3－Q1) 或者 x＜Q1－3(Q3－Q1)	极端异常值

图 12.56　异常值判断标准

【例 12.32】通过箱形图判断异常值（**实例位置：资源包\Code\12\32**）

通过箱形图查找客人总消费数据中存在的异常值，程序代码如下：

```
1   import matplotlib.pyplot as plt                 # 导入 matplotlib.pyplot 子模块
2   import pandas as pd                             # 导入 pandas 模块
3   df=pd.read_excel('tips.xlsx')                   # 读取 Excel 文件
4   plt.boxplot(x = df['总消费'],                    # 指定绘制箱线图的数据
5               whis = 1.5,                         # 指定 1.5 倍的四分位差
6               widths = 0.3,                       # 指定箱线图中箱子的宽度为 0.3
7               patch_artist = True,                # 填充箱子颜色
8               showmeans = True,                   # 显示均值
```

```
9                boxprops = {'facecolor':'RoyalBlue'},                # 指定箱子的填充色为宝蓝色
10               # 指定异常值的填充色、边框色和大小
11               flierprops={'markerfacecolor':'red','markeredgecolor':'red','markersize':3},
12               # 指定中位数的标记符号（六边形）、填充色和大小
13               meanprops = {'marker':'h','markerfacecolor':'black', 'markersize':8},
14               medianprops = {'linestyle':'--','color':'orange'},   # 指定均值点的标记符号（虚线）、颜色
15               labels = [''])                                       # 去除 x 轴刻度值
16   plt.show()                                                       # 显示图表
17   # 计算下四分位数和上四分位数
18   Q1 = df['总消费'].quantile(q = 0.25)
19   Q3 = df['总消费'].quantile(q = 0.75)
20   # 基于 1.5 倍的四分位差计算上下限对应的值
21   low_limit = Q1 - 1.5*(Q3 - Q1)
22   up_limit = Q3 + 1.5*(Q3 - Q1)
23   # 查找异常值
24   val=df['总消费'][(df['总消费'] > up_limit) | (df['总消费'] < low_limit)]
25   print('异常值如下：')
26   print(val)
```

运行程序，输出结果如图 12.57 和图 12.58 所示。

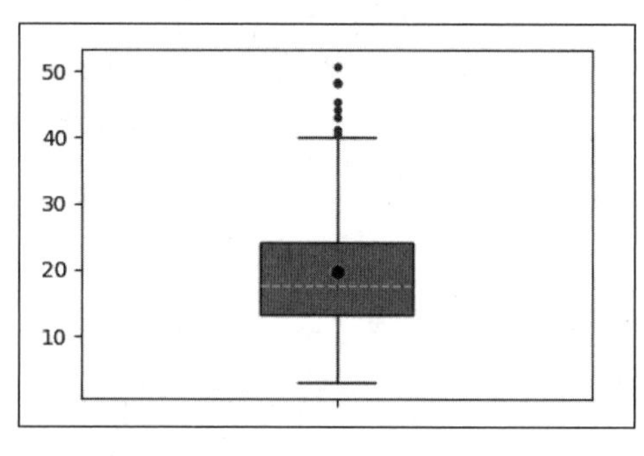

图 12.57　箱形图

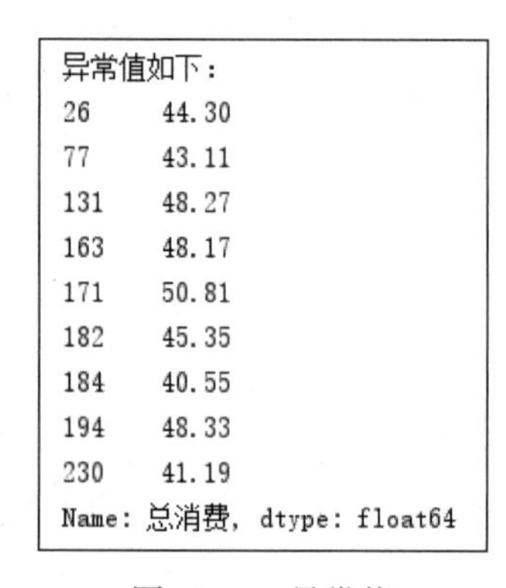

```
异常值如下：
26      44.30
77      43.11
131     48.27
163     48.17
171     50.81
182     45.35
184     40.55
194     48.33
230     41.19
Name: 总消费, dtype: float64
```

图 12.58　异常值

12.3.8　绘制热力图——imshow()函数

热力图是通过密度函数进行可视化用于表示地图中点的密度的热图。它使人们能够独立于缩放因子而感知点的密度。热力图可以显示不可点击区域发生的事情。利用热力图可以看数据表里多个特征两两的相似度。例如，以特殊高亮的形式显示访客热衷的页面区域和访客所在的地理区域的图示。热力图在网页分析、业务数据分析等其他领域也有较为广泛的应用。

【例 12.33】绘制简单热力图（**实例位置：资源包\Code\12\33**）

热力图是数据分析的常用方法，通过色差、亮度来展示数据的差异，易于理解。下面绘制简单热力图，程序代码如下：

```
1   import matplotlib.pyplot as plt           # 导入 matplotlib.pyplot 子模块
2   X = [[1,2],[3,4],[5,6],[7,8],[9,10]]      # 绘图数据
3   plt.imshow(X)                             # 绘制热力图
4   plt.show()                                # 显示图表
```

运行程序，输出结果如图 12.59 所示。

上述代码中，plt.imshow(X)中传入的数组 X=[[1,2],[3,4],[5,6],[7,8],[9,10]]是对应的颜色，按照矩阵

X 进行颜色分布，如左上角颜色为蓝色对应值为 1，右下角颜色为黄色，对应值为 10，具体如下：

```
[1,2]  [深蓝,蓝色]
[3,4]  [蓝绿,深绿]
[5,6]  [海藻绿,春绿色]
[7,8]  [绿色,浅绿色]
[9,10][草绿色,黄色]
```

【例 12.34】绘制热力图对比分析学生各科成绩（**实例位置：资源包\Code\12\34**）

用学生成绩统计数据绘制热力图，对比每个学生各科成绩的高低。程序代码如下：

```
1   import pandas as pd                                                # 导入 pandas 模块
2   import matplotlib.pyplot as plt                                    # 导入 matplotlib.pyplot 子模块
3   df = pd.read_excel('data4.xls',sheet_name='高二一班')              # 读取 Excel 文件名为"高二一班"的 Sheet 页中的数据
4   plt.rcParams['font.sans-serif']=['SimHei']                         # 解决中文乱码
5   X = df.loc[:,"语文":"生物"].values                                  # 抽取"语文"至"生物"的成绩
6   name=df['姓名']                                                    # 抽取"姓名"
7   plt.imshow(X)                                                      # 绘制热力图
8   plt.xticks(range(0,6,1),['语文','数学','英语','物理','化学','生物'])  # 设置 x 轴刻度标签
9   plt.yticks(range(0,12,1),name)                                     # 设置 y 轴刻度标签
10  plt.colorbar()                                                     # 显示颜色条
11  plt.title('学生成绩统计热力图')                                      # 设置图表标题
12  plt.show()                                                         # 显示图表
```

运行程序，效果如图 12.60 所示。从图中得知：颜色越高亮成绩越高，反之则成绩越低。

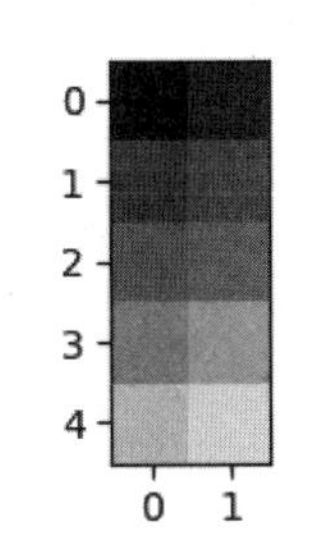

图 12.59　简单热力图

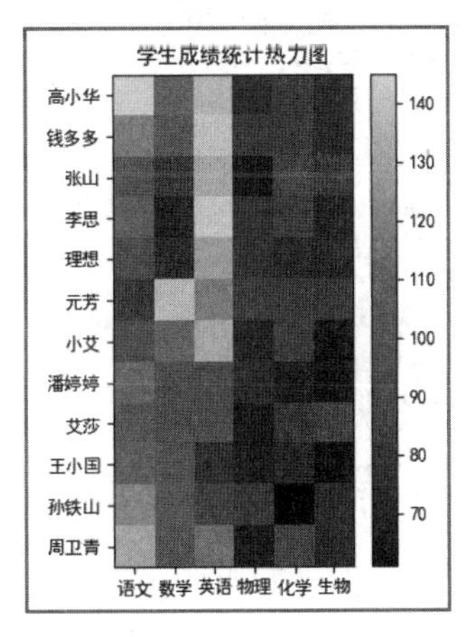

图 12.60　学生成绩热力图

12.3.9　绘制雷达图——polar()函数

雷达图是一种常用的数据可视化与展示技术，可以把多个维度的数据在同一个图表上展示出来，使得各项指标一目了然。雷达图比较适合表现整体水平，以及反映各部分之间的关系。例如，一个老师想要了解同学是否偏科或偏科是否严重，就可以先将他的各科成绩绘制成雷达图，然后观察是否偏科。

绘制雷达图主要使用 polar()函数，该函数用于在极坐标轴上绘制折线图，语法如下：

```
plt.polar(theta, r, **kwargs)
```

参数说明：

☑ theta：标量或标量序列，数据点的极径，必选参数。

☑ r：标量或标量序列，数据点的极角，可选参数。

☑ **kwargs：可选参数，用于指定线的标签（用于自动图例）、线宽、标记面颜色等特性。

【例 12.35】绘制雷达图分析男生女生各科成绩差异（**实例位置：资源包\Code\12\35**）

男女生的思维方式有一定差异，体现在学习上，则为多数男生更偏向理科，多数女生更偏向文科。下面用数据说话，通过雷达图分析男生女生各科平均成绩的差异。程序代码如下：

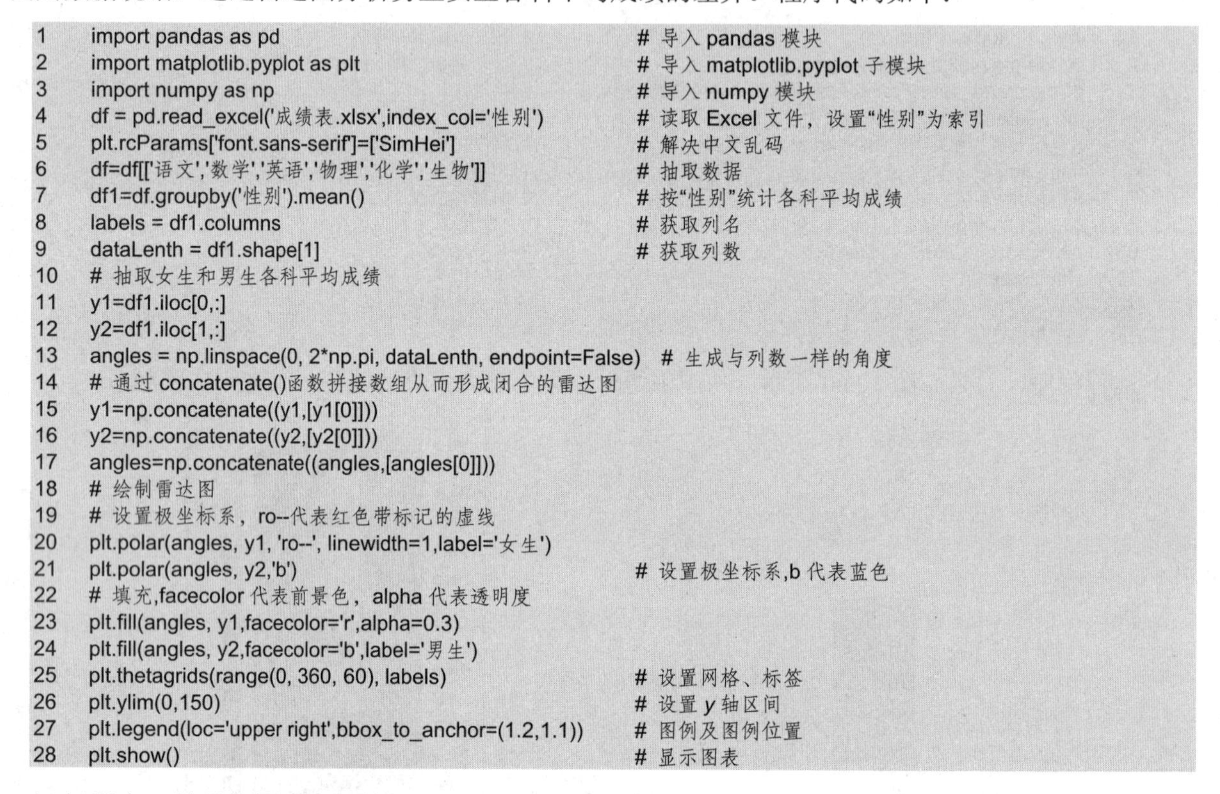

```
1   import pandas as pd                                              # 导入 pandas 模块
2   import matplotlib.pyplot as plt                                  # 导入 matplotlib.pyplot 子模块
3   import numpy as np                                               # 导入 numpy 模块
4   df = pd.read_excel('成绩表.xlsx',index_col='性别')                # 读取 Excel 文件，设置"性别"为索引
5   plt.rcParams['font.sans-serif']=['SimHei']                       # 解决中文乱码
6   df=df[['语文','数学','英语','物理','化学','生物']]                  # 抽取数据
7   df1=df.groupby('性别').mean()                                    # 按"性别"统计各科平均成绩
8   labels = df1.columns                                             # 获取列名
9   dataLenth = df1.shape[1]                                         # 获取列数
10  # 抽取女生和男生各科平均成绩
11  y1=df1.iloc[0,:]
12  y2=df1.iloc[1,:]
13  angles = np.linspace(0, 2*np.pi, dataLenth, endpoint=False)  # 生成与列数一样的角度
14  # 通过 concatenate()函数拼接数组从而形成闭合的雷达图
15  y1=np.concatenate((y1,[y1[0]]))
16  y2=np.concatenate((y2,[y2[0]]))
17  angles=np.concatenate((angles,[angles[0]]))
18  # 绘制雷达图
19  # 设置极坐标系，ro--代表红色带标记的虚线
20  plt.polar(angles, y1, 'ro--', linewidth=1,label='女生')
21  plt.polar(angles, y2,'b')                                        # 设置极坐标系,b 代表蓝色
22  # 填充,facecolor 代表前景色，alpha 代表透明度
23  plt.fill(angles, y1,facecolor='r',alpha=0.3)
24  plt.fill(angles, y2,facecolor='b',label='男生')
25  plt.thetagrids(range(0, 360, 60), labels)                        # 设置网格、标签
26  plt.ylim(0,150)                                                  # 设置 y 轴区间
27  plt.legend(loc='upper right',bbox_to_anchor=(1.2,1.1))           # 图例及图例位置
28  plt.show()                                                       # 显示图表
```

运行程序，效果如图 12.61 所示。

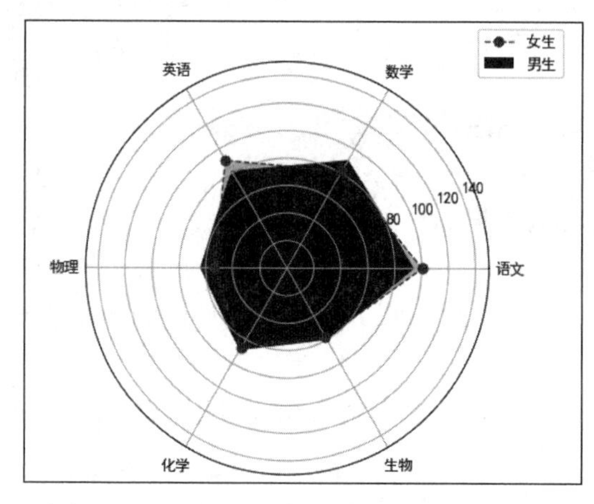

图 12.61　雷达图分析男生女生各科成绩差异

12.3.10　绘制气泡图——scatter()函数

气泡图用于展示两个或两个以上变量之间的关系，与散点图类似，主要使用 scatter()函数绘制。

【例 12.36】绘制气泡图分析成交商品件数与访客数（**实例位置：资源包\Code\12\36**）

通过气泡图观察成交商品件数与访客数的关系，程序代码如下：

```
1    import pandas as pd                                # 导入 pandas 模块
2    import matplotlib.pyplot as plt                    # 导入 matplotlib.pyplot 子模块
3    import numpy as np                                 # 导入 numpy 模块
4    df=pd.read_excel('JD202301.xlsx') # 读取 Excel 文件
5    # x,y 轴数据
6    x=df['成交商品件数']
7    y=df['访客数']
8    n=len(df)                                          # 数据行数
9    s=df['成交商品件数']/5                              # 气泡大小
10   plt.rcParams['font.sans-serif']=['SimHei']         # 解决中文乱码
11   # 绘制气泡图
12   # c 参数表示颜色
13   # cmap 参数表示颜色地图，YlOrRd = yellow-orange-red
14   plt.scatter(x,y,s,c =np.random.rand(n),cmap='YlOrRd')
15   plt.show()                                         # 显示图表
```

运行程序，效果如图 12.62 所示。

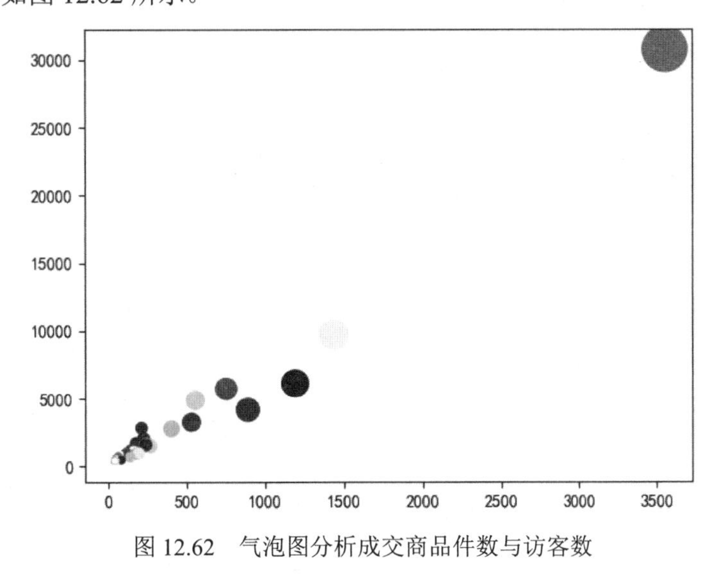

图 12.62　气泡图分析成交商品件数与访客数

12.3.11　绘制棉棒图——stem()函数

棉棒图用于绘制离散有序的数据，即在每个 x 的位置绘制基准线到 y 的垂直线，并在 y 处绘制标记，主要使用 stem()函数绘制，语法如下：

```
plt.stem(x,y,linefmt=None,markerfmt=None,basefmt=None,bottom=0,label=None, use_line_collection=True, orientation=
'vertical', data=None)
```

重要参数说明：

☑ x：每根棉棒的 x 轴位置。

☑ y：棉棒的长度。

☑ linefmt：线条样式，其中 '-' 表示实线，'--' 表示双画线，'-.' 表示点画线，':' 表示虚线。

☑ markerfmt：棉棒末端的样式。

☑ basefmt：指定基线的样式。

☑ bottom：浮点型，默认值为 0，基线的 y 轴或 x 轴位置（取决于方向）。

☑ label：图例显示内容。

【例 12.37】绘制简单的棉棒图（**实例位置：资源包\Code\12\37**）

下面使用 stem()函数绘制一款简单的棉棒图，程序代码如下：

```
1   import matplotlib.pyplot as plt            # 导入 matplotlib.pyplot 子模块
2   import numpy as np                         # 导入 numpy 模块
3   # 生成数据集
4   x = np.linspace(0,5,30)
5   y = np.random.randn(30)
6   # 绘制棉棒图，linefmt 为线条样式，markerfmt 为棉棒末端的样式，basefmt 指定基线的样式
7   plt.stem(x, y,linefmt=':',markerfmt='o',basefmt='-')
8   plt.show()                                 # 显示图表
```

运行程序，效果如图 12.63 所示。

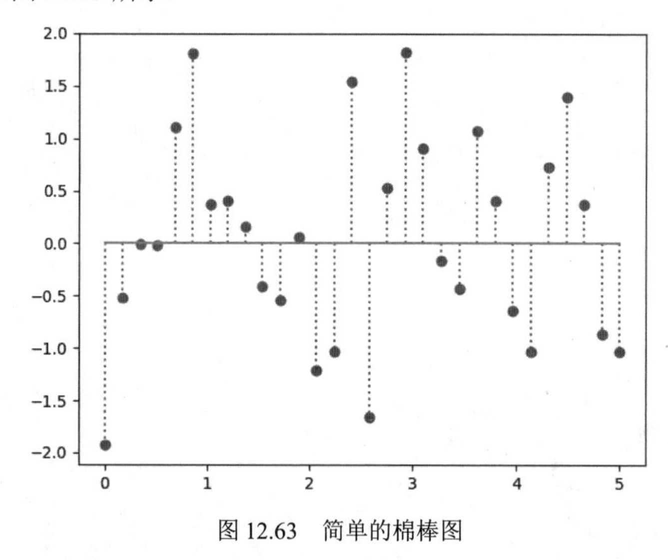

图 12.63　简单的棉棒图

12.3.12　绘制误差棒图——errorbar()函数

误差棒图主要用于绘制带误差线的折线图，主要使用 errorbar()函数绘制，语法如下：

```
plt.errorbar(x, y, yerr=None, xerr=None, fmt='', ecolor=None, elinewidth=None, capsize=None, barsabove=False, lolims=False, uplims=False, xlolims=False, xuplims=False, errorevery=1, capthick=None, *, data=None, **kwargs)
```

重要参数说明：

☑ x：浮点型或数组，数据点的水平位置。

☑ y：浮点型或数组，数据点的垂直位置。

☑ yerr：浮点型或数组，指定 *y* 轴水平的误差。

☑ xerr：浮点型或数组，指定 *x* 轴水平的误差。

☑ fmt：字符型，数据点或数据线的格式，与 plot()函数中指定点的颜色、形状和线条风格的缩写方式相同。

☑ ecolor：误差条线的颜色。如果为 None，则使用连接标记线的颜色。

【例 12.38】绘制误差为 1 的误差棒图（**实例位置：资源包\Code\12\38**）

下面使用 errorbar()函数绘制 *y* 轴方向误差为 1 的误差棒图，程序代码如下：

```
1    import matplotlib.pyplot as plt                # 导入 matplotlib.pyplot 子模块
2    # 绘制误差棒图，yerr 为 y 轴水平的误差，fmt 标记形状与线条样式的缩写，ecolor 误差棒的颜色
3    plt.errorbar(x=[1,2,3,4,5], y=[2,4,6,8,10], yerr=1, fmt='bo-', ecolor='r')
4    plt.show()                                      # 显示图表
```

运行程序，效果如图 12.64 所示。

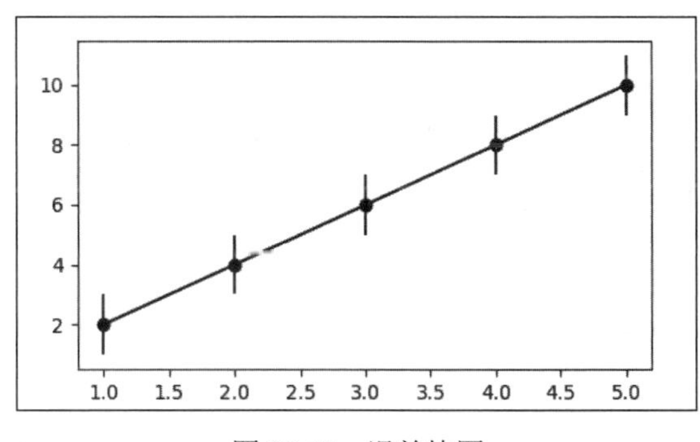

图 12.64　误差棒图

12.4　小　　结

本章介绍了如何使用 Matplotlib 模块绘制一些常用的图表，主要从模块介绍与安装到各种类型图表的绘制，以及图表的常用设置，如图表标题、图例、文本标签、注释、网格线、参考线等。通过这些内容的学习，使读者全面掌握 Matplotlib 函数应用，为后面的进阶应用以及学习其他可视化工具奠定坚实的基础。

第 13 章

Matplotlib 模块进阶

相信通过上一章的学习，你已经掌握了 Matplotlib 的基础知识，学会了绘制各种类型的图表。本章是 Matplotlib 的进阶，包括图表的颜色设置、日期时间处理、次坐标轴图表、多个子图表绘制等内容。

本章知识架构如下。

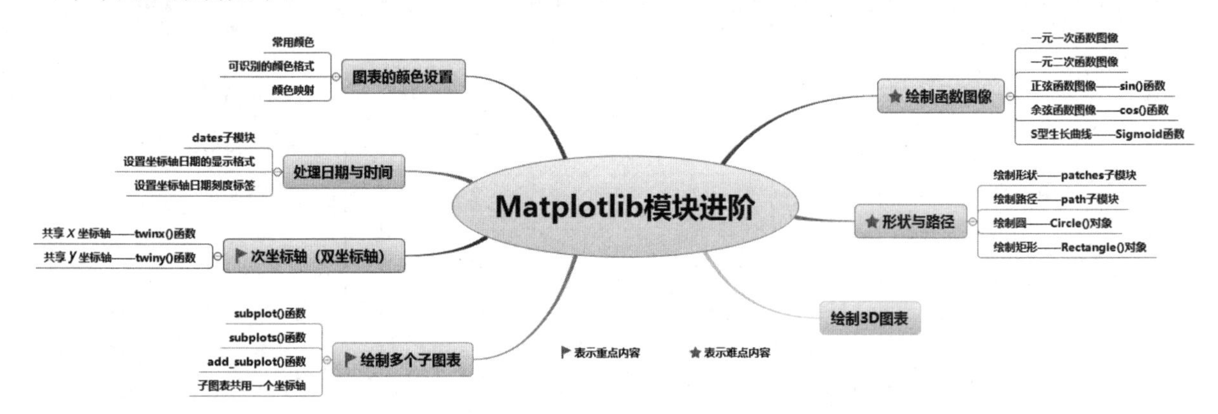

13.1 图表的颜色设置

数据可视化过程中，可以通过颜色区分数据、展示数据的变化等，从而增加用户对可视化图形的理解。Matplotlib 支持使用各种颜色和颜色图来可视化信息。

13.1.1 常用颜色

Matplotlib 常用颜色为蓝色（blue）、绿色（green）、红色（red）、蓝绿色（cyan）、洋红色（magenta）、黄色（yellow）、黑色（black）、白色（white），如表 13.1 所示。

表 13.1 Matplotlib 常用颜色

颜色名称	颜色	简写	颜色名称	颜色	简写
blue		b	magenta		m
green		g	yellow		y
red		r	black		k
cyan		c	white		w

13.1.2 可识别的颜色格式

Matplotlib 可以识别很多种颜色格式，具体如表 13.2 所示。

表 13.2 颜色格式及举例说明

颜色格式	举例说明
浮点形式的 RGB 或 RGBA 元组	(0.5,0.2,0.7) (0.6,0.1,0.8,0.3)
不区分大小写的十六进制 RGB 或 RGBA 字符串	#0f0f0f #00FF7F, #3CB371, #2E8B57, #F0FFF0
不区分大小写的 RGB 或 RGBA 字符串等效的十六进制速记重复的字符	#abc 表示#aabbcc，#fb1 表示#ffbb11
灰度值，0～1 的浮点值字符串	0 表示黑色，1 表示白色，0.8 表示亮灰色
一些基本颜色的单字符速记符号	b 表示 blue（蓝色）、g 表示 green（绿色）
X11/CSS4 规定中的颜色名称（不区分大小写，不包括空格）	aquamarine、mediumseagreen
xkcd 中指定的颜色名称（不区分大小写，带有 xkcd:前缀）	xkcd:sky blue、xkcd:flat blue
Tableau 颜色来自 T10 调色板（不区分大小写）	tab:blue、tab:orange、tab:green、tab:red
CN 格式颜色循环，C 位于数字之前，作为默认属性周期的索引	C0、C1

【例 13.1】不同颜色格式的运用（**实例位置：资源包\Code\13\01**）

下面通过具体的例子演示 Matplotlib 可识别的颜色格式的运用，程序代码如下：

```
1    import matplotlib.pyplot as plt                        # 导入 matplotlib.pyplot 子模块
2    import numpy as np                                     # 导入 numpy 子模块
3    t = np.linspace(0.0, 2.0, 201)                         # 创建 201 个 0.0~2.0 的等差数列
4    s = np.sin(2 * np.pi * t)                              # 计算不同角度的正弦值
5    plt.rcParams['font.sans-serif']=['SimHei']             # 解决中文乱码
6    plt.rcParams['axes.unicode_minus']=False               # 解决负号不显示
7    fig, ax = plt.subplots(facecolor=(.18, .31, .31))      # 1) RGB 元组
8    ax.set_facecolor('#eafff5')                            # 2) 十六进制字符串
9    ax.set_title('电压与时间图表', color='0.7')            # 3) 灰度值字符串
10   ax.set_xlabel('时间(s)', color='c')                    # 4) 基本颜色的单字符速记符号
11   ax.set_ylabel('电压(mV)', color='peachpuff')           # 5) 颜色名称
12   ax.plot(t, s, 'xkcd:crimson')                          # 6) xkcd 中指定的颜色名称
13   ax.plot(t, .7*s, color='C4', linestyle='--')           # 7) CN 格式颜色循环
14   ax.tick_params(labelcolor='tab:orange')                # 8) Tableau 颜色
15   plt.show()                                             # 显示图表
```

运行程序，效果如图 13.1 所示。

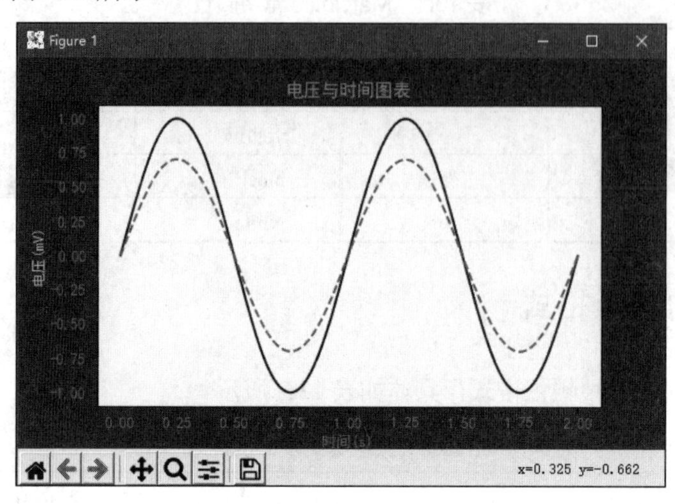

图 13.1　不同颜色格式的运用

13.1.3　颜色映射

数据可视化过程中，有时我们希望图表的颜色与数据集中某个变量的值相关，颜色可以随着该变量值的变化而变化，以反映数据变化趋势、数据的聚集、分析者对数据的理解等信息。这时，我们就可以使用 Matplotlib 的颜色映射功能，即将数据映射到颜色。需要注意的是，Matplotlib 颜色映射仅支持 cmap 参数和 colormap 参数的图表类型。下面介绍与 Matplotlib 颜色映射有关的颜色图。

☑ 连续化按顺序的颜色图：在两种色调之间近似平滑变化。通常是从低饱和度到高饱和度（如从白色到明亮的蓝色）。适用于大多数科学数据，可直观地看出数据从低到高的变化。
  ➢ 以中间值颜色命名。例如，第一个 viridis（松石绿），如图 13.2 所示。
  ➢ 以色系名称命名，由低饱和度到高饱和度过渡。
  ➢ 以风格命名。

☑ 两端发散的颜色图：具有中间值（通常是浅色），并在高值和低值处平滑变化为两种不同的色调。适用于数据的中间值很大的情况（如 0，正值和负值分别表示颜色图的不同颜色）。

☑ 循环颜色图：两种不同颜色在不饱和颜色的中间和开始/结束处相交的亮度变化，应用于端点周围的值，如相位角、风向或一天中的时间。

☑ 定性的颜色图：常为杂色，用于表示没有顺序或关系的数据信息。

【例 13.2】 颜色映射的运用（**实例位置：资源包\Code\13\02**）

例如，一个简单的热力图，通过 cmap 参数设置颜色映射，使用连续化按顺序的颜色图，程序代码如下：

```
1    import matplotlib.pyplot as plt           # 导入 matplotlib.pyplot 子模块
2    X = [[1,2],[3,4],[5,6],[7,8],[9,10]]       # 创建 x 轴数据
3    plt.imshow(X,cmap='cool')                  # 绘制热力图，设置 cmap 颜色映射为 cool 色图
4    plt.show()                                 # 显示图表
```

运行程序，效果如图 13.3 所示。

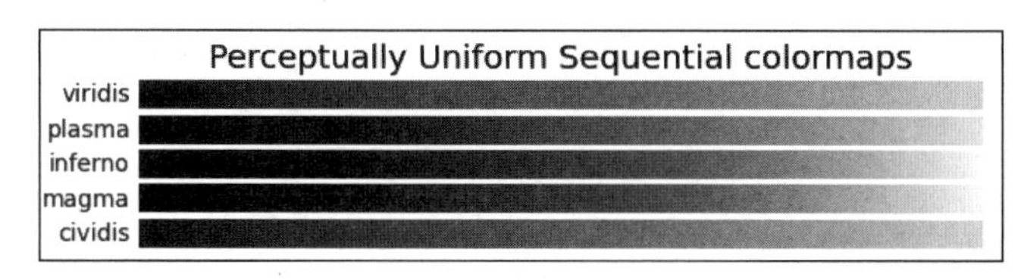

图 13.2　以中间值颜色命名的颜色图

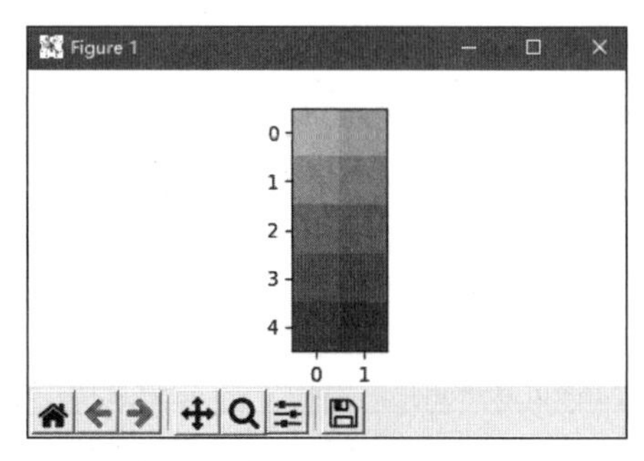

图 13.3　颜色映射的运用

13.2　处理日期与时间

数据分析时经常会遇到日期类数据，图表中也经常需要在坐标轴上显示日期或将日期作为标签。本节就来介绍 Matplotlib 中是如何处理日期和时间的。

13.2.1　dates 子模块

Matplotlib 使用浮点数表示日期，浮点数指定从 0001-01-01 UTC 开始的天数，加上 1。如 0001-01-01，06:00 是 1.25，不是 0.25。不支持小于 1 的值，即 0001-01-01 UTC 之前的日期。

Matplotlib 的 dates 子模块提供了一些函数，可以在 datetime 对象和 Matplotlib 日期之间进行转换，如表 13.3 所示。

表 13.3　dates 子模块转换函数

函　　数	说　　明
datestr2num	使用 dateutil.parser.parse 将日期字符串转换为数据
date2num	将 datetime 对象转换为 Matplotlib 日期
num2date	将 Matplotlib 日期转换为 datetime 对象
num2timedelta	将天数转换为 timedelta 对象
epoch2num	将一个纪元或纪元序列转换为新的日期格式，即自 0001 年起的天数
num2epoch	将 0001 年以来的天数转换为纪元
mx2num	将 mx datetime 实例或 mx 实例序列转换为新的日期格式
drange	返回一个等间距的 Matplotlib 日期序列

Matplotlib 会自动管理刻度，尤其是刻度标签，导致可读性差、两个数据点之间的时间间隔不清晰、日期标签重叠等现象。dates 子模块中提供了一些专门管理日期刻度的对象，如表 13.4 所示。

表 13.4　dates 子模块日期刻度对象

对　　象	说　　明
MicrosecondLocator	定位微秒
SecondLocator	定位秒

续表

对　　象	说　　明
MinuteLocator	定位分钟
HourLocator()	定位小时
DayLocator()	定位一个月中指定的日，如 10 表示 10 号
WeekdayLocator()	定位星期
MonthLocator()	定位月份，如 7 表示 7 月
YearLocator()	定位基数倍数的年份
RRuleLocator	dateutil.rrule 的一个简单包装器，它允许几乎任意的日期刻度规范
AutoDateLocator()	在自动缩放时，该类选择最佳的 MultipleDateLocator 来设置视图限制和刻度位置

显示日期过程中，有时需要将日期格式化为需要的格式，dates 子模块提供了一些关于格式化的对象，如表 13.5 所示。

表 13.5　dates 模块日期格式化对象

对　　象	说　　明
AutoDateFormatter	试图找出使用的最佳格式。适合与自动日期定位器一起使用
ConciseDateFormatter	试图找出要使用的最佳格式，并使格式尽可能紧凑，同时仍然具有完整的日期信息，适合与自动日期定位器一起使用
DateFormatter	用于使用 strftime 格式的字符串格式化坐标轴刻度
IndexDateFormatter	带有隐式索引的日期图

13.2.2　设置坐标轴日期的显示格式

绘制图表过程中，可能会出现由于日期显示过长而影响图表外观的情况。此时可以通过设置 x 轴日期的显示格式来解决这个问题，主要使用 dates 子模块的 DateFormatter()对象，该对象可以将任意格式的日期按要求进行格式化。时间日期格式化符号如下：

☑　%y：两位数的年份表示（00～99）。
☑　%Y：四位数的年份表示（0000～9999）。
☑　%m：月份（01～12）。
☑　%d：月内的一天（0～31）。
☑　%H：24 小时制小时数（0～23）。
☑　%I：12 小时制小时数（01～12）。
☑　%M：分钟数（00～59）。
☑　%S：秒（00～59）。
☑　%a：本地简化星期名称。
☑　%A：本地完整星期名称。
☑　%b：本地简化的月份名称。
☑　%B：本地完整的月份名称。
☑　%c：本地相应的日期表示和时间表示。

☑　%j：年内的一天（001～366）。
☑　%p：本地 A.M.或 P.M.的等价符。
☑　%U：一年中的星期数（00～53）星期天为星期的开始。
☑　%w：星期（0～6），星期天为星期的开始。
☑　%W：一年中的星期数（00～53）星期一为星期的开始。
☑　%x：本地相应的日期表示。
☑　%X：本地相应的时间表示。
☑　%Z：当前时区的名称。

【例 13.3】设置日期显示格式（**实例位置：资源包\Code\13\03**）

例如，日期为月、日、年的格式（如 01/01/2023），下面使用 DateFormatter()对象将其格式化为月日的格式（如 01-01），程序代码如下：

```
1   import matplotlib.dates as mdates                   # 导入 matplotlib.dates 子模块
2   import matplotlib.pyplot as plt                     # 导入 matplotlib.pyplot 子模块
3   # 生成 xy 轴数据，x 轴为日期字符串
4   x = ['01/02/2023', '01/03/2023', '01/04/2023']
5   y=[12,22,45]
6   print(x)
7   plt.gca().xaxis.set_major_formatter(mdates.DateFormatter('%m-%d'))  # 配置横坐标格式化日期
8   plt.plot(x,y)                                       # 绘制图表
9   plt.show()                                          # 显示图表
```

运行程序，效果如图 13.4 所示。

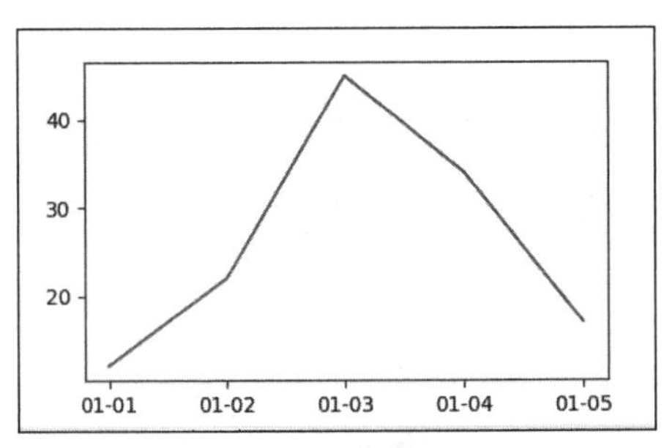

图 13.4　设置日期显示格式

13.2.3　设置坐标轴日期刻度标签

dates 子模块的日期刻度对象可以快速完成坐标轴日期刻度的设置，如 YearLocator()以年为刻度、MonthLocator()以月为刻度、WeekdayLocator()以星期为刻度等。

【例 13.4】设置 *x* 轴日期刻度为星期（**实例位置：资源包\Code\13\04**）

在 *x* 轴上显示日期问题很多，尤其是用日期做标签时难以管理。如图 13.5 所示，*x* 轴日期刻度自动显示为半个月一个刻度，这样不符合需求。下面将其设置为一个星期一个刻度，程序代码如下：

```
1   import pandas as pd                                 # 导入 pandas 模块
2   import matplotlib.pyplot as plt                     # 导入 matplotlib.pyplot 子模块
3   import matplotlib.dates as mdates                   # 导入 matplotlib.dates 子模块
4   df=pd.read_excel("data1.xlsx")                      # 读取 Excel 文件
```

```
5    # xy 轴数据
6    x=df['日期']
7    y=df['数据 1']
8    # 设置 x 坐标轴日期刻度的位置，日期显示格式为年月
9    plt.gca().xaxis.set_major_formatter(mdates.DateFormatter('%Y-%m-%d'))
10   # 日期刻度定位为星期
11   plt.gca().xaxis.set_major_locator(mdates.WeekdayLocator())
12   plt.gcf().autofmt_xdate()                                  # 自动旋转日期标记
13   # 绘制图表，mrker 标记样式、mfc 标记颜色，ms 标记大小，mec 标记边框颜色
14   plt.plot(x,y,marker='o',mfc='r',ms=4,mec='g')
15   plt.show()                                                 # 显示图表
```

运行程序，效果如图 13.6 所示。

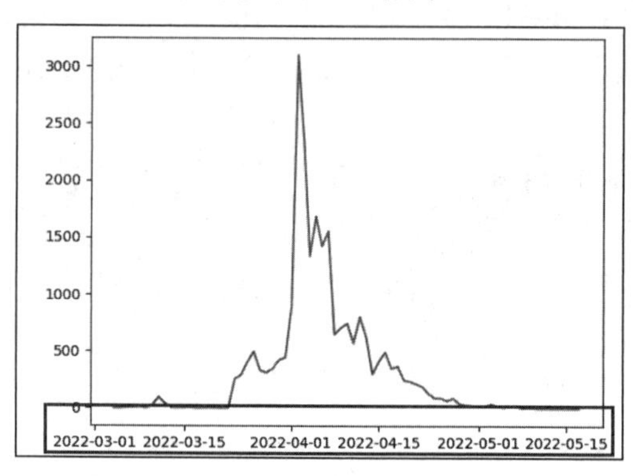

图 13.5　原日期

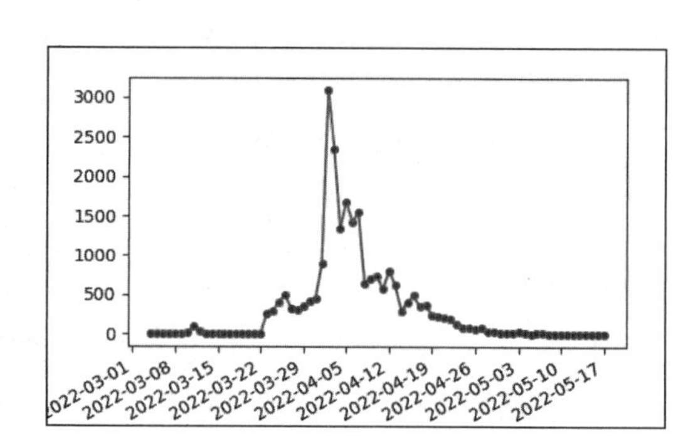

图 13.6　设置 x 轴日期刻度为星期

13.3　次坐标轴（双坐标轴）

次坐标轴也被称为第二坐标轴或副坐标轴，用于在一个图表中显示两个不同坐标的图表。在 Matplotlib 模块中可以通过 twinx()函数和 twiny()函数实现。

13.3.1　共享 x 坐标轴——twinx()函数

twinx()函数用于创建并返回一个共享 x 轴、两个 y 轴且第二个 y 轴的刻度在子图的右侧显示，语法如下：

```
plt.twinx(ax=None)
```

参数说明：

☑ ax：ax 的值的类型为 Axes()对象，默认值为 None，即当前子图。

☑ 返回值：Axes()对象，即新创建的子图。

【例 13.5】绘制双 y 轴图表（**实例位置：资源包\Code\13\05**）

如果想看到商品每日销售数量和销售金额随日期的变化，可以使用双 y 轴图表。程序代码如下：

```
1    import pandas as pd                        # 导入 pandas 模块
2    import matplotlib.pyplot as plt            # 导入 matplotlib.pyplot 子模块
3    # 创建数据
```

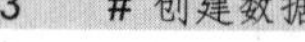

```
4	df=pd.DataFrame({'日期':['9月1日','9月2日','9月3日','9月4日','9月5日','9月6日','9月7日','9月8日','9月9日'],
5	                   '销售数量':[29,31,33,34,35,37,36,32,30],
6	                   '销售金额':[2880,2980,3100,2850,3212,3180,2830,3200,3090]})
7	# 设置 x 轴和两个 y 轴的数据
8	x=df['日期']
9	y1=df['销售金额']
10	y2=df['销售数量']
11	plt.rcParams['font.sans-serif']=['SimHei']           # 解决中文乱码
12	fig = plt.figure(figsize=(8,5))                      # 设置画布大小
13	ax1 = fig.add_subplot(111)                           # 创建子图表
14	ax1.plot(x,y1,color='red')                           # 第一个折线图
15	ax1.set_ylabel('销售金额')                           # 第一个 y 轴标签
16	# 第二个折线图
17	# 共享 x 轴，添加一条 y 轴
18	ax2 = ax1.twinx()
19	ax2.plot(x,y2,color='blue')
20	ax2.set_ylabel('销售数量')                           # 第二个 y 轴标签
21	# 销售金额文本标签
22	for a,b in zip(x,y1):
23	    ax1.text(a,b,b)
24	# 销售数量文本标签
25	for a,b in zip(x,y2):
26	    ax2.text(a,b+0.2,b)
27	plt.show()                                           # 显示图表
```

运行程序，效果如图 13.7 所示。

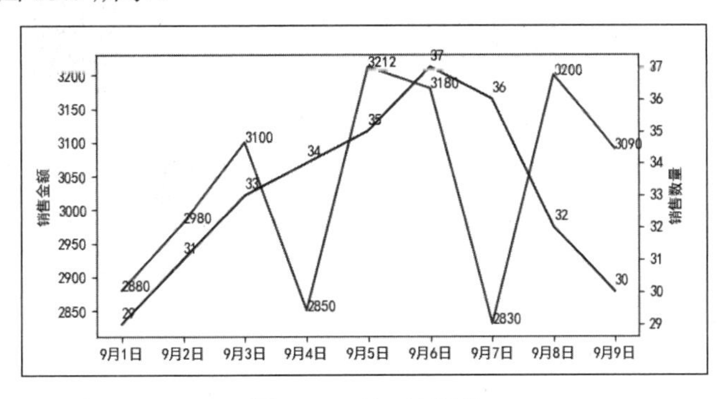

图 13.7　双 y 轴图表

13.3.2　共享 y 坐标轴——twiny()函数

twiny()函数用于创建并返回一个共享 y 轴、两个 x 轴且第二个 x 轴的刻度在子图的顶部显示，语法如下：

```
plt.twiny(ax=None)
```

参数说明：

☑ ax：ax 的值的类型为 Axes()对象，默认值为 None，即当前子图。

☑ 返回值：Axes()对象，即新创建的子图。

【例 13.6】绘制双 x 轴图表（**实例位置：资源包\Code\13\06**）

下面绘制双 x 轴图表，程序代码如下：

```
1	import matplotlib.pylab as plt        # 导入 matplotlib.pyplot 子模块
2	# 创建 x 轴和 y 轴数据
```

```
3    x = [1,2,3,4,5]
4    y = [10,20,30,40,50]
5    fig = plt.figure()                    # 创建画布
6    ax1 = fig.add_subplot(111)            # 创建子图
7    ax1.plot(x, y)                        # 绘制折线图
8    ax2 = ax1.twiny()                     # 共享 y 轴添加一条 x 轴
9    plt.show()                            # 显示图表
```

运行程序，效果如图 13.8 所示。

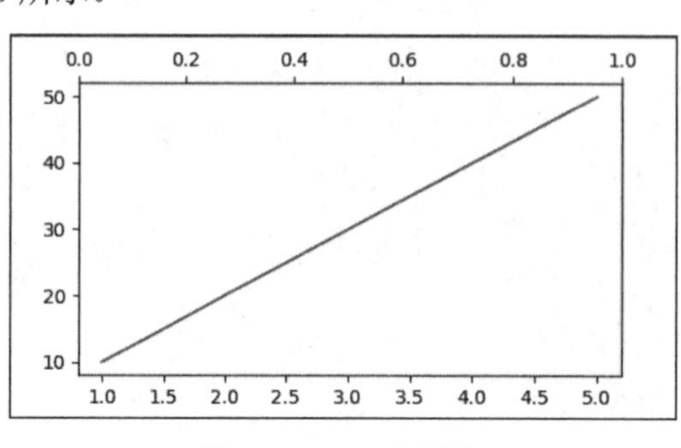

图 13.8　双 x 轴图表

13.4　绘制多个子图表

Matplotlib 可以实现在一张图上绘制多个子图表。Matplotlib 提供了三种方法，一是 subplot()函数，二是 subplots()函数，三是 add_subplot()函数，下面分别进行介绍。

13.4.1　subplot()函数

subplot()函数直接指定划分方式和位置，它可以将一个绘图区域划分为 n 个子图，每个 subplot()函数只能绘制一个子图。语法如下：

```
plt.subplot(*args,**kwargs)
```

参数说明：

☑　*args：当传入的参数个数未知时使用*args。

☑　**kwargs：关键字参数，其他可选参数。

例如，绘制一个 2×3 的区域，subplot(2,3,3)，将画布分成 2 行 3 列在第 3 个区域中绘制，用坐标表示如下：

```
(1,1),(1,2),(1,3)
(2,1),(2,2),(2,3)
```

如果行列的值都小于 10，那么可以把它们缩写为一个整数，例如，subplot(233)。

另外，subplot 在指定的区域中创建一个轴对象时，如果新创建的轴和之前创建的轴重叠，那么之前的轴将被删除。

【例 13.7】使用 subplot()函数绘制多子图的空图表（**实例位置：资源包\Code\13\07**）

绘制一个 2×3 包含 6 个子图的空图表，程序代码如下：

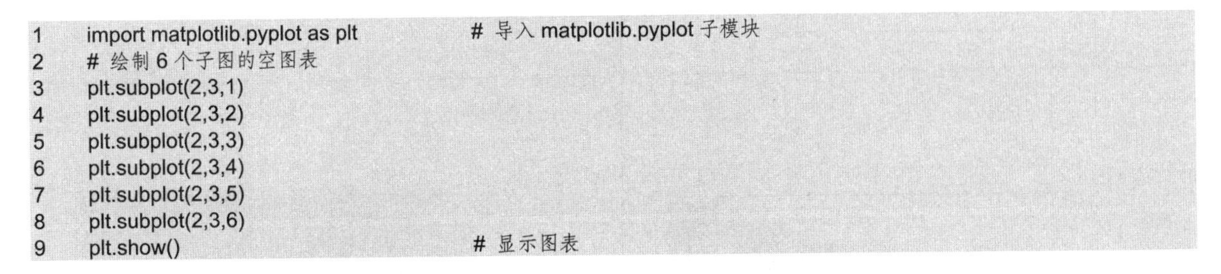

```
1    import matplotlib.pyplot as plt                # 导入 matplotlib.pyplot 子模块
2    # 绘制 6 个子图的空图表
3    plt.subplot(2,3,1)
4    plt.subplot(2,3,2)
5    plt.subplot(2,3,3)
6    plt.subplot(2,3,4)
7    plt.subplot(2,3,5)
8    plt.subplot(2,3,6)
9    plt.show()                                     # 显示图表
```

运行程序，效果如图 13.9 所示。

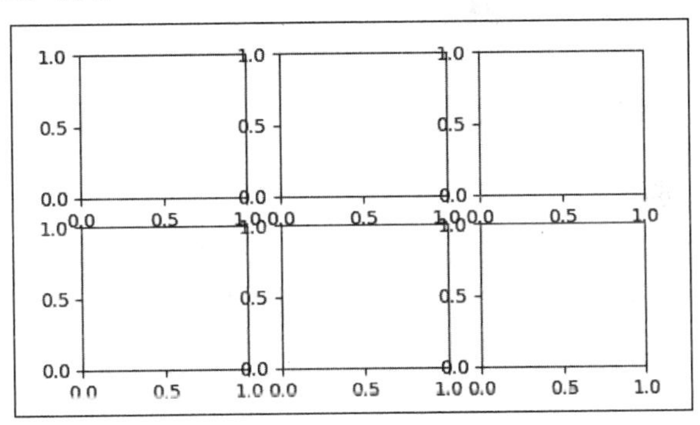

图 13.9　6 个子图的空图表

【例 13.8】绘制包含多个子图的图表（**实例位置：资源包\Code\13\08**）

将简单图表整合到一张图表中，程序代码如下：

```
1    import matplotlib.pyplot as plt                # 导入 matplotlib.pyplot 子模块
2    # 第 1 个子图表-折线图
3    plt.subplot(2,2,1)
4    plt.plot([1, 2, 3, 4,5])
5    # 第 2 个子图表-散点图
6    plt.subplot(2,2,2)
7    plt.plot([1, 2, 3, 4,5], [2, 5, 8, 12,18], 'ro')
8    # 第 3 个子图表-柱形图
9    plt.subplot(2,1,2)
10   x=[1,2,3,4,5,6]
11   height=[10,20,30,40,50,60]
12   plt.bar(x,height)
13   plt.show()                                     # 显示图表
```

运行程序，效果如图 13.10 所示。上述举例，有两个关键点一定要掌握：

（1）每绘制一个子图表都要调用一次 subplot()函数。

（2）绘图区域位置编号。

subplot()函数的前面两个参数指定的是一个画布被分割成的行数和列数，后面一个参数则指定的是当前绘制区域位置编号，编号规则是行优先。

例如，图 13.10 中有 3 个子图表，第 1 个子图表 subplot(2,2,1)，即将画布分成 2 行 2 列，在第 1 个子图中绘制折线图；第 2 个子图表 subplot(2,2,2)，即将画布分成 2 行 2 列，在第 2 个子图中绘制散点图；第 3 个子图表 subplot(2,1,2)，即将画布分成 2 行 1 列，由于第 1 行已经占用了，所以我们在第 2 行也就是第 3 个子图中绘制柱形图。示意图如图 13.11 所示。

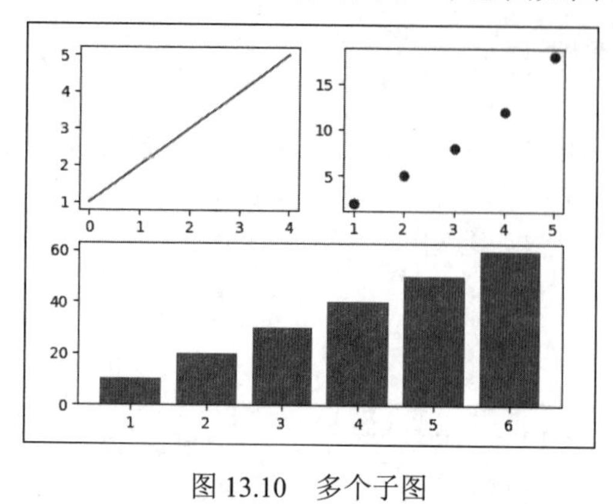

图 13.10　多个子图

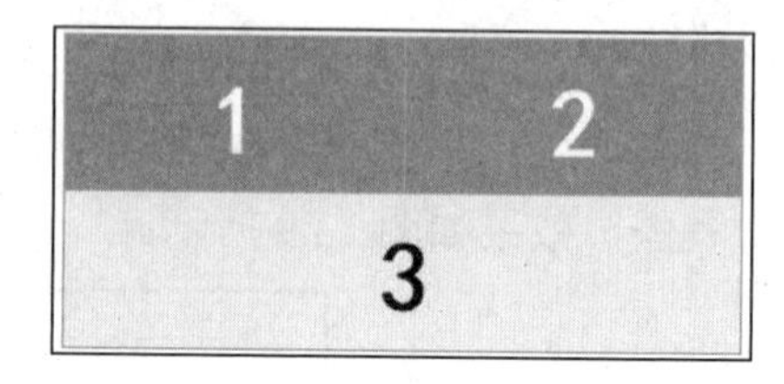

图 13.11　多个子图示意图

13.4.2　subplots()函数

使用 subpot()函数绘图时，每次都需要指定绘图区域，非常麻烦。subplots()函数则非常直接，它会事先把画布区域分割好。

subplots()函数用于创建画布和子图，语法如下：

```
matplotlib.pyplot.subplots(nrows,ncols,sharex,sharey,squeeze,subplot_kw,gridspec_kw,**fig_kw)
```

参数说明：

☑ nrows 和 ncols：表示将画布分割成几行几列。例如，nrows=2、ncols=2 表示将画布分割为 2 行 2 列，起始值都为 0。当调用画布中的坐标轴时，ax[0,0]表示调用左上角的，ax[1,1]表示调用右下角的。

☑ sharex 和 sharey：布尔值，或者值为 none、all、row、col，默认值为 False。用于控制 x 轴或 y 轴之间的属性共享。具体参数值说明如下：

- ➢ True 或者 all：表示 x 轴或 y 轴属性在所有子图中共享。
- ➢ False 或者 none：每个子图的 x 轴或 y 轴都是独立的部分。
- ➢ row：每个子图在一个 x 轴或 y 轴共享行（row）。
- ➢ col：每个子图在一个 x 轴或 y 轴共享列（column）。

☑ squeeze：布尔值，默认值为 True。额外的维度从返回的 Axes（轴）对象中挤出，对于 n×1 或 1×n 个子图，返回一个一维数组，对于 n×m，n>1 和 m>1 返回一个二维数组；如果值为 False，则表示不进行挤压操作，返回一个元素为 Axes 实例的二维数组，即使它最终是 1×1。

☑ subplot_kw：字典类型，可选参数。把字典的关键字传递给 add_subplot 来创建每个子图。

☑ gridspec_kw：字典类型，可选参数。把字典的关键字传递给 GridSpec 构造函数创建子图放在网格里（grid）。

☑ **fig_kw：把所有详细的关键字参数传给 figure。

subplots()函数的返回值是一个元组，包括一个画布对象 figure()和坐标轴对象 axes()，其中 axes()

对象的数量等于 nrows×ncols，且每个 axes()对象都可以通过索引值访问。

【例 13.9】使用 subplots()函数绘制多子图的空图表（**实例位置：资源包\13\09**）

绘制一个 2×3 包含 6 个子图的空图表，使用 subplots()函数只需 3 行代码。

```
1    import matplotlib.pyplot as plt          # 导入 matplotlib.pyplot 子模块
2    figure,axes=plt.subplots(2,3)            #  2 行 3 列的子图
3    plt.show()                               # 显示图表
```

上述代码中，figure 和 axes 是两个关键点。

☑ figure：绘制图表的画布。

☑ axes：坐标轴对象，可以理解为在 figure（画布）上绘图坐标轴对象，它帮我们规划出了一个个科学作图的坐标轴系统。

通过图 13.12 很容易明白，灰色的是画布（figure），白色带坐标轴的是坐标轴对象（axes）。

【例 13.10】使用 subplots()函数绘制多子图图表（**实例位置：资源包\Code\13\10**）

使用 subplots()函数将前面所学的简单图表整合到一张图表中，效果如图 13.13 所示。

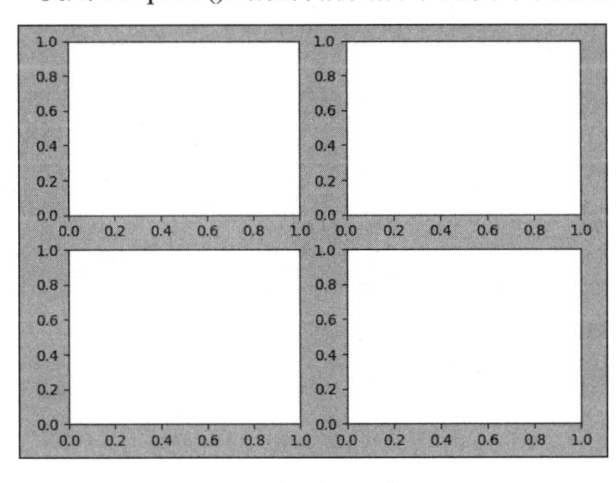

图 13.12　坐标系统示意图

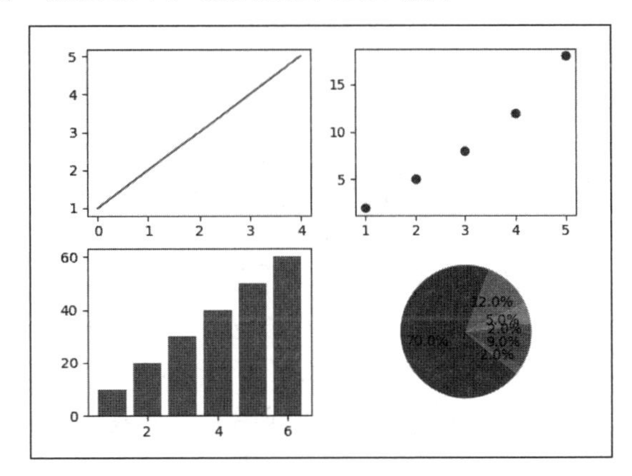

图 13.13　多子图图表

程序代码如下：

```
1    import matplotlib.pyplot as plt                     # 导入 matplotlib.pyplot 子模块
2    figure,axes=plt.subplots(2,2)                       #  2 行 2 列的子图
3    axes[0,0].plot([1, 2, 3, 4,5])                      # 第 1 个子图表-折线图
4    axes[0,1].plot([1, 2, 3, 4,5], [2, 5, 8, 12,18], 'ro')   # 第 2 个子图表-散点图
5    # 第 3 个子图表-柱形图
6    x=[1,2,3,4,5,6]
7    height=[10,20,30,40,50,60]
8    axes[1,0].bar(x,height)
9    # 第 4 个子图表-饼形图
10   x = [2,5,12,70,2,9]
11   axes[1,1].pie(x,autopct='%1.1f%%')
12   plt.show()                                          # 显示图表
```

13.4.3　add_subplot()函数

【例 13.11】使用 add_subplot()函数绘制多子图图表（**实例位置：资源包\Code\13\11**）

add_subplot()函数也可以实现在一张图上绘制多个子图表，用法与 subplot()函数基本相同。我们先

来看一段代码：

```
1    import matplotlib.pyplot as plt                # 导入 matplotlib.pyplot 子模块
2    fig = plt.figure()                             # 创建画布
3    # 绘制多子图图表
4    ax1 = fig.add_subplot(2,3,1)
5    ax2 = fig.add_subplot(2,3,2)
6    ax3 = fig.add_subplot(2,3,3)
7    ax4 = fig.add_subplot(2,3,4)
8    ax5 = fig.add_subplot(2,3,5)
9    ax6 = fig.add_subplot(2,3,6)
10   plt.show()                                     # 显示图表
```

上述代码同样是绘制一个 2×3 包含 6 个子图的空图表。首先创建 figure 实例（画布），然后通过 ax1 = fig.add_subplot(2,3,1)创建第 1 个子图表，返回 Axes 实例（坐标轴对象），第 1 个参数为行数，第 2 个参数为列数，第 3 个参数为子图表的位置。

以上我们用 3 种方法实现了在一张图上绘制多个子图表，3 种方法各有所长。subplot()和 add_subplot()函数比较灵活，定制化效果比较好，可以实现子图表在图中的各种布局（如一张图上 3 个图表或 5 个图表可以随意摆放），而 subplots()函数则不那么灵活，但它可以用较少的代码实现绘制多个子图表。

13.4.4 子图表共用一个坐标轴

绘图过程中，经常会遇到几个子图共用一个坐标轴的情况，如共用横坐标轴（*x* 坐标轴）或共用纵坐标轴（*y* 坐标轴），此时可以通过 sharex 和 sharey 参数进行设置。

【例 13.12】多个子图共用一个 *y* 轴（**实例位置：资源包\Code\13\12**）

绘制两个子图，一个折线图，一个散点图，共用一个 *y* 轴。首先使用 subplots()函数创建子图，然后设置 sharey 参数值为 True，程序代码如下：

```
1    import matplotlib.pyplot as plt                         # 导入 matplotlib.pyplot 子模块
2    plt.rcParams['font.sans-serif']=['SimHei']              # 解决中文乱码
3    # 为 x 轴 y 轴指定数据
4    x=[1, 2, 3, 4,5]
5    y= [2, 5, 8, 12,18]
6    fig,ax=plt.subplots(nrows=1,ncols=2,sharey=True)        # 绘制 1 行两列的子图，sharey=True 设置共用 y 轴
7    # 绘制第一个图（折线图）
8    ax1=ax[0]
9    ax1.plot(x,y)
10   ax1.set_title("折线图")
11   # 绘制第二个图（散点图）
12   ax2=ax[1]
13   ax2.scatter(x,y,color='red')
14   ax2.set_title("散点图")
15   plt.show()                                              # 显示图表
```

运行程序，效果如图 13.14 所示。

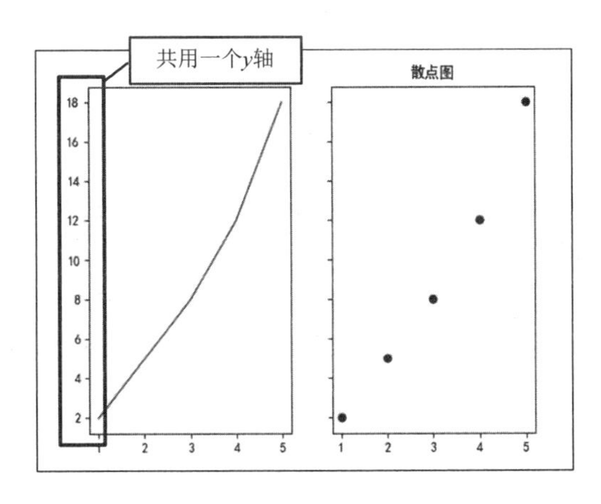

图 13.14　多个子图共用一个 y 轴

13.5　绘制函数图像

在数学当中经常需要绘制函数图像，在 Python 中通过 Matplotlib 模块并结合 NumPy 数据计算模块也可以绘制出各种函数图像。

13.5.1　一元一次函数图像

形如 y=kx+b（k≠0）的函数称为一元一次函数，而在平面直角坐标系中一元一次函数图像是一条直线。当 k>0 时，函数是严格增函数；当 k<0 时，函数是严格减函数。

【例 13.13】绘制一元一次函数图像（**实例位置：资源包\Code\13\13**）

首先使用 NumPy 创建 x 轴数据，然后根据一元一次函数计算 y 轴，最后绘制一元一次函数图像。程序代码如下：

```
1    import matplotlib.pyplot as plt      # 导入 matplotlib.pyplot 子模块
2    import numpy as np                   # 导入 numpy 模块
3    x=np.arange(-5,5,0.1)                # 创建 x 轴数据
4    y=2*x+1                              # 通过一元一次函数计算 y 轴数据
5    plt.plot(x,y)                        # 绘制图像
6    plt.show()                           # 显示图像
```

运行程序，效果如图 13.15 所示。

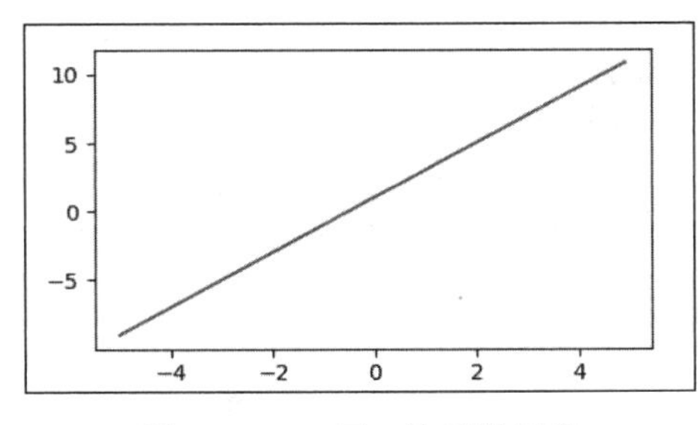

图 13.15　一元一次函数图像

13.5.2　一元二次函数图像

一元二次函数的基本表示形式为 $y=ax^2+bx+c$（$a\neq0$），该函数最高次必须为二次，它的图像是一条对称轴与 y 轴平行或重合于 y 轴的抛物线。

【例 13.14】绘制一元二次函数图像（**实例位置：资源包\Code\13\14**）

首先使用 NumPy 创建 x 轴数据，然后根据一元二次函数计算 y 轴，最后绘制一元二次函数图像。程序代码如下：

```
1   import matplotlib.pyplot as plt      # 导入 matplotlib.pyplot 子模块
2   import numpy as np                   # 导入 numpy 模块
3   x=np.arange(-5,5,0.1)                # 创建 x 轴数据
4   y=x**2+1                             # 通过一元二次函数计算 y 轴数据
5   plt.plot(x,y)                        # 绘制图像
6   plt.show()                           # 显示图像
```

运行程序，效果如图 13.16 所示。

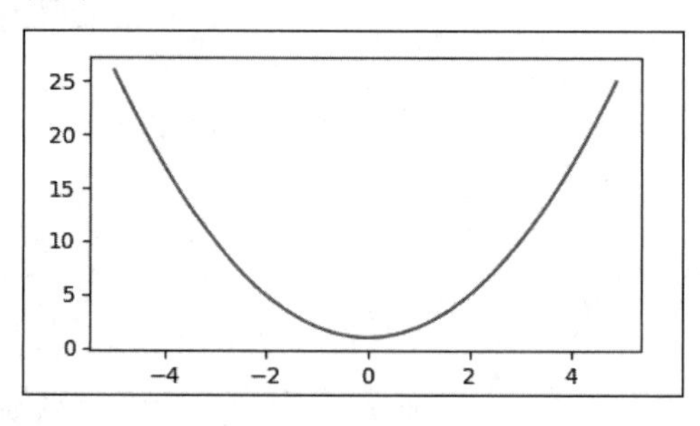

图 13.16　一元二次函数图像

13.5.3　正弦函数图像——sin()函数

正弦函数和余弦函数都是三角函数，我们在高中数学中都曾经学过。Python 中主要使用 Matplotlib 模块和 NumPy 模块中的 sin()函数绘制正弦函数图像。

【例 13.15】绘制正弦函数图像（**实例位置：资源包\Code\13\15**）

首先使用 sin()函数计算 y 轴，然后绘制图像。程序代码如下：

```
1   import numpy as np                             # 导入 numpy 模块
2   import matplotlib.pyplot as plt                # 导入 matplotlib.pyplot 子模块
3   x = np.arange(0, 360)                          # x 轴数据（0~360 的数组，不包含 360）
4   y = np.sin(x * np.pi / 180)                    # 通过 sin()函数计算 y 轴
5   plt.rcParams['font.sans-serif']=['SimHei']     # 解决中文乱码
6   plt.rcParams['axes.unicode_minus']=False       # 解决正常显示负号
7   plt.plot(x, y)                                 # 绘制图像
8   plt.title("正弦函数图像")                       # 设置标题
9   plt.show()                                     # 显示图像
```

运行程序，效果如图 13.17 所示。

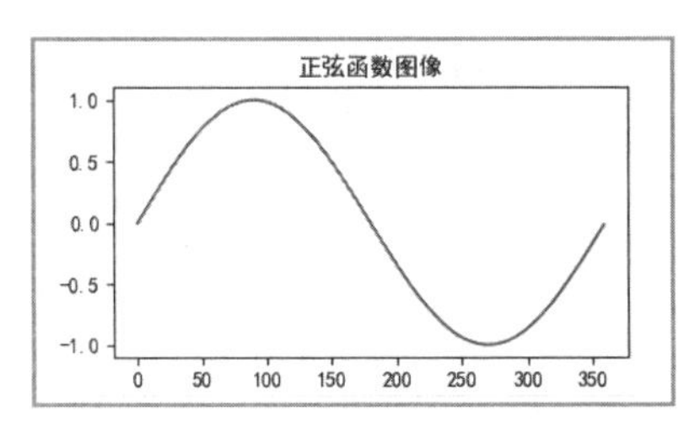

图 13.17　正弦函数图像

13.5.4　余弦函数图像——cos()函数

Python 中主要使用 Matplotlib 模块和 NumPy 模块的 cos()函数来绘制余弦函数图像。

【例 13.16】绘制余弦函数图像（**实例位置：资源包\Code\13\16**）

首先使用 NumPy 的 cos()函数计算 *y* 轴，然后绘制图像，程序代码如下：

```
1    import numpy as np                              # 导入 numpy 模块
2    import matplotlib.pyplot as plt                 # 导入 matplotlib.pyplot 子模块
3    x = np.arange(0, 360)                           # 生成 0~360 且不包含 360 的一维数组
4    y = np.cos(x * np.pi / 180)                     # 数组中角度的余弦值
5    plt.rcParams['font.sans-serif']=['SimHei']      # 解决中文乱码
6    plt.rcParams['axes.unicode_minus']=False        # 解决正常显示负号
7    plt.plot(x, y, color='red')                     # 绘制图像
8    plt.xlim(0, 360)                                # x 轴数值显示范围
9    plt.ylim(-1.2, 1.2)                             # y 轴数值显示范围
10   plt.title("余弦函数图像")                        # 图像标题
11   plt.show()                                      # 显示图像
```

运行程序，效果如图 13.18 所示。

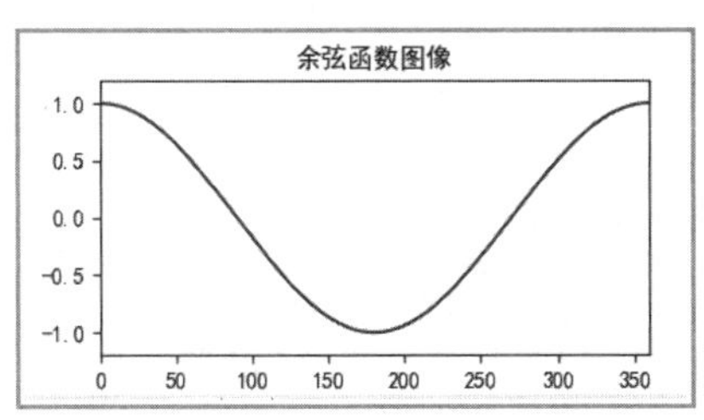

图 13.18　余弦函数图像

13.5.5　S 型生长曲线—— Sigmoid()函数

在高中生物中，S 型曲线和 J 型曲线是比较常见的。S 型曲线指种群在一个有限环境中的增长过程，种群数量达到环境条件所允许的最大值（K 值），有时会在最大容纳量上下保持相对稳定。下面我们来学习如何使用 Matplotlib 模块绘制 S 型生长曲线。

【例 13.17】绘制高中生物 S 型曲线（**实例位置：资源包\Code\13\17**）

绘制 S 型生长曲线，首先使用 NumPy 的 linspace()函数生成等差数列表示 *x* 轴数据（即时间），使用指数函数 exp()计算 *y* 轴数据（即种群数量），然后绘制图像。程序代码如下：

```
1    import numpy as np                   # 导入 numpy 模块
```

```
2    import matplotlib.pyplot as plt          # 导入 matplotlib.pyplot 子模块
3    x=np.linspace(-5,5,1000)                 # 在-5 到 5 之间生成 1000 个等差数列
4    y=[1/(1+np.exp(-i)) for i in x]          # 对生成的 1000 个数循环用 Sigmoid 函数求对应的 y
5    plt.plot(x,y)                            # 绘制图像
6    plt.show()                               # 显示图表
```

运行程序，效果如图 13.19 所示。

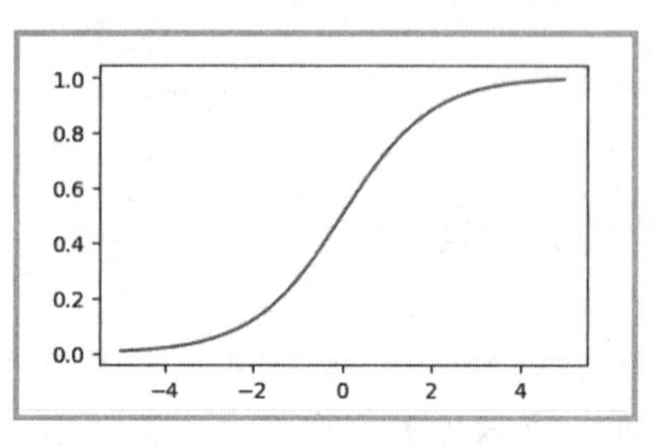

图 13.19　S 型曲线

13.6　形状与路径

除了绘制折线图、柱形图、饼形图、箱形图等，有时我们也需要绘制一些特殊的形状和路径，如绘制椭圆。当然，我们可以通过椭圆的函数表达式，选取一系列坐标值依次相连，但这样的绘制效率很低下，而且绘制出来的图表并不好看。本节介绍两个非常好用的子模块，通过它们可以快速绘制想要的图形。

13.6.1　绘制形状——patches 子模块

形状指的是 matplotlib.patches 子模块里的一些对象，如圆、椭圆、矩形、多边形、弧、箭头等，也称为“块”。patches 子模块框架图如图 13.20 所示。

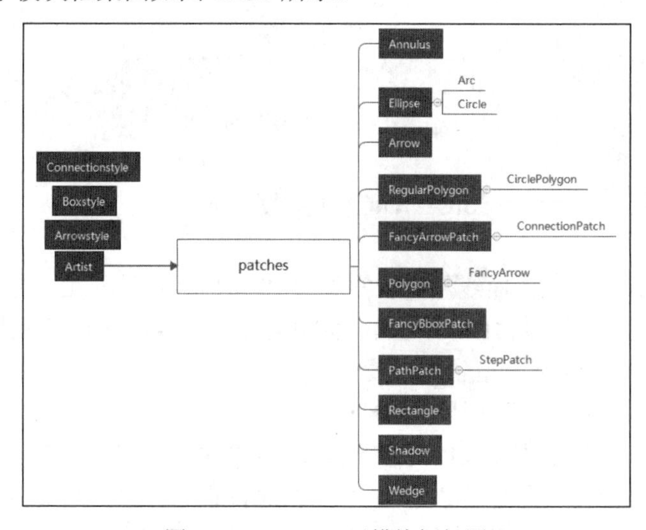

图 13.20　patches 子模块框架图

patches 子模块中的对象语法及其说明如表 13.6 所示。

表 13.6　patches 子模块中对象语法及其说明

对 象 语 法	说　明
Arc(xy, width, height[, angle, theta1, theta2])	椭圆弧
Arrow(x, y, dx, dy[, width])	箭头
ArrowStyle	一个容器类，它定义了几个箭头样式的类，用于沿着给定的路径创建箭头路径
BoxStyle	一个容器类
Circle(xy[, radius])	一个圆形
CirclePolygon(xy[, radius, resolution])	圆形的多边形
ConnectionPatch(xyA, xyB, coordsA[, ...])	连接两个点（可能在不同的轴上）
ConnectionStyle	一个容器类，它定义了几个连接样式类，用于在两点之间创建路径
Ellipse(xy, width, height[, angle])	没有刻度的椭圆
FancyArrow(x, y, dx, dy[, width, ...])	就像箭一样，但是可以让你独立地设置头部宽度和头部高度
FancyArrowPatch([posA, posB, path, ...])	一个花哨的箭头
FancyBboxPatch(xy, width, height[, ...])	矩形周围的一个花哨的盒子，左下角在 XY = (x, y)，可以指定宽度和高度
Patch([edgecolor, facecolor, color, ...])	补丁是一个二维艺术家的前景颜色和边缘颜色
PathPatch(path, **kwargs)	多曲线路径补丁
Polygon(xy[, closed])	多边形
Rectangle(xy, width, height[, angle])	通过锚点定义的矩形
RegularPolygon(xy, numVertices[, radius, ...])	一个规则的多边形
Shadow(patch, ox, oy[, props])	创建给定的阴影
Wedge(center, r, theta1, theta2[, width])	楔形。一种数学图形

这些几何形状存在于 Matplotlib 的 patches 子模块中，若想画出想要的几何图形首先需要导入 patches 子模块，代码如下：

```
import matplotlib.patches as patches
```

绘制几何图形的具体步骤如下。

（1）导入 patches 子模块。

（2）利用图形模块产生一个几何图形。

（3）使用 add_patch()函数在图像上添加“块”（也就是图形）。

13.6.2　绘制路径——path 子模块

路径通常是一系列可能断开、可能关闭的线和曲线，这里指的是 matplotlib.path 子模块中 Path 对象的功能。例如，一条曲线、一个心形都是路径。绘制路径主要使用 Path()对象，语法如下：

```
class matplotlib.path.Path(vertices,codes=None,_interpolation_steps=1,closed=False,
readonly=False)
```

参数说明：

☑ vertices：(N,2)维，float 数组，指的是路径 path 所经过的关键点的一系列坐标（x,y)。

☑ codes：N 维数组，定点坐标类型，和 vertices 长度保持一致。指的是点与点之间到底是怎么连接的，是直线连接、曲线连接还是其他方式连接。codes 的类型如下：

➢ MOVETO：一个顶点，移动到指定的顶点。一般指的是“起始点”。

➢ LINETO：从当前位置绘制直线到指定的顶点。

➢ CURVE3：从当前位置（用指定控制点）画二次贝塞尔曲线到指定的端点（结束位置）。

➢ CURVE4：从当前位置（用指定控制点）画三次贝塞尔曲线到指定的端点。

➢ CLOSEPOLY：将线段绘制到当前折线的起始点。

➢ STOP：整个路径末尾的标记，一个顶点，path 的终点。

☑ _interpolation_steps：int 型，可选参数。

☑ closed：布尔值，可选参数，如果值为 True，path 将被当作封闭多边形。

☑ readonly：布尔值，可选参数，表示是否不可变。

path 路径模块所涉及的内容比较多，这里只介绍简单的应用。

【例 13.18】使用 path 子模块绘制矩形路径（**实例位置：资源包\Code\13\18**）

绘制一个简单的矩形路径，程序代码如下：

```
1   import matplotlib.pyplot as plt                                  # 导入 matplotlib.pyplot 子模块
2   from matplotlib.path import Path                                 # 导入 matplotlib.path 子模块
3   import matplotlib.patches as patches                             # 导入 matplotlib.patches 子模块
4   verts = [
5           (0., 0.),                                                # 矩形左下角的坐标(left,bottom)
6           (0., 1.),                                                # 矩形左上角的坐标(left,top)
7           (1., 1.),                                                # 矩形右上角的坐标(right,top)
8           (1., 0.),                                                # 矩形右下角的坐标(right, bottom)
9           (0., 0.)]                                                # 封闭到起点
10  codes = [Path.MOVETO,
11           Path.LINETO,
12           Path.LINETO,
13           Path.LINETO,
14           Path.CLOSEPOLY]
15  path = Path(verts, codes)                                        # 创建一个路径 Path()对象
16  # 创建画图对象以及创建子图对象
17  fig = plt.figure()
18  ax = fig.add_subplot(111)
19  patch = patches.PathPatch(path, facecolor='red', lw=2)           # 创建一个 patch
20  ax.add_patch(patch)                                              # 将创建的 patch 添加到 Axes()对象中
21  ax.axis([-1,2,-1,2])                                             # 设置 x 轴 y 轴的坐标轴范围
22  plt.show()                                                       # 显示图形
```

运行程序，效果如图 13.21 所示。

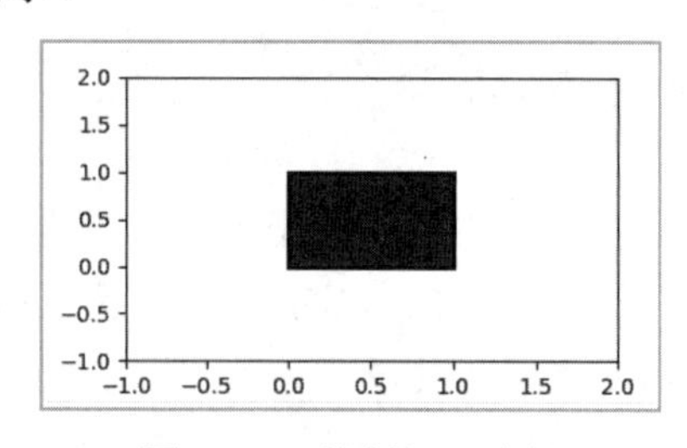

图 13.21　绘制矩形路径

13.6.3　绘制圆——Circle()对象

绘制圆主要使用 matplotlib.patches 中的 Circle()对象，语法如下：

```
class matplotlib.patches.Circle(xy, radius=5, **kwargs)
```

在 Matplotlib 中绘制圆，xy=(x,y)为圆心，radius 为半径，默认值为 5。其他有效关键字参数如表 13.7 所示。

表 13.7　Circle()对象关键字参数

关键字参数	描　　述
agg_filter	一个过滤器函数，它接受一个(m,n,3)浮点数组和一个 dpi 值，并返回一个(m,n,3)数组
alpha	透明度，值的范围为 0～1
animated	布尔值，表示动画是否加速
antialiased or aa	布尔值，表示是否使用抗锯齿渲染
capstyle	端点样式，CapStyle（端点样式基类）或者是字典{'butt', 'projecting', 'round'}中的值
clip_box	Bbox（剪切框基类），设置 Artist 对象的剪切框
clip_on	布尔值，表示是否使用剪切
clip_path	剪切路径，Patch or (Path, Transform) or None
color	颜色
edgecolor or ec	边缘颜色
facecolor or fc	背景色
figure	画布
fill	布尔值，表示是否填充
gid	字符串，设置组
hatch	内部填充样式，{'/', '\', '|', '-', '+', 'x', 'o', 'O', '.', '*'}
in_layout	布尔值，设置 Artist()对象是否包含在布局计算中
joinstyle	连接样式，JoinStyle 或者是字典{'miter', 'round', 'bevel'}中的值
label	标签
linestyle or ls	线条样式{'-', '--', '-.', ':', '', (offset, on-off-seq), ...}
linewidth or lw	浮点型或 None，表示线宽
path_effects	AbstractPathEffect（用于路径效果的基类），路径效果
picker	None、布尔值、浮点型、可调用语句，定义 Artist()对象的挑选行为
rasterized	布尔值，表示是否用于矢量图形输出的栅格化（位图）绘图
sketch_params	配置草图参数(scale: float, length: float, randomness: float)
snap	布尔值或 None，设置捕获行为
transform	Transform（用于转换的基类），设置 Artist()对象转换
url	字符串，设置 Artist()对象的链接
visible	布尔值，表示 Artist()对象是否可见
zorder	浮点型，设定层级

【例 13.19】绘制圆形（**实例位置：资源包\Code\13\19**）

使用内置的几何形状 Circle()绘制圆形，程序代码如下：

```
1    import matplotlib.pyplot as plt                      # 导入 matplotlib.pyplot 子模块
2    import matplotlib.patches as patches                 # 导入 matplotlib.patches 子模块
3    # 使用 subplots()函数创建子图，返回值是一个元组，包括一个图形对象和 axes 对象
4    fig, ax= plt.subplots()
5    circle = patches.Circle((0.5, 0.5), 0.25, alpha=0.5, color='green')    # 使用 patches.Circle 模块绘制圆
6    ax.add_patch(circle)                                 # 使用 add_patch()函数在 axes 对象中添加圆
7    plt.show()                                           # 显示图形
```

运行程序，效果如图 13.22 所示。

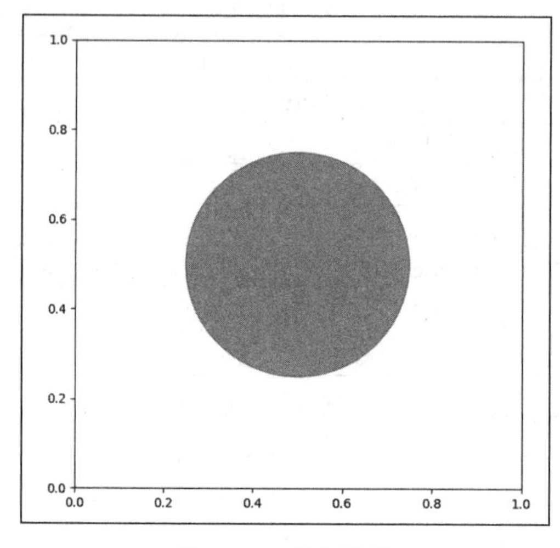

图 13.22　绘制圆形

13.6.4　绘制矩形——Rectangle()对象

绘制矩形主要使用 matplotlib.patches 中的 Rectangle()对象，该对象用于绘制一个由定位点 xy 及其宽度和高度定义的矩形。语法如下：

```
class matplotlib.patches.Rectangle(xy, width, height, angle=0.0, **kwargs)
```

参数说明：

☑ xy：浮点型，xy=(x,y)，矩形在 x 方向从 xy[0]扩展到 xy[0]+宽度，在 y 方向从 xy[1]扩展到 xy[1]+高度。

☑ width：浮点型，矩形的宽度。

☑ height：浮点型，矩形的高度。

☑ angle：浮点型，默认值为 0.0，绕 xy 逆时针旋转的角度。

说明

其他关键字参数可以参考 Circle()对象。

【例 13.20】使用 Rectangle()对象绘制矩形（**实例位置：资源包\Code\13\20**）

本实例将使用内置的几何形状 Rectangle()对象绘制矩形，程序代码如下：

```
1   import matplotlib.pyplot as plt                              # 导入 matplotlib.pyplot 子模块
2   import matplotlib.patches as patches                         # 导入 matplotlib.patches 子模块
3   # 使用 subplots()函数创建子图，返回值是一个元组，包括一个图形对象和 Axes()对象
4   fig, ax= plt.subplots()
5   ax.axis([0,5,0,5])                                           # 使用 axis()函数设置 x 轴和 y 轴的坐标轴范围
6   rectangle = patches.Rectangle((1, 1),2,3,color='green')      # 使用 patches.Rectangle()对象绘制矩形
7   ax.add_patch(rectangle)                                      # 使用 add_patch()函数在 Axes()对象中添加矩形
8   plt.show()                                                   # 显示图形
```

运行程序，效果如图 13.23 所示。

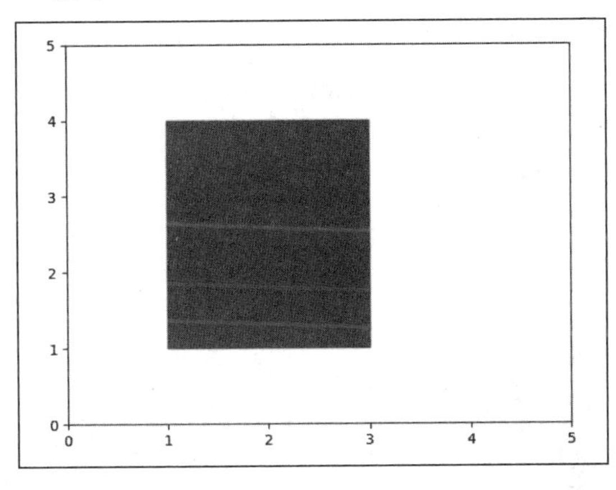

图 13.23 绘制矩形

13.7 绘制 3D 图表

3D 图表有立体感，也比较美观。下面介绍两种 3D 图表：三维柱形图和三维曲面图。

绘制 3D 图表依旧使用 Matplotlib 模块，但需要设置 projection 参数为 3d，具体代码如下：

```
fig.add_subplot(projection='3d')
```

【例 13.21】绘制 3D 柱形图（**实例位置：资源包\Code\13\21**）

绘制 3D 柱形图，程序代码如下：

```
1   import matplotlib.pyplot as plt              # 导入 matplotlib.pyplot 子模块
2   import numpy as np                           # 导入 numpy 模块
3   fig = plt.figure()                           # 创建画布
4   zs = [1, 5, 10, 15, 20]                      # 创建 z 轴数据
5   ax = fig.add_subplot(projection='3d')        # 添加 3D 图表
6   # 绘制 3D 柱形图
7   for z in zs:
8       x = np.arange(0, 10)
9       y = np.random.randint(0, 30, size=10)
10      ax.bar(x, y, zs=z, zdir='x', color=['r', 'green', 'yellow', 'c'])
11  plt.show()                                   # 显示图表
```

运行程序，输出结果如图 13.24 所示。

【例 13.22】 绘制 3D 曲面图（**实例位置：资源包\Code\13\22**）

绘制 3D 曲面图，程序代码如下：

```
1   import matplotlib.pyplot as plt                    # 导入 matplotlib.pyplot 子模块
2   import numpy as np                                 # 导入 numpy 模块
3   fig = plt.figure()                                 # 创建画布
4   ax = fig.add_subplot(projection='3d')              # 添加 3D 图表
5   # xy 轴数据
6   x = np.arange(-4.0, 4.0, 0.125)
7   y = np.arange(-3.0, 3.0, 0.125)
8   X, Y = np.meshgrid(x, y)                           # 生成网格点坐标矩阵
9   Z1 = np.exp(-X**2 - Y**2)
10  Z2 = np.exp(-(X - 1)**2 - (Y - 1)**2)
11  Z = (Z1 - Z2) * 2                                  # 计算 Z 轴数据（高度数据）
12  ax.plot_surface(X, Y, Z,cmap=plt.get_cmap('rainbow'))     # 绘制 3D 曲面图
13  plt.show()                                         # 显示图表
```

运行程序，输出结果如图 13.25 所示。

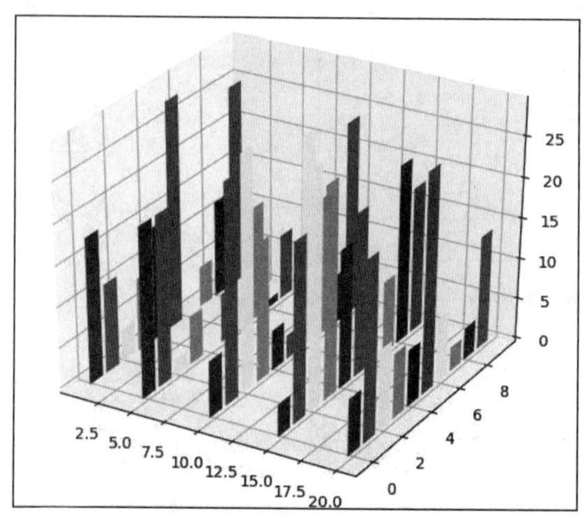

图 13.24　3D 柱形图

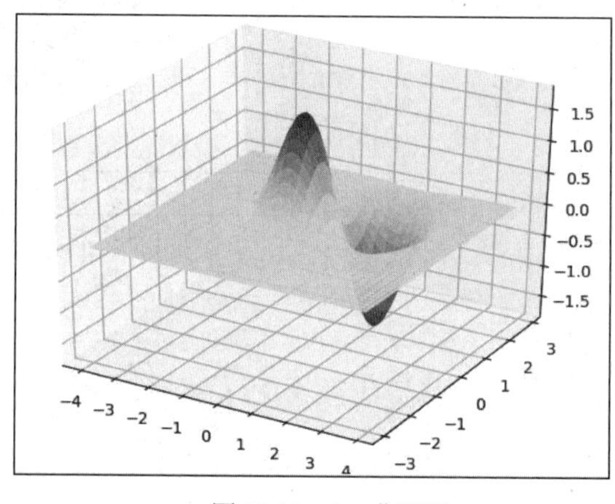

图 13.25　3D 曲面图

13.8　小　　结

本章内容是 Matplotlib 模块的进阶，包括许多不经常使用的知识和实例。本章应重点学习如何绘制多子图和次坐标轴的应用，这两部分内容在实际工作中还是非常实用的。其他内容可以有选择性地学习，或者作为查阅资料。

第 14 章

Seaborn 图表

Seaborn 模块与 Matplotlib 模块相似，也是 Python 数据可视化分析的第三方模块。由于 Seaborn 在 Matplotlib 的基础上进行了更高级的 API 封装，所以 Seaborn 可以通过一个高级界面来绘制更加有吸引力的统计图形。

本章知识架构如下。

14.1 了解 Seaborn 图表

Seaborn 是基于 Matplotlib 的 Python 高级可视化效果模块，偏向于统计图表，因此针对的主要是数据挖掘和机器学习中的变量特征选取。相比 Matplotlib，它的优点是语法更简单，绘制图表不需要花很多功夫去修饰，它的缺点是绘图方式比较局限，不够灵活。

14.1.1 Seaborn 概述

Seaborn 在 Matplotlib 基础上进行了更高级的 API 封装，使得绘图更加容易。Seaborn 主要包括以下功能：

☑ 计算多变量间关系的面向数据集接口。

☑ 可视化类别变量的观测与统计。

☑ 可视化单变量或多变量分布并与其子数据集比较。

☑ 控制线性回归的不同因变量并进行参数估计与绘图。

☑ 对复杂数据进行整体结构可视化。

☑ 对多表统计图的制作高度抽象并简化可视化过程。

☑ 提供多个主题渲染 Matplotlib 图表的样式。

☑ 提供调色板工具，可生动再现数据。

Seaborn 是基于 Matplotlib 的图形可视化 Python 包，它提供了一种高度交互式的界面，便于用户绘制各种有吸引力的统计图表，如图 14.1 所示。

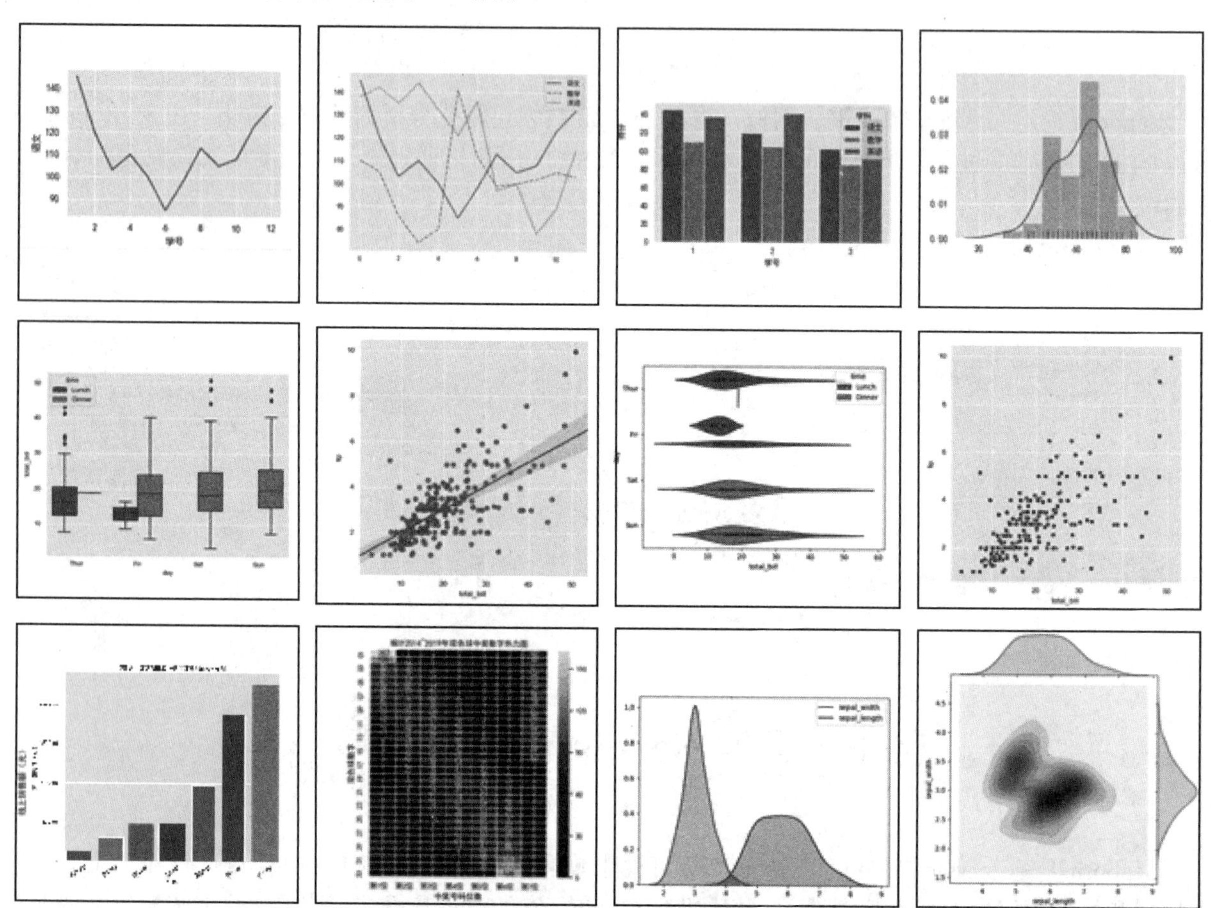

图 14.1　Seaborn 统计图表

14.1.2　安装 Seaborn 模块

安装 Seaborn 模块可以使用 pip 工具，安装命令如下：

```
pip install seaborn
```

也可以在 PyCharm 开发环境中安装。需要注意的是，如果安装时报错，可能是因为读者没有安装 Scipy 模块。Seaborn 依赖 Scipy，所以应首先安装 Scipy。

14.1.3　体验 Seaborn 图表

【例 14.1】绘制简单的柱形图（**实例位置：资源包\Code\14\01**）

先来绘制一款简单的柱形图，程序代码如下：

```
1	import seaborn as sns
2	import matplotlib.pyplot as plt
3	sns.set_style('darkgrid')		# 设置图表风格
4	plt.figure(figsize=(4,3))		# 创建画布
5	x=[1,2,3,4,5]			# x 轴数据
6	y=[10,20,30,40,50]		# y 轴数据
7	sns.barplot(x=x,y=y)		# 绘制柱形图
8	plt.show()			# 显示图表
```

（1）首先导入 Seaborn 和 Matplotlib 模块，由于 Seaborn 模块是 Matplotlib 模块的补充，所以绘制图表前必须引用 Matplotlib 模块。

（2）设置 Seaborn 的背景风格为 darkgrid。

（3）指定 x 轴、y 轴数据。

（4）使用 barplot()函数绘制柱形图。

运行程序，输出效果如图 14.2 所示。可见，Seaborn 默认的灰色网格底色比 Matplotlib 更加柔和。

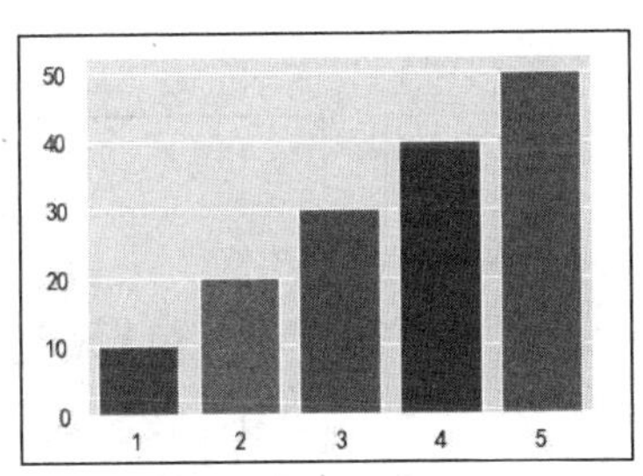

图 14.2　简单柱形图

14.2　Seaborn 图表的基本设置

14.2.1　设置背景风格

使用 axes_style() 和 set_style()函数可以设置 Seaborn 背景风格。Seaborn 有 5 个主题，可适用于不同的应用场景和人群偏好。

☑ darkgrid：灰色网格（默认值）。

☑ whitegrid：白色网格。

☑ dark：灰色背景。

☑ white：白色背景。

☑ ticks：四周带刻度线的白色背景。

网格有助于查找图表中的定量信息，灰色网格主题中的白线能避免影响数据的表现，白色网格主题则更适合表达“重数据元素”。

14.2.2 控制边框的显示方式

控制边框的显示方式，主要使用 despine()函数，具体用法如下。

（1）移除顶部和右边边框，代码如下：

```
sns.despine()
```

（2）使两坐标轴离开一段距离，代码如下：

```
sns.despine(offset=10, trim=True)
```

（3）移除左边边框，与 set_style()的白色网格配合使用效果更佳。代码如下：

```
sns.set_style("whitegrid")
sns.despine(left=True)
```

（4）移除指定边框，值设置为 True 即可。代码如下：

```
sns.despine(fig=None, ax=None, top=True, right=True, left=True, bottom=False, offset=None, trim=False)
```

设置显示方式后的效果如图 14.3 所示。

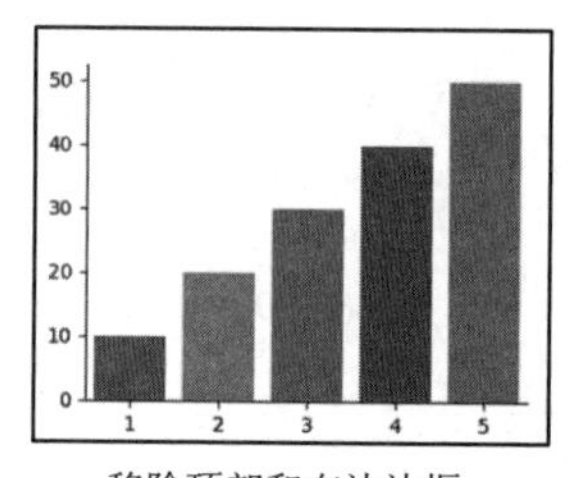
移除顶部和右边边框

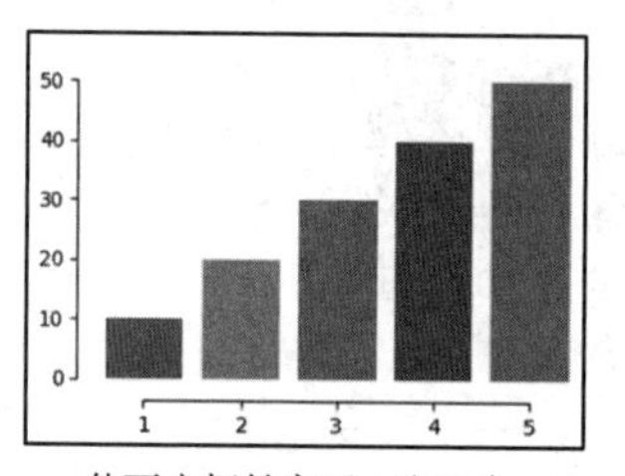
使两坐标轴离开一段距离

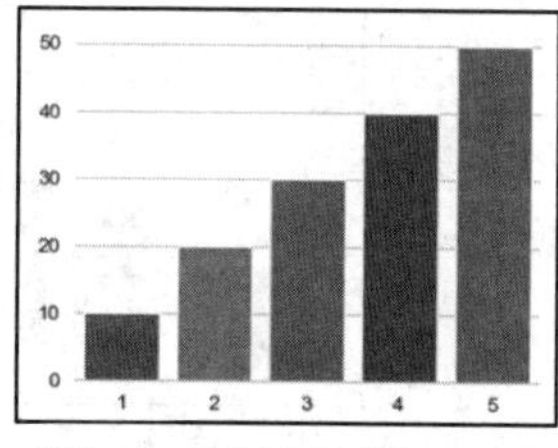
移除左边边框并设置白色网格

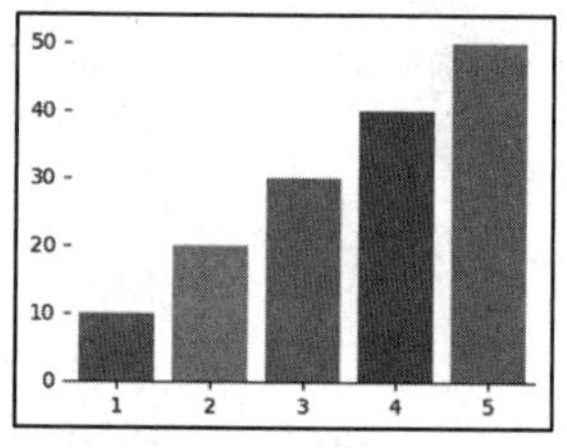
移除指定边框（左、上、右）

图 14.3 设置显示方式后的效果

14.3 绘制常见图表

14.3.1 绘制散点图——replot()函数

Seaborn 绘制散点图主要使用 replot()函数，相关语法可参考 14.3.2 节“绘制折线图”相关说明。

【例 14.2】绘制散点图分析“小费”（**实例位置：资源包\Code\14\02**）

下面通过 Seaborn 提供的内置数据集 tips（小费数据集）绘制散点图，程序代码如下：

```
1    import matplotlib.pyplot as plt
2    import seaborn as sns
3    sns.set_style('darkgrid')                                # 灰色网格
4    # 加载内置数据集 tips（小费数据集），data_home 参数表示数据集路径
```

```
5    tips=sns.load_dataset(name='tips',data_home='seaborn-data-master')
6    sns.relplot(x='total_bill',y='tip',data=tips,color='r')          # 绘制散点图
7    plt.show()                                                       # 显示图表
```

运行程序，输出结果如图 14.4 所示。

说明

在加载内置数据集 tips 数据时，需要在线访问网络资源，如果当前网络无法在线获取数据，则可以使用资源包中的离线数据 tips.csv。

技巧

上述代码使用了内置数据集 tips，该数据集通过 tips.head()显示部分数据。tips 数据结构如图 14.5 所示，各字段的说明如下。

total_bill：表示总消费。

tip：表示小费。

sex：表示性别。

smoker：表示是否吸烟。

day：表示周几。

time：表示用餐类型。如早餐（breakfast）、午餐（lunch）、晚餐（dinner）。

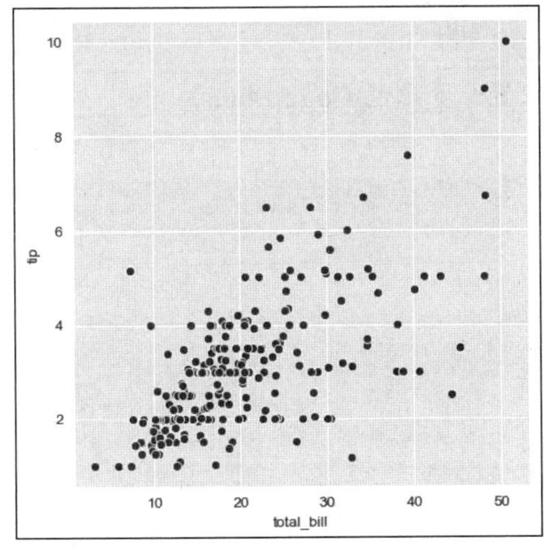

图 14.4　散点图

	total_bill	tip	sex	smoker	day	time	size
0	16.99	1.01	Female	No	Sun	Dinner	2
1	10.34	1.66	Male	No	Sun	Dinner	3
2	21.01	3.50	Male	No	Sun	Dinner	3
3	23.68	3.31	Male	No	Sun	Dinner	2
4	24.59	3.61	Female	No	Sun	Dinner	4

图 14.5　tips 部分数据

14.3.2　绘制折线图——relplot()、lineplot()函数

在 Seaborn 中绘制折线图有两种方法：一是在 relplot()函数中通过设置 kind 参数为 line；二是使用 lineplot()函数直接绘制折线图。

1. 使用 relplot()函数

【例 14.3】绘制学生语文成绩折线图 1（**实例位置：资源包\Code\14\03**）

使用 relplot()函数绘制学生语文成绩折线图，程序代码如下：

```
1   import pandas as pd
2   import matplotlib.pyplot as plt
3   import seaborn as sns
4   sns.set_style('darkgrid')                                    # 灰色网格
5   plt.rcParams['font.sans-serif']=['SimHei']                   # 解决中文乱码
6   df1=pd.read_excel('data5.xls')                               # 读取 Excel 文件
7   sns.relplot(x="学号", y="语文", kind="line", data=df1)       # 绘制折线图
8   plt.show()                                                   # 显示图表
```

运行程序，输出结果如图 14.6 所示。

2. 使用 lineplot()函数

【例 14.4】绘制学生语文成绩折线图 2（**实例位置：资源包\Code\14\04**）

使用 lineplot()函数绘制学生语文成绩折线图，程序代码如下：

```
1   import pandas as pd
2   import matplotlib.pyplot as plt
3   import seaborn as sns
4   sns.set_style('darkgrid')                                    # 灰色网格
5   plt.rcParams['font.sans-serif']=['SimHei']                   # 解决中文乱码
6   df1=pd.read_excel('data5.xls')                               # 读取 Excel 文件
7   sns.lineplot(x="学号", y="语文",data=df1)                    # 绘制折线图
8   plt.show()                                                   # 显示图表
```

【例 14.5】绘制多折线图分析学生各科成绩（**实例位置：资源包\Code\14\05**）

接下来，我们绘制多折线图，关键代码如下：

```
1   dfs=[df1['语文'],df1['数学'],df1['英语']]
2   sns.lineplot(data=dfs)
```

运行程序，输出结果如图 14.7 所示。

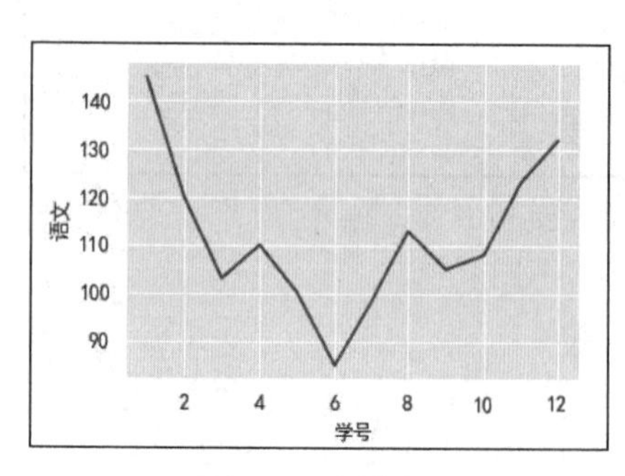

图 14.6　折线图

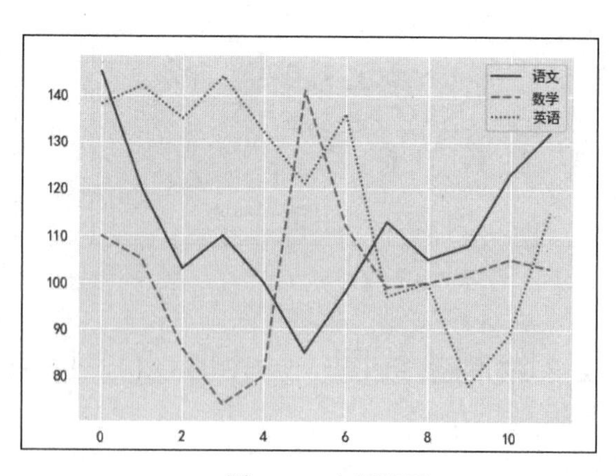

图 14.7　多折线图

14.3.3　绘制直方图——displot()函数

Seaborn 绘制直方图主要使用 displot()函数，语法如下：

```
sns.distplot(data,bins=None,hist=True,kde=True,rug=False,fit=None,color=None,axlabel=None,ax=None)
```

常用参数说明：

☑ data：数据。

☑ bins：设置矩形图数量。

☑ hist：是否显示条形图。

☑ kde：是否显示核密度估计图，默认值为 True，即显示核密度估计图。

☑ rug：是否在 x 轴上显示观测的小细条（边际毛毯）。

☑ fit：拟合的参数分布图形。

【例 14.6】绘制简单直方图（**实例位置：资源包\Code\14\06**）

下面绘制一个简单的直方图，程序代码如下：

```
1    import pandas as pd
2    import matplotlib.pyplot as plt
3    import seaborn as sns
4    sns.set_style('darkgrid')                        # 灰色网格
5    plt.rcParams['font.sans-serif']=['SimHei']       # 解决中文乱码
6    df1=pd.read_excel('data2.xls')                   # 读取 Excel 文件
7    data=df1[['得分']]                                # 绘图数据
8    sns.distplot(data,rug=True)                      # 直方图，显示观测的小细条
9    plt.show()                                       # 显示图表
```

运行程序，输出结果如图 14.8 所示。

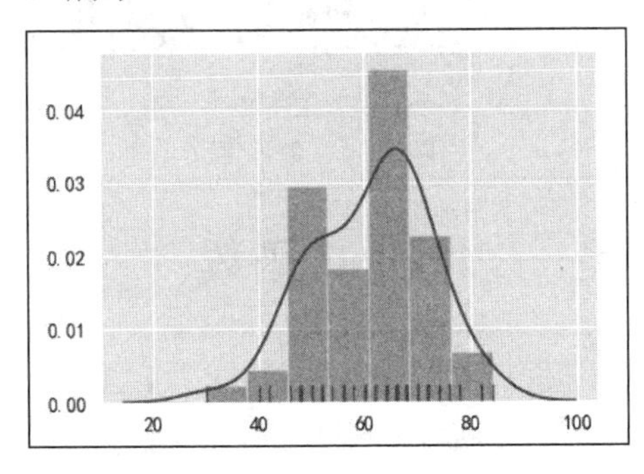

图 14.8　直方图

14.3.4　绘制条形图——barplot()函数

Seaborn 绘制条形图主要使用 barplot()函数，语法如下：

```
sns.barplot(x=None,y=None,hue=None,data=None,order=None,hue_order=None,orient=None,color=None,
palette=None,capsize=None,estimator=mean)
```

常用参数说明：

☑ x、y：*x* 轴、*y* 轴数据。

☑ hue：分类字段。

☑ order、hue_order：变量绘图顺序。

☑ orient：条形图是水平显示还是垂直显示。

☑ capsize：误差线的宽度。

☑ estimator：每类变量的统计方式，默认值为平均值 mean。

【例 14.7】绘制多条形图分析学生各科成绩（**实例位置：资源包\Code\14\07**）

通过前面的学习，我们已经能够绘制简单的条形图了。下面绘制学生成绩多条形图，程序代码如下：

```
1   import pandas as pd
2   import matplotlib.pyplot as plt
3   import seaborn as sns
4   sns.set_style('darkgrid')                                  # 灰色网格
5   plt.rcParams['font.sans-serif']=['SimHei']                 # 解决中文乱码
6   df1=pd.read_excel('data5.xls',sheet_name='sheet2')         # 读取 Excel 文件
7   sns.barplot(x='学号',y='得分',hue='学科',data=df1)         # 绘制条形图
8   plt.show()                                                 # 显示图表
```

运行程序，输出结果如图 14.9 所示。

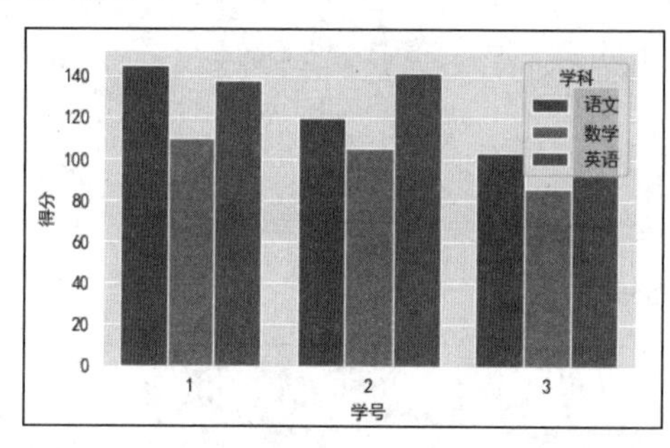

图 14.9　条形图

14.3.5　绘制线性回归模型——lmplot()函数

Seaborn 可以直接绘制线性回归模型，用以描述线性关系，主要使用 lmplot()函数，语法如下：

```
sns.lmplot(x,y,data,hue=None,col=None,row=None,palette=None,col_wrap=3,size=5,markers='o')
```

常用参数说明：

☑ hue：散点图中的分类字段。

☑ col：列分类变量，构成子集。

☑ row：行分类变量。

☑ col_wrap：控制每行子图数量。

☑ size：控制子图高度。

☑ markers：点的形状。

【例 14.8】绘制线性回归图表分析“小费”（**实例位置：资源包\Code\14\08**）

同样使用 tips 数据集，绘制线性回归模型，关键代码如下：

```
sns.lmplot(x='total_bill',y='tip',data=tips)
```

运行程序，输出结果如图 14.10 所示。

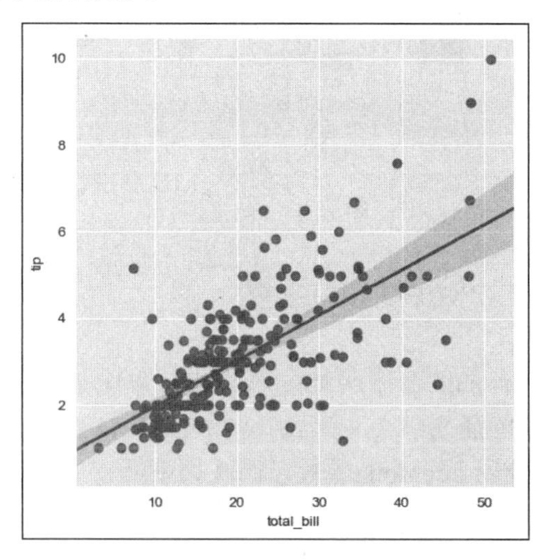

图 14.10　绘制线性回归模型

14.3.6　绘制箱形图——boxplot()函数

Seaborn 绘制箱形图主要使用 boxplot()函数，语法如下：

```
sns.boxplot(x=None,y=None,hue=None,data=None,order=None,hue_order=None,orient=None,color=None,palette=None,
width=0.8,notch=False)
```

常用参数说明：

☑　hue：分类字段。

☑　width：箱形图宽度。

☑　notch：中间箱体是否显示缺口，默认值为 False。

【例 14.9】绘制箱形图分析“小费”异常数据（**实例位置：资源包\Code\14\09**）

下面绘制箱形图，使用数据集 tips 演示，关键代码如下：

```
sns.boxplot(x='day',y='total_bill',hue='time',data=tips)
```

运行程序，输出结果如图 14.11 所示。

从图 14.11 得知：数据存在异常值。箱形图实际上就是利用数据的分位数来识别数据的异常点，这一特点使得箱形图在学术界和工业界的应用都非常广泛。

说明

如果使用在线数据或离线数据，可能会出现运行效果与上述不一致的现象。

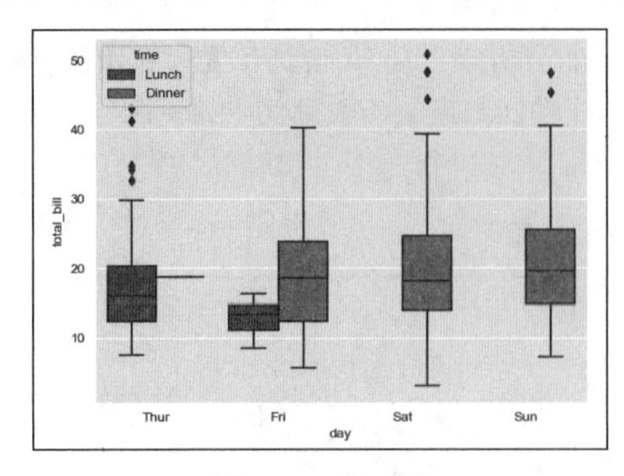

图 14.11　箱形图

14.3.7　绘制核密度图——kdeplot()函数

核密度是概率论中用来估计未知的密度函数，属于非参数检验方法之一。通过核密度图可以比较直观地看出数据样本本身的分布特征。

Seaborn 绘制核密度图主要使用 kdeplot()函数，语法如下：

```
sns.kdeplot(data,shade=True)
```

参数说明：

☑　data：数据。

☑　shade：是否带阴影，默认值为 True，即带阴影。

【例 14.10】绘制核密度图分析鸢尾花（**实例位置：资源包\Code\14\10**）

绘制核密度图，通过 Seaborn 自带的数据集 iris 演示，关键代码如下：

```
1    #调用 seaborn 自带数据集 iris
2    df = sns.load_dataset('iris')
3    #绘制多个变量的核密度图
4    p1=sns.kdeplot(df['sepal_width'], shade=True, color="r")
5    p1=sns.kdeplot(df['sepal_length'], shade=True, color="b")
```

运行程序，输出结果如图 14.12 所示。

下面再介绍一种边际核密度图，该图可以更好地体现两个变量之间的关系，如图 14.13 所示。

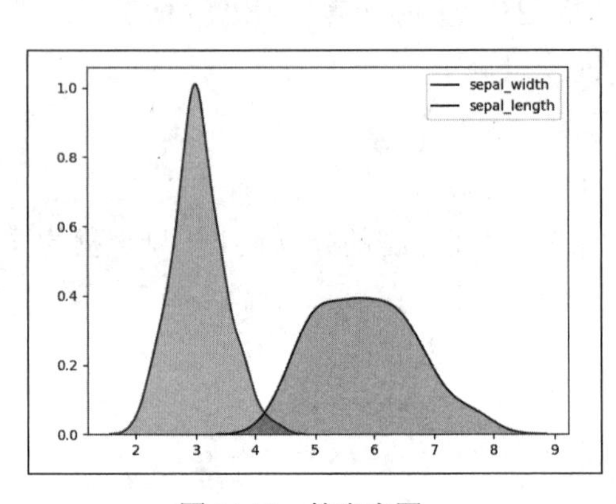

图 14.12　核密度图

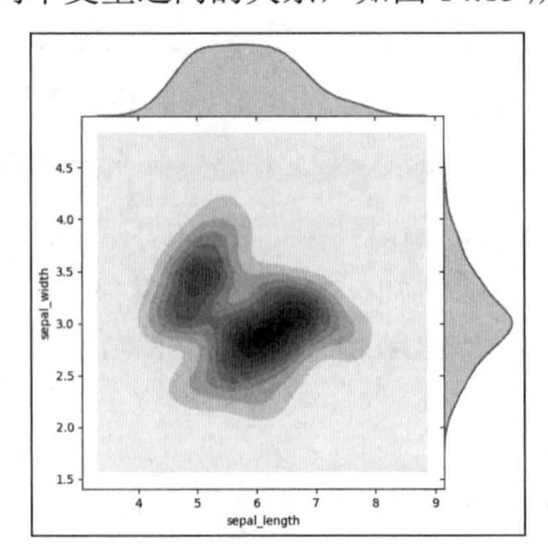

图 14.13　边际核密度图

关键代码如下：

```
sns.jointplot(x=df["sepal_length"], y=df["sepal_width"], kind='kde',space=0)
```

说明

如果使用在线数据或离线数据，可能会出现与上述运行效果不一致的现象。

14.3.8　绘制提琴图——violinplot()函数

提琴图结合了箱形图和核密度图的特征，用于展示数据的分布形状。粗黑线表示四分数范围，延伸的细线表示 95%的置信区间，白点为中位数，如图 14.14 所示。提琴图弥补了箱形图的不足，可以展示数据分布是双模还是多模。提琴图主要使用 violinplot()函数绘制。

【例 14.11】绘制提琴图分析“小费”（**实例位置：资源包\Code\14\11**）

绘制提琴图，通过 Seaborn 自带的数据集 tips 演示，关键代码如下：

```
sns.violinplot(x='total_bill',y='day',hue='time',data=tips)
```

运行程序，输出结果如图 14.14 所示。

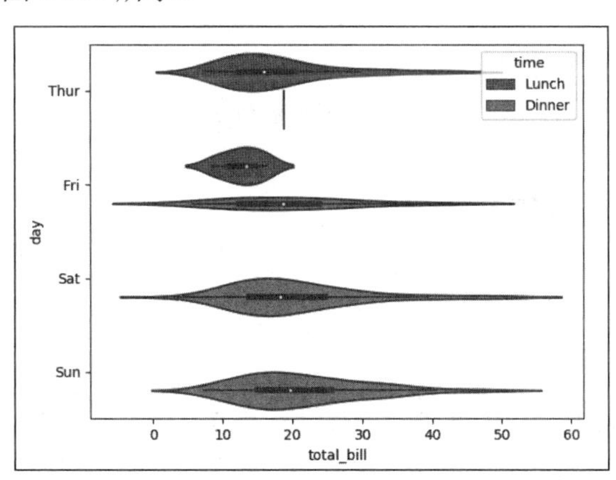

图 14.14　提琴图

说明

如果使用在线数据或离线数据，可能会出现与上述运行效果不一致的现象。

14.4　小　　结

本章介绍了如何使用 Seaborn 模块实现数据图表的绘制，这个模块可以实现更高级的可视化效果。它偏向于统计图表，更多应用在数据挖掘和机器学习中的变量特征选取中。有这种需求的读者可以进行更深入的学习，而对于初学者了解即可。

第 15 章

Plotly 图表

Plotly 是一个基于 JavaScript 的动态绘图模块，绘制出来的图表可以与 Web 应用集成。该模块不仅提供了丰富而又强大的绘图库，还支持各种类型的绘图方案，绘图的种类丰富、效果美观，方便保存和分享。

本章知识架构如下。

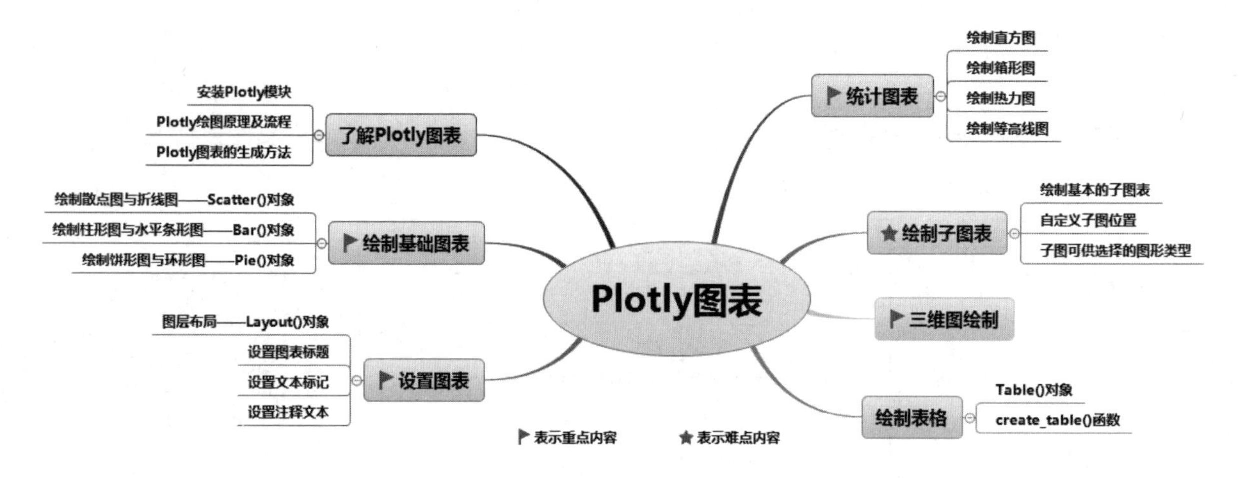

15.1 了解 Plotly 图表

Plotly 是一个功能强大的数据可视化绘图模块，它基于 JavaScript，可以为很多编程语言提供接口。交互、美观、便捷是 Plotly 的最大优势。Plotly 可绘制的图表种类繁多，能够在线分享和离线绘图，而且是开源的。Plotly 可以与 Matplotlib、NumPy、Pandas 等绘图模块无缝连接。

15.1.1 安装 Plotly 模块

安装 Plotly 模块非常简单，如果已经安装了 Python，便可以在“命令提示符”窗口中使用 pip 命令进行安装。安装命令如下：

```
pip install plotly
```

如果在 Jupyter Notebook 中使用 Plotly 图表，则需要安装 Anaconda，并通过 Anaconda Prompt 提示

符窗口安装 Plotly 模块，安装命令如下：

```
conda install plotly
```

15.1.2　Plotly 绘图原理及流程

Plotly 中常用的两个绘图子模块是 graph_objs 和 expression。其中，graph_objs 子模块相当于 Matplotlib，数据组织较麻烦，但绘图简单、好看；expression 子模块相当于 Seaborn，数据组织较容易。

graph_objs 子模块常命名为 go，即 import plotly.graph_objs as go。expression 子模块常命名为 px，即 import plotly.expression as px。

1. graph_objs（go）子模块

使用 graph_objs（go）子模块绘制图形的流程如下。

（1）导入绘图子模块。

（2）通过 go.Scatter()、go.Bar()、go.Histogram()、go.Pie()等绘图对象建立图形轨迹（简称“图轨”），并返回图轨。在 Plotly 中，一个图轨是一个 trace。

（3）将图轨转换成列表，形成一个图轨列表。一个图轨放在一个列表中，多个图轨也应放在一个列表中。

（4）通过 go.Layout()对象设置图表标题、图例、图表画布大小，设置 x、y 坐标轴参数等。

（5）使用 go.Figure()将图轨和图层合并。如果未使用 go.Layout()对象，则直接将步骤（3）的图轨列表传入 go.Figure()中；如果使用了 go.Layout()对象为图表设置图表标题等，需将图轨列表和图层都传入 go.Figure()当中。

（6）使用 show()函数显示图表。

注意

如果网络不稳定，图表不显示，可使用如下代码在程序所在路径下自动生成一个名为 temp-plot.html 的网页，打开该网页可显示图表。

```
import plotly as py
py.offline.plot(fig)
```

【例 15.1】绘制第一张 Plotly 图表（**实例位置：资源包\MR\Code\15\01**）

在 PyCharm 中使用 gragh_objs 子模块的 Scatter 绘图对象，绘制一个简单的折线图，程序代码如下：

```
1   import plotly.graph_objs as go
2   trace= go.Scatter(x=[1, 2, 3, 4], y=[12, 5, 8, 23])          # 绘制折线图
3   data=[trace]                                                 # 将轨迹转换为列表
4   fig = go.Figure(data)                                        # 创建画布
5   fig.show()                                                   # 显示图形
```

运行程序，自动生成 HTML 网页图表，效果如图 15.1 所示。

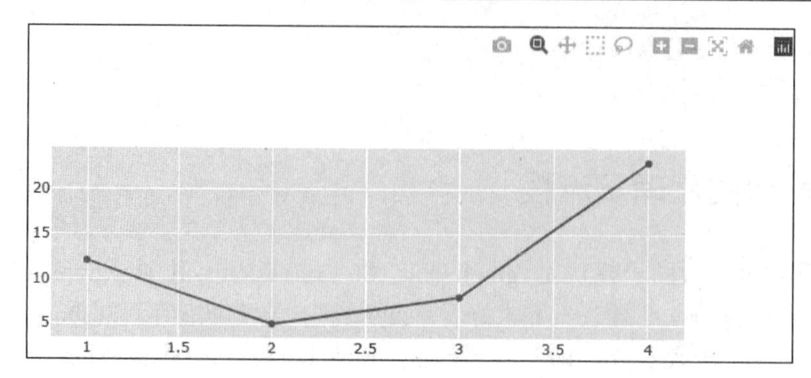

图 15.1　绘制第一张 Plotly 图表

2. expression（px）子模块

使用 expression（px）子模块绘制图形的原理及流程如下。

（1）直接使用 px 调用绘图函数时会自动创建画布，并画出图表。

（2）使用 show()函数显示图表。

【例 15.2】 使用 expression 子模块绘制图表（**实例位置：资源包\MR\Code\15\02**）

通过 expression 子模块自带的“鸢尾花”数据集 iris 绘制散点图，x 轴数据为鸢尾花花萼的宽度，y 轴数据为鸢尾花花萼的长度，颜色为鸢尾花的种类。程序代码如下：

```
1    import plotly.express as px
2    df = px.data.iris()          # 载入鸢尾花数据集
3    print(df)
4    # 使用 scatter()函数绘制散点图，x 为鸢尾花花萼宽度，y 为鸢尾花花萼长度，color 为鸢尾花种类
5    fig = px.scatter(df, x="sepal_width", y="sepal_length", color="species")
6    fig.show()                   # 显示图表
```

运行程序，自动生成 HTML 网页图表，效果如图 15.2 所示。

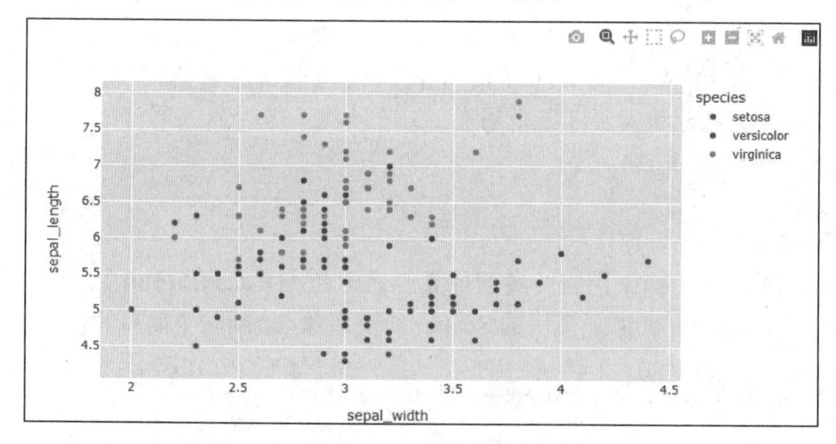

图 15.2　使用 expression 子模块绘制图表

15.1.3　Plotly 图表的生成方法

Plotly 保存图表有三种方式：直接下载、在线保存和离线保存。由于在线绘图需要注册账号，获取

API key，较为麻烦，所以本书只介绍直接下载和离线保存两种方式。

1. 直接下载

当图表显示出来以后，单击图表上方的“照相机”图标，如图 15.3 所示，下载图表并将其保存为.png 格式的静态图片。

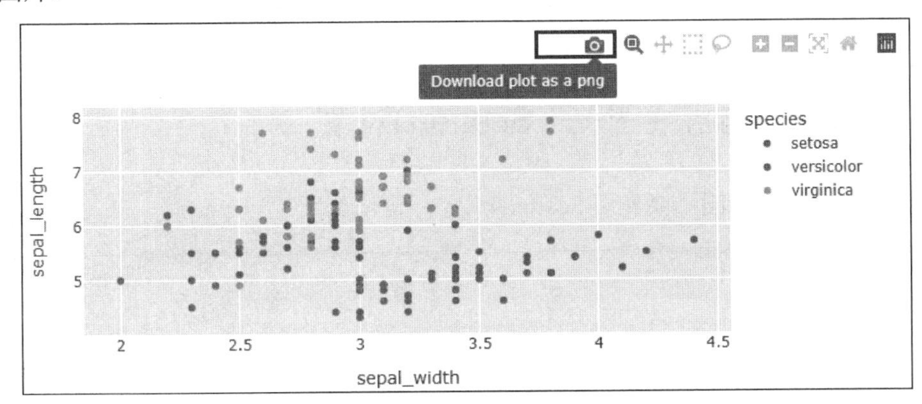

图 15.3　直接下载

2. 离线保存

离线保存方式包括 plotly.offline.plot()、plotly.offline.iplot()两个函数。前者以离线方式在当前程序所在目录下生成一个 HTML 格式的文件并自动打开；后者是 Jupyter Notebook 的专用函数，可将生成的图形嵌入 ipynb 文件中。

本节主要采用 plotly.offline.plot()函数，下面介绍其主要参数。

☑ figure_or_data：传入 plotly.graph_objs.Figure、plotly.graph_objs.Data、字典或列表构成的能够描述一个 graph 的数据。

☑ show_link：布尔型，用于调整输出的图像是否在右下角显示 Export to plotly.com 的链接标记。

☑ link_text：字符型，用于设置图像右下角的链接说明文字内容（当 show_link=True 时），默认值为 Export to plotly.com。

☑ image：字符型或 None，控制生成图像的下载格式，包括.png、.jpeg、.svg、.webp，默认值为 None，即不会为生成的图像设置下载方式。

☑ filename：字符型，控制保存 HTML 网页的文件名，默认值为 temp-plot.html。

☑ image_width：整型，控制下载图像宽度的像素值，默认值为 800 像素。

☑ image_height：整型，控制下载图像高度的像素值，默认值为 600 像素。

【例 15.3】生成 HTML 网页格式的图表文件（**实例位置：资源包\MR\Code\15\03**）

在 PyCharm 中使用 plotly.offline.plot()函数生成 HTML 格式的图表文件，程序代码如下：

```
1    import plotly as py
2    import plotly.graph_objs as go
3    trace= go.Scatter(x=[1, 2, 3, 4], y=[12, 5, 8, 23])        # 绘制折线图
4    data=[trace]                                               # 将图轨转换为列表
5    py.offline.plot(data,filename='line.html')                 # 显示图表并生成 HTML 网页
```

如果要通过代码生成图像文件，需要先安装 kaleido 模块（该模块是生成图像文件的引擎），然后

创建一个 Figure()对象，通过该对象调用 write_image()函数生成图像文件。关键代码如下：

```
6    fig = go.Figure(data)                                # 创建画布
7    fig.write_image('abc.png', engine="kaleido")         # 将图表保存为静态图片
```

15.2 绘制基础图表

15.2.1 绘制散点图与折线图——Scatter()对象

Plotly 绘制散点图和折线图主要使用 Scatter()对象，语法如下：

```
go.Scatter(x,y,mode,name,marker,line):
```

参数说明：

☑ x：*x* 轴数据。

☑ y：*y* 轴数据。

☑ mode：线条（lines）、散点（markers）、线条加散点（markers+lines）

☑ name：图例名称。

☑ marker/line：散点和线条的相关参数。

散点图同样使用 Scatter()对象绘制，主要通过 mode 参数设置，将该参数设置为 markers 即可。

【例 15.4】绘制散点图（**实例位置：资源包\MR\Code\15\04**）

下面使用 Scatter()对象绘制散点图，程序代码如下：

```
1    import plotly as py
2    import plotly.graph_objs as go
3    import numpy as np
4    # 生成 500 个符合正态分布的随机一维数组
5    n = 500
6    x = np.random.randn(n)
7    y = np.random.randn(n)
8    trace = go.Scatter(x=x, y=y, mode='markers',marker=dict(size=8, color='red'))        # 绘制图轨（散点图）
9    data = [trace]                                        # 将图轨放入列表
10   layout=go.Layout(title='散点图')
11   fig = go.Figure(data=data, layout=layout)             # 将图轨和图层合并
12   py.offline.plot(fig,filename='scatter.html')          # 显示图表并生成 HTML 网页
```

运行程序，自动生成 HTML 网页图表，效果如图 15.4 所示。

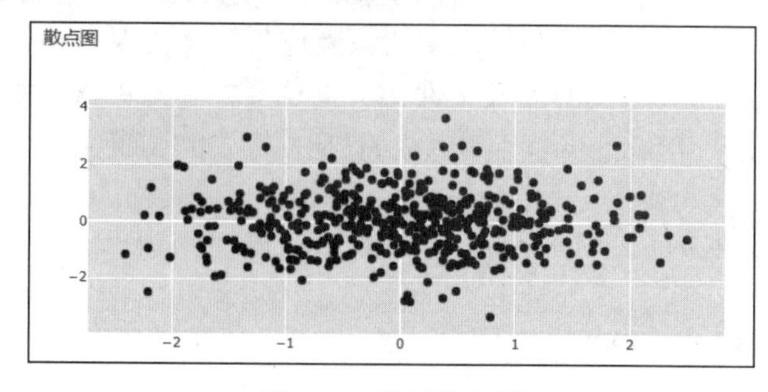

图 15.4　绘制散点图

说明

关于 Layout()布局对象的详细说明，将在 15.3 节中进行介绍。

【例 15.5】绘制多折线图（**实例位置：资源包\MR\Code\15\05**）

绘制多折线图同样使用 Scatter()对象，通过该对象绘制多个图轨并全部放在列表中，程序代码如下：

```
1    import plotly as py
2    import plotly.graph_objects as go
3    month = ['1 月', '2 月', '3 月','4 月','5 月','6 月']           # 创建 x 轴数据
4    # 绘制图轨
5    trace1=go.Scatter(name='总店', x=month, y=[20,14,23,34,56,28])
6    trace2=go.Scatter(name='二道分店', x=month, y=[45,34,56,38,49,60])
7    trace3=go.Scatter(name='南关分店', x=month, y=[28,38,32,43,26,45])
8    trace4=go.Scatter(name='朝阳分店', x=month, y=[55,34,28,36,48,55])
9    data=[trace1,trace2,trace3,trace4]                              # 将图轨放入列表
10   # 设置图层
11   layout = go.Layout(title='各门店上半年销量走势图', xaxis=dict(title='月份'), legend=dict(x=1, y=0.5), \
12                      yaxis=dict(title='销量'), \
13                      font=dict(size=15, color='black'))
14   fig = go.Figure(data=data, layout=layout)                       # 将图轨和图层合并
15   py.offline.plot(fig,filename='lines.html')                      # 显示图表并生成 HTML 网页
```

运行程序，自动生成 HTML 网页图表，效果如图 15.5 所示。

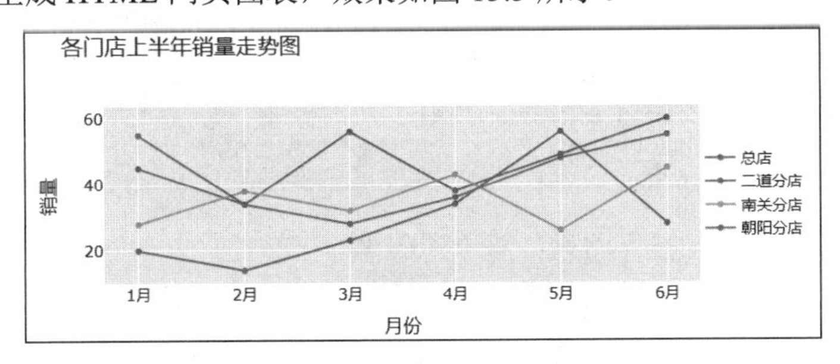

图 15.5　绘制多折线图

15.2.2　绘制柱形图与水平条形图——Bar()对象

绘制柱形图与条形图主要使用 Bar()对象，语法如下：

```
go.Bar(x,y,marker,opacity)
```

参数说明：

☑　x：*x* 轴数据。

☑　y：*y* 轴数据。

☑　marker：设置图形的参数，包括柱子的颜色、标记等。

☑　opacity：透明度。

【例 15.6】绘制简单的柱形图（**实例位置：资源包\MR\Code\15\06**）

下面使用 go.Bar()对象绘制简单的柱形图，程序代码如下：

```
1    import plotly as py
```

```
2    import plotly.graph_objects as go
3    month = ['1 月', '2 月', '3 月','4 月','5 月','6 月']                # 创建 x 轴数据
4    trace1=go.Bar(name='总店', x=month, y=[20,14,23,34,56,28])    # 绘制柱形图图轨
5    data=[trace1]                                                  # 将图轨放入列表
6    # 设置图层
7    layout = go.Layout(title='上半年销量走势图', xaxis=dict(title='月份'), legend=dict(x=1, y=0.5), \
8                       yaxis=dict(title='销量'), \
9                       font=dict(size=15, color='black'))
10   fig = go.Figure(data=data, layout=layout)                      # 将图轨和图层合并
11   py.offline.plot(fig,filename='bar.html')                       # 显示图表并生成 HTML 网页
```

运行程序，自动生成 HTML 网页图表，效果如图 15.6 所示。

【例 15.7】绘制多柱形图（**实例位置：资源包\MR\Code\15\07**）

下面使用 go.Bar()对象绘制包含多条柱子的柱形图，各条柱子使用不同的颜色，主要通过 maker 参数设置，程序代码如下：

```
1    import plotly as py
2    import plotly.graph_objects as go
3    month = ['1 月', '2 月', '3 月','4 月','5 月','6 月']                # 创建 x 轴数据
4    # 绘制柱形图图轨
5    trace1=go.Bar(name='总店', x=month, y=[20,14,23,34,56,28],marker=dict(color='red'))
6    trace2=go.Bar(name='二道分店', x=month, y=[45,34,56,38,49,60],marker=dict(color='green'))
7    trace3=go.Bar(name='南关分店', x=month, y=[28,38,32,43,26,45],marker=dict(color='blue'))
8    trace4=go.Bar(name='朝阳分店', x=month, y=[55,34,28,36,48,55],marker=dict(color='orange'))
9    data=[trace1,trace2,trace3,trace4]                             # 将图轨放入列表
10   # 设置图层
11   layout = go.Layout(title='上半年销量走势图', xaxis=dict(title='月份'), legend=dict(x=1, y=0.5), \
12                      yaxis=dict(title='销量'), \
13                      font=dict(size=15, color='black'))
14   fig = go.Figure(data=data, layout=layout)                      # 将图轨和图层合并
15   py.offline.plot(fig,filename='bars.html')                      # 显示图表并生成 HTML 网页
```

运行程序，自动生成 HTML 网页图表，效果如图 15.7 所示。

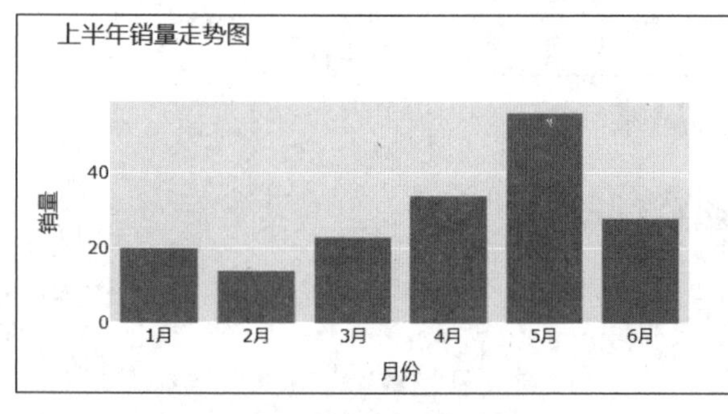

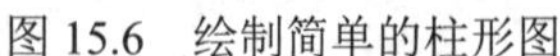
图 15.6　绘制简单的柱形图

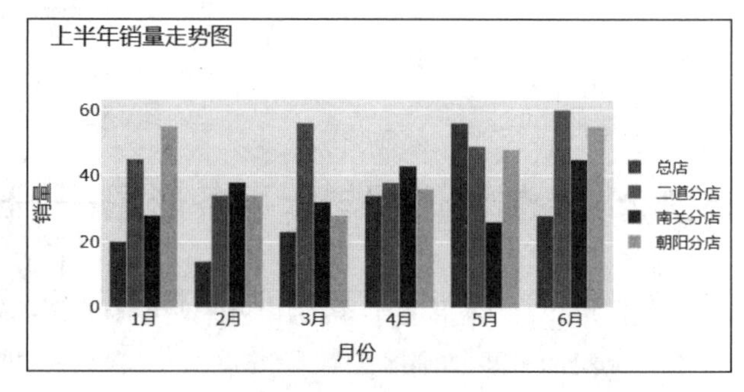

图 15.7　绘制多柱形图

【例 15.8】绘制堆叠柱形图（**实例位置：资源包\MR\Code\15\08**）

绘制堆叠柱形图非常简单，只需要在 Layout 图表布局中设置一个关键的参数 barmode 为 stack，就可以轻松地实现堆叠柱形图，关键代码如下：

```
1    layout = go.Layout(title='上半年销量走势图', xaxis=dict(title='月份'), legend=dict(x=1, y=0.5), \
2                       yaxis=dict(title='销量'), \
3                       font=dict(size=15, color='black'),barmode='stack')
```

运行程序，自动生成 HTML 网页图表，效果如图 15.8 所示。

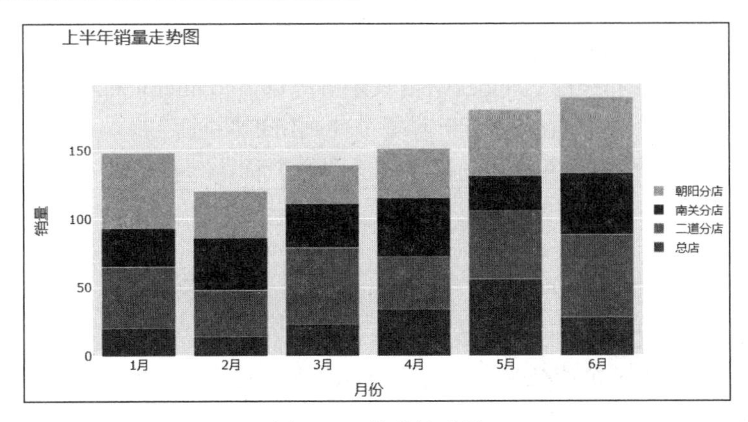

图 15.8　堆叠柱形图

结论：通过堆叠柱形图不仅可以看出各个分店的销量走势，还可以看出总体销量走势。

【例 15.9】绘制水平条形图（**实例位置：资源包\MR\Code\15\09**）

绘制水平条形图同样使用 go.Bar()对象，只需要将 orientation 参数设置为 h 即可，关键代码如下：

```
trace1=go.Bar(name='总店', x=[20,14,23,34,56,28],y=month,orientation='h')
```

运行程序，自动生成 HTML 网页图表，效果如图 15.9 所示。

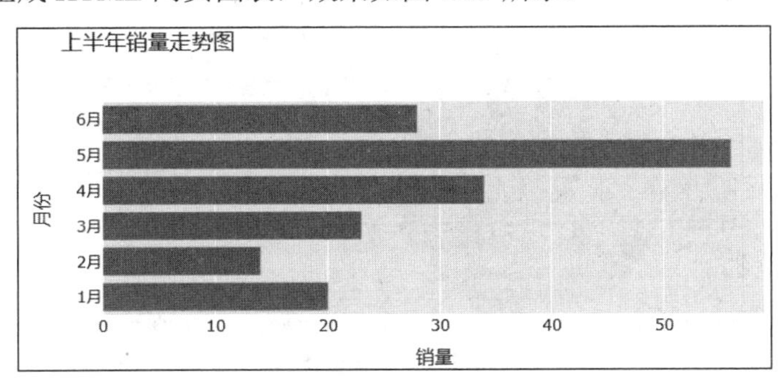

图 15.9　水平条形图

15.2.3　绘制饼形图与环形图——Pie()对象

绘制饼形图与环形图主要使用 Pie()对象，常用参数说明如下：

☑　values：每个扇区的数值大小。

☑　labels：列表，饼形图中每一个扇区的文本标签。

☑　hole：设置环形图空白内径的半径，取值为 0～1。默认值为 0，参数是与外径的比值。

☑　hoverinfo：当用户与图表交互时，鼠标指针显示的参数，参数值为 label、text、value、percent、name、all、none 或 skip，这些参数可以任意组合，组合时用加号“+”连接，默认值为 all。如果参数值设置为 none 或 skip，则鼠标悬停时不显示任何信息；但如果参数值设置为 none，则仍会触发单击和悬停事件。

☑　pull：列表，元素为 0～1 的数值，默认值为 0，用于设置各个扇区突出显示的部分。

☑　sort：布尔变量，表示是否进行扇区排序。

☑ rotation：扇区旋转角度，范围是 0～360，默认值为 0，即 12 点位置。
☑ direction：设置饼形图的方向。clockwise 表示顺时针，counterclockwise（默认值）表示逆时针。
☑ domain：设置饼形图的位置，适用于有多个并列饼形图时。
☑ name：有多个并列子饼形图时，设置子饼形图的名称。
☑ type：声明图表类型，设置为 pie。
☑ pullsrc：各个扇区比例数组列表。
☑ dlabel：设置饼形图图标的步进值，默认值为 1。
☑ label0：设置一组扇区图标的起点数字，默认值为 0。

【例 15.10】绘制饼形图（**实例位置：资源包\MR\Code\15\10**）

下面使用 Pie()对象绘制一个简单的饼形图，程序代码如下。

```
1	import plotly as py
2	import plotly.graph_objects as go
3	x = [70,35,12,22,16,9]                                    # 创建 x 轴数据
4	# 绘制饼形图图轨
5	trace=go.Pie(values=x,labels=['总店','二道分店','南关分店','朝阳分店','经开分店','绿园分店'])
6	data=[trace]
7	py.offline.plot(data,filename='pie.html')                 # 显示图表并生成 HTML 网页
```

运行程序，自动生成 HTML 网页图表，效果如图 15.10 所示。

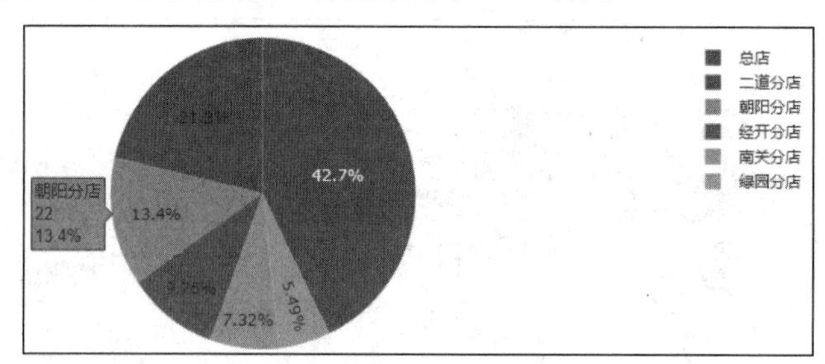

图 15.10　饼形图

【例 15.11】绘制环形图（**实例位置：资源包\MR\Code\15\11**）

环形图同样使用 go.Pie()对象，实现方法就是将饼形图中间的圆部分设置为空白，即设置 hole 参数为 0～1 的值即可，关键代码如下。

```
trace=go.Pie(values=x,labels=['总店','二道分店','南关分店','朝阳分店','经开分店','绿园分店'],hole=0.5)
```

运行程序，自动生成 HTML 网页图表，效果如图 15.11 所示。

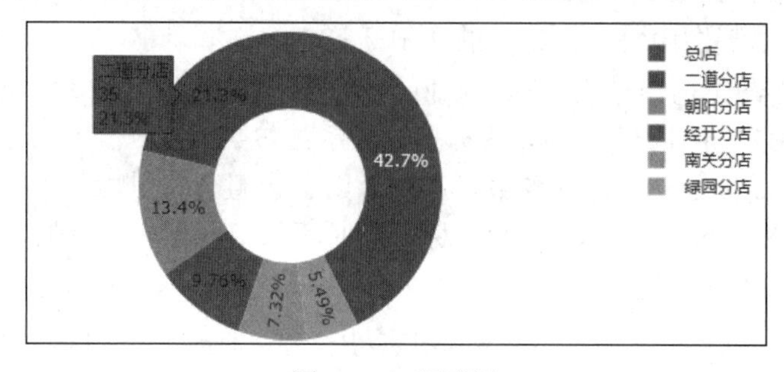

图 15.11　环形图

15.3　设置图表

通过前面的学习，我们学会了常用图表的绘制，但这远远不够，一张能够表达数据意义的、完美的图表，需要在很多细节上下功夫，如为图表设置标题、图例、文本标记、标注等。

15.3.1　图层布局——Layout()对象

Layout()对象主要用于设置图形外观，如图表标题、xy 坐标轴、图例、图形外边距等，这些属性包括字体、颜色、尺寸等。

Layout()对象是 Plotly 中 graph_objects（go）子模块中的函数，它功能强大，是字典类型，可以使用 help 命令查看其参数，常用参数如表 15.1 所示。

表 15.1　Layout()对象的常用参数

参　数	说　明	参　数	说　明
xaxis	x 轴相关设置，多个参数使用字典。例如，xaxis=dict(title='这是 x 轴标题',color= 'green')	legend	设置图例，多个参数使用字典，包括图例位置和字体等
yaxis	y 轴相关设置，多个参数使用字典	hiddenlabels	隐藏图标
annotations	添加标注	hiddenlabelssrc	隐藏图标参数数组列表
images	图像	hidesources	隐藏数据源
autosize	自动调整大小	hovermode	鼠标指针悬停模式
bargap	柱形图柱子的间距	mapbox	地图模式
bargroupgap	柱形图柱组的间距	margin	图表边缘间距
barmode	柱形图模式	orientation	方向
barnorm	柱形图参数	paper_bgcolor	图表桌布背景颜色
boxgap	箱形图间距	plot_bgcolor	图表背景颜色
boxgroupgap	箱形图箱子组的间距	radialaxis	纵横比
boxmode	箱形图模式	scene	场景
calendar	日历	separators	分离参数
direction	方向	shapes	形状
dragmode	图形拖动模式	showlegend	是否显示图例
font	字体	sliders	滑块
geo	地理参数	ternary	三元参数
height/width	图表高度和宽度	title	图表标题
updatemenus	菜单更新	titlefont	标题字体

15.3.2 设置图表标题

一张精美的图表少不了标题，就像一篇文章需要标题一样。在 Plotly 中使用 graph_objs（go）子模块绘图时，为图表添加标题主要使用图层布局对象 Layout()中的 title 参数。例如：

```
import plotly.graph_objects as go
go.Layout(title='上半年销量走势图')
```

如果使用 expression（px）子模块绘图，则通过图表函数中的 title 参数来设置标题。例如：

```
import plotly.express as px
fig = px.scatter(df, x="sepal_width", y="sepal_length", color="species",title="散点图分析鸢尾花")
```

15.3.3 设置文本标记

Plotly 为折线图、散点图、柱形图添加文本标记 text，相关参数如下。

☑ text：为每个（x,y）坐标设置相关联的文本。如果是单个字符串，那么所有点都会显示该文本；如果为字符串列表，那么会按先后顺序一一映射到每个（x,y）坐标上。默认值为空字符串。

☑ textposition：文本标记在 *x* 轴和 *y* 轴坐标的位置。字符串枚举类型，或字符串枚举类型数组。

- ➢ 对于 scatter 图表，设置值为 top left、top center、top right、middle left、middle center（默认值）、middle right、bottom left、bottom center、bottom right。
- ➢ 对于 bar 图表，设置值为 inside、outside、auto（默认值）、none。inside 表示将文本放在靠近柱子顶部的内侧；outside 表示将文本放在靠近柱子顶部的外侧；auto 表示将文本放在柱子顶部的内侧，如果柱子太小，则会将文本放在外侧；none 表示不显示文本。

☑ textfont：设置文本标记的字体，字典类型，设置值如下。

- ➢ color：字体颜色。
- ➢ family：字体字符串，包括的字体为 Arial、Balto、Courier New、Droid Sans、Droid Serif、Droid Sans Mono、Gravitas One、Old Standard TT、Open Sans、Overpass、PT Sans Narrow、Raleway、Times New Roman。
- ➢ size：字体大小。

【例 15.12】为折线图添加文本标记（**实例位置：资源包\MR\Code\15\12**）

为折线图添加文本标记主要使用文本标记 text，但需要注意的是，为折线图添加文本标记，要求 mode 参数必须含有 text，如 mode='markers+lines+text'，否则文本标记将不显示，关键代码如下：

```
1    trace= go.Scatter(x=x, y=y,                         # xy 轴数据
2                      mode='markers+lines+text',        # 模式为标记+线条+文本
3                      text=y,                           # 标记文本
4                      textposition="top right",         # 标记文本的位置
5                      textfont=dict(color='red',size=12)) # 标记文本的字体颜色和大小
```

运行程序，效果如图 15.12 所示。

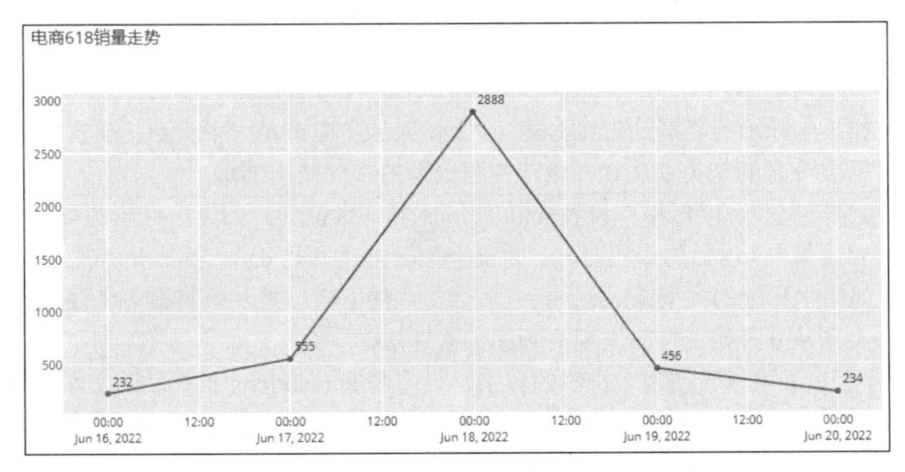

图 15.12　为折线图添加文本标记

【例 15.13】为散点图添加文本标记（**实例位置：资源包\MR\Code\15\13**）

为散点图添加文本标记，使用 text 就可以。关键代码如下：

```
fig = px.scatter(df, x="sepal_width", y="sepal_length", color="species",text="sepal_length")
```

【例 15.14】为柱形图添加文本标记（**实例位置：资源包\MR\Code\15\14**）

为柱形图添加文本标记同样使用文本标记 text，不同的是文本标记位置 textposition 参数的设置，关键代码如下：

```
1    trace1=go.Bar(x=month,y=counts,          # xy 轴数据
2                  text=counts,               # 标记文本
3                  textposition='auto')       # 标记文本的位置
```

运行程序，效果如图 15.13 所示。

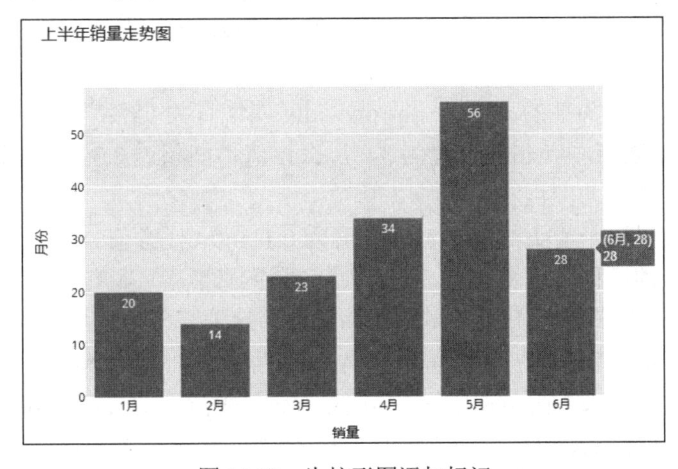

图 15.13　为柱形图添加标记

15.3.4　设置注释文本

在 Plotpy 中，为图表添加注释文本主要使用 Layout()对象的 annotations 参数，其常用参数如下。

- ☑ x：浮点数、整数、字符串。设置 annotations 的 x 轴位置。如果坐标轴的类型是 log，那么传入的 x 应该与取 log 后的值相对应；如果坐标轴的类型是 date，那么传入的 x 也必须是日期字符串；如果坐标轴的类型是 category，那么传入的 x 应该是一个整数，代表期望标记的第 x 个类别，需要注意的是类别从 0 开始，按照出现的顺序依次递增。
- ☑ y：浮点数、整数、字符串。设置 annotations 的 y 轴位置。如果坐标轴的类型是 log，那么传入的 y 应该与取 log 后的值相对应；如果坐标轴的类型是 date，那么传入的 y 也必须是日期字符串；如果坐标轴的类型是 category，那么传入的 y 应该是一个整数，代表期望标记的第 y 个类别，类别从 0 开始，按照出现的顺序依次递增。
- ☑ text：字符串和可以转换为字符串的数字。设置与 annotations 相关联的文本。Plotly 支持部分 HTML 标签，如换行符
、粗体<b></b>、斜体<i></i>、超链接<a href='...'></a>等，也支持标签<em>、<sup>、<sub>、<span>。
- ☑ textangle：文本角度。
- ☑ opacity：设置 annotations 的不透明度，包括 text 和 arrow。值为 0～1 的浮点数。
- ☑ showarrow：布尔类型，表示是否显示指向箭头。如果为 True，则 text 放置在箭头尾部；如果为 False，则 text 会放在指定的(x, y)位置。
- ☑ arrowcolor：设置整个箭头的颜色。
  - ➢ 十六进制字符串，如#ff0000。
  - ➢ rgb/rgba 字符串，如 rgb(0,255,0)。
  - ➢ hsl/hsla 字符串，如 hsl(0,100%,50%)。
  - ➢ hsv/hsva 字符串，如 hsv(0,100%,100%)。
  - ➢ CSS 颜色字符串，如 darkblue、lightyellow 等。
- ☑ arrowhead：设置 annotations 箭头头部的样式。值是 0～8 的整数，但 8 不可用。
- ☑ arrowside：设置箭头头部的位置，字符串。值为 end、start 或者 end+start、none。end+start 表示双向箭头。
- ☑ arrowsize：设置箭头头部的大小，与 arrowwidth 属性有关（经测试，该值必须小于 arrowwidth 一定的范围，如果 arrowwidth 设置为 3，那么该值不能超过 2.3）。值是 0.3~inf（任意值）的浮点数或整数，默认值为 1。
- ☑ arrowwidth：设置整个箭头的线条宽度。值为 0.1~inf（任意值）的浮点数或整数。
- ☑ font：设置 text 的字体。字典类型，支持如下 3 个属性。
  - ➢ color：设置字体颜色，字符串类型。
  - ➢ family：设置字体，字符串，可以为 Arial、Balto、Courier New、Droid Sans、Droid Serif、Droid Sans Mono、Gravitas One、Old Standard TT、Open Sans、Overpass、PT Sans Narrow、Raleway、Times New Roman。
  - ➢ size：设置字体大小。
- ☑ ax：x 轴坐标参数。
- ☑ ay：y 轴坐标参数。
- ☑ axref：x 轴坐标辅助参数。
- ☑ ayref：y 轴坐标辅助参数。

☑ bgcolor：背景颜色。

☑ bordercolor：边框颜色。

☑ borderpad：边框排列方式。

☑ borderwidth：边框宽度。

【例 15.15】标记股票最高收盘价（**实例位置：资源包\MR\Code\15\15**）

绘制股票收盘价走势图时，若想直观地看到最高收盘价，可以在最高收盘价处添加一个注释文本，主要使用 Layout()对象的 annotations 参数。程序代码如下：

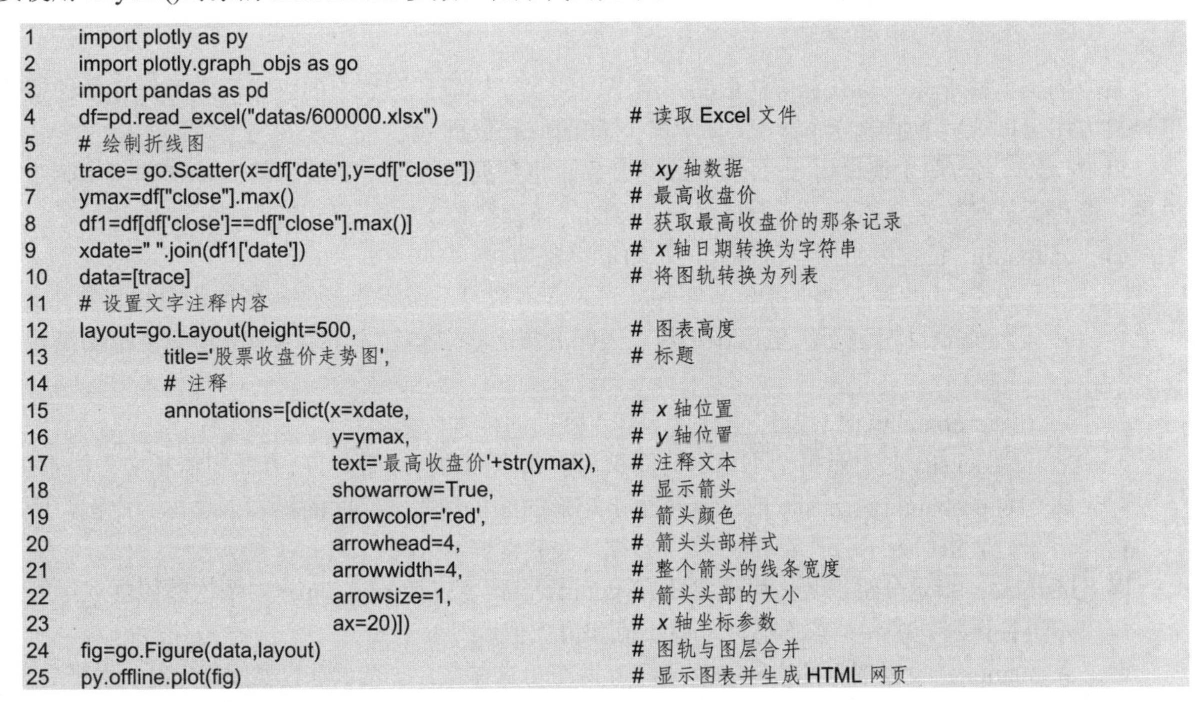

```
1    import plotly as py
2    import plotly.graph_objs as go
3    import pandas as pd
4    df=pd.read_excel("datas/600000.xlsx")                  # 读取 Excel 文件
5    # 绘制折线图
6    trace= go.Scatter(x=df['date'],y=df["close"])         # xy 轴数据
7    ymax=df["close"].max()                                # 最高收盘价
8    df1=df[df['close']==df["close"].max()]                # 获取最高收盘价的那条记录
9    xdate=''.join(df1['date'])                            # x 轴日期转换为字符串
10   data=[trace]                                          # 将图轨转换为列表
11   # 设置文字注释内容
12   layout=go.Layout(height=500,                          # 图表高度
13            title='股票收盘价走势图',                      # 标题
14            # 注释
15            annotations=[dict(x=xdate,                   # x 轴位置
16                              y=ymax,                    # y 轴位置
17                              text='最高收盘价'+str(ymax), # 注释文本
18                              showarrow=True,            # 显示箭头
19                              arrowcolor='red',          # 箭头颜色
20                              arrowhead=4,               # 箭头头部样式
21                              arrowwidth=4,              # 整个箭头的线条宽度
22                              arrowsize=1,               # 箭头头部的大小
23                              ax=20)])                   # x 轴坐标参数
24   fig=go.Figure(data,layout)                            # 图轨与图层合并
25   py.offline.plot(fig)                                  # 显示图表并生成 HTML 网页
```

运行程序，效果如图 15.14 所示。

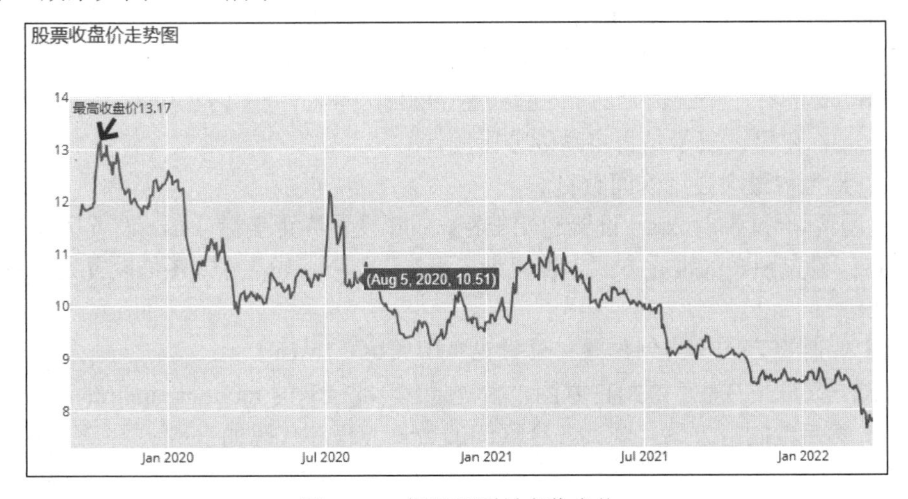

图 15.14　标记股票最高收盘价

15.4 统计图表

很多统计学图表已预先定义在 Plotly 中，主要包括直方图、箱形图、热力图、等高线图等。

15.4.1 绘制直方图

直方图类似柱形图，却有着与柱形图完全不同的含义。统计图表中的直方图涉及统计学的概念，通过直方图可以观察数据的分布情况，即每个区间的统计数量。

Plotly 绘制直方图主要使用 go.Histogram()对象，将数据赋值给 *x* 变量，即 *x*=data 即可绘制基础直方图；若将数据赋值给 *y* 变量，则绘制水平直方图，详细参数说明如下。

☑ histnorm：设置纵坐标显示格式，有如下设置项。
  - 为空("")时表示纵坐标显示落入区间的样本数目，所有矩形的高相加为总样本数量。
  - 为 percent 时表示纵坐标显示落入区间的样本占总体样本的百分比，所有矩形的高相加为 100%。
  - 为 probability 时表示纵坐标显示落入区间的样本频率。
  - 为 density 时表示每个小矩形的面积为落入区间的样本数量，所有面积值相加为样本总数。
  - 为 probability density 时表示每个小矩形的面积为落入区间的样本占总体的比例，所有面积值相加为 1。

☑ histfunc：指定分组函数，可选参数有 count、sum、avg、min、max，依次按照落入区间的样本进行计数、求和、求均值、求最小值和最大值。

☑ orientation：设置图形的方向，有 v 和 h 两个可选参数，v 表示垂直显示，h 表示水平显示。

☑ cumulative：累积直方图参数，有如下设置项。
  - enabled：布尔型，设置为 True 显示累积直方图，设置为 False 则不对频率或频数进行累积。
  - direction 用于设置累积方向，确定频率是按 1～0（降序），还是按 0～1（升序）。
  - currentbin 有三个选项，即 include、exclude、half，为了防止偏差，一般选择 half。

☑ autobinx：布尔型，表示是否自动划分区间。

☑ nbinsx：整型，最大显示区间数目。

☑ xbins：设置划分区间。start 设置起始坐标，end 设置终止坐标，size 设置区间长度。

☑ barmode：设置图表的堆叠方式。设置为 overlay 时表示重叠直方图；设置为 stack 时表示层叠直方图。

【例 15.16】 绘制直方图（**实例位置：资源包\MR\Code\15\16**）

下面使用 go.Histogram()对象绘制直方图，首先通过 NumPy 的 random.randint()函数生成 50 个 0～100 的随机整数，然后绘制直方图，观察各个区间的数量，程序代码如下：

```
1	import plotly as py
2	import plotly.graph_objs as go
3	import numpy as np
```

```
4   n=np.random.randint(0,101,50)                # 生成 50 个 0～100 的随机整数
5   trace = go.Histogram(x=n)                    # 绘制直方图图轨
6   data = [trace]                               # 将图轨放入列表
7   layout=go.Layout(title='学生成绩统计直方图')
8   fig = go.Figure(data=data, layout=layout)    # 将图轨和图层合并
9   py.offline.plot(fig,filename='h.html')       # 显示图表并生成 HTML 网页
```

运行程序，自动生成 HTML 网页图表，效果如图 15.15 所示。从随机生成的数据图中可以看出，学生的分数 40～60 分的居多。

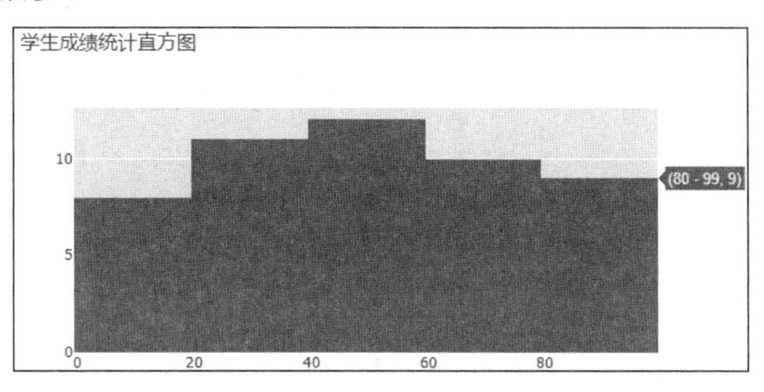

图 15.15　直方图

15.4.2　绘制箱形图

箱形图的概念以及优点，我们在 12.3.7 节中已经介绍过了，这里不再赘述。Plotly 绘制箱形图主要使用 go.Box()对象。

【例 15.17】绘制简单的箱形图（**实例位置：资源包\MR\Code\15\17**）

下面使用 go.Box()对象绘制一个简单的箱形图，程序代码如下：

```
1   import plotly as py
2   import plotly.graph_objs as go
3   y=[1,2,3,5,7,9,20]                           # 创建数据
4   trace = go.Box(y=y)                          # 绘制箱形图图轨
5   data = [trace]                               # 将图轨放入列表
6   layout=go.Layout(title='箱型图')
7   fig = go.Figure(data=data, layout=layout)    # 将图轨和图层合并
8   py.offline.plot(fig,filename='box.html')     # 显示图表并生成 HTML 网页
```

运行程序，自动生成 HTML 网页图表，效果如图 15.16 所示。

【例 15.18】绘制多个箱子的箱形图（**实例位置：资源包\MR\Code\15\18**）

下面介绍多个箱子的箱形图的绘制，多个箱子通过创建多个图轨完成，程序代码如下：

```
1   import plotly as py
2   import plotly.graph_objs as go
3   import numpy as np
4   np.random.seed(1)                            # 设置随机种子
5   # 随机生成 50 个数据
6   y1 = np.random.randn(50)
7   y2 = np.random.randn(50)
8   y3= np.random.randn(50)
9   # 绘制箱形图图轨
10  trace1 = go.Box(y=y1,name='箱子 1',marker=dict(color='red'))
11  trace2 = go.Box(y=y2,name='箱子 2',marker=dict(color='blue'))
```

```
12    trace3 = go.Box(y=y2,name='箱子 3',marker=dict(color='yellow'))
13    data = [trace1,trace2,trace3]                              # 将图轨放入列表
14    layout=go.Layout(title='这里是标题')
15    fig = go.Figure(data=data, layout=layout)                  # 将图轨和图层合并
16    py.offline.plot(fig,filename='boxs.html')                  # 显示图表并生成 HTML 网页
```

运行程序，自动生成 HTML 网页图表，效果如图 15.17 所示。

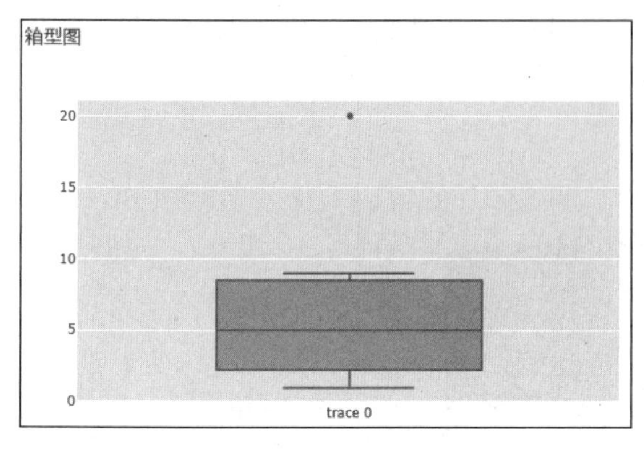

图 15.16　简单的箱形图

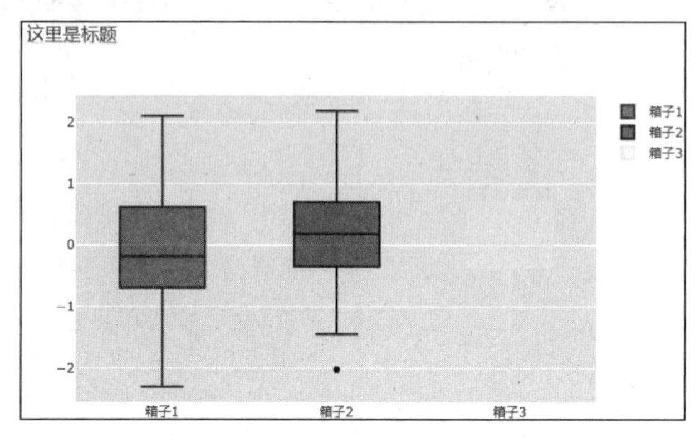

图 15.17　多个箱子的箱形图

15.4.3　绘制热力图

Plotly 绘制热力图有两种方法：一是使用 px.imshow()函数；二是使用 graph_objects 子模块的 go.Image（仅支持多通道的图像数据）对象和 go.Heatmap（支持单通道的图像数据）对象。

px.imshow()函数可以用来展示图像数据，当然也可以用来显示热力图。

【例 15.19】实现 RGB 图形数据（**实例位置：资源包\MR\Code\15\19**）

下面使用 px.imshow()函数实现 RGB 图形数据，程序代码如下：

```
1    import plotly as py
2    import plotly.express as px
3    import numpy as np
4    # 创建数据
5    rgb = np.array([[[99, 123, 0], [255, 255, 0], [0, 0, 35]],
6                    [[0, 255, 0], [255, 0, 99], [0, 255, 0]]],
7                    dtype=np.uint8)
8    fig = px.imshow(rgb)                                  # 使用 px.imshow()函数绘制热力图
9    py.offline.plot(fig)                                  # 显示图表并生成 HTML 网页
```

运行程序，自动生成 HTML 网页图表，效果如图 15.18 所示。

【例 15.20】绘制颜色图块（**实例位置：资源包\MR\Code\15\20**）

下面使用 go.Image()对象绘制一个简单的颜色图块，程序代码如下：

```
1    import plotly as py
2    import plotly.graph_objects as go
3    # 创建颜色数组
4    rgb = [[[30, 255, 0], [255, 0, 0], [0, 78, 255]],
5           [[0, 0, 120], [0, 135, 0], [120, 0, 0]]]
6    trace = go.Image(z=rgb)                               # 绘制热力图图轨
7    data = [trace]                                        # 将图轨放入列表
8    fig = go.Figure(data=data)                            # 将图轨和图层合并
9    py.offline.plot(fig,filename='image.html')            # 显示图表并生成 HTML 网页
```

运行程序，自动生成 HTML 网页图表，效果如图 15.19 所示。

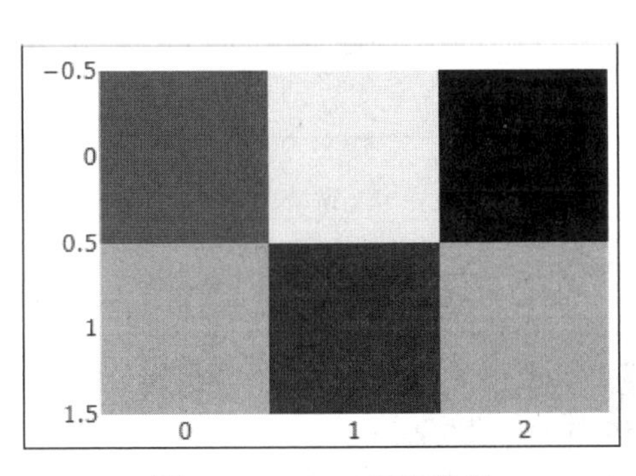

图 15.18 RGB 图形数据

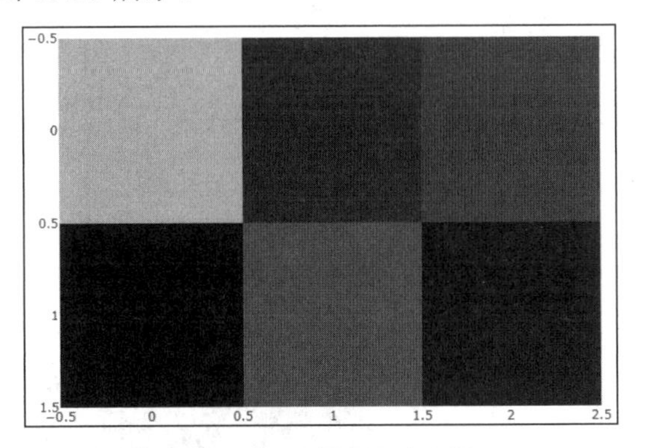

图 15.19 绘制颜色图块

【例 15.21】绘制简单热力图（**实例位置：资源包\MR\Code\15\21**）

下面使用 go.heatMap()对象绘制一个简单的热力图，程序代码如下：

```
1    import plotly as py
2    import plotly.graph_objects as go
3    aa=[[10, 20, 30],[20, 1, 60],[30, 60, 10]]          # 创建二维数组数据
4    trace=go.Heatmap(z=aa)                               # 绘制热力图图轨
5    data = [trace]                                       # 将图轨放入列表
6    fig = go.Figure(data=data)                           # 将图轨和图层合并
7    py.offline.plot(fig,filename='heatmap.html')         # 显示图表并生成 HTML 网页
```

运行程序，自动生成 HTML 网页图表，效果如图 15.20 所示。

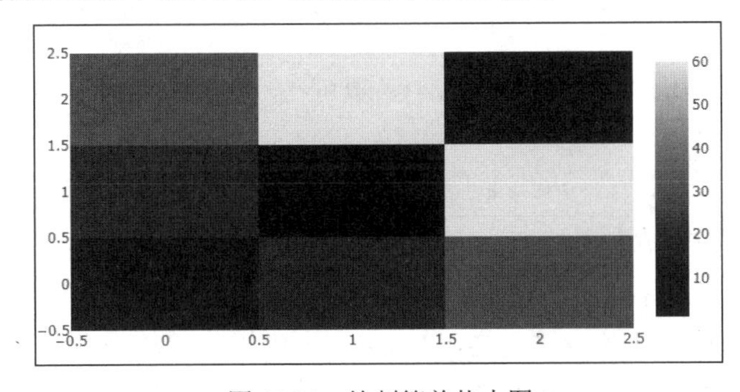

图 15.20 绘制简单热力图

15.4.4 绘制等高线图

等高线图有二维、三维之分。在数据分析中，高度表示该点的数量或出现次数，该指标相同则在一条环线（或高度）处。在 Plotly 中主要使用 go.Contour()对象实现。

【例 15.22】绘制等高线图（**实例位置：资源包\MR\Code\15\22**）

下面使用 go.Contour()对象绘制二维等高线图，程序代码如下：

```
1    import plotly as py
2    import plotly.graph_objects as go
3    # 创建二维数组数据
4    z=[[9, 11.123,10.5, 15.625, 20],
```

```
5        [5.625, 6.25, 8.125, 11.25, 14.125],
6        [2.5, 3.125, 5., 8.125, 12.5],
7        [0.725, 1.25, 2.125, 7.25, 9.6],
8        [0, 0.555, 2.7, 5.6, 10]]
9     trace=go.Contour(z=z)               # 绘制等高线图图轨
10    data = [trace]                      # 将图轨放入列表
11    fig = go.Figure(data=data)          # 将图轨和图层合并
12    py.offline.plot(fig)                # 显示图表并生成 HTML 网页
```

运行程序，自动生成 HTML 网页图表，效果如图 15.21 所示。

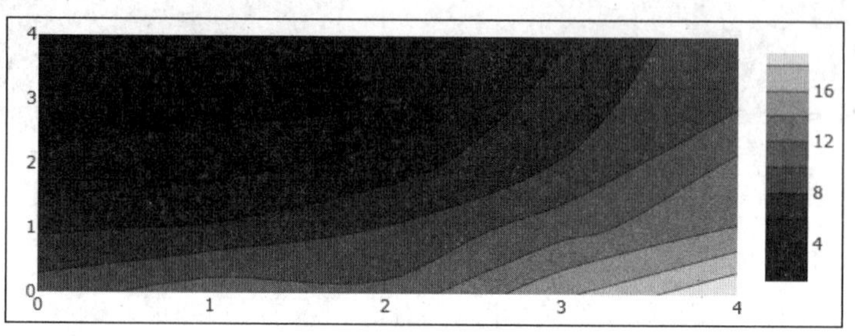

图 15.21　等高线图

15.5　绘制子图表

15.5.1　绘制基本的子图表

使用 plotly.subplots 子模块的 make_subplots()函数可在一张画布上绘制多个图表，这就是子图表。具体绘制流程如下：

（1）绘制多个子图，首先导入 plotly.subplots 子模块的 make_subplots()函数。

```
from plotly.subplots import make_subplots
```

（2）多子图需要设置 subplot，主要使用 make_subplots()函数，如 make_subplots(rows=5 ,cols=3)，其中 rows 和 cols 用于将画布布局分成 5 行 3 列。

（3）使用 fig.append_trace()函数将各图轨（trace）绘制在不同位置上。

（4）根据需求，使用 Layout()对象布局图表，如为图表添加标题、设置图表大小等。

（5）使用 plotly.offline.plot()函数生成 HTML 格式的图表文件。

【例 15.23】绘制一个简单的多子图表（**实例位置：资源包\MR\Code\15\23**）

下面使用 make_subplots()函数绘制一个两行一列的多子图表，程序代码如下：

```
1     import plotly as py
2     import plotly.graph_objs as go
3     from plotly.subplots import make_subplots
4     fig=make_subplots(rows=2,cols=1)        # 创建一个包含两行 1 列的画布
5     # 创建数据
6     x=[1, 2, 3, 4,5]
7     y1=[12, 5, 8, 23]
8     y2=[22, 5, 21, 23]
9     # 绘制图轨
```

```
10    trace1= go.Scatter(x=x, y=y1)
11    trace2 = go.Scatter(x=x, y=y2, mode='markers',marker=dict(size=8, color='red'))
12    # 创建子图表，第 1 行 1 列为折线图，第 2 行 1 列为散点图
13    fig.append_trace(trace1,1,1)
14    fig.append_trace(trace2,2,1)
15    py.offline.plot(fig)                              # 显示图表并生成 HTML 网页
```

运行程序，自动生成 HTML 网页图表，效果如图 15.22 所示。

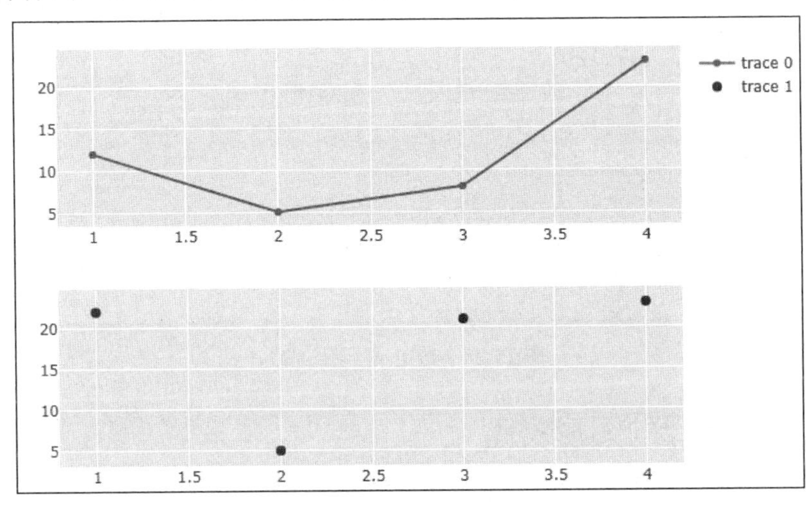

图 15.22　绘制简单的多了图表

15.5.2　自定义子图位置

子图位置主要通过 specs 参数实现，它是一个二维的列表集合，列表中包含行和列（rows 和 cols）两个参数。通过该参数可以绘制包含多个且在不同位置的多子图表。

【例 15.24】绘制一个包含 3 个子图的图表（**实例位置：资源包\MR\Code\15\24**）

下面绘制包含 3 个子图的多子图表，通过该实例了解 specs 参数的用法。首先创建 2×2 的画布，然后通过 specs 参数布局，第 1 行第 1 列一个图表，第 1 行第 2 列一个图表，第 2 行一个图表占据两列位置，程序代码如下：

```
1     import plotly as py
2     import plotly.graph_objs as go
3     from plotly.subplots import make_subplots
4     fig = make_subplots(rows=2, cols=2,                          # 两行两列
5                         specs=[[{}, {}],                         # 第 1 行第 1 列；第 1 行第 2 列
6                                [{"colspan": 2}, None]],          # 在第 2 行占据两列，第 2 列的位置没有图
7                         subplot_titles=("图 1","图 2", "图 3"))
8     # 第 1 个子图在第 1 行第 1 列的位置
9     fig.add_trace(go.Scatter(x=[1,2,3,4,5], y=[10,20,30,40,50]),row=1, col=1)
10    # 第 2 个子图在第 1 行第 2 列的位置
11    fig.add_trace(go.Scatter(x=[2,4,6,8], y=[10,20,30,40]),row=1, col=2)
12    # 第 3 个子图在第 2 行占据两列
13    fig.add_trace(go.Scatter(x=[1,3,5,7], y=[10,20,30,50]),row=2, col=1)
14    # 更新图层
15    fig.update_layout(showlegend=False,                          # 不显示图例
16                      title_text="多子图表标题")                  # 标题
```

```
17    # 显示图表
18    py.offline.plot(fig)
```

运行程序，效果如图 15.23 所示。

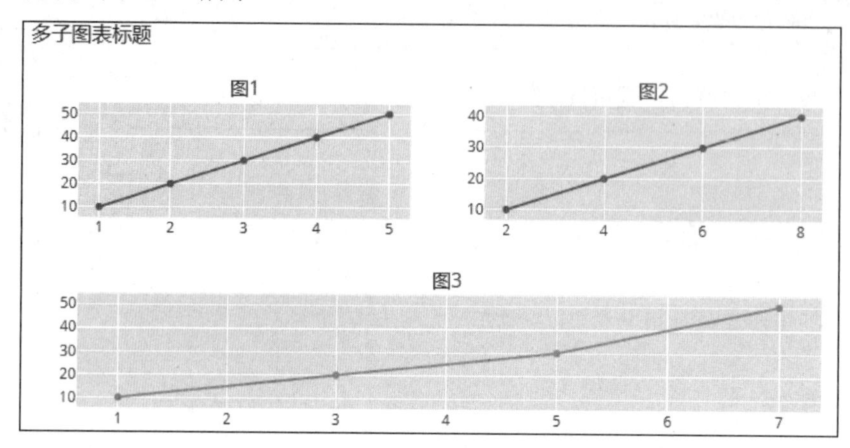

图 15.23　自定义子图位置

15.5.3　子图可供选择的图形类型

在绘制多子图时，不同类型的图形组合在一起，需要设置图形类型，如柱形图与饼形图组合。设置图形类型主要使用 specs 参数，具体设置值如下：

☑　xy：二维的散点图（scatter()）、柱形图（bar()）等。

☑　scene：三维图，如 scatter3d、球体 cone。

☑　polar：极坐标图形，如 scatterpolar、barpolar 等。

☑　ternary：三元图，如 scatterternary。

☑　mapbox：地图，如 scattermapbox。

☑　domain：针对有一定域的图形，如 pie、parcoords、parcats。

15.6　三维图绘制

Plotly 的三维绘图不仅好看而且可以实现交互，非常方便。三维图一般包括 3 个轴，即 *x*、*y*、*z*。下面介绍三维图中 3D 散点图的绘制方法。

【例 15.25】绘制 3D 散点图（**实例位置：资源包\MR\Code\15\25**）

绘制 3D 散点图主要使用 px.scatter_3d()函数。下面使用 px.scatter_3d()函数绘制鸢尾花 3D 散点图，程序代码如下：

```
1    import plotly as py
2    import plotly.express as px
3    # 载入 plotly 自带的数据集 iris
4    iris=px.data.iris()
5    # 绘制 3D 散点图
```

```
6    fig = px.scatter_3d(iris,x="sepal_length", y="sepal_width", z="petal_width", color="species")
7    py.offline.plot(fig)
```

运行程序，自动生成 HTML 网页图表，效果如图 15.24 所示。

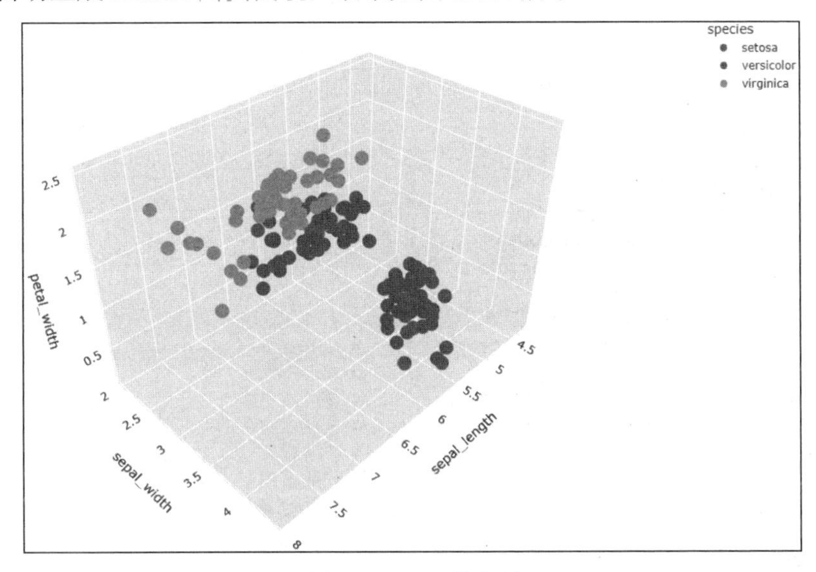

图 15.24　3D 散点图

15.7　绘制表格

Plotly 支持绘制表格图表，而且绘图效果非常美观。在 Plotly 中，绘制表格有两种方法：创建 Table()对象和使用 create_table()函数。

15.7.1　Table()对象

在 Plotly 中，使用 go.Table()对象可以实现绘制表格。下面介绍两个主要的参数：header 和 cells。

☑ header：表格的表头，包括如下设置项。
  ➢ values：列表，表头的文本内容。
  ➢ format：设置单元格值格式规则，类似坐标轴的格式化参数 tickformat。
  ➢ prefix：单元格值的前缀。
  ➢ suffix：单元格值的后缀。
  ➢ height：单元格的高度，默认值为 28。
  ➢ align：字符串、字符串组成的列表，设置表格内文本的水平对齐方式，包括 left、center、right，默认值为 center。
  ➢ line：设置边框的宽度和颜色，包括两个子参数 width 和 color。
  ➢ fill：设置单元格填充颜色，默认值为 white。它接受特定颜色、颜色数组或 2D 颜色数组。常用颜色包括 darkslategray、lightskyblue、lightcyan、paleturquoise、lavender、royalblue、

paleturquoise、white、grey、lightgrey。

➢ font：设置表头的文字格式，包括字体、大小、颜色。

☑ cells：表格内容的单元格值，设置项与 header 参数基本一致。

【例 15.26】绘制学生成绩表（实例位置：资源包\MR\Code\15\26）

下面使用 go.Table()对象绘制学生成绩表，程序代码如下：

```
1   import plotly as py
2   import plotly.graph_objects as go
3   # 创建表格数据
4   trace=go.Table(header=dict(values=['姓名','语文','数学','英语'],
5                              line_color="black",              # 表头线条颜色
6                              fill_color="#44cef6",            # 表头填充色
7                              align="center"),                 # 文本居中
8                  cells=dict(values=[['甲','乙','丙'],          # 第 1 列数据
9                                     [105,88,120],             # 第 2 列数据
10                                    [99,115,130],             # 第 3 列数据
11                                    [130,108,110]],           # 第 4 列数据
12                             line_color = "black",            # 表格线条颜色
13                             fill_color = "#70f3ff",          # 表格填充色
14                             align = "center"))               # 文本居中
15  # 将图轨转换为列表
16  data=[trace]
17  layout=go.Layout(width=600,height=500)
18  # 将图轨和图层合并
19  fig = go.Figure(data=data, layout=layout)
20  py.offline.plot(fig)
```

运行程序，自动生成 HTML 网页表格，效果如图 15.25 所示。

姓名	语文	数学	英语
甲	105	99	130
乙	88	115	108
丙	120	130	110

图 15.25　绘制学生成绩表

【例 15.27】将 Excel 数据绘制成网页表格（实例位置：资源包\MR\Code\15\27）

首先通过 Pandas 读取 Excel 文件中的数据，然后使用 go.Table()对象将 DataFrame 数据直接绘制成表格，并且在数据较多的情况下，自动显示滚动条，程序代码如下：

```
1   import plotly as py
2   import plotly.graph_objects as go
3   import pandas as pd
4   df=pd.read_excel('data3.xlsx')                                  # 读取 Excel 文件
5   print(df)                                                       # 输出数据
6   # 创建表格数据
7   trace=go.Table(header=dict(values=list(df.columns),
8                              line_color="black",                  # 表头线条颜色
9                              fill_color="#44cef6",                # 表头填充色
10                             align="center"),                     # 文本居中
11                 # 加载 DataFrame 对象的数据
12                 cells=dict(values=[df.商品名称,df.浏览量,df.访客数,df.人均浏览量,df.平均停留时长,df.成交商品件数,df.
    加购人数],
13                            line_color = "black",                 # 表格线条颜色
14                            fill_color = "#70f3ff",               # 表格填充色
15                            align = "center"))                    # 文本居中
```

```
16    # 将图轨转换为列表
17    data=[trace]
18    layout=go.Layout(width=1000,height=500)
19    # 将图轨和图层合并
20    fig = go.Figure(data=data, layout=layout)
21    py.offline.plot(fig)
```

运行程序，自动生成 HTML 网页表格，数据较多的情况下自动显示滚动条，效果如图 15.26 所示。

商品名称	浏览量	访客数	人均浏览量	平均停留时长	成交商品件数	加购人数
基础学Python（全彩版	68863	26779	3	72	4918	8066
据分析从入门到实践（	23123	9467	2	85	1734	2619
络爬虫从入门到实践（	18842	7530	3	85	1181	2094
on编程超级魔卡（全彩	11549	6411	2	38	992	1847
PyQt5从入门到实践（	9632	4037	2	87	527	938
基础学Java（全彩版	8998	3437	3	85	391	1585
thon+实效编程百例+	8208	3790	2	55	288	661
从入门到项目实践（全	7118	2970	2	79	366	647
基础学C语言（全彩版	6497	2348	3	70	349	546
实效编程百例·综合卷（	6300	2852	2	62	977	823
QL即查即用（全彩版	5097	2209	2	63	344	595
项目开发实战入门（全	4677	2115	2	68	494	512
目开发实战入门（全彩	4518	1586	3	93	209	359

图 15.26　将 Excel 中的数据绘制成网页表格

15.7.2　create_table()函数

在 Plotly 中，使用 plotly.figure_factory 子模块的 create_table()函数也可以实现绘制表格。下面介绍几个主要的参数。

☑ table_text：表格数据，通常是一个 DataFrame 类型数据。

☑ index：布尔型，默认值为 False，设置是否显示索引列。

☑ index_title：字符串，默认值为空，当 index=True 时，设置索引列的列名。

☑ colorscale：列表，设置背景填充颜色，默认为[[0, '#66b2ff'], [.5, '#d9d9d9'], [1, '#ffffff']]。第一个元素为 0 的子列表，用于设置第一行（即表头）和有索引时的第一列的背景填充颜色；第一个元素为 0.5 的子列表，用于设置表格内容中奇数行的背景填充颜色；第一个元素为 1 的子列表，用于设置表格内容中偶数行的背景填充颜色。

☑ font_colors：单个或多个元素组成的列表，设置字体颜色，默认为['#000000']。三个元素时，分别设置表头、奇数行、偶数行的字体颜色，也可以实现为每行设置不同的字体颜色。

【例 15.28】将 DataFrame 类型的数据生成表格（**实例位置：资源包\MR\Code\15\28**）

下面使用 create_table()函数将 DataFrame 类型的数据生成表格，程序代码如下：

```
1    import plotly as py
2    import plotly.figure_factory as ff
3    import pandas as pd
4    df=pd.read_excel('data3.xlsx')          # 读取 Excel 文件
5    print(df)                               # 输出数据
6    fig=ff.create_table(df)                 # 将 DataFrame 数据生成表格
7    py.offline.plot(fig)
```

运行程序，自动生成 HTML 网页表格，效果如图 15.27 所示。

商品名称	浏览量	访客数	人均浏览量
零基础学Python（全彩版）	68863	26779	3
Python数据分析从入门到实践（全彩版）	23123	9467	2
Python网络爬虫从入门到实践（全彩版）	18842	7530	3
Python编程超级魔卡（全彩版）	11549	6411	2
Python GUI设计PyQt5从入门到实践	9632	4037	2
零基础学Java（全彩版）	8998	3437	3
Python全能开发三剑客（京东套装共3册	8208	3790	2
Python从入门到项目实践（全彩版）	7118	2970	2
零基础学C语言（全彩版）	6497	2348	3
Python实效编程百例·综合卷（全彩版）	6300	2852	2
SQL即查即用（全彩版）	5097	2209	2
Python项目开发实战入门（全彩版）	4677	2115	2
C#项目开发实战入门（全彩版）	4518	1586	3

图 15.27　将 DataFrame 数据生成表格（部分数据）

【例 15.29】数据表格与折线图混合图表（**实例位置：资源包\MR\Code\15\29**）

数据分析过程中，有些时候需要同时以多种方式查看数据，如通过表格查看数据和通过折线图观察数据走势。下面就通过 create_table()函数实现这一功能，程序代码如下：

```
1    import plotly as py
2    import plotly.figure_factory as ff
3    import plotly.graph_objs as go
4    import pandas as pd
5    df=pd.read_excel('JD2022 单品数据.xlsx')          # 读取 Excel 文件
6    print(df)                                         # 输出数据
7    fig=ff.create_table(df)                           # 将 DataFrame 类型的数据生成表格
8    # 绘制多折线图
9    fig.add_trace(go.Scatter(name='浏览量',y=df['浏览量'],marker=dict(color='red'),xaxis='x2', yaxis='y2'))
10   fig.add_trace(go.Scatter(name='访客数',y=df['访客数'],marker=dict(color='green'),xaxis='x2', yaxis='y2'))
11   fig.add_trace(go.Scatter(name='成交商品件数',y=df['成交商品件数'],marker=dict(color='blue'),xaxis='x2', yaxis='y2'))
12   # 布局图表
13   fig.update_layout(title_text="商品销售数据走势图表",
14                     width=900,
15                     height=400,
16                     margin={"t": 75, "b": 100},
17                     xaxis={'domain': [0, .45]},
18                     xaxis2={'domain': [0.5, 1.]},
19                     yaxis2={'anchor': 'x2'})
20   py.offline.plot(fig)
```

运行程序，自动生成 HTML 网页图表，效果如图 15.28 所示。

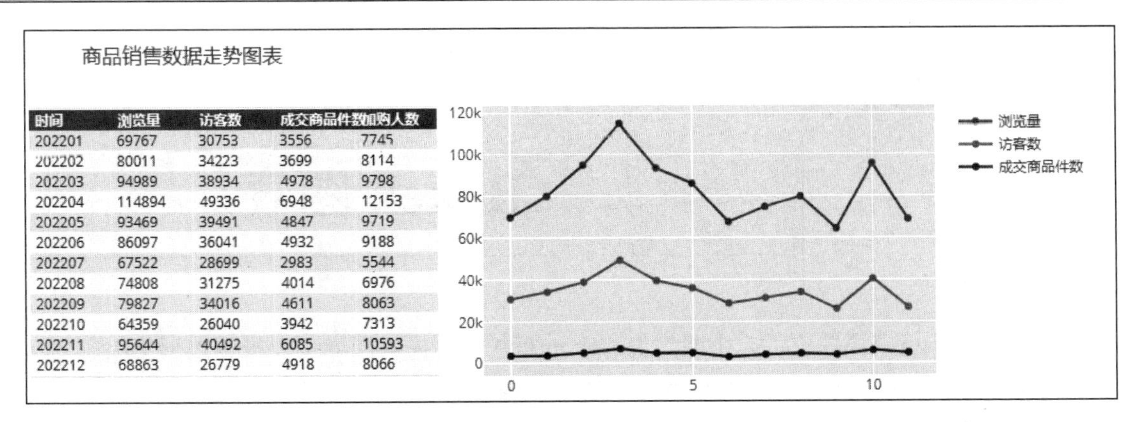

时间	浏览量	访客数	成交商品件数	加购人数
202201	69767	30753	3556	7745
202202	80011	34223	3699	8114
202203	94989	38934	4978	9798
202204	114894	49336	6948	12153
202205	93469	39491	4847	9719
202206	86097	36041	4932	9188
202207	67522	28699	2983	5544
202208	74808	31275	4014	6976
202209	79827	34016	4611	8063
202210	64359	26040	3942	7313
202211	95644	40492	6085	10593
202212	68863	26779	4918	8066

图 15.28　数据表格与折线图混合图表

15.8　小　　结

本章介绍了如何使用 Plotly 模块实现数据图表的绘制。通过本章的学习，读者能够了解 Plotly 的绘图原理，掌握 Plotly 绘制图表的相关知识，通过图表细节设置让绘制的图表更加精彩，并应用到实际工作当中。通过综合数据的案例实现了 Pandas 数据处理与 Plotly 多子图表的综合应用，从而可提升读者数据分析、数据可视化综合应用的能力。

第 16 章

Bokeh 图表

Anaconda 开发环境中还集成了一个叫作 Bokeh 的模块，该模块同样可以根据数据集绘制对应的图表，以满足数据可视化的多种需求。本章将介绍如何使用 Bokeh 模块绘制数据图表。

本章知识架构如下。

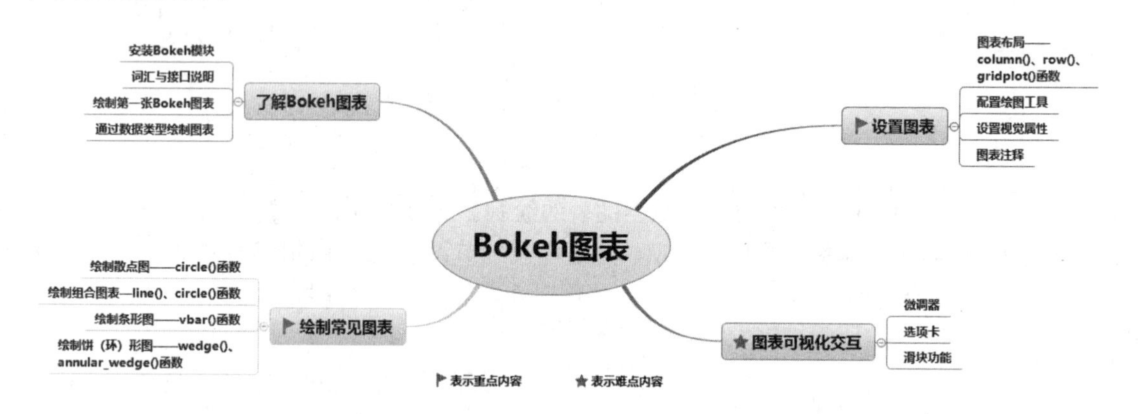

16.1 了解 Bokeh 图表

Bokeh 是一个 Python 交互式可视化模块，支持 Web 浏览器，可提供完美的展示功能。Bokeh 的目标是使用 D3.js 样式提供优雅、简洁、新颖的图形化风格，同时提供大型数据集的高性能交互功能。Bokeh 可以快速创建交互式的绘图、仪表盘和数据应用。

16.1.1 安装 Bokeh 模块

在“命令提示符”窗口中安装 Bokeh 模块。在系统搜索框中输入 cmd，打开“命令提示符”窗口，使用 pip 工具安装，命令如下：

```
pip install bokeh
```

当然，也可以在 PyCharm 开发环境中安装。

16.1.2 词汇与接口说明

在学习如何使用 Bokeh 绘图模块时，我们需要先了解一下相关词汇说明，具体内容如表 16.1 所示。

表 16.1　Bokeh 模块的词汇说明

词汇名称	说　明
Annotation（注释）	如图表中的标题、图例、标签等，可以更加清晰地明确图表中数据的含义
Application（应用程序）	在 Bokeh 服务上运行一个 Bokeh 文件，便是 Bokeh 应用
BokehJS（Bokeh JavaScript）	渲染图表，可以进行动态可视化交互
Document（文档）	Bokeh 图表文档
Embedding（嵌入）	将图表或小部件嵌入应用或 Web
Glyph（字形）	Bokeh 图表的基本视觉构建模块，主要包括散点、折线、矩形、正方形、楔形或圆形等元素
Layout（布局）	Bokeh 对象的合集，可以是多个图表和小部件，排列在嵌套的行和列中
Model（模型）	Bokeh 可视化图表的最低级别的对象，是 bokeh.models 接口的一部分，其中提供了十分灵活的底层样式
Plot（绘图）	包含可视化的所有对象（如渲染器、字形或注释）的容器
Renderer（渲染器）	绘制绘图元素的任何方法或函数的通用术语
Server（服务器）	Bokeh 服务器是一个可选组件，可以用来共享和发布图表、应用，处理大数据以及复杂的用户交互
Widget（小部件）	图表中的小部件，如滑动条、下拉菜单、按钮等

Bokeh 的主要功能所对应的接口及其用途如表 16.2 所示。

表 16.2　Bokeh 模块的主要接口及其用途

接　口	用途说明
bokeh.colors.Color	RGB(A)和 HSL(A)颜色分类，以及定义常见的命名颜色
bokeh.embed	在网页中嵌入 Bokeh 独立的服务器内容的功能
bokeh.events	触发回调事件
bokeh.layouts	安排 Bokeh 布局对象的函数
bokeh.models	实现基本绘制图形的基础
bokeh.palettes	内置调色板
bokeh.plotting	使用 figure()对象创建画布，绘制基本图表，如 line()折线图、vbar()水平条形图等
bokeh.io	保存与显示图表
bokeh.themes	改变图表主题颜色

16.1.3　绘制第一张 Bokeh 图表

在使用 Bokeh 模块绘制一张简单的图表时，分为以下几个步骤：

（1）导入模块与函数。

（2）创建图形画布。

（3）准备数据。

（4）绘制图标。

（5）显示或保存图表文件。

【例 16.1】绘制简单的折线图（**实例位置：资源包\MR\Code\16\01**）

以绘制折线图为例，调用 line()函数来进行图表绘制，程序代码如下：

```
1   from bokeh.plotting import figure, show           # 导入图形画布与显示
2   p = figure()                                      # 创建图形画布
3   x = [1, 2, 3, 4, 5]                               # x 为横轴坐标，图表底部
4   y = [1, 5, 2, 6, 3]                               # y 为纵轴坐标，折线对应的数据位置
5   p.line(x,y,line_width = 2)                        # 绘制折线图，线宽度为 2
6   show(p)                                           # 显示图表
```

使用 Bokeh 模块绘制图表时，在运行程序后，首先将自动生成与当前.py 文件相同名称的.html 文件，然后通过浏览器自动打开这个.html 图表文件，效果如图 16.1 所示。

line()函数中提供了多种参数，用于修改折线图的各种属性，常用参数及其说明如表 16.3 所示。

表 16.3　line()函数的参数说明

参数名称	说　明	参数名称	说　明
x	X 坐标	alpha	设置所有线条的透明度
y	Y 坐标	color	设置所有线条的颜色
line_alpha	线条透明度，默认为 1.0	source	Bokeh 独特的数据格式
line_color	线条颜色值，默认为 black（黑色）	line_dash	虚线样式，如 dashed、dotted、dotdash 等
line_width	线条宽度		

当需要在图表中绘制多条折线时，可通过多次调用 line()函数实现。

【例 16.2】绘制多折线图（**实例位置：资源包\MR\Code\16\02**）

使用 line()函数绘制多折线图，程序代码如下：

```
1   from bokeh.plotting import figure, show
2   # 创建 x 轴 y 轴数据
3   x = [1, 2, 3, 4, 5]
4   y1 = [6, 7, 2, 4, 5]
5   y2 = [2, 3, 4, 5, 6]
6   y3 = [4, 5, 5, 7, 2]
7   # 创建画布
8   p = figure(title="多折线图", x_axis_label="x", y_axis_label="y")
9   # 绘制多折线图
10  p.line(x, y1, legend_label="京东", color="blue", line_width=2)
11  p.line(x, y2, legend_label="天猫", color="red", line_width=2)
12  p.line(x, y3, legend_label="自营", color="green", line_width=2)
13  # 显示图表
14  show(p)
```

运行程序，效果如图 16.2 所示。

Bokeh 模块还提供了一个可以直接绘制多个折线图的 multi_line()函数，该函数只需要设置 xs（轴）与 ys（数据轴）的坐标参数即可，但两个参数的值必须是列表数据，其他参数与 line()函数相同。

【例 16.3】使用 multi_line()函数绘制多折线图（**实例位置：资源包\MR\Code\16\03**）

本实例将使用 multi_line()函数绘制多折线图，程序代码如下：

```
1   from bokeh.plotting import figure, show           # 导入图形画布与显示
2   p = figure()                                      # 创建图形画布
3   x = [[1, 2, 3], [4, 5, 6],[7,8,9]]                # x 为横轴坐标，图表底部
4   # 三个子列表，代表三个折线点的数据值
```

```
5    y = [[1, 2, 1], [2, 3, 2],[3,4,3]]                       # y 为纵轴坐标，折线对应的数据位置
6    p.multi_line(xs=x, ys=y,color=['red','green','blue'])    # 绘制折线图，并设置三个折线图的颜色
7    show(p)                                                  # 显示图表
```

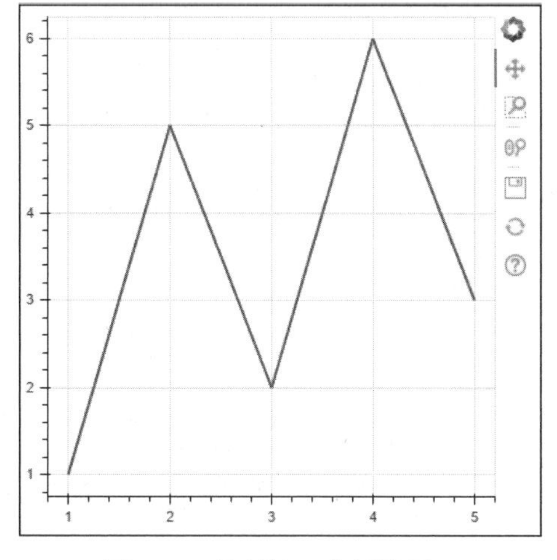

图 16.1　绘制第一个折线图

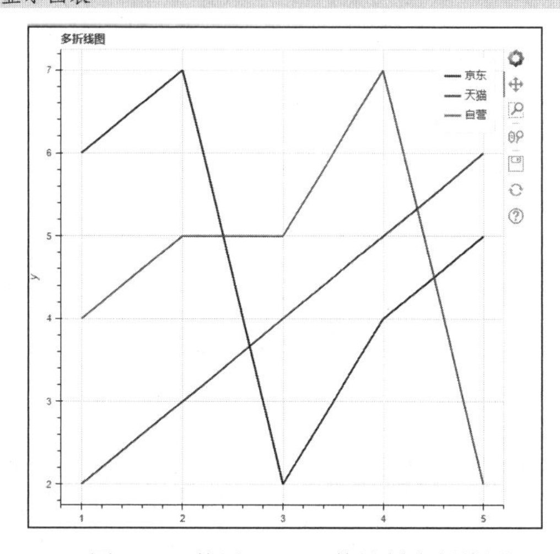

图 16.2　使用 line()函数绘制多折线图

运行程序，效果如图 16.3 所示。

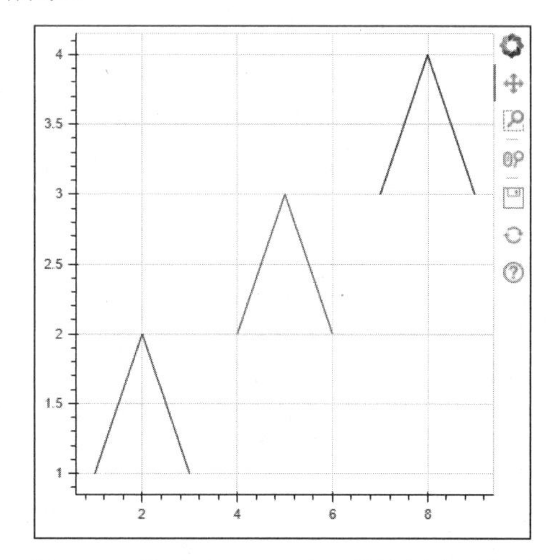

图 16.3　使用 multi_line()函数绘制多折线图

16.1.4　通过数据类型绘制图表

在使用 Bokeh 模块绘制图表时，可以使用多种数据类型的数据，如 16.1.3 小节中绘制的折线图就是使用了 Python 中的 list（列表）数据，除了 list（列表）数据，还可以使用 dict（字典）类型的数据、NumPy 中的 Array（数组）数据、Pandas 中的 DataFrame 以及 Bokeh 模块独特的 ColumnDataSource 数据类型，通过独特的数据类型可以很方便地在绘图函数中直接调用列名进行绘图。

1. Python 字典类型

使用字典数据时，只需要直接获取键（key）所对应的值（value 为列表数据），即可获取一个列表

数据，此时便可以直接使用 Bokeh 模块实现图表的绘制了。

【例 16.4】使用字典类型数据绘制图表（**实例位置：资源包\MR\Code\16\04**）

首先通过字典创建 x 轴和 y 轴数据，然后使用 line()函数绘制折线图，程序代码如下：

```
1  from bokeh.plotting import figure,show                # 导入图形画布与显示
2  p = figure()                                         # 创建图形画布
3  # 字典类型的数据
4  dict_data = {'x':[1, 2, 3, 4, 5],'y':[1,2,3,5,4]}
5  x = dict_data['x']                                   # x 为横轴坐标，图表底部
6  y = dict_data['y']                                   # y 为纵轴坐标，折线对应的数据位置
7  p.line(x,y,line_width = 2)                           # 绘制折线图，线宽度为 2
8  show(p)                                              # 显示图表
```

运行程序，效果如图 16.4 所示。

说明

在使用字典数据绘制图表时，还可以先在绘制图表函数中填写 source 参数，然后将字典数据直接传递给 source 参数，即可实现图表的绘制。

2. NumPy 数组类型

在使用 NumPy 中的数组数据绘制图表时，与使用 Python 中的 list（列表）数据类似，直接指定数据值即可。

【例 16.5】使用 NumPy 数组类型数据绘制图表（**实例位置：资源包\MR\Code\16\05**）

首先创建 x 轴和 y 轴数据，其中 x 轴数据通过列表创建，y 轴数据则使用 numpy 数组随机创建，程序代码如下：

```
1  from bokeh.plotting import figure,show                # 导入图形画布与显示
2  import numpy as np                                   # 导入 numpy 模块
3  p = figure()                                         # 创建图形画布
4  x = [1,2,3,4,5]                                      # x 为横轴坐标，图表底部
5  y = np.random.randint(1,5,size=5)                    # y 为纵轴坐标，numpy 数组随机数据
6  p.line(x,y,line_width = 2)                           # 绘制折线图，线宽度为 2
7  show(p)                                              # 显示图表
```

运行程序，效果如图 16.5 所示。

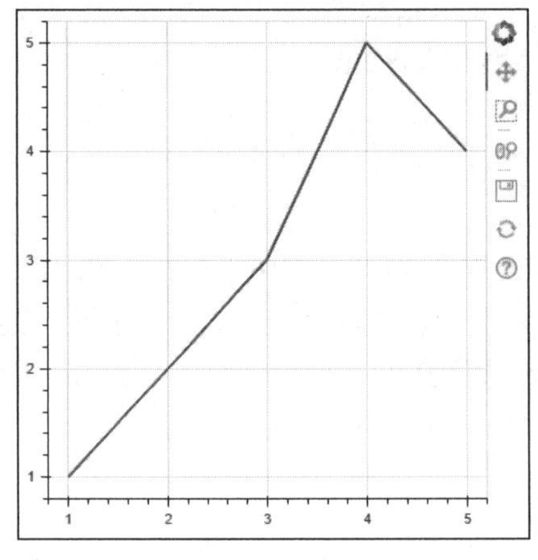

图 16.4　绘制字典数据的折线图

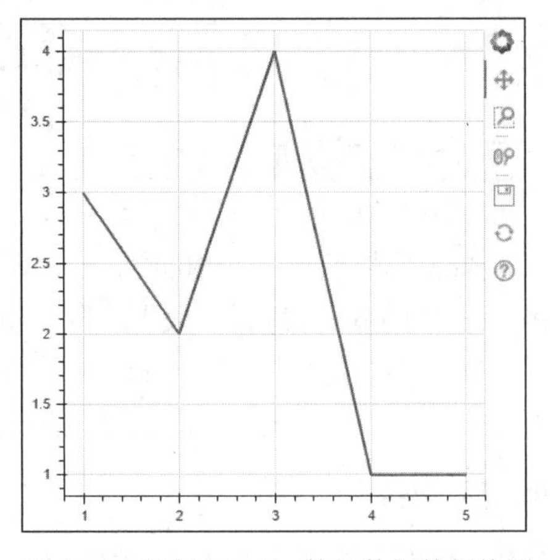

图 16.5　绘制 NumPy 数组数据的折线图

注意

由于使用了 NumPy 中的随机生成数组，所以每次运行程序，图表中的 y 轴数据都是不同的。

3. DataFrame 类型

Pandas 是数据分析中最好用的一个模块，该模块有一个专属的数据类型 DataFrame，而使用 Bokeh 模块绘图时，只需要将 DataFrame 数据传递给 source 参数即可。

【例 16.6】使用 DataFrame 类型数据绘制图表（**实例位置：资源包\MR\Code\16\06**）

首先使用 Pandas 模块的 DataFrame 对象创建数据，然后使用 multi_line()函数绘制图表，程序代码如下：

```
1   from bokeh.plotting import figure,show                   # 导入图形画布与显示
2   import pandas as pd                                      # 导入 pandas 模块
3   # 创建数据
4   data = {'x':[[1,2,3,4,5],[6,7,8,9,10]],
5           'y':[[5,2,1,4,3],[9,6,8,7,10]]}
6   d_dataframe = pd.DataFrame(data=data)                    # 创建 dataframe 数据
7   p = figure()                                             # 创建图形画布
8   p.multi_line('x','y',source=d_dataframe,line_width = 2)  # 绘制折线图，线宽度为 2
9   show(p)                                                  # 显示图表
```

运行程序，效果如图 16.6 所示。

4. ColumnDataSource 类型

ColumnDataSource 是 Bokeh 模块独有的数据类型，其对象的 data 参数用于传递数据，该参数可以传递三种数据类型：dict（字典）、DataFrame 和 DataFrame 中的 groupdy（分组统计数据）。

【例 16.7】通过 ColumnDataSource 传递字典数据绘制图表（**实例位置：资源包\MR\Code\16\07**）

首先使用字典创建数据，然后通过 ColumnDataSource()对象的 data 参数传递数据并绘制图表，程序代码如下：

```
1   from bokeh.plotting import figure,show                   # 导入图形画布与显示
2   from bokeh.models import ColumnDataSource                # 导入 ColumnDataSource 类
3   p = figure()                                             # 创建图形画布
4   # 字典类型的数据
5   dict_data = {'x_values':[1, 2, 3, 4, 5],'y_values':[1,2,3,1,3]}
6   # 传递字典数据创建 ColumnDataSource 数据对象
7   source = ColumnDataSource(data=dict_data)
8   p.line(x='x_values',y='y_values',source=source)          # 绘制折线图
9   show(p)                                                  # 显示图表
```

运行程序，效果如图 16.7 所示。

【例 16.8】通过 ColumnDataSource 传递 DataFrame 数据绘制图表（**实例位置：资源包\MR\Code\16\08**）

首先使用 DataFrame()对象创建数据，然后通过 ColumnDataSource()对象的 data 参数传递数据并绘制图表，程序代码如下：

```
1   from bokeh.plotting import figure, show                # 导入图形画布与显示
2   import pandas as pd                                     # 导入 pandas 模块
3   from bokeh.models import ColumnDataSource               # 导入 ColumnDataSource 类
4   p = figure()                                            # 创建图形画布
5   data = {'x_values': [1, 2, 3, 4, 5],                    # 字典数据
6           'y_values': [6, 7, 2, 3, 6]}
7   df = pd.DataFrame(data)                                 # 转换 DataFrame 数据
8   # 传递 DataFrame 数据创建 ColumnDataSource 数据对象
9   source = ColumnDataSource(data=df)
10  p.line('x_values','y_values',source=source)             # 绘制折线图
11  show(p)                                                 # 显示图表
```

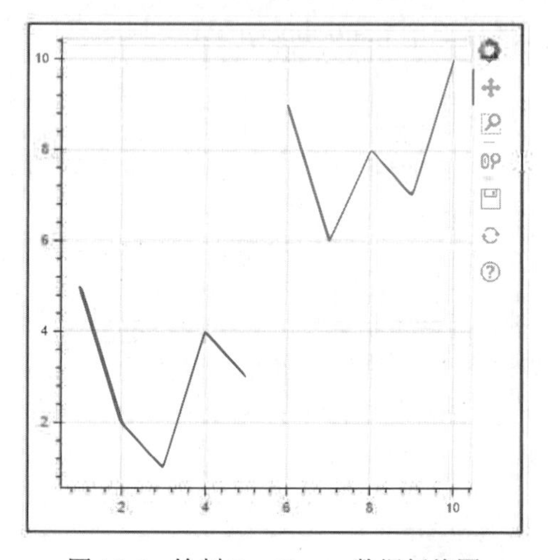

图 16.6　绘制 DataFrame 数据折线图

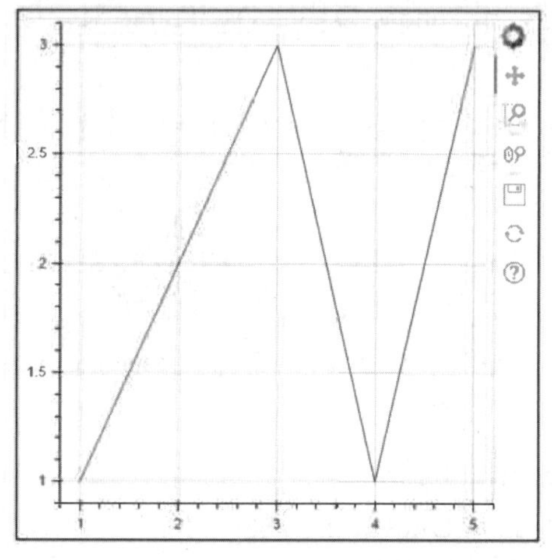

图 16.7　通过 ColumnDataSource 绘制字典数据折线图

运行程序，效果如图 16.8 所示。

【例 16.9】 通过 ColumnDataSource 传递分组统计数据绘制图表（**实例位置：资源包\MR\Code\16\09**）

首先使用 DataFrame()对象创建数据，然后使用 groupby()函数统计每月数据，最后通过 ColumnDataSource()对象的 data 参数传递数据并绘制图表，程序代码如下：

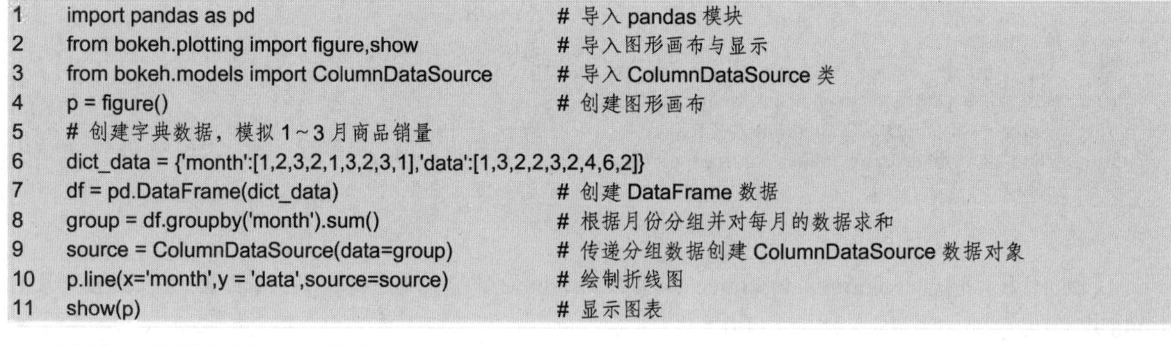

```
1   import pandas as pd                                     # 导入 pandas 模块
2   from bokeh.plotting import figure,show                  # 导入图形画布与显示
3   from bokeh.models import ColumnDataSource               # 导入 ColumnDataSource 类
4   p = figure()                                            # 创建图形画布
5   # 创建字典数据，模拟 1～3 月商品销量
6   dict_data = {'month':[1,2,3,2,1,3,2,3,1],'data':[1,3,2,2,3,2,4,6,2]}
7   df = pd.DataFrame(dict_data)                            # 创建 DataFrame 数据
8   group = df.groupby('month').sum()                       # 根据月份分组并对每月的数据求和
9   source = ColumnDataSource(data=group)                   # 传递分组数据创建 ColumnDataSource 数据对象
10  p.line(x='month',y = 'data',source=source)              # 绘制折线图
11  show(p)                                                 # 显示图表
```

运行程序，效果如图 16.9 所示。

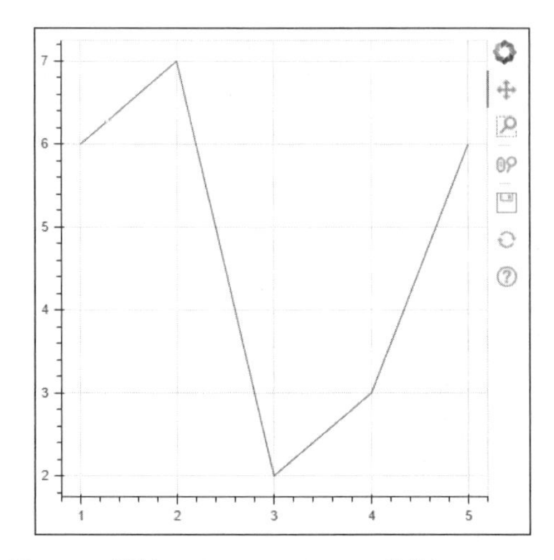

图 16.8　通过 ColumnDataSource 绘制 DataFrame 数据折线图

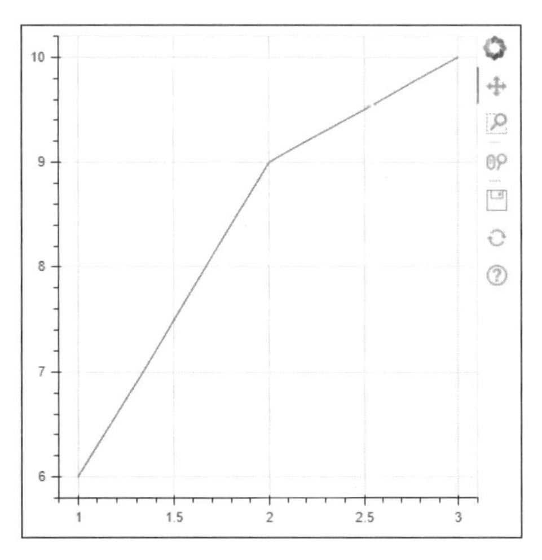

图 16.9　通过 ColumnDataSource 绘制 groupby 数据折线图

16.2　绘制常见图表

16.2.1　绘制散点图——circle()函数

可以使用 circle()函数绘制散点图。该函数的常用参数如表 16.4 所示。

表 16.4　circle()函数的常用参数及其说明

参　　数	说　　明
x	标记中心的 x 轴坐标
y	标记中心的 y 轴坐标
size	以屏幕像素为单位，设置点的大小
alpha	设置透明度，0 表示完全透明，1.0 表示完全不透明，默认为 1.0
color	设置点的颜色，表示线和填充颜色，也可以参照下面参数单独设置
source	数据源
legend	设置图例
fill_alpha	填充透明度，0 表示全透明，1.0 表示不透明，默认为 1.0
fill_color	填充颜色，默认为灰色
line_alpha	圆点边线的透明度，0 表示全透明，1.0 表示不透明，默认为 1.0
line_dash	虚线
line_color	圆点边线颜色，默认为黑色
line_width	圆点边线宽度，默认为 1

【例 16.10】使用 circle()函数绘制散点图（**实例位置：资源包\MR\Code\16\10**）

首先创建 *x* 轴和 *y* 轴数据，然后使用 circle()函数绘制散点图，程序代码如下：

```
1	from bokeh.plotting import figure,show	# 导入图形画布与显示
2	p = figure()	# 创建图形画布
3	x = [1, 2, 3, 4, 5]	# x 轴数据
4	y = [2, 5, 3, 1, 4]	# y 轴数据
5	# 绘制散点图
6	p.circle(x = x,y = y , size=30, color="green",
7	        alpha=0.8,line_color='black',line_dash = 'dashed',line_width = 2)
8	show(p)	# 显示散点图
```

运行程序，效果如图 16.10 所示。

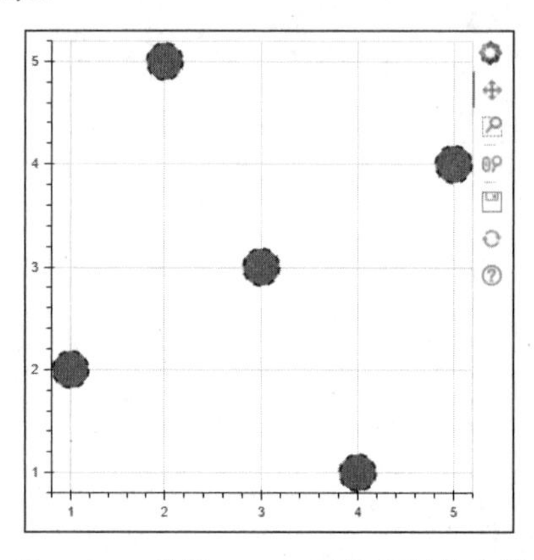

图 16.10　使用 circle()函数绘制散点图

16.2.2　绘制组合图表——line()、circle()函数

Bokeh 也可以在一个画布上绘制多个不同类型的图表，如在折线图的数据点上绘制一个散点等。这样可以更加清晰地看出数据点所在的位置。

【例 16.11】绘制折线图与散点图组合图表（**实例位置：资源包\MR\Code\16\11**）

首先创建 *x* 轴、*y* 轴数据，然后绘制折线图与散点图组合图表，程序代码如下：

```
1	from bokeh.plotting import figure, show	# 导入图形画布与显示
2	p = figure()	# 创建图形画布
3	x = [1, 2, 3, 4, 5]	# x 为横轴坐标，图表底部
4	y = [1.1,1.2,2,1.4,1.7]	# y 为纵轴坐标，折线与散点对应的数据位置
5	y1 = [1.4,1.6,2.6,3.8,2.7]	# 第二条折线与散点数据
6	# 绘制折线图与散点图，并设置图例
7	p.line(x,y,legend_label='y',line_width = 2)
8	p.circle(x,y,legend_label='y',fill_color = 'white',line_color='red',size=10)
9	p.line(x,y1,legend_label='y1',line_width = 2)
10	p.circle(x,y1,legend_label='y1',fill_color = 'blue',line_color='red',size=10)
11	show(p)	# 显示图表
```

运行程序，效果如图 16.11 所示。

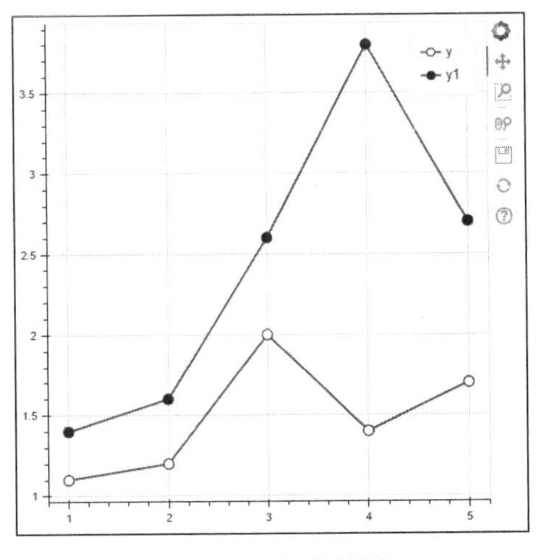

图 16.11　组合绘图

16.2.3　绘制条形图——vbar()函数

在 Bokeh 模块中，绘制垂直条形图可以使用 vbar()函数。该函数中，参数 x 表示横轴坐标，width 表示条形宽度，bottom 表示条形底部高度，top 表示条形顶部的 *y* 轴坐标，其他边线等参数与绘制散点图类似。

【例 16.12】绘制垂直条形图（**实例位置：资源包\MR\Code\16\12**）

下面使用 vbar()函数绘制垂直条形图，程序代码如下：

```
1    from bokeh.plotting import figure, show                    # 导入图形画布与显示
2    p = figure()                                               # 创建图形画布
3    p.vbar(x=[1, 2, 3], width=0.5, bottom=0,                   # 绘制垂直条形图
4            top=[1.8, 2.3, 4.6], color="firebrick",
5            line_width = 2,line_color = 'black',line_dash ='dashed')
6    show(p)                                                    # 显示垂直条形图
```

运行程序，效果如图 16.12 所示。

绘制水平条形图可以使用 hbar()函数，在该函数中，参数 y 为纵轴坐标，height 为条形的高度（厚度），left 为左边最小值，right 为右边最大值。

【例 16.13】绘制水平条形图（**实例位置：资源包\MR\Code\16\13**）

下面使用 hbar()函数绘制水平条形图，程序代码如下：

```
1    from bokeh.plotting import figure, show                    # 导入图形画布与显示
2    p = figure()                                               # 创建图形画布
3    # 绘制水平条形图
4    p.hbar(y=[1, 2, 3], height=0.5, left=0,right=[1.6, 3.5, 4.3],
5            color = ['blue','green','red'],
6            line_width = 2,line_color = 'black',line_dash ='dashed')
7    show(p)                                                    # 显示水平条形图
```

运行程序，效果如图 16.13 所示。

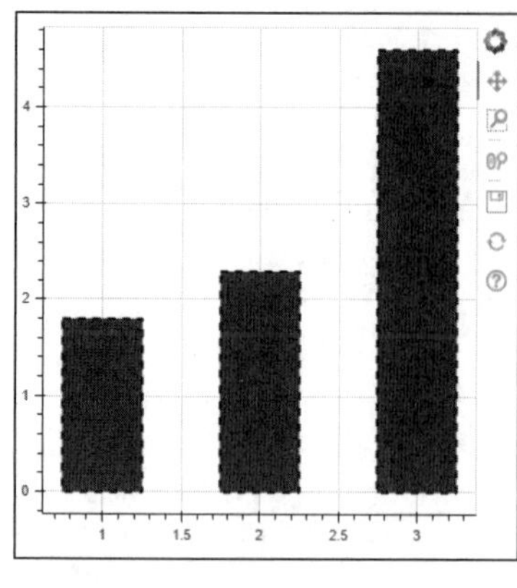

图 16.12　绘制垂直条形图

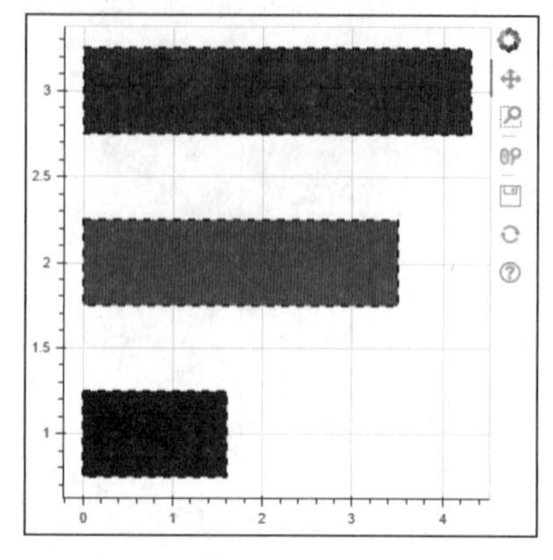

图 16.13　绘制水平条形图

16.2.4　绘制饼（环）形图——wedge()、annular_wedge()函数

饼形图一般用于表示不同分类的占比情况，主要使用 wedge()函数绘制。该函数中，参数 x 表示圆心横轴的坐标，y 表示圆心纵轴的坐标，radius 表示圆的半径，start_angle 表示从水平方向起始角度，end_angle 表示水平方向结束角度，direction 表示起始方向（默认逆时针），legend_field 表示图例。

【例 16.14】绘制饼形图（**实例位置：资源包\MR\Code\16\14**）

下面使用 wedge()函数绘制饼形图，程序代码如下：

```
1   from math import pi                                   # 导入圆周率
2   import pandas as pd                                   # 导入 pandas
3   from bokeh.plotting import figure, show               # 导入图形画布与显示
4   from bokeh.transform import cumsum                    # 导入数据转换
5   # 定义数据源
6   x = {
7        '上海': 157,
8        '广州': 93,
9        '天津': 89,
10       '北京': 63,
11       '沈阳': 44,
12       '哈尔滨': 42
13  }
14  # 将 x 数据转换为 DataFrame 数据
15  data = pd.Series(x).reset_index(name='value').rename(columns={'index':'city'})
16  # 在数据中添加每个城市计算好的角度
17  data['angle'] = data['value']/data['value'].sum() * 2*pi
18  # 在数据中添加每个城市对应的颜色
19  data['color']= ['#3182bd', '#6baed6', '#9ecae1', '#c6dbef', '#e6550d', '#fd8d3c']
20  p = figure(title="饼图",)                              # 创建图形画布
21  # 绘制饼图
22  p.wedge(x=0, y=1, radius=0.5,
23          start_angle=cumsum('angle', include_zero=True), end_angle=cumsum('angle'),
24          line_color="white",line_width = 2, fill_color='color', legend_field='city', source=data)
25  show(p)                                               # 显示图表
```

运行程序，效果如图 16.14 所示。

环形图与饼形图类似，只是将中间的区域挖空。绘制环形图主要使用 annular_wedge()函数，其中参数 x 表示圆环中心的横轴坐标，y 表示圆环中心的纵轴坐标，inner_radius 表示内环半径，outer_radius

表示外环半径。

【例 16.15】绘制环形图（**实例位置：资源包\MR\Code\16\15**）

下面使用 annular_wedge()函数绘制环形图，程序关键代码如下：

```
1    p = figure(title="环图",)         # 创建图形画布
2    # 绘制环形图
3    p.annular_wedge(x=0, y=1, outer_radius=0.5,inner_radius=0.4,
4                start_angle=cumsum('angle', include_zero=True), end_angle=cumsum('angle'),
5                line_color="white",line_width = 2, fill_color='color', legend_field='city', source=data)
```

运行程序，效果如图 16.15 所示。

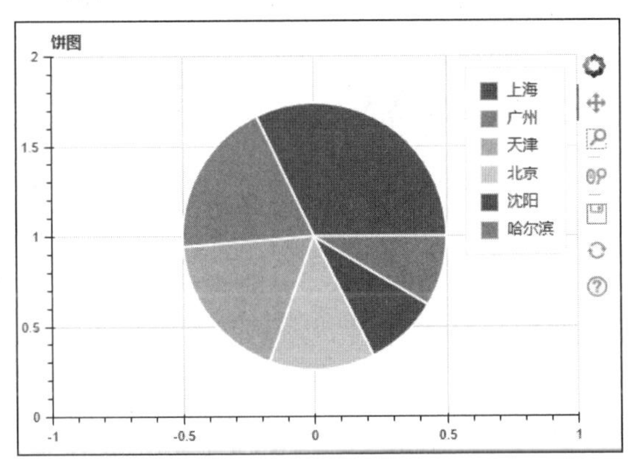

图 16.14　绘制饼形图

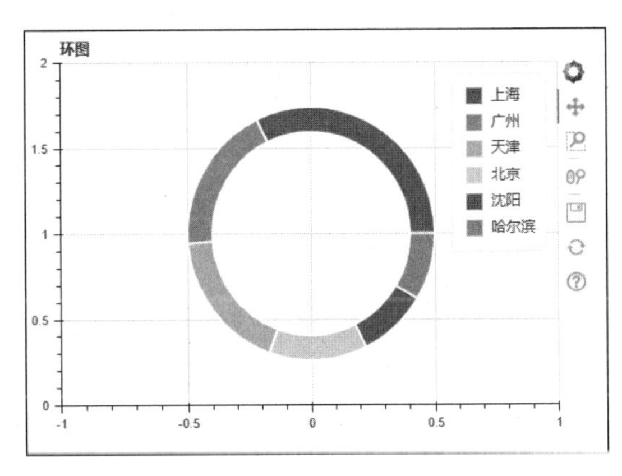

图 16.15　绘制环形图

16.3　设置图表

16.3.1　图表布局——column()、row()、gridplot()函数

图表布局方式有 3 种，分别是列布局、行布局、网格布局。

1. 列布局

列布局就是垂直方向显示多个图表，实现这种布局方式主要使用 column()函数，将绘制的图表作为参数传入 column()函数中。

【例 16.16】垂直方向布局多个图表（**实例位置：资源包\MR\Code\16\16**）

首先绘制图表，然后使用 column()函数在垂直方向布局图表，程序代码如下：

```
1    from bokeh.plotting import figure, show          # 导入图形画布与显示
2    from bokeh.layouts import column                 # 导入列布局
3    p1 = figure()                                    # 创建图形画布
4    x = [1, 2, 3, 4, 5]                              # x 为横轴坐标，图表底部
5    y = [1, 5, 2, 6, 3]                              # y 为纵轴坐标，折线对应的数据位置
6    p1.line(x,y,line_width = 2)                      # 绘制折线图，线宽度为 2
7    p2 = figure()                                    # 创建图形画布
8    # 绘制散点图
9    p2.circle(x = x,y = y , size=30, color="green",
```

```
10              alpha=0.8,line_color='black',line_dash = 'dashed',line_width = 2)
11    show(column(p1, p2))                                    # 列布局显示图表
```

运行程序，效果如图 16.16 所示。

2. 行布局

行布局与列布局类似，只是在水平方向显示多个图表，实现这种布局方式主要使用 row()函数，将绘制的图表作为参数传入 row()函数中。

【例 16.17】水平方向布局多个图表（**实例位置：资源包\MR\Code\16\17**）

首先绘制图表，然后使用 row()函数在水平方向布局多个图表，程序代码如下：

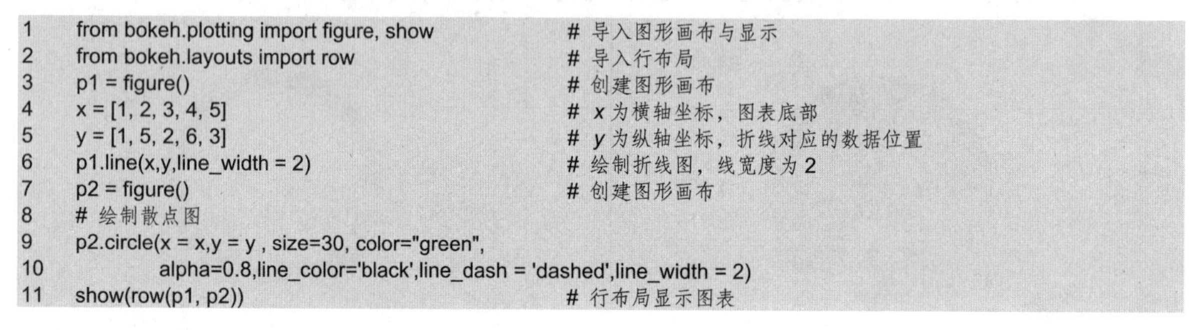

```
1     from bokeh.plotting import figure, show                 # 导入图形画布与显示
2     from bokeh.layouts import row                           # 导入行布局
3     p1 = figure()                                           # 创建图形画布
4     x = [1, 2, 3, 4, 5]                                     # x 为横轴坐标，图表底部
5     y = [1, 5, 2, 6, 3]                                     # y 为纵轴坐标，折线对应的数据位置
6     p1.line(x,y,line_width = 2)                             # 绘制折线图，线宽度为 2
7     p2 = figure()                                           # 创建图形画布
8     # 绘制散点图
9     p2.circle(x = x,y = y , size=30, color="green",
10              alpha=0.8,line_color='black',line_dash = 'dashed',line_width = 2)
11    show(row(p1, p2))                                       # 行布局显示图表
```

运行程序，效果如图 16.17 所示。

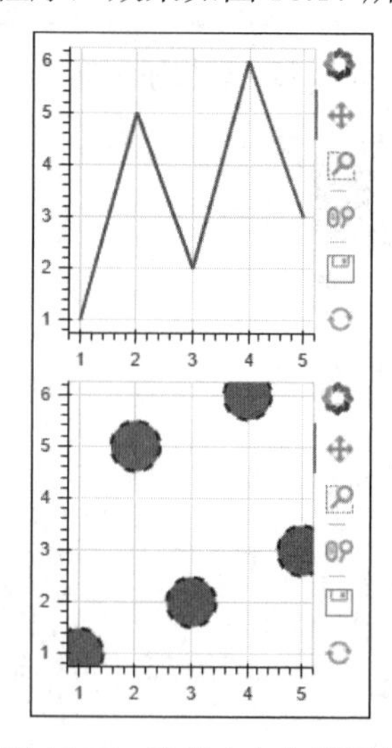

图 16.16　垂直方向布局图表

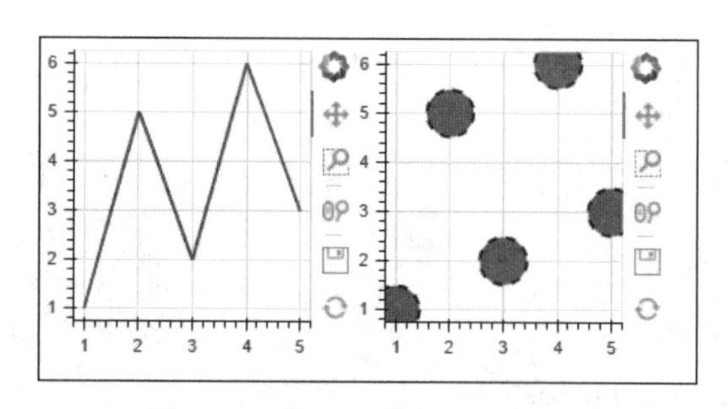

图 16.17　水平方向布局多个图表

3. 网格布局

网格布局相对比较好理解，就是通过网格的方式显示多个图表，实现这种布局方式可以使用 gridplot()函数，需要将相关参数传入 gridplot()函数中。

【例 16.18】通过网格布局多个图表（**实例位置：资源包\MR\Code\16\18**）

首先绘制图表，然后使用 gridplot()函数实现将多个图表显示在网格中，程序代码如下：

```
1     from bokeh.plotting import figure, show    # 导入图形画布与显示
2     from bokeh.layouts import gridplot         # 导入网格布局
```

```
3    x=[1,2,3,4,5]                    # x 为横轴坐标，图表底部
4    y = list(range(1,6))             # y 为纵轴坐标
5    p1 = figure()                    # 创建图形画布
6    # 绘制圆点散点图
7    p1.circle(x=x,y=y,size=10,color='red',line_color='black',line_width = 2)
8    p2 = figure()                    # 创建图形画布
9    # 绘制方形散点图
10   p2.square(x=x,y=y,size=10,color='black',line_color='red',line_width = 2)
11   p3 = figure()                    # 创建图形画布
12   # 绘制三角散点图
13   p3.triangle(x=x,y=y,size=10,color='yellow',line_color='red',line_width = 2)
14   p4 = figure()                    # 创建图形画布
15   # 绘制方形中 pin 散点图
16   p4.square_pin(x=x,y=y,size=10,color='yellow',line_color='red',line_width = 2)
17   # 使用网格布局显示多个图表
18   grid = gridplot([p1, p2, p3,p4], ncols=2)
19   show(grid)                       # 显示网格布局的图表
```

运行程序，效果如图 16.18 所示。

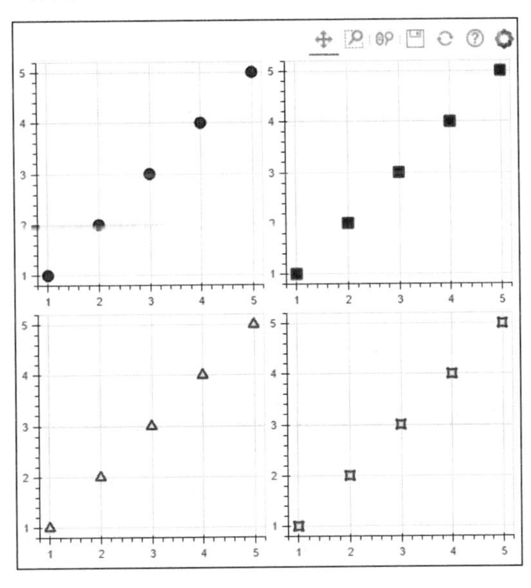

图 16.18　网格布局图表

说明

gridplot()函数中的 ncols 参数表示网格布局需要以几列进行展示。

16.3.2　配置绘图工具

配置绘图工具包括两方面工作，分别是定位工具栏和指定工具，下面进行具体介绍。

1. 定位工具栏

工具栏的默认位置一般会显示在图表的右侧，如果需要调整工具栏位置，可以通过 figure()对象的 toolbar_location 参数来修改。该参数提供了 4 个值，分别为 above、below、left、right，表示工具栏显

示在图表的上、下、左、右 4 个位置。

【例 16.19】在图表上显示工具栏（**实例位置：资源包\MR\Code\16\19**）

将工具栏显示在图表上方，程序代码如下：

```
1    from bokeh.plotting import figure, show                                    # 导入图形画布与显示
2    x=[1,2,3,4,5]                                                             # x 为横轴坐标，图表底部
3    y = list(range(1,6))                                                      # y 为纵轴坐标
4    p1 = figure(toolbar_location='above')                                     # 创建图形画布
5    p1.circle(x=x,y=y,size=10,color='red',line_color='black',line_width = 2)  # 绘制圆点散点图
6    show(p1)                                                                  # 显示图表
```

运行程序，效果如图 16.19 所示。

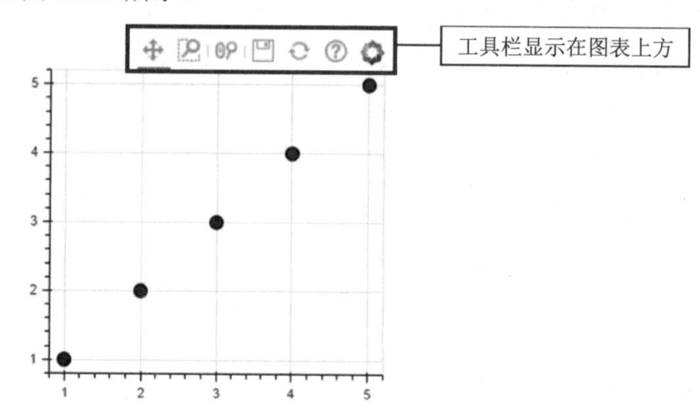

图 16.19　将工具栏设置在图表上方

说明

如果需要隐藏图表中的工具栏，可以将 toolbar_location 参数设置为 None。

2. 指定工具

指定工具就是指将需要的工具添加至工具栏当中，Bokeh 模块提供了两种指定工具的方法，一种是先将需要添加的工具名称添加至字符串中，工具名称之间用逗号分隔，然后在创建 figure()对象时将工具名称的字符串传递给 tools 参数。另一种添加工具的方式就是先创建 figure()对象，然后通过该对象调用 add_tools()函数，再将需要添加的工具对象作为参数传递至 add_tools()函数中。

【例 16.20】为图表指定平移、滑轮缩放和悬停工具（**实例位置：资源包\MR\Code\16\20**）

下面使用 add_tools()函数为图表指定平移、滑轮缩放和悬停工具，程序代码如下：

```
1    from bokeh.plotting import figure, show                                   # 导入图形画布与显示
2    from bokeh.models import WheelZoomTool                                    # 导入滑轮缩放工具类
3    tools = 'hover,pan'                                                       # 字符串方式添加悬停与平移工具名称
4    x=[1,2,3,4,5]                                                             # x 为横轴坐标，图表底部
5    y = list(range(1,6))                                                      # y 为纵轴坐标
6    p = figure()                                                              # 创建图形画布
7    p.circle(x=x,y=y,size=10,color='red',line_color='black',line_width = 2)   # 绘制圆点散点图
8    p.add_tools(WheelZoomTool())                                              # 在 add_tools 中添加滑轮缩放工具
9    show(p)                                                                   # 显示图表
```

运行程序，效果如图 16.20 所示。

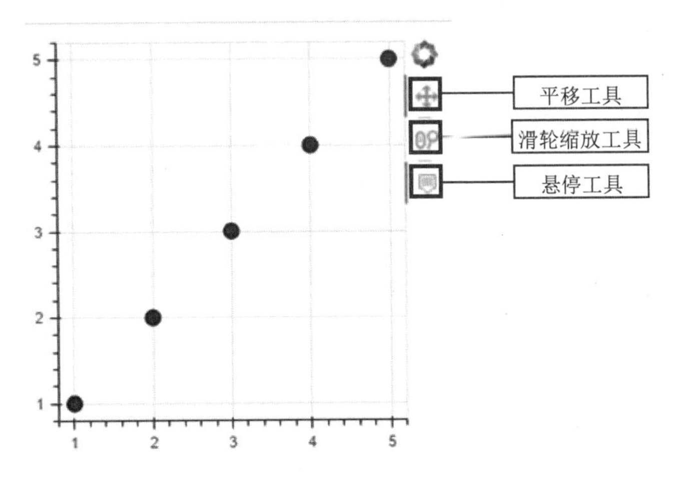

图 16.20　为图表指定平移、滑轮缩放和悬停工具

说明

除了以上介绍的三种工具，还可以在 bokeh.models.tools 子模块中查找其他工具。

16.3.3　设置视觉属性

设置视觉属性包括三方面的内容，分别是切换主题、设置调色板、颜色映射器，下面进行具体介绍。

1. 切换主题

Bokeh 为了让图表变得更加美观，一共内置了 5 种主题样式，分别为 caliber、dark_minimal、light_minimal、night_sky 和 contrast，如图 16.21 所示。

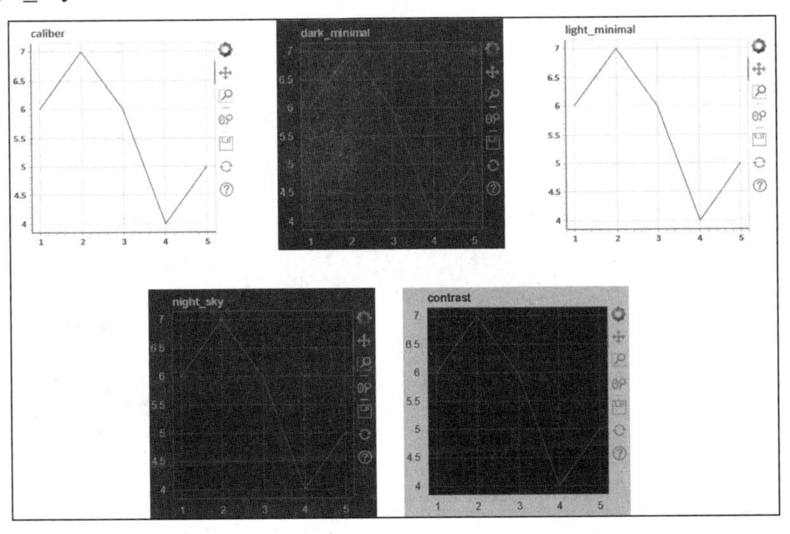

图 16.21　Bokeh 图表的 5 种主题样式

【例 16.21】为图表设置主题样式（**实例位置：资源包\MR\Code\16\21**）

在 Bokeh 图表中设置主题样式非常简单，只需要调用 curdoc().theme 属性并为其赋值要使用的主题样式即可。切换主题样式的程序代码如下：

```
1    from bokeh.io import curdoc                                    # 导入可以切换主题的函数
2    from bokeh.plotting import figure, show                        # 导入图形画布与显示
3    x=[1,2,3,4,5]                                                  # x 为横轴坐标
4    y = list(range(1,6))                                           # y 为纵轴坐标
5    curdoc().theme = 'caliber'                                     # 指定需要切换的主题样式
6    p = figure(title='caliber')                                    # 创建图形画布
7    p.circle(x=x,y=y,size=10,color='red',line_color='black',line_width = 2)    # 绘制散点图
8    show(p)                                                        # 显示图表
```

运行程序，效果如图 16.22 所示。

2. 设置调色板

Bokeh 内置了非常实用的调色板，可以在 bokeh.palettes 子模块中找到。例如，Category20 中有多达 20 种常用的颜色，Category20 调色板对应多种颜色，如图 16.23 所示。

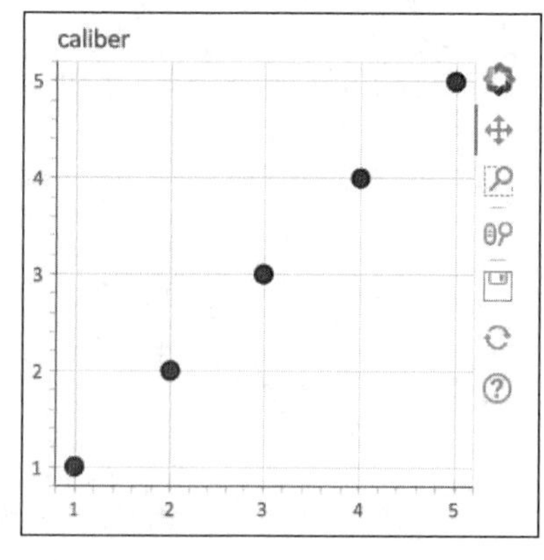

图 16.22　切换主题样式

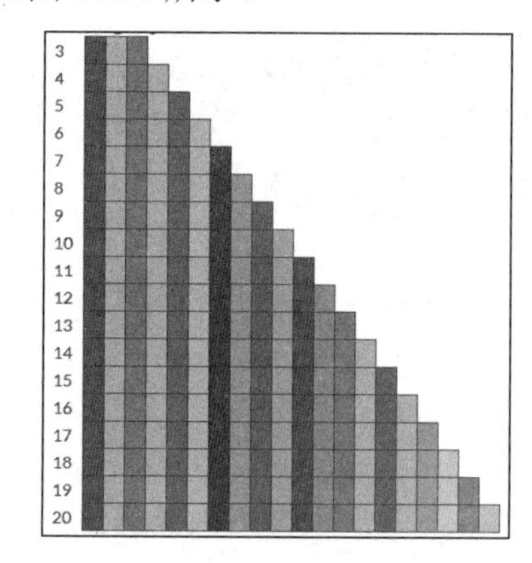

图 16.23　Category20 调色板

调色板是（十六进制）RGB 颜色字符串，数据类型为字典类型，字典数据中的 key 为调色板前的数字（最小为 3、最大为 20），通过字典中的数字 key 即可获取对应数量的 RGB 颜色字符串。

【例 16.22】使用调色板为图表设置颜色（**实例位置：资源包\MR\Code\16\22**）

下面先使用 Category20 设置调色板，然后为图表设置颜色，程序代码如下：

```
1    from bokeh.palettes import Category20                                      # 导入 Category20 调色板
2    from bokeh.plotting import figure, show                                    # 导入图形画布与显示
3    x=[1,2,3,4,5]                                                              # x 为横轴坐标
4    y = list(range(1,6))                                                       # y 为纵轴坐标
5    colors=Category20[5]                                                       # 获取调色板 5 个颜色值
6    p = figure()                                                               # 创建图形画布
7    p.circle(x=x,y=y,size=10,color=colors,line_color='black',line_width = 2)   # 绘制散点图
8    show(p)                                                                    # 显示图表
```

运行程序，效果如图 16.24 所示。

3. 颜色映射器

颜色映射器就是将调色板中的颜色值映射为数据序列的编码。Bokeh 拥有以下几种颜色映射器。

☑ bokeh.transform.factor_cmap：将颜色映射到特定的分类元素。

☑ bokeh.transform.linear_cmap：将颜色值从高到低映射可用颜色范围内的数值。

☑ bokeh.transform.log_cmap：与 linear_cmap 类似，但使用自然对数比例来映射颜色。

【例 16.23】使用颜色映射器为图表设置颜色（**实例位置：资源包\MR\Code\16\23**）

下面使用颜色映射器为图表设置颜色，程序代码如下：

```
1    from bokeh.models import   ColumnDataSource                          # 导入数据类
2    from bokeh.palettes import Category20                                # 导入调色板
3    from bokeh.plotting import figure,show                               # 导入图形画布与显示
4    from bokeh.transform import linear_cmap                              # 导入线性颜色映射器
5    x = list(range(1,10))                                                # 创建横轴坐标
6    y = list(range(1,10))                                                # 创建纵轴坐标
7    # 创建颜色映射器
8    mapper = linear_cmap(field_name='y', palette=Category20[10] ,low=min(y) ,high=max(y))
9    source = ColumnDataSource(dict(x=x,y=y))                             # 转换数据类型
10   p = figure()                                                         # 创建图形画布
11   p.circle(x='x', y='y',color=mapper,size=12, source=source)           # 绘制散点图，传入颜色映射器
12   show(p)                                                              # 显示图表
```

运行程序，效果如图 16.25 所示。

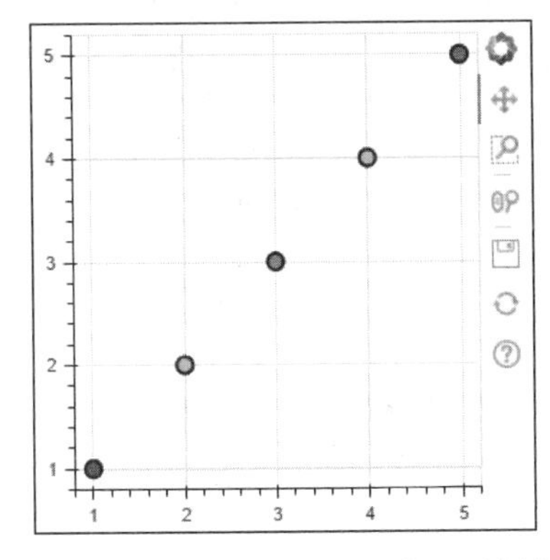

图 16.24　使用调色板为图表设置颜色

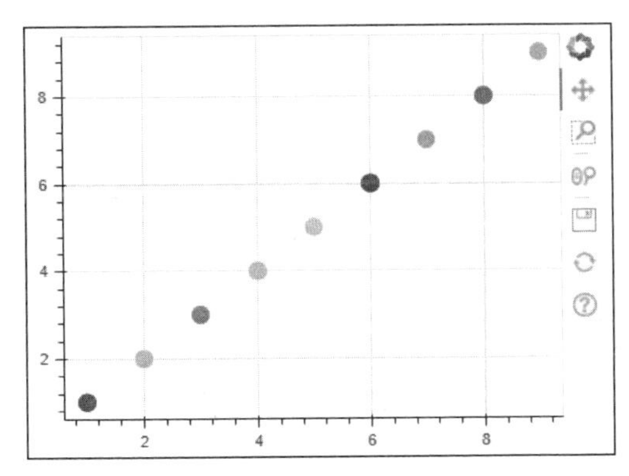

图 16.25　使用颜色映射器为图表设置颜色

16.3.4　图表注释

图表注释包括添加标题、添加图例、图例自动分组三部分内容，下面进行具体介绍。

1. 添加标题

图表中最常见的注释就是图表的标题，从标题上可以很清楚地看出当前图表的名称以及图表的意义。在 Bokeh 中添加图表的标题只需要在创建画布对象（figure）时，添加 title 参数并指定对应的标题名称即可。

【例 16.24】为图表设置标题（**实例位置：资源包\MR\Code\16\24**）

下面通过 title 参数为图表设置标题，程序代码如下：

```
1    from bokeh.plotting import figure,show    # 导入图形画布与显示
```

```
2    p = figure(title="我是图表标题")               # 创建图形画布
3    x = [1,2,3]                                    # 横轴坐标
4    y = [1,2,1]                                    # 纵轴坐标
5    p.circle(x,y,size=10)                          # 绘制散点图
6    show(p)                                        # 显示图表
```

运行程序，效果如图 16.26 所示。

在添加图表标题时，标题会默认显示在图表的左上方，如果在画布对象（figure）中设置 title_location 参数，便可以修改图表标题所显示的位置，如 above（上）、below（下）、left（左）、right（右）。例如，设置图表标题位于图表下方，关键代码如下：

```
p = figure(title="我是图表标题",title_location='below')
```

运行程序，效果如图 16.27 所示。

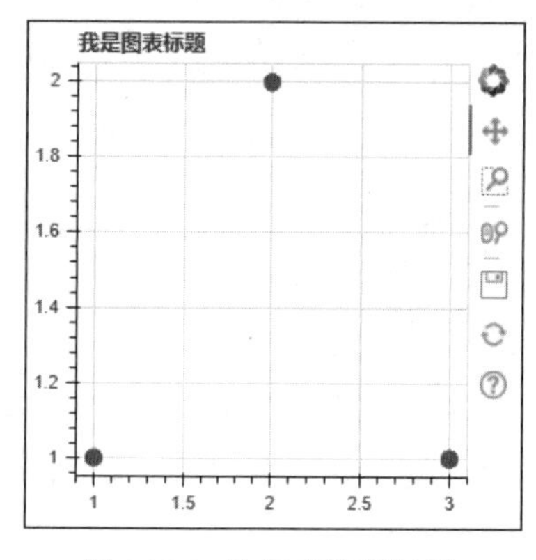

图 16.26　为图表设置标题

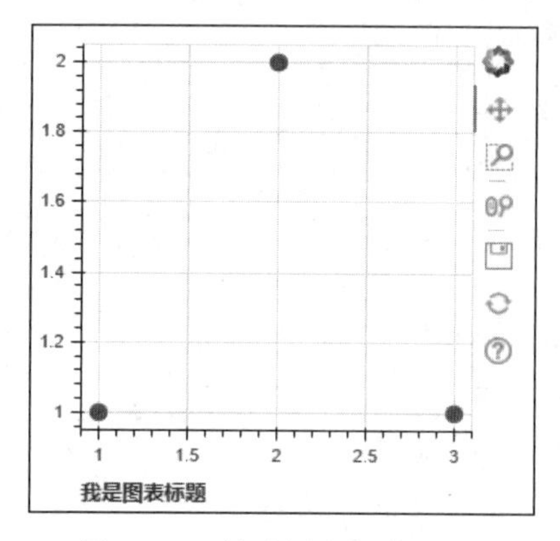

图 16.27　修改图表标题的位置

除了设置标题位置，还可以通过画布对象（figure）调用 title()对象，然后通过各种属性来自定义标题。

【例 16.25】设置图表标题颜色和大小等（**实例位置：资源包\MR\Code\16\25**）

下面使用 title()对象设置图表标题内容、文本方向、文字大小、文字颜色和标题背景颜色，程序代码如下：

```
1    from bokeh.plotting import figure, show        # 导入图形画布与显示
2    p = figure()                                   # 创建图形画布
3    x = [1, 2, 3]                                  # 横轴坐标
4    y = [1, 2, 1]                                  # 纵轴坐标
5    p.circle(x, y, size=10)                        # 绘制散点图
6    # 设置图表标题属性
7    p.title.text = "我是图表标题"                   # 设置标题内容
8    p.title.align = "center"                       # 设置标题相对于文本的方向
9    p.title.text_color = "white"                   # 设置标题文字颜色
10   p.title.text_font_size = "25px"                # 设置标题文字大小
11   p.title.background_fill_color = "red"          # 设置标题背景颜色
12   show(p)                                        # 显示图表
```

运行程序，效果如图 16.28 所示。

在设置图表标题时，可能会出现需要多个标题的需求，这时就需要先单独创建一个标题（Title）对象，然后通过添加布局的方式，将新创建的标题对象添加到图表的指定位置。

【例 16.26】为图表设置双标题（**实例位置：资源包\MR\Code\16\26**）

为图表设置双标题，程序代码如下：

```
1    from bokeh.models import Title                         # 导入标题类
2    from bokeh.plotting import figure, show                # 导入图形画布与显示
3    p = figure(title="我是上标题")                          # 创建图形画布
4    x = [1, 2, 3]                                          # 横轴坐标
5    y = [1, 2, 1]                                          # 纵轴坐标
6    p.circle(x, y, size=10)                                # 绘制散点图
7    new_title = Title(text="我是下标题")                    # 添加标题对象
8    p.add_layout(new_title, "below")                       # 添加布局的方式，添加标题
9    show(p)                                                # 显示图表
```

运行程序，效果如图 16.29 所示。

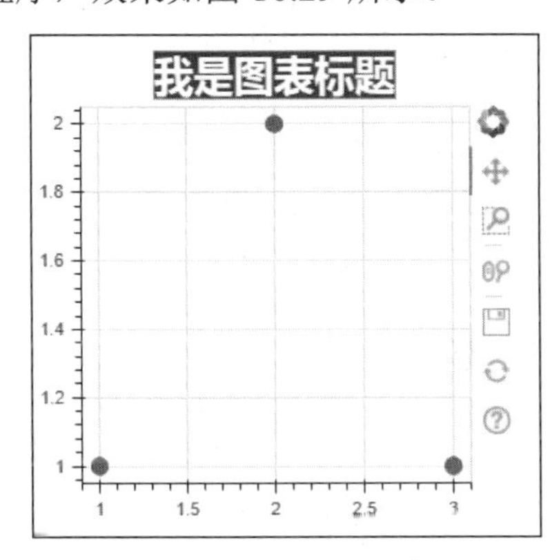

图 16.28　自定义图表标题

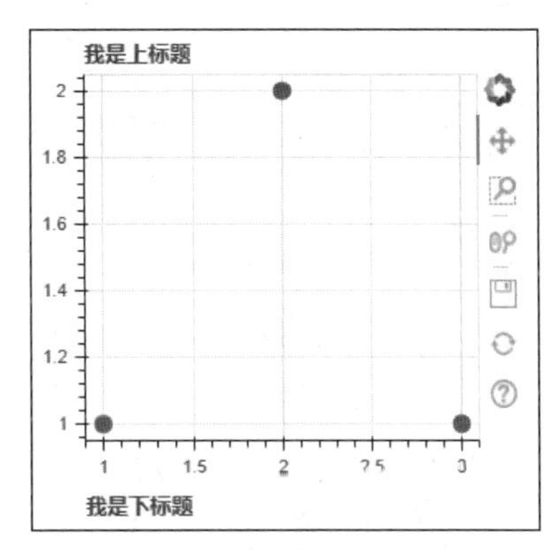

图 16.29　设置双标题

2. 添加图例

如果图表中出现多个数据，就可以在绘图函数中添加图例参数（legend_label），这样可以更加清晰地区分每个数据。

【例 16.27】为图表添加图例（**实例位置：资源包\MR\Code\16\27**）

绘制折线图并添加图例，程序代码如下：

```
1    from bokeh.plotting import figure, show                # 导入图形画布与显示
2    x=[1,2,3,4,5]                                          # 横轴坐标
3    # 纵轴坐标
4    y = [1,2,1,2,1]
5    y2 = [2,3,2,3,2]
6    y3 = [3,4,3,4,3]
7    p = figure()                                           # 创建画布
8    # 绘制圆散点与对应折线
9    p.circle(x,y,size=10,color='yellow',legend_label='圆',line_color='red',line_width = 2)
10   p.line(x,y,color='yellow',legend_label='圆',line_color='red',line_width = 2)
11   # 绘制三角散点与对应折线
12   p.triangle(x=x,y=y2,size=10,color='yellow',legend_label='三角',line_color='red',line_width = 2)
13   p.line(x=x,y=y2,color='yellow',legend_label='三角',line_color='red',line_width = 2)
14   # 绘制方形散点与对应折线
15   p.square(x=x,y=y3,size=10,color='yellow',legend_label='方形',line_color='red',line_width = 2)
16   p.line(x=x,y=y3,color='yellow',legend_label='方形',line_color='red',line_width = 2)
17   show(p)                                                # 显示图表
```

运行程序，效果如图 16.30 所示。

在绘图函数中直接添加 legend_label 参数很方便，但经常出现图例遮挡部分图表的现象。此时可单独创建 legend()对象，通过添加布局的方式指定图例显示的位置。这样既方便观看图表数据，又不会遮挡图表。

【例 16.28】指定图例所显示的位置（**实例位置：资源包\MR\Code\16\28**）

通过添加布局的方式单独指定图例所显示的位置，程序代码如下：

```
1   from bokeh.models import Legend                # 导入 Legend 类
2   from bokeh.plotting import figure, show        # 导入图形画布与显示
3   x=[1,2,3,4,5]                                  # 横轴坐标
4   # 纵轴坐标
5   y = [1,2,1,2,1]
6   y2 = [2,3,2,3,2]
7   y3 = [3,4,3,4,3]
8   p = figure()                                   # 创建画布
9   # 绘制圆散点与对应折线
10  c0=p.circle(x,y,size=10,color='yellow',line_color='red',line_width = 2)
11  c1=p.line(x,y,color='yellow',line_color='red',line_width = 2)
12  # 绘制三角散点与对应折线
13  t0=p.triangle(x=x,y=y2,size=10,color='yellow',line_color='red',line_width = 2)
14  t1=p.line(x=x,y=y2,color='yellow',line_color='red',line_width = 2)
15  # 绘制方形散点与对应折线
16  s0=p.square(x=x,y=y3,size=10,color='yellow',line_color='red',line_width = 2)
17  s1=p.line(x=x,y=y3,color='yellow',line_color='red',line_width = 2)
18  # 创建 Legend 对象
19  legend = Legend(location='center',items=[('圆',[c0,c1]),
20                  ('三角',[t0,t1]),
21                  ('方形',[s0,s1])])
22  p.add_layout(legend, 'right')                  # 图例添加在图表右侧
23  show(p)                                        # 显示图表
```

运行程序，效果如图 16.31 所示。

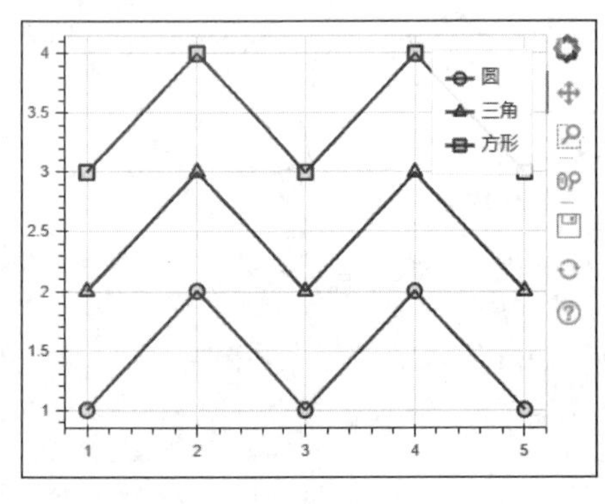

图 16.30　添加图例

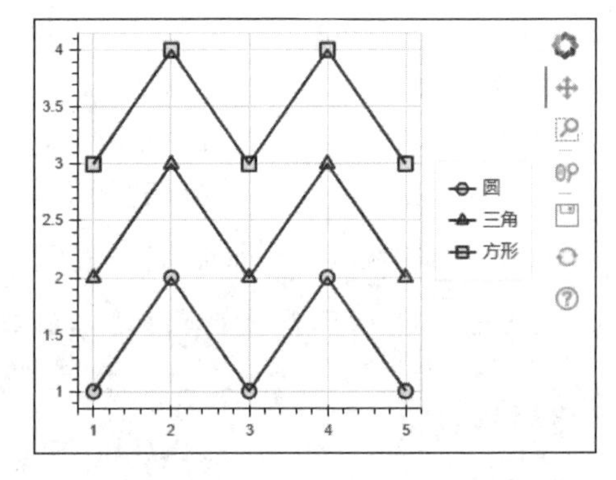

图 16.31　修改图例显示位置

3. 图例自动分组

如果使用的数据是 ColumnDataSource 类，Bokeh 可从 ColumnDataSource 数据中的 label 列生成对应的图例名称，从而实现图例的自动分组。

【例 16.29】图例自动分组（**实例位置：资源包\MR\Code\16\29**）

下面实现图例自动分组，程序代码如下：

```
1   from bokeh.models import ColumnDataSource      # 导入 ColumnDataSource 类
```

```
2    from bokeh.plotting import figure, show                  # 导入图形画布与显示
3    # 创建数据
4    source = ColumnDataSource(dict(
5        x=[1, 2, 3, 4, 5, 6],
6        y=[2, 1, 2, 1, 2, 1],
7        color=['red', 'blue', 'red', 'blue', 'red', 'blue'],
8        label=['红', '蓝', '红', '蓝', '红', '蓝']
9    ))
10   # 创建画布
11   p = figure(x_range=(0, 7), y_range=(0, 3))
12   # 绘制散点图，图例通过数据中的 label 进行分组
13   p.circle(x='x', y='y', size = 15,color='color', legend_group='label', source=source)
14   show(p)                                                  # 显示图表
```

程序运行，效果如图 16.32 所示。

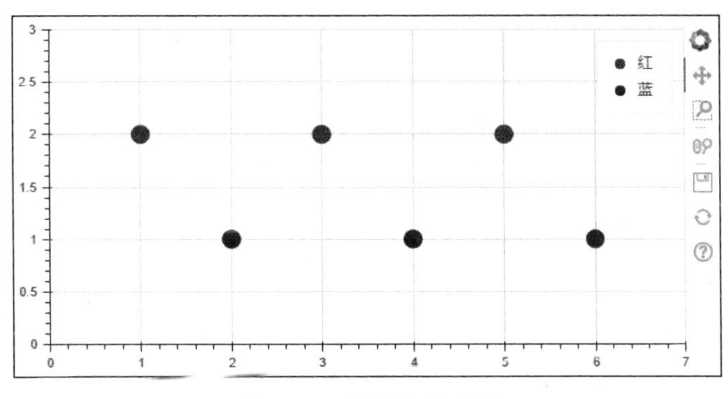

图 16.32　图例自动分组

16.4　图表可视化交互

16.4.1　微调器

微调器是 Bokeh 中的一个小部件，通过它可以实现图表属性的调节。在图表中添加微调器需要先创建微调器对象 Spinner()，再调用 js_link()函数，当微调器数值修改时同时修改图表所对应的属性。

【例 16.30】通过微调器调节散点图中散点的大小（**实例位置：资源包\MR\Code\16\30**）

下面实现使用微调器调节散点图中散点的大小，程序代码如下：

```
1    from bokeh.layouts import column, row                    # 导入行列布局
2    from bokeh.models import Spinner                         # 导入微调器
3    from bokeh.plotting import figure,show                   # 导入图形画布与显示
4    from bokeh.palettes import Category20                    # 导入调色板
5    x = [1,2,3,4,5]                                          # 横轴坐标
6    y = [1,2,1,2,1]                                          # 纵轴坐标
7    colors = Category20[5]                                   # 调色板中五个颜色
8    p = figure()                                             # 创建画布
9    points=p.circle(x,y,color=colors,size = 10)              # 绘制散点图
10   # 创建微调器对象
11   spinner = Spinner(title="微调器", low=1, high=40, step=2, value=10, width=80)
12   # 调用 js 事件处理，用于通过微调器值修改图表中散点大小
```

```
13    spinner.js_link('value', points.glyph, 'size')
14    # 使用行与列布局将微调器显示出来
15    show(row(column(spinner, width=100), p))
```

运行程序，将显示如图 16.33 所示的图表，然后将微调器数据调大，此时图表中的散点将同时变大，如图 16.34 所示。

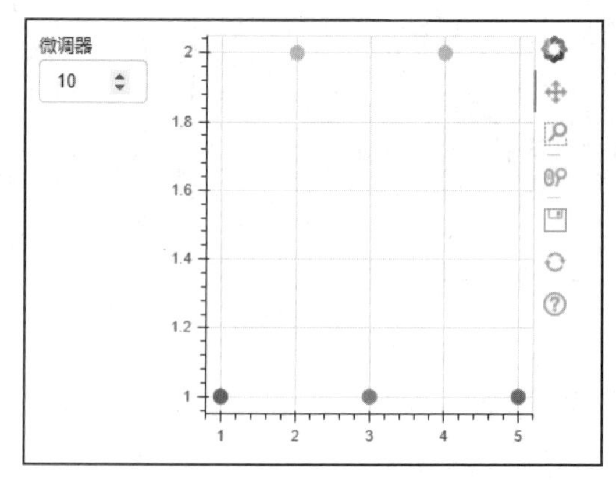

图 16.33　微调器默认值

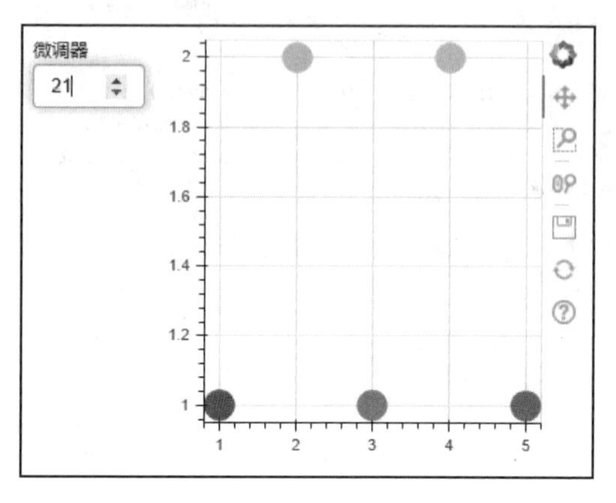

图 16.34　微调器值变大

16.4.2　选项卡

当页面中需要显示多个图表时，可以使用选项卡小部件实现，这样既节省空间，还方便切换查看。例如，要实现两个图表之间的切换，需要创建两个选项卡对象 TabPanel()，分别指定对应的图表，并将两个选项卡对象添加至 Tabs()对象中。

【例 16.31】为图表添加选项卡（**实例位置：资源包\MR\Code\16\31**）

在图表中添加选项卡，通过选项卡查看不同的图表，程序代码如下：

```
1    from bokeh.plotting import figure, show                    # 导入图形画布与显示
2    from bokeh.models import Tabs, TabPanel                    # 导入选项卡
3    p_v = figure()                                             # 创建画布
4    p_v.vbar(x=[1, 2, 3], width=0.5, bottom=0,                 # 绘制垂直条形图
5              top=[1.8, 2.3, 4.6], color="firebrick",
6              line_width = 2,line_color = 'black',line_dash ='dashed')
7    tab_v = TabPanel(child=p_v,title='垂直条形图')              # 第一个选项卡
8    p_c = figure()                                             # 创建画布
9    x = [1, 2, 3, 4, 5]                                        # x 轴数据
10   y_c = [2, 5, 3, 1, 4]                                      # y 轴散点数据
11   y_l = [1, 5, 2, 6, 3]                                      # y 轴折线数据
12   # 绘制散点图
13   p_c.circle(x = x,y = y_c , size=30, color="green",
14               alpha=0.8,line_color='black',line_dash = 'dashed',line_width = 2)
15   tab_c = TabPanel(child=p_c,title='散点图')                  # 第二个选项卡
16   p_l = figure()                                             # 创建画布
17   p_l.line(x,y_l,line_width = 2)                             # 绘制折线图，线宽度为 2
18   tab_l = TabPanel(child=p_l,title='折线图')                  # 第三个选项卡
19   tabs = Tabs(tabs = [tab_v,tab_c,tab_l])                    # 集中选项卡
20   show(tabs)                                                 # 显示选项卡及图表
```

运行程序，默认显示如图 16.35 所示的带选项卡的图表，通过选项卡依次切换到“散点图”“折线

图”，效果如图 16.36 和图 16.37 所示。

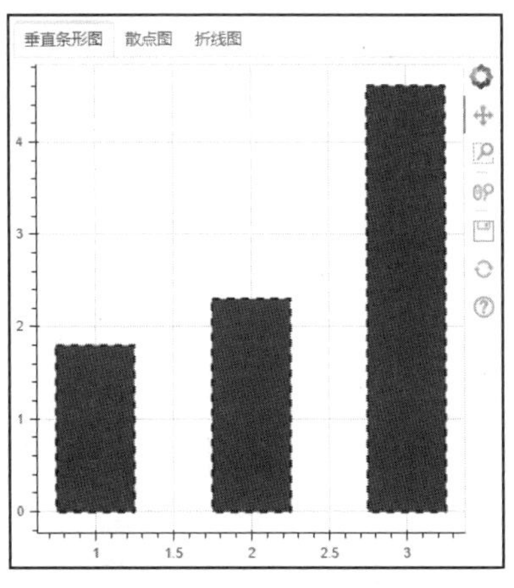

图 16.35　选项卡图表（1）

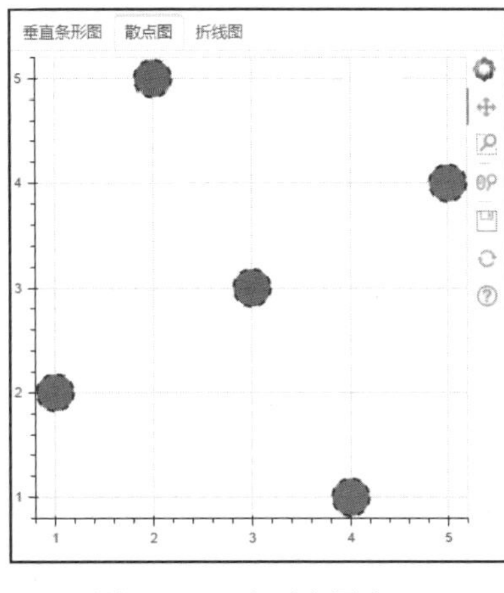

图 16.36　选项卡图表（2）

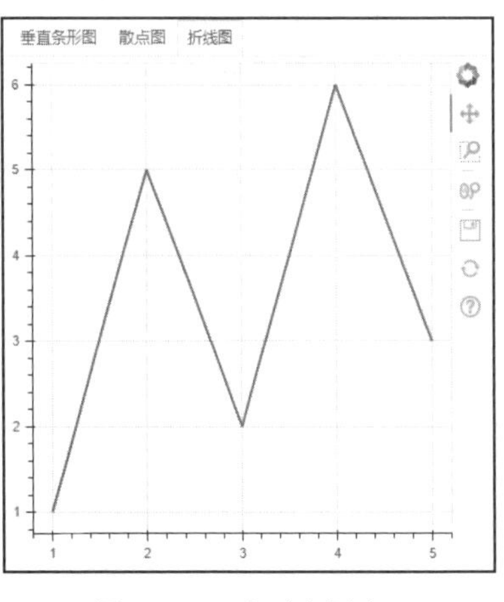

图 16.37　选项卡图表（3）

16.4.3　滑块功能

除了可以使用微调器调节图表属性，还可以使用滑块来调节图表中的数据值，让图表根据滑块值改变自身形态。首先需要自定义一个 JS 回调函数，动态修改图表中的数据值，然后创建滑块对象 Slider()并通过调用 js_on_change()函数实现回调函数的执行。

【例 16.32】 通过滑块调整图表（**实例位置：资源包\MR\Code\16\32**）

下面使用滑块修改折线图的数值，程序代码如下：

```
1   from bokeh.layouts import column                                    # 导入列布局
2   # 导入 ColumnDataSource 数据、CustomJS 自定义 js 函数、Slider 滑块
3   from bokeh.models import ColumnDataSource, CustomJS, Slider
4   from bokeh.plotting import figure,show                              # 导入图形画布与显示
5   x = [x*0.005 for x in range(0, 200)]                                # x 轴数据
6   y = x                                                               # y 轴与 x 轴同样数据
7   source = ColumnDataSource(data=dict(x=x, y=y))                      # 将数据转换为 ColumnDataSource 类型
8   plot =figure()                                                      # 创建画布
9   plot.line('x', 'y', source=source, line_width=3, line_alpha=0.6)    # 绘制折线图
10  # 创建 js 回调函数
11  callback = CustomJS(args=dict(source=source), code="""
12      var data = source.data;
13      var f = cb_obj.value
14      var x = data['x']
15      var y = data['y']
16      for (var i = 0; i < x.length; i++) {
17          y[i] = Math.pow(x[i], f)
18      }
19      source.change.emit();
20  """)
21  slider = Slider(start=1, end=10, value=1, step=1, title="滑块")     # 创建滑块对象
22  slider.js_on_change('value', callback)                              # 调用可实现回调的函数
23  layout = column(slider, plot)                                       # 列布局滑块与图表
24  show(layout)                                                        # 显示布局内容
```

运行程序，默认显示如图 16.38 所示的图表，将图表上方的滑块滑动至右侧，图表数据将被动态修改，效果如图 16.39 所示。

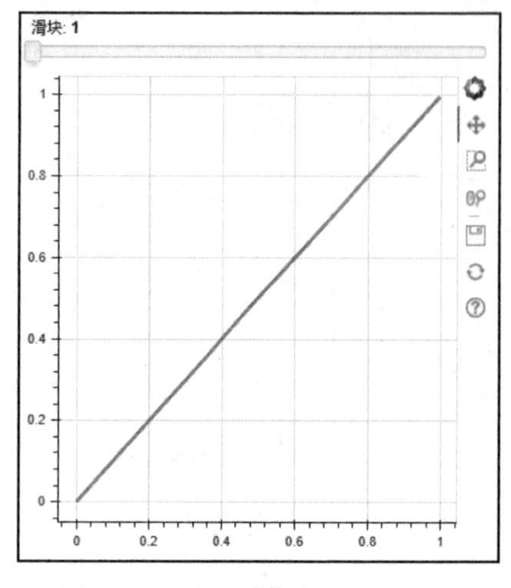

图 16.38　默认显示数据的图表

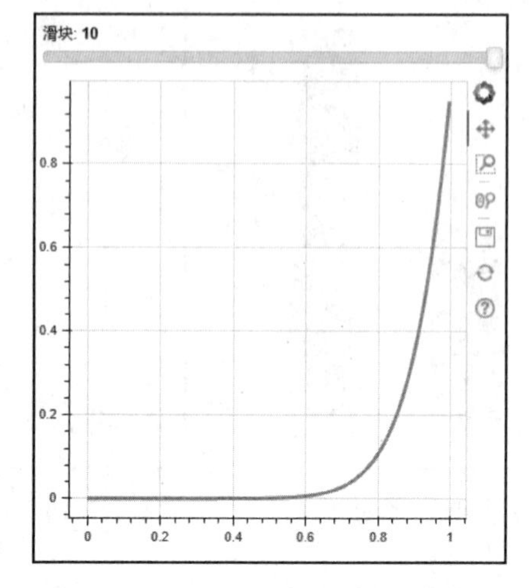

图 16.39　滑动滑块修改数据后的图表

16.5　小　　结

本章介绍了如何使用 Bokeh 模块实现数据图表的绘制，Bokeh 并未提供复杂的绘图功能，如各种三维曲线图和曲面图等。另外，Bokeh 不是基于 Python 语言开发的交互工具，它实质上是用 JavaScript 实现在浏览器中绘图的工具，和 Python 常用的绘图工具并没有什么关系，Python 中绝大多数的绘图工具都是基于 Matplotlib 实现的，是纯 Python 语言的绘图。所以，在实现 Matplotlib 和 Bokeh 交互时是比较困难的，而用 JavaScript 会容易一些，但同时也要求读者对 JavaScript 有一定的了解。

第 17 章

Pyecharts 图表

Echarts 是一个由百度开发并开源的数据可视化工具，而 Python 是一门适用于数据处理和数据分析的语言，为了适应 Python 的需求，Pyecharts 模块诞生了。本章以 Pyecharts 2.0.3 版本为载体，介绍 Pyecharts 的安装、链式调用、Pyecharts 图表的组成以及如何绘制柱状图、折线图、饼形图等。

本章知识架构如下。

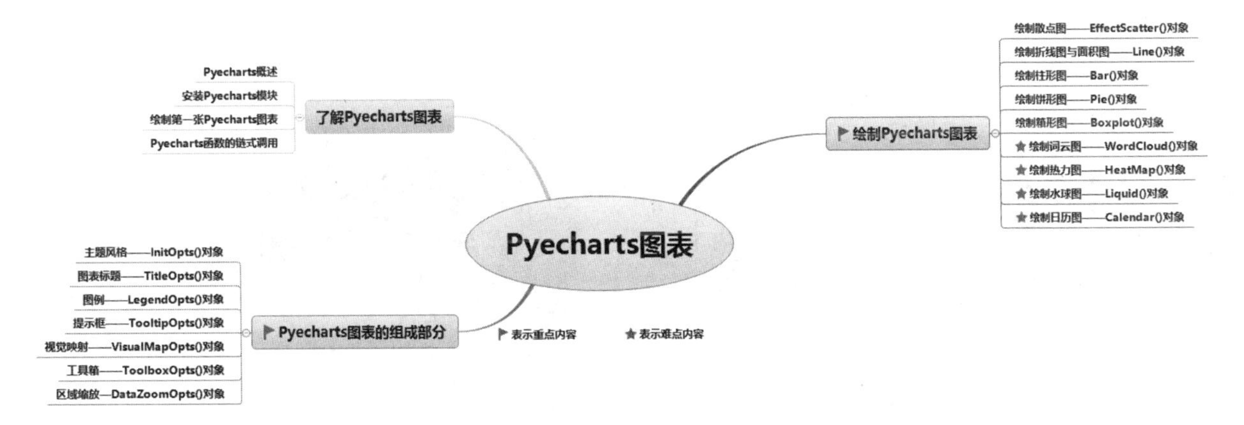

17.1 了解 Pyecharts 图表

17.1.1 Pyecharts 概述

Pyecharts 是一个生成 Echarts 图表的模块。Echarts 是百度开源的一个数据可视化 JS 模块，其图表可视化效果非常好。Pyecharts 是专门与 Python 衔接的可视化数据分析图表。使用 Pyecharts 可以生成独立的网页格式的图表，还可以在 Flask、Django 中使用，非常方便。

Pyecharts 的图表类型非常多，而且效果非常好。如图 17.1～图 17.3 所示为线性闪烁图、仪表盘图和水球图。

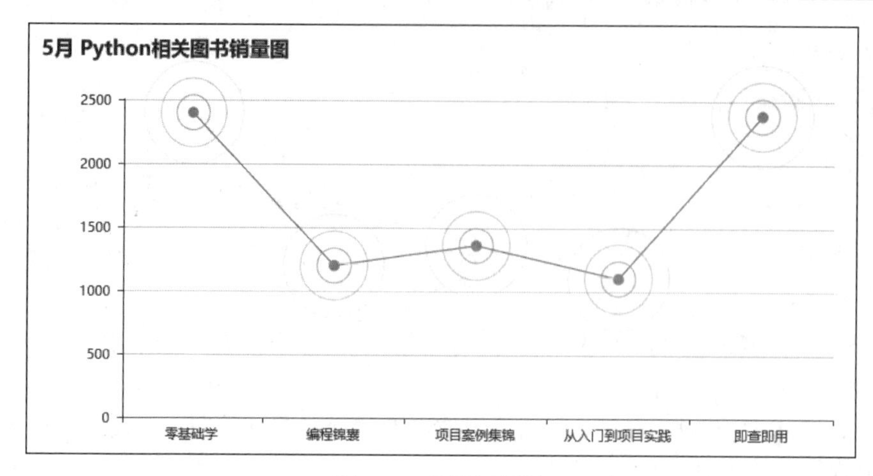

图 17.1　线性闪烁图

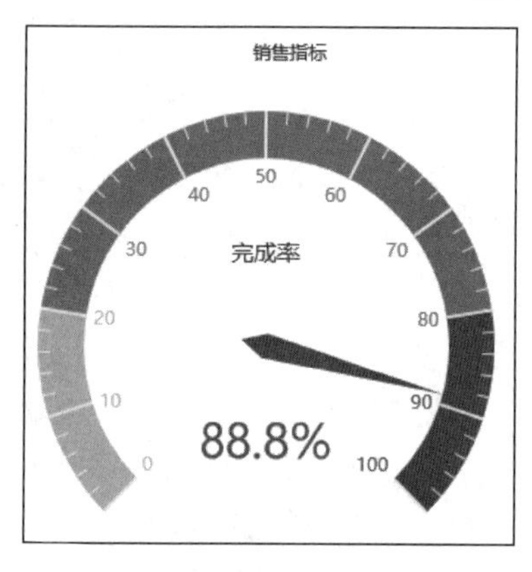

图 17.2　仪表盘图

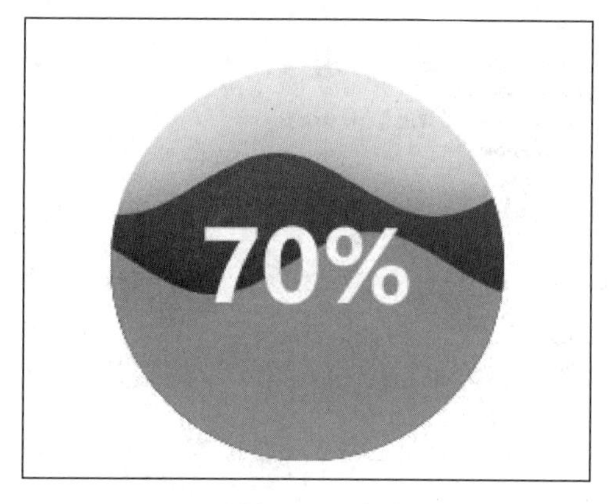

图 17.3　水球图

Pyecharts 的图表类型主要包括 Bar（柱形图/条形图）、Boxplot（箱形图）、Funnel（漏斗图）、Gauge（仪表盘）、HeatMap（热力图）、Line（折线/面积图）、Line3D（3D 折线图）、Liquid（水球图）、Map（地图）、Parallel（平行坐标系）、Pie（饼形图）、Polar（极坐标系）、Radar（雷达图）、Scatter（散点图）和 WordCloud（词云图）等。

17.1.2　安装 Pyecharts 模块

在“命令提示符”窗口中安装 Pyecharts 模块。在系统搜索框中输入 cmd，打开“命令提示符”窗口，使用 pip 工具安装。安装命令如下：

```
pip install pyecharts==2.0.3
```

安装成功后，将提示安装成功的信息，如“Successfully installed pyecharts-2.0.3”。

由于 Pyecharts 各版本的代码有一些区别，这里建议读者安装书中介绍的版本，以免造成不必要的麻烦。已安装过 Pyecharts 的读者，可使用如下方法查看 Pyecharts 的版本：

```
import pyecharts
print(pyecharts.__version__)
```

运行程序，控制台输出结果为 2.0.3。

如果读者安装版本与笔者不同，建议卸载重新安装 pyecharts-2.0.3。

17.1.3　绘制第一张 Pyecharts 图表

【例 17.1】绘制简单的柱形图（**实例位置：资源包\MR\Code\17\01**）

下面使用 Pyecharts 绘制一张简单的柱形图，具体步骤如下。

（1）从 Pyecharts.charts 子模块中导入 Bar 类，代码如下：

```
from pyecharts.charts import Bar                # 导入 Bar 类
```

（2）创建一个空的 Bar()对象（柱形图对象），代码如下：

```
bar = Bar()
```

（3）定义 x 轴和 y 轴数据，其中 x 轴为月份，y 轴为销量。代码如下：

```
bar.add_xaxis(["1 月", "2 月", "3 月", "4 月", "5 月", "6 月"])
bar.add_yaxis("零基础学 Python", [2567, 1888, 1359, 3400, 4050, 5500])
bar.add_yaxis("Python 数据分析技术手册", [1567, 988, 2270,3900, 2750, 3600])
```

（4）渲染图表到 HTML 文件，并存放在程序所在目录下，代码如下：

```
bar.render("mycharts.html")
```

运行程序，将在程序所在路径下生成一个名为 mycharts.html 的 HTML 文件，打开该文件，效果如图 17.4 所示。

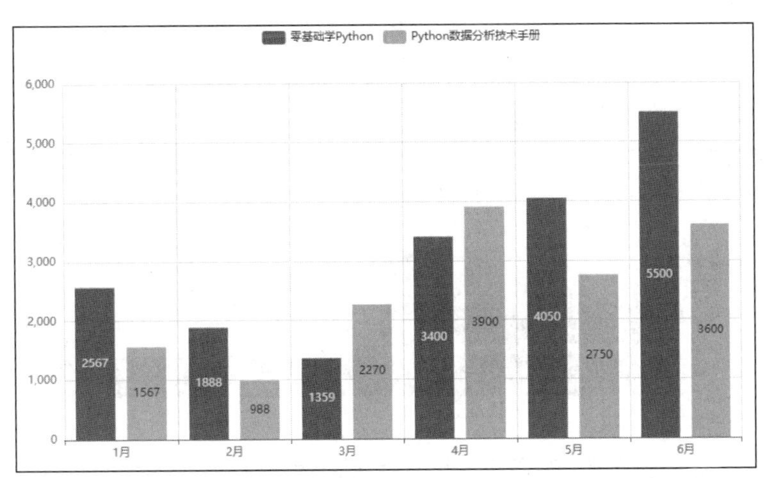

图 17.4　绘制第一张 Pyecharts 图表

以上就是我们绘制的第一张 Pyecharts 图表。

17.1.4　Pyecharts 函数的链式调用

函数的调用分为单独调用和链式调用。单独调用就是常规的逐个函数调用。链式调用的关键在于函数化，现在很多开源模块或代码都使用链式调用。链式调用将所有需要调用的函数写在一个函数里，代码看上去更简洁、易懂。

下面以 17.1.3 节绘制的“第一张 Pyecharts 图表”为例，在调用 Bar()对象的各个函数时，将单独调用与链式调用进行简单对比，效果如图 17.5 所示。

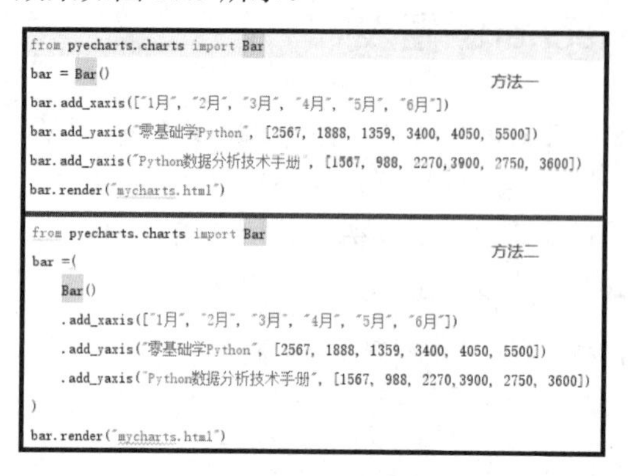

方法一

```
from pyecharts.charts import Bar
bar = Bar()
bar.add_xaxis(["1月", "2月", "3月", "4月", "5月", "6月"])
bar.add_yaxis("零基础学Python", [2567, 1888, 1359, 3400, 4050, 5500])
bar.add_yaxis("Python数据分析技术手册", [1567, 988, 2270,3900, 2750, 3600])
bar.render("mycharts.html")
```

方法二

```
from pyecharts.charts import Bar
bar =(
    Bar()
    .add_xaxis(["1月", "2月", "3月", "4月", "5月", "6月"])
    .add_yaxis("零基础学Python", [2567, 1888, 1359, 3400, 4050, 5500])
    .add_yaxis("Python数据分析技术手册", [1567, 988, 2270,3900, 2750, 3600])
)
bar.render("mycharts.html")
```

图 17.5　单独调用与链式调用对比

从图 17.5 中可以看出，链式调用将所有需调用的函数写在一个函数里，代码更简洁。当然，如果不习惯使用链式调用，也可以使用单独调用。

17.2　Pyecharts 图表的组成部分

Pyecharts 不仅具备 Matplotlib 图表的一些常用功能，还提供了独有的、别具特色的功能，主要包括主题风格的设置、图例、视觉映射、工具箱和区域缩放等，如图 17.6 所示。这些功能使得 Pyecharts 能够绘制出各种各样、超乎想象的图表。

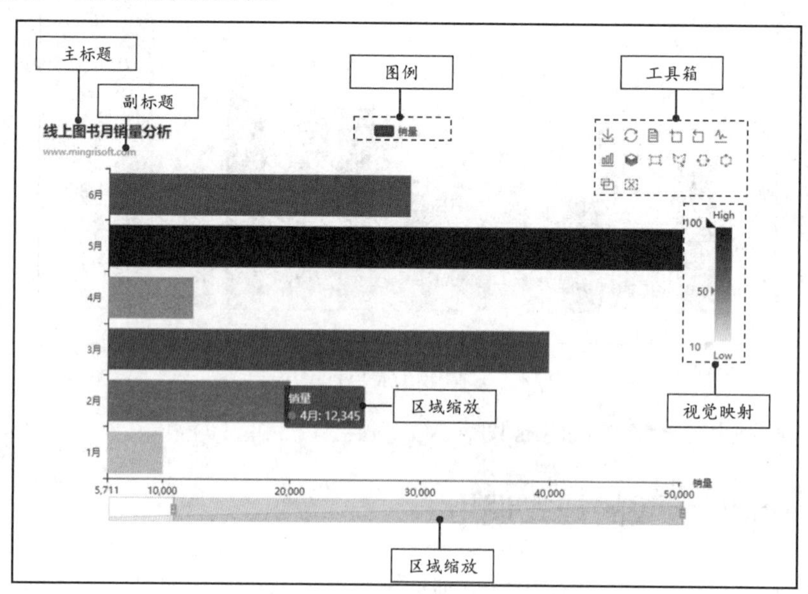

图 17.6　Pyecharts 图表的组成

17.2.1　主题风格——InitOpts()对象

Pyecharts 内置了 15 种不同的主题风格，并提供了便捷的定制主题函数。通过 options 子模块的 InitOpts()对象设置图表的主题风格。下面介绍 InitOpts()对象的关键参数。

☑ width：字符型，图表画布宽度，以像素为单位。例如，width='500px'。

☑ height：字符型，图表画布高度，以像素为单位。例如，height='300px'。

☑ chart_id：图表的 ID，图表的唯一标识，主要用于多图表时区分每个图表。

☑ page_title：字符型，网页标题。

☑ theme：图表主题，其参数值主要由 ThemeType 类提供。

☑ bg_color：字符型，图表背景颜色。例如，bg_color='black'或 bg_color='#fff'。

ThemeType 类提供的 15 种图表主题风格如表 17.1 所示。

表 17.1　theme 参数设置值

主　　题	说　　明	主　　题	说　　明
ThemeType.WHITE	默认主题	ThemeType.ROMA	罗马假日主题
ThemeType.LIGHT	浅色主题	ThemeType.ROMANTIC	浪漫主题
ThemeType.DARK	深色主题	ThemeType.SHINE	闪耀主题
ThemeType.CHALK	粉笔色	ThemeType.VINTAGE	葡萄酒主题
ThemeType.ESSOS	厄索斯大陆	ThemeType.WALDEN	瓦尔登湖
ThemeType.INFOGRAPHIC	信息图	ThemeType.WESTEROS	维斯特洛大陆
ThemeType.MACARONS	马卡龙主题	ThemeType.WONDERLAND	仙境
ThemeType.PURPLE_PASSION	紫色热烈主题		

【例 17.2】为图表更换主题（**实例位置：资源包\MR\Code\17\02**）

下面为“第一张 Pyecharts 图表”更换主题，具体步骤如下。

（1）从 pyecharts.charts 子模块中导入 Bar 类。代码如下：

```
1    from pyecharts.charts import Bar
```

（2）从 pyecharts 模块中导入 options 子模块。代码如下：

```
2    from pyecharts import options as opts
```

（3）从 pyecharts.globals 子模块中导入主题类型的 ThemeType 类。代码如下：

```
3    from pyecharts.globals import ThemeType
```

（4）设置画布大小、图表主题和图表背景颜色，代码如下：

```
4    bar =(
5        Bar(init_opts=opts.InitOpts(width='500px',height='300px',    # 设置画布大小
6                                    theme=ThemeType.LIGHT,           # 设置主题
7                                    bg_color='#fff'))                # 设置图表背景颜色
8        # x 轴和 y 轴数据
9        .add_xaxis(["1 月", "2 月", "3 月", "4 月", "5 月", "6 月"])
```

```
10          .add_yaxis("零基础学 Python", [2567, 1888, 1359, 3400, 4050, 5500])
11          .add_yaxis("Python 数据分析技术手册", [1567, 988, 2270,3900, 2750, 3600])
12          )
```

（5）渲染图表到 HTML 文件，并将其存放在程序所在目录下，代码如下：

```
13   bar.render("mycharts1.html")                              # 渲染图表到 HTML 文件
```

运行程序，将在程序所在路径下生成一个名为 mycharts1.html 的 HTML 文件，打开该文件，效果如图 17.7 所示。

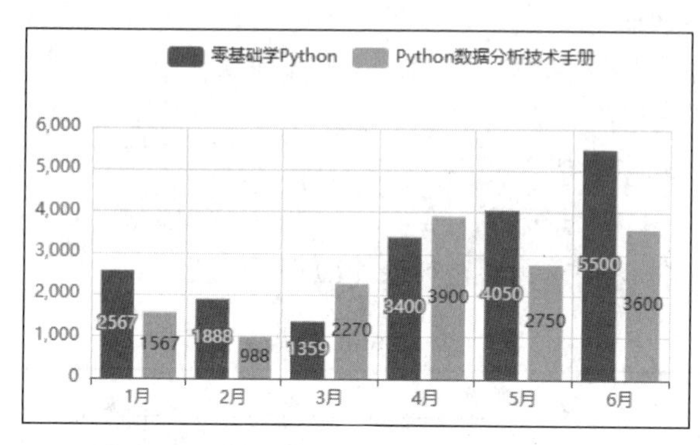

图 17.7　设置主题风格

17.2.2　图表标题——TitleOpts()对象

图表标题主要通过 set_global_options()函数的 title_opts 参数进行设置，该参数值参考 options 子模块的 TitleOpts()对象，可实现主标题、副标题、距离以及文字样式等的设置。TitleOpts()对象的主要参数说明如下。

☑ title：字符型，默认值为 None。主标题文本，支持换行符“\n”。

☑ title_link：字符型，默认值为 None。主标题跳转 URL 链接。

☑ title_target：字符型，默认值为 None。主标题跳转链接的方式，默认值为 blank，表示在新窗口打开。可选参数 self，表示在当前窗口打开。

☑ subtitle：字符型，默认值为 None。副标题文本，支持换行符“\n”。

☑ subtitle_link：字符型，默认值为 None。副标题跳转 URL 链接。

☑ subtitle_target：字符型，默认值为 None。副标题跳转链接的方式，默认值为 blank，表示在新窗口打开。可选参数 self，表示在当前窗口打开。

☑ pos_left：字符型，默认值为 None。表示标题距左侧的距离。其值可以是具体像素值，可以是相对于容器的高和宽的百分比，也可以是 left、center 或 right，标题将根据相应的位置自动对齐。

☑ pos_right：字符型，默认值为 None。表示标题距右侧的距离。其值可以是具体像素值，也可以是相对于容器的高和宽的百分比。

☑ pos_top：字符型，默认值为 None。表示标题距顶端的距离。其值可以是具体像素值，可以是相对于容器的高和宽的百分比，也可以是 top、middle 或 bottom，标题将根据相应的位置自动对齐。

☑ pos_bottom：字符型，默认值为 None。表示标题距底端的距离。其值可以是具体像素值，也可以是相对于容器的高和宽的百分比。

☑ padding：标题内边距，单位为像素。默认值为各方向（上、右、下、左）内边距为 5，接受数组分别设定上、右、下、左边距。例如，padding=[10,4,5,90]。

☑ item_gap：数值型，主标题与副标题之间的间距。例如，item_gap=3.5。

☑ title_textstyle_opts：主标题文字样式配置项，参考 options 子模块的 TextStyleOpts()对象。主要包括颜色、字体样式、字体的粗细、字体的大小以及对齐方式等。例如，设置标题颜色为红色，字体大小为 18，代码如下：

```
title_textstyle_opts=opts.TextStyleOpts(color='red',font_size=18)
```

☑ subtitle_textstyle_opts：副标题文字样式配置项，参数配置同主标题。

【例 17.3】为图表设置标题（**实例位置：资源包\MR\Code\17\03**）

下面为“第一张 Pyecharts 图表”设置标题，具体步骤如下。

（1）从 pyecharts.charts 子模块中导入 Bar 类。代码如下：

```
1       from pyecharts.charts import Bar
```

（2）从 pyechartsm 模块中导入 options 子模块。代码如下：

```
2       from pyecharts import options as opts
```

（3）从 pyecharts.globals 子模块中导入主题类型的 ThemeType 类。代码如下：

```
3       from pyecharts.globals import ThemeType
```

（4）生成图表，设置图表标题，包括主标题、主标题字体颜色和大小、副标题、标题内边距以及主标题与副标题的间距。代码如下：

```
4       bar =(
5           Bar(init_opts=opts.InitOpts(theme=ThemeType.LIGHT))                    # 主题风格
6           # x 轴和 y 轴数据
7           .add_xaxis(["1 月", "2 月", "3 月", "4 月", "5 月", "6 月"])
8           .add_yaxis("零基础学 Python", [2567, 1888, 1359, 3400, 4050, 5500])
9           .add_yaxis("Python 数据分析技术手册", [1567, 988, 2270,3900, 2750, 3600])
10          # 设置图表标题
11          .set_global_opts(title_opts=opts.TitleOpts(title="热门图书销量分析",      # 主标题
12                          padding=[10,4,5,90],                                   # 标题内边距
13                          subtitle='www.mingrisoft.com',                         # 副标题
14                          item_gap=5,                                            # 主标题与副标题的间距
15                          # 主标题字体颜色和大小
16                          title_textstyle_opts=opts.TextStyleOpts(color='red',font_size=18)
17                          ))
18          )
```

（5）渲染图表到 HTML 文件，并将其存放在程序所在目录下。代码如下：

```
19      bar.render("mycharts2.html")
```

运行程序，将在程序所在路径下生成一个名为 mycharts2.html 的 HTML 文件，打开该文件，效果如图 17.8 所示。

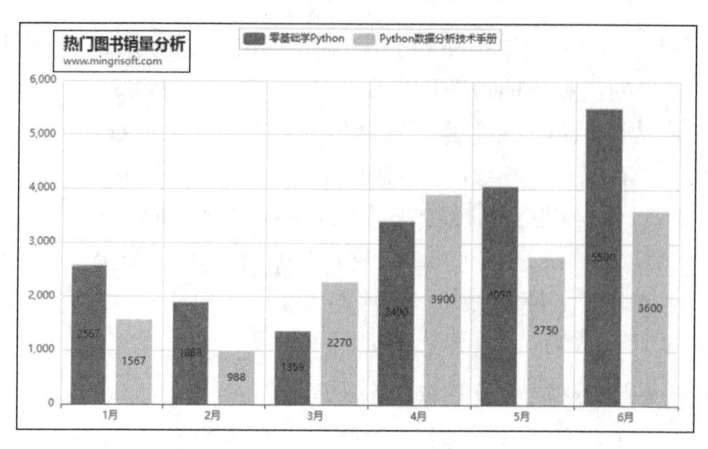

图 17.8　设置图表标题

17.2.3　图例——LegendOpts()对象

图例主要通过 set_global_opts()函数的 legend_opts 参数进行设置，该参数值参考 options 子模块的 LegendOpts()对象。LegendOpts()对象的主要参数说明如下。

- ☑ is_show：布尔值，表示是否显示图例，True 为显示图例，False 为不显示图例。
- ☑ pos_left：字符串或数字，默认值为 None。表示图例离容器左侧的距离，其值可以是具体像素值，可以是相对于容器高和宽的百分比，也可以是 left、center 或 right，图例将根据相应的位置自动对齐。
- ☑ pos_right：字符串或数字，默认值为 None。表示图例离容器右侧的距离，其值可以是具体像素值，也可以是相对于容器高和宽的百分比。
- ☑ pos_top：字符串或数字，默认值为 None。表示图例离容器顶端的距离，其值可以是具体像素值，可以是相对于容器高和宽的百分比，也可以是 top、middle 或 bottom，图例将根据相应的位置自动对齐。
- ☑ pos_bottom：字符串或数字，默认值为 None。表示图例离容器底端的距离，其值可以是具体像素值，也可以是相对于容器高和宽的百分比。
- ☑ orient：字符串，默认值为 None。表示图例列表的布局朝向，其值为 horizontal（横向）或 vertical（纵向）。
- ☑ align：字符串。表示图例标记和文本的对齐，其值为 auto、left 或 right，默认值为 auto（自动）。根据图表的位置和 orient 参数（图例列表的朝向）决定。
- ☑ padding：整型，图例内边距，单位为像素（px），默认值为各方向内边距为 5。
- ☑ item_gap：图例之间的间隔。横向布局时为水平间隔，纵向布局时为纵向间隔。默认间隔为 10。
- ☑ item_width：图例标记的宽度。默认宽度为 25。
- ☑ item_height：图例标记的高度。默认高度为 14。
- ☑ textstyle_opts：图例的字体样式。参考 options 子模块的 TextStyleOpts()对象，主要包括颜色、字体样式、字体的粗细、字体的大小以及对齐方式等。

☑ legend_icon：图例标记的样式。其值为 circle（圆形）、rect（矩形）、roundRect（圆角矩形）、triangle（三角形）、diamond（菱形）、pin（大头针）、arrow（箭头）或 none（无）。也可以设置为图片。

【例 17.4】为图表设置图例（实例位置：资源包\MR\Code\17\04）

下面为“第一张 Pyecharts 图表”设置图例，具体步骤如下。

（1）从 pyecharts.charts 子模块中导入 Bar 类。代码如下：

```
1    from pyecharts.charts import Bar
```

（2）从 pyecharts 模块中导入 options 子模块。代码如下：

```
2    from pyecharts import options as opts
```

（3）生成图表，设置图表标题和图例。其中，图例主要包括图例离容器右侧的距离、图例标记的宽度和图例标记的样式，代码如下：

```
3    bar =(
4        Bar(init_opts=opts.InitOpts(theme=ThemeType.LIGHT))                      # 主题风格
5        # x 轴和 y 轴数据
6        .add_xaxis(["1 月", "2 月", "3 月", "4 月", "5 月", "6 月"])
7        .add_yaxis("零基础学 Python", [2567, 1888, 1359, 3400, 4050, 5500])
8        .add_yaxis("Python 数据分析技术手册", [1567, 988, 2270,3900, 2750, 3600])
9        # 设置图表标题
10       .set_global_opts(title_opts=opts.TitleOpts(title="热门图书销量分析",       # 主标题
11                        padding=[10,4,5,90],                                     # 标题内边距
12                        subtitle='www.mingrisoft.com',                           # 副标题
13                        item_gap=5,                                              # 主标题与副标题的间距
14                        # 主标题字体颜色和大小
15                        title_textstyle_opts=opts.TextStyleOpts(color='red',font_size=18)),
16   # 设置图例
17   legend_opts=opts.LegendOpts(pos_right=50,                                     # 图例离容器右侧的距离
18                        item_width=45,                                           # 图例标记的宽度
19                        legend_icon='circle'))                                   # 图例标记的样式为圆形
20       )
21   bar.render("mycharts3.html")
```

运行程序，在程序所在路径下生成一个名为 mycharts3.html 的 HTML 文件，打开该文件，效果如图 17.9 所示。

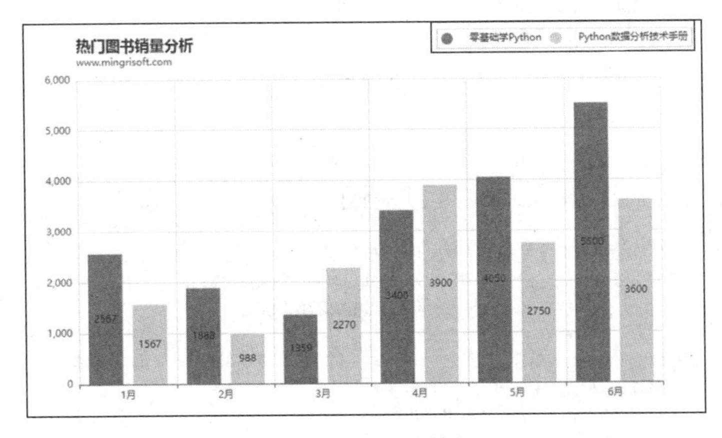

图 17.9 设置图例

17.2.4 提示框——TooltipOpts()对象

提示框主要通过 set_global_options()函数的 tooltip_opts 参数进行设置，该参数值参考 options 子模块的 TooltipOpts()对象。TooltipOpts()对象的主要参数说明如下。

☑ is_show：布尔值，表示是否显示提示框。

☑ trigger：提示框触发的类型，可选参数。其中，item 数据项图形触发，主要在散点图和饼形图等无类目轴的图表中使用。axis 坐标轴触发，主要在柱形图和折线图等使用类目轴的图表中使用。None 不触发，即无提示框。

☑ trigger_on：提示框触发的条件，可选参数。其中，mousemove 为鼠标移动时触发，click 为鼠标点击时触发，mousemove|click 为鼠标移动和点击同时触发，none 为鼠标不移动或不点击时触发。

☑ axis_pointer_type：指示器类型，可选参数，其值如下。

  ➢ line：直线指示器。

  ➢ shadow：阴影指示器。

  ➢ cross：十字线指示器。

  ➢ none：无指示器。

☑ background_color：提示框的背景颜色。

☑ border_color：提示框边框的颜色。

☑ border_width：提示框边框的宽度。

☑ textstyle_opts：提示框中文字的样式。参考 options 子模块的 TextStyleOpts()对象，主要包括颜色、字体样式、字体的粗细、字体的大小以及对齐方式等。

【例 17.5】为图表设置提示框（**实例位置：资源包\MR\Code\17\05**）

下面为图表设置提示框的样式，具体步骤如下。

（1）导入相关模块，代码如下：

```
1    from pyecharts import options as opts
2    from pyecharts.charts import Bar
3    from pyecharts.globals import ThemeType
```

（2）设置图表标题和图例。其中，图例主要包括图例离容器右侧的距离、图例标记的宽度和图例标记的样式，代码如下：

```
4    bar =(
5        Bar(init_opts=opts.InitOpts(theme=ThemeType.LIGHT))                # 主题风格
6        # x 轴和 y 轴数据
7        .add_xaxis(["1 月", "2 月", "3 月", "4 月", "5 月", "6 月"])
8        .add_yaxis("零基础学 Python", [2567, 1888, 1359, 3400, 4050, 5500])
9        .add_yaxis("Python 数据分析技术手册", [1567, 988, 2270,3900, 2750, 3600])
10       # 设置图表标题
11       .set_global_opts(title_opts=opts.TitleOpts(title="热门图书销量分析",    # 主标题
12                        padding=[10,4,5,90],                               # 标题内边距
13                        subtitle='www.mingrisoft.com',                     # 副标题
14                        item_gap=5,                                        # 主标题与副标题的间距
15                        # 主标题字体颜色和大小
```

```
16                    title_textstyle_opts=opts.TextStyleOpts(color='red',font_size=18)),
17                    # 设置图例
18                    legend_opts=opts.LegendOpts(pos_right=50,      # 图例离容器右侧的距离
19                             item_width=45,                          # 图例标记的宽度
20                             legend_icon='circle'),                  # 图例标记的样式为圆形
```

（3）生成图表，设置鼠标点击时触发提示框，设置提示框为十字线指示器，设置背景色、边框宽度和边框颜色，代码如下：

```
21                    # 提示框
22                    tooltip_opts=opts.TooltipOpts(trigger="axis",  # 坐标轴触发
23                             trigger_on='click',                     # 鼠标点击时触发
24                             axis_pointer_type='cross',              # 十字线指示器
25                             background_color='blue',                # 背景色为蓝色
26                             border_width=2,                         # 边框宽度
27                             border_color='red')                     # 边框颜色为红色
28                    )
29        )
30    bar.render("mycharts5.html")                                     # 生成图表
```

运行程序，在程序所在路径下生成一个名为 mycharts5.html 的 HTML 文件，打开该文件，效果如图 17.10 所示。

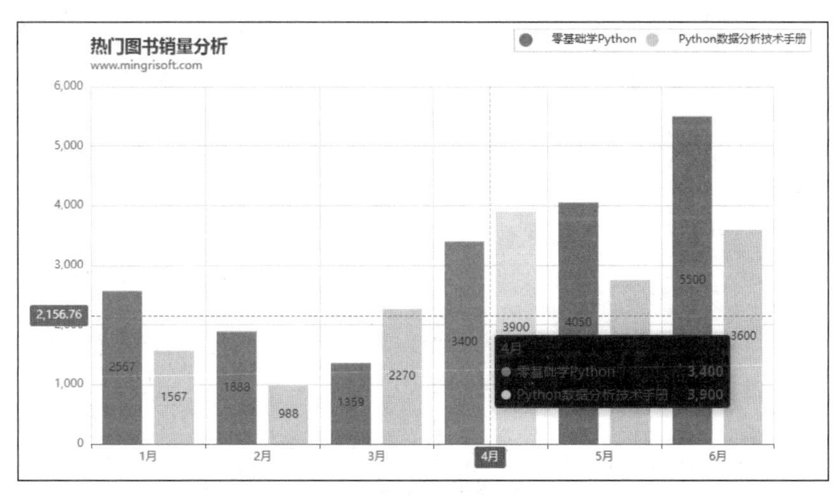

图 17.10　设置提示框

17.2.5　视觉映射——VisualMapOpts()对象

视觉映射主要通过 set_global_options()函数的 title_opts 参数进行设置，该参数值参考 options 子模块的 VisualMapOpts()对象。VisualMapOpts()对象的主要参数说明如下。

☑　is_show：布尔型，表示是否显示视觉映射配置。

☑　type_：映射过渡类型，可选参数。其值为 color 或 size。

☑　min_：整型或浮点型，颜色条的最小值。

☑　max_：整型或浮点型，颜色条的最大值。

☑　range_text：颜色条两端的文本。例如，High 或 Low。

☑ range_color：序列。颜色范围（过渡颜色），例如，range_color=["#FFF0F5", "#8B008B"]
☑ orient：颜色条放置方式，水平（horizontal）或者竖直（vertical）。
☑ pos_left：颜色条离左侧的距离。
☑ dimension：颜色条映射的维度。
☑ is_piecewise：布尔型，表示是否分段显示数据。

【例 17.6】为图表添加视觉映射（**实例位置：资源包\MR\Code\17\06**）

下面为图表添加视觉映射，具体步骤如下。

（1）导入相关模块，代码如下：

```
1   from pyecharts import options as opts
2   from pyecharts.charts import Bar
```

（2）为柱形图添加数据，代码如下：

```
3   bar=Bar()
4   # 为柱形图添加数据
5   bar.add_dataset(source=[
6                   ["val", "销量","月份"],
7                   [24, 10009, "1 月"],
8                   [57, 19988, "2 月"],
9                   [74, 39870, "3 月"],
10                  [50, 12345, "4 月"],
11                  [99, 50145, "5 月"],
12                  [68, 29146, "6 月"]
13                  ]
14          )
15  bar.add_yaxis(
16          series_name="销量",                                      # 系列名称
17          y_axis =[],                                              # 系列数据
18          encode={"x": "销量", "y": "月份"},                        # 对 x 轴 y 轴数据进行编码
19          label_opts=opts.LabelOpts(is_show=False)                 # 不显示标签文本
20          )
```

（3）设置图表标题和视觉映射，并生成图表，代码如下：

```
21  bar.set_global_opts(
22          title_opts=opts.TitleOpts(title="线上图书月销量分析",         # 主标题
23                                    subtitle='www.mingrisoft.com'),  # 副标题
24          xaxis_opts=opts.AxisOpts(name="销量"),                    # x 轴名称
25          yaxis_opts=opts.AxisOpts(type_="category"),              # y 轴类型为"类目"
26          # 视觉映射
27          visualmap_opts=opts.VisualMapOpts(
28              orient="horizontal",                                 # 水平放置颜色条
29              pos_left="center",                                   # 居中
30              min_=10,                                             # 颜色条最小值
31              max_=100,                                            # 颜色条最大值
32              range_text=["High", "Low"],                          # 颜色条两端的文本
33              dimension=0,                                         # 颜色条映射的维度
34              range_color=["#FFF0F5", "#8B008B"]                   # 颜色范围
35                          )
36          )
37  bar.render("mycharts6.html")                                     # 生成图表
```

运行程序，在程序所在路径下生成一个名为 mycharts6.html 的 HTML 文件，打开该文件，效果如图 17.11 所示。

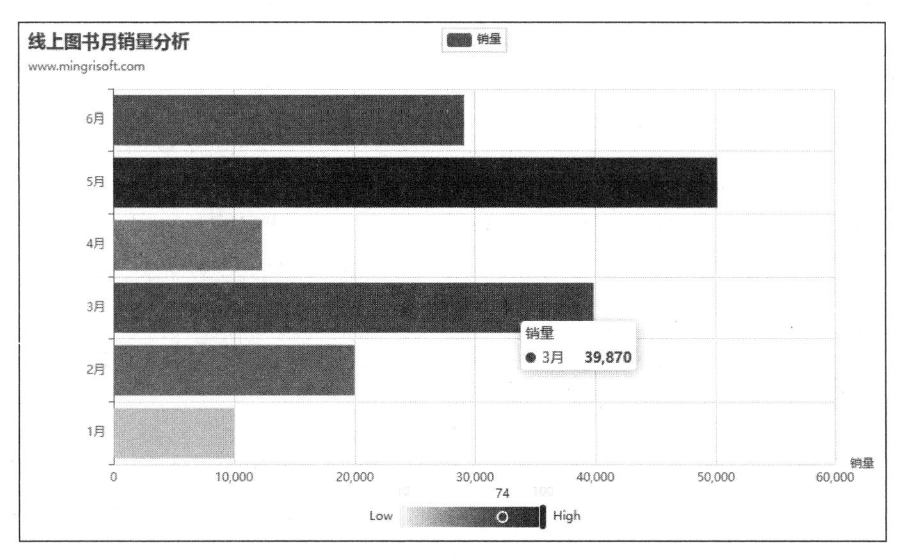

图 17.11　视觉映射

17.2.6　工具箱——ToolboxOpts()对象

工具箱主要通过 set_global_options()函数的 title_opts 参数进行设置，该参数值参考 options 子模块的 ToolboxOpts()对象。ToolboxOpts()对象的主要参数说明如下。

☑ is_show：布尔值，表示是否显示工具箱。
☑ orient：工具箱的布局朝向。可选参数，水平（horizontal）或竖直（vertical）。
☑ pos_left：工具箱离容器左侧的距离。
☑ pos_right：工具箱离容器右侧的距离。
☑ pos_top：工具箱离容器顶端的距离。
☑ pos_bottom：工具箱离容器底端的距离。
☑ feature：工具箱中每个工具的配置项。

【例 17.7】为图表添加工具箱（**实例位置：资源包\MR\Code\17\07**）

下面为图表添加工具箱，具体步骤如下。

（1）导入相关模块，代码如下：

```
1    from pyecharts import options as opts
2    from pyecharts.charts import Bar
```

（2）绘制柱形图，代码如下：

```
3    bar=Bar()
4    # 为柱形图添加数据
5    bar.add_dataset(source=[
6                   ["val", "销量","月份"],
7                   [24, 10009, "1 月"],
8                   [57, 19988, "2 月"],
9                   [74, 39870, "3 月"],
10                  [50, 12345, "4 月"],
11                  [99, 50145, "5 月"],
```

```
12                  [68, 29146, "6 月"]
13                  ]
14          )
15  bar.add_yaxis(
16          series_name="销量",                                    # 系列名称
17          y_axis=[],                                             # 系列数据
18          encode={"x": "销量", "y": "月份"},                      # 对 x 轴 y 轴数据进行编码
19          label_opts=opts.LabelOpts(is_show=False)               # 不显示标签文本
20          )
21  bar.set_global_opts(
22          title_opts=opts.TitleOpts(title="线上图书月销量分析",      # 主标题
23                                  subtitle='www.mingrisoft.com'), # 副标题
24          xaxis_opts=opts.AxisOpts(name="销量"),                   # x 轴名称
25          yaxis_opts=opts.AxisOpts(type_="category"),             # y 轴类型为“类目”
26          # 视觉映射
27          visualmap_opts=opts.VisualMapOpts(
28              orient="horizontal",                               # 水平放置颜色条
29              pos_left="center",                                 # 居中
30              min_=10,                                           # 颜色条最小值
31              max_=100,                                          # 颜色条最大值
32              range_text=["High", "Low"],                        # 颜色条两端的文本
33              dimension=0,                                       # 颜色条映射的维度
34              range_color=["#FFF0F5", "#8B008B"]                 # 颜色范围
35              ),
```

（3）添加工具箱，并生成图表，代码如下：

```
36          # 工具箱
37          toolbox_opts=opts.ToolboxOpts(is_show=True,             # 显示工具箱
38                                      pos_left=700)              # 工具箱离容器左侧的距离
39          )
40  bar.render("mycharts7.html")                                   # 生成图表
```

运行程序，在程序所在路径下生成一个名为 mycharts7.html 的 HTML 文件，打开该文件，效果如图 17.12 所示。

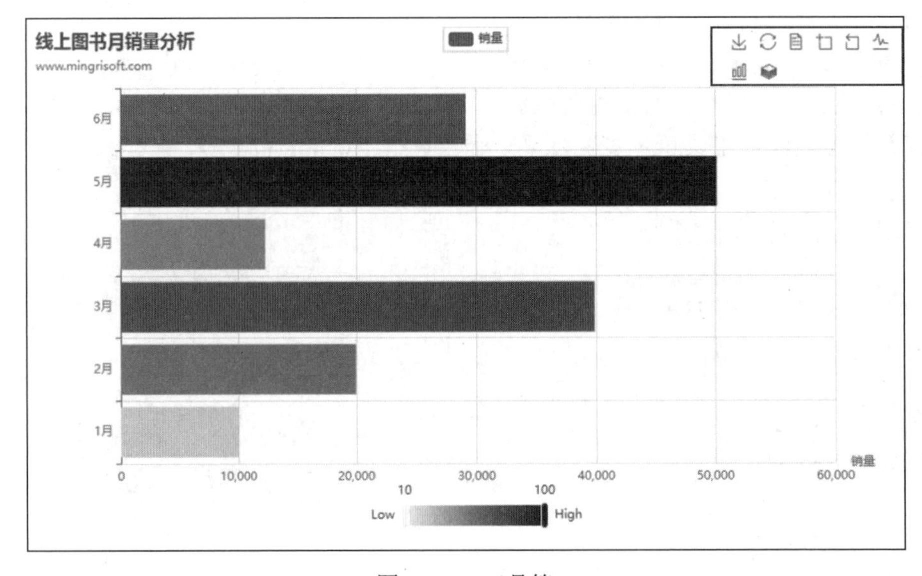

图 17.12　工具箱

17.2.7　区域缩放——DataZoomOpts()对象

区域缩放工具条主要通过 set_global_options()函数的 datazoom_opts 参数进行设置，该参数值参考 options 子模块的 DataZoomOpts()对象。DataZoomOpts()对象的主要参数说明如下：

☑ is_show：布尔值，表示是否显示区域缩放工具条。
☑ type_：区域缩放工具条的类型，可选参数，其值为 slider 或 inside。
☑ is_realtime：布尔值，表示是否实时更新图表。
☑ range_start：数据窗口范围的起始百分比。其值为 0~100，表示 0%~100%。
☑ range_end：数据窗口范围的结束百分比。其值为 0~100，表示 0%~100%。
☑ start_value：数据窗口范围的起始数值。
☑ end_value：数据窗口范围的结束数值。
☑ orient：区域缩放工具条的布局方式。可选参数，其值为 horizontal（水平）或 vertical（竖直）。
☑ pos_left：工具箱离容器左侧的距离。
☑ pos_right：工具箱离容器右侧的距离。
☑ pos_top：工具箱离容器顶端的距离。
☑ pos_bottom：工具箱离容器底端的距离。

【例 17.8】为图表添加区域缩放（**实例位置：资源包\MR\Code\17\08**）

下面为图表添加区域缩放工具条，具体步骤如下。

（1）导入相关模块，代码如下：

```
1    from pyecharts import options as opts
2    from pyecharts.charts import Bar
```

（2）绘制柱形图，代码如下：

```
3    bar=Bar()
4    # 为柱形图添加数据
5    bar.add_dataset(source=[
6                    ["val", "销量","月份"],
7                    [24, 10009, "1 月"],
8                    [57, 19988, "2 月"],
9                    [74, 39870, "3 月"],
10                   [50, 12345, "4 月"],
11                   [99, 50145, "5 月"],
12                   [68, 29146, "6 月"]
13                   ]
14       )
15   bar.add_yaxis(
16           series_name="销量",                                    # 系列名称
17           y_axis=[],                                            # 系列数据
18           encode={"x": "销量", "y": "月份"},                     # 对 x 轴 y 轴数据进行编码
19           label_opts=opts.LabelOpts(is_show=False)              # 不显示标签文本
20       )
21   bar.set_global_opts(
22           title_opts=opts.TitleOpts(tilte="线上图书月销量分析",      # 主标题
23                                 subtitle='www.mingrisoft.com'),  # 副标题
24           xaxis_opts=opts.AxisOpts(name="销量"),                 # x 轴名称
```

```
25            yaxis_opts=opts.AxisOpts(type_="category"),       # y 轴类型为“类目”
26            # 视觉映射
27            visualmap_opts=opts.VisualMapOpts(
28                orient="vertical",                            # 竖直放置颜色条
29                pos_right=20,                                 # 离容器右侧的距离
30                pos_top=100,                                  # 离容器顶端的距离
31                min_=10,                                      # 颜色条最小值
32                max_=100,                                     # 颜色条最大值
33                range_text=["High", "Low"],                   # 颜色条两端的文本
34                dimension=0,                                  # 颜色条映射的维度
35                range_color=["#FFF0F5", "#8B008B"]            # 颜色范围
36                            ),
37            # 工具箱
38            toolbox_opts=opts.ToolboxOpts(is_show=True,       # 显示工具箱
39                                          pos_left=700),      # 工具箱离容器左侧的距离
```

（3）添加区域缩放工具条，并生成图表，代码如下：

```
40            # 区域缩放工具条
41            datazoom_opts=opts.DataZoomOpts()
42            )
43    bar.render("mycharts8.html")                              # 生成图表
```

运行程序，在程序所在路径下生成一个名为 mycharts8.html 的 HTML 文件，打开该文件，效果如图 17.13 所示。

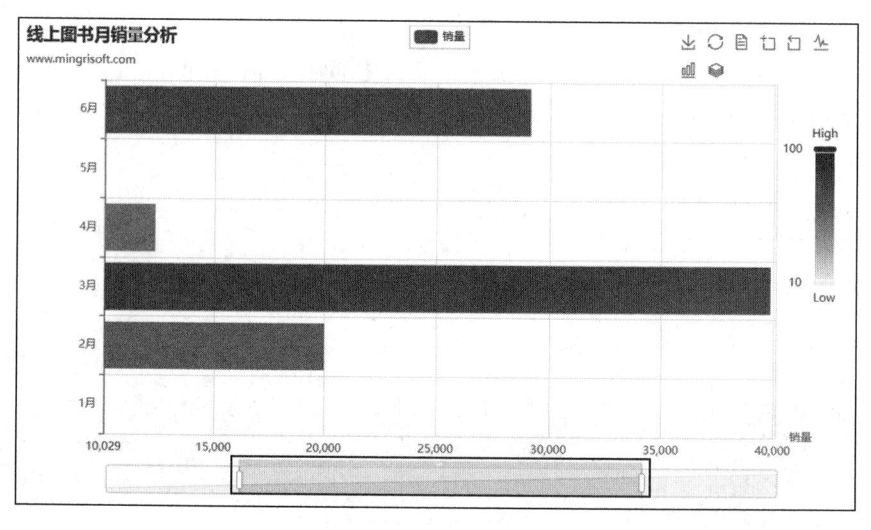

图 17.13　区域缩放

17.3　绘制 Pyecharts 图表

17.3.1　绘制散点图——EffectScatter()对象

【例 17.9】绘制简单的散点图（**实例位置：资源包\MR\Code\17\09**）

绘制涟漪特效散点图主要使用 EffectScatter()对象的 add_xaxis()、add_yaxis()函数实现。下面绘制

一个简单的涟漪特效散点图，程序代码如下：

```
1   import pandas as pd
2   from pyecharts.charts import EffectScatter
3   df = pd.read_excel('books.xlsx',sheet_name='Sheet2')       # 读取 Excel 文件
4   # x 轴和 y 轴数据
5   x=list(df['年份'])
6   y1=list(df['京东'])
7   y2=list(df['天猫'])
8   y3=list(df['自营'])
9   # 绘制涟漪散点图
10  scatter=EffectScatter()
11  scatter.add_xaxis(x)
12  scatter.add_yaxis("",y1)
13  scatter.add_yaxis("",y2)
14  scatter.add_yaxis("",y3)
15  scatter.render("myscatter.html")          # 渲染图表到 HTML 文件，存放在程序所在目录下
```

运行程序，在程序所在路径下生成名为 myscatter.html 的 HTML 文件，打开该文件，效果如图 17.14 所示。

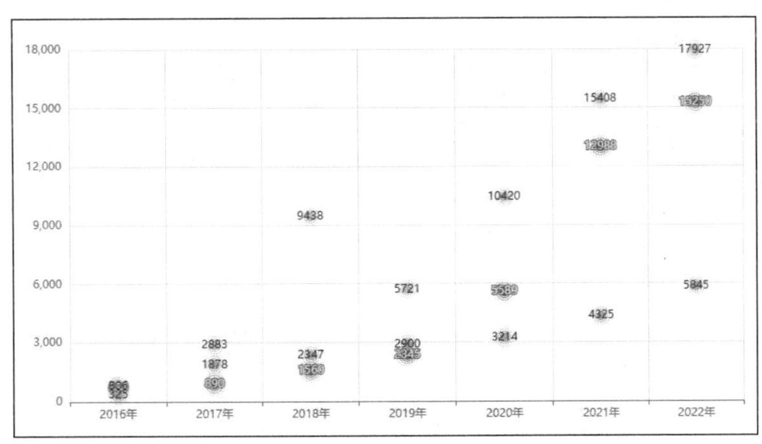

图 17.14　涟漪特效散点图

17.3.2　绘制折线图和面积图——Line()对象

绘制折线图和面积图主要使用 Line 对象的 add_xaxis()和 add_yaxis()函数。

add_yaxis()函数的主要参数如下：

☑ series_name：系列名称，用于提示文本和图例标签。
☑ y_axis：y 轴数据。
☑ color：标签文本的颜色。
☑ symbol：标记，包括 circle、rect、roundRect、triangle、diamond、pin、arrow 或 none，也可以设置为图片。
☑ symbol_size：标记大小。
☑ is_smooth：布尔值，表示是否为平滑曲线。
☑ is_step：布尔值，表示是否显示为阶梯图。

- ☑ linestyle_opts：线条样式。参考 series_options.LineStyleOpts 类。
- ☑ areastyle_opts：填充区域配置项，主要用于绘制面积图。该参数值需参考 options 子模块的 AreaStyleOpts()对象。例如，areastyle_opts=opts.AreaStyleOpts(opacity=1)。

【例 17.10】绘制折线图（**实例位置：资源包\MR\Code\17\10**）

绘制折线图，分析近 7 年各个电商平台的销量情况，具体步骤如下。

（1）导入相关模块，代码如下：

```
1   import pandas as pd
2   from pyecharts.charts import Line
```

（2）绘制折线图，代码如下：

```
3   df = pd.read_excel('books.xlsx',sheet_name='Sheet2')        # 读取 Excel 文件
4   x=list(df['年份'])
5   y1=list(df['京东'])
6   y2=list(df['天猫'])
7   y3=list(df['自营'])
8   line=Line()                                                  # 创建折线图
9   # 为折线图添加 x 轴和 y 轴数据
10  line.add_xaxis(xaxis_data=x)
11  line.add_yaxis(series_name="京东",y_axis=y1)
12  line.add_yaxis(series_name="天猫",y_axis=y2)
13  line.add_yaxis(series_name="自营",y_axis=y3)
14  line.render("myline1.html")                                  # 渲染图表到 HTML 文件，存放在程序所在目录下
```

运行程序，在程序所在路径下生成 myline1.html 文件，打开该文件，效果如图 17.15 所示。

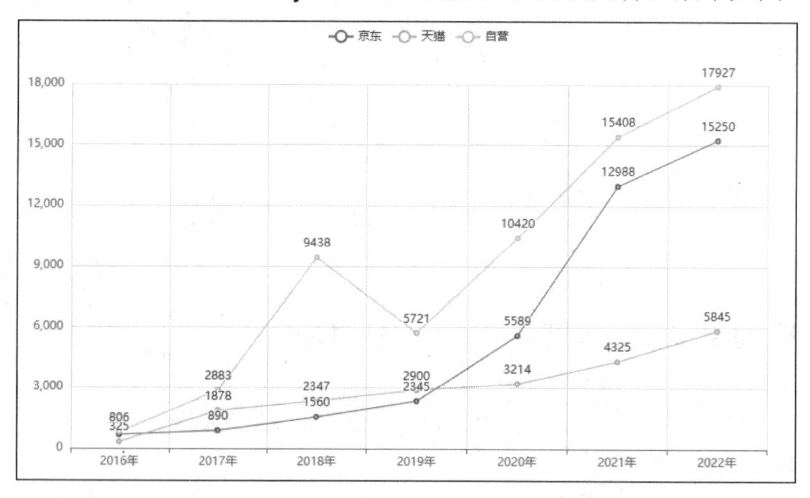

图 17.15　折线图

注意

x 轴数据必须为字符串，否则图表不显示。如果数据为其他类型，需要使用 str()函数将数据转换为字符串，如 x_data=[str(i) for i in x]。

【例 17.11】绘制面积图（**实例位置：资源包\MR\Code\17\11**）

使用 Line()对象还可以绘制面积图，主要通过在 add_yaxis()函数中指定 areastyle_opts 参数，该参

数值由 options 子模块的 AreaStyleOpts()对象提供。

（1）导入相关模块，代码如下：

```
1    import pandas as pd
2    from pyecharts.charts import Line
3    from pyecharts import options as opts
```

（2）绘制面积图，代码如下：

```
4    df = pd.read_excel('books.xlsx',sheet_name='Sheet2')        # 读取 Excel 文件
5    x=list(df['年份'])
6    y1=list(df['京东'])
7    y2=list(df['天猫'])
8    y3=list(df['自营'])
9    line=Line()                                                  # 创建面积图
10   # 为面积图添加 x 轴和 y 轴数据
11   line.add_xaxis(xaxis_data=x)
12   line.add_yaxis(series_name="自营",y_axis=y3,areastyle_opts=opts.AreaStyleOpts(opacity=1))
13   line.add_yaxis(series_name="京东",y_axis=y1,areastyle_opts=opts.AreaStyleOpts(opacity=1))
14   line.add_yaxis(series_name="天猫",y_axis=y2,areastyle_opts=opts.AreaStyleOpts(opacity=1))
15   line.render("myline2.html")                                  # 渲染图表到 HTML 文件，存放在程序所在目录下
```

运行程序，在程序所在路径下生成 myline2.html 文件，打开该文件，效果如图 17.16 所示。

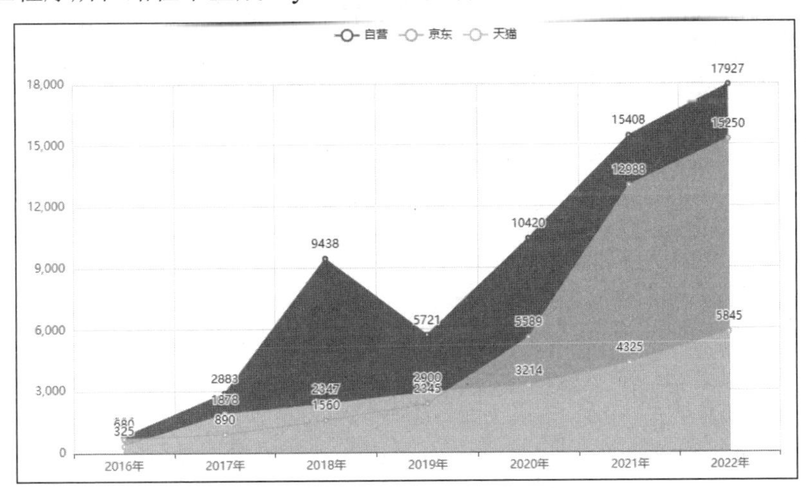

图 17.16　面积图

17.3.3　绘制柱形图——Bar()对象

绘制柱形图/条形图主要使用 Bar()对象实现，其主要函数如下：

☑　add_xaxis()：*x* 轴数据。

☑　add_yaxis()：*y* 轴数据。

☑　reversal_axis()：翻转 *xy* 轴数据。

☑　add_dataset()：原始数据。一般来说，原始数据表达的是二维表。

【例 17.12】绘制多柱形图（**实例位置：资源包\MR\Code\17\12**）

前述简单介绍了柱形图的绘制，下面先通过 Pandas 读取 Excel 文件中的数据，然后绘制多柱形图

表，分析近 7 年各个电商平台的销量情况，具体步骤如下。

（1）导入相关模块，代码如下：

```
1   import pandas as pd
2   from pyecharts.charts import Bar
3   from pyecharts import options as opts
4   from pyecharts.globals import ThemeType
```

（2）读取 Excel 文件，代码如下：

```
5   pd.set_option('display.unicode.east_asian_width', True)    # 设置数据显示的编码格式为东亚宽度，以便列对齐
6   df = pd.read_excel('books.xlsx',sheet_name='Sheet2')       # 读取 Excel 文件
7   print(df)
8   # x 轴和 y 轴数据
9   x=list(df['年份'])
10  y1=list(df['京东'])
11  y2=list(df['天猫'])
12  y3=list(df['自营'])
```

（3）绘制多柱形图，代码如下：

```
13  bar = Bar(init_opts=opts.InitOpts(theme=ThemeType.LIGHT))  # 创建柱形图并设置主题
14  # 为柱状图添加 x 轴和 y 轴数据
15  bar.add_xaxis(x)
16  bar.add_yaxis('京东',y1)
17  bar.add_yaxis('天猫',y2)
18  bar.add_yaxis('自营',y3)
19  bar.render("mybar1.html")              # 渲染图表到 HTML 文件，存放在程序所在目录下
```

运行程序，两种数据展示方式对比效果如图 17.17 和图 17.18 所示。

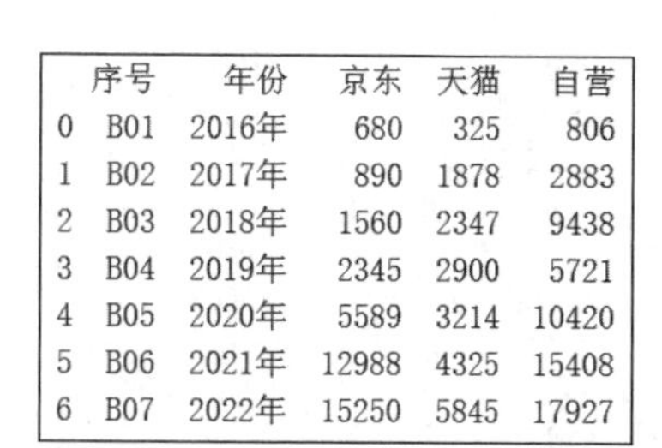

	序号	年份	京东	天猫	自营
0	B01	2016年	680	325	806
1	B02	2017年	890	1878	2883
2	B03	2018年	1560	2347	9438
3	B04	2019年	2345	2900	5721
4	B05	2020年	5589	3214	10420
5	B06	2021年	12988	4325	15408
6	B07	2022年	15250	5845	17927

图 17.17　Excel 数据展示

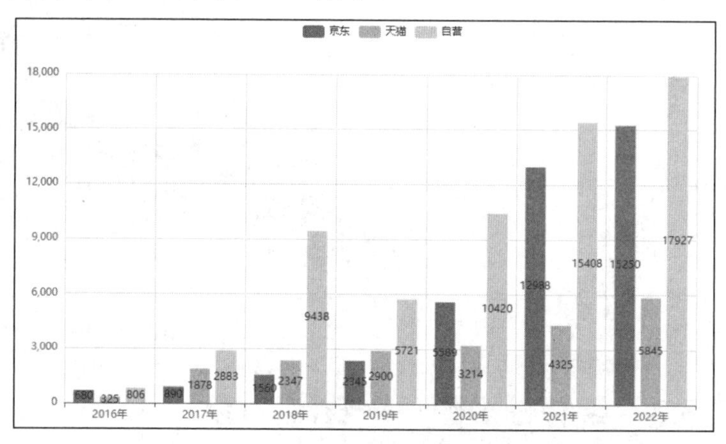

图 17.18　图表数据展示

17.3.4　绘制饼形图——Pie()对象

绘制饼形图主要使用 Pie()对象的 add()函数实现。下面介绍 add()函数的几个主要参数：

☑ series_name：系列名称，用于提示文本和图例标签。

☑ data_pair：数据项，格式为[(key1, value1), (key2, value2)]。可使用 zip()函数先将可迭代对象打包成元组，再转换为列表。

☑ color：系列标签的颜色。

☑ radius：饼形图的半径，数组的第一项是内半径，第二项是外半径。默认设置为百分比，相对于容器高和宽中较小的一项的一半。

☑ rosetype：表示是否展开为南丁格尔图（也称玫瑰图），通过半径区分数据大小。其值为 radius 或 area，radius 表示用扇区圆心角展现数据的百分比，用半径展现数据的大小；area 表示所有扇区圆心角相同，仅通过半径展现数据的大小。

☑ is_clockwise：饼形图的扇区是否以顺时针显示。

【例 17.13】绘制饼形图分析各地区销量占比情况（**实例位置：资源包\MR\Code\17\13**）

下面绘制饼形图，分析各地区销量占比情况，具体步骤如下。

（1）导入相关模块，代码如下：

```
1    import pandas as pd
2    from pyecharts.charts import Pie
3    from pyecharts import options as opts
```

（2）读取 Excel 文件，并将数据处理为列表加元组的格式，代码如下：

```
4    df = pd.read_excel('data2.xls')              # 读取 Excel 文件
5    x_data=df['地区']
6    y_data=df['销量']
7    # 将数据转换为列表加元组的格式（[(key1, value1), (key2, value2)]）
8    data=[list(z) for z in zip(x_data, y_data)]
9    data.sort(key=lambda x: x[1])                # 数据排序
10   print(x_data)
11   print(data)
```

（3）创建饼形图，代码如下：

```
12   pie=Pie()                                    # 创建饼形图
13   # 为饼形图添加数据
14   pie.add(
15           series_name="地区",                  # 序列名称
16           data_pair=data,                      # 数据
17       )
18   pie.set_global_opts(
19           # 饼形图标题居中
20           title_opts=opts.TitleOpts(
21               title="各地区销量情况分析",
22               pos_left="center"),
23           # 不显示图例
24           legend_opts=opts.LegendOpts(is_show=False),
25       )
26   pie.set_series_opts(
27           label_opts=opts.LabelOpts(),         # 序列标签
28       )
29   pie.render("mypie1.html")                    # 渲染图表到 HTML 文件，存放在程序所在目录下
```

运行程序，在程序所在路径下生成名为 mypie1.html 的 HTML 文件，打开该文件，效果如图 17.19 所示。

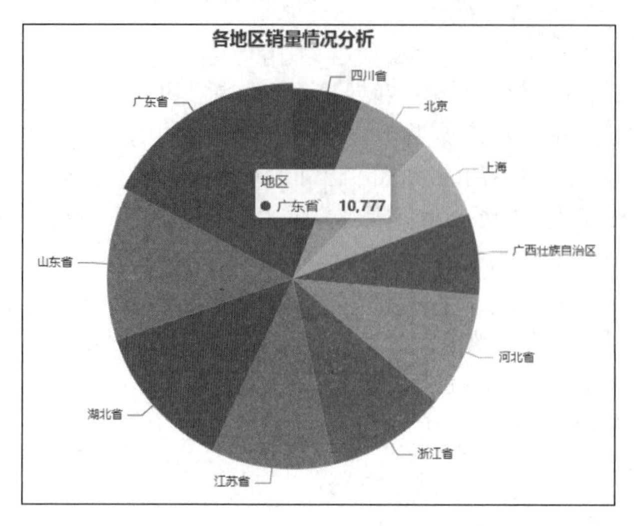

图 17.19　饼形图

17.3.5　绘制箱形图——Boxplot()对象

【例 17.14】绘制简单的箱形图（**实例位置：资源包\MR\Code\17\14**）

绘制箱形图主要使用 Boxplot()对象的 add_xaxis()和 add_yaxis()函数实现。下面绘制一个简单的箱形图，程序代码如下：

```
1   import pandas as pd
2   from pyecharts.charts import Boxplot
3   df = pd.read_excel('Tips.xlsx')        # 读取 Excel 文件
4   y_data=[list(df['总消费'])]
5   boxplot=Boxplot()                      # 创建箱形图
6   # 为箱形图添加数据
7   boxplot.add_xaxis([""])
8   boxplot.add_yaxis('',y_axis=boxplot.prepare_data(y_data))
9   boxplot.render("myboxplot.html")   # 渲染图表到 HTML 文件，存放在程序所在目录下
```

运行程序，在程序所在路径下生成 myboxplot.html 文件，打开该文件，效果如图 17.20 所示。

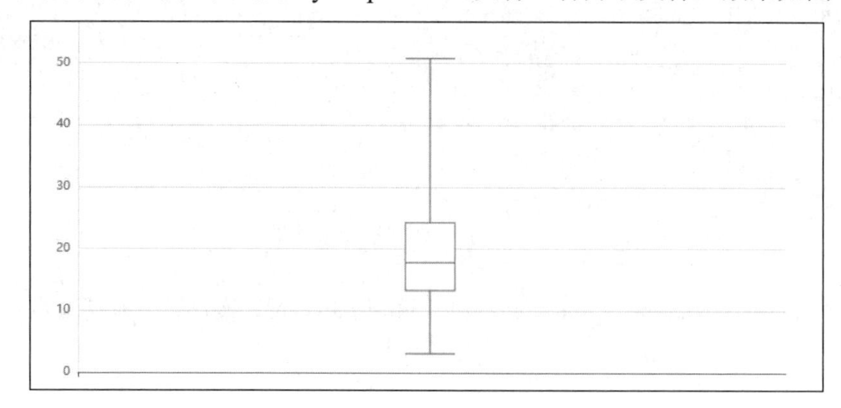

图 17.20　箱形图

17.3.6　绘制词云图——WordCloud 对象

绘制词云图主要使用 WordCloud()对象的 add()函数实现。下面介绍 add()函数的几个主要参数。

- ☑ series_name：系列名称，用于提示文本和图例标签。
- ☑ data_pair：数据项，格式为[(word1,count1), (word2, count2)]。可使用 zip()函数先将可迭代对象打包成元组，再转换为列表。
- ☑ shape：字符型，词云图的轮廓。其值为 circle、cardioid、diamond、triangle-forward、triangle、pentagon 或 star。
- ☑ mask_image：自定义图片，支持的图片格式为 jpg、jpeg、png 和 ico。该参数支持 base64（一种基于 64 个可打印字符来表示二进制数据的方法）和本地文件路径（相对或者绝对路径都可以）。
- ☑ word_gap：单词间隔。
- ☑ word_size_range：单词字体大小范围。
- ☑ rotate_step：旋转单词角度。
- ☑ pos_left：距离左侧的距离。
- ☑ pos_top：距离顶部的距离。
- ☑ pos_right：距离右侧的距离。
- ☑ pos_bottom：距离底部的距离。
- ☑ width：词云图的宽度。
- ☑ height：词云图的高度。

要实现词云图，首先需要通过 jieba 模块的 textrank 算法从文本中提取关键词。textrank 是一种文本排序算法，基于著名的网页排序算法 pagerank 改动而来。textrank 不仅能进行关键词提取，也能做自动文摘。

根据某个词连接所有词汇的权重，重新计算该词汇的权重，并把重新计算的权重传递下去。直到这种变化达到均衡态，权重数值不再发生改变。根据最后权重值，取排列靠前的词汇作为关键词。

【例 17.15】绘制词云图分析用户评论内容（**实例位置：资源包\MR\Code\17\15**）

下面绘制词云图，分析用户的评论内容。具体步骤如下。

（1）安装 jieba 模块。打开“命令提示符”窗口，通过 pip 命令安装 jieba 模块，安装命令如下：

```
1    pip install jieba
```

当然，也可以在 PyCharm 开发环境中安装。

（2）导入相关模块，代码如下：

```
2    from pyecharts.charts import WordCloud
3    from jieba import analyse
```

（3）使用 textrank 算法从文本中提取关键词，代码如下：

```
4    textrank = analyse.textrank
5    text = open('111.txt','r',encoding='gbk').read()
```

```
6     keywords = textrank(text,topK=30)
7     list1=[]
8     tup1=()
```

（4）关键词列表，代码如下：

```
9     for keyword, weight in textrank(text,topK=30, withWeight=True):
10        print('%s %s' % (keyword, weight))
11        tup1=(keyword,weight)            # 关键词权重
12        list1.append(tup1)               # 添加到列表中
```

（5）绘制词云图，代码如下：

```
13    mywordcloud=WordCloud()
14    mywordcloud.add('',list1,word_size_range=[20,100])
15    mywordcloud.render('wordclound.html')
```

运行程序，在程序所在路径下生成名为 wordclound.html 的 HTML 文件，打开该文件，效果如图 17.21 所示。

图 17.21　词云图

17.3.7　绘制热力图——HeatMap()对象

【例 17.16】绘制热力图统计双色球中奖数字出现的次数（**实例位置：资源包\MR\Code\17\16**）

绘制热力图主要使用 HeatMap()对象的 add_xaxis()和 add_yaxis()函数。下面通过绘制热力图统计 2007—2023 年双色球中奖数字出现的次数，具体步骤如下。

（1）导入相关模块，代码如下：

```
1     import pyecharts.options as opts
2     from pyecharts.charts import HeatMap
3     import pandas as pd
```

（2）读取 Excel 文件，并进行数据处理，代码如下：

```
4     df=pd.read_csv('data.csv')                              # 读取 Excel 文件
5     series=df['中奖号码'].str.split('   ',expand=True)      # 提取中奖号码
6     # 统计每一位中奖号码出现的次数
7     df1=df.groupby(series[0]).size()
8     df2=df.groupby(series[1]).size()
9     df3=df.groupby(series[2]).size()
10    df4=df.groupby(series[3]).size()
11    df5=df.groupby(series[4]).size()
```

```
12  df6=df.groupby(series[5]).size()
13  df7=df.groupby(series[6]).size()
14  # 横向表合并（行对齐）
15  data = pd.concat([df1,df2,df3,df4,df5,df6,df7], axis=1,sort=True)
16  data=data.fillna(0)                                  # 将空值 NaN 替换为 0
17  data=data.round(0).astype(int)                       # 将浮点数转换为整数
```

（3）将数据转换为 HeatMap 支持的列表格式，代码如下：

```
18  # 将数据转换为 HeatMap 支持的列表格式
19  value1=[]
20  for i in range(7):
21      for j in range(33):
22          value1.append([i,j,int(data.iloc[j,i])])
```

（4）绘制热力图，代码如下：

```
23  x=['第 1 位','第 2 位','第 3 位','第 4 位','第 5 位','第 6 位','第 7 位']
24  heatmap=HeatMap(init_opts=opts.InitOpts(width='600px',height='650px'))
25  heatmap.add_xaxis(x)
26  heatmap.add_yaxis("aa",list(data.index),value=value1,              # y 轴数据
27                  # y 轴标签
28                  label_opts=opts.LabelOpts(is_show=True,color='white',position="center"))
29  heatmap.set_global_opts(title_opts=opts.TitleOpts(title="统计 2007—2023 年双色球中奖号码出现的次数
    ",pos_left="center"),
30          legend_opts=opts.LegendOpts(is_show=False),              # 不显示图例
31          xaxis_opts=opts.AxisOpts(                                # 坐标轴配置项
32              type_="category",                                    # 类目轴
33              splitarea_opts=opts.SplitAreaOpts(                   # 分隔区域配置项
34                  is_show=True,
35                  areastyle_opts=opts.AreaStyleOpts(opacity=1)     # 区域填充样式
36              ),
37              ),
38          yaxis_opts=opts.AxisOpts(                                # 坐标轴配置项
39              type_="category",                                    # 类目轴
40              splitarea_opts=opts.SplitAreaOpts(                   # 分隔区域配置项
41                  is_show=True,
42                  areastyle_opts=opts.AreaStyleOpts(opacity=1)     # 区域填充样式
43              ),
44          ),
45          # 视觉映射配置项
46          visualmap_opts=opts.VisualMapOpts(is_piecewise=True,     # 分段显示
47                                  min_=1,max_=170,                 # 最小值、最大值
48                                  orient='horizontal',             # 水平方向
49                                  pos_left="center")               # 居中
50      )
51  heatmap.render("heatmap.html")
```

运行程序，在程序所在路径下生成 heatmap.html 文件，打开该文件，效果如图 17.22 所示。

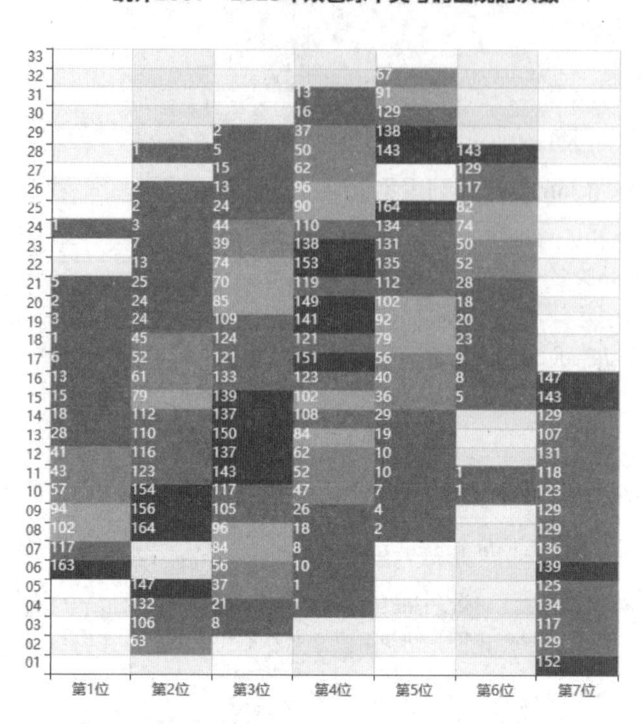

图 17.22　热力图

17.3.8　绘制水球图——Liquid()对象

【例 17.17】绘制水球图（**实例位置：资源包\MR\Code\17\17**）

绘制水球图主要使用 Liquid()对象的add()函数实现。下面绘制一个简单的涟漪特效散点图，程序代码如下：

```
1    from pyecharts.charts import Liquid
2    # 绘制水球图
3    liquid=Liquid()
4    liquid.add('',[0.7])
5    liquid.render("myliquid.html")
```

运行程序，在程序所在路径下生成 myliquid.html 文件，打开该文件，效果如图 17.23 所示。

图 17.23　水球图

17.3.9　绘制日历图——Calendar()对象

【例 17.18】绘制加班日历图（**实例位置：资源包\MR\Code\17\18**）

绘制日历图主要使用 Calendar()对象的 add()函数实现。下面绘制一个简单日历图，通过该日历图分析 6 月份的加班情况，程序代码如下：

```
1   import pandas as pd
2   from pyecharts import options as opts
3   from pyecharts.charts import Calendar
4   df=pd.read_excel('202306.xls')                    # 读取 Excel 文件
5   data=df.stack()                                   # 行列转换
6   # 求最大值和最小值
7   mymax=round(max(data),2)
8   mymin=round(min(data),2)
9   index=pd.date_range('20230601','20230630')        # 生成日期
10  data_list=list(zip(index,data))                   # 合并列表
11  calendar=Calendar()                               # 生成日历图
12  calendar.add("",
13              data_list,
14              calendar_opts=opts.CalendarOpts(range_=['2023-06-01','2023-06-30']))
15  calendar.set_global_opts(
16          title_opts=opts.TitleOpts(title="2023 年 6 月加班情况",pos_left='center'),
17          visualmap_opts=opts.VisualMapOpts(
18              max_=mymax,
19              min_=mymin+0.1,
20              orient="horizontal",
21              is_piecewise=True,
22              pos_top="230px",
23              pos_left="70px",
24          ),
25      )
26  calendar.render("mycalendar.html")
```

运行程序，在程序所在路径下生成 calendar.html 文件，打开该文件，效果如图 17.24 所示。

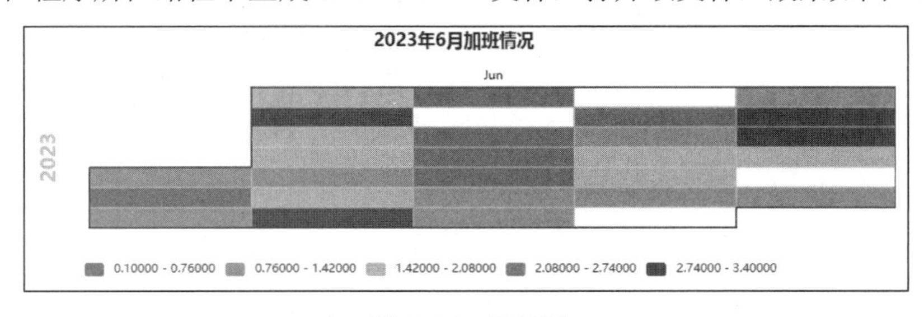

图 17.24 日历图

17.4 小 结

本章介绍了如何使用 Pyecharts 模块实现数据图表的绘制，相比 Matplotlib 和 Seaborn，Pyecharts 绘制的图表更加令人惊叹，其动感效果更是 Matplotlib 和 Seaborn 无法比拟的。但 Pyecharts 也存在不足之处，其生成的图表为网页格式，不能够随时查看，需要打开文件进行浏览。Pyecharts 更适合 Web 程序。

Pyecharts 还有很多功能，由于篇幅有限不能一一进行介绍，希望读者在学习过程中能够举一反三，绘制出更多精彩的数据分析图表。

第 3 篇

项目实战

本篇介绍了四个热门的数据分析项目，其中包含股票数据分析、淘宝网订单分析、网站用户数据分析以及NBA球员薪资的数据分析，通过四个不同类型的数据分析项目，让读者快速掌握Python数据分析的精髓，以将学习到的数据分析技术应用到实践开发中，并为以后的开发积累经验。

项目实战

- 股票数据分析：Python在处理和分析股票金融类数据方面具有相当大的优势，因为Pandas的创始人本身就是一名量化金融分析师，Pandas中的很多函数和方法是专门为分析这类数据而设计的
- 淘宝网订单分析：本章将专门针对淘宝电商订单数据进行挖掘和分析，掌握了这些分析方法，可以大大提高运营效率，从而定制营销策略，使利润最大化
- 网站用户数据分析：本章将对网站用户数据进行分析，通过对注册用户的分析可以让企业更加详细、清楚地了解用户的行为习惯，从而找出产品推广中存在的问题，让企业的营销更加精准、有效，提高业务转化率，从而提升企业收益
- NBA球员薪资的数据分析：本章将通过Pandas提供的专门获取网页数据的方法，轻松爬取NBA球员薪资数据，并对数据进行多种不同状况的分析

第 18 章

综合案例：股票数据分析

Python 在处理和分析股票金融类数据时具有其他语言不可比拟的优势，这是因为 Pandas 的创始人就是一名量化金融分析师，所以 Pandas 中的很多函数是专门为分析金融数据而设计的。本章介绍如何通过 Python 获取并分析股票行情数据。

本章知识架构及重难点如下。

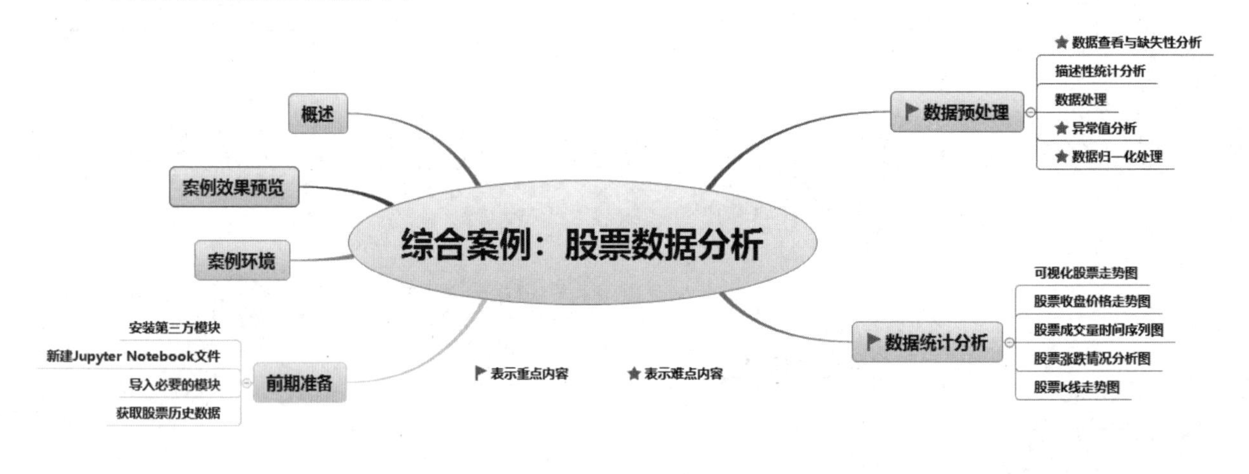

18.1　概　　述

Python 获取并分析股票行情数据的过程：首先通过 Tushare 模块获取股票数据，然后对数据进行归一化处理，通过 Matpoltlib 模块绘制股票走势图、收盘价格走势图、成交量时间序列图、涨跌情况分析图，最后通过 Mplfinance 模块绘制股票 k 线图。

18.2　案例效果预览

Python 股票数据分析包括可视化股票走势图，如图 18.1 所示；股票收盘价格走势图，如图 18.2 所示；股票成交量时间序列图，如图 18.3 所示；股票涨跌情况分析图，如图 18.4 所示；股票 k 线走势图，如图 18.5 所示。

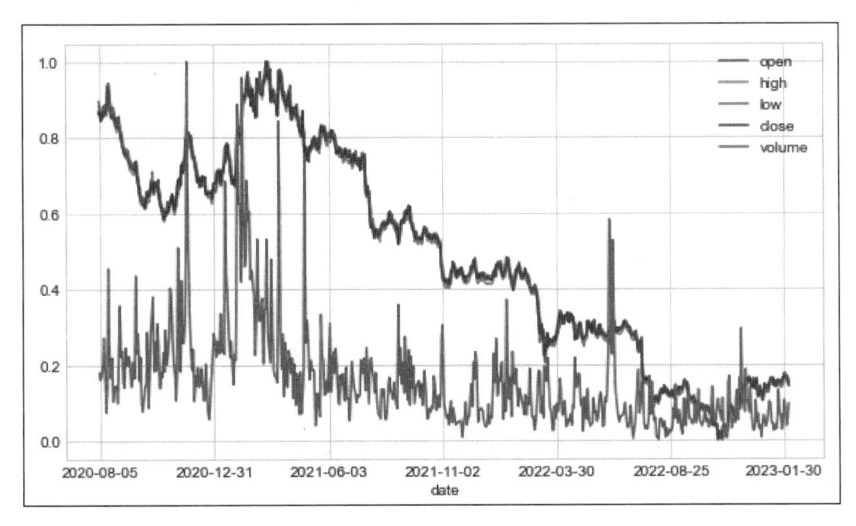

图 18.1　可视化股票走势图

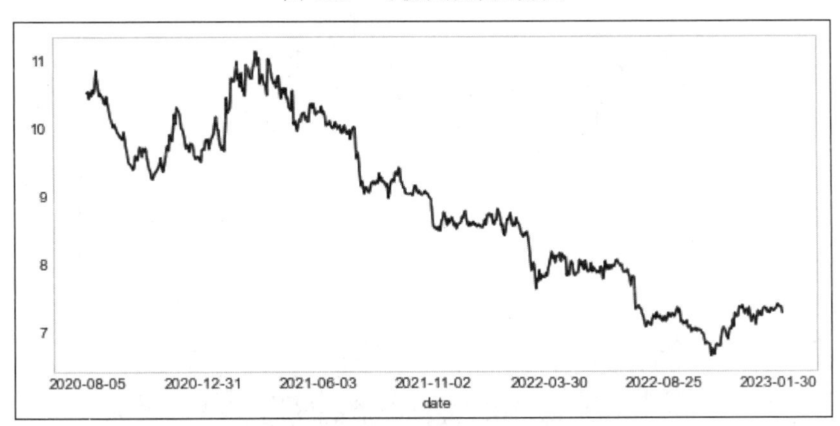

图 18.2　股票收盘价格走势图

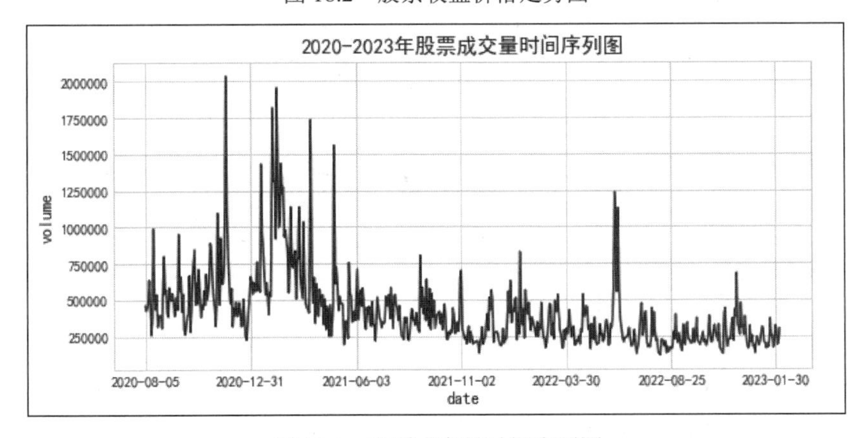

图 18.3　股票成交量时间序列图

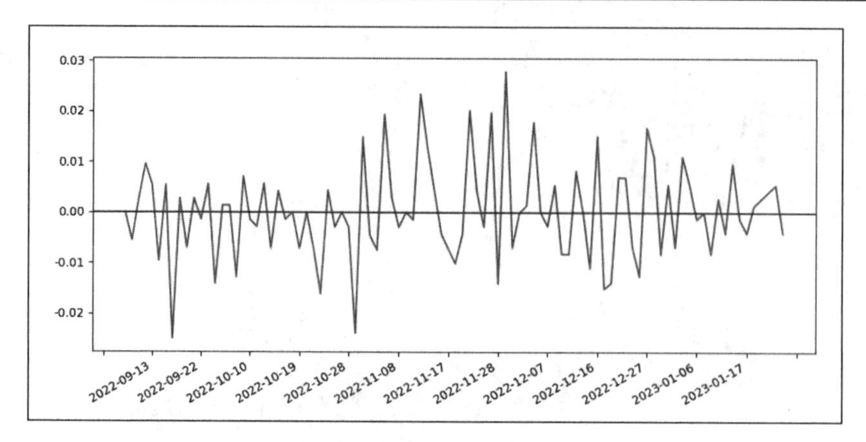

图 18.4　股票涨跌情况分析图

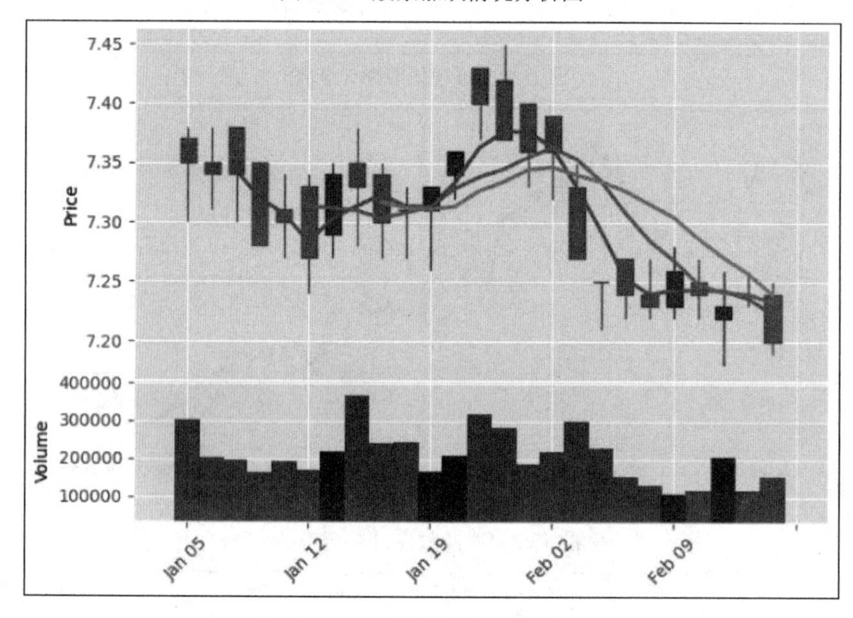

图 18.5　股票 k 线走势图

18.3　案例环境

本章案例运行环境及所需模块具体如下。

☑　操作系统：Windows 10。

☑　Python 版本：Python 3.9 及以上。

☑　开发工具：Anaconda3、Jupyter Notebook。

☑　第三方模块：Pandas、Openpyxl、Xlrd、Xlwt、NumPy、Matplotlib、Tushare、Mplfinance。

18.4　前 期 准 备

18.4.1　安装第三方模块

本案例涉及了两个比较特殊的模块，即 Tushare 模块和 Mplfinance 模块。Tushare 模块用于获取股票数据，Mplfinance 模块用于绘制 k 线图。下面介绍 Tushare 模块和 Mplfinance 模块的安装方法。

1. Tushare 模块

Tushare 是一个开源的 Python 财经数据模块，主要可实现对股票等金融数据从数据采集、清洗加工到数据存储的过程，能够为金融分析人员提供快速、整洁和多样的便于分析的数据，为他们在数据获取方面极大地减轻工作量。Tushare 返回的绝大部分数据的数据格式都是 Pandas DataFrame 对象，非常适合用 Pandas、NumPy、Matplotlib 进行数据分析和可视化。

在 Anaconda 中安装 Tushare 模块，单击系统“开始”菜单，选择 Anaconda3（64-bit）→Anaconda Prompt（anaconda3），打开 Anaconda Prompt（anaconda3）命令提示符窗口，使用 pip 命令安装，命令如下：

```
pip install tushare
```

2. Mplfinance 模块

由于 Matplotlib 的 finance 停止了更新，因此本案例将使用 Mplfinance 模块来绘制 k 线图。Mplfinance 模块更加简单易用，增加了很多新功能，如 renko 砖形图、volume 柱形图、ohlc 图等。支持多种风格，可以定制多种颜色、线条（默认线条较粗，影响观感）等。

安装 Mplfinance 模块，在 Anaconda Prompt（anaconda3）命令提示符窗口，使用 pip 命令安装，命令如下：

```
pip install mplfinance
```

18.4.2　新建 Jupyter Notebook 文件

下面介绍如何新建 Jupyter Notebook 文件夹和 Jupyter Notebook 文件，具体步骤如下。

（1）在系统“搜索”文本框输入 Jupyter Notebook，运行 Jupyter Notebook。

（2）新建一个 Jupyter Notebook 文件夹，单击右上角的 New 按钮，在弹出的下拉菜单中选择 Folder，如图 18.6 所示，此时会在当前页面列表中默认创建一个名称类似 Untitled Folder 的文件夹。接下来重命名该文件夹，先选中该文件夹前面的复选框，然后单击 Rename 按钮，如图 18.7 所示。打开“重命名路径”对话框，在“请输入一个新的路径”文本框中输入“Python 股票数据分析”，如图 18.8 所示，最后单击“重命名”按钮。

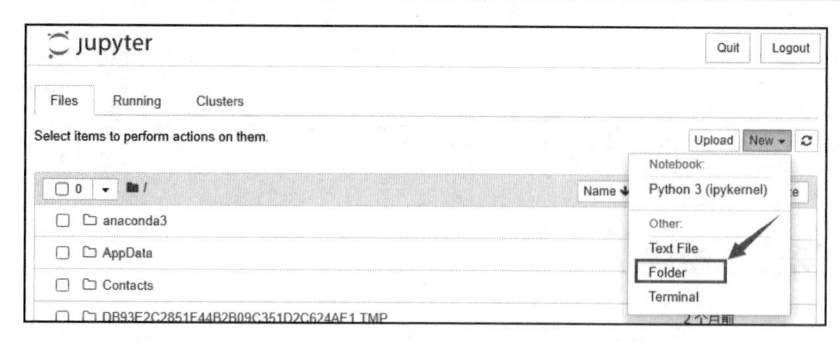

图 18.6　新建 Jupyter Notebook 文件夹

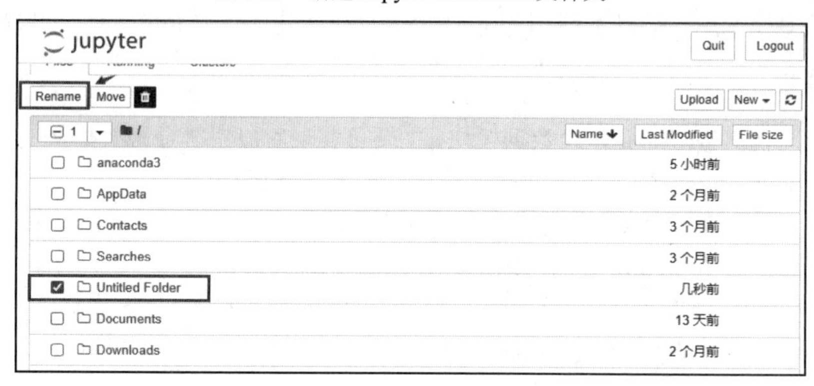

图 18.7　选中 Untitled Folder 文件夹前面的复选框

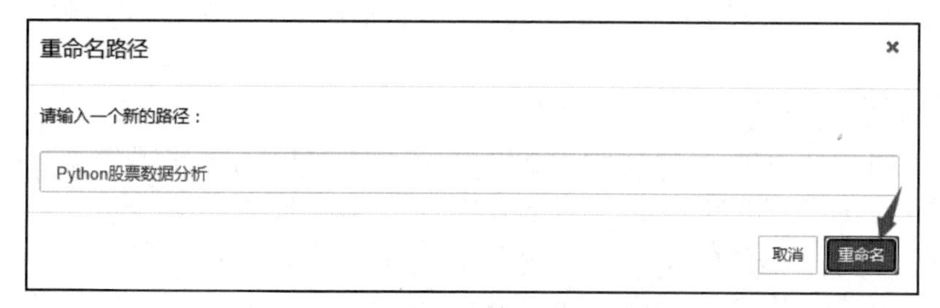

图 18.8　重命名 Untitled Folder 文件夹

（3）新建 Jupyter Notebook 文件。单击“Python 股票数据分析”文件夹，进入该文件夹，单击右上角的 New 按钮，由于我们创建的是 Python 文件，因此在弹出的下拉菜单中选择 Python 3(ipykernel)，如图 18.9 所示。

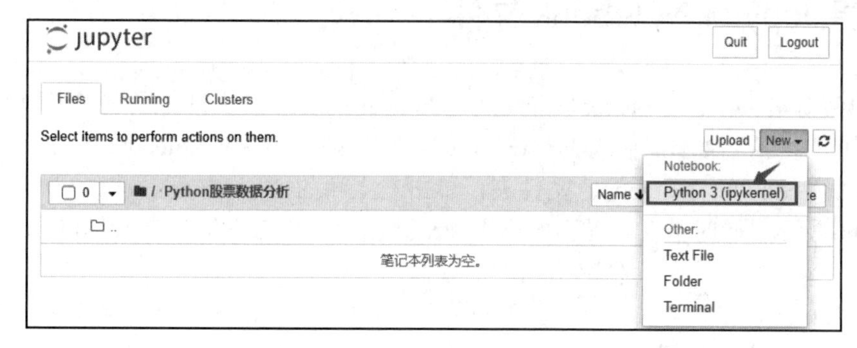

图 18.9　新建 Jupyter Notebook 文件

文件创建完成后，会打开如图 18.10 所示的窗口，通过该窗口就可以编写代码了。至此，新建 Jupyter Notebook 文件的工作就完成了，接下来介绍编写代码的过程。

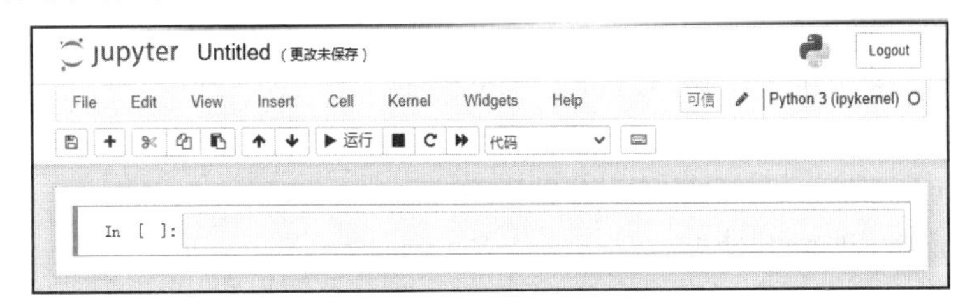

图 18.10　代码编辑窗口

18.4.3　导入必要的模块

本案例主要使用 Pandas、Tushare、Matplotlib、Mplfinance、NumPy 模块和 matplotlib.dates 子模块，下面在 Jupyter Notebook 中导入案例所需要的模块，代码如下：

```
import pandas as pd
import tushare as ts
import matplotlib.pyplot as plt
import mplfinance as mpf
import numpy as np
import matplotlib.dates as mdates
```

18.4.4　获取股票历史数据

Python 获取股票历史数据的方法有很多，这里主要使用 Tushare 模块。

下面使用 Tushare 模块先获取股票代码为“600000”的股票历史数据，然后将该数据导出为 Excel 文件，以方便日后使用，代码如下：

```
# 通过股票代码获取股票历史数据
df=ts.get_hist_data('600000')
# 显示前 10 条数据
df.head(10)
```

运行程序，单击工具栏中的运行按钮 ▶ 运行 或者按快捷键 Ctrl+Enter 运行本单元，效果如图 18.11 所示。

	open	high	close	low	volume	price_change	p_change	ma5	ma10	ma20	v_ma5	v_ma10	v_ma20	turnover
date														
2023-02-03	7.33	7.35	7.27	7.27	298855.28	-0.09	-1.22	7.352	7.339	7.322	261388.44	253928.63	237619.12	0.10
2023-02-02	7.39	7.39	7.36	7.32	219001.91	0.00	0.00	7.370	7.346	7.320	243591.30	245813.32	231859.90	0.07
2023-02-01	7.40	7.40	7.36	7.33	186595.42	-0.01	-0.14	7.364	7.337	7.317	233217.62	240763.03	231360.48	0.06
2023-01-31	7.42	7.45	7.37	7.37	284382.19	-0.03	-0.41	7.354	7.331	7.310	244887.64	241319.03	234063.31	0.10
2023-01-30	7.43	7.43	7.40	7.37	318107.38	0.04	0.54	7.340	7.322	7.297	236456.42	229075.46	229913.46	0.11
2023-01-20	7.34	7.36	7.36	7.32	209869.58	0.03	0.41	7.326	7.316	7.286	246468.83	216876.98	220487.33	0.07
2023-01-19	7.31	7.33	7.33	7.26	167133.52	0.02	0.27	7.322	7.314	7.280	248035.34	216202.90	219325.17	0.06
2023-01-18	7.31	7.33	7.31	7.27	244945.52	0.01	0.14	7.310	7.316	7.273	248308.45	229651.71	219594.96	0.08
2023-01-17	7.34	7.35	7.30	7.27	242226.12	-0.03	-0.41	7.308	7.316	7.265	237750.43	236104.23	219747.81	0.08
2023-01-16	7.35	7.38	7.33	7.28	368169.41	-0.01	-0.14	7.304	7.309	7.262	221694.50	237774.14	217852.78	0.13

图 18.11　获取股票历史数据（前 10 条）

上述程序，通过 head()函数显示前 10 条数据，下面来了解一下各个字段的含义。

☑ date：日期，索引列。
☑ open：开盘价。每个交易日开市后的第一笔每股买卖成交价格。
☑ high：最高价，是好的卖出价格。
☑ low：最低价，是好的买进价格，可根据价格极差判断股价的波动程度和是否超出常态范围。
☑ close：收盘价。最后一笔交易前一分钟所有交易的成交量加权平均价，无论当天股价如何振荡，最终将定格在收盘价上。
☑ volume：成交量。指一个时间单位内对某项交易成交的数量，可根据成交量的增加幅度或减少幅度来判断股票趋势，预测市场供求关系和活跃程度。
☑ price_change：价格变动。
☑ p_change：涨跌幅度。
☑ ma5：5 日均价。
☑ ma10：10 日均价。
☑ ma20：20 日均价。
☑ v_ma5：5 日均量。
☑ v_ma10：10 日均量。
☑ v_ma20：20 日均量。
☑ turnover：换手率。也称“周转率”，指在一定时间内市场中股票转手买卖的频率，是反映股票流通性强弱的指标之一。

18.5 数据预处理

18.5.1 数据查看与缺失性分析

数据查看与缺失性分析的具体步骤如下。

（1）查看数据集形状，即行数和列数，代码如下：

```
# 查看数据集的形状
df.shape
```

运行程序，返回元组结果为(605, 14)，也就是说该数据集包含 605 行 14 列。注意，由于数据不断更新，读者运行代码后返回的结果可能不同。

（2）查看摘要信息和数据是否缺失。

在进行数据统计分析前，首先要清晰地了解数据，查看数据中是否有缺失值、列数据类型是否正常。下面使用 info()函数查看数据的数据类型、非空值情况以及内存使用量等，代码如下：

```
# 查看摘要信息
df.info()
```

运行程序，结果如图 18.12 所示。

从运行结果得知：数据有 605 行，索引是时间格式，日期从 2020 年 8 月 5 日至 2023 年 2 月 3 日。总共有 14 列，并列出了每一列的名称和数据类型，而且数据中没有缺失值。

另外，还有一个函数可以查看缺失值，即查看列数据是否包含空值，代码如下：

```
# 检查数据中的空值
df.isnull().any()
```

运行程序，结果如图 18.13 所示。

```
<class 'pandas.core.frame.DataFrame'>
Index: 605 entries, 2023-02-03 to 2020-08-05
Data columns (total 14 columns):
 #   Column        Non-Null Count  Dtype
---  ------        --------------  -----
 0   open          605 non-null    float64
 1   high          605 non-null    float64
 2   close         605 non-null    float64
 3   low           605 non-null    float64
 4   volume        605 non-null    float64
 5   price_change  605 non-null    float64
 6   p_change      605 non-null    float64
 7   ma5           605 non-null    float64
 8   ma10          605 non-null    float64
 9   ma20          605 non-null    float64
 10  v_ma5         605 non-null    float64
 11  v_ma10        605 non-null    float64
 12  v_ma20        605 non-null    float64
 13  turnover      605 non-null    float64
dtypes: float64(14)
memory usage: 70.9+ KB
```

图 18.12　查看摘要信息

```
open            False
high            False
close           False
low             False
volume          False
price_change    False
p_change        False
ma5             False
ma10            False
ma20            False
v_ma5           False
v_ma10          False
v_ma20          False
turnover        False
dtype: bool
```

图 18.13　查看列数据是否包含空值

从运行结果得知：每一列数据都不包含空值，即没有缺失值。

18.5.2　描述性统计分析

描述性统计分析主要查看数据的统计信息，如最大值、最小值、平均值等。同时，也可以从中洞察异常数据，如空数据和值为 0 的数据。下面使用 DataFrame()对象的 describe()函数快速查看统计信息，代码如下：

```
# 描述性统计分析
df.describe()
```

运行程序，结果如图 18.14 所示。

	open	high	close	low	volume	price_change	p_change	ma5	ma10	ma20	v_ma5	v_ma1
count	605.000000	605.000000	605.000000	605.000000	6.050000e+02	605.000000	605.000000	605.000000	605.000000	605.000000	6.050000e+02	6.050000e+0
mean	8.835074	8.899488	8.829686	8.768116	4.143746e+05	-0.004132	-0.040760	8.840208	8.853212	8.879990	4.150348e+05	4.159439e+0
std	1.214434	1.232665	1.212961	1.195549	2.567231e+05	0.095408	1.034719	1.210871	1.209125	1.205173	2.141061e+05	1.984467e+0
min	6.650000	6.710000	6.640000	6.630000	1.167474e+05	-0.490000	-4.650000	6.708000	6.751000	6.832000	1.524325e+05	1.689074e+0
25%	7.850000	7.900000	7.860000	7.800000	2.410726e+05	-0.050000	-0.620000	7.878000	7.900000	7.919000	2.578609e+05	2.651962e+0
50%	8.750000	8.800000	8.750000	8.690000	3.532118e+05	-0.010000	-0.100000	8.714000	8.832000	8.948000	3.690038e+05	3.732212e+0
75%	9.940000	9.990000	9.920000	9.850000	4.938932e+05	0.040000	0.500000	9.930000	9.936000	9.933000	4.816141e+05	4.852050e+0
max	11.100000	11.240000	11.120000	11.010000	2.034989e+06	0.530000	5.060000	11.016000	10.904000	10.826000	1.463922e+06	1.340339e+0

图 18.14　描述性统计分析

从运行结果得知：数据整体统计分布情况包括总计数值、均值、标准差、最小值、1/4 分位数（25%）、1/2 分位数（50%）、3/4 分位数（75%）和最大值。例如，开盘价 7.85 的占 25%，开盘价 8.75 的占 50%，开盘价 9.94 的占 75%。

18.5.3　数据处理

由于本案例仅分析 open（开盘价）、high（最高价）、close（收盘价）、low（最低价）和 volume（成交量），因此首先抽取这部分数据作为特征数据。另外，通过前面显示的数据，我们发现数据是按日期升序方式进行排序的，这里一并进行处理，将数据按日期进行升序排序，代码如下：

```
# 抽取数据
feature_data=df[['open','high','low','close','volume']].sort_values(by='date')
print(feature_data)
```

运行程序，结果如图 18.15 所示。

date	open	high	low	close	volume
2020-08-05	10.64	10.64	10.45	10.51	460112.81
2020-08-06	10.57	10.63	10.41	10.53	424842.31
2020-08-07	10.51	10.53	10.36	10.43	442719.66
2020-08-10	10.42	10.57	10.39	10.52	489739.66
2020-08-11	10.58	10.68	10.45	10.47	636732.25
...	...	...	...	...	...
2023-01-30	7.43	7.43	7.37	7.40	318107.38
2023-01-31	7.42	7.45	7.37	7.37	284382.19
2023-02-01	7.40	7.40	7.33	7.36	186595.42
2023-02-02	7.39	7.39	7.32	7.36	219001.91
2023-02-03	7.33	7.35	7.27	7.27	298855.28

[605 rows x 5 columns]

图 18.15　数据处理

18.5.4　异常值分析

异常值是与其他数据点明显不同的值，它们的存在可能会在数据分析过程中产生问题。因此，在数据分析前应首先检测异常值。异常值的检测方法有很多种，下面我们通过箱形图来检测异常值，主要使用 Pandas 内置的绘图工具来绘制，这样比较方便快捷，代码如下：

```
feature_data.boxplot()          # 绘制箱形图
plt.show()                      # 显示图表
```

然后使用 DataFrame()对象的 boxplot()函数绘制箱形图，观察异常值。运行程序，结果如图 18.16 所示。

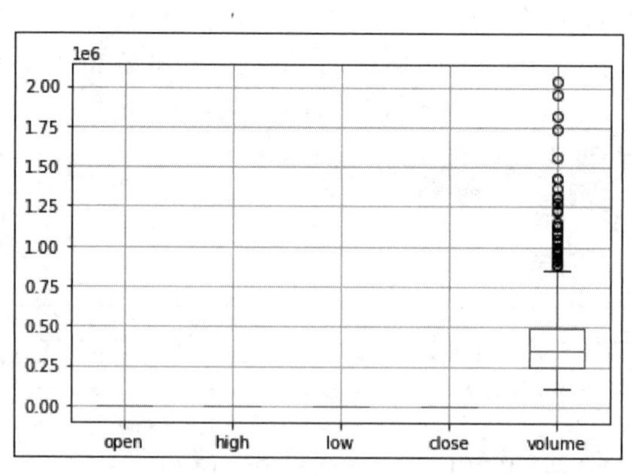

图 18.16　箱形图分析异常值

从运行结果得知：volume（成交量）存在异常值。异常值的处理方法有多种，这里根据实际情况，我们选择不处理，直接在数据集上进行数据分析。

18.5.5　数据归一化处理

经过前面显示的数据我们发现，volume（成交量）数据相对于 open（开盘价）、high（最高价）、close（收盘价）、low（最低价）数值非常大。这种情况下如果单独分析成交量，数据是没有问题的。但是，如果对多个指标数据进行分析与可视化时，就会出现数值较小的数据被数值较大的数据淹没的情况，而导致数值较小的数据在数据分析图表中看不出来，如图 18.17 所示。

那么，这种情况应该怎么处理呢？

数据归一化，也称“数据标准化”，它可以将数据处理成都在一条水平线上。数据归一化有多种方法，下面使用 0-1 标准化方法，该方法非常简单，通过遍历特征数据里的每一个数值，将 Max（最大值）和 Min（最小值）记录下来，然后以 Max－Min 作为基数（即 Min=0，Max=1）进行数据的归一化处理，公式如下：

```
x = (x - Min) / (Max - Min)
```

下面就对上述数据进行数据归一化处理，代码如下：

```
1    # 数据归一化（采用 0-1 标准化方法）
2    normalize_data=(feature_data-feature_data.min())/(feature_data.max()-feature_data.min())
3    print(normalize_data)
```

运行程序，结果如图 18.18 所示。

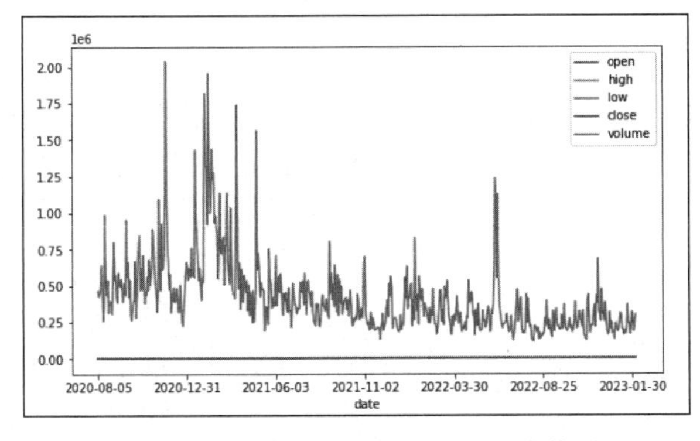

图 18.17　数据归一化处理前的股票走势图

date	open	high	low	close	volume
2020-08-05	0.896629	0.867550	0.872146	0.863839	0.179000
2020-08-06	0.880899	0.865342	0.863014	0.868304	0.160613
2020-08-07	0.867416	0.843267	0.851598	0.845982	0.169933
2020-08-10	0.847191	0.852097	0.858447	0.866071	0.194445
2020-08-11	0.883146	0.876380	0.872146	0.854911	0.271074
...	...	...	...	...	...
2023-01-30	0.175281	0.158940	0.168950	0.169643	0.104971
2023-01-31	0.173034	0.163355	0.168950	0.162946	0.087390
2023-02-01	0.168539	0.152318	0.159817	0.160714	0.036413
2023-02-02	0.166292	0.150110	0.157534	0.160714	0.053306
2023-02-03	0.152809	0.141280	0.146119	0.140625	0.094935

[605 rows x 5 columns]

图 18.18　数据归一化处理

从运行结果得知：数据发生了变化，所有数据都在一条水平线上。那么，有的读者可能会问，数据归一化后，会不会影响数据的走势？答案是不影响，因为它没有改变原始数据。

18.6　数据统计分析

18.6.1　可视化股票走势图

数据处理完成后，接下来对数据进行可视化，观察股票走势。这里直接使用 DataFrame()对象自带

的绘图工具，该绘图工具能够快速出图，并自动优化图形输出形式。数据为归一化处理后的数据，以时间作为横坐标，以每日的 open（开盘价）、high（最高价）、low（最低价）、close（收盘价）和 volume（成交量）作为纵坐标，绘制多折线图，通过该多折线图观察股票随时间的变化情况。代码如下：

```
1    # 绘制股票走势图
2    # 使用 DataFrame()对象的 plot()函数绘制折线图
3    normalize_data.plot(figsize=(9,5))
4    plt.show()
```

运行程序，结果如图 18.19 所示。

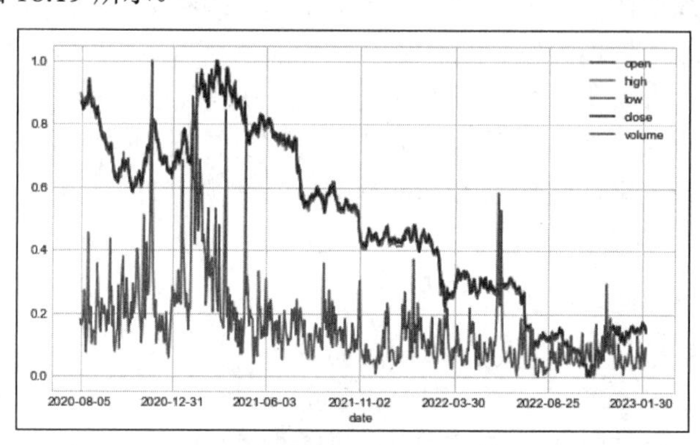

图 18.19　股票走势图

18.6.2　股票收盘价格走势图

绘制股票 2020—2023 年的日收盘价格走势图，只需要一个字段，即 colse（收盘价）。以时间作为横坐标，以每日的收盘价作为纵坐标，绘制折线图，通过该折线图观察股票收盘价随时间的变化情况。代码如下：

```
1    # 设置画布大小
2    plt.subplots(figsize=(9,4))
3    # 绘制股票收盘价格走势图
4    feature_data['close'].plot(grid=False,color='blue')
5    # 显示图表
6    plt.show()
```

运行程序，结果如图 18.20 所示。

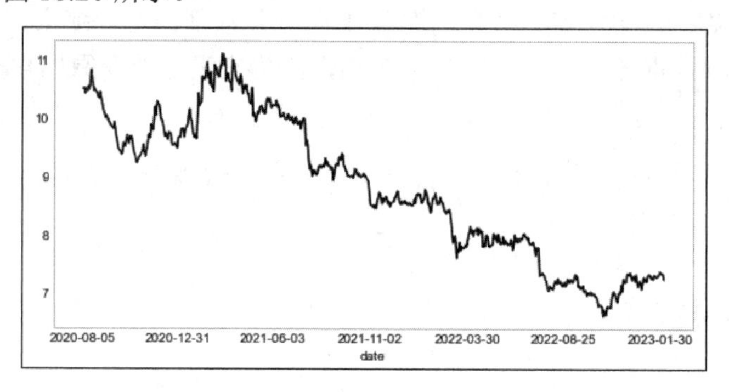

图 18.20　股票收盘价格走势图

18.6.3　股票成交量时间序列图

绘制股票 2020—2023 年的日成交量的时间序列图。以时间为横坐标，以每日的成交量为纵坐标，绘制折线图，通过该折线图观察股票成交量随时间的变化情况。代码如下：

```
1    # 设置画布大小
2    plt.subplots(figsize=(9,4))
3    # 解决中文乱码
4    plt.rcParams['font.sans-serif']=['SimHei']
5    # 取消科学记数法
6    plt.gca().get_yaxis().get_major_formatter().set_scientific(False)
7    # 成交量折线图
8    feature_data['volume'].plot(color='red')
9    # 设置图表标题和字体大小
10   plt.title('2020—2023 年股票成交量时间序列图', fontsize='15')
11   # 设置 xy 轴标签
12   plt.ylabel('volume', fontsize='10')
13   plt.xlabel('date', fontsize='10')
14   # 显示图表
15   plt.show()
```

运行程序，结果如图 18.21 所示。

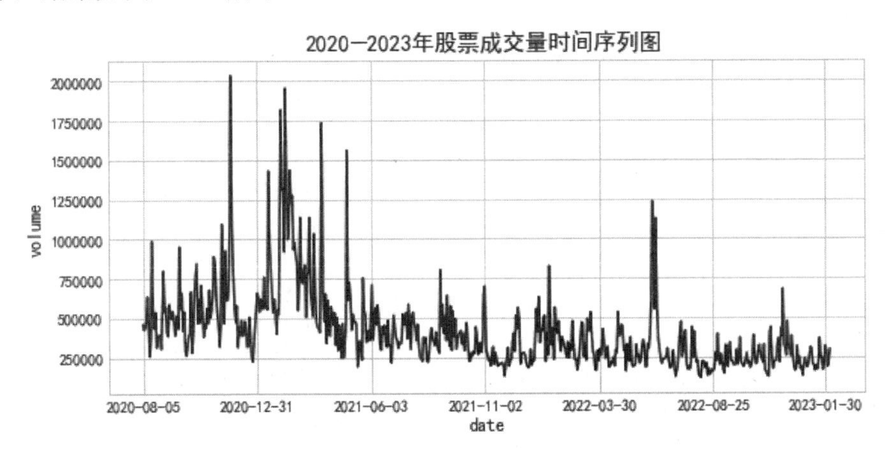

图 18.21　股票成交量时间序列图

18.6.4　股票涨跌情况分析图

股票涨跌情况分析主要分析“收盘价”，收盘价的分析常常是基于股票收益率的，股票收益率又可以分为简单收益率和对数收益率。

☑　简单收益率：是指相邻两个价格之间的变化率。

☑　对数收益率：是指所有价格取对数后两两之间的差值。

下面通过对数收益率分析股票涨跌情况，并绘制成图表，具体步骤如下。

（1）抽取指定日期范围的收盘价数据。

（2）使用 NumPy 模块的 log()函数计算对数收益率。log()函数用于计算 x 的自然对数。

（3）绘制图表，同时绘制水平分割线，标记股票涨跌情况。

程序代码如下：

```
1    # 抽取指定日期范围的“收盘价”数据
2    mydate1=feature_data.loc['2022-09-05':'2023-01-31']
3    ydate_close=mydate1.close
4    # 对数收益率= 当日收盘价取对数-昨日收盘价取对数
5    log_change=np.log(mydate_close)-np.log(mydate_close.shift(1))
6    plt.rcParams['axes.unicode_minus'] = False    # 用来正常显示负号
7    # 设置画布和画板
8    fig,ax=plt.subplots(figsize=(11,5))
9    # 绘制图表
10   ax.plot(log_change)
11   # 绘制水平分割线，标记股票收盘价相对于 y=0 的偏离程度
12   ax.axhline(y=0,color='red')
13   # 日期刻度定位为星期
14   plt.gca().xaxis.set_major_locator(mdates.WeekdayLocator())
15   # 自动旋转日期标记
16   plt.gcf().autofmt_xdate()
17   plt.show()
```

这里需要注意一个问题。数据抽取过程中，如果数据是升序排序的，则小日期在前，大日期在后；如果数据是降序排序的，则大日期在前，小日期在后。否则，将出现空数据，即找不到指定范围内的数据。

使用 Numpy 模块的 log()函数计算对数。对数收益率公式：

对数收益率=当日收盘价取对数-昨日收盘价取对数

运行程序，结果如图 18.22 所示。

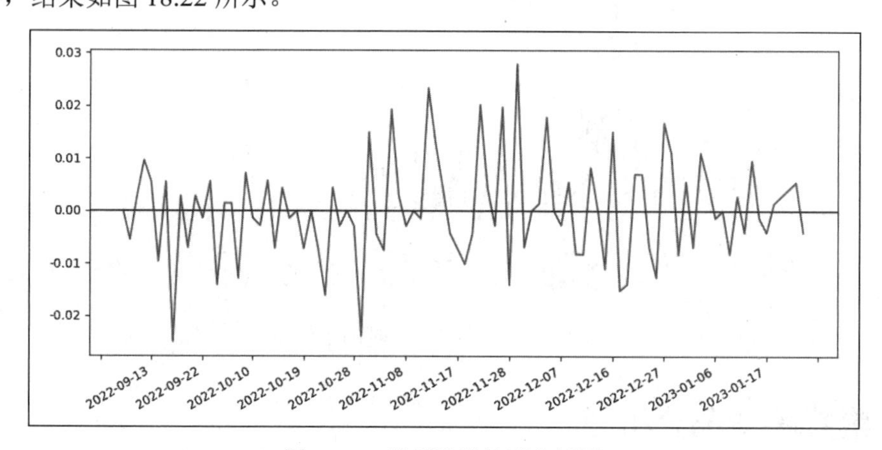

图 18.22　股票涨跌情况分析图

在图 18.22 中，值在上面表示今天相对于昨天的股票涨了，值在下面表示今天相对于昨天的股票跌了。

18.6.5　股票 k 线走势图

相传 k 线图起源于日本德川幕府时代，当时的商人用此图来记录米市的行情和价格波动，后来 k

线图被引入股票市场。每天的四项指标数据（即“最高价”“收盘价”“开盘价”和“最低价”）用蜡烛形状的图表进行标记，不同的颜色代表涨跌情况，如图 18.23 所示。

在 Python 中主要使用 Mplfinance 模块绘制 k 线图，具体步骤如下。

（1）抽取“最高价”“收盘价”“开盘价”“最低价”和“成交量”数据。

（2）抽取指定日期范围的数据。

（3）自定义颜色和图表样式。

（4）绘制 k 线图。

程序代码如下：

```
1   # 抽取指定日期范围的数据
2   mydate2=feature_data['2023-01-05':'2023-02-15']
3   mydate2.index=pd.to_datetime(mydate2.index)    # 将数据索引类型转换为 datetime
4   # 绘制 k 线图
5   # 自定义颜色
6   mc = mpf.make_marketcolors(
7       up='red',            # 上涨 k 线柱子的颜色为红色
8       down='green',        # 下跌 k 线柱子的颜色为绿色
9       edge='i',            #  k 线图柱子边缘的颜色（i 代表继承自 up 和 down 的颜色）,下同
10      volume='i',          # 成交量直方图的颜色
11      wick='i'             # 上下影线的颜色
12  )
13  # 调用 make_mpf_style()函数，自定义 k 线图样式
14  mystyle = mpf.make_mpf_style(base_mpl_style="ggplot", marketcolors=mc)
15  # 自定义样式 mystyle
16  # 显示成交量
17  # 添加移动平均线 mav（即 3、6、9 日的平均线）
18  mpf.plot(mydate2,type='candle',style=mystyle,volume=True,mav=(3,6,9))
19  plt.show()
```

运行程序，结果如图 18.24 所示。

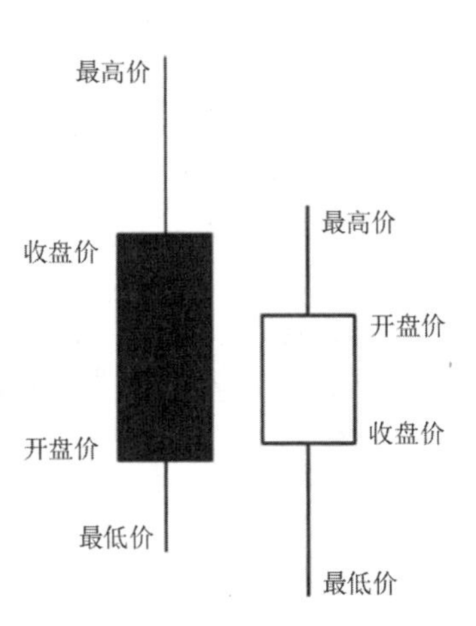

图 18.23　k 线图示意图

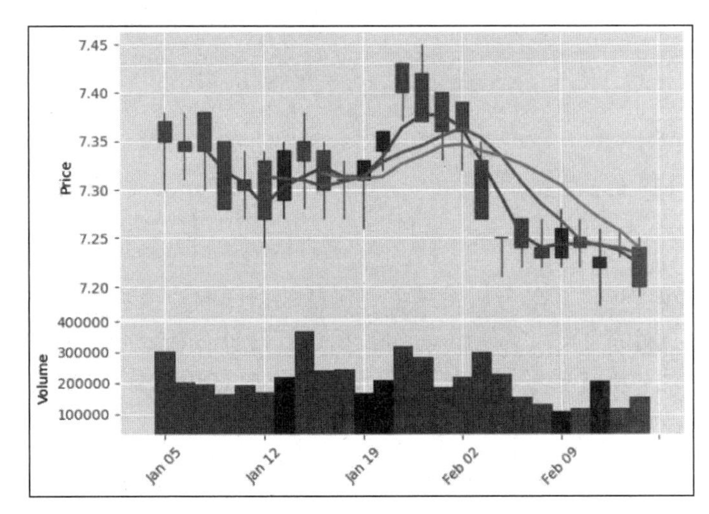

图 18.24　股票 k 线走势图

第 19 章

综合案例：淘宝网订单分析

淘宝电商每时每刻都会产生大量的订单数据，虽然淘宝后台也提供了数据分析功能，但是很多时候无法满足用户的需求，用户不能按照自己的想法挖掘更有价值的信息进行分析。本章将专门针对淘宝电商订单数据进行挖掘和分析，包括从数据预处理到数据分析的完整过程，掌握了这些分析方法，不但可以大大提高运营效率，还可以定制营销策略，使利润最大化。

本章知识架构及重难点如下。

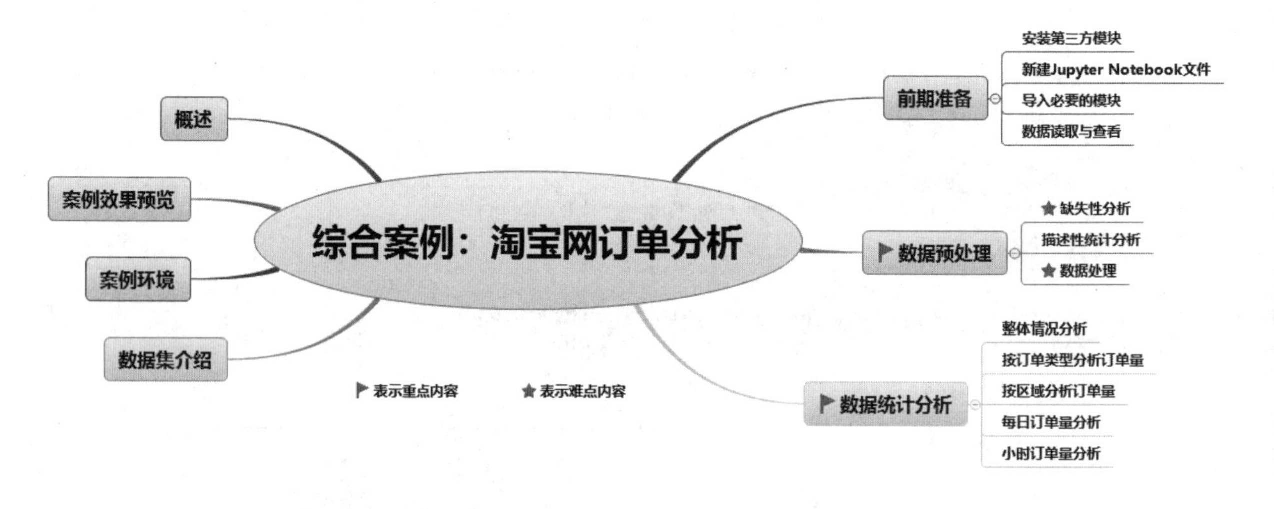

19.1 概　　述

淘宝电商订单分析系统主要包括数据读取与查看、数据缺失性分析、描述性统计分析、数据处理，这些预处理工作完成后，再对数据进行统计分析，包括数据整体情况分析、按订单类型分析订单量、按区域分析订单量、每日订单量分析和小时订单量分析，主要使用Pandas结合第三方图表模块Pyecharts实现。

19.2　案例效果预览

淘宝网订单分析主要包括整体情况分析，如图 19.1 所示；按订单类型分析订单量，如图 19.2 所示；按区域分析订单量，如图 19.3 所示；每日订单量分析，如图 19.4 所示；小时订单量分析，如图 19.5 所示。

整体情况分析表

总订单数	总订单金额	已完成订单数	总实际收入金额	退款订单数	总退款金额	未付款订单数	成交率	退货率
2027	348346.73	1871	346638.02	36	10766.50	122	92.30%	1.78%

图 19.1　整体情况分析

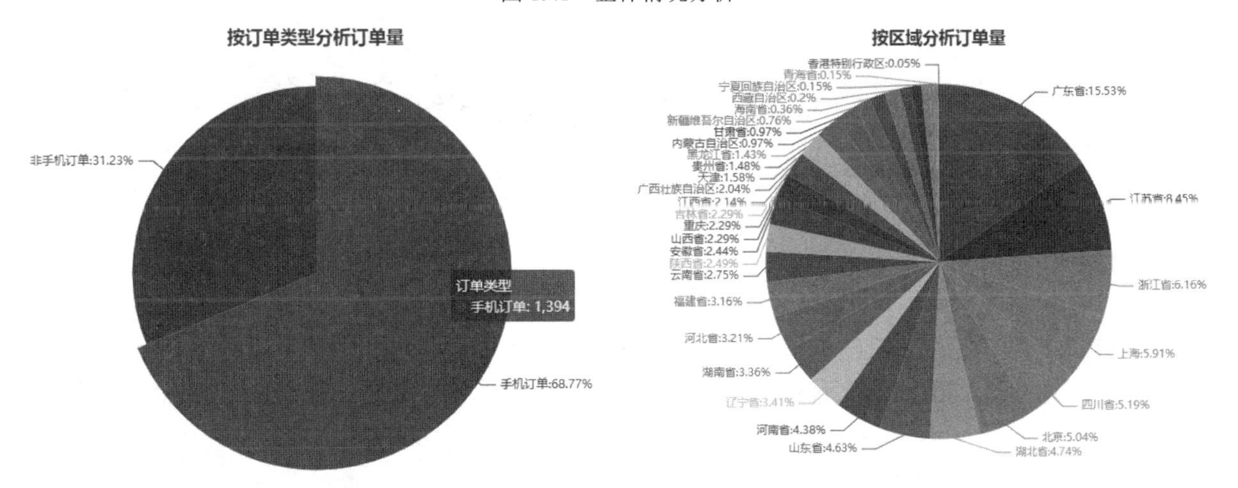

图 19.2　按订单类型分析订单量　　图 19.3　按区域分析订单量

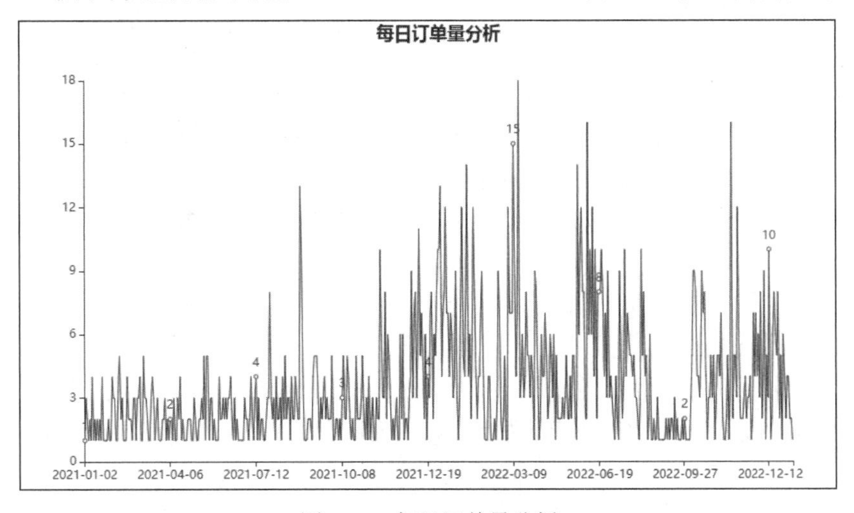

图 19.4　每日订单量分析

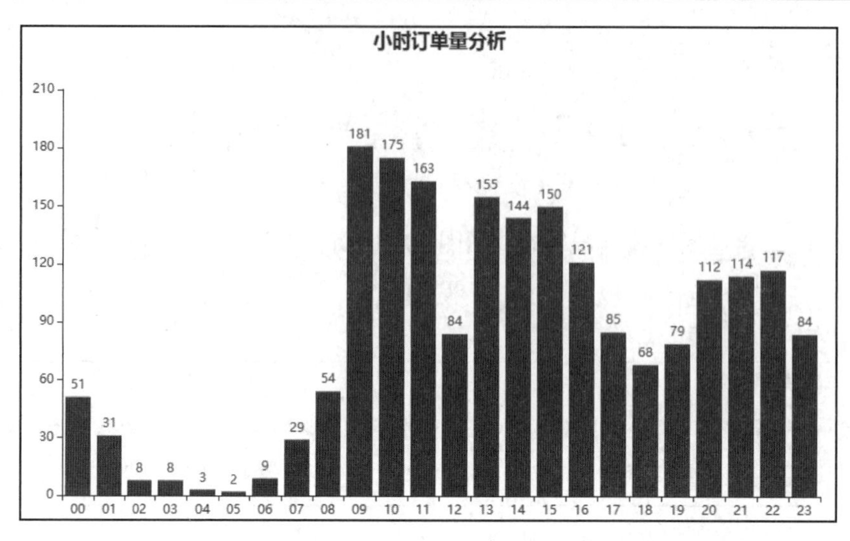

图 19.5　小时订单量分析

19.3　案 例 环 境

本章案例运行环境及所需模块具体如下。

☑　操作系统：Windows 10。

☑　Python 版本：Python 3.9 及以上。

☑　开发工具：Anaconda3、Jupyter Notebook。

☑　第三方模块：Pandas、Openpyxl、xlrd、xlwt、NumPy、Pyecharts。

19.4　数据集介绍

淘宝电商订单分析系统要用到的数据集为 TB_data.xlsx，如图 19.6 所示，该数据集为淘宝店铺导出的订单数据，其中的一些敏感数据已经进行处理，同时也删除了一些无用的数据。

接下来我们就从这些数据中挖掘出有效的信息来分析淘宝电商订单数据。

TB_data.xlsx	2023-02-03-星期...	Microsoft Excel ...	313 KB

图 19.6　数据集 TB_data.xlsx

注意

获取该数据集可以在本书提供的“资源包”中复制。

19.5　前期准备

19.5.1　安装第三方模块

本案例中涉及了比较重要的模块，即 Pyecharts 模块，该模块是一个用于生成 Echarts 图表的模块。Echarts 是百度开源的一个数据可视化 JS 模块，用 Echarts 生成的图表可视化效果非常好，而 Pyecharts 则是专门为了与 Python 衔接的，方便在 Python 中直接使用可视化数据分析图表。使用 Pyecharts 可以生成独立的网页格式的图表，还可以在 Flask、Django 中直接使用，非常方便。

在 Anaconda 中安装 Pyecharts 模块，单击系统“开始”菜单，选择 Anaconda3（64-bit）→Anaconda Prompt（anaconda3），打开 Anaconda Prompt（anaconda3）命令提示符窗口，使用 pip 命令安装，命令如下：

```
pip install pyecharts
```

安装成功后，将提示安装成功的字样，如“Successfully installed pyecharts-2.0.3”。

说明

由于 Pyecharts 各个版本的相关代码有一些区别，因此这里建议读者安装与笔者相同的版本，以免造成不必要的麻烦。

19.5.2　新建 Jupyter Notebook 文件

下面新建 Jupyter Notebook 文件夹和 Jupyter Notebook 文件，具体步骤如下。

（1）在系统“搜索”文本框中输入 Jupyter Notebook，运行 Jupyter Notebook。

（2）新建一个 Jupyter Notebook 文件夹，命名为“淘宝电商订单分析系统”。

（3）新建 Jupyter Notebook 文件。单击“淘宝电商订单分析系统”文件夹，进入该文件夹，单击右上角的 New 按钮，由于我们创建的是 Python 文件，因此选择 Python 3（ipykernel）。文件创建完成后就可以编写代码了。

说明

具体步骤可以参考 18.4.2 节。

19.5.3　导入必要的模块

本项目主要使用了 Pandas、NumPy、Pyecharts 模块，下面在 Jupyter Notebook 中导入项目所需要

的模块，代码如下：

```
import pandas as pd
import numpy as np
from pyecharts.components import Table
from pyecharts.options import ComponentTitleOpts
from pyecharts.charts import Pie
from pyecharts.charts import Line
from pyecharts.charts import Bar
from pyecharts import options as opts
```

19.5.4　数据读取与查看

使用 Pandas 的 read_excel()函数读取数据，显示前 5 条数据，并使用 Pandas 的样式函数高亮显示指定值，此处显示缺失值，代码如下：

```
df=pd.read_excel('TB_data.xlsx')
df.head(5).style.highlight_null()
```

运行程序，单击工具栏中的运行按钮 ▶ 运行，或者按快捷键 Ctrl+Enter 运行本单元，效果如图 19.7 所示。

	订单编号	买家会员名	买家实际支付金额	买家应付货款	买家应付邮费	宝贝总数量	宝贝标题	宝贝种类	总金额	打款商家金额	收货地址	是否手机订单	确认收货时间	订单付款时间	订单关闭原因	订单创建时间	订单状态	运送方式	退款金额
0	311001	无	143.640000	143.640000	0	1	C#学习黄金组合套装 零基础学+精彩编程200例+项目开发实战入门	1	143.640000	0.00 元	山东省青岛市李沧区			2022-01-31 22:45:01	订单未关闭	2022-01-31 22:44:36	买家已付款，等待卖家发货	快递	0.000000
1	311002	无	55.860000	55.860000	0	1	C语言精彩编程200例 全彩版 新手入门 自学 视频 实例 应用	1	55.860000	0.00 元	辽宁省沈阳市皇姑区	手机订单		2022-01-31 21:02:30	订单未关闭	2022-01-31 20:59:35	买家已付款，等待卖家发货	快递	0.000000
2	311003	无	55.860000	55.860000	0	1	Java精彩编程200例 新手入门 自学教程 实例应用 源码 视频	1	55.860000	0.00 元	山西省临汾市侯马市	手机订单		2022-01-31 20:29:59	订单未关闭	2022-01-31 20:11:22	买家已付款，等待卖家发货	快递	0.000000
3	311004	无	48.860000	48.860000	0	1	零基础学C语言 从入门到精通 快速入门 新手 程序设计基础	1	48.860000	0.00 元	安徽省合肥市蜀山区	手机订单		2022-01-31 17:17:58	订单未关闭	2022-01-31 17:17:55	买家已付款，等待卖家发货	快递	0.000000
4	311005	无	0.000000	268.000000	0	1	明日科技 PHP编程词典个人版 源码视频 开发资源库 包邮	1	268.000000	0.00 元	江苏省无锡市梁溪区	手机订单		NaT	订单未关闭	2022-01-31 17:06:06	等待买家付款	虚拟物品	0.000000

图 19.7　数据读取（前 5 条）

图 19.7 中的数据通过高亮显示，缺失值数据一目了然。数据的高亮显示主要使用了 Pandas 的 style 属性，它主要用来美化 DataFrame 和 Series 数据的输出格式，能够更加直观地显示数据结果。

style 属性可以对输出数据格式化，突出显示特殊值，像 Excel 一样的条件格式中的数据条样式，或者类似 Excel 的条件格式中的显示色阶样式，用颜色深浅来直观表示数据大小等。感兴趣的读者可以通过官网查阅。

19.6　数据预处理

19.6.1　缺失性分析

查看摘要信息和数据是否缺失。在进行数据统计分析前，首先要清晰地了解数据，查看数据中是否有缺失值、列数据类型是否正常。下面使用 info()函数查看数据的类型、非空值情况以及内存使用量等，代码如下：

```
# 查看摘要信息
df.info()
```

运行程序，结果如图 19.8 所示。

从运行结果得知：数据有 2660 行 19 列，并列出了每一列的名称和数据类型，部分数据包含缺失值，如宝贝标题、收货地址、是否手机订单、确认收货时间、订单付款时间。

另外，还有一个函数可以查看缺失值，即查看列数据是否包含缺失值，代码如下：

```
# 检查数据中的空值
df.isnull().any()
```

运行程序，结果如图 19.9 所示。

```
<class 'pandas.core.frame.DataFrame'>
RangeIndex: 2660 entries, 0 to 2659
Data columns (total 19 columns):
 #   Column      Non-Null Count  Dtype
---  ------      --------------  -----
 0   订单编号        2660 non-null   int64
 1   买家会员名       2660 non-null   object
 2   买家实际支付金额    2660 non-null   float64
 3   买家应付货款      2660 non-null   float64
 4   买家应付邮费      2660 non-null   int64
 5   宝贝总数量       2660 non-null   int64
 6   宝贝标题        2397 non-null   object
 7   宝贝种类        2660 non-null   int64
 8   总金额         2660 non-null   float64
 9   打款商家金额      2660 non-null   object
 10  收货地址        2567 non-null   object
 11  是否手机订单      1838 non-null   object
 12  确认收货时间      1876 non-null   datetime64[ns]
 13  订单付款时间      2148 non-null   datetime64[ns]
 14  订单关闭原因      2660 non-null   object
 15  订单创建时间      2660 non-null   datetime64[ns]
 16  订单状态        2660 non-null   object
 17  运送方式        2660 non-null   object
 18  退款金额        2660 non-null   float64
dtypes: datetime64[ns](3), float64(4), int64(4), object(8)
memory usage: 395.0+ KB
```

图 19.8　查看摘要信息

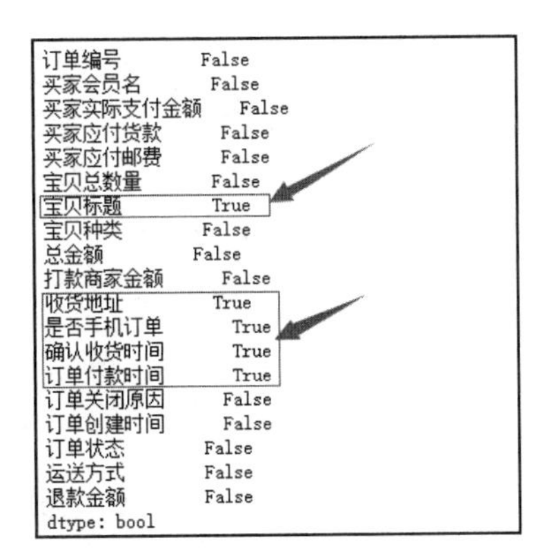

```
订单编号        False
买家会员名       False
买家实际支付金额    False
买家应付货款      False
买家应付邮费      False
宝贝总数量       False
宝贝标题        True
宝贝种类        False
总金额         False
打款商家金额      False
收货地址        True
是否手机订单      True
确认收货时间      True
订单付款时间      True
订单关闭原因      False
订单创建时间      False
订单状态        False
运送方式        False
退款金额        False
dtype: bool
```

图 19.9　查看列数据是否包含空值

因此，通过该函数也可以清晰地看出包含缺失值的列。

19.6.2　描述性统计分析

描述性统计分析主要查看数据的统计信息，如最大值、最小值、平均值等。同时，也可以从中洞察异常数据，如空数据和值为 0 的数据。下面使用 DataFrame()对象的 describe()函数快速查看统计信息，代码如下：

```
# 描述性统计分析
df.describe()
```

运行程序，结果如图 19.10 所示。

	订单编号	买家实际支付金额	买家应付货款	买家应付邮费	宝贝总数量	宝贝种类	总金额	退款金额
count	2660.000000	2660.000000	2660.000000	2660.000000	2660.000000	2660.000000	2660.000000	2660.000000
mean	312330.500000	155.113094	181.193241	1.257519	1.475940	1.185714	182.450759	10.436218
std	768.020182	350.332509	366.871965	4.408725	7.335034	0.875099	366.806966	131.244263
min	311001.000000	0.000000	0.100000	0.000000	0.000000	0.000000	0.100000	0.000000
25%	311665.750000	43.890000	50.860000	0.000000	1.000000	1.000000	51.870000	0.000000
50%	312330.500000	62.860000	89.700000	0.000000	1.000000	1.000000	90.130000	0.000000
75%	312995.250000	199.000000	268.000000	0.000000	1.000000	1.000000	268.000000	0.000000
max	313660.000000	13246.800000	13246.800000	55.000000	332.000000	13.000000	13246.800000	3950.730000

图 19.10　描述性统计分析

从运行结果得知：数据整体统计分布情况，包括总计数值、均值、标准差、最小值、1/4 分位数（25%）、1/2 分位数（50%）、3/4 分位数（75%）和最大值。其中“买家实际支付金额”为 43.89 的占 25%，62.86 的占 50%，199 的占 75%，说明大概率有 75%的用户购买了编程词典个人版产品。

19.6.3　数据处理

通过缺失性分析和描述性统计分析，发现数据中存在异常，如宝贝标题为空、订单付款时间为空、买家实际支付金额为 0 等。下面对异常数据进行删除处理，代码如下：

```
# 去除空值，订单付款时间和宝贝标题非空值才保留
# 去除买家实际支付金额为 0 的记录
df1=df[df['订单付款时间'].notnull() & df['宝贝标题'].notnull() & df['买家实际支付金额'] !=0]
print(df1.head(10))
```

运行程序，结果如图 19.11 所示。

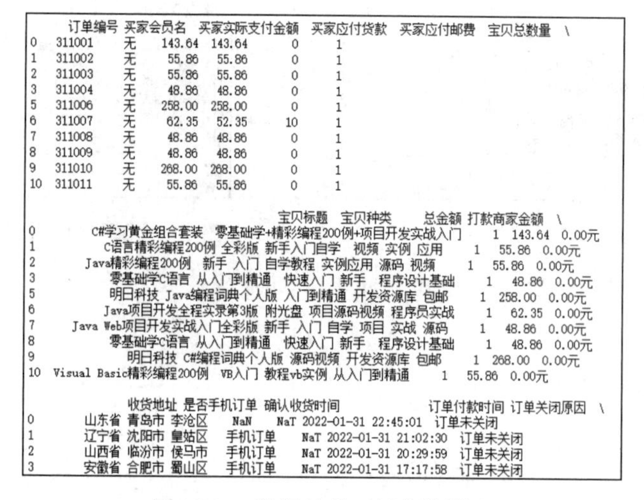

```
     订单编号 买家会员名  买家实际支付金额  买家应付货款  买家应付邮费  宝贝总数量  \
0   311001    无    143.64  143.64     0    1
1   311002    无     55.86   55.86     0    1
2   311003    无     55.86   55.86     0    1
3   311004    无     48.86   48.86     0    1
5   311006    无    258.00  258.00     0    1
6   311007    无     62.35   52.35    10    1
7   311008    无     48.86   48.86     0    1
8   311009    无     48.86   48.86     0    1
9   311010    无    268.00  268.00     0    1
10  311011    无     55.86   55.86     0    1

                              宝贝标题  宝贝种类     总金额 打款商家金额  \
0          C#学习黄金组合套装  零基础学+精彩编程200例+项目开发实战入门     1  143.64  0.00元
1            C语言精彩编程200例 全彩版 新手入门自学  视频 实例 应用     1   55.86  0.00元
2       Java精彩编程200例  新手 入门 自学教程 实例应用 源码 视频     1   55.86  0.00元
3           零基础学C语言 从入门到精通  快速入门 新手  程序设计基础     1   48.86  0.00元
5           明日科技 Java编程词典个人版 入门到精通 开发资源库 包邮     1  258.00  0.00元
6          Java项目开发全程实录第3版 附光盘 项目源码视频 程序员实战     1   62.35  0.00元
7     Java Web项目开发实战入门全彩版 新手 入门 自学 项目 实战 源码     1   48.86  0.00元
8           零基础学C语言 从入门到精通  快速入门 新手  程序设计基础     1   48.86  0.00元
9              明日科技 C#编程词典个人版 源码视频 开发资源库 包邮     1  268.00  0.00元
10  Visual Basic精彩编程200例  VB入门 教程vb实例 从入门到精通     1   55.86  0.00元

          收货地址 是否手机订单 确认收货时间                订单付款时间 订单关闭原因  \
0     山东省 青岛市 李沧区    NaN    NaT 2022-01-31 22:45:01  订单未关闭
1     辽宁省 沈阳市 皇姑区   手机订单    NaT 2022-01-31 21:02:30  订单未关闭
2     山西省 临汾市 侯马市   手机订单    NaT 2022-01-31 20:29:59  订单未关闭
3     安徽省 合肥市 蜀山区   手机订单    NaT 2022-01-31 17:17:58  订单未关闭
```

图 19.11　数据处理（部分数据）

19.7　数据统计分析

19.7.1　整体情况分析

数据处理完成后，接下来对淘宝电商订单数据进行整体分析，主要包括总订单数、总订单金额、已完成订单数、总实际收入金额、退款订单数、总退款金额、未付款订单数、成交率和退货率。程序代码如下：

```
1    # 创建表格对象
2    table=Table()
3    # 设置表头
4    headers=['总订单数','总订单金额','已完成订单数','总实际收入金额','退款订单数','总退款金额','未付款订单数','成交率','退
     货率']
5    # 行数据
6    rows=[[df1['订单编号'].count(),
7            df1['总金额'].sum(),
8            df1[df1['订单状态'] == '交易成功']['订单编号'].count(),
9            df1['买家实际支付金额'].sum(),
10           df1[df1['订单关闭原因'] == '退款']['订单编号'].count(),
11           f"{df1['退款金额'].sum():.2f}",
12           df1[df1['订单关闭原因'] == '买家未付款']['订单编号'].count(),
13           f"{df1[df1['订单状态'] == '交易成功']['订单编号'].count()/df1['订单编号'].count():.2%}",
14           f"{df1[df1['订单关闭原因'] == '退款']['订单编号'].count()/df1['订单编号'].count():.2%}"]]
15   # 增加表格
16   table.add(headers,rows)
17   # 设置表格标题
18   table.set_global_opts(title_opts=ComponentTitleOpts(title='整体情况分析表'))
19   # 显示表格
20   table.render_notebook()
```

运行程序，结果如图 19.12 所示。

整体情况分析表

总订单数	总订单金额	已完成订单数	总实际收入金额	退款订单数	总退款金额	未付款订单数	成交率	退货率
2027	348346.73	1871	346638.02	36	10766.50	122	92.30%	1.78%

图 19.12　整体情况分析表

19.7.2　按订单类型分析订单量

淘宝电商订单大多数为手机订单，下面通过饼形图分析手机订单占比情况，程序代码如下：

```
1    # 计算手机和非手机订单量
2    a=df1[df1['是否手机订单'] == '手机订单']['订单编号'].count()
3    b=df1['订单编号'].count()-a
4    x_data=['手机订单','非手机订单']
5    y_data=[int(a),int(b)]
```

```
6     # 将数据转换为列表加元组的格式（[(key1, value1), (key2, value2)]）
7     data=[list(z) for z in zip(x_data, y_data)]
8     pie=Pie()                                    # 创建饼形图
9     # 为饼形图添加数据
10    pie.add(
11            series_name="订单类型",                # 序列名称
12            data_pair=data,                      # 数据
13        )
14    pie.set_global_opts(
15            # 饼形图标题居中
16            title_opts=opts.TitleOpts(
17                title="按订单类型分析订单量",
18                pos_left="center"),
19            # 不显示图例
20            legend_opts=opts.LegendOpts(is_show=False),
21        )
22    pie.set_series_opts(
23            # 序列标签和百分比
24            label_opts=opts.LabelOpts(formatter='{b}:{d}%'),
25        )
26    # 显示图表
27    pie.render_notebook()
```

运行程序，结果如图 19.13 所示。

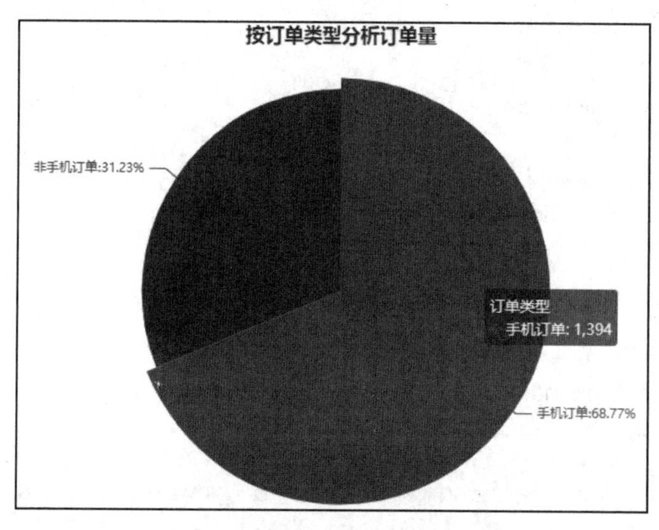

图 19.13　按订单类型分析订单量

从图 19.13 中可以看出，手机订单占据所有订单类型的 69%，可见大多数用户都使用手机购买支付。

说明

由于模块版本不同，运行的图表可能会出现颜色、样式等不同的显示效果。

19.7.3　按区域分析订单量

通过饼形图统计分析不同区域的订单量，可实现按区域分析订单量，不同区域主要来源于“收货

地址”。而在导出的订单数据中，我们发现“收货地址”是复合组成的（即由多项内容组成）。例如，“收货地址”由省、市、区、街道门牌号等信息组成。那么，如果要按区域分析订单量，则首先需要使用 split()函数将“收货地址”信息中的“省”“市”和“区”进行拆分，然后实现按区域统计分析订单量，程序代码如下：

```
1   df2=df1.copy()                                                        # 复制数据
2   series=df2['收货地址'].str.split(' ',expand=True)                      # 拆分收货地址
3   df2['省']=series[0]
4   df2['市']=series[1]
5   df2['区']=series[2]
6   # 按区域统计订单量并降序排序
7   df_groupby=df2.groupby('省')['订单编号'].count().sort_values(ascending=False)
8   print(df_groupby)
9   # 获取区域和订单量
10  x_data=df_groupby.index
11  y_data=df_groupby.values.astype(str)
12  # 将数据转换为列表加元组的格式（[(key1, value1), (key2, value2)]）
13  data=[list(z) for z in zip(x_data, y_data)]
14  pie=Pie()                                                             # 创建饼形图
15  # 为饼形图添加数据
16  pie.add(
17          series_name="区域",                                           # 序列名称
18          data_pair=data,                                               # 数据
19      )
20  pie.set_global_opts(
21          # 饼形图标题居中
22          title_opts=opts.TitleOpts(
23              title="按区域分析订单量",
24              pos_left="center"),
25          legend_opts=opts.LegendOpts(is_show=False),                    # 不显示图例
26      )
27  pie.set_series_opts(
28          label_opts=opts.LabelOpts(formatter='{b}:{d}%'),               # 序列标签和百分比
29      )
30  pie.render_notebook()                                                 # 显示图表
```

运行程序，结果如图 19.14 所示。

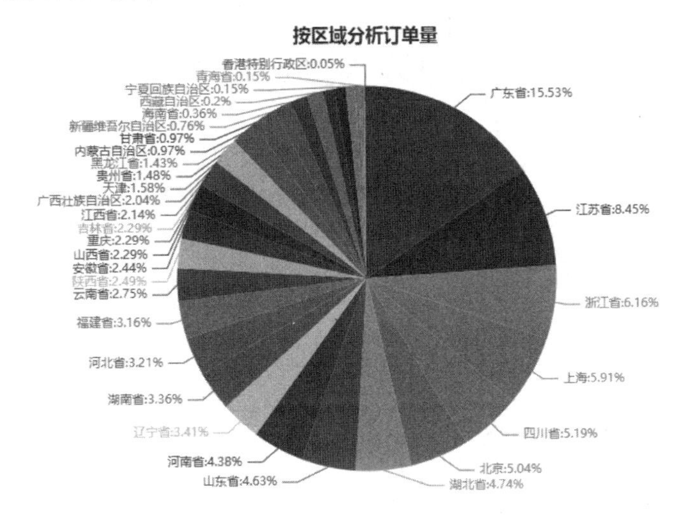

图 19.14　按区域分析订单量

从图 19.14 中可以看出，广东省订单量最多，是购买力较强的区域。

19.7.4 每日订单量分析

通过折线图分析每日订单量，由于“订单付款时间”为日期时间格式，因此首先需要对“订单付款时间”进行处理，从中提取日期，然后按日期统计订单量，程序代码如下：

```
1	# 复制数据
2	df3=df1.copy()
3	# 格式化“订单付款时间”为日期格式
4	df3['日期']=df3['订单付款时间'].dt.strftime('%Y-%m-%d')
5	# 按日期统计订单量
6	df3=df3.groupby('日期')['订单编号'].count()
7	# 创建折线图
8	line=Line()
9	# 为折线图添加 x 轴和 y 轴数据
10	line.add_xaxis(list(df3.index))
11	line.add_yaxis("订单量",list(df3.values.astype(str)))
12	line.set_global_opts(
13	        # 折线图标题居中
14	        title_opts=opts.TitleOpts(
15	            title="每日订单量分析",
16	            pos_left="center"),
17	        # 不显示图例
18	        legend_opts=opts.LegendOpts(is_show=False),
19	    )
20	# 显示图表
21	line.render_notebook()
```

运行程序，结果如图 19.15 所示。

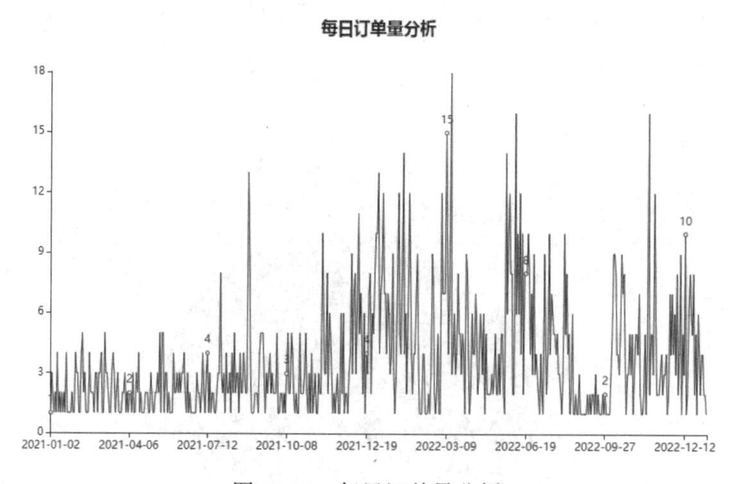

图 19.15　每日订单量分析

19.7.5 小时订单量分析

通过柱形图分析小时订单量，由于“订单付款时间”为日期时间格式，因此首先需要对“订单付

款时间”进行处理，从中提取小时，然后按小时统计订单量，程序代码如下：

```
1    df4=df1.copy()                                          # 复制数据
2    df4['小时']=df4['订单付款时间'].dt.strftime('%H')        # 格式化“订单付款时间”为小时格式
3    df4=df4.groupby('小时')['订单编号'].count()              # 按小时统计订单量
4    bar = Bar()                                             # 创建柱形图并设置主题
5    # 为柱形图添加 x 轴和 y 轴数据
6    bar.add_xaxis(list(df4.index))
7    bar.add_yaxis('订单量',list(df4.values.astype(str)))
8    bar.set_global_opts(
9            # 柱形图标题居中
10           title_opts=opts.TitleOpts(
11               title="小时订单量分析",
12               pos_left="center"),
13           legend_opts=opts.LegendOpts(is_show=False),     # 不显示图例
14       )
15   bar.render_notebook()                                   # 显示图表
```

运行程序，结果如图 19.16 所示。

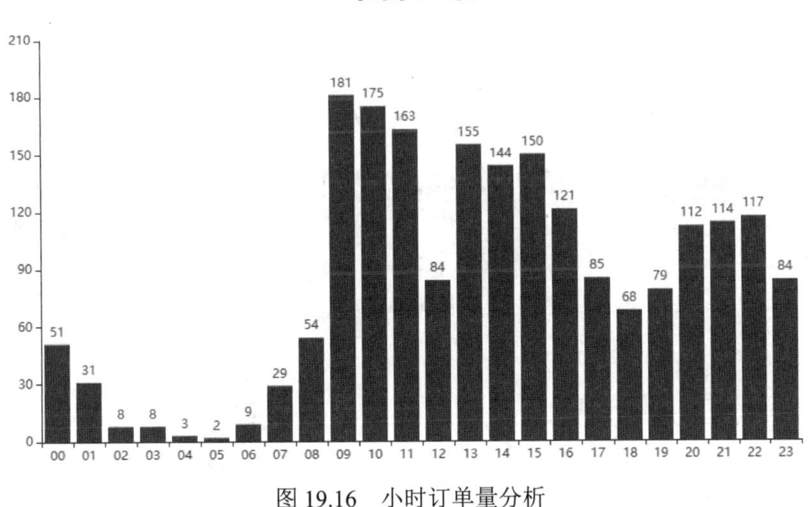

图 19.16　小时订单量分析

从图 19.16 中可以看出，上午 9 点—11 点这个时间段订单付款较多。

第 20 章

综合案例：网站用户数据分析

网站 App 平台注册用户分析，是指获得网站或 App 等平台用户的注册数据，并对用户注册数据进行统计、分析，从中发现产品推广对新注册用户的影响，以及目前的营销策略中可能存在的问题，为进一步修正或重新制定营销策略提供有效的依据。

通过对注册用户的分析可以让企业更加详细、清楚地了解用户的行为习惯，从而找出产品推广中存在的问题，让企业的营销更加精准、有效，从而提高业务转化率，提升企业收益。

本章知识架构及重难点如下。

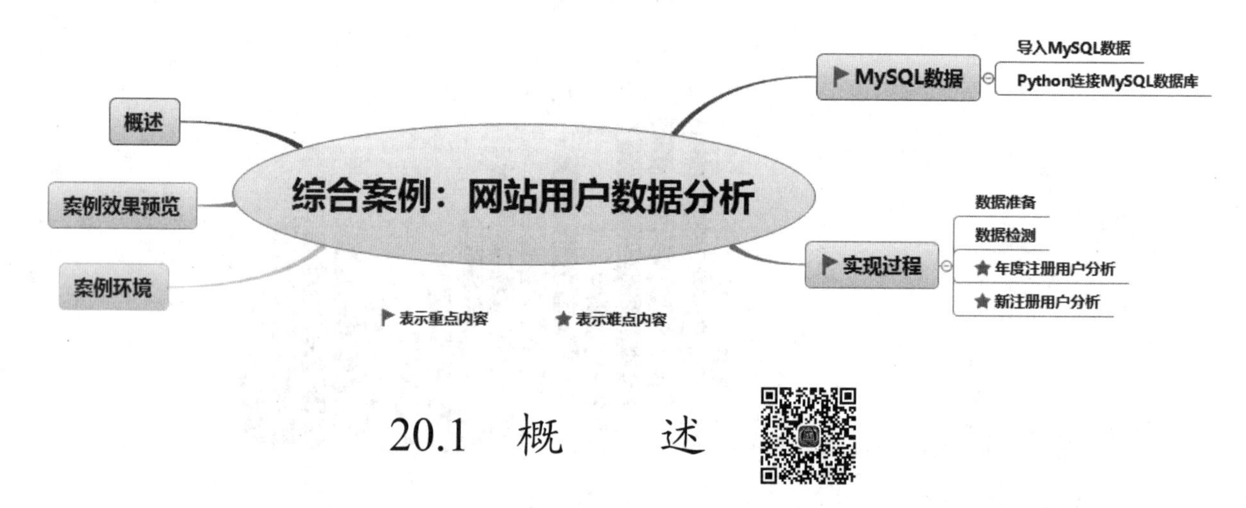

20.1 概　　述

网站 App 平台注册用户分析主要包括年度注册用户分析和新注册用户分析。其中，新注册用户分析对于新品推广尤为重要。网站 App 平台注册用户分析是对平台的注册用户数据进行统计和分析，可从中发现目前营销策略中存在的问题。由于平台使用了 MySQL 数据库，因此在进行数据统计与分析前，首要任务是通过 Python 连接 MySQL 数据库，并获取 MySQL 数据库中的数据。

20.2 案例效果预览

网站用户数据分析包括年度注册用户分析，如图 20.1 所示；新用户注册时间分布，如图 20.2 所示。

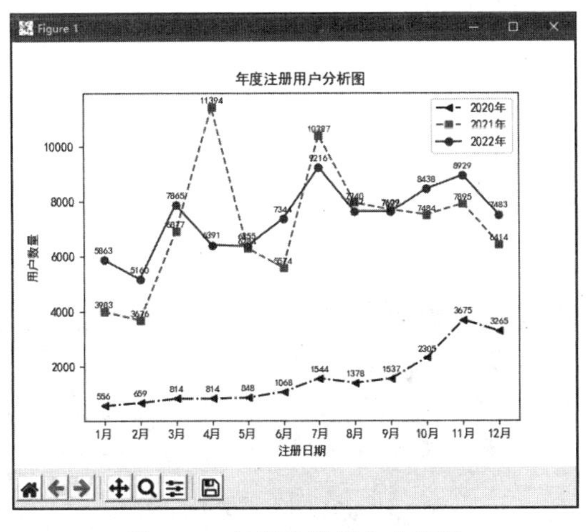

图 20.1　年度注册用户分析图

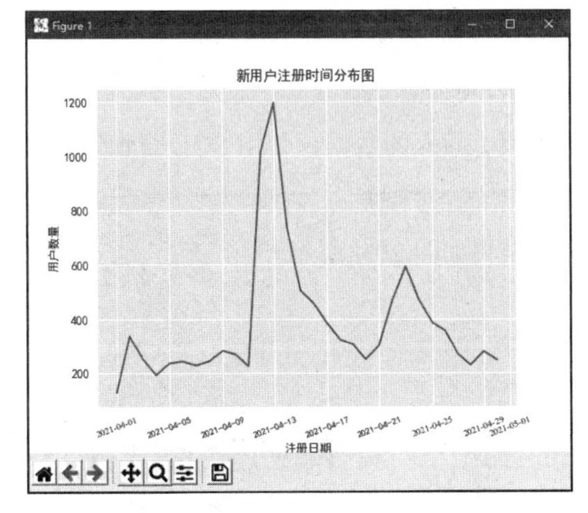

图 20.2　新用户注册时间分布图

20.3　案 例 环 境

本案例运行环境及所需模块具体如下：

☑　操作系统：Windows 10。

☑　语言：Python 3.9。

☑　开发环境：PyCharm。

☑　第三方模块：PyMySQL、Pandas、xlrd、xlwt、Scipy、NumPy、Matplotlib。

20.4　MySQL 数据

20.4.1　导入 MySQL 数据

导入 MySQL 数据具体步骤如下。

（1）安装 MySQL 软件，设置密码（本项目密码为 root，也可以是其他密码），该密码一定要记住，连接 MySQL 数据库时会用到，其他设置采用默认设置即可。

（2）创建数据库。运行 MySQL，首先输入密码，进入 mysql 命令提示符，如图 20.3 所示，然后使用 CREATE DATABASE 命令创建数据库。例如，创建数据库 test，命令如下：

```
CREATE DATABASE test;
```

（3）导入 SQL 文件（user.sql）。在 mysql 命令提示符下通过 use 命令进入对应的数据库。例如，进入数据库 test，命令如下：

```
use test;
```

出现“Database changed”说明已经进入数据库。接下来使用 source 命令指定 SQL 文件，并导入该文件。例如，导入 user.sql，命令如下：

```
source D:/user.sql
```

下面预览导入的数据，使用 SQL 查询语句（select 语句）查询表中前 5 条数据，命令如下：

```
select * from user limit 5;
```

运行结果如图 20.4 所示。

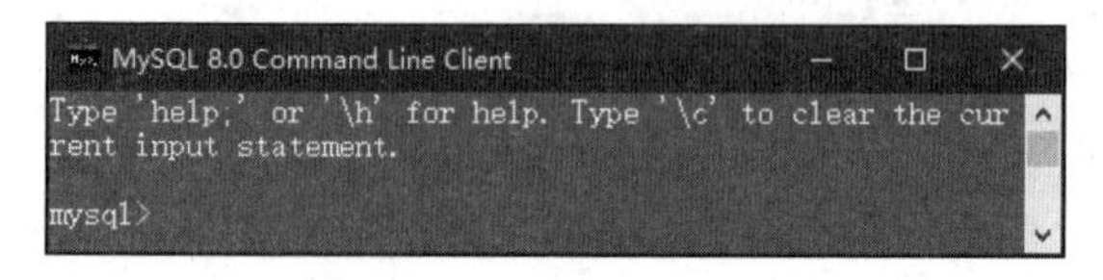

图 20.3　mysql 命令提示符

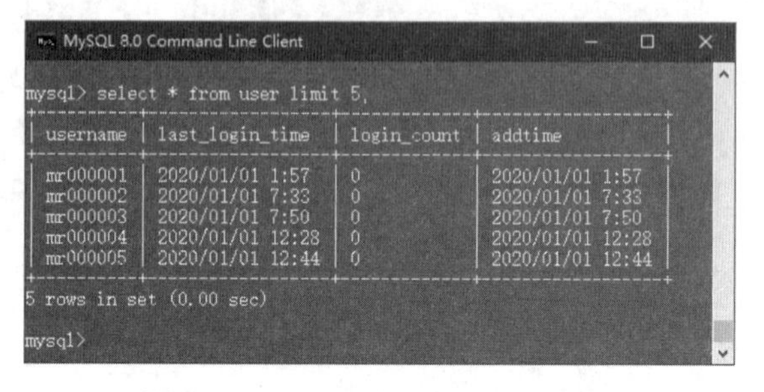

图 20.4　导入成功后的 MySQL 数据

至此，导入 MySQL 数据的任务就完成了，接下来在 Python 中安装 PyMySQL 模块，连接 MySQL 数据库。

20.4.2　Python 连接 MySQL 数据库

首先在 PyCharm 开发环境中安装 PyMySQL 模块，然后导入需要的模块，并使用连接语句连接 MySQL 数据库，程序代码如下：

```
import pymysql
import pandas as pd
# 连接 MySQL 数据库
conn=pymysql.connect(host="localhost",user='root',passwd = password,db = database_name,
charset="utf8")
```

上述语句中，需要修改的参数是 passwd 和 db，即指定 MySQL 密码和项目使用的数据库。本项目连接代码如下：

```
conn = pymysql.connect(host = "localhost",user = 'root',passwd ='root',db = 'test',charset="utf8")
```

接下来，使用 Pandas 模块的 read_sql()函数读取 MySQL 数据，程序代码如下：

```
1    sql_query = 'SELECT * FROM test.user'            # SQL 查询语句
2    data = pd.read_sql(sql_query, con=conn)          # 读取 MySQL 数据
3    conn.close()                                     # 关闭数据库连接
4    print(data.head())                               # 输出部分数据
```

运行程序，输出结果如图 20.5 所示。

	username	last_login_time	login_count	addtime
0	mr000001	2020/01/01 1:57	0	2020/01/01 1:57
1	mr000002	2020/01/01 7:33	0	2020/01/01 7:33
2	mr000003	2020/01/01 7:50	0	2020/01/01 7:50
3	mr000004	2020/01/01 12:28	0	2020/01/01 12:28
4	mr000005	2020/01/01 12:44	0	2020/01/01 12:44

图 20.5　读取 MySQL 数据（部分数据）

20.5　实 现 过 程

20.5.1　数据准备

本案例分析了近 3 年的网站用户注册数据，即 2020 年 1 月 1 日至 2022 年 12 月 31 日，主要包括用户名、最后访问时间、访问次数和注册时间。

20.5.2　数据检测

鉴于数据量非常大，下面使用 DataFrame()对象提供的函数对数据进行检测。

（1）使用 info()方法查看每个字段的情况，如类型、是否为空等，程序代码如下：

```
data.info()
```

（2）使用 describe()函数查看数据描述信息，程序代码如下：

```
data.describe()
```

（3）统计每列的空值情况，程序代码如下：

```
data.isnull().sum()
```

运行程序，输出结果如图 20.6 所示。

```
<class 'pandas.core.frame.DataFrame'>
RangeIndex: 192308 entries, 0 to 192307
Data columns (total 4 columns):
 #   Column           Non-Null Count   Dtype
---  ------           --------------   -----
 0   username         192308 non-null  object
 1   last_login_time  192308 non-null  object
 2   login_count      192308 non-null  object
 3   addtime          192308 non-null  object
dtypes: object(4)
memory usage: 5.9+ MB
None
        username   last_login_time login_count           addtime
count     192308            192308      192308            192308
unique    192308            169999         182            169854
top     mr000001  2020/11/29 12:22           1  2020/11/29 12:22
freq           1                11       79588                10
username           0
last_login_time    0
login_count        0
addtime            0
dtype: int64
```

图 20.6　数据检测结果

从运行结果得知：用户注册数据表现非常好，不存在异常数据和空数据。

20.5.3　年度注册用户分析

按月统计每一年注册用户的增长情况，程序代码如下：

```
1    import pymysql
```

```
2    import pandas as pd
3    import matplotlib.pyplot as plt
4    # 连接 MySQL 数据库，指定密码（passwd）和数据库（db）
5    conn = pymysql.connect(host = "localhost",user = 'root',passwd ='root',db = 'test',charset="utf8")
6    sql_query = 'SELECT * FROM test.user'                              # SQL 查询语句
7    data = pd.read_sql(sql_query, con=conn)                            # 读取 MySQL 数据
8    conn.close()                                                       # 关闭数据库连接
9    data=data[['username','addtime']]                                  # 提取指定列数据
10   data.rename(columns = {'addtime':'注册日期','username':'用户数量'},inplace=True)  # 列重命名
11   data['注册日期'] = pd.to_datetime(data['注册日期'])                 # 将数据类型转换为日期类型
12   data = data.set_index('注册日期')                                   # 将日期设置为索引
13   # 按月统计每一年的注册用户
14   index=['1 月','2 月','3 月','4 月','5 月','6 月','7 月','8 月','9 月','10 月','11 月','12 月']
15   df_2020=data['2020']
16   df_2020=df_2020.resample('M').size().to_period('M')                # 2020 年的数据按月统计并显示
17   df_2020.index=index                                                # 设置索引
18   df_2021=data['2021']
19   df_2021=df_2021.resample('M').size().to_period('M')                # 2021 年的数据按月统计并显示
20   df_2021.index=index                                                # 设置索引
21   print(df_2021)
22   df_2022=data['2022']
23   df_2022=df_2022.resample('M').size().to_period('M')                # 2022 年的数据按月统计并显示
24   df_2022.index=index                                                # 设置索引
25   dfs=pd.concat([df_2020,df_2021,df_2022],axis=1)                    # 合并 3 年的数据
26   # 设置列索引
27   dfs.columns=['2020 年','2021 年','2022 年']
28   dfs.to_excel('result2.xlsx',index=False)                           # 导出数据为 Excel 文件
29   # 绘制折线图
30   plt.rcParams['font.sans-serif']=['SimHei']                         # 解决中文乱码
31   plt.title('年度注册用户分析图')
32   x=index
33   y1=dfs['2020 年']
34   y2=dfs['2021 年']
35   y3=dfs['2022 年']
36   plt.plot(x,y1,label='2020 年',linestyle='-.',color='b',marker='<')   # 绘制 2020 年数据
37   plt.plot(x,y2,label='2021 年',linestyle='--',color='g',marker='s')   # 绘制 2021 年数据
38   plt.plot(x,y3,label='2022 年',color='r',marker='o')                  # 绘制 2022 年数据
39   # 添加文本标签
40   for a,b1,b2,b3 in zip(x,y1,y2,y3):
41       plt.text(a,b1+200,b1,ha = 'center',va = 'bottom',fontsize=8)
42       plt.text(a,b2+100,b2,ha='center', va='bottom', fontsize=8)
43       plt.text(a,b3+200,b3,ha='center', va='bottom', fontsize=8)
44   x = range(0, 12, 1)
45   plt.xlabel('注册日期')
46   plt.ylabel('用户数量')
47   plt.legend()
48   plt.show()
```

运行程序，输出结果如图 20.7 所示。

通过折线图（图 20.7）分析可知：2020 年注册用户增长比较平稳，2021 年、2022 年比 2020 年注册用户增长约 6 倍。2021 年和 2022 年数据每次的最高点都在同一个月，存在一定的趋势变化。

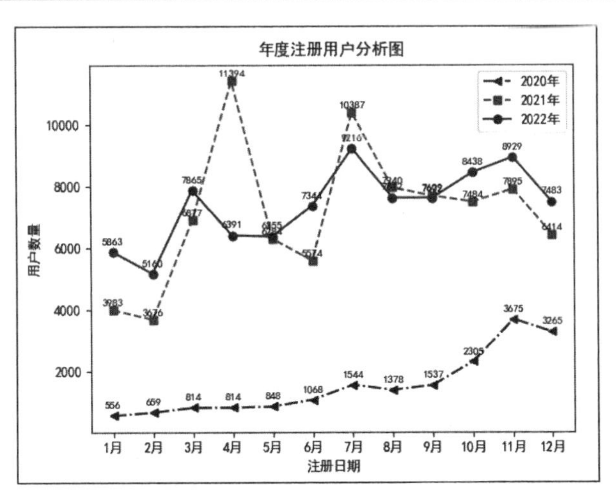

图 20.7　年度注册用户分析图

20.5.4　新注册用户分析

通过年度注册用户分析情况，我们观察新注册用户的时间分布，近三年新用户的注册量最高峰值出现在 2021 年 4 月。下面以 2021 年 4 月 1 日至 4 月 30 日数据为例，对新注册用户进行分析，程序代码如下：

```
1	import pymysql
2	import pandas as pd
3	import seaborn as sns
4	import matplotlib.pyplot as plt
5	from pandas.plotting import register_matplotlib_converters
6	register_matplotlib_converters()                          #解决图表显示日期出现警告信息
7	#连接 MySQL 数据库，指定密码（passwd）和数据库（db）
8	conn = pymysql.connect(host = "localhost",user = 'root',passwd ='root',db = 'test',charset="utf8")
9	sql_query = 'SELECT * FROM test.user'                     #SQL 查询语句
10	data = pd.read_sql(sql_query, con=conn)                   #读取 MySQL 数据
11	conn.close()                                              #关闭数据库连接
12	data=data[['username','addtime']]                         #提取指定列数据
13	data.rename(columns = {'addtime':'注册日期','username':'用户数量'},inplace=True)   #列重命名
14	data['注册日期'] = pd.to_datetime(data['注册日期'])        #将数据类型转换为日期类型
15	data = data.set_index('注册日期')                         #将日期设置为索引
16	data=data['2021-04-01':'2021-04-30']                      #提取指定日期数据
17	#按天统计新注册用户
18	df=data.resample('D').size().to_period('D')
19	df.to_excel('result1.xlsx',index=False)# 导出数据为 Excel 文件
20	x=pd.date_range(start='20210401', periods=30)
21	y=df
22	#绘制折线图
23	sns.set_style('darkgrid')
24	plt.rcParams['font.sans-serif']=['SimHei']                #解决中文乱码
25	plt.title('新用户注册时间分布图')                         #图表标题
26	plt.xticks(fontproperties = 'Times New Roman', size = 8,rotation=20)   #x 轴字体大小
27	plt.plot(x,y)
28	plt.xlabel('注册日期')
29	plt.ylabel('用户数量')
30	plt.show()
```

运行程序，输出结果如图 20.8 所示。

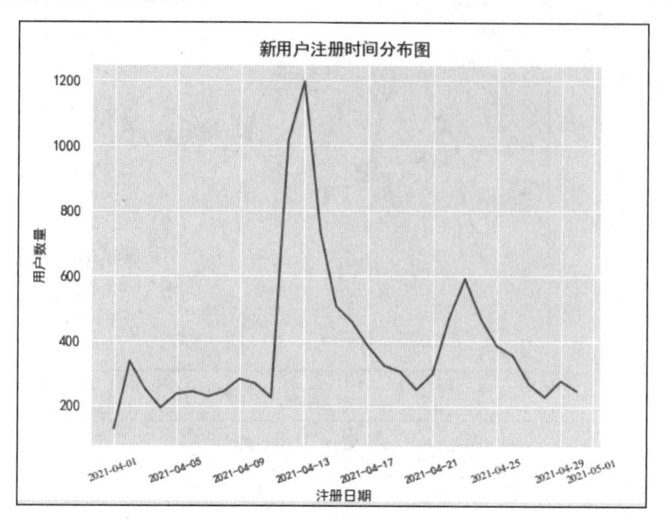

图 20.8　新用户注册时间分布图

通过图 20.8，首先观察新用户注册的时间分布，可以发现在此期间内新用户的注册量有 3 次小高峰，并且在 4 月 13 日迎来最高峰。此后新用户注册量逐渐下降。

经过研究发现，这个期间推出了新品，同时开放了新品并纳入了开学季活动，致使新用户人数达到新高峰。

第 21 章

综合案例：NBA 球员薪资的数据分析

互联网时代，随处可见的网页表格数据对于数据分析和数据挖掘来说是很好的资源，但如果直接复制和粘贴网页上的数据，不仅费时费力，而且容易漏掉有用的数据或复制了其他没用的数据。Pandas 提供了专门获取网页数据的方法，可以轻松地解决这一问题。本案例将使用 Pandas 实现简单爬虫，爬取 NBA 球员薪资数据并进行分析。

本章知识架构及重难点如下。

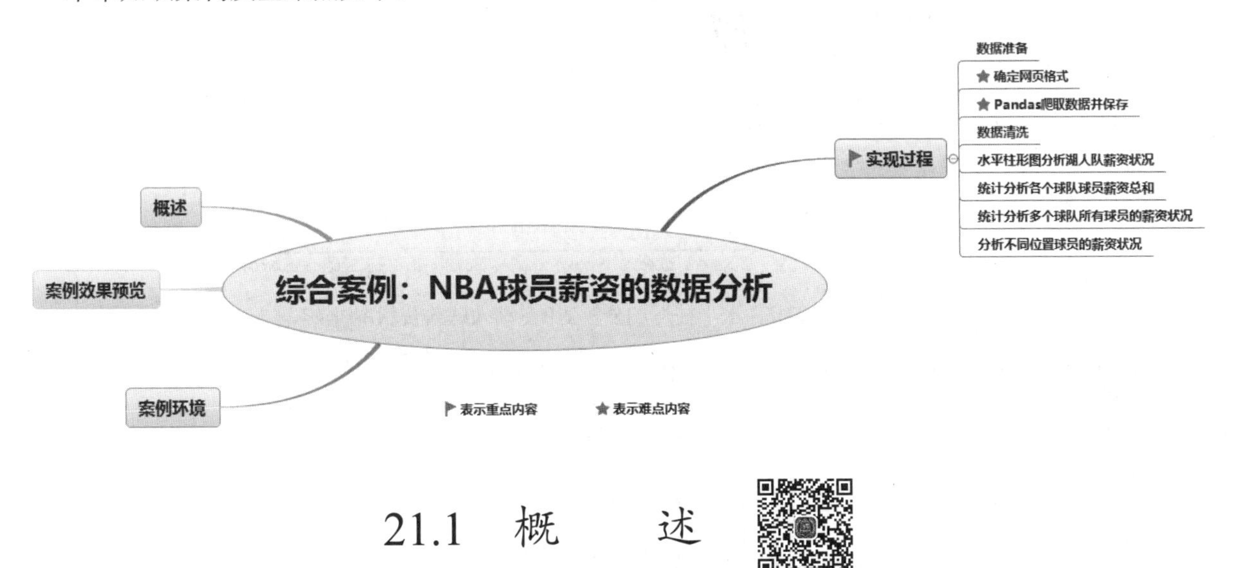

21.1 概 述

本案例将实现使用 Pandas 爬取 NBA 球员薪资数据并进行分析，主要使用 Pandas 模块和 Matplotlib 模块，爬取数据前首先确定网页格式，然后爬取数据，再对爬取的数据进行简单的清洗，最后绘制水平柱形图并分析 NBA 湖人队薪资状况。

21.2 案例效果预览

通过 Pandas 爬取分析 NBA 球员薪资数据，爬取后的 NBA 球员薪资数据将保存到 Excel 文件中，效果如图 21.1 所示。通过水平柱形图分析 NBA 湖人队薪资状况，效果如图 21.2 所示。

RK	NAME	TEAM	SALARY
1	Stephen Curry, PG	Golden State Warriors	$48,070,014
2	Russell Westbrook, PG	Los Angeles Lakers	$47,063,478
3	LeBron James, SF	Los Angeles Lakers	$44,474,988
4	Kevin Durant, PF	Brooklyn Nets	$44,119,845
5	Bradley Beal, SG	Washington Wizards	$43,279,250
6	Damian Lillard, PG	Portland Trail Blazers	$42,492,492
7	Giannis Antetokounmpo, PF	Milwaukee Bucks	$42,492,492
8	Kawhi Leonard, SF	LA Clippers	$42,492,492
9	Paul George, SG	LA Clippers	$42,492,492
10	Klay Thompson, SG	Golden State Warriors	$40,600,080

图 21.1 处理后保存到 Excel 中的 NBA 球员薪资数据

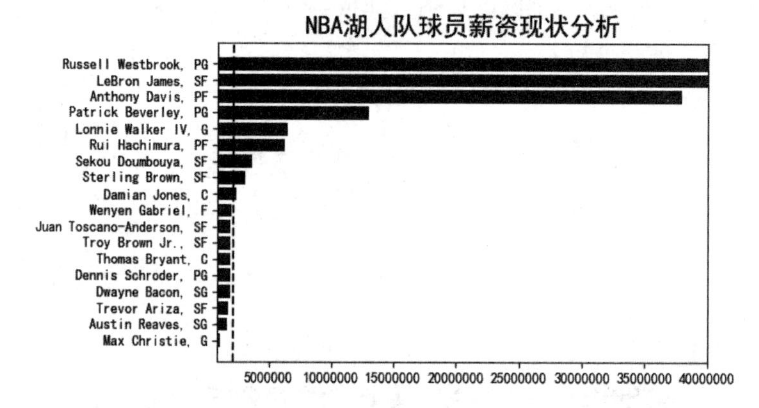

图 21.2 水平柱形图分析 NBA 湖人队薪资状况

通过柱形图统计分析各个球队球员薪资总和，如图 21.3 所示。

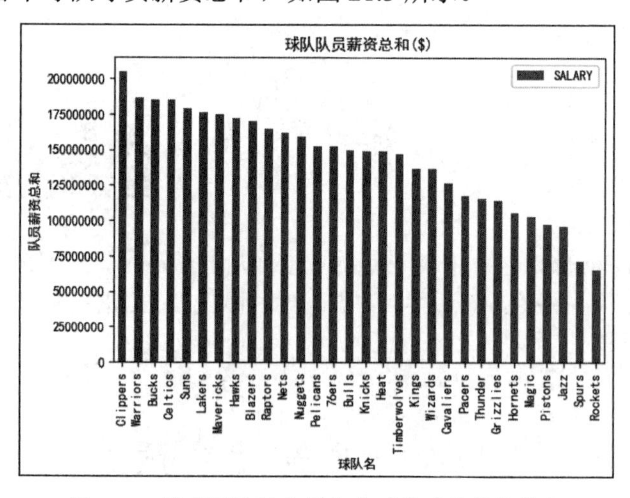

图 21.3 柱形图统计分析各个球队球员薪资总和

通过箱形图统计分析多个球队所有球员的薪资状况，如图 21.4 所示。

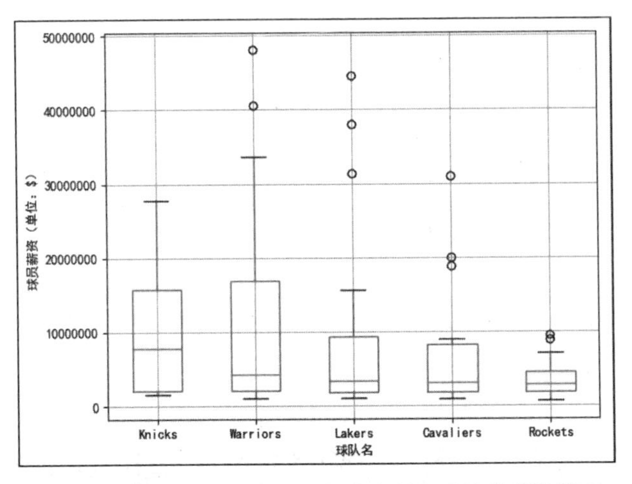

图 21.4　箱形图统计分析多个球队所有球员的薪资状况

统计分析不同位置球员的薪资状况，如图 21.5 所示。

球员位置	薪资平均数
C	8818464.59
F	4156694.39
G	2828237.44
PF	8910158.31
PG	11231050.27
SF	9037758.80
SG	8875167.67

球员位置	薪资中位数
C	3466660.0
F	1927896.0
G	1836090.0
PF	4670160.0
PG	5572680.0
SF	4368264.0
SG	4750000.0

球员位置	薪资总和
C	670203309
F	211991414
G	121614210
PF	721722823
PG	864790871
SF	795322774
SG	923017438

图 21.5　统计分析不同位置球员的薪资状况

21.3　案例环境

本章案例运行环境及所需模块具体如下：

☑　操作系统：Windows 10。

☑　Python 版本：Python 3.9 及以上。

☑　开发工具：PyCharm。

☑　第三方模块：Pandas、Openpyxl、xlrd、xlwt、Matplotlib。

21.4　实现过程

21.4.1　数据准备

本案例主要实现的是通过 Pandas 爬取 NBA 球员薪资数据，因此数据来源于 NBA 球员薪资网页，

网页地址为 http://www.espn.com/nba/salaries。

21.4.2　确定网页格式

Pandas 爬取 NBA 球员薪资数据主要使用 read_html()函数。那么，在使用该函数前首先要确定网页表格是否为 table 类型，因为只有这种类型的网页表格，read_html()函数才能获取该网页中的数据。

下面介绍如何判断网页表格是否为 table 类型。以 NBA 球员薪资网页为例，在浏览器中输入网址打开网页，右击该网页中的表格，在弹出的菜单中选择“检查”（或者“检查元素”，不同浏览器显示的菜单项不同），如图 21.6 所示，打开对应的代码，查看代码中是否含有表格标签<table>…</table>的字样，如图 21.7 所示。确定网页表格为 table 类型后才能使用 read_html()函数爬取数据。

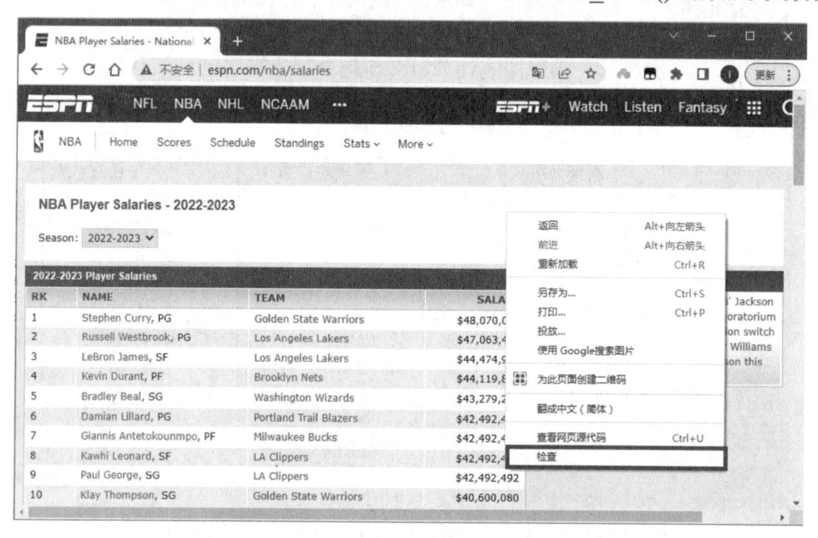

图 21.6　选择“检查”

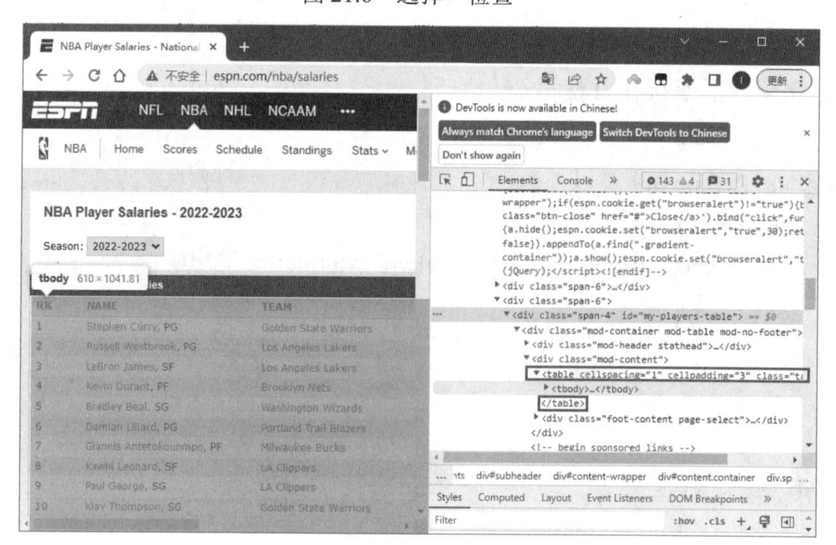

图 21.7　<table>…</table>表格标签

21.4.3　Pandas 爬取数据并保存

确定网页格式后，即可使用 Pandas 的 read_html()函数爬取数据，具体实现步骤如下。

（1）创建一个空的 DataFrame()对象，用于存储数据。创建一个空列表，用于存放网页地址，代码如下：

```
1    import pandas as pd
2    import matplotlib.pyplot as plt
3    df=pd.DataFrame()                  # 创建一个空的 DataFrame
4    url_list=[]                        # 创建一个空列表
5    data_list = []                     # 保存数据的列表
```

（2）查看 NBA 网页薪资数据，其中包括 13 页数据（见图 21.8），虽然每一页的网址都不相同，但是有一定的规律性，即翻到哪一页，网址中只有中间的数字发生变化，而其他内容不变，如图 21.9 所示，该数字代表页码。

图 21.8　NBA 网页数据

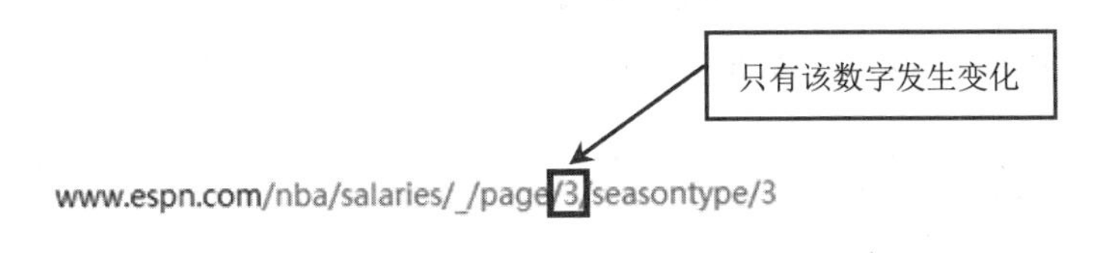

图 21.9　网页地址

发现这一规律后，便可以使用 for 循环先来获取每一个网页的地址，其中变量 i 为页码，然后将获取的网页地址保存到列表中，代码如下：

```
1    # 获取网页地址，将地址保存到列表中
2    for i in range(1,14):
3        # 网页地址字符串，使用 str 函数将整型变量 i 转换为字符串
4        url='http://www.espn.com/nba/salaries/_/page/'+ str(i)
5        url_list.append(url)
```

（3）获取网页地址后就可以轻松获取数据了。首先使用 for 循环遍历网页地址，并使用 read_html()函数读取每一个网页中的数据，然后将数据添加到 DataFrame()对象中，代码如下：

```
1    for url in url_list:                                  # 遍历列表读取网页数据
2        data_list.append(pd.read_html(url)[0])            # 将每页数据添加至数据列表中
3    df = pd.concat(data_list,ignore_index=True)           # 将每页数据进行组合
4    print(df)
```

21.4.4 数据清洗

经过以上步骤，即可爬取 NBA 球员的薪资数据，效果如图 21.10 所示，从此图可以看出，数据并不完美。首先，表头为数字 0、1、2、3，不能表明每列数据的作用，其次数据存在重复的表头，如 RK、NAME、TEAM 和 SALARY。

接下来进行数据清洗。首先去掉重复的表头数据，主要使用字符串函数 startswith()遍历 DataFrame()对象的第 4 列（索引为 3 的列），筛出以子字符串$开头的数据，这样便可去除重复的表头，主要代码如下：

```
df=df[[x.startswith('$') for x in df[3]]]
```

再次运行程序，数据从 568 条变成了 516 条，重复的表头被去除了，如图 21.11 所示。

```
       0                         1                     2            3
0     RK                      NAME                  TEAM       SALARY
1      1        Stephen Curry, PG  Golden State Warriors  $48,070,014
2      2    Russell Westbrook, PG     Los Angeles Lakers  $47,063,478
3      3         LeBron James, SF     Los Angeles Lakers  $44,474,988
4      4        Kevin Durant, PF          Brooklyn Nets  $44,119,845
..   ...                      ...                    ...          ...
     RK                      NAME                  TEAM       SALARY
563  512          Keifer Sykes, G         Indiana Pacers     $558,345
564  513     DeAndre' Bembry, SG        Milwaukee Bucks     $518,021
565  514          Moses Brown, C           LA Clippers      $19,186
566  515        Xavier Sneed, F      Charlotte Hornets       $8,558
567  516       Ish Wainright, F           Phoenix Suns       $5,318

[568 rows x 4 columns]
```

图 21.10　获取的 NBA 球员薪资数据

```
       0                         1                      2            3
1      1        Stephen Curry, PG  Golden State Warriors  $48,070,014
2      2    Russell Westbrook, PG     Los Angeles Lakers  $47,063,478
3      3         LeBron James, SF     Los Angeles Lakers  $44,474,988
4      4        Kevin Durant, PF          Brooklyn Nets  $44,119,845
5      5        Bradley Beal, SG     Washington Wizards  $43,279,250
..   ...                      ...                    ...          ...
563  512          Keifer Sykes, G         Indiana Pacers     $558,345
564  513     DeAndre' Bembry, SG        Milwaukee Bucks     $518,021
565  514          Moses Brown, C            LA Clippers      $19,186
566  515        Xavier Sneed, F       Charlotte Hornets       $8,558
567  516       Ish Wainright, F            Phoenix Suns       $5,318

[516 rows x 4 columns]
```

图 21.11　清洗后的 NBA 球员薪资数据

最后，重新赋予表头以说明每列的作用。在数据导出为 Excel 文件时，通过 DataFrame()对象的 to_excel()函数的 header 参数指定表头，主要代码如下：

```
df.to_excel('NBA.xlsx',header=['RK','NAME','TEAM','SALARY'],index=False)
```

21.4.5 水平柱形图分析湖人队薪资状况

【例 21.1】绘制水平柱形图分析湖人队薪资状况。（**实例位置：资源包\TM\sl\21\01**）

通过水平柱形图分析湖人队薪资状况，效果如图 21.12 所示。

从图 21.12 中可以清晰地看出，湖人队各球员之间薪资的差距非常大，其中薪资榜首勒布朗·詹姆斯是湖人队的一名老将。

通过水平柱形图分析湖人队薪资状况，主要使用 Matplotlib 模块。在绘制图表前，需要对数据进行筛选和简单的清洗，具体过程如下。

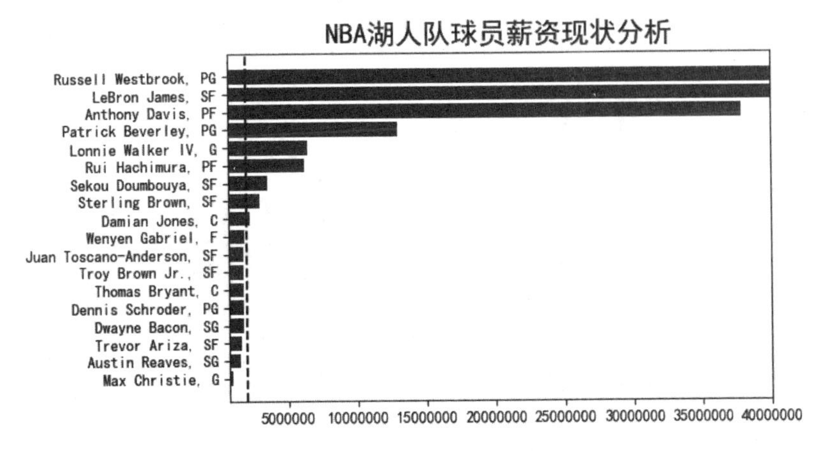

图 21.12　水平柱形图分析湖人队薪资状况

（1）筛选“湖人队”数据，先去掉薪资中的“$”和“,”两个符号，然后按照薪资由高到低降序排序，主要代码如下：

```
1    df_hr=df[df[2]=='Los Angeles Lakers']                              # 筛选“湖人队”
2    df_hr_new=df_hr.copy()                                             # 复制一个副本
3    df_hr_new[3]=df_hr_new[3].map(lambda a: a.replace('$', ''))        # 去掉薪资中的“$”
4    df_hr_new[3]=df_hr_new[3].apply(lambda x: float(x.replace(",", ""))) # 去掉薪资中的“,”
5    df_hr_new=df_hr_new.sort_values(by=3,ascending=True)               # 按照“薪资”降序排序
6    print(df_hr_new)
```

（2）绘制图表，主要代码如下：

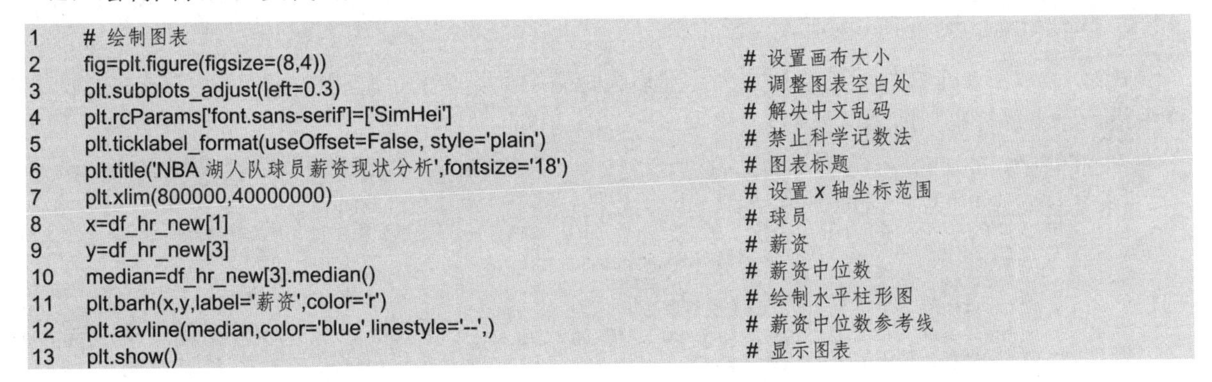

```
1    # 绘制图表
2    fig=plt.figure(figsize=(8,4))                                      # 设置画布大小
3    plt.subplots_adjust(left=0.3)                                      # 调整图表空白处
4    plt.rcParams['font.sans-serif']=['SimHei']                         # 解决中文乱码
5    plt.ticklabel_format(useOffset=False, style='plain')               # 禁止科学记数法
6    plt.title('NBA 湖人队球员薪资现状分析',fontsize='18')              # 图表标题
7    plt.xlim(800000,40000000)                                          # 设置 x 轴坐标范围
8    x=df_hr_new[1]                                                     # 球员
9    y=df_hr_new[3]                                                     # 薪资
10   median=df_hr_new[3].median()                                       # 薪资中位数
11   plt.barh(x,y,label='薪资',color='r')                               # 绘制水平柱形图
12   plt.axvline(median,color='blue',linestyle='--',)                   # 薪资中位数参考线
13   plt.show()                                                         # 显示图表
```

说明

由于 NBA 球员薪资数据不断更新，所以读者的运行结果和图表可能与书中的运行结果不同。

21.4.6　统计分析各个球队队员薪资总和

【例 21.2】绘制柱形图统计分析各个球队队员薪资总和（**实例位置：资源包\TM\sl\21\02**）

通过柱形图统计分析各个球队队员薪资总和，效果如图 21.13 所示。

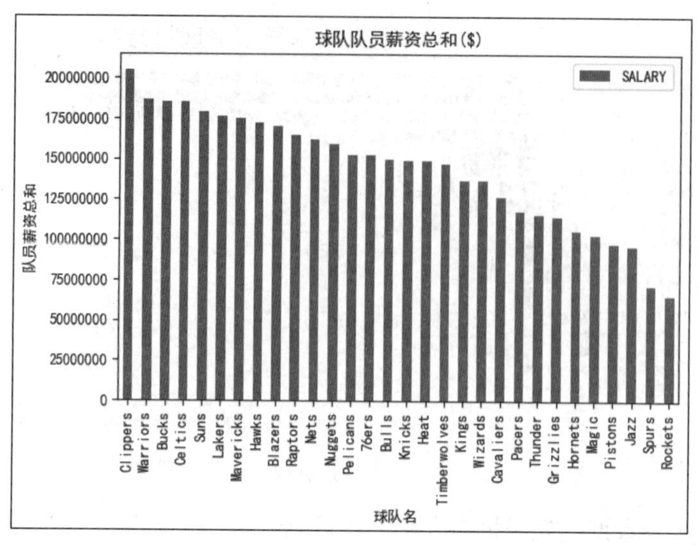

图 21.13　柱形图统计分析各个球队队员薪资总和

从图 21.13 中可以清晰地看出，Clippers（快船队）支付球员的薪资最多，是最舍得花钱的球队。

下面通过柱形图统计分析各个球队队员薪资总和，主要使用 Pandas 内置的绘图功能。在绘制图表前，需要对数据进行简单的处理，具体过程如下。

（1）导入相关模块，代码如下：

```
1    import numpy as np
2    import pandas as pd
3    import matplotlib.pyplot as plt
```

（2）读取 Excel 文件，抽取指定列，然后去掉薪资数据中的“$”和“,”两个符号，提取球队名称中最后一组字符串（即球队简称），代码如下：

```
1    plt.rcParams['font.sans-serif']=['SimHei']                    # 解决中文乱码
2    money= lambda x: "".join(filter(str.isdigit, x))              # 提取字符串中的数字字符
3    team = lambda x: x.split()[-1]                                # 以空格分隔字符串并提取最后一组字符串
4    # 读取 Excel 文件
5    # 使用 usecols 参数抽取指定列
6    # 使用 converters 参数转换函数，键是整数或列标签，值是一个函数
7    df = pd.read_excel('NBA.xlsx', usecols=['NAME', 'TEAM', 'SALARY'], converters={'SALARY': money, 'TEAM': team})
8    df['SALARY'] = df['SALARY'].astype(np.int32)                  # 将薪资转换为整型
```

（3）按球队名称分组统计并进行降序排序，代码如下：

```
1    # 按球队分组统计求和并降序排序
2    df = df.groupby(['TEAM'], as_index=False).sum().sort_values('SALARY',ascending=False)
3    df.index = df['TEAM']                                         # 设置球队为索引
```

（4）绘制柱形图，代码如下：

```
1    df.plot(kind='bar', align='center', title='球队队员薪资总和($)')          # 绘制柱形图
2    plt.gca().get_yaxis().get_major_formatter().set_scientific(False)   # 取消科学记数法
3    # 设置 xy 轴标题
4    plt.xlabel('球队名')
5    plt.ylabel('队员薪资总和')
6    plt.tight_layout()                                            # 解决图形元素显示不全的问题
7    plt.show()                                                    # 显示图表
```

21.4.7　统计分析多个球队所有球员的薪资状况

【例 21.3】绘制箱形图统计分析多个球队所有球员的薪资状况（**实例位置：资源包\TM\sl\21\03**）

下面选出 5 个球队，即尼克斯（Knicks）、勇士（Warriors）、湖人（Lakers）、骑士（Cavaliers）和火箭（Rockets）队，通过箱形图分析这 5 个球队的所有队员的薪资状况，效果如图 21.14 所示。

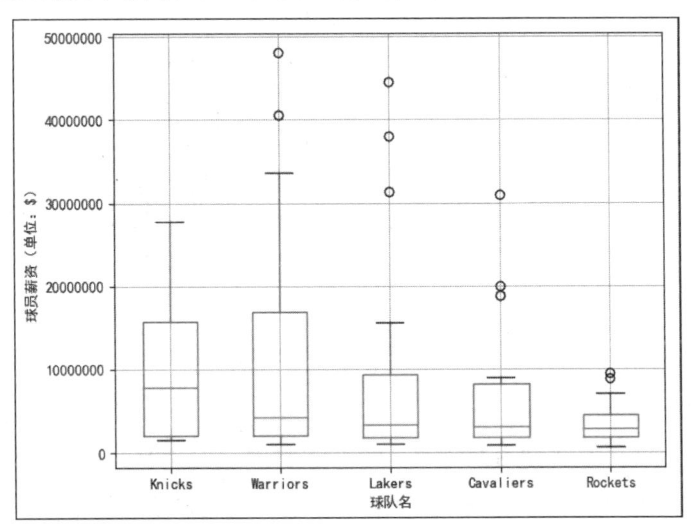

图 21.14　箱形图统计分析 5 个球队所有球员的薪资状况

从图 21.14 中可以看出，尼克斯队（Knicks）的薪资比较平均，勇士队（Warriors）和火箭队（Rockets）的薪资跨度比较大。

下面通过多个箱形图统计分析 5 个球队所有球员的薪资状况，主要使用 Pandas 内置的绘图功能。在绘制图表前，需要对数据进行简单的处理，具体实现过程如下。

（1）导入相关模块，代码如下：

```
1    import numpy as np
2    import pandas as pd
3    import matplotlib.pyplot as plt
```

（2）读取 Excel 文件，抽取指定列，然后去掉薪资数据中的“$”和“,”两个符号，提取球队名称中最后一组字符串（即球队简称），代码如下：

```
1    money = lambda x: "".join(filter(str.isdigit, x))          # 提取字符串中的数字字符
2    team = lambda x: x.split()[-1]                             # 以空格分隔字符串并提取最后一组字符串
3    # 读取 Excel 文件
4    # 使用 usecols 参数抽取指定列
5    # 使用 converters 参数转换函数，键是整数或列标签，值是一个函数
6    df = pd.read_excel('NBA.xlsx', usecols=['TEAM', 'SALARY'],converters={'SALARY': money,'TEAM': team})
7    df['SALARY'] = df['SALARY'].astype(np.int32)               # 将薪资转换为整型
```

（3）创建新数据集，由各个球队和薪资组成，代码如下：

```
1    # 创建由各个球队和薪资组成的数据集
2    data = pd.DataFrame({"Knicks": df[df['TEAM'] == 'Knicks']['SALARY'],
```

```
3                                  "Warriors": df[df['TEAM'] == 'Warriors']['SALARY'],
4                                  "Lakers": df[df['TEAM'] == 'Lakers']['SALARY'],
5                                  "Cavaliers": df[df['TEAM'] == 'Cavaliers']['SALARY'],
6                                  "Rockets": df[df['TEAM'] == 'Rockets']['SALARY']})
7   print(data)    # 输出数据
```

运行程序，结果如图 21.15 所示。

```
     Knicks    Warriors      Lakers  Cavaliers    Rockets
0       NaN  48070014.0         NaN        NaN        NaN
1       NaN         NaN  44474988.0        NaN        NaN
8       NaN  40600080.0         NaN        NaN        NaN
11      NaN         NaN  37980720.0        NaN        NaN
26      NaN  33616770.0         NaN        NaN        NaN
..      ...         ...         ...        ...        ...
482     NaN         NaN         NaN  1517981.0        NaN
493     NaN         NaN   1017781.0        NaN        NaN
494     NaN   1017781.0         NaN        NaN        NaN
499     NaN         NaN         NaN   850000.0        NaN
504     NaN         NaN         NaN        NaN   601478.0

[84 rows x 5 columns]
```

图 21.15　统计各个球队的薪资

（4）绘制箱形图，代码如下：

```
1   plt.rcParams['font.sans-serif'] = ['SimHei']                          # 用来正常显示中文标签
2   # 设置 xy 轴标题
3   plt.ylabel("球员薪资（单位：$）")
4   plt.xlabel("球队名")
5   data.boxplot()                                                         # 绘制箱形图
6   plt.gca().get_yaxis().get_major_formatter().set_scientific(False)     # 取消科学记数法
7   plt.tight_layout()                                                     # 解决图形元素显示不全的问题
8   plt.show()                                                             # 显示图表
```

21.4.8　分析不同位置球员的薪资状况

【例 21.4】分组统计分析不同位置球员的薪资状况（**实例位置：资源包\TM\sl\21\04**）

薪资数据的 NAME 字段中包含了球员位置，并用逗号进行分割，如图 21.16 所示。

	A	B	C	D	E
1	RK	NAME	TEAM	SALARY	
2	1	Stephen Curry, PG	Golden St	$48,070,014	
3	2	Russell Westbrook, PG	Los Angel	$47,063,478	
4	3	LeBron James, SF	Los Angel	$44,474,988	
5	4	Kevin Durant, PF	Brooklyn	$44,119,845	
6	5	Bradley Beal, SG	Washingto	$43,279,250	
7	6	Damian Lillard, PG	Portland	$42,492,492	

Sheet1

图 21.16　NBA 球员薪资数据

从图 21.16 中可以看出，球员位置都采用了英文简称。其代表的含义：C 为中锋，F 为前锋，G 为后卫，SF 为小前锋，PF 为大前锋，SG 表示得分后卫/攻击后卫，PG 表示控球后卫/组织后卫。

接下来需要先将球员位置从 NAME 字段中拆分出来，然后按球员位置分析球员的薪资，具体实现过程如下。

（1）导入相关模块，代码如下：

```
1	import numpy as np
2	import pandas as pd
```

（2）读取 Excel 文件，抽取指定列，然后去掉薪资数据中的“$”和“,”两个符号，提取球队名称中最后一组字符串（即球队简称）。代码如下：

```
1	money = lambda x: "".join(filter(str.isdigit, x))	# 提取字符串中的数字字符
2	team = lambda x: x.split()[-1]	# 以空格分隔字符串并提取最后一组字符串
3	# 读取 Excel 文件
4	# 使用 usecols 参数抽取指定列
5	# 使用 converters 参数转换函数，键是整数或列标签，值是一个函数
6	df = pd.read_excel('NBA.xlsx', usecols=['NAME', 'TEAM', 'SALARY'],converters={'SALARY': money, 'TEAM': team})
7	df['SALARY'] = df['SALARY'].astype(np.int32)	# 将薪资转换为整型
```

（3）拆分 NAME 字段，从中提取球员位置简称。代码如下：

```
1	# 按逗号拆分 NAME 字段，提取球员位置
2	s=df['NAME'].str.split(',',expand=True)
3	df['球员位置']=s[1]
```

（4）按球员位置分组统计薪资，代码如下：

```
1	# 按“球员位置”分组统计薪资数据
2	# 求薪资平均值，保留小数点后两位
3	print(df.groupby('球员位置').mean().applymap(lambda x: '%.2f'%x).rename(columns={'SALARY': '薪资平均数'}))
4	# 求薪资中位数
5	print(df.groupby('球员位置').median().rename(columns={'SALARY': '薪资中位数'}))
6	# 求薪资总和
7	print(df.groupby('球员位置').sum().rename(columns={'SALARY': '薪资总和'}))
```

运行程序，统计结果如图 21.17、图 21.18 和图 21.19 所示。

```
          薪资平均数
球员位置
C         8818464.59
F         4156694.39
G         2828237.44
PF        8910158.31
PG       11231050.27
SF        9037758.80
SG        8875167.67
```

图 21.17 薪资平均数

```
          薪资中位数
球员位置
C         3466660.0
F         1927896.0
G         1836090.0
PF        4670160.0
PG        5572680.0
SF        4368264.0
SG        4750000.0
```

图 21.18 薪资中位数

```
           薪资总和
球员位置
C         670203309
F         211991414
G         121614210
PF        721722823
PG        864790871
SF        795322774
SG        923017438
```

图 21.19 薪资总和

从运行结果可以看出，控球后卫/组织后卫（PG）薪资最高。